张晓林 著

仿生眼 Bio-Vision

——怎样仿制大自然最精密聪慧的作品——

How to imitate the most delicate and smart creations of nature

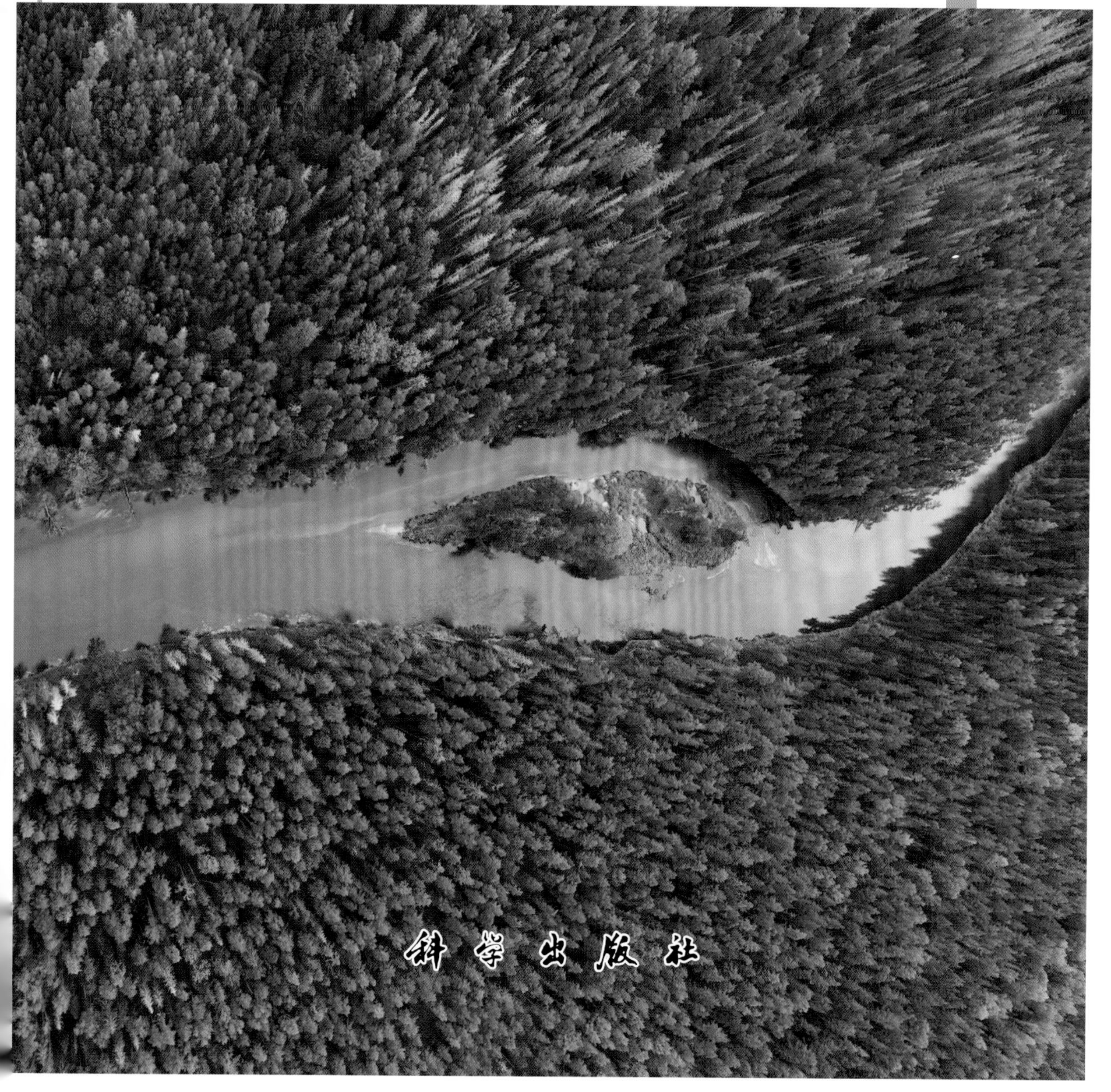

科学出版社

内 容 简 介

本书从眼球及大脑的生理解剖结构和其运动控制神经系统的拓扑描述出发，通过建立生物视觉系统的数学模型，解析视觉信息在大脑中的处理流程，搭建类脑框架，推测并模拟意识的形成及智能决策的过程，直到设计眼球运动控制系统，构建出了一套从感知到理解再到决策最后到运动控制的较完整的闭环的自主智能系统——仿生眼。本书首先阐述了笔者关于当代仿生学应该担负起的科学发展使命的观点；随后，介绍了研究仿生视觉系统所必备的生物学基础和对视觉系统进行科学解析所需要设定的前提条件，包括相关学术名词的科学定义等；接着描述了与视觉神经系统相关的人脑解剖学构造和生理学功能以及与之对应的数学模型；而且，不仅介绍了研制仿生眼所需的技术，提出了动态双目的立体视觉原理，还讨论了仿生视觉系统为了实现类人的视觉功能，其背后需要具备的智能系统的形态和功能，提出了意识空间的概念；最后，作者介绍了仿生眼目前的产业应用情况及未来展望，阐述了对后 ChatGPT 人工智能的观点。

本书不仅有最新的研究成果和较专业的科研内容，适合从事人工智能、机器视觉、信息处理、自动控制、神经科学、心理学等专业研究人员阅读，而且为了叙述的连续性和完整性，加入了大量的基础和常识性知识，因此也可以给专业以外的人士提供较系统的脑科学及人工智能知识。

图书在版编目（CIP）数据

仿生眼：怎样仿制大自然最精密聪慧的作品 / 张晓林著. —北京：科学出版社，2024.6

ISBN 978-7-03-076694-6

Ⅰ. ①仿…　Ⅱ. ①张…　Ⅲ. ①仿生－普及读物　Ⅳ. ①Q811-49

中国国家版本馆 CIP 数据核字（2023）第 189862 号

责任编辑：翁靖一　郝　聪 / 责任校对：杜子昂
责任印制：徐晓晨 / 封面设计：东方人华

科 学 出 版 社 出版
北京东黄城根北街 16 号
邮政编码：100717
http://www.sciencep.com
北京汇瑞嘉合文化发展有限公司印刷
科学出版社发行　各地新华书店经销

*

2024 年 6 月第　一　版　开本：787×1092　1/16
2024 年 6 月第一次印刷　印张：32 1/4
字数：719 000

定价：298.00 元

（如有印装质量问题，我社负责调换）

序

拜大自然为师的“仿生学”，作为一门边缘交叉的科学与技术领域，诞生于 1960 年 9 月。那时，在美国俄亥俄州的空军基地召开了第一次仿生学会议，中心议题是“分析生物系统所得到的概念能够用到人工制造的信息加工系统的设计中吗？”。仿生学创始人斯蒂尔将它命名为“Bionics”，希腊文的原意是研究生命系统功能的科学，研究生物系统的优异能力及原理，把它模式化、模型化，并将这些原理应用于设计和制造新的技术设备。我国生物物理学者郑竺英将其译为“仿生学”，沿用至今。1964 年，中国科学院生物物理研究所在贝时璋先生的领导下成立了仿生室。1965 年，我从莫斯科大学毕业回国后加盟仿生室。后来，我从事的生物控制论、视觉信息加工、神经网络、类脑智能等研究方向也都没有远离视觉仿生。仿生学就是为人类提供最可靠、最灵活、最高效、最经济、最生态、最绿色的模拟生物系统工作原理和机制的技术系统，为人类造福。仿生学的研究内容是极其丰富而多彩的，如“荷花出淤泥而不染”，就提供了“洁癖”生物的智能纳米界面的仿生灵感。

人类拥有的美丽眼睛是大自然打造的最精密、最复杂和最聪慧的视觉装置。“天地不言工”，从寒武纪时代算起，大自然花了约 5 亿年的时间演化出人眼。人们常说“百闻不如一见”“眼睛乃心灵之窗”，以及《假如给我三天光明》的海伦·凯勒精神。人的外部信息有 80%以上是通过视觉系统进入大脑的，所以视觉是仿生的关键突破口。视觉建立了我们与光明的联系，是人类智力、智能和智慧的源泉。研制仿生眼是地球人由来已久的科学梦想。在祖国大地上，有“中国天眼”（FAST），它在持续探测宇宙的奥秘。科学家能否在短暂的生命周期里，研制出灵动的仿生眼，无疑是视觉仿生面对的巨大挑战。张晓林撰写的这部厚重而内容十分丰富的鸿篇巨制，对仿生眼的前世、今生和未来，做了教科书般的创新性论述，不仅“顶天”也“立地”。它融合了他和他的团队在机器人视觉领域、神经生理学领域和仿生学领域三十多年的科学研究成果，从对人眼的生理结构及其运动控制神经系统的描述出发，涉及生物视觉系统的数学模型，贯穿图像处理、类脑框架、大脑认知、智慧衍生、意识涌现及智能决策，直到运动控制，构建了较为完整的仿生眼系统。

大自然是不分学科的。无论你来自哪个学术领域，或者你并不在学术圈内，阅读该书，都将从中获益。张晓林系统且完整地考察了大自然中千姿百态的眼睛和其中蕴含的视觉智慧和哲理，从美丽的果蝇复眼、蜘蛛的单眼、高瞻远瞩的鹰眼，到聪慧的人眼等。张晓林和他的团队从仿生眼的结构与控制研发起步，跨越仿生眼的结构设计、硬件系统、信息传输、位姿控制、图像处理、定位导航、云计算、芯片设计等多个领域。不同于激光雷达、TOF（time of flight，时间飞跃法）和固定双目，仿生眼无论在信息量、可视距离、测量精度，还是在识别、判断能力上都具有更全面的优势。仿生眼包含眼球运动控制系统、图像处理系统、分析判断系统、决策系统及执行系统。所以，仿生眼不是一种被动式视觉传感器，而是可以主动观测"我要看"的物体和部位，主动解析外部世界，这是人工智能走向自主意识的关键要素。所以，张晓林指出"视觉的背后是智能，是意识"是很有启发性的。

意识是"老大难"问题。克里克和科赫曾合作提出"意识的神经相关物"（neural correlate of consciousness，NCC）的框架。张晓林提出了"意识空间"的概念，将可实时表现场景变化的功能模块定义为"意识空间"。他认为："生物从低级到高级，脑的变化是渐进连续发展的，无法找出一个明确的界限来划分从某个物种开始有意识，某个物种为止没有意识。""无意识"和"有意识"都是"意识"，"很多低等动物只有'无意识'，而不具备'有意识'"。我认为，他的提法是很辩证的，使我联想起恩格斯在《自然辩证法》中的论述："一切差异都在中间阶段融合，一切对立都经过中间环节而互相过渡，……辩证法不知道什么绝对分明的和固定不变的界限，不知道什么无条件的普遍有效的'非此即彼！'"。

张晓林从演化的视角看待视觉仿生。他很有趣地指出："视网膜是感知光的'皮肤'，耳蜗和前庭的毛细胞层是感知振动的'皮肤'，口腔、鼻腔的味觉和嗅觉的黏膜是可感知流体化学成分的'皮肤'。由于这些信息处理系统在发生学上的共源关系，它们的基础原理存在共性，所以如果能够解决视网膜这两块最复杂的'皮肤'的信息处理问题，也就具备了解决体感和听觉信息处理的能力"。这使我想到，演化论大师费奥多西•多布然斯基（Theodosius Dobzhansky）的金句："生物学中任何事物，只有从进化的角度来看，才能真正理解它的意义"。

老子的《道德经》讲"上善若水"。张晓林指出："地球上的所有生命都直接或间接生活在液体里。未来的人造机器很有可能会利用生物的基本原理和方式，逐渐改变目前'干机器'的模式，而采用'湿机器'，把核心器件'泡在溶液里'"。

今天，人工智能已经进入千家万户，可谓"旧时王谢堂前燕，飞入寻常百姓家"。最近的"ChatGPT"浪潮带来了几家欢乐几家忧愁：人工智能的前途和命运是怎样的呢？人类文明的前途和命运是怎样的呢？脑科学和人工智能研究怎样才能相互照亮？等，在该书的结束语部分，张晓林对上述问题也发表了见解。他认为，"ChatGPT 的出现，预示着人工智能的智力全面超越人类的时代马上到来。但是，ChatGPT 这样的网络人工智能是统合了网上所有人的信息和知识，通过大规模计算得来的，没有属于自己的感官和实践，也不可能产生属于他自己的个体记忆与意识。实践出真知，没有自己的身体和社会实践经验的智能是没有自我灵魂的。"我本人持类似的看法，当下的人工智能，是有芯（片）而无心（智）的。大脑不是被设计出来的，是大自然演化历史长河的产物。但是，人工智能可否通过完全不同于生物进化的另一条道路通向"智慧"？还是那句老话，实践是检验真理的唯一标准。

当代科学与技术正处在大发展、大交叉、大融合的时代，正在向微观、介观、宏

观、宇观进军；正在向深海、深空、量子、超算、大数据、大模型、通用智能、脑海深处进军。生命科学、物质科学、信息科学和智能科学正在相互照亮。仿生眼的研发也迎来了新的发展机遇，让我们期待中国的仿生眼研究在仿生-视觉-智能-意识的赛道上腾飞。

郭爱克
中国科学院院士
中国科学院生物物理研究所
中国科学院大学

2024 年 3 月于珠海

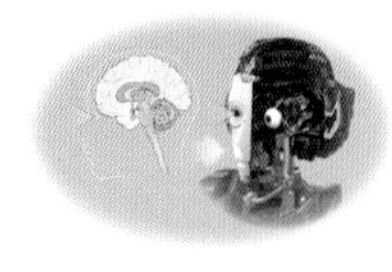

前 言

5 亿年前的寒武纪时代，某种海洋蠕虫的神经组织突变出一种感光细胞，从而诞生了眼睛，引发了生物界的物种大爆发。当然也有人说是雌雄两性的分化推动了物种进化，但是两性的出现远早于寒武纪，至少视觉帮助两性发现了自己的另一半，同时引发更残酷的竞争。此后，眼睛作为生物最重要的感知器官随着物种的进化而不断改进。可以说谁有了更好的眼睛，谁就掌握了主动权。5 亿年后，眼睛进化成了生物最精密、最复杂、最聪慧的器官，完整的视觉系统遍布整个大脑。

目前自然界有代表性的眼睛有四种：脊椎动物的双眼（人眼、鹰眼、兔眼、鱼眼、蛙眼等），软体动物（鱿鱼、章鱼等）的双眼，蛛形纲（蜘蛛、蝎子等）的固定多目（多只单眼），昆虫纲（蜻蜓、蝇、蚊、蝶等）的复眼。笔者对眼的研究是从动物界最高级形态的脊椎动物的双眼及其“眼球运动”这一普遍特征开始的。动物眼球运动的功能在工学界较少被深度研究，常常被认为只要能够跟踪和注视物体就可以了。而动物的眼球运动，特别是人类的眼球运动具有多种运动模式和极复杂、精密的性能。另外，生理学实验显示，人类的眼球如果不运动（包括微眼振），时间稍微一长就什么也看不见了。因此随着机器视觉的发展，动态视觉的研究显得越来越重要。

在笔者开始研究眼球运动的初期，生理学领域的眼动研究和工学领域的相机运动控制研究基本互不相干，很少互相参照。在生理学领域，基本上是把各种眼球运动分离开来进行独立分析，极少见到从眼球运动控制系统的整体进行解析的研究报告。这是因为，很少有精通系统工学、自动控制理论和工程数学的生理学领域专家。而在工学领域的学者往往对需要高难度专业技术的生理学和解剖学领域敬而远之。因此，能够遵从生理学和解剖学的见解，对生物的视觉系统进行严密建模和模拟的研究就变得少之又少。笔者恰巧因为工作关系，对控制学理论和生理学领域都有一些浅薄的知识，靠着当时年轻气盛，闯进了这个全新的领域，到今天才发现人生苦短，要靠更多年轻人的积极加入才有可能完成最基本的视觉系统研究工作。

本书融合了笔者及其团队在机器人视觉领域、神经生理学领域和仿生学领域三十多年的研究成果，从人眼的生理解剖结构和其运动控制神经系统的拓扑描述出发，通过建立生物视觉系统的数学模型，解析视觉信息在大脑中的处理流程、搭建类脑框架、推测意识的形成及智能决策的过程，直到设计眼球运动控制系统，构建了从感知到理解，再到决策，最后到运动控制的较完整的闭环的自主智能仿生眼系统。全书共六篇 18 章。

第一篇探讨了在生物学已取得巨大进步的时代，仿生学的历史使命。

第二篇介绍了研究仿生视觉系统所需要的生物学基础知识和对生物视觉系统进行科学解析所需具备的前提条件：第 2 章对各种生物的眼睛进行了分类和介绍，分析了各种眼睛的优势；第 3 章将生物学中复杂且未统一定义的各种眼球运动进行了统一分类和定义，以方便数学解析；第 4 章介绍了神经细胞的信号处理原理及数学模型，为后续对人眼视觉神经系统建模提供科学基础支撑和方法论；第 5 章作为仿生视觉系统研究所必须具备的基础知识，对大脑神经系统进行概述，并为方便后续视觉系统的数学模型解析勾勒出一个脑系统的基本框架。

第三篇主要描述与视觉系统相关的人脑解剖学构造和生理学功能及与其对应的数学模型：第 6 章介绍了以脑干的眼球运动控制神经系统为核心，构建与神经回路一一对应的数学模型，并通过控制学理论对该模型进行简化和解析，得到视觉系统的基础运动控制特性；第 7 章通过解析上丘的结构和信息通路，以及上丘对各种刺激的响应，揭示了上丘控制的跳跃眼动机制，搭建了跳跃眼动的运动控制模型；第 8 章分析了小脑的解剖学结构和神经回路的拓扑结构，并以此为依据构建了可用于眼球运动控制的学习控制系统模型；第 9 章对大脑的视觉处理通路及各相关脑区的功能进行了详细介绍，并以各脑区的生理学功能为依据，搭建了大脑视觉处理的基础流程和框架，进一步指出了生物视觉系统的原理对机器视觉的指导意义。

第四篇介绍了研制仿生眼所需的技术：第 10 章介绍了笔者团队开发的仿生眼的机械结构、信号处理系统，以及研制仿生眼需要注意的事项；第 11 章介绍了实现仿生眼的基础视觉功能所需的图像处理算法；第 12 章论述了作为动态立体视觉系统的仿生眼所必须遵循的双眼运动法则“标准辐辏”，以及为了实现立体视觉所必须完成的动态标定原理及算法；第 13 章介绍了将第 6 章的双眼运动控制系统模型适用于仿生眼的运动控制系统的方法和实验结果；第 14 章介绍了提高仿生眼的视觉功能需要配套的高级图像处理。

第五篇讨论了仿生视觉系统为了实现类人的视觉功能背后需要具备的智能系统的形态和功能：第 15 章提出了视觉意识空间的概念，以及构建意识空间所需要的技术和实用案例；第 16 章设计了基于仿生眼的视觉类脑系统，以及高级脑区的多模态信息融合功能的工学实现流程和为实现类脑系统所必须开发的信息输入和输出系统。另外，对视觉类脑系统的开发现状进行了介绍。

第六篇是尾声篇：第 17 章介绍了仿生眼目前的产业应用情况；第 18 章是结束语，介绍了笔者对机器头脑对比人脑的优势的理解，对于人工自主智能系统的优缺点和可能产生的危害给出了笔者的认识和态度。

视觉的背后是智能，是意识。由于“仿生眼”是包含脑干、小脑、大脑功能的完整智能仿生系统，仿生眼的研究会带来类脑研究的新一轮技术突破，引发人工智能新纪元。不同于激光雷达、TOF 和固定双目，仿生眼无论在信息量、可视距离、测量精度上，还是在识别、判断能力上都具有更全面的优势。而且仿生眼可以根据人工智能的“主观意志”去主动观测“想要”看的物体和部位，是人工智能走向自主意识的关键要素。特别是当仿生眼脱离人工标定，实现自动和自主标定后，将会进一步实现身体各部位的全面标定，这项功能会使机器人在诞生那一刻起就可以完全脱离人类对它的操作，具备自适应和独立生存的能力。

笔者回国入职中国科学院上海微系统与信息技术研究所后，得到引进笔者回国的时任研究所所长的王曦院士的大力支持，并在研究所历届领导班子的支持下获得了上海市、安徽省、科技部、中国科学院的大量科研经费及条件的支持，使得仿生眼理论及技术得到突飞猛进的发展，建立了动态双目立体视觉的理论体系，并通过中国科学院的产业化平台实现了从理论到技术，再到产品的快速蜕变。

相关研究获得了中国科学院生物物理研究所郭爱克院士、广东省智能科学与技术研究院张旭院士、中国科学院脑科学与智能技术卓越创新中心王佐仁研究员、中国科学院上海微系统与信息技术研究所陶虎研究员、上海大学机电工程与自动化学院教授钱晋武、北京师范大学系统科学学院斯白露教授、复旦大学计算机科学技术学院薛向阳教授、清华大学类脑计算研究中心施路平教授、北京大学北京智源人工智能研究院黄铁军教授等诸多教授学者的热心指导和帮助，特别是在与笔者好友刘立安先生多年的交流中，无论是学术思想还是资金援助，更有他关于华夏文明源流及中西方文化不同哲理的见解，都受益匪浅，限于篇幅，在此不一一列举。

本书的构思是从第一款仿生眼诞生之日开始的。由于研究初期的内容过于偏技术，涉猎领域太广，加之笔者英文书写能力太差，所以研究成果迟迟难以通过一流学术杂志的审查，最终导致研究内容不断叠加，相互交错，越来越难以通过“一篇论文，一个主张”的方式在学术杂志上发表。很长一段时间都是每有成果，就在学术会议上公开一下了事。幸运的是，该研究方向总是能够获得少数但有实力者的认可，所以在研究经费上收获颇丰，支持了该研究的持续发展。同时由于笔者一直在一流大学和研究所任教，优秀的学生也是该研究得以不断深化的关键因素。

在这里要特别感谢笔者的父母，是他们最先体会到笔者进入冷门专业的不易和研究成果的重大意义，在20年前就提议我写一本专著来获得各方专业人士的理解和支持。疫情期间，空闲在家，在他们的督促下得以在三年期间整理了多年撰写的用于研发团队培训的资料，以及最新脑科学及机器视觉领域的研究成果，终于完成了专著撰写工作。

本书的完成离不开笔者的同事们（笔者曾是他们在博士或硕士期间的导师）的协助，他们是（按姓氏笔画排列）：王磊、王开放、王文浩、王康如、石文君、付凤杰、加藤芳彦、朱冬晨、刘衍青、李嘉茂、杨冬冬、张广慧、高岩、郭子兴、徐越、甄梓宁等。也离不开笔者团队成员的大力支持，他们是：周诚喆、柳俊、胡杨红、夏剑锋、聂晓伟、吴丽、郭远博、陈南希、陈利利、明伟、黄乔中、韩婷等。

由于本书的初衷是为仿生眼开发团队内部基础知识培训和研发成果积累而整理编辑的，因此内容较多，很多内容尚不成熟，未在学术期刊上发表，有些甚至还处在研发构思阶段，书中难免存在诸多不足，欢迎广大读者批评指正。

张晓林

2024年3月于上海

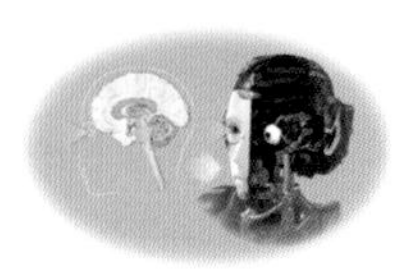

目　录 >>>

第一篇　绪　　论

第二篇　仿生视觉系统的生物学基础与理论前提

第一篇　绪　　论

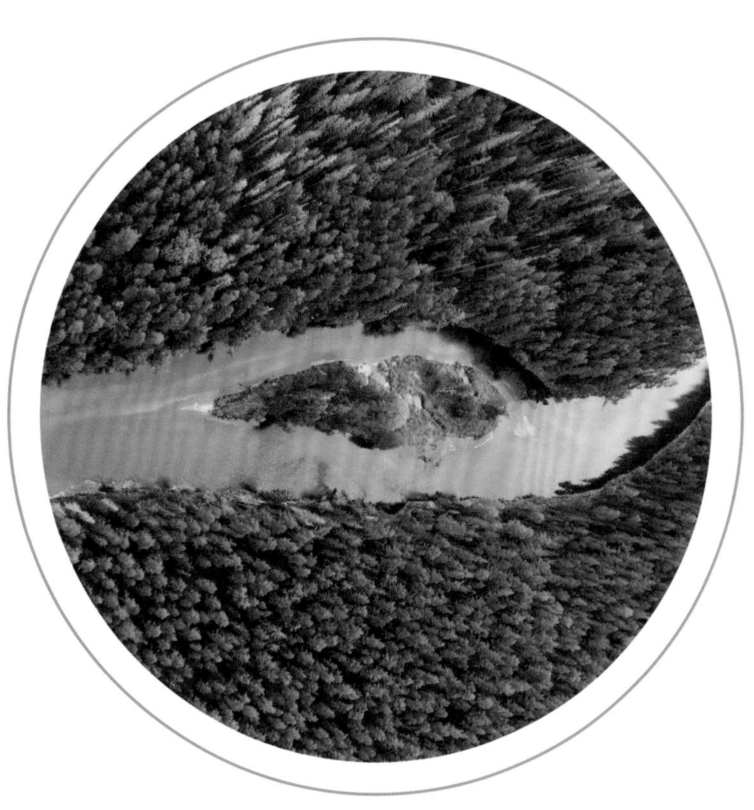

第1章 仿生学的使命

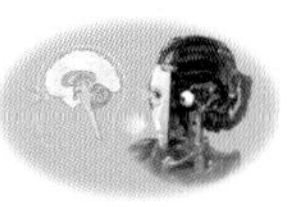

1.1 生物与机器的不同

机器只有变成生物才能全面超越生物（笔者）。地球上的所有生物都直接或间接生活在液体里，陆生生物的皮肤下包着的都是泡在组织液、淋巴液或血液里的各种细胞及组织器官[1, 2]。而机器，特别是电子产品或电子部件基本上都需要在没有液体的条件下使用。由于细胞都在液体里，因此物质的传输靠液体，信息的传输靠液体，即使是电信号也是通过各种离子来传输的。例如，神经细胞虽然也利用电信号，但是与人类发明的电气设备只有一种电流不同，生物的电流具有很多类型，钾离子电流、钠离子电流、钙离子电流、氯离子电流等分别起着不同的作用；生物体内没有专门为输送电流而设的导线，相比人类设计的电气设备、电路板、芯片中大量的导线，生物的信息交互方式要有效得多，可以实现的系统复杂性也要高出几个数量级。例如，一个直径十微米级的神经细胞可以接受数万个神经突触，更有近百万个钠钾离子泵和数百万计的钾、钠、钙等离子的通道，这个数量级的电信号通路用导线来实现是无法想象的。因此，也可以认为，未来的人造机器很有可能会利用生物的基本原理和方式，逐渐改变目前“干机器”的模式，而采用“湿机器”，把核心器件“泡在溶液里”，最终把机器制造成生物的样态。

由于生物的最基本构成与机器不同，因此其他各种特性和原理也自然相去甚远。尽管如此，生物为我们设计机器提供的参考价值仍然是不可估量的。下面将简述目前生物与人造机器的一些明显的不同。

1. 基因（gene）

生物的基因是最简单最高效的设计加工图。如果把生物体当作“机器”，每个最基本元器件（细胞）都带有整套机器的设计加工图纸：“DNA”。一个初始元器件，不需要工厂，也没有任何加工设备，只要提供材料和能量（食物），有合适的环境，就可以自动生长出超级复杂的机器：身体。这也是目前人类发明的任何机器都没有的生产模式。

2. 繁殖（breeding）

繁殖是最高效的生产方式。繁殖是一种自我复制的生产方式，与在工厂里生产机器的流水线生产方式比，工厂生产的产品数量是随时间线性增长的，而繁殖是指数增长的，所以繁殖是远比工厂生产线快的生产模式。只要机器人不会自我复制，那么机器人在数量上就永远不会战胜生物。

3. 生长（growth）

生长是最佳的制造方法。生长可以生产出极为复杂的“产品”，可以在物体内部无中生有地“长”出某种“部件”，可以说比被称为“迈向未来的数字化生产方式”——3D打印，还要多出至少一个维度。因为 3D 打印没有办法在封闭的结构中打印出新的部件，更无法让打印好的产品从内到外一起变大，所以以目前的工程技术生产出来的产品，无论如何都无法在复杂度上和生物媲美。

4. 自然治愈（natural healing）

生物的自然治愈能力是复杂系统最好的维修方式。目前的电子元器件，甚至复杂一点的机械设备基本都是采用“一出故障，就整体更换”的模式，即放弃维修。这也是机器的生命周期无法和生物相提并论的原因。很少能看到一台相机可以连续使用 30 年，而人类的眼睛在三十岁后正常使用完全没有问题。所以，为了节省资源，增加使用安全度，自动修复功能是具有复杂系统的机器设备未来需要考虑的一个重要研究方向。

5. 要素的独立性（independence）

生命的每一个零件都是独立的生命单元。从细胞到器官，生物的每一个单元都是一个独立的整体，不仅能够进行新陈代谢，而且能够保持独自的功能并能够主动适应环境。只有这样，生物的身体才能够形成极其复杂的结构，完成高性能的功能，而不会因为某一个微小环节的故障影响全体。例如，一个细胞由于是独立且相对封闭的个体，不仅可以执行细胞内遗传因子的固有程序按部就班地工作，而且可以通过血液运送来的激素、神经细胞延伸过来的突触来接收上级生命体交给它的命令，以及与各级生命体进行信息交互。当然，每个部件虽然可以独立运作，但是需要绝对服从整体利益，绝对听从系统发给它的指令。例如，细胞可以接收身体免疫系统或遗传因子发给它的自杀指令而主动自我销毁。机器的零部件如果能够在完成它在系统中应该发挥的“本职工作”的同时，独立进行生产、维护、修理甚至在不需要时自我解体，并毫无痕迹地消失，那么机器的性能和寿命将会大幅甚至无限延长。

6. 防御（fortification）

生物的免疫系统是最高效完美的防御系统。很多计算机软件系统的设计模仿了生物的免疫系统，但是目前为止还没有任何机器具备像生物免疫系统那样的物理意义上的防御系统。事实上，病毒、细菌，甚至天敌这些威胁，与其说是危险，倒不如说是生物进行自我完善和进化的手段和方式。目前人类对机器的发明、设计和生产还远没有达到有这个需求的程度。当然，计算机软件设计已经可以通过应对各种软件病毒来设计自主防御系统，提高自身的性能和修正缺陷，这也是仿生的一种模式。

7. 自适应（adaptation）

改变自己是生存的秘诀。自适应是一种生物在出生后仍然可以根据环境来不断改变自己，使之逐渐适应环境的能力。例如，经常奔跑的人，腿部肌肉不断增强，逐渐变得善于奔跑。这种不断增减某种能力，改变系统参数的自调整方法在自动控制理论和人工智能领域已经有不凡的研究成果，但还是主要体现在软件上，与生物相比仍有巨大的差距。在不修改系统结构的前提下，为应对不可预见变化的环境进行自动调整也应该是未来人造机器的重要研发方向。

8. 本能（instinct）

本能是生命亿万年生存经验的结晶。生物的本能是与生俱来的能力。不同于学习和自适应获得的后天能力，本能是神经系统在亿万年进化后留存下来的最重要的基本功能，是每一代生物必备的生存能力。机器人或人工智能系统也应该具备初始功能，而不是什么都从头学起。

9. 学习（learning）

学习是更高等级的进化。学习能力是大脑重要的功能，也是生物界最神奇的功能。笔者认为，生物最初具备该能力的目的是适应环境的需求，在后天获得原本不具备的能力，以便利用大脑和身体有限的资源，尽可能多地适应多变的生存环境。较原始的动物如鱼类、蜥蜴和青蛙等，它们虽然没有大脑新皮质和小脑新皮质，只有脑干和旧皮质，但是已经可以自由行动，可以主动获取食物和寻找配偶，而这些功能至今仍是智能机器人可望而不可及的能力。有了大脑新皮质和小脑新皮质之后，生物的学习能力得到了飞跃发展。尽管学习能力一直是人工智能研究的主要方向，但目前的人工智能系统结构单一、功能简单，与生物的脑干、小脑、大脑之间的配合协作，以及大脑各个脑区的分工合作等复杂结构和高效多样的功能相去甚远。生物一旦有了学习能力，就会通过激烈的生存竞争不断提高其学习能力，进而产生智能，完成自我及群体以及后代的能力提升，最终产生生物身体之外的知识体系的进化。

10. 智能（intelligence）

“这个世界最不可理解的就是它竟然是可以理解的”（爱因斯坦）。智能就是这个不可

理解的本身。生命自从诞生就开始不断去感知环境、适应环境、改造环境、理解环境，直至试图去理解世界甚至解释宇宙。这种理解能力的产生是生命（或生物）最伟大的进化。如何实现智能，是仿生学的终极目标。

11. 进化（evolution）

进化是生物进行创造与改进的手段。无孔不入的基因突变、持续不断的改良，使得生物不断增强各种为生存而需要的能力。自然界的任何一片树叶，任何一只小虫，甚至是一个细菌，它们的构造的精巧和复杂程度都是人类目前设计的机器所无法比拟的。所以，随着机器复杂程度的不断提高，其设计难度最终必然超出人类设计师有生之年可以达到的设计能力，从而**不得不走向机器自主进化的道路**。

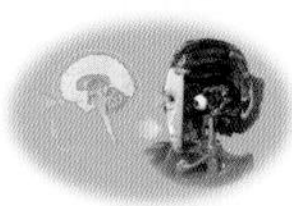

1.2 为什么要向生命学习

仿生学不是科学，但必须用科学的工具才能够走向成功。严格地讲，仿生学是模仿生物的学问，因此不能叫科学。笔者认为，现代科学是从公理、公设、定律、定理等基础原理通过严密的数学和逻辑推导而来的知识体系。例如，飞机的发明可以说是从鸟类的飞行获得灵感和提示的，但最终的飞机设计还是要根据流体力学、动力学、材料力学等相关科学原理和理论来完成。至于近代的重大发明，如电灯、电话、电影、电视、汽轮机、内燃机、电机、计算机、物联网等几乎都与仿生学无关。那么为什么仿生学又重新受到重视，越来越多的人加入这个行列中来了呢？原因要从现代科学的知识量越来越大，而核心原理的新发现越来越少，大批的科学家和工程师的研究与开发逐渐进入细分领域，越来越迷茫说起。

图像处理领域有一个著名的寓言故事，形象地说明了这种现象。一个夜晚，一名警察看到一个人在路灯下找东西，便走了过去。警察问他："你在找什么吗？"他回答说："是的，我钥匙丢了。"警察又问："你是在这儿丢的吗？"他回答说："我不知道。"警察好奇道："那你为什么在这儿找？"他解释道："因为这儿比较亮。"

正是由于近年知识爆炸的问题，被科学照亮的地方太多，部分科学家习惯了在亮处寻找科技成果，因为这样见效快。然而，大部分科学的钥匙是在人类根本没有注意到的黑暗的地方。那么，如何在暗处寻找新的钥匙？生命科学给急于求成的科学家们指明了方向。因为生物的进化是不管那里是否"已知"，它只需要通过大量的生命个体的生死去不断"测试"和"验证"就可以了。经过亿万年的进化，生物的身体积累了大量的优秀原理，因此通过解析生物的各项性能，能够更快地发现这些隐藏在生物体内，但对于人类来讲是全新的原理。这些原理的可信程度不是通过科学实验或逻辑推理得来的，而是生物用生命验证过的[3, 4, 6]。

为什么要从生物的身体中获得灵感，而不是在实验室里去不断做实验来获得新的发

现呢？这里又涉及另一个叫知识爆炸的问题。这里还用寓言故事来解释：一个农夫丢了一只羊，他请求村民们帮他找。过了不久，村民们都空手回来了。村民们说："每到一个岔路口他们就分头去找，但是岔路上还会有岔路，最后人手不够了。"也就是说，只要羊走得足够远，岔路数量就呈指数增加，多少村民去找都不够分的。以牛顿定律作为起点的现代科学，已经发展了 300 多年，科学的路已经走得足够远了，绝大多数科学研究都碰到类似于这个寓言故事的问题。而且，随着科学的发展，人类也越来越有能力来解析"生物"这种神奇事物了[5, 6]。

当然，科学研究也不是寓言上讲的那样，岔路会无限分下去。条条大路通罗马，殊途同归是事物的本质。就像海豚源于陆地，但是在海里时间久了就会进化出类似于鱼的形状，那么这种形状就是适合水中生存的最佳形态。通过学习生物，我们很可能在某个领域直接得到某项终极结论。

这里顺便讲一下很多人担心的问题：人工智能是否会超越人，或者说机器是否可以在性能上全面超过生物。我的回答是既可以又不可以。

说可以，是因为机器不需要考虑进化的规则。一架飞机可以飞得比鸟快、比鸟高，因为设计师可以采用任何材料，不需要考虑飞机如何自己寻找食物（材料和能量），也不需要考虑飞机如何复制自己，更不需要考虑如何进化、如何防御自然界的敌人。人工智能也同样，当不需要考虑能量，不需要考虑生命周期，不需要考虑材料时，人工智能一定会在很多能力上超过现在的人。

说不可以，是因为机器终将会变成生物，这也是 1.1 节第一句话的意思。同时，我们人类也会向机器靠拢，变成"被人改造过的人"。未来或许人类自身也可以不考虑能耗，不考虑生命周期地改造自己。目前大家使用的手机、互联网，以及正在飞速发展的虚拟现实、脑机接口等技术就是人类生物功能机器化的初期形态。

毕竟生物的基本原理要比目前的机器设备好太多，因此人类可以先通过采用与生物类似的原理来设计机器。这也是仿生学的意义所在。

1.3　目前的立体视觉传感器与仿生眼的区别

话题再回到本书的主要内容"仿生眼"上。接下来介绍立体视觉传感器的发展现状，随后简单说明仿生眼的不同与特点。

目前，市场上销售的被动式立体视觉传感器（主要指利用自然光或外部光源的视觉传感器），由于信息处理能力有限，绝大多数尚无法准确获取被测对象的距离信息，因此工业领域将激光雷达、微波雷达甚至超声波雷达这些使用 TOF 原理的非接触式测距装置都称为视觉传感器。TOF 传感器的测距原理简单，对于目前信息处理能力还不高的人工智能系统来讲使用方便，因此被迅速推广。

图 1-1 是目前常用的各种立体视觉传感器，基本上可以分成被动式和主动式两大类。

(a) 双目相机　(b) 光场相机　(c) 阵列相机
(d) 结构光方式　(e) 激光雷达　(f) 毫米波雷达

图 1-1　目前已产品化的立体视觉传感器的种类

（1）被动式立体视觉传感器是指通过自然光或与传感器不直接相关的外部光源（包括补光灯），获得视觉信息的传感器。仿生眼就是被动式立体视觉传感器。图 1-1（a）～（c）分别是双目相机、光场相机和阵列相机，其特点如下：双目相机是目前应用最广的被动式立体视觉传感器，通过三角测量算法获得被测物的距离。光场相机是通过大量的小透镜形成的立体视觉传感器。其原理类似于复眼，可以直接获得物体的三维形状，但也有复眼的缺点，即分辨率不高，看不远，且不同于复眼，小透镜群的前面需要一个大透镜，因此体积较大，影响了实用性。阵列相机是双目相机的增强版，获得立体视觉的可靠性和精度更高。

（2）主动式立体视觉传感器是指通过传感器自身发出的电磁波或声波在被测物体上反射回来的信息获得视觉信息的传感器，主要分为结构光方式和 TOF 方式两种。结构光方式［图 1-1（d）］主要由相机和结构光源组成。其原理是通过光源发射出斑点、网格、线条等光束，投射到被测物体，这些投射到物体上的光斑因物体的距离和形状引起尺寸、间距和形状的变化，再通过相机拍摄到这些光斑，进一步计算获得被测物体的距离和立体形状信息。TOF 相机或雷达的一种原理是由信号源发射可见光、不可见光（红外和紫外）、激光［图 1-1（e）］或毫米波［图 1-1（f）］等的脉冲信号，再通过接收器获得反射回来的脉冲信号的时间及强度来算出物体的距离和性质，另外还有通过反射回来的正弦波等波形的相位差来测距等方式。

主动式立体视觉传感器由于计算简单、测距精度高而获得广泛应用，但是其缺点也是明显的，包括角分辨率低、耗能高（需要使用光源、声源）、测量距离近（看不到反射过弱或过远的物体，如看不到日月和星辰）、同类传感器之间易相互干扰等。被动式立体视觉传感器虽然原理上优势巨大，但因计算的复杂度和计算原理尚未完全解明，推广速度较慢。随着人工智能和计算机计算能力的提高，被动式立体视觉传感器将越来越受到重视。类脑研究的发展将使被动立体视觉传感器成为智能设备的主流传感器。

本书介绍的仿生眼是指被动立体视觉传感器中更接近生物眼睛的视觉传感器。仿生眼的基本结构由前端和后端组成，其中前端是两套可以运动的相机组，后端是类脑视觉处理系统。

参考文献

[1] Hall Z W. An Introduction to Molecular Neurobiology[M]. Sunderland：Sinauer Associates，1992.

[2] Andrew P. In the Blink of an Eye：How Vision Sparked the Big Bang of Evolution[M]. New York：Basic Books，2003.

[3] **张晓林**. 对类脑智能研究的几点看法[J]. 中国科学：生命科学，2016，46（2）：220-222.

[4] **张晓林**. 类脑智能引导 AI 未来[J]. 自然杂志，2018，40（5）：343-348.

[5] Nicholls J G，Martin A R，Wallace B G，等. 神经生物学——从神经元到脑[M]. 4 版. 杨雄里，译. 北京：科学出版社，2003.

[6] Darwin C. On the Origin of Species by Means of Natural Selection，or the Preservation of Favoured Races in the Struggle for Life[M]. London: Murray，1859.

第二篇　仿生视觉系统的生物学基础与理论前提

第 2 章

眼睛的种类和构造

2.1 眼睛的诞生及种类

眼睛是自然界最杰出的作品。视觉系统包括大脑，没有大脑的眼睛什么都看不见，因此视觉系统包含感知（眼球）、分析决策（大脑）和行动（眼肌等）功能，即视觉系统是一个完整的感-知-行的闭环系统。

《视觉如何引发进化的大爆炸：第一只眼的诞生》（*In the Blink of an Eye：How Vision Sparked the Big Bang of Evolution*）的作者安德鲁·帕克（Andrew Parker）认为，正是眼睛使沉寂了三十五亿年的生命陡然焕发出空前的繁荣[1]。其实理由也很简单，因为眼睛的诞生使生物能够大范围寻找到食物，更容易找到异性配偶，更容易引发不同物种和同物种间的激烈竞争和战斗，这些都极大加快了优胜劣汰和遗传变异的速度。

据说眼睛诞生的起因是一次基因突变使一只海洋蠕虫的脑组织中产生了一种感光细胞，最终逐渐进化成了眼睛。寒武纪时期的生物有着各种各样的眼睛，有一只眼的三叶虫，有两只眼的海洋霸主奇虾、四只眼的鲎，也有五只眼的欧巴宾海蝎，甚至有浑身都是眼睛的生物（图 2-1）。

图 2-1　寒武纪时期由于眼睛的诞生引发了生命大爆发

临沂动物群生态复原图（杨定华绘，赵方臣指导）①

① 远古发现丨科学家发现 5 亿年前“临沂动物群”，http://www.news.cn/2022-04/27/c_1128601572.htm。

经过5亿多年的进化之后，今天我们还能够看到的眼睛基本上只有四大类型(图2-2)：①昆虫界普遍使用的复眼；②蜘蛛等节肢动物普遍使用的偶数只位置相对固定的单眼；③鱿鱼、章鱼等软体动物的眼睛；④绝大部分脊椎动物拥有的可动双眼。下面将简单介绍这四类眼睛的结构和原理。

(a) 昆虫的复眼（蜻蜓）

(b) 节肢动物的固定偶数单眼（蜘蛛）

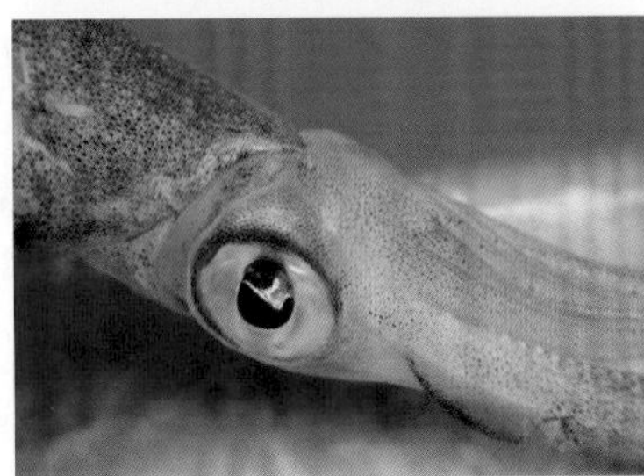
(c) 软体动物的双眼（鱿鱼）

(d) 脊椎动物的可动双眼（人）

图 2-2　进化到极致的四类眼睛

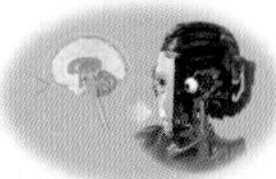

2.2　复眼的构造

复眼是自然界中种类最多数量最多的眼睛。复眼结构小巧而精密，是大量存在于昆虫中的视觉系统。如图2-3所示，复眼又可以分为蜜蜂、蜻蜓等日行性节肢动物所代表的并置复眼（亦称并列型复眼，apposition compoundeye）；以飞蛾等夜行性昆虫为代表的叠置复眼（亦称重叠复眼，superposition compoundeye），以龙虾为代表的反射晶体型叠置复眼；以及为了发挥并置复眼的高分辨性和叠置复眼的光敏感性的各自优势进化出的，以蚊蝇为代表的双翅目昆虫的神经性叠置复眼（neuronal superposition compoundeye，复眼外观与并置复眼类似）。叠置类复眼介于并置类复眼和单眼之间，因本书篇幅有限这里不再介绍，本节着重讲解并置类复眼（包含神经性叠置复眼）的光学原理。复眼动物中，蜻蜓复眼中的小眼数量最多，最高可达2.8万只，其综合性能在昆虫中应该是最好的。

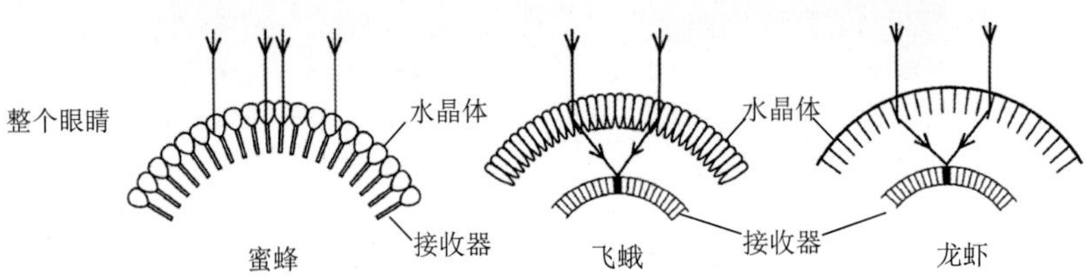

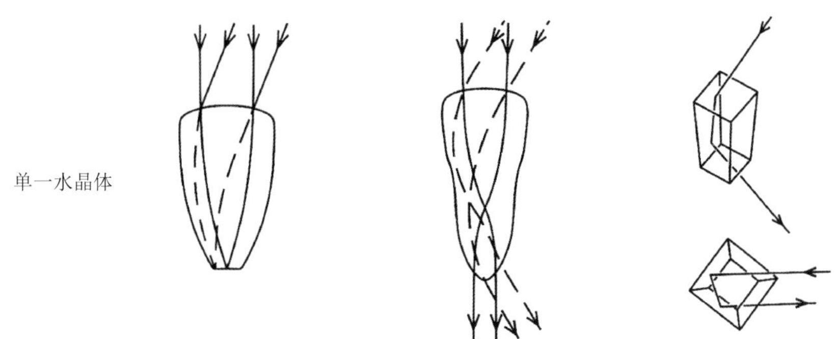

图 2-3　蜜蜂（并置复眼）、飞蛾与龙虾（叠置复眼）的光聚焦机制[1]

由于果蝇的研究资料最为丰富，本章节主要通过果蝇的复眼介绍复眼结构及特性。图 2-4 是果蝇复眼的外观。果蝇成虫复眼呈规则的六边形排列，每个六边形的晶状体称为小眼。图 2-5 是果蝇成虫小眼的结构，每个小眼单元是由 8 个光感受器和 11 个附属细胞组成的，是精致的 19 个细胞的集合。每个小眼都有一个凸透镜式的集光装置，称为角膜透镜。角膜透镜下面连接着的锥形晶体被称为晶锥小眼，这些小眼里有 8 个感光细胞，每个感光细胞下面连接着通向脑的视觉神经。

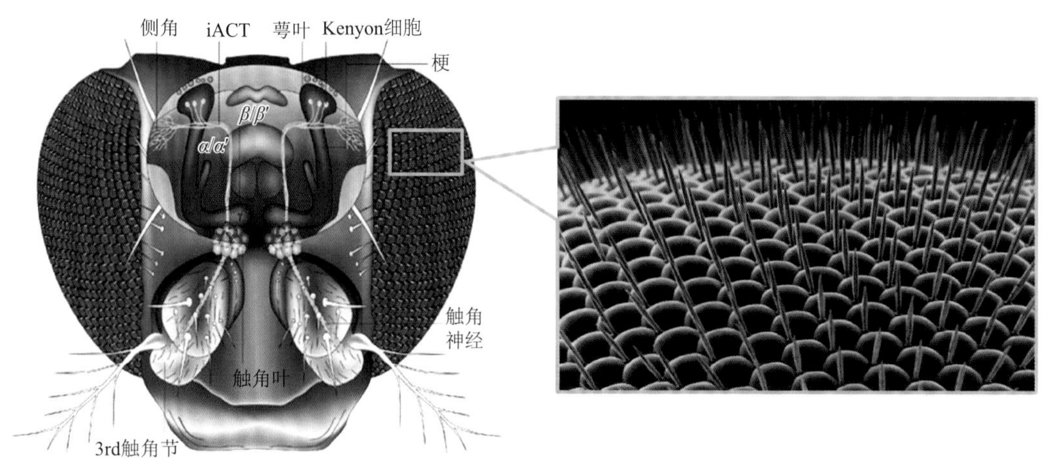

图 2-4　果蝇的复眼[2]

iACT：inner antennocerebral tract，内侧触角脑束；1rd = 100erg/g = 10^{-2}Gy

光感受器（R 细胞）有三种不同类型（图 2-6）：①R1～R6 类视杆细胞（简称杆细胞），位于围绕两个中央视杆细胞的环中；②R7 类视杆细胞，也称远端或外侧中央视杆细胞；③R8 类视杆细胞，也称近端或内侧中央视杆细胞。遗传和形态学标准将外部视杆细胞受体分为三组，即 R1/6、R3/4 和 R2/5。

视杆细胞上覆盖着四个锥细胞。围绕锥细胞的两个初级色素细胞（1°色素细胞）是镜像结构细胞，它们在小眼的垂直中线相遇。二级色素细胞（2°色素细胞）位于两个小眼座之间，三级色素细胞（3°色素细胞）在一个顶点由三个小眼共享。这些色素细胞形成一个共享的网格围绕着感光细胞，组成一个精确的蜂窝状基质。

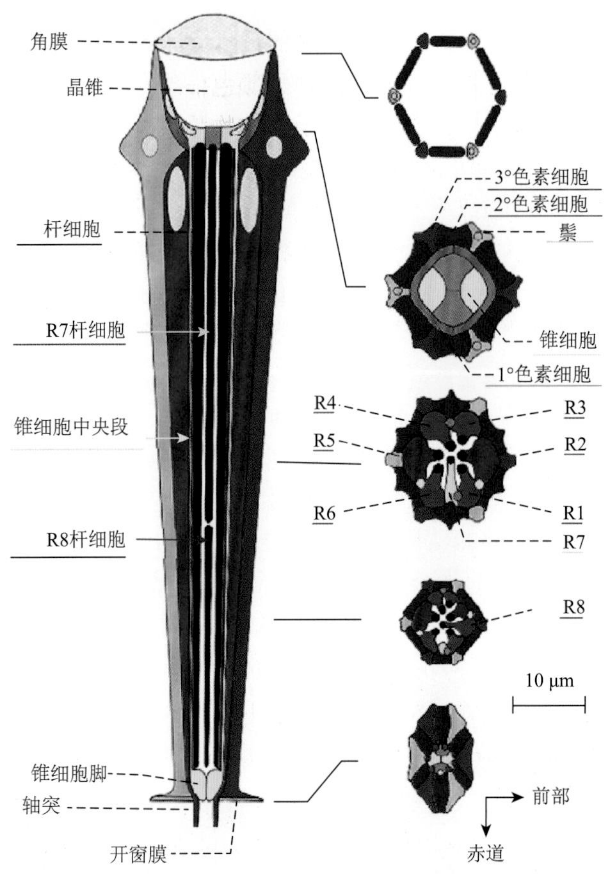

图 2-5 果蝇成虫小眼的结构示意图[3]

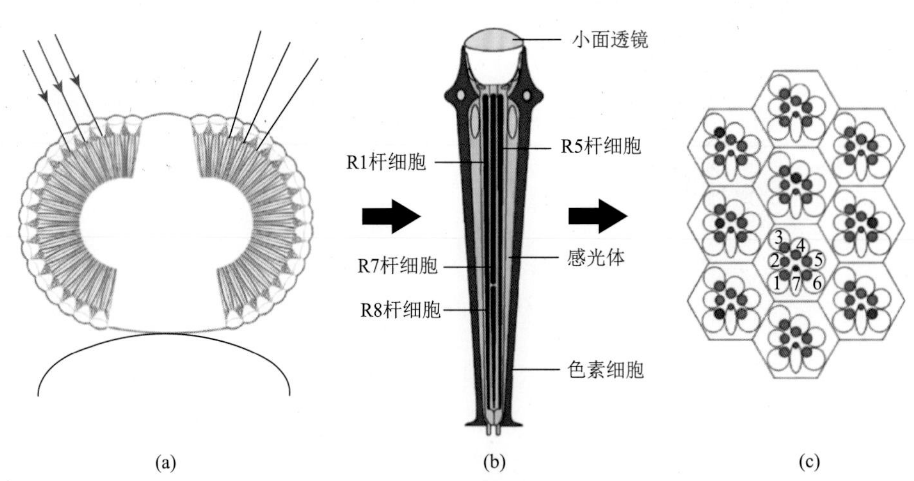

图 2-6 果蝇的视网膜组织结构图[4]

（a）左右两只复眼是由解剖结构相同的对称构造块组成的。小眼排列在一个半球形的外壳中。色素细胞中的色素在光学上将小眼彼此隔离。相邻小眼（蓝色虚线）的视轴之间的角度约为5°，决定了眼睛的空间灵敏度。（b）果蝇的每只小眼都含有八个感光细胞（R1～R8）。六个大的感光细胞（R1～R6）具有长而粗的杆节，而在内部的感光细胞（R7 和 R8）具有较细的杆节（串联排列），R7 在远端，R8 在近端。（c）从远处点光源［（a）图带箭头的红线］投射到某个小眼的 R7 中的光也被 R1～R6［（c）图中红色视杆细胞］的六个感光体接收，每个感光体位于不同的相邻小眼中，这些 R1～R6 光感受器的信号在靠近视网膜的视神经节中汇总，从而提供了一个高灵敏度的运动视觉系统，R7 和 R8 是识别色彩的视觉系统

每个小眼都能独立观察物体，但由于小眼的尺寸太小，感光细胞的数量有限，它们只能看到外界的几个固定方向的小范围的光强和颜色信息，只有大量的小眼以一定的规律组合在一起，才能够得到完整的视觉。由于生物物种的不同，它们的复眼结构和功能也各不相同，果蝇大约只有 750 只小眼，而蜻蜓的复眼大约有 25000 只小眼。

复眼独特的光学和生理学结构，使其与高等动物的双眼系统相比有着完全不同的特点。关于复眼的研究有较长的历史，相关论文和书籍也很多，但是尚没有统一且严密的光学分析和定论。笔者认为，每只小眼的感光细胞（R8 除外）的感光部位都在微透镜的焦平面上，即小眼的感光细胞对应的是一束横切面与小眼透光面相同的光束，该光束的所有光线都会与通过该感光细胞感光部位上某一点和小透镜光心的直线平行。只有这样，大量的只有小数量感光细胞的小眼才能形成高分辨率的影像供相对简单（与脊椎动物比）的昆虫大脑处理。具体来讲，即将复眼中每只小眼的对应位置上的感光细胞接收的光束强度信息或波长信息组合起来就可以形成一幅图像，图像的分辨率取决于小眼的数量。

复眼的基本原理与目前各种相机的原理完全不同，仿生复眼将会成为一种与目前机器视觉完全不同的视觉传感器。图 2-7 是笔者根据复眼原理设计的小眼（三像素）的光学结构。图 2-7（a）中 A、B、C 三点分别是仿生小眼焦平面上的三个感光点，分别接受三束平行光束的投射，各平行光的中心线（感光点出发贯穿小眼光心的射线）称为该光束的“中轴”。图 2-7（b）表示当感光像素具有一定面积时，该像素感知的光是一个光锥，称为“感光束”，像素上的所有点对应的平行光束的中轴形成一个立体锥形，称为中心锥。

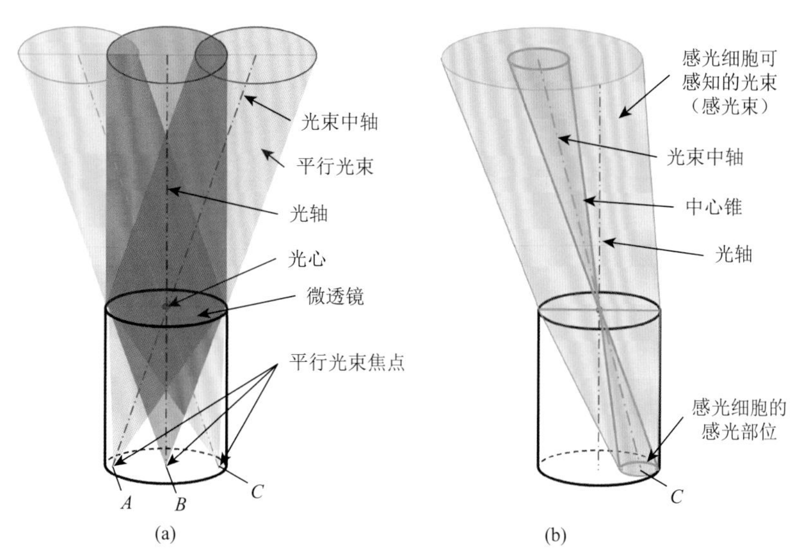

图 2-7 三像素小眼的光学特性

图 2-8 所示的三像素小眼组成的仿生复眼的各感光像素中轴线分布是笔者设计的一种仿生复眼的排列方式，各小眼呈圆弧形排列，每只小眼与图 2-7 相同，为三像素小眼。由该仿生复眼各小眼中各感光像素的中轴线的分布可以看出，各小眼对应像素形成的三幅图像（图示红、黄、蓝三道光线分别构成的图像）的分辨率是小眼的数量或密度，视

场角是左右最外侧小眼对应像素中轴的夹角。这三幅图像具有相互交叉的共同视野，因此可以通过三角测距法形成立体视觉。如果这个原理成立，图 2-4 所示的果蝇的复眼可以通过每只小眼的八个感光细胞形成八幅图像，其中 R1 和 R6、R3 和 R4、R2 和 R5 分别形成立体图像对，通过特征匹配，可以形成立体视觉，而 R7 和 R8 与其他感光细胞种类不同，应该是单幅图像，据说是彩色图像。笔者推测，每只复眼的 R7 细胞可以对特定波长反应，即形成特定颜色的图像，而 R8 在里侧只有波长较长的光才能进入。当然，因为果蝇是双复眼，所以通过左右复眼的重叠视野，R7 和 R8 的图像也可以形成双目立体视觉。图 2-8 中红色光束对应的感光点的位置放置的像素可以模拟 R7 和 R8 的作用。

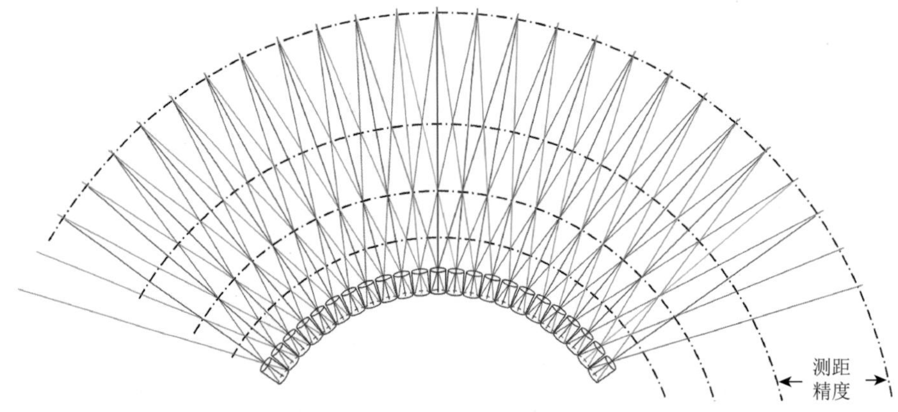

图 2-8 三像素小眼组成的仿生复眼的各感光像素中轴线分布

图 2-9 所示的是双像素小眼组成的仿生复眼的中心锥和感光束的分布情况，很明显当中心锥的角度（即感光束的角度）与仿生复眼相邻小眼光轴的夹角相同时，可以同时满足小眼间互不干涉且感光面覆盖全部空间。图中的蓝色区域是小眼 1 的左右像素的共同视野范围，即当视标被小眼 1 的左右像素捕捉到时，该视标在蓝色区域；同理，图中的

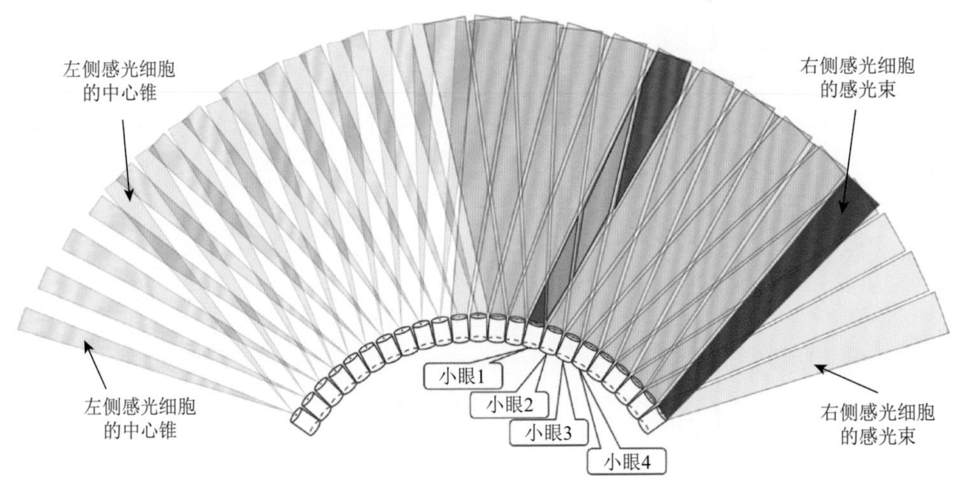

图 2-9 双像素仿生复眼的中心锥和感光束的分布

绿色区域是小眼 1 的左像素与小眼 2 的右像素的共同视野，即当视标在绿色区域时，将被小眼 1 的左像素和小眼 2 的右像素捕获；图中的黄色及红色区域分别是小眼 1 和小眼 3 及小眼 1 和小眼 4 的共同视野。

由图 2-9 可知，一只仿生复眼也可以得到立体视觉。不同于平行视双目相机，视标距离与视差成反比，复眼测的视标距离与视差成正比[4]，因此非常适合近距离的目标测距，图像的匹配也相对容易。如果使用两只复眼（图 2-10），两只复眼间的测距原理与固定双目系统相同。由于可以利用单只复眼测距信息的辅助，双目复眼可以大大提高立体匹配效率。

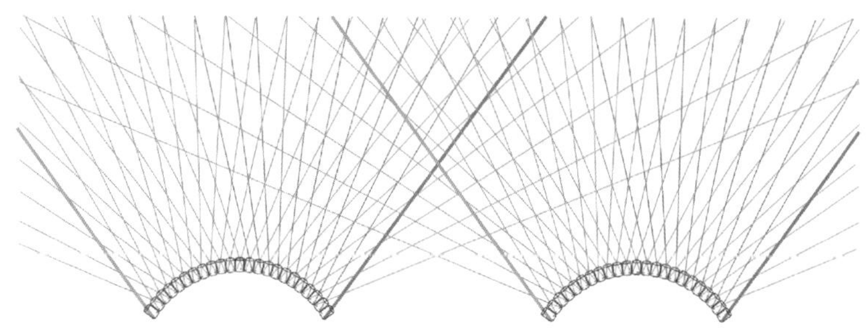

图 2-10　两只复眼的光学结构可以提高测距精度

复眼的缺点是分辨率不如眼球高，而且因透镜小，每个感光细胞的集光效率也不如眼球，因此不适合暗处和远距离观测。由于需要曲面感光芯片，目前还难以工学实现。光场相机［图 1-1（b）］可以算是仿生复眼的一种模式，既可以避开制造曲面芯片的难题，也可以通过大透镜增加每个感光像素的集光能力。光场相机的缺点是：由于使用大透镜，受大透镜焦距的影响，丧失了复眼超近距离测距的能力；对于远距离测距，需要通过 2 台光场相机来解决基线短的问题，但又因分辨率不如普通相机，测距精度不如普通双目相机。

图 2-11 是笔者团队开发的仿生复眼，其原理是将微透镜放在大透镜前端来解决感光芯片不能弯曲的问题。不得不说，该仿生复眼的结构更接近叠置复眼。图 2-11（c）已经达到 1511 只小眼。这种仿生复眼可以测量极近距离物体的三维位姿，通俗地说，甚至可以测量落在复眼上蚊子的位置。由于本书主要介绍以人类双眼为主的仿生眼，加之笔者在复眼方面的研究时间尚短，因此本书对复眼不再进行更详细的论述。对仿生复眼的最新进展和相关研究感兴趣的读者，欢迎查阅相关资料及笔者团队的相关论文和专利[5, 6]。

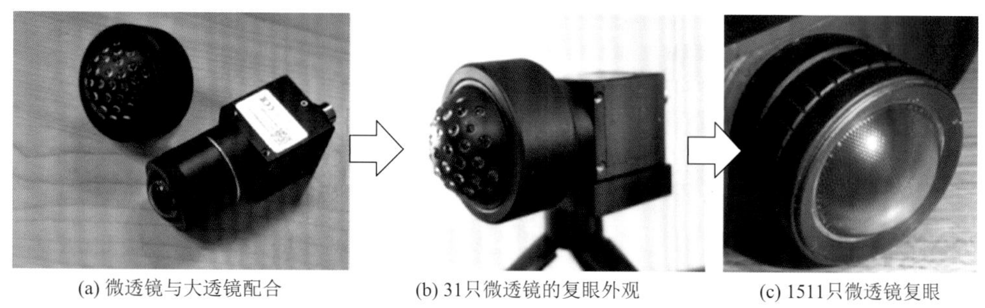

(a) 微透镜与大透镜配合　　(b) 31只微透镜的复眼外观　　(c) 1511只微透镜复眼

图 2-11　将微透镜与大透镜结合并使用普通相机的感光芯片构成的仿生复眼

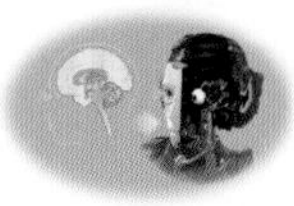

2.3 单眼的构造

蜘蛛的单眼是固定双目视觉原理的生物眼形态。蜘蛛的眼睛也是自然界典型的视觉系统之一，因此需要单独介绍。蜘蛛无复眼，只有单眼，一般有 8 只单眼，也有 6 眼、4 眼甚至 2 眼的（图 2-12）。就眼的功能而言，又分夜和昼两种，甚至一个蜘蛛的这 8 只眼睛还有明确分工，有的负责白天看东西，有的负责夜晚看东西。

图 2-12 蜘蛛的眼睛

蜘蛛中不用网而是采用追捕方式猎取食物的跳蛛视力最好，它们拥有 8 只单眼，具有 360°的全方位视野。与复眼的小眼只有几个视觉细胞不同，跳蛛的每只单眼里的视觉细胞多达数万个，相当于一台分辨率为几万像素的超小型定焦相机。因此，我们可以将目前**机器视觉领域普遍采用的相对位姿固定的双目或多目相机统称为仿生蜘蛛眼**。从蜘蛛眼的数量全部是偶数来看，视觉系统的相机也最好是偶数。一般由用于观看周边环境的广角镜头相机和用于看清物体的望远镜头相机两两配合较为理想。图 2-13 是各种蜘蛛眼的位置排列，从各种蜘蛛的活动习性可以看出蜘蛛眼排列的合理性。固定双目相机的视觉处理相关内容将在后面详述。

蜘蛛眼式图 协助: 王露雨, 子冲0229, 匹夫蛸 绘制: 金钛锆

节板蛛科 Liphistiidae

盘腹蛛科 Halonoproctidae

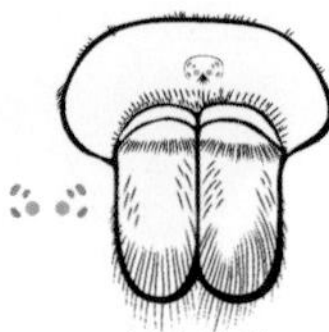

捕鸟蛛科 Theraphosidae

线蛛科 Nemesiidae

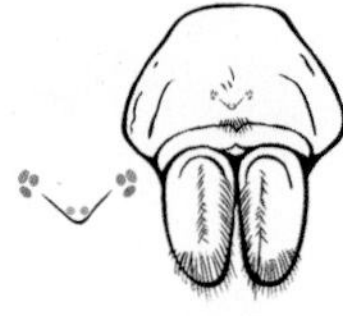

硬皮地蛛属 *Calommata*

大疣蛛科
Macrothelidae

开普蛛科
Caponiidae

Chedimanops eskovi

合螯蛛科
Symphytognathidae

拟壁钱科
Oecobiidae

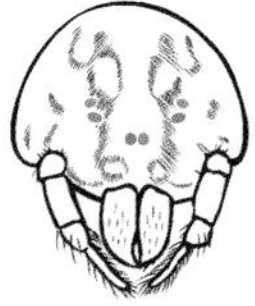

花皮蛛科
Scytodidae

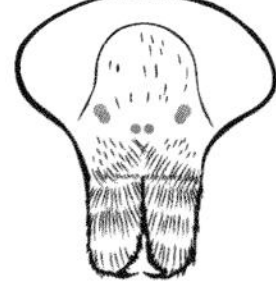

刺客蛛科
Sicariidae

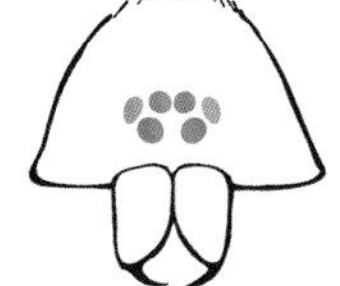

卵形蛛科
Oonopidae

石蛛科
Dysderidae

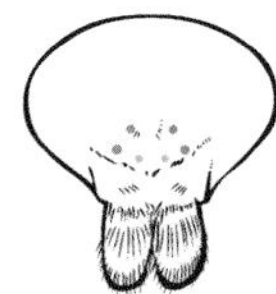

逍遥蛛科
Philodromidae

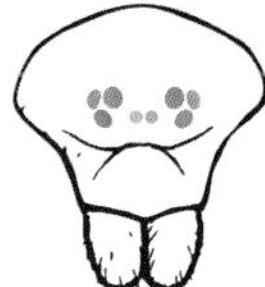

幽灵蛛科
Pholcidae

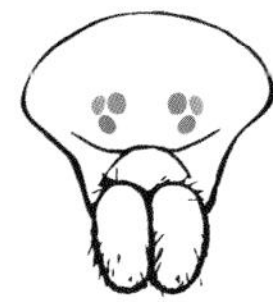

六眼幽灵蛛属
Spermophora

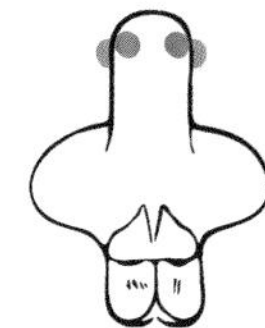

莫蒂蛛属
modisimus simon

巨蟹蛛科
Sparassidae

Sinopoda scurion

园蛛科
Araneidae

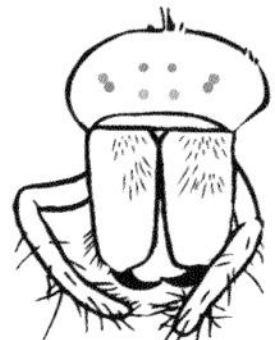

毛络新妇属
Trichonephila

球蛛科
Theridiidae

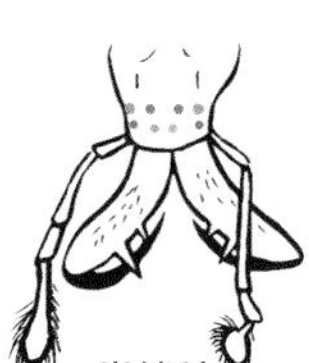

肖蛸科
Tetragnathidae

潮蛛科
Desidae

皿蛛科
Linyphiidae

盾板蛛属
Pelecopsis

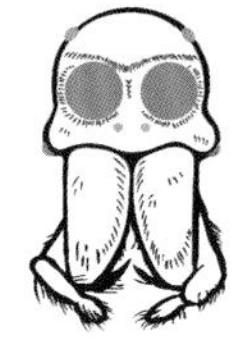

妖面蛛科
Deinopidae

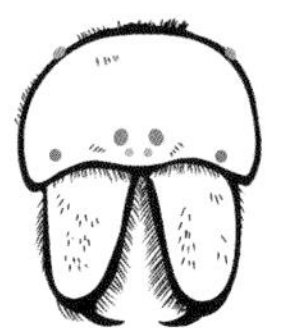

隆头蛛科
Eresidae

栉足蛛科
Ctenidae

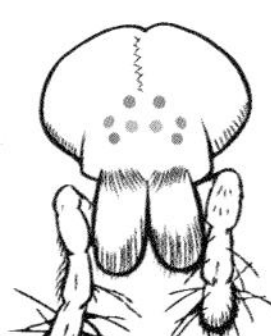

漏斗蛛科
Agelenidae

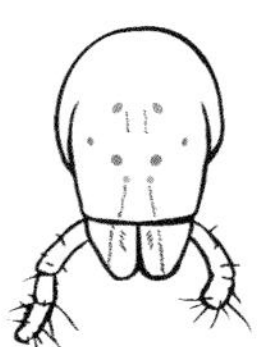

猫蛛科
Oxyopidae

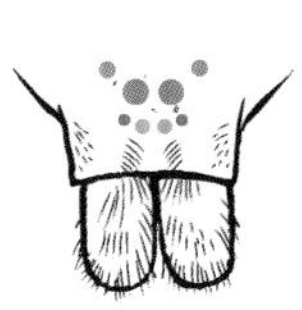

盗蛛科
Pisauridae

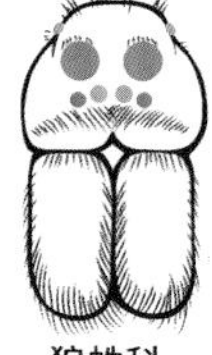

狼蛛科
Lycosidae

圆颚蛛科
Corinnidae

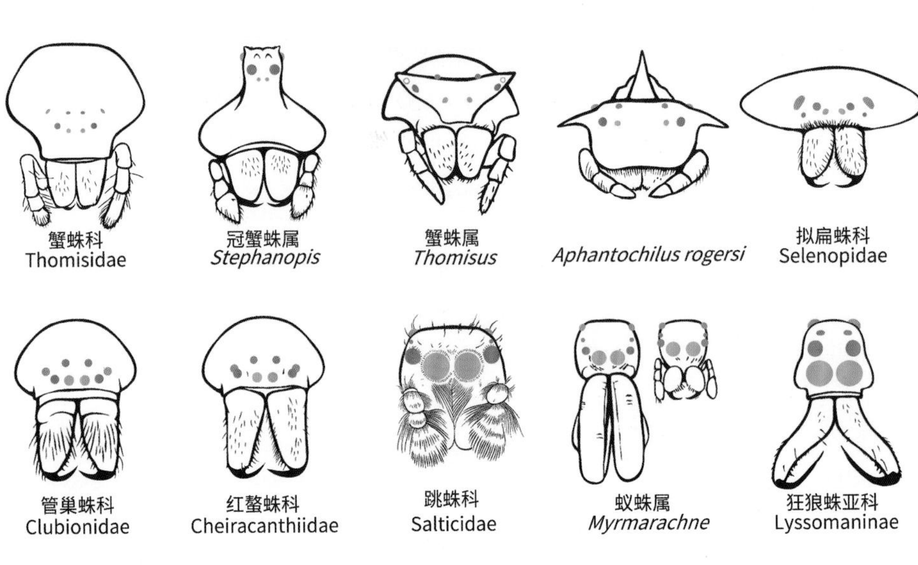

图 2-13 各种蜘蛛的眼睛的排列[7]

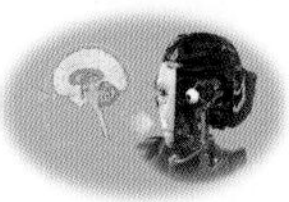

2.4 软体动物眼的构造

软体动物种类繁多，仅次于节肢动物。其中只有头足纲具有完善的视觉系统，而章鱼是头足纲中进化之最（图 2-14）。软体动物与脊椎动物的眼的进化之路完全不同，虽然它们的眼球在解剖学上酷似人眼，且都是双眼，但还是需要单独分出一节来介绍一下。由于关于软体动物的眼睛的各种研究资料太少，因此无法深入解说，更无法探讨仿生章鱼眼的开发。不过，了解章鱼眼的视网膜结构的人应该会认为：人类发明的摄像机更接近于章鱼眼，而不是人眼，因为摄像机没有“盲点”。

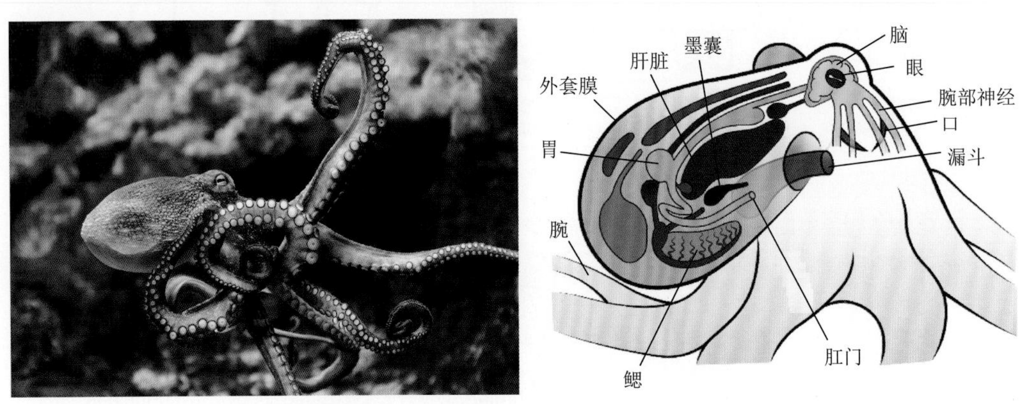

图 2-14 章鱼的身体结构及眼睛的位置

本节内容聚焦在视网膜的结构上。人眼的结构将在 2.5.3 节详细介绍，这里先简单介绍人眼视网膜与章鱼眼视网膜的不同。由图 2-15（b）可以看到，人眼的感光细胞反向长在了视神经纤维，甚至部分毛细血管的内侧，使得神经纤维不得不反向穿回大脑，从而形成盲点。就这一点而言，章鱼的神经纤维没有反穿感光细胞，就使得章鱼眼球的结构显得非常完美。

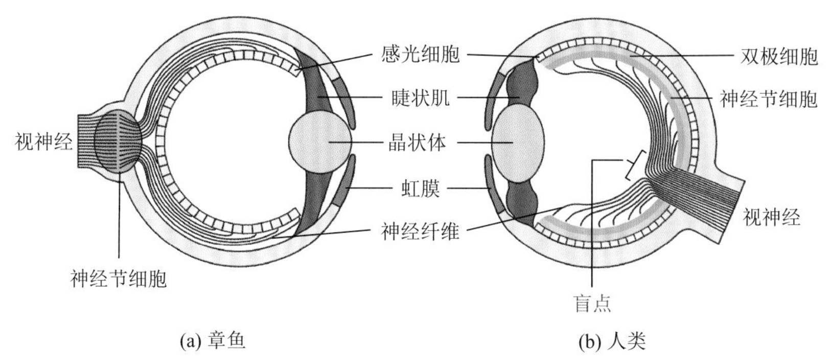

图 2-15　章鱼眼与人眼的结构对比

从原理上讲，感光细胞应该在最外侧，因为要接收外界传入的光信号，而神经节细胞负责将电信号传入大脑，应该位于眼睛最内侧，但脊椎动物，包括人类的眼球却因为进化初期阶段的结构性问题逐渐形成错误结构，从而不得不在错误的基础上不断修补，演变成今天的模样。这一演化过程起源于文昌鱼，感兴趣的读者可以查阅相关资料，这里不再详述。这也再一次印证了“新结构都来自旧结构，不能凭空出现”这一生物演化的普遍规律。

章鱼眼的视网膜是“正贴”的，其感光细胞朝向光线进入的方向，而血管、神经纤维等都位于感光部位的后方［图 2-15（a）］。这种结构不仅没有了盲点，也不会因为视网膜表层的神经纤维和血管影响入射光线，更减少了视网膜脱落、眼底出血或瘀血挡住光路等现象的发生。

关于软体动物的眼，本书只介绍到这里。研究水下机器人视觉系统，特别是研究深海机器视觉时，章鱼和鱿鱼的眼睛是非常好的参考对象。

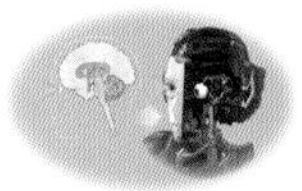

2.5　脊椎动物眼的构造

2.5.1　可动双眼系统的特点及种类

大部分的脊椎动物的视觉系统都有两个共同特点：双眼、可动。如果像蜘蛛那样将眼睛固定在头上不动，当动物的身体越来越大时，要把视场角窄（单位分辨率高）的眼睛对准需要看清楚的物体，就变得越来越困难，而通过旋转惯量较小的眼珠去对准想要看清楚的物体就容易得多。同时，当被注视物体相对于眼睛运动时，会产生运动模糊，为了消除运动模糊，眼球的视线也最好跟踪注视物体，也就是说当头部相对于被注视物体运动时，为了保持视线与被注视物体的交点（注视点）不动，眼球就需要相对于头部运动。图 2-16 说明了“注视”和“消除运动模糊”这两种眼球运动的必要性。当然，鱼类可能还没有进化出中央凹或黄斑这样的中心视，但至少视细胞的密度分布会有所不同。

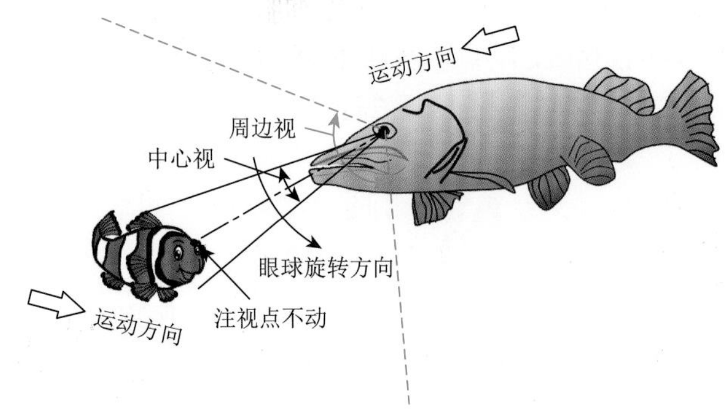

图 2-16 为了防止运动模糊眼球需要旋转

如上所述，眼球需要运动主要是为了满足“对准”和“跟踪”两个需求。为了这两个需求派生出了“跳跃眼动”（saccade，一般称为“扫视运动”“眼急动”“眼跳”）、“平滑眼动”（smooth pursuit，一般称为“平滑追踪”）、“前庭眼反射”（vestibulo ocular reflex）、“视机性反射”（optokinetic reflex，或称为“视动反射”）、“颈眼反射”（cervico-ocular reflex）等一系列眼球运动。可以再回想一下蜘蛛眼，由于蜘蛛眼不能够解决运动模糊问题，当发现猎物进行捕获运动时视力是不好的，甚至是不能用的，必须以最快速度一次性捕获，所以跳跃性捕获就是最佳方案，这也是跳蛛名字的由来。这个跳跃运动和人眼跳跃运动的起因是一样的，都是通过跳跃式运动来对准或捕获视觉发现的“猎物”，因为为了不让“猎物”跑掉，必须快。眼球运动是仿生眼的一个关键问题，第 3 章中将进行更详细的介绍和定义。

为了结构简单，将视场角窄的中心视（对应视网膜上的中央凹：原理类似曲率非常大的凹镜，相当于望远镜头相机）和视场角宽的周边视（相当于广角镜头相机）融为一体，再加上驱动装置（肌肉）就形成了所有高等动物眼睛的标准配置。为了获得立体视觉，眼睛的最少数量是两只。当然，为了适应各自的生存环境和生存需求，不同物种的眼睛的构造有所不同（图 2-17）。

(a) 山羊

(b) 猫

(c) 白头海雕

图 2-17 食草动物（山羊）、食肉动物（猫）及鸟类（鹰）的眼睛

白头海雕为鹰形目鹰科海雕属鸟类

食草动物的眼睛：食草动物为了安全，视觉范围尽量广阔，所以两只眼睛长在两侧，形成接近 360°的视野，兔子就是如此。因为动物的中心视（中央凹及其附近的视觉能力）适用于识别所视物体，而兔子的眼睛没有中央凹，视锥细胞也很少，不会注视，但视杆细胞据说是人的两倍。从发现危险的角度来讲，视场角广的周边视基本上够用。因为兔子是“最弱势群体”，发现未知动物的第一反应是逃跑，不需要识别来者是否可以战胜。这也使得兔眼的识别能力较弱，养过兔子的人都知道，它们不太会认人，养不熟。另外，高级食草动物的瞳孔是水平方向细长的，如山羊是长方形瞳孔［图 2-17（a)]，更适合于观察水平方向广阔的区域，甚至在低头、抬头等动作时都会通过眼球的旋转保持瞳孔的长轴在水平方向。

食肉动物的眼睛：食肉动物由于需要寻找和识别远处的猎物，同时在追捕猎物时需要紧紧盯住猎物，快速测量其位置，特别是距离，所以食肉动物如猫科动物，其双眼普遍长在前侧，有较大的视野重合区域，可以形成立体视觉。很多食肉动物的瞳孔是竖缝形状的，如猫［图 2-17（b)]，适合于纵向方向的线条的识别，有利于双目立体视觉的形成。参考图 2-18，双眼视野范围内的任意一点 P 的空间坐标可以通过角 α、β 和两眼间距离 L 算出，而 α 和 β 可以通过对应的眼球转角及 P 点在该眼球视网膜上的投影位置得到。双眼立体视觉的原理和仿生方法将在后面的章节详述。

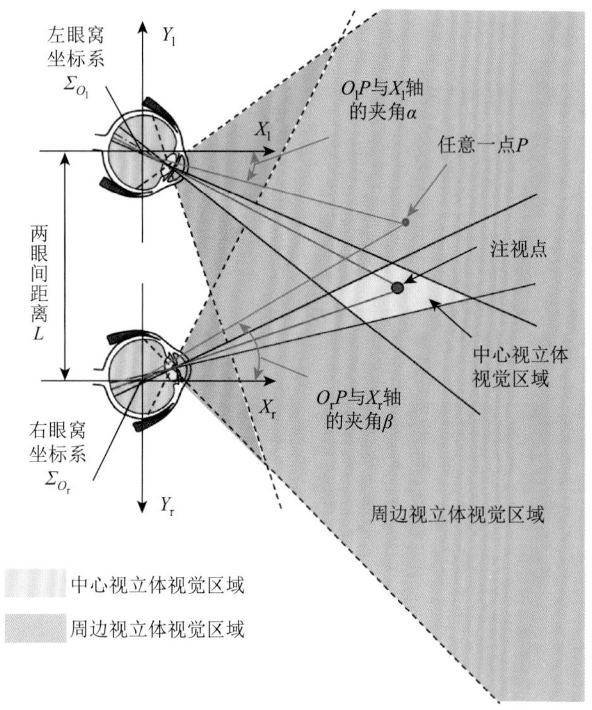

图 2-18　双眼视觉的立体视觉的原理图

鸟类的眼睛：在地面跑的动物和在空中飞行的鸟类在眼睛的构造上有着较明显的区别。由于要应对快速飞行和高空探索及地面搜寻的视觉需求，鸟类的眼睛性能优越，特别是猛禽类的眼睛特点明显。下面将对鹰眼单独进行较为详细的介绍。

当然，还有一些特殊的眼睛，例如，蛇类的眼睛不能转动，也不会闭合。有些蛙类和蜥蜴类动物具有第三只眼睛：顶眼。顶眼是低等脊椎动物头顶用于感知光线明暗的一种器官，不能成像，其结构、功能与哺乳类动物的松果体类似。

2.5.2 鹰眼的构造

用于高空飞行的超强视觉系统"鹰眼"，是既适合远距离侦察又可以近距离捕获的利器。在空中飞翔的鸟类与在地面奔跑的动物有着不同的视觉需求，例如，老鹰可以在千米高空发现地面的老鼠和蛇之类的小动物，并能够在视觉的指引下完成盘旋、俯冲、捕获等一系列高难度动作。本节着重介绍鹰眼的结构，用以说明鸟类这种令人惊异的视觉能力是如何实现的。

1. 鹰眼的外部结构

鹰的眼球大于大脑。猛禽类的眼睛为了获得高分辨率视觉，眼球向尽可能大的方向进化，甚至一只眼球的体积大于大脑的体积。如图 2-19 所示，为了最大限度增大眼球的尺寸，猛禽类的眼球不像人类的眼球那样全部收纳在眼窝之中并具有可以自由旋转的结构，而是眼球的晶状体部分（相当于相机镜头）几乎从眼眶中凸了出来。为了防止从眼窝中掉出来并支撑住巨大的眼球，眼眶进化成一块环状的骨头，把眼球的其他部分卡在了眼窝里。

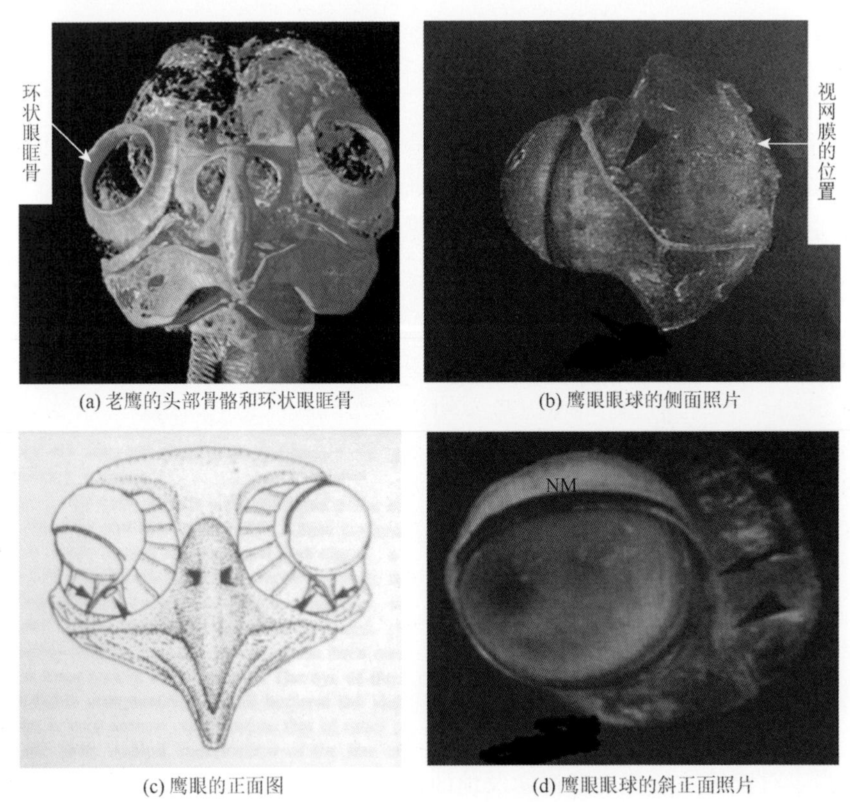

(a) 老鹰的头部骨骼和环状眼眶骨　(b) 鹰眼眼球的侧面照片

(c) 鹰眼的正面图　(d) 鹰眼眼球的斜正面照片

图 2-19 鹰眼的结构[8]

NM：nictitating membrane，瞬膜

如图 2-19（b）和（d）所示，猛禽类的眼球只有前端是半球形，眼球后半部分像伞一样扩散开，环状骨正好卡在伞的底部，使眼球不会脱落。这种构造不仅使视网膜的面积大大增加，而且使晶状体（透镜）和视网膜（成像面）的距离拉大，形成远焦镜头相机的结构。但是，这种结构也明显限制了眼球的动作范围，不利于旋转，因此老鹰的头部运动代替了大部分的眼球运动，相对于其他动物，老鹰的头部运动对于视觉系统显得格外重要。

不仅老鹰，大部分鸟类的头部运动不仅快，角度大，而且精度极高，例如，猫头鹰的头部甚至可以旋转 270°。为此鸟类的颈椎骨数目（8～25 块）也比哺乳类动物（7 块）多。相信对视觉感兴趣的读者大部分看过，把相机固定在鸡的头上，可获得极其稳定视频图像的小视频。大部分鸟类的头部兼顾了哺乳类动物眼球的前庭动眼反射（防抖）、滑动型眼球运动（视觉跟踪）、扫视（目标快速切换）的功能。

上述说明可能会让读者产生误解，即老鹰的眼球似乎不需要运动，但事实是，使鹰眼旋转的外眼肌在解剖学上是存在的，也通过实验确认了鹰眼确实可以进行小角度的眼球运动。鸟类的种类不同，眼球可以旋转的度数也不同，猫头鹰的眼球可以旋转±1.5°左右。由于鸟类的双眼距离很近，±1.5°对辐辏运动来讲已经足够了。例如，当两眼间距为 2cm 时，双眼从平行视各向内旋转 1.5°的话，最小双眼视距（两眼视线交叉点到两眼光心连线的垂直距离）约为 38cm。笔者认为，眼球的微小运动不仅对辐辏运动有用，对双眼的自动标定和校准也非常重要。

2. 鹰眼的内部结构

鹰眼有两个中心视。鹰眼的内部结构与人类等哺乳类动物的眼球结构有较大差别。如图 2-20 所示，鹰眼的视网膜有两个中央凹，这种现象在其他鸟类也普遍存在，据说燕子甚至有三个中央凹。鹰眼的两个中央凹，一个被称为深中央凹（deep fovea），用于看清远处的物体；另一个被称为浅中央凹（shallow fovea），用于看清近处的物体。图 2-20 可以看出鹰眼的深中央凹的位置无法形成视线的交叉，因视场角很窄，也无法形成共同视野，因此只能进行单只眼观看（简称单眼视。注意，以后讲到的单眼都是指双眼中的一只眼，区别于蜘蛛的“单眼”），浅中央凹可以形成共同视野进行立体视觉。图 2-21 是周边视、深中心视和浅中心视的视野示意图。根据猎物的距离不同，深中心视和浅中心视可以快速切换。

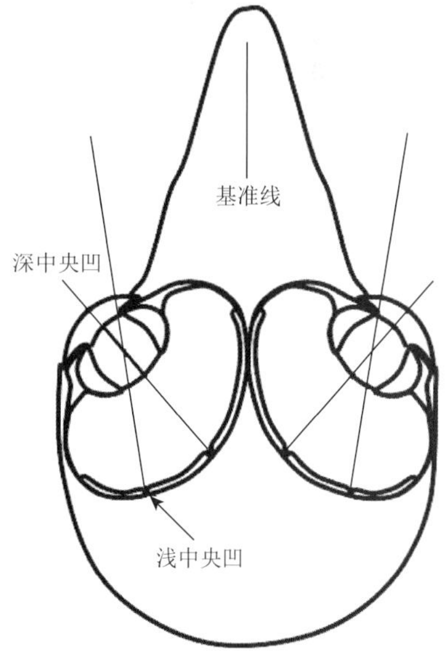

图 2-20　鹰眼中央凹的位置

由图 2-21 可以看出，老鹰在看远处的猎物时是用两侧中的任意一侧眼球的深中心视去捕捉的，而当猎物接近到某个位置时，迅速切换到浅中心视，而这时使用双眼注视，就可以测量出猎物的距离。

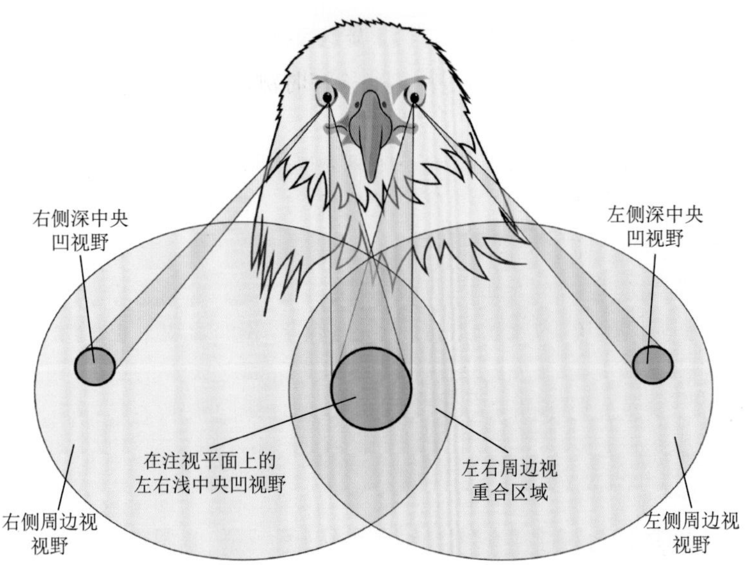

图 2-21 老鹰的周边视、深中心视和浅中心视的视野示意图

图 2-22 是对老鹰捕食全过程的推测：

（1）在空中盘旋，通过周边视观测地面，测量自己的位置和飞行速度，同时寻找有可能有猎物出现的地方；

（2）利用单侧眼的深中心视去探索和发现猎物；

（3）当发现猎物后利用一只眼的深中心视进行视觉跟踪，同时开始盘旋俯冲；

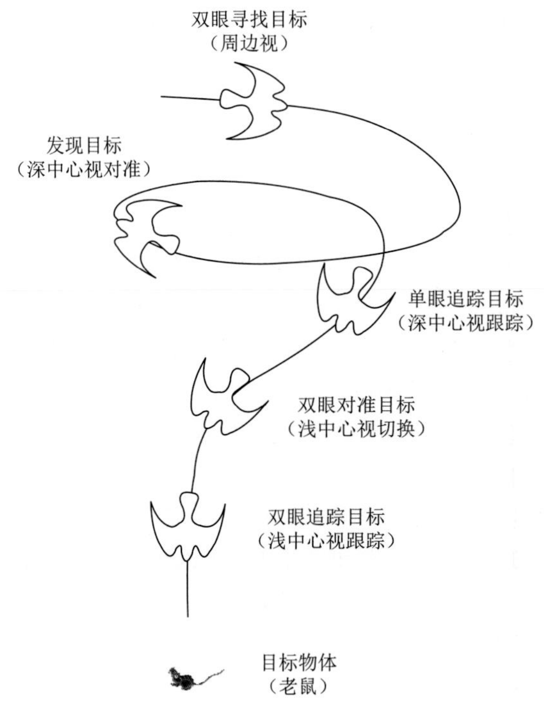

图 2-22 老鹰捕获猎物的过程示意图

（4）当已经足够接近目标猎物时，迅速旋转头部把目标切换到双眼浅中心视；

（5）通过双眼浅中心视注视和追踪目标，实时测算猎物距离，同时采取直线俯冲的方式扑向猎物。

上述盘旋俯冲，是指用单眼追踪猎物，猎物在侧前方，需要在不断缩短与猎物的距离的同时，头部和眼球尽量不动或者仅微动，所以飞行速度和视线方向已知的话，螺旋状的飞行轨迹就可以计算出来。而直线俯冲是指通过旋转头部使双眼注视和跟踪猎物，所以猎物基本在头部的正前方，只要跟随双眼注视的正前方飞行就可以了。当然只有猎物不动时飞行轨迹才是直线，猎物在奔跑时飞行方向也会跟随视线方向而改变，飞行轨迹也不会是直线。

2.5.3　人眼的构造

人眼是自然界总体功能最强的视觉系统。人类的眼睛类似于食肉动物，具有立体视觉功能，同时由于人类强大的大脑，人类的视觉系统应该是哺乳类动物中总体视觉功能最好的。因为无论在生物学领域还是医学领域，人眼都是研究成果和数据最丰富的，所以本书主要内容是人眼的仿生学。本节主要分三个部分来介绍人类视觉系统的结构：①眼球；②眼肌；③前庭器。前两个器官很好理解，第一个是视觉信号获取器官，第二个是眼球运动驱动器官，而第三个器官（前庭器）可能非专业人士就较难理解了。前庭器是用于测量头部运动、保持身体平衡和控制身体运动等功能的非常重要的器官，几乎所有的脊椎动物都通过前庭器信号来控制眼球以防止运动模糊，称为“前庭眼反射”。因此，前庭器作为人类视觉系统的重要器官，本节将会对其进行详细介绍。

1. 人类眼球的解剖学结构

人眼与人类发明的相机的目的不同。由于相机最初的目的是拍摄出图像或视频给人看，因此需要拍摄出来的图像忠实地再现拍摄对象原有的光学特性，而人眼是为了更好地观察或识别被观察对象，需要拍摄的影像更容易检测，更容易识别，例如，把中心视野的图像放大、让边缘更突出等。因此，大脑在接收到来自眼球视网膜的图形时已经是加工处理过的变形了的信息。

目前为止，机器视觉相关的研究都是对上述普通相机拍摄的图像进行信息处理和数学解析等算法的开发，本节通过介绍人眼的结构，以理工科背景的研究人员的视角，把大自然的杰作展现给大家。希望未来在设计制造阶段就把用于机器视觉的相机和用于拍摄图像给人看的普通相机区分开来。

图 2-23 是人类右眼的水平切片染色后的照片。从图的上方开始，分别是角膜、前房、虹膜、后房、晶状体、玻璃体、视网膜、巩膜、脉络膜。以下对每一部分进行详解。

（1）**角膜（cornea）**：透明度极高，几乎没有血管，厚度均匀。由于材质的屈光率较大，是近视手术的主要对象。

（2）**前房水（anterior chamber fluid）**：前房水是不断循环的淋巴液。如图 2-23 所示，因中间厚周边逐渐变薄，所以前房水具有透镜功能。

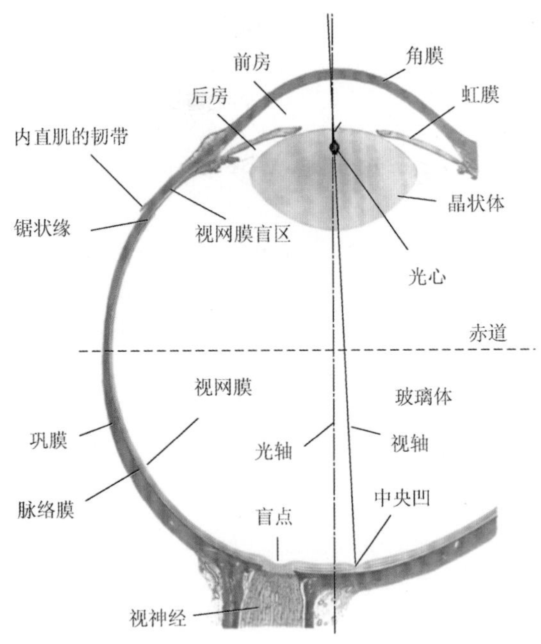

图 2-23 人类眼球（右）的水平断面切片染色后的图片[9]

（3）**虹膜（iris）**：虹膜用于调节瞳孔的大小，改变射入眼球的光量，相当于相机的光圈。

（4）**晶状体（lens）**：晶状体是透明度很高的弹性固体透镜。晶状体的赤道周边有网状体牵引，可用于改变晶状体的厚度，通过晶状体的厚度变化调节焦距，使投射到视网膜的图像保持清晰。晶状体与相机镜头在对焦方式上的根本区别在于，眼球的光心到视网膜的距离几乎不变，从而不会因为对焦而改变投射到视网膜的图像大小，而相机的透镜的光心到感光面间的距离随着物距的变化而不得不改变，从而产生图像尺寸的变化（称为呼吸效应）。特别是眼球晶状体的景深较浅，只要把注视物体看清楚（即调好焦），注视物体的大致距离就可以估算出来。当然，这种估算的精度很低，真正的立体视觉还是要靠双眼。

（5）**玻璃体（vitreous body）**：晶状体到视网膜中间是无色透明胶状的玻璃体。由于后房水很薄，其屈光特性可以忽略不计，玻璃体是光到达视网膜前的最后一道具有屈光作用的物体了。玻璃体的另一个作用是固定视网膜，防止其脱落。在房水、晶状体、玻璃体三种“透镜”作用下，眼球的等效光心接近于虹膜平面，使得眼球不仅视场角很大，而且瞳孔的大小不影响视场角，同时又可以实现成像面落在球形视网膜之上。另外，玻璃体有可能是引起夜间动物的眼睛反光发亮或产生照片上的红眼效果的主要原因（玻璃球效果）。

（6）**视网膜（retina）**：视网膜是眼球感受入射光强度和颜色的视觉细胞层。视网膜如图 2-23 和图 2-24 所示，有分辨率高的黄斑区（中心是中央凹），也有盲点（视神经乳头区域）。人和灵长目动物只有一个中央凹，有些鸟类有两个甚至三个中央凹，犬科和猫科没有中央凹，它们有一个称为中央条的带状区，大概这也是猫的瞳孔是竖缝的原因。人类中央凹周围约 6mm 的地区被称为中央视网膜，其外是周边视网膜。

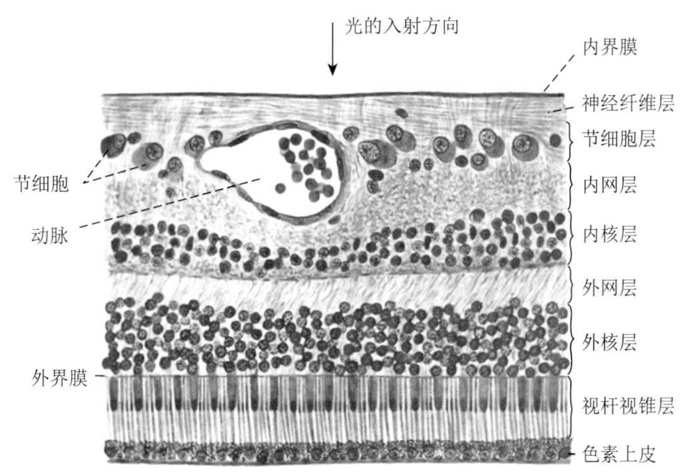

(a) 黄斑以外的视网膜纵向切片（苏木素-伊红染色，400倍）

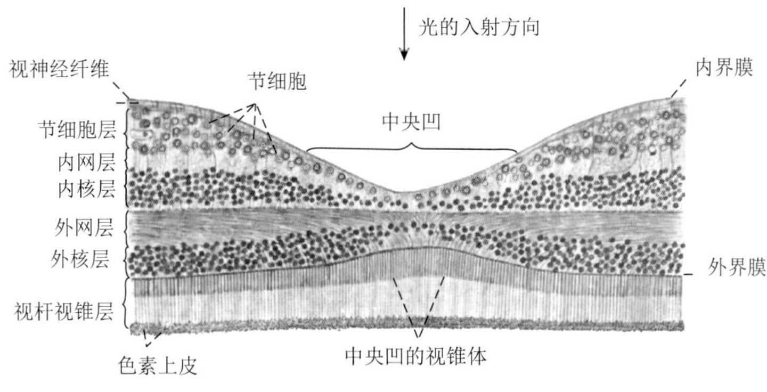

(b) 黄斑的过中央凹的纵向切片（苏木素-伊红染色，175倍）

图 2-24　视网膜切片的显微镜照片[12]

如图 2-25 所示，视网膜由五层神经元和突触组成，分别是视神经纤维层、细胞体的三层和色素上皮层。细胞体的三层分别是：①外核层，由光感受器（视细胞）的细胞体组成；②内核层，由水平细胞、双极细胞、无长突细胞和 Muller 细胞的细胞体构成；③神经节细胞层，包括神经节细胞和一些移位的无长突细胞。两层纤维和突触将细胞体层分开，即外网状层和内网状层。也有更细致的，将视网膜自外向内分为 10 层：①色素上皮层；②视杆视锥层；③外界膜；④外核层；⑤外网层；⑥内核层；⑦内网层；⑧节细胞层；⑨神经纤维层；⑩内界膜。

周边视觉（peripheral vision，简称周边视）部分（黄斑以外）的视网膜结构：如图 2-24（a）所示，该区域可以分为数个层次。虽然上层细胞和神经纤维是透明的，但是较细的血管也在上面通过，而血液的透明度会差一些，可见细小的血管对周边视影响不大，这和后面要讲的周边视在时间上具有“高通滤波效果，看不见不变化的东西”不谋而合。

黄斑（macula）部分及中央凹（fovea centralis）部分的视网膜结构：该区域主要负责视觉的精确感知。在黄斑区的中心，呈现出凹陷的形态，称为中央凹（也称中心凹）是人眼视觉中精度最高的部分。图 2-24（b）是中央凹部分的视网膜断面切片照片。该区域中心部分有凹陷，透明度非常高，没有血管。中心部分的视细胞呈凸状，且只有视锥细胞。

图 2-25 是视网膜结构的示意图。最上层是视神经纤维，始于视网膜的视神经细胞（神经节细胞）。视神经纤维到盲点后，穿出巩膜成为视神经（参考图 2-23）。

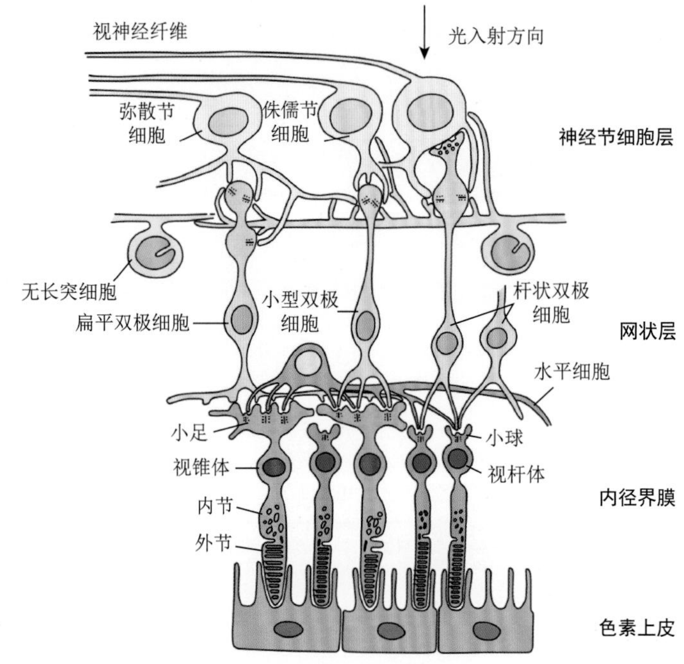

图 2-25 视网膜的结构示意图

视细胞（photoreceptor）又称感光细胞，分为视杆细胞和视锥细胞。人的视网膜有视杆细胞约 1.2 亿个，非常敏感，对投射进来的一个光量子也能够产生反应；视锥细胞有 650 万～700 万个，有三种，可以区别颜色。两种细胞并行排列，视锥细胞主要集中在中央凹；视杆细胞由中央凹边缘向外周逐渐增多，在 20°前后的位置上达到顶峰后逐渐减少（图 2-26），至锯齿缘附近，视细胞消失。从视细胞的分布可以看出，中央凹的视锥细胞的密度较高，周边视的视杆细胞密度较高，而且周边视的视杆细胞密度并不比中

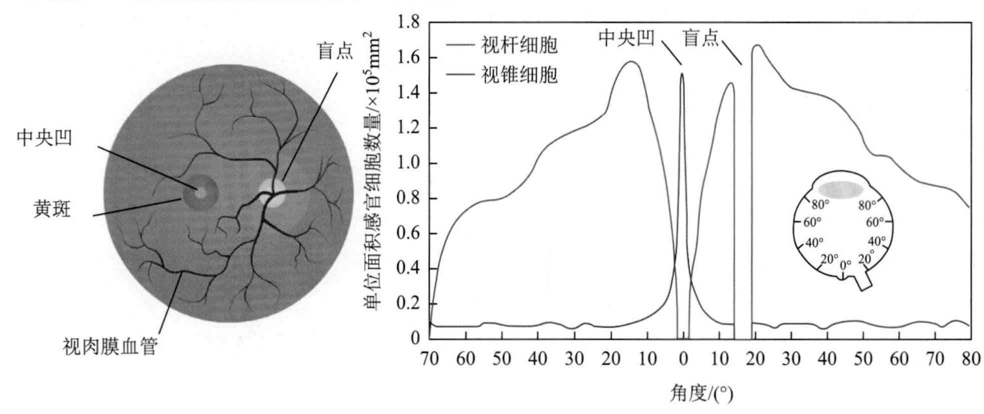

图 2-26 视网膜上视细胞的分布

央凹的视锥细胞低，只是视锥细胞与视杆细胞的性能不同，分工不同而已。视杆细胞、视锥细胞的构造如图 2-27 所示。

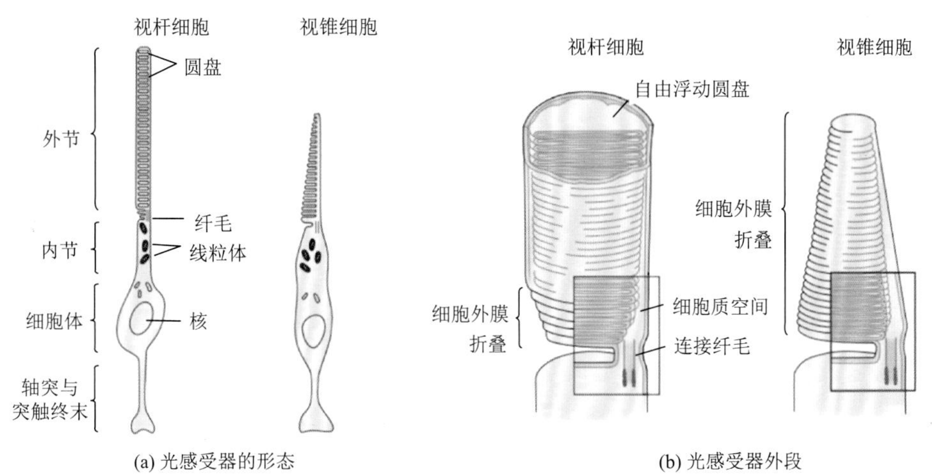

(a) 光感受器的形态　　(b) 光感受器外段

图 2-27　杆状和锥状光感受器的结构[10]

（a）视杆细胞和视锥细胞都具有称为外节和内节区段的特定区域，两部分通过纤毛连接。外节是光转换装置，内节部分拥有线粒体和许多蛋白质合成组织；（b）外节由一叠包含吸光感光色素的膜构成的圆盘组成。在这两种类型的细胞中，这些圆盘都是通过质膜的折叠形成的。然而，在视杆细胞中，褶皱被从膜上掐断，使圆盘在外段内自由浮动，而在视锥细胞中，圆盘仍然是质膜的一部分

视杆细胞（rod cell）的数量远大于视锥细胞，可以推测视杆细胞的重要性远大于视锥细胞。很多动物没有视锥细胞（如兔子），也证明了这一点。因此，笔者认为，部分医学书籍说的视杆细胞只在暗处才发挥作用的说法是不对的。视杆细胞之间联系紧密，具有很强的低通滤波器的效果，因此尽管密度高但看到的图像是模糊的，就像图像处理的很多算法是利用模糊处理来提取特征量和提高运算速度一样（如 SIFT（scale invariant feature transform）算法、watershed 算法等）。笔者认为，周边视的主要特点是发现目标（如运动目标，特别是突然出现或加速的目标）。在时间上高通滤波：反应速度快，但对不动的东西渐渐失去反应。在空间上低通滤波：获得的图像是模糊的，但是特征稳定，善于测量速度。

视锥细胞（cone cell）是高级动物用于看清和识别物体的视细胞。人类的视锥细胞有三种，分别称为 L 型、M 型和 S 型（即红色、绿色和蓝色），可用于辨别颜色。图 2-28 是视锥细胞（包括 L 型、M 型、S 型）和视杆细胞在不同光波段的光强感度。L 型视锥细胞、M 型视锥细胞和 S 型视锥细胞的敏感峰值分别为 565nm、535nm 和 440nm。L 型和 M 型视锥细胞对整个可见光波段（380～760nm）敏感，而 S 型视锥细胞的敏感区域在 380～550nm 光波段。从数量上看，L 型和 M 型视锥细胞的数量远大于 S 型视锥细胞，说明红绿色的分辨率高，蓝色低，而且中央凹最中心部半径 100μm 范围内只有 L 型和 M 型视锥细胞，没有 S 型视锥细胞。

图 2-29 是四位视觉正常的成年男性的视锥细胞的分布（位置在中央凹中心略外侧）。可以看出，S 型细胞的数量在 5%左右基本相同，而 L 型和 M 型细胞的数量是随机的，L∶M 从 1.1∶1 到 16.5∶1，相差巨大。目前人类的颜色判别原理尚不很清楚，在未来开发机器视觉专用相机时需要对人类颜色识别原理进行更详细的解析。此外，大多数哺乳动物

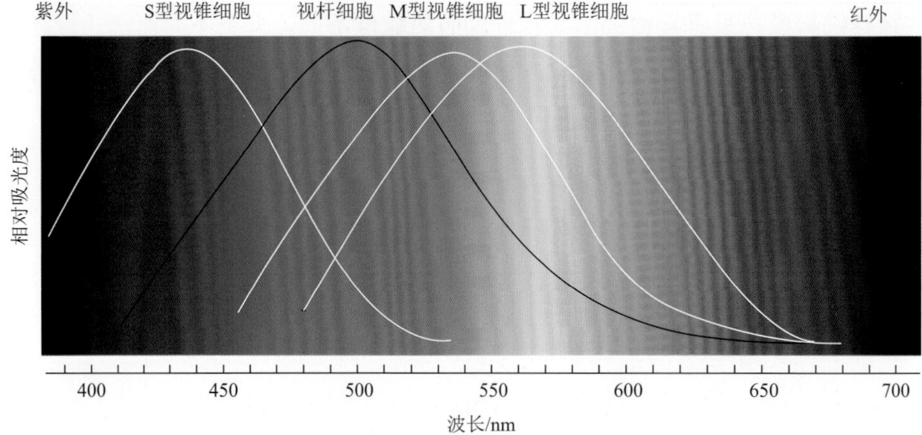

图 2-28 各种视细胞在不同光波段的吸光度（可以理解为感度）[11]

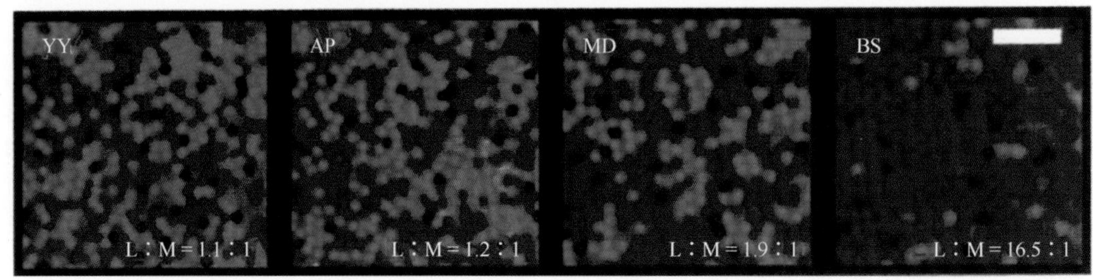

图 2-29 S 型（蓝色）、M 型（绿色）、L 型（红色）视锥细胞在中央凹中心略外处的分布[12]

YY、AP、MD、BS 分别是四名色觉能力正常的男性

都只拥有两种视锥细胞，一般是绿色和蓝色，也就是人类也常有的红绿色盲。但就颜色分辨能力来讲，人类也不是最好的，有些鸟类有四种视锥细胞，额外的一种能感知紫外线。所以，我们看到的乌鸦是黑色的，而鸟类看乌鸦可能是美丽的“紫外色”。

关于**双极细胞（bipolar cell）**和更近端的**神经节细胞（ganglion cell）**的感受野（图 2-25）的一个令人惊讶的观察结果是，光照强度在决定大多数细胞的活动水平方面相对不重要。相反，重要的参数是感受野不同区域之间的对比度。也就是说，视觉系统特别适合于检测明暗区域之间或不同颜色区域之间的边界。这在很大程度上造成了人类看到的物体在不同光照条件下外观非常稳定。例如，当在室内光线或阳光下观察时，书上的文字不会改变其外观，尽管在阳光下印刷品反射的光比在室内光线下从白色背景反射的光更多。同样，物体的颜色似乎变化也不大，即使我们在一天的不同时间和不同地点的太阳光的光谱组成发生了剧烈变化也不例外。例如，一碗水果中的橘子，在中午或日落时，或在白炽灯或荧光灯下观看时，看起来就是相同黄颜色的橘子，尽管在这四种情况下，它反射的各种波长的比例非常不同。

神经节细胞分为**弥散节细胞（diffuse ganglion cell）**和**侏儒节细胞（midget ganglion cell）**，它们传导的信息不同，因此传输给大脑的视觉信息处理领域也不同。在后面的章节还会进行较详细的介绍。

视网膜色素上皮（retinal pigment epithelium）是一层六角棱柱状细胞，其顶部胞质

含许多椭圆或圆形的黑色素颗粒。色素上皮的功能包括：①当受强光照射时，色素颗粒移入突起中；当处于黑暗时，色素颗粒又回到胞质中，这说明色素上皮有吸收光和保护视细胞免受强光刺激的作用；②黏合和维持视杆、视锥与色素上皮的相互位置关系。

脉络膜（choroid membrane）位于视网膜和巩膜之间，是一层柔软光滑、具有弹性和富有血管的棕色薄膜。它起于前部的锯齿缘止于盲点视神经周围；内面有一层十分光滑的玻璃膜与视网膜的色素上皮质相联系，脉络膜周层的细微纤维小板伸展而混入巩膜棕黑板中，并有血管和神经由此穿过。脉络膜主要由血管构成，主要作用是营养视网膜外层；其次是阻断透入巩膜进入眼内的光线，以保证成像清晰。组织学上脉络膜分五层，由外至里分别为脉络膜周层、大血管层、中血管层、毛细血管层和玻璃膜。脉络膜在光学上具有重要意义，一方面是阻断巩膜透进来的光；另一方面是将从瞳孔照射进来的光由玻璃膜反射回去，从而使视细胞充分吸收。这也是动物的眼睛在黑夜里会反光发亮的原因。

（7）**视神经（optic nerve）**：在图 2-23 中，视神经纤维在视网膜上层经过，通过盲点穿出眼球进入大脑。视网膜仿生的研究有很多，但是如上所述，由于视网膜的光学信息处理原理不是特别清楚，距真正的仿生尚有距离。但是有一点需要说明一下，视细胞数有 1 亿多个，而传出眼球的视神经纤维只有 100 多万根，可见在视网膜上已经做了一定的信息整合与处理。另外，视神经中来自中央凹的视神经较细，而来自周边视的视神经较粗。因为神经纤维的粗细决定神经信号的传输速度，即神经纤维越粗，神经信号的传输速度就越快。但对于眼球来讲视神经纤维不能太粗，否则其数量将受到限制，因此视神经纤维的粗细有一个性能需求上的平衡，即视神经纤维的粗细也代表了视觉信号的性质。来自中央凹的视神经纤维细，说明中央凹的视觉信号对传输速度要求不高，但信息量较大，所以纤维细密度高。而来自周边视的视觉信号速度较快，信息量相对少一些，纤维就粗一些。

人类眼球的平均数据

（1）视杆细胞数量约为 1.2 亿个，高敏感度（吸收一个光量子也有响应），但不存在于中央凹。

（2）视锥细胞数量为 600 万～700 万个，需要的光强度较高，只对垂直光有反应，在黄斑的密度最大，主要分布在±10°以内。

（3）视神经纤维数量约为 100 万根，来自中央凹的纤维（神经轴索）较细，而来自周边视的纤维较粗。

（4）三种视锥细胞的数量比：在视网膜中的位置不同分布不同，部分数据为 L∶M∶S = 32∶16∶1。

（5）人类眼球的平均数据：外眼球轴为 24.27mm、内眼球轴为 21.74mm、赤道直径为 24.32mm、垂直直径为 23.60mm、巩膜的曲率半径为 12.70mm、角膜的曲率半径为 7.75mm、前房深度为 3mm、晶状体厚度为 4mm、晶状体直径为 9～10mm、晶状体与视网膜的距离为 16.7mm、左右瞳孔间的距离为 56～70mm。

（6）人眼的视场角：单眼水平视角 156°，垂直上方 50°，下方 70°；双眼视角可达 188°。

（7）人眼的光轴和视轴不重合，如图 2-23 所示，视轴与光轴的夹角是 4°～5°（参考“名词解释”）。

2. 人类眼肌的解剖学结构

人的每只眼球有三个旋转自由度。如图 2-30 所示，每只眼球是由三对、六根肌肉来驱动其旋转的，也就是说眼球有三个自由度的旋转运动，用来控制眼球的姿态及运动。由于每根肌肉都是独立的，而眼窝中充满柔软的脂肪体，因此可以推测，眼球不仅可以进行三个自由度的旋转，甚至可能伴随微小的平移运动。例如，当眼球的左右两根肌肉（外直肌和内直肌）一收一放时，眼球做旋转运动，而同时收缩时，眼球有可能做微小的向内平移运动。当然上述平移运动未得到生理学实验验证和运动神经系统结构的支持，我们只考虑三个自由度的旋转即可。

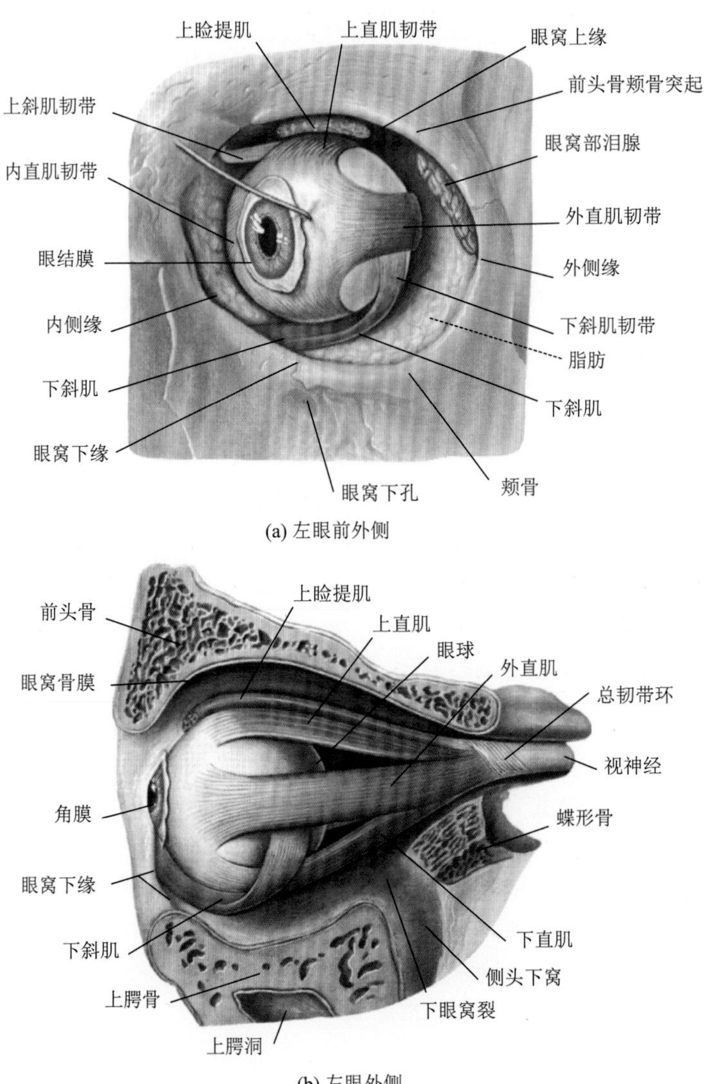

(a) 左眼前外侧

(b) 左眼外侧

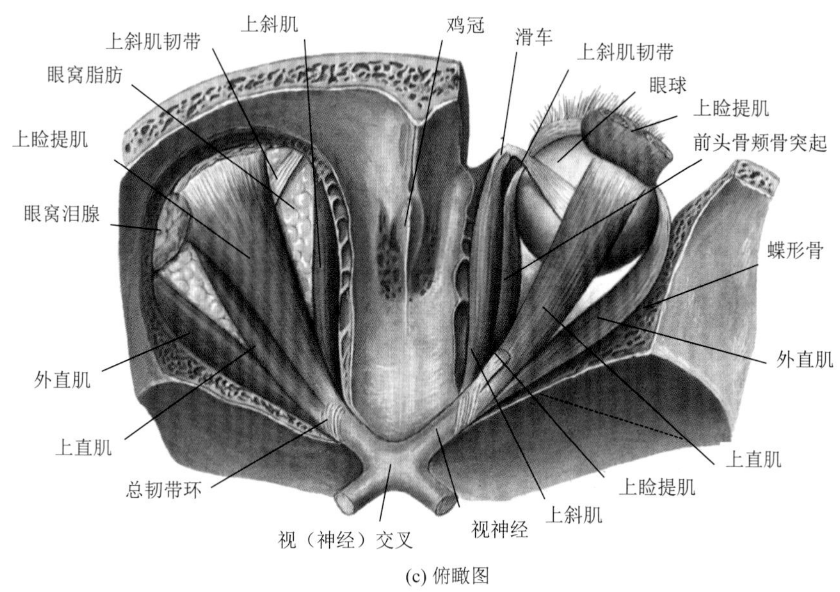

(c) 俯瞰图

图 2-30　外眼肌的位置和走向

目前市面上的可动相机，如 PTZ 相机，都是只有两个自由度旋转的。很明显，为了防止任意方向的运动模糊，特别是补偿头部平移三自由度（简称位置）和旋转三自由度（简称姿态），共六个自由度（简称位姿）的运动时，双眼不仅需要有俯仰（pitch）和摆动（yaw）运动，绕各自视轴旋转的滚动（roll）运动也是不可缺少的。

3. 人类前庭器官的解剖学结构

眼睛之所以在剧烈的头部运动下仍然能够看清楚目标和周围的环境，很大程度上受益于来自前庭器官的信号控制的眼球运动，即前庭眼反射。前庭器官几乎参与了所有与头部运动相关的身体各部位的运动控制，当然也包括眼球运动。因此，前庭器官是视觉系统中不可分割的一部分。

前庭器官的位置如图 2-31 所示，其位于构造复杂的内耳迷路间。其外部是骨迷路，

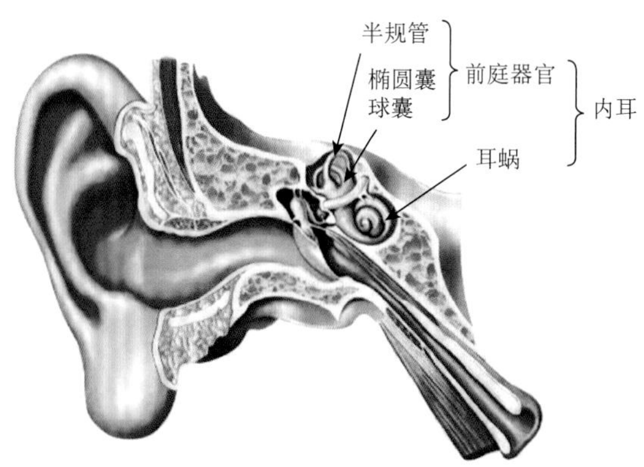

图 2-31　人内耳前庭器官的位置

内部是紧贴骨迷路内壁的膜迷路。膜迷路的内外充满淋巴液，但内淋巴与外淋巴不相通，因为外迷路主要起支撑和保护作用，所以解析内耳的功能主要考虑膜迷路内部的构造即可。图 2-32 为人内耳膜迷路的构造。前庭器官由三个相互垂直的半规管、一个椭圆囊及一个球囊组成。前庭器官和耳蜗相连通，所以内淋巴在膜迷路各部分之间是相通的。

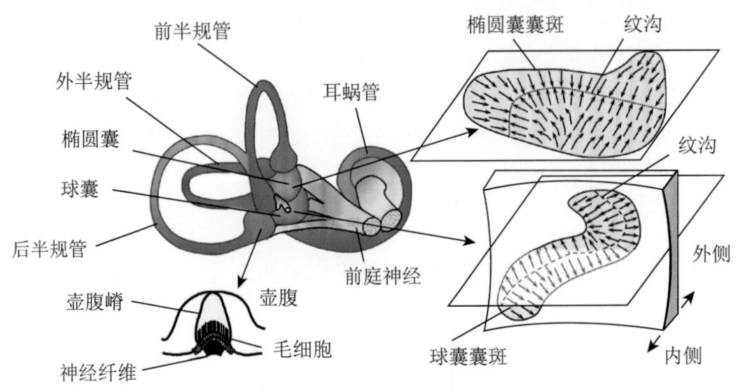

图 2-32　人内耳膜迷路的构造

半规管是一个 250°左右的圆弧形结构，内部充满淋巴液，每条半规管的一头都有一膨大部——壶腹，内有壶腹嵴和与之相连的毛细胞，当淋巴液流动时，壶腹嵴倾斜刺激毛细胞发出脉冲信号（图 2-32 左下）。当半规管绕自身圆弧的方向加速旋转时，淋巴液因为惯性将在半规管中流动，进而刺激壶腹中的毛细胞，毛细胞将感受到的刺激变成神经脉冲信号，再经由前庭神经传送到前庭神经核。由于半规管的圆形结构，只有当半规管在绕垂直其所在平面（简称半规管平面）的轴线旋转时，其内部淋巴液才能够被惯性力驱使流动，所以每条半规管只能够感受到一个方向的转角加速度，其他垂直于该旋转轴方向的转动及平移都不能影响该半规管的输出信号。这也是半规管非常重要的性质。

前庭器官有三条半规管平面互相垂直的半规管，因此也统称三半规管，三条半规管分别称为外半规管、前半规管（又称上半规管）和后半规管，代表空间的三个面。外半规管又称为水平半规管，当人直立、目光朝正前方，且头部处于自然状态时，外半规管和水平面约成 30°角，如果头部向前倾 30°，则恰好与水平面平行（参考图 3-3）。也许其他动物的头部在正常位置时外半规管是水平的，当人类直立行走后，半规管的姿态还没有来得及通过进化矫正过来。

由于人头部的标准位置的定义较难，即使双眼正视与眼睛同等高度的目标时也很难设定头部俯仰方向的哪一种位置是标准位置，所以本书定义正确的头部标准姿势是头部向前倾，使外半规管处于水平状态（详见图 3-3）。当外半规管处于水平状态时，前半规管平面和后半规管平面与水平面呈垂直关系。因三条半规管所在三个面呈垂直关系，所以三条半规管可以测量三个自由度的旋转，即任意方向的旋转运动都可以测量，而且不受平移运动的影响。

椭圆囊和球囊是测量头部平移运动的器官，其原理如图 2-32 所示。在椭圆囊和球囊内部各有一块囊斑，毛细胞的纤毛埋植在一种称为耳石膜的结构内。耳石膜是一块胶质板，内含耳石，主要由蛋白质和碳酸钙构成。椭圆囊和球囊的不同在于其囊斑所在的平

面不同。当上述外半规管保持水平姿态时，椭圆囊的囊斑所处平面呈水平姿态，囊斑表面分布的毛细胞顶部朝上，耳石膜在纤毛上方；此时球囊的囊斑所处平面与水平面垂直，且平行于头部正方向，耳石膜悬在纤毛外侧。

当头部运动时，受惯性的影响，耳石下方的毛细胞可以感受到耳石的受力方向，从而获得平移加速度的信息。图 2-32 中囊斑上的箭头表示的是耳石膜各部位的毛细胞所能感受到的力的方向。显而易见，椭圆囊可以检测到水平方向的平移加速度，即前后和左右方向的平移加速度；而球囊可以感受到前后和上下方向的平移加速度。由此可见，椭圆囊和球囊结合起来可以检测任意方向的平移运动，即三个自由度的平移运动。因为旋转运动对耳石也可以产生远心力和切线方向的加速度，所以通过左右内耳的椭圆囊和球囊信号的比较，也可以测量角速度和角加速度，因此当半规管损伤时，椭圆囊和球囊信号可以做一部分代偿性的工作，但是受平移加速度的影响，测量精度不是很准确。

笔者闲话：从发生学上讲，耳石比半规管早，很多较原始的动物只有耳石没有半规管。不受平移运动影响的半规管对生物的运动能力起到了极大的促进作用。膜半规管的管道直径只有不到 0.3mm，如果管壁没有特殊性能，根据流体的牛顿黏性定律，液体很难在管里面流动。个人认为，淋巴液在半规管里的移动与其说是流动，倒不如说是滑动。所以，很多模仿半规管原理的转角传感器的开发，到目前为止都不太成功，因为至少需要先解决仿生材料的相关问题。

参考文献

[1] Andrew P. In the Blink of an Eye：How Vision Sparked the Big Bang of Evolution[M]. New York：Basic Books，2003.

[2] Heisenberg M. Mushroom body memoir：From maps to models[J]. Nature Reviews Neuroscience，2003，4（4）：266-275.

[3] Wolff T，Ready D F. Pattern Formation in the Drosophila Retina//Meinertzhagen I，Hanson T E. The Development of Drosophila Melanogaster[M]. New York：Cold Spring Harbor Laboratory Press，1993.

[4] Stavenga D G，Arikawa K. One rhodopsin per photoreceptor：Iro-C genes break the rule[J]. PLoS Biology，2008，6（4）：e115.

[5] **张晓林**，谷宇章，徐越，郭爱克. 复眼摄像装置及复眼系统：中国，CN201911173889.2[P]. 2021-05-28.

[6] 袁泽强，谷宇章，邱守猛，**张晓林**. 多相机式仿生曲面复眼的标定与目标定位[J]. 光子学报，2021，50（9）：239-251.

[7] 金钛锆. 蜘蛛眼式图（眼睛分布排列）[EB/OL]. https：//www.zcool. com.cn/work/ZNDg5NTU1MDQ=.html?[2022-10-11].

[8] Mahecha G A B，de Oliveira C A. An additional bone in the sclera of the eyes of owls and the common potoo（*Nictibius griseus*）and its role in the contraction of the nictitating membrane[J]. Acta Anatomica，1998，163（4）：201-211.

[9] 冈本道雄，藤田尚男，石村和敬. 实习人体组织学图谱[M]. 4 版. 东京：日本医学书院，1995.

[10] Kandel E R，Koester J D，Mack S H，et al. Principles of Neural Science[M]. 6th ed. New York：McGraw-Hill Education，2021.

[11] Nolte J，Angevine J B Jr. The Human Brain in Photographsand Diagram[M]. 8th ed. Amsterdam：Elsevier Health Sciences，2017.

[12] Hofer H，Singer B，Williams D R. Different sensations from cones with the same photopigment[J]. Journal of Vision，2005，5：444-454.

第3章

眼球运动的种类与定义

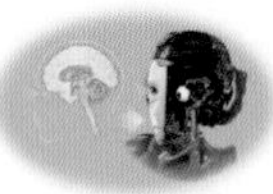

3.1 为什么要研究眼球运动

为什么有这么多种类型的眼球运动？这是一个难题！2.5 节简单介绍了脊椎动物眼球运动的类型及必要性，但是人眼运动，特别是双眼协同运动的仿生，一直以来是一个机器视觉研究领域里较少有人深度研究的课题。很多学者认为没有必要高精度地控制相机，如果需要的话，最多就是稳拍要求，所以市场上各种稳拍装置、稳拍相机类产品大量涌现，而类似于人眼运动功能的相机（或称仿生眼）却完全没有对应产品。

研发仿生眼不仅需要深入了解生理学眼球运动关联知识，而且需要掌握控制学理论和技术，以及低延时高稳定性的图像处理的算法和编程能力，同时特别需要机械、机电、电路、计算机等一系列专业的技术人员共同开发才能够做出精度和速度可以达到类似人眼基本运动性能的实验设备。由于研发仿生眼所需开发人员数量和研发资金都非常多，对一般学者来讲不是一个好的研究课题，因此在初期研究阶段就会被敬而远之。

从生物进化角度讲，如果固定双目或多目好用，蜘蛛的多单眼模式一定会在自然界普及，没必要进化出绝大多数动物使用的可动双眼。因此，可动双眼有其必然性，是机器视觉必须深入理解的问题。

笔者在近三十年的仿生眼研究中被提问最多的问题，总结一下无外乎是："为什么要控制相机运动？如果目的是要消除图像的运动模糊，利用快门不可以吗？有稳拍不就够了吗？""视野不够，用广角镜头不可以吗？""分辨率不够，增加相机的像素不就行了吗？实在不行，多加几个相机把图像拼接一下不就可以了吗？""相机运动控制有什么学术价值，难点在哪？"。事实上，这些问题至今仍然是极难回答的问题，虽然在第 2 章已经形象地说明了一些必要性，但仍然难以用一句话说清楚。而笔者最初也只是觉得大自然的进化一定有其必然的原因，在能够回答这些问题之前，把主要精力放在了不断解决具体学术问题和工程问题上。以下的解释和说明，读者可以跳过，因为如果翻读全书，上述问题不言自明，而不打算继续看下去的话，只看这些说明也不易看懂。

双眼可动的必要性（按顺序）如下：

（1）利用自然光的被动视觉，目前只有三角测量算法（已知两角距离和角度，算出另一角的位置）这一种测距方式。

（2）为获得立体视觉必须利用双目或多目（复眼相当于多目），通过三角测量算法获得距离信息。

（3）三角测量算法的测距精度只取决于相机的分辨率、镜头焦距和双目相机的间距（基线长度）这三个要素。

（4）相机分辨率存在物理极限，不可以无限提高，因此要看清远处物体必须拉长焦距，而一台相机的视野（视场角）必然会随着相机焦距拉长而变小。

（5）三角测量算法的精度与基线长度密切相关，远距离测距需要拉长相机间的距离。

（6）当在视场角窄、基线长的情况下，进行大范围三维测量，或者观测长距离移动的物体时，只能通过相机的运动获得被测物体的高分辨率图像和高精度位置信息。

（7）当需要观测多数不同位置的物体，且物体间距离大于相机视野时，需要切换相机注视位置。

（8）当被观测物体移动时，为了获得清晰图像，需要使相机视线随移动物体运动，保持物体在相机成像面上的影像尽量静止。

双眼运动控制的难点（按顺序）如下：

（1）当相机装载在移动载体上时，为了获得稳定图像，需要控制相机的视线尽量不受载体运动的影响。由于还需要跟踪高速移动物体和快速切换注视目标，需要尽量减小相机质量和使用强有力的动力装置控制相机的运动和位姿，因此利用相机的质量惯性进行的常规惯性稳像方法不适用。

（2）当相机需要观测不同物体而进行注视点切换时，需要在获取相机自身的运动速度和位姿的同时，还需要获取注视目标的运动方向和速度。

（3）由于三角测量算法必须确定被测点在左右相机图像中的对应点，为了减少匹配错误和提高匹配速度，需要利用对极约束法则（参考“名词解释”），相机的运动会导致对极约束失效。

（4）为了使双目相机可以同时观测到被测物体，并具有最大共同观测视野，需要控制双目相机的协同运动，同时尽量减少对极约束条件的破坏。

（5）由于镜头畸变和相机位姿的不准确性，需要进行内外参（参考“名词解释”）的标定，而相机的运动和变焦会导致内外参的变动，使常规标定方法失效。

（6）当相机装载在运动载体上时，在进行防止运动模糊控制的同时还要进行对被观测目标的跟踪和切换，需要使用来自图像处理、惯性传感器（inertial measurement unit，IMU）、转角传感器（编码器）这三种不同模态的信息，因此需要对这些不同模态信息进行高精度同步处理和进行多模态融合控制算法开发。

（7）避开张氏（张正友）标定法，实现全自动标定是可动双眼的优势，也是远距离大范围视觉处理的必备功能。

研究仿生眼的第一步，就是双眼运动控制系统及算法的开发。而在此之前，首先需要确定眼球运动的表述方式及科学定义。

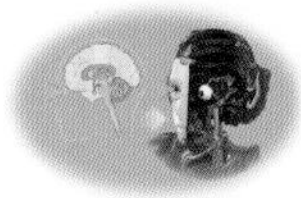

3.2 眼球运动的定义

3.2.1 视觉系统的坐标设定

不把事物的性质用参数和函数形式表现出来，就无法进行科学分析。坐标设定是研究眼球运动的第一步。由于眼球的运动是三个自由度的旋转运动，视觉信息是投射到眼球中来的，因此眼球看到的物体的位置，即该物体投射到视网膜的位置，需要通过固定于眼球的坐标系来表述，而眼球的旋转要通过固定在眼窝的坐标来表述，再加上头部运动和前庭器信号的表述，最终的坐标系统就变得相对复杂了。原理上讲，坐标系只要设置在要表述物体所在参照系的任意位置，都可以通过坐标变换描述该物体的运动，但当坐标系数量太多，甚至互相叠加时，适当的坐标系设定会减少很多不必要的运算，使得算式简单明了。因此，下面的人眼视觉系统的坐标设定与实际的解剖结构会有一些偏差，甚至不完全按照一般的解剖学及人体测量术语[1]的表述惯例设置。

图 3-1 是通过眼球旋转中心的横断面（参考“名词解释”）的坐标系设置图。固定于眼球的坐标系，即眼球坐标系 Σ_E 的原点 O_E 设置在眼球的光学中心 O_L 上（$O_{E\text{-l}}$ 代表左眼，$O_{E\text{-r}}$ 代表右眼）。因为眼球的光轴与视线（中央凹与晶状体光心的连线）不重合，解剖学数据上有 4°～5°的偏差，所以若选择用光轴做眼球坐标轴，就不能选择用视线做眼球坐标轴。因为眼球有上斜肌和下斜肌拉动产生的滚动方向旋转，旋转时光学特性发生变化不利于视觉处理，所以可以推测眼球的旋转中心应该在光轴上。因此，选择将眼球坐标的 x_E 轴设置在光轴上，方向朝前。 y_E 轴方向定义为垂直于 x_E 轴，且方向朝外（耳侧）。

固定于眼窝的坐标系，即眼窝坐标系 Σ_O 的原点 O_O 设置在眼球旋转中心上。当头部处于标准位姿（定义后述），且眼球注视正前方（参考“名词解释”）无限远处时， x_O 轴

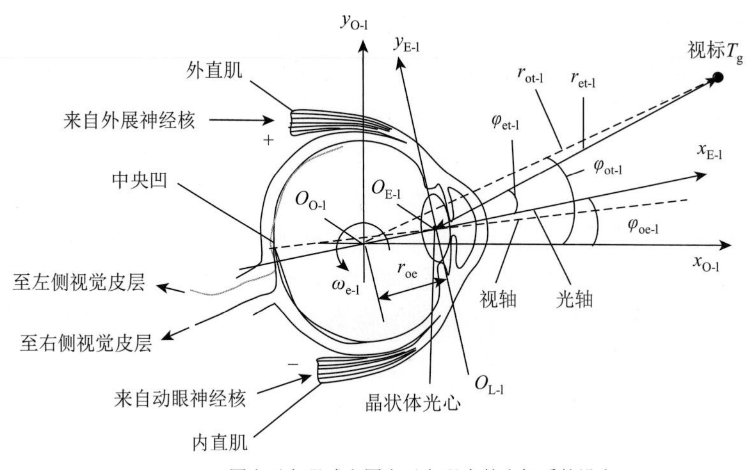

(a) 固定于左眼球和固定于左眼窝的坐标系的设定

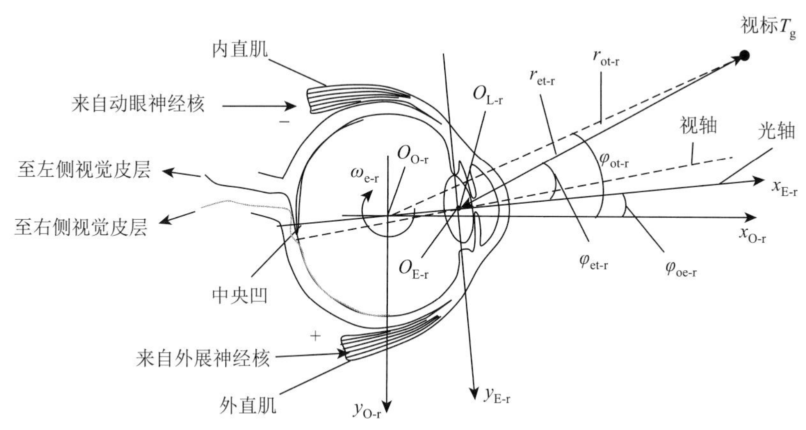

(b) 固定于右眼球和固定于右眼窝的坐标系的设定

图 3-1 眼球及眼窝坐标系的设定

与眼球坐标 x_E 轴重合，y_O 轴与眼球坐标 y_E 轴平行。注意：左右眼的眼球坐标系和眼窝坐标系是左右对称的，这一点与工学上的坐标设定习惯不同，原因是人体成对的器官的构造都是左右对称的，所以坐标设定与之对应可以方便后续搭建数学解析模型。

图 3-1 中各参数的定义如下。

φ_{ot}：眼窝坐标系原点与视标的连线与眼窝坐标轴 x_O 的夹角；

φ_{et}：眼球坐标系原点与视标的连线与坐标轴 x_E 的夹角，是眼球的转角误差；

φ_{oe}：眼球坐标轴 x_E 与眼窝坐标轴 x_O 的夹角，也代表眼球的转角；

ω_e：眼球坐标系相对于眼窝坐标系的转速，也代表眼球的转速；

r_{oe}：眼球坐标系原点与眼窝坐标系原点的距离；

r_{ot}：视标到眼窝坐标系原点的距离；

r_{et}：视标到眼球坐标系原点的距离。

当视标与眼球旋转中心的距离 $r_{ot} \gg r_{oe}$ 时，或 φ_{et} 较小时：$\varphi_{ot} \approx \varphi_{et} + \varphi_{oe}$，当 $\varphi_{et} = 0$ 时，$\varphi_{ot} = \varphi_{oe}$。

图 3-1 虽然没有标出 z_E 轴和 z_O 轴，但可以定义 z_E 轴和 z_O 轴是分别通过坐标原点，且垂直于 x_E-y_E 平面和 x_O-y_O 平面，方向朝上。这里需要假设眼球三个方向的旋转轴交于一点，即 O_O 点。这个问题将在仿生眼标定时出现（第 12 章）。

图 3-2 表示的是前庭器官的坐标系设定。由于三个半规管相互垂直，因此半规管测定的旋转方向的旋转轴也是互相垂直的。又因为半规管只对旋转有反应，对平移加速度和重力无反应，所以半规管坐标系的原点与半规管的输出信号的表述值无关。椭圆囊和球囊的囊斑能够测定其所在平面任意方向的两个自由度的平移加速度，因此旋转时的切线加速度和远心力会对囊斑输出信号表述值产生影响，所以坐标系的原点设置在囊斑质心比较方便。因此，前庭器官坐标系的两个坐标轴最好分别通过两个囊斑的质心，如图 3-2 所示分别设定为 z_V 轴和 y_V 轴（下标 l 和 r 分别代表左侧和右侧）。这里需要假设这两个坐标轴交于一点 O_V，x_V 轴的设定就简单了，通过 O_V 且垂直于 z_V-y_V 平面，方向朝前。因为水平半规管平面与椭圆囊囊斑平面平行，所以水平半规管的旋转轴与 z_V 轴平行。由于

半规管坐标系的原点与表述值无关，可以任意设置，所以把半规管坐标系的原点设置在 O_V 即可。这里假设水平半规管的平面与椭圆囊囊斑平面完全平行，则可以设置半规管坐标系的 z_S 轴与前庭器官坐标系的 z_V 轴重合。因为前半规管旋转轴 y_S 和后半规管旋转轴 x_S 分别与前庭坐标系的 y_V 和 x_V 偏移 45°，所以半规管坐标系无法完全与前庭坐标系合二为一，数学解析时需要 45°角的坐标变换。但是在横断面坐标系中，因为 z_S 轴与 z_V 轴朝向相同，所以可用绕前庭坐标系 z_V 轴的旋转角 $\varphi_{V\text{-}z}$ 来表述绕半规管坐标系 z_S 轴的旋转角 $\varphi_{S\text{-}z}$（图 3-2 中省略了 z，加了代表左右侧的 l 和 r）。

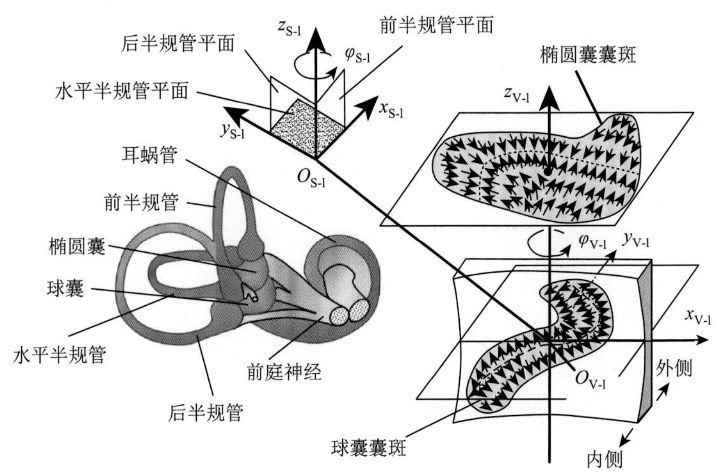

(a) 左侧前庭器官的三个半规管和椭圆囊及球囊的坐标系设定

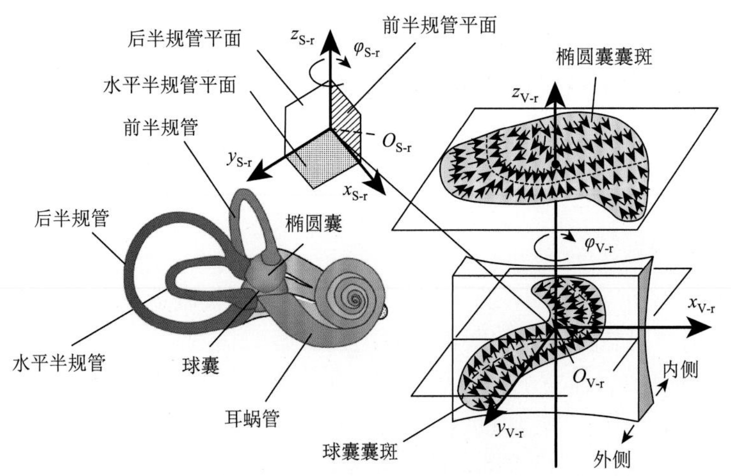

(b) 右侧前庭器官的三个半规管和椭圆囊及球囊的坐标系设定

图 3-2 前庭器官的坐标系设定

图 3-3（a）是人体直立时的头部正常姿态，当头部前倾 30°角时前庭器官的位置基本上与眼球位置在同一高度，而此时的水平半规管平面也恰好处于水平位置[2]，为了解析方便，这里设定头部前倾 30°时的姿态为头部标准姿态。图 3-4（a）是头部在标准姿态时的

眼窝坐标系与前庭坐标系的位置，图 3-4（b）是穿过眼窝坐标系原点和前庭坐标系原点的水平横断面图，称为**基准平面（简称基准面）**。由于人的眼球旋转中心和球囊囊斑质心共四点，不一定完全在一个平面上，所以称其为理想的基准平面。由于眼球运动的最核心问题是双眼在左右方向运动（称为摆动，参考“名词解释”）的关系问题，所以下面大部分的眼球运动解析都在基准平面上讨论。为了表述方便，用圆心在左右前庭坐标系原点连线的中点的圆来表示头部，如图 3-5 所示，头部坐标系 Σ_H 的原点 O_H 就设置在该圆心，x_H 轴设置在头部正前方方向，y_H 轴方向朝向左侧，z_H 轴垂直于 x_H-y_H 平面，即基准平面。其中，x_H 轴所在直线也称为视觉系统的**中轴**。中轴可以定义为在基准平面上的，通过两只眼球旋转中心连线的中心，且垂直该中心连线的直线。标准情况下，中轴线也垂直于两个前庭坐标系原点连线，并通过该原点连线的中心。将中轴对准**视标**时的头部姿态称为**头部的目标姿态**；当头部在目标姿态时，双眼注视着处于正前方视标时的眼球姿态称为**正视**，当视标无限远时的眼球位姿称为**标准正视**，此时两眼的视线相互平行。

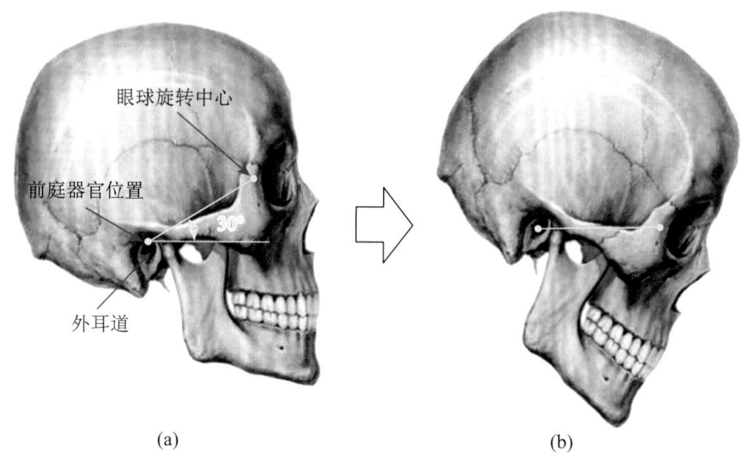

图 3-3　头部的直立姿态倾斜约 30°时外半规管呈水平状态，同时眼球旋转中心与球囊囊斑质心在同一水平面上

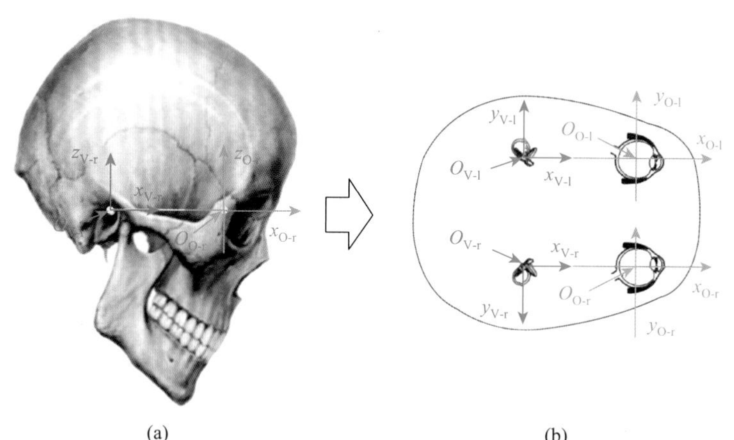

图 3-4　（a）头部前倾使球囊囊斑质心与眼球旋转中心处于同一水平面时的头部标准姿态；（b）标准姿态时在通过眼球旋转中心的横断面上的眼窝坐标系和前庭坐标系

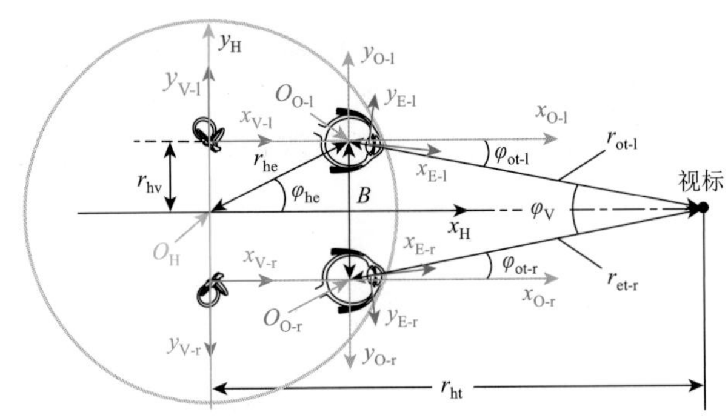

图 3-5 双眼正视图

基准平面上的头部坐标（黄色）、眼窝坐标（蓝色）、眼球坐标（红色）、前庭坐标（绿色）之间的关系

图 3-5 中视觉系统的各个参数的定义如下。

r_{hv}：头部坐标系原点与前庭坐标系原点间的距离，即左右前庭器官球囊囊斑间的距离的一半。

r_{he}：头部坐标系原点与眼窝坐标系原点间的距离。

φ_{he}：头部坐标系原点与眼窝坐标系原点连线与中轴间的夹角。

B：左右眼球旋转中心的距离，又称基线长。一般的光学系统，基线长是指双相机的光心间的距离。

r_{ot}：视标到眼窝坐标系原点的距离。

r_{ht}：视标到头部坐标系原点的距离。

由于视线与光轴之间有近 5°的偏移角，当视线对准 40cm 处的视标时，左右两眼的光轴接近互相平行（因为眼间距为 7cm，3.5/tan5°≈40）。

眼球坐标系与眼窝坐标系的原点不一致，以及视线与光轴的偏差都会使后续眼球运动模型的描述和运算式变得较为烦琐，而这些参数（r_{oe} 和 5°的视线偏移角）是固定的，可以通过坐标的平移和旋转的固定算式得以解决，在工学解析上不需要过多考虑（在仿生眼自动标定时，光轴和视线不一致很重要，现阶段可以忽略）。为了此后的说明和解析更为明了，图 3-6 将各坐标系进行了标准化的规整，即将眼球坐标系原点移至眼窝坐标系原点，让视线与 x_E 轴重合。在新的坐标系中，当双眼注视正前方无限远处视标时，$x_{E\text{-}l}$ 轴和 $x_{E\text{-}r}$ 轴平行。

当眼球视线偏离视标时，图 3-6 中视觉系统的各个参数的定义如下。

φ_h：头部坐标系相对于世界坐标系的转角。

x_h，y_h：头部在世界坐标系中的坐标。

x_t，y_t：视标在世界坐标系中的坐标。

φ_{ht}：头部中轴与视标的偏差角。

φ_{et}：x_E 轴（眼球视线）与视标和眼窝坐标系原点连线的偏移角，也是该眼球的转角误差（这里要注意：为了将来建模时方便，φ_{et} 没有设定为 x_E 轴与视标和眼球坐标系原点连线的夹角，但在研制仿生眼时，一定要分清光心和眼球旋转中心的区别）。

φ_{ot}：视标在眼窝坐标系中的偏移角，也是该眼球的目标值。

φ_{oe}：眼球视线，即 x_E 轴，与眼窝视标的 x_O 轴的夹角，也是该眼球的转角。

φ_v：半规管坐标系的旋转角度。

图 3-6 中所有坐标系的 z 轴都垂直于该坐标系 x 轴和 y 轴形成的平面，且朝上，这里就不一一描述了。

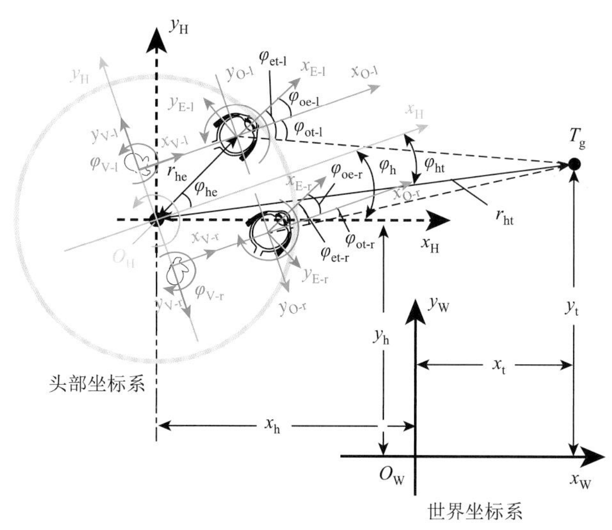

图 3-6　基准平面上标准化后的视觉系统各坐标系间的关系及参数设定

3.2.2　生理学领域的眼球运动定义

生理学与工学在研究方式和研究工具，甚至看问题的角度都有着极大的不同，而仿生学必须从生理学入手，然后用工学的理论和工具去解析和设计。在生理学领域，眼球运动的类型是通过特定实验环境下测定眼球运动的特性来定义的。例如，将跟随一个缓慢而平稳运动目标的眼球运动称为滑动型眼球运动（smooth pursuit movement），或被翻译为平稳跟踪运动，或跟随运动（following movement），又称眼追迹运动（ocular tracking movement）。而用理工科的方式来定义的话，应该是：由视标（参考“名词解释”）的网膜像相对于中央凹中心的距离和方向信号控制的眼球运动。由于实验环境不同，分析方法和手段不同，生理学领域对于眼球运动的定义方式常常不同，甚至连名字都很难统一，而工学的公理、定律，以及用逻辑和数学推导出的定理等结论，除非改变前提，否则是万年不变的，这也是生理学领域与工学领域的区别所在。

生理学领域的眼球运动的定义和实验结果对眼球运动系统的建模和解析必不可少，也是仿生眼研发的基础。以下概述生理学领域的眼球运动定义及实验结果。

1. 扫视性眼球运动

扫视性眼球运动（saccadiceye movement），简称扫视眼动，也称跳跃型眼动、飞跃运动或冲动性眼动，是一种速度很快的眼球运动。当眼球的注视点从某个视标移动到另一个视标时，就出现了扫视眼动，它能很快地把新视标投射到视网膜的中央凹上。

从刺激开始到出现扫视眼动，潜伏期为 150～200ms。正常情况下，其速度为 600～700(°)/s，最高可达 1000(°)/s，持续时间一般为 10～80ms。正常情况下，扫视眼动是非常精确的运动，但有时往往也有落后于目标（under shoot）或超过目标（over shoot）的现象，这时需要二次扫视（second saccade）。

扫视眼动持续的时间随需要旋转角度的大小而变化，旋转角度越大，时间就越长。但是，扫视眼动的最高速度常常是一定的。持续时间超过 80ms 的较大的扫视眼动，常常要辅以头动，而且眼动与头动的方向一致。除特殊情况外，一般不发生在角度小于 0.2arcsec（秒，0.0033°）的间隔内。从扫视眼动开始前约 50ms 到终止期间，视觉机能显著降低，称为扫视性抑制（saccadic suppression）。

看静止画像时，视线在一点停留的时间经测定为 0.2～0.4s，之后再移向另一点，以便充分看清物体，这也是注视点所要求的时间。以往认为在扫视眼动进行中不能取样，只是在运动终了后才取样。但近来的研究表明，扫视眼动是能连续不断处理信息的，不过一旦眼动确实发生，其滑动型眼球运动的控制信息被抑制住，整个扫视过程中，视敏感度和接收性都会减弱。

另外，扫视眼动还可以在同一目标因速度突变或太快，视线无法平滑地跟踪时产生，称为 catch-up saccade（CUS，即追赶“跳视”），因扫视眼动也叫跳跃型眼动，所以我们暂称之为“抓跳”。抓跳也分两种，de Brouwer 等把 CUS 与平滑眼动（smooth pursuit）的方向结合起来，称为 forward saccade［前向跳跃，图 3-7（a）］和 reverse saccade［反向跳跃，图 3-7（b）］[3]。也有人将追踪速度过快而返回跳跃的眼动称为 catch-back saccade，暂且称之为“反向抓跳”，这种情况多半是目标突然减速或返回导致的视线回跳。

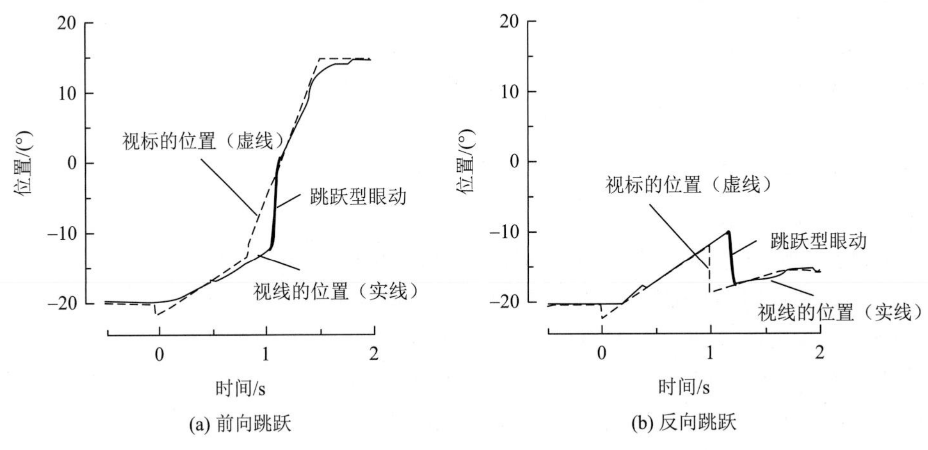

图 3-7　前向跳跃和反向跳跃[3]

2. 滑动型眼球运动

滑动型眼球运动（smooth pursuit movement），简称滑动型眼动，或称平滑眼动、平稳跟踪运动、跟随运动，又称眼追迹运动。滑动型眼动是跟随一个缓慢而平稳运动着的目标时的眼球运动类型。人的滑动型眼动的速度最高可达 30(°)/s，比扫视眼动慢很

多，所以如果视标的运动速度超过此值，眼睛就会追不上视标，为了补偿这种误差，就会出现扫视眼动（抓跳）。正常人一旦视标的网膜像滑出中央凹，就会刺激扫视机构产生扫视运动，并禁止正常的跟踪运动。当目标速度超过跟踪运动速度时，出现的扫视眼动并阻断跟踪运动的现象称为扫视性跟踪（saccadic pursuit）。这种扫视眼动使目标回到中央凹然后重新再开始滑动型眼动的跟踪。在正常情况下，看静止的图像时，人的视线是不能够做平滑移动的，只能做扫视运动。也就是说，只有运动目标才可以引发滑动型眼动。从目标出现到开始滑动型眼动，潜伏期约为 125ms。

3. 视机性反射

视机性反射（optokynetic reflex，OKR；亦称视动性反应，optokinetic response，OKR）在同一方向持续发生时也称为**视动性眼球震颤（optokynetic nystagmus，OKN）**。当观看的运动物体的网膜像覆盖了包括黄斑区及以外的大部分视网膜时所产生的眼球运动称为视机性反射。当较大物体连续在眼前运动时，如一列火车在眼前驶过，所引起的眼动称为视动性眼震。视动性眼震有慢相和快相，慢相是指跟踪视标的运动，快相是当眼球旋转超过一定范围后让视线回归正常位置的运动。图 3-8 是一种眼球运动的诱发装置[4, 5]。当下面的旋转台固定不动，上面的视觉刺激筒旋转时诱发的眼球运动就称为视动性眼震。

很多学者认为，视机性反射的慢相等同于滑动型眼动，快相在功能上等同于扫视眼动。其实视机性反射的慢相与滑动型眼动有所不同。滑动型眼动是跟踪映射到中央凹中的物体，而视机性反射的网膜像范围很大，包括周边视的视觉信息，所以跟踪的最高速度大于跟踪较小目标的滑动型眼动。生理学领域对这方面的研究结论没有统一。

图 3-8　眼球运动诱发装置[4, 5]

视机性反射是在观看较大物体时的眼球运动，这种情况也容易产生错觉或眩晕。当被注视物体的起始速度为 0 或很低，且加速度较慢时，常常会发生观察者认为不是注视物体在动而是自身在运动的错觉。如果被注视物体的起始速度高，内耳的前庭传感器会发现自身没有加速度，所以不会有错觉，只能引起眼球的视机性反射运动。

从目标出现到眼球开始运动，视机性反射的潜伏期为 50～100ms，比滑动型眼动短。

4. 前庭眼反射

前庭眼反射（vestibulo ocular reflex，VOR）也称为前庭动眼反射，是当头部运动时内耳的半规管和椭圆囊、球囊输出的信号引起的眼球运动。将图 3-8 所示的眼球运动诱发装置的灯关掉，让被检测者看不到视觉刺激筒上的图像，同时转动旋转台，就可以诱发旋转型前庭眼反射。当头部连续旋转或平移运动时，因眼球旋转到极限位置而引发回跳性扫视眼动，眼球的运动轨迹类似于视机性反射，只是视机性反射是被注视物体动，前庭眼反射是头部动，这种连续的锯齿形轨迹的运动被称为前庭眼震。前庭眼反射的潜伏期为 13ms，要比视觉反馈的反应快一个数量级。

当头部较长时间旋转后半规管逐渐适应旋转而减少了信号的输出，这时如果突然停下，因反方向的加速度使半规管输出反方向的速度信号，眼球将向反方向旋转，产生眩晕效果，这也是前庭眼反射的副作用。

5. 颈眼反射

颈眼反射（cervical-ocular-reflex，COR）又称为颈性眼反射，是颈部转动时引起的眼球运动。例如，固定住兔子的头部，扭转它的身体，可以看到兔子眼球的运动。此外，还有主动颈眼反射，它出现在头随意活动时，是从半规管和颈部位置感受器传入的冲动信号同时作用于前庭神经核的结果。

6. 辐辏运动

辐辏运动（vergence）是双眼视线的辐合与分散运动的统称。人眼不能像变色龙那样分别看不同方向，而且必须把左右视线汇聚到一个视标上。所以，当视标与观测者间的距离变化时，必然引起双眼视线的辐合与分散运动。当视标的网膜像分别落在双眼中央凹的耳侧时，双眼通过同时向内旋转，使视标的网膜像落到双眼视网膜中央凹的位置上，这时的眼球运动称为辐合运动。同理，当视标的网膜像分别落在双眼中央凹的鼻侧时，双眼通过同时向外旋转，使注视点落到双眼视网膜中央凹的位置上，这时的眼球运动称为分散运动。任何时候，当视标的投影落在双眼视网膜的非中央凹的对称位置，就有辐辏运动出现。例如，当注视的目标从远处移向眼前时，就会产生双眼视线辐合运动，以保持视标投影连续投射在每只眼的视网膜中央凹上。反之，当注视目标自眼前移向远方时，则两眼视线出现分散运动。这种运动的速度最快约为 20(°)/s，潜伏期约为 160ms。

7. 固视微动

固视微动（small involuntary movement）又称为固视眼动（fixtional eye movement）。当人眼视线注视某一点时（称为固视），在无意识情况下，眼睛仍然不断地有微小运动。因为这种形式的眼动具有维持眼位置的作用，故又称为位置维持系统（position maintenance system），它维持对目标的凝视，或使视线凝视于某一特殊位置。另一种说法是，由于视细胞对不变的光刺激会失去反应，例如，如果用特殊装置把眼球固定住，眼睛就会失去视觉，所以人眼注视一点时必须有一定的微小运动以激活视细胞。由于固视眼动与上述 6 种眼球运动有较大不同，且相关研究较少，所以笔者的团队专门开发了高精度眼动测量装置对其进行了长期研究，本章将专门开辟一节介绍。

3.2.3 基于控制学理论重新定义眼球运动

科学的眼动定义是眼仿生学的前提。由于生理学实验的局限性，一般以特定条件下眼球运动的现象对眼球运动进行定义，往往会因为测试条件和环境的限制很难对眼球运

动的成因进行本质区别。例如，滑动型眼球运动是视标在中央凹的视网膜上投影（网膜像）的移动产生的视网膜误差信号控制的眼球运动，但是生理学实验常常较难把中央凹的视网膜误差信号和周边视野的信号分离开来，所以视网膜中心视的信号和周边视的信号同时作用于眼球运动控制系统，当被注视目标很大、网膜像可以覆盖大部分周边视时，中心视的误差信号和周边视的速度信号相互增强，形成视机性反射；而当目标足够小时，周边视的速度信号是环境相对于眼球的相对速度，常常与中心视的网膜像运动方向相反，所以这时候的眼球运动被称为滑动型眼球运动。事实上这两种运动都是由周边视和中心视两种信号共同作用的结果，无法代表眼球运动系统的本质。因此，从工学角度上讲，眼球运动的类型需要以更严密的运动控制学描述方式定义，否则无法进行理论解析，也无法进行仿生。

在自动控制学领域定义眼球运动类型的话，一般可以考虑以下几种分类方法：

Ⅰ. 通过眼球运动控制系统的种类进行分类；

Ⅱ. 通过与眼球运动相关联的神经通路，即信号通路的不同进行分类；

Ⅲ. 通过眼球运动控制系统的输入信号的种类进行分类；

Ⅳ. 通过眼球运动的动态特性进行分类；

Ⅴ. 通过眼球运动的驱动机构，即眼肌的不同进行分类。

由于眼球运动控制神经系统的几乎所有感受器的信号（视网膜信号、前庭信号、颈部信号、眼肌受容器信号、小脑信号、上丘信号等）的大部分都输入前庭核，再从前庭核经过一系列处理进入眼肌运动神经核，因此前庭核以后的各种眼球运动控制系统基本上是相同的。从各感受器到前庭核的神经通路的不同也代表着输入信号的不同，所以，Ⅰ和Ⅱ都可以归属于Ⅲ。

因此，首先考虑通过眼球运动控制神经系统的输入信号对眼球运动类型进行分类。眼球运动关联的输入信号归纳起来有以下几种：①视网膜中央凹，或黄斑的视锥细胞输入的视觉信号；②视网膜中央凹以外，或视杆细胞输入的视觉信号；③前庭器的三个半规管输入的头部旋转信号，以及耳石（椭圆囊及球囊）输入的头部平移加速度信号；④颈部的颈椎和肌肉传来的头部与肩部的相对旋转及位移信号；⑤上丘（superior colliculus，SC）传来的扫视眼动（跳跃型眼动）的控制信号。笔者通过这五种信号重新定义了一下眼球运动类型。

眼球中央凹及黄斑上的视标的网膜像与中央凹中心的偏差，即视网膜误差（retina error）信号控制的眼球运动称为**平滑型眼球运动**，简称**平滑眼动**。

眼球中央凹以外的网膜像的移动速度信号，即视网膜滑移（retina slip）信号控制的眼球运动称为**视动性反应**（optokinetic response，OKR），简称**视动反应**。

前庭器输出的由头部加速度引发的信号来控制的眼球运动统称为**前庭眼反射**（VOR），简称**前庭反射**，其中半规管输出的信号控制的眼球运动称为**旋转前庭眼反射**，耳石的输出信号控制的眼球运动称为**平移前庭眼反射**（由于左右耳石信号的差值也可以检测出头部旋转运动，后续将这部分信号归纳为**耳石性旋转前庭眼反射**）。

颈部的颈椎及肌肉发出的头部与肩部的相对位置变动的信号控制的眼球运动称为**颈眼反射**（cervical-ocular-reflex，COR）。

视网膜黄斑以外某一点的视觉刺激或大脑选择的网膜像的某一点，经由上丘处理后输入前庭核的信号，所控制的眼球运动称为**跳跃型眼球运动**（saccadic eye movement），简称**跳跃眼动或跳动（saccade）**。

另外，这里要特别指出的是生理学中提到的二次扫视（亦称二次跳动）。二次跳动的基本描述是，当扫视的幅度大于 20°，并且扫视运动后视线仍没有完全对准视标时发生的补偿性小角度的扫视运动。由于二次跳动时的视标在网膜的成像位置已经在中央凹附近，因此此时视标位置检测的机制应该与平滑眼动相同，而且二次跳动的潜伏时间为 130ms 左右，与平滑眼动一致，所以可以认为二次跳动就是平滑眼动，只是网膜误差比连续运动追踪时的误差大且不持续，相当于自动控制学理论中的“阶跃响应”。

以上眼球运动类型的定义看似与生理学很接近，但是明确了分类方式与原则，对于构建自动控制学领域中可以使用的眼球运动控制神经系统的数学模型来讲是必不可少的。

眼球运动类型分类法的第Ⅳ项：通过眼球运动的动态特性来区分眼球运动类型的方式也很重要。生理学实验已经证实，双眼的共同性运动和非共同性运动表现出完全不同的动态特性。生理学领域将双眼以相同方向旋转的眼球运动称为共同性运动，或称共轭眼球运动（conjugate eye movements）；而将双眼反方向运动的眼球运动称为非共同性运动，或称非共轭眼球运动（disconjugate eye movements）。由于双眼通常注视空间上的某一点，因此当视标接近或远离时眼球就表现出非共轭运动，一般被称为辐辏运动，而辐辏运动又分为辐合与分散两个类型。

为了便于理论解析，共轭运动和辐辏运动需要用运动学方式来定义。笔者定义的共轭运动和辐辏运动如图 3-9 所示，首先双眼的旋转中心和注视点这三点所决定的圆，对于眼球运动的定义很重要，称为“双眼注视圆”，在视觉心理学领域有时该圆被称为“双眼单视界圆”，但定义的目的不同，大部分情况下“双眼单视界圆”是通过双眼的光心而不是旋转中心。

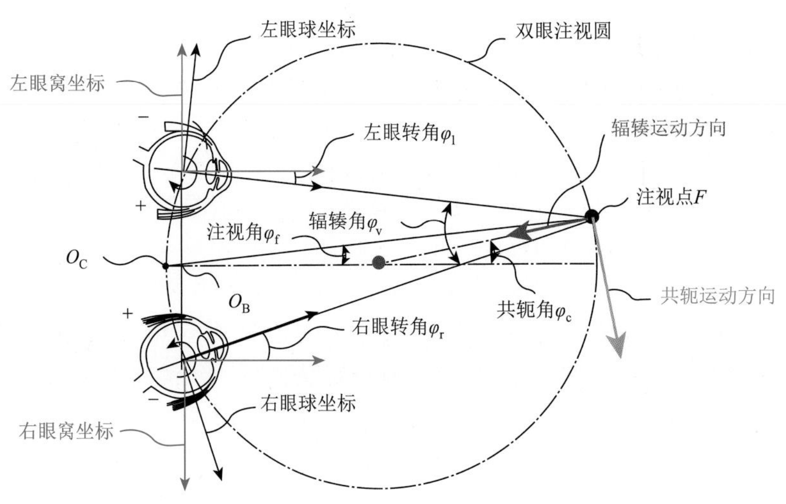

图 3-9 双眼注视圆及共轭运动和辐辏运动的定义

笔者把注视点在双眼注视圆的切线方向的运动称为共轭运动，注视点和圆心的连线与中轴线的夹角 φ_c 称为共轭角；注视点在双眼注视圆的半径方向的运动称为辐辏运动，两视线的夹角 φ_v 称为辐辏角。当注视点在双眼注视圆上运动时，辐辏角 φ_v 不变，所以没有辐辏运动，只有共轭运动。因此可以看出，共轭运动并不是双眼的运动角速度相同，更不是旋转角度相同，辐辏运动也不是朝向头部旋转中心或双眼基线中心的运动，而是朝着双眼注视圆中心的运动。通过几何证明可以得出共轭角等于两眼转角之差（$\varphi_c = 2\varphi_f = \varphi_l - \varphi_r$），辐辏角是两眼转角之和（$\varphi_v = \varphi_l + \varphi_r$）。这里要注意，左右眼的坐标是对称的，所以左右眼正方向旋转的定义是相反的。φ_f 称为注视角，是相对于头部的注视点的方向角。注视角的旋转中心 O_C 无法设定在基线（两眼旋转中心连线）中心 O_B 上，否则无法严密设定双眼运动的几何定义。只有当注视点无限远时，O_C 和 O_B 才完全重合，这也是生理学领域至今没有共轭角定义的原因。辐辏运动与共轭运动的性质将在构建眼球运动模型时详细讨论，本章节不再赘述。

生理学一般将辐辏运动当成眼球运动的一种类型来进行分类，其他几种眼球运动全部当成共轭眼球运动，而事实上，这种分类方法存在缺陷，无法用运动学和自动控制学的理论和思路解释清楚。因为无论是辐辏运动还是共轭运动，它们都是双眼各自运动的组合而已，所以既然共轭运动有跳跃眼动、平滑眼动、视动反应、前庭反射和颈眼反射，那么非共轭眼球运动即辐辏运动，也应该存在相同种类的眼球运动类型，即有跳跃眼动平滑眼动、视动反应、前庭反射和颈眼反射。这是一般的生理学教科书里不曾提及的思维方式。也就是说，眼球运动分类应该是：

$$\text{共轭运动}\begin{cases}\text{跳跃眼动}\\\text{平滑眼动}\\\text{视动反应}\\\text{前庭反射}\\\text{颈眼反射}\end{cases}\qquad\text{辐辏运动}\begin{cases}\text{跳跃眼动}\\\text{平滑眼动}\\\text{视动反应}\\\text{前庭反射}\\\text{颈眼反射}\end{cases}$$

生理学领域将辐辏运动与跳跃眼动、平滑眼动等眼球运动并列定义，是因为辐辏运动的动态特性与其他种类的眼球运动都不一样。笔者构建的眼球运动控制神经系统的数学模型解释了为什么辐辏运动与共轭运动共用一套控制系统，却有着完全不同的动态特性（第 6 章），也从侧面证明了共轭运动的各种眼球运动类型与辐辏运动的各种眼球运动类型是可以一一对应的，即辐辏运动也应该存在跳跃眼动、平滑眼动等各类眼球运动。剩下的问题是如何在生理学实验结果中找出共轭运动和辐辏运动的各种眼球运动类型的对应关系。

其实，大量的眼球运动生理学的研究发现，辐辏运动也具有各种类型，具体分类如下：融合性辐辏（fusional vergence，也称融像性聚散）、顺应性辐辏（accommodative vergence）、流动性辐辏（flow induced vergence）、头部前后平移运动引起的平移前庭眼反射辐辏（vergence occurring due to forward or backwards head movements）等[2, 6-8]。

上述辐辏运动的种类用了完全不同的名称，但从眼球运动控制系统的角度来看，可以从两个方向考虑辐辏运动与共轭运动的对应关系。第一个是从眼球运动的诱因来判断；

第二个是通过诱发该眼球运动的潜伏时间来判断。从诱因来判断很好理解，因为眼球运动的类型就是通过输入信号来区分和定义的。例如，如果某种辐辏运动的诱因是头部的前后移动，那么这种辐辏运动就是辐辏性前庭眼反射。而通过潜伏时间来判断，是因为信号在神经系统里传递的时间取决于神经的长度和神经节点的个数与种类，所以如果使用的是同一条神经通道和同一个系统，潜伏时间应该是相同的。

融合性辐辏运动的诱因是视标的切换，同时几乎所有的融合性辐辏运动都和跳跃眼动同时发生，甚至有人直接称其为扫视辐辏（saccade-vergence）[7]。更进一步，融合性辐辏运动的潜伏时间是 150～250ms，与跳跃眼动的 150～250ms 接近。因此可以断定融合性辐辏运动和跳跃眼动是同一种眼球运动。

顺应性辐辏运动的诱因是视标在双眼的正前方前后慢速移动，所以顺应性辐辏可以定义为辐辏性平滑眼动。

流动性辐辏运动的诱因是环境图像向头部的两边移动，例如，滑雪时双眼注视前方就会产生双眼分别向两边平滑转动，然后再跳回前方的行为，这是因为这时两边的风景在快速向后移动，可以说是辐辏版本的视动性眼震。另外，通过潜伏时间也可以说明这一点。流动性辐辏运动的潜伏时间是 80ms[8]，比跳跃眼动（150～250ms）以及平滑眼动（130ms）短，但远比前庭反射（13ms）长，与视动反应（50～100ms）基本一致。

在黑暗中头部前后运动时可以引起辐辏运动的现象已被生理学实验发现，所以这种状态下产生的辐辏运动自然属于平移前庭眼反射。因此双眼协同运动的定义如下：

共轭运动
- 跳跃眼动
- 平滑眼动
- 视动反应
- 前庭反射
- 颈眼反射

辐辏运动
- 跳跃眼动（融合性辐辏）
- 平滑眼动（顺应性辐辏）
- 视动反应（流动性辐辏）
- 前庭反射
- 颈眼反射

重要数据如下。

跳跃眼动的潜伏时间：150～250ms；

平滑眼动的潜伏时间：130ms；

视动反应的潜伏时间：50～100ms；

前庭反射的潜伏时间：13ms。

生理学里的潜伏时间相当于自动控制学理论里的时延（latency），代表信号传输和处理所需时间，是一个非常重要的参数，尤其引入智能计算后，好的运算结果与运算量成正比，所以运算量、算力、时延必须根据需要权衡利弊。

此外，生理学实验发现，辐辏运动的同时会引起眼球晶状体及瞳孔的反射性变化，

这一点说明，辐辏的变化意味着注视目标距离的变化，因此需要调节焦距和光圈。通过辐辏运动来调节焦距和光圈显然比通过图像清晰度来调节效率高。

眼球运动类型分类法的第Ⅴ项：通过眼球运动的驱动机构，也就是眼肌的不同进行分类的方法。从外眼肌的解剖图（图 2-30）可知，眼球运动可以分为：**①摆动（yaw）**，由外直肌和内直肌的拉动产生的转动，一般可以定义为绕眼球坐标系的纵轴（图 3-6 中未显示的 Σ_E 坐标系的 z_E 轴）旋转的运动；**②俯仰（pitch）**，由上直肌和下直肌的拉动产生的转动，一般可以定义为绕眼球坐标系的横轴（图 3-6 中的 y_E 轴）旋转的运动；**③滚动（roll）**，由上斜肌和下斜肌的拉动产生的转动，一般可以定义为绕视轴（视线，图 3-6 中的 x_E 轴）旋转的运动。当双眼注视正前方无限远处时，即双眼视线垂直于基线（也称正视），固定于眼球的上述眼球坐标系和固定于眼窝的眼窝坐标系重合。图 3-9 只表示了水平运动（摆动）的坐标系。

当设定眼球的视线（视轴）通过眼球的旋转中心时，眼球坐标系的原点在眼球的旋转中心之上，而从解剖学上看，眼球的视线，即通过晶状体光心和中央凹的直线很可能不通过旋转中心（偏差 5°）。为了解析方便，之后的视觉系统的坐标系设定时，基本上是将眼球坐标系的原点放在眼球旋转中心上，但是，人类视线与光轴的这 5°的偏差很可能有深意。本书在仿生眼设计及自动标定时会重新考虑该问题。

一般生理学讲的辐辏运动都是指摆动（或称水平方向运动），即眼球左右方向运动时产生的辐合与分散运动，而从眼肌的结构上可以看出，俯仰和滚动也同样可以有共同性运动和非共同性运动之分，只是正常情况，辐辏角为 0，但在考虑运动控制误差及视觉处理时俯仰和滚动的非共同性运动是必须考虑的。因此，我们也需要定义俯仰和滚动的辐辏和共轭运动。眼球的种类可进一步分离成如下定义：

- 摆动
  - 共轭
    - 跳跃眼动
    - 平滑眼动
    - 视动反应
    - 前庭反射
    - 颈眼反射
  - 辐辏
    - 跳跃眼动
    - 平滑眼动
    - 视动反应
    - 前庭反射
    - 颈眼反射
- 俯仰
  - 共轭
    - 跳跃眼动
    - 平滑眼动
    - 视动反应
    - 前庭反射
    - 颈眼反射
  - 辐辏
    - 跳跃眼动
    - 平滑眼动
    - 视动反应
    - 前庭反射
    - 颈眼反射
- 滚动
  - 共轭
    - 跳跃眼动
    - 平滑眼动
    - 视动反应
    - 前庭反射
    - 颈眼反射
  - 辐辏
    - 跳跃眼动
    - 平滑眼动
    - 视动反应
    - 前庭反射
    - 颈眼反射

当然，这些眼球运动类型是推论出的类型，正常情况下俯仰和滚动的辐辏运动中无法产生前庭反射，甚至视动反应和颈眼反射也不会出现，但是特定实验条件或病变情况下还是可能引起这类特殊眼动的。

按上述分类方法，仅宏观眼球运动（不包含固视微动）就有 30 种之多。而这 30 种眼球运动的唯一目的就是将双眼视线对准视标，然后保持视线一直在视标上。由于每个眼球有三个旋转自由度，而头部和视标有六个自由度（位置三自由度，姿态三自由度，注意，视标是个有表面积的点，参考“名词解释”），而把视线对准视标的双眼的最佳姿态在每个头部位姿上只应该有一种，所以在这里引出一个生理学没有的概念：**标准辐辏**。标准辐辏的定义要在视觉系统坐标系设定之后才能够描述清楚，详见第 12 章。

3.3 固视微动

3.3.1 固视微动的意义

眼睛不动，视觉就会消失，固视微动隐含着人类视觉系统最基础的原理。人类的眼球在注视一个固定点时，一直有连续不断的微小的抖动，即固视微动，又称固视眼动。如果人为消除这种抖动，视觉也随之消失。当然，如果把一个视标固定在眼球上，那么这个视标也会逐渐消失。关于这个现象，有一个有名的实验如图 3-10 所示，用一个吸盘将一个小透镜和视标吸在眼球角膜上，透镜的目的是让人眼可以看清极近距离的视标，尽管最初可以清晰看到视标，由于这个视标完全固定在眼球上，眼睛会逐渐看不到这个视标[9]。

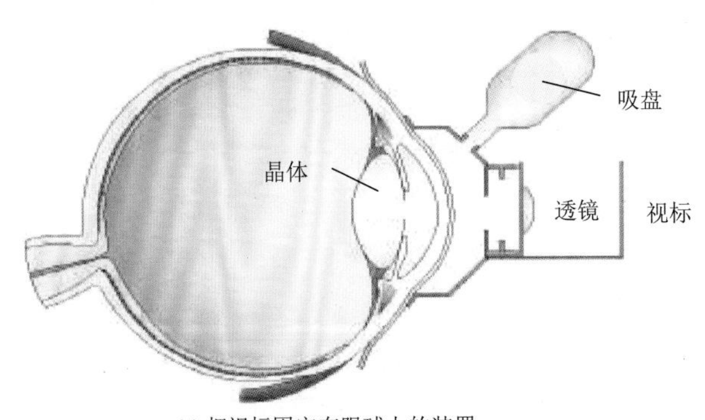

(a) 把视标固定在眼球上的装置

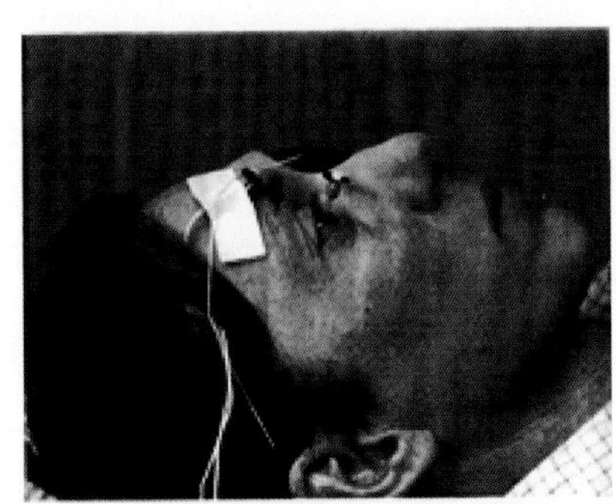
(b) 实验状况

图 3-10　把视标固定在眼球上的实验[9]

这个实验也说明，人类的视觉系统是建立在一种微妙的平衡之上的。为了清晰地观察某物体，就必须将视线尽量对准该物体保持不动，以防运动模糊，但当视线相对该物体完全不动的话，又无法看见该物体了。可见，固视微动可以说是视觉系统信息输入阶段就需要实现的重要特性，很可能隐含着视觉处理的关键性原理。

正因为固视微动的神秘特性，无论是生理学还是工学都有大量的研究试图解析其中的奥秘，但由于眼动检测设备的限制，长期停留在各种猜测状态[10-14]。当笔者注意到固视微动的重要意义后，为了准确测量其运动轨迹和特性，组织团队开发了世界上精度最高的眼动测量仪器，逐渐揭开了固视微动的神秘面纱。在这里，首先介绍一下过去的权威研究成果以及对固视微动的一般定义。

3.3.2　固视微动的定义

图 3-11 引自权威的固视微动的文章[15]，该文章中定义了固视微动的三种类型——震颤、漂移及微跳，至今大部分对微眼动的描述仍然在使用这些定义。图 3-11 是微眼动的示意图，图中的每个小六角形代表中央凹中的视细胞，带细微抖动的曲线和直线代表视标的网膜像在视网膜上的移动轨迹。如图 3-12 所示，当视标的距离远大于眼球晶状体至视网膜的距离时，视标在视网膜上的成像的移动距离近似于晶状体的移动距离，因实验中头部被固定，眼球的旋转中心不变，所以可以算出眼球的旋转角度与网膜像的移动距离成正比，网膜像的轨迹等同于眼球旋转的轨迹。但是要注意，由于人的眼球是三个自由度旋转的，当只有摆动和俯仰运动时图 3-12 才成立，如果加上绕视轴的滚动后，网膜像的轨迹就不再可以正确描述眼球的旋转运动轨迹了，因为网膜像的轨迹是二维的，眼球转动是三维的。

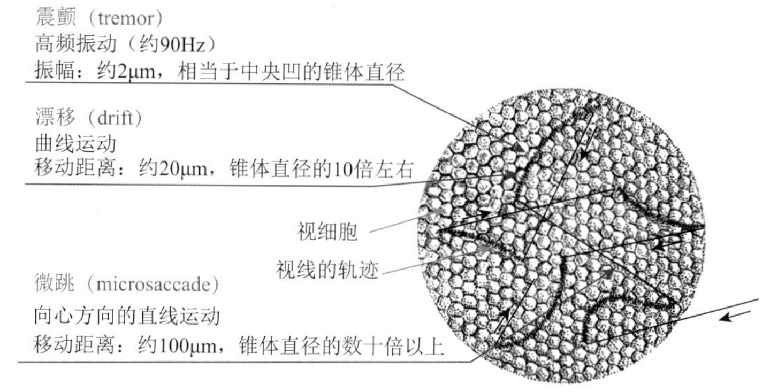

图 3-11　固视微动的种类[15]

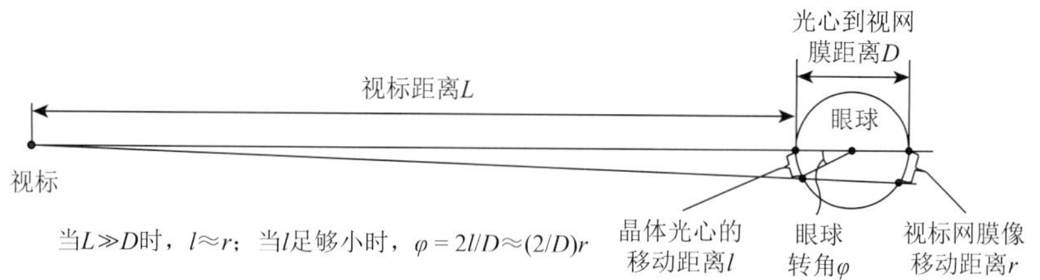

图 3-12　视标在网膜上成像的位移与眼球转角的关系

下面介绍一下传统固视微动的定义。如图 3-11 所示，固视微动有三种类型。

1）震颤

震颤（tremor）是一种微小的高频颤动，振幅只有 2μm 左右，换算成角度的话相当于 0.013°左右，频率在 30～100Hz，是三种固视微动中振幅最小、频率最高的运动，目前尚未发现两眼的震颤存在共轭或辐辏等关联。震颤对于视觉的作用与功效在生理学领域尚无公认的解释，一般被认为是神经噪声，无特殊意义。但在机器视觉领域有一种解释可以站住脚，即通过相机的移动来提高图像的分辨率，称为超分辨率（super-resolution）算法。

超分辨率是通过一系列低分辨率的图像来得到一幅高分辨率图像的过程，又称为超分辨率重建。据说人眼的视觉分辨率比视网膜视细胞的密度高出 5 倍。图 3-13 是一款超分辨率相机，通过感光芯片微振得到比感光芯片的像素分辨率高数倍的图像。由于受光的波长及像素尺寸的物理极限的限制，感光芯片的像素尺寸不可能无限缩小，数量也不可能无限增加，因此超分辨率重建是提高图像分辨率的一个有效方法。

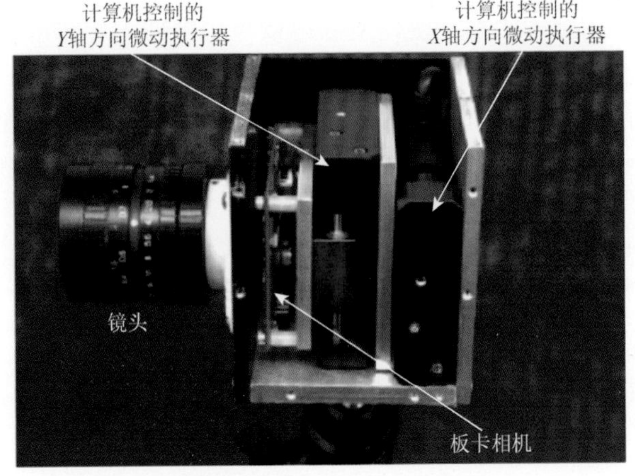

图 3-13　超分辨率相机

通过振动相机的感光芯片获得比芯片分辨率高的图像

超分辨率重建是一门较成熟的算法，本书不再详细介绍，但目前微振相机并未得到普及，未来通过压电陶瓷等微动控制技术与相机技术的结合，也许会迎来相机领域的一次革新。另外，相机的微振也可以用于补偿感光芯片的个别像素损坏或缺失，这也是相机制造过程中不可避免的瑕疵，通常是靠周边像素的信息来补偿的。

2）漂移

漂移（drift）也称微细漂动、慢速微动。漂移运动一般被认为是眼球无意识地偏离注视点的运动，一般的移动距离为 5～20μm，最长相当于十个左右的视锥细胞宽度。震颤与漂移同时存在，即边震颤边漂移。另外也有关于漂移的最高速度为 0.5(°)/s 和平均速度为 0.1(°)/s 的报告数据，但由于与震颤运动同时发生，数据的意义不大。目前尚未发现左右眼的漂移存在确切的相互关联。

3）微跳

微跳（microsaccade）又称微细闪动（flicks），也称微细扫视运动。普遍认为微跳是高速的直线运动[15]，但已被笔者团队通过实验数据证实，只有水平共轭运动时是直线，其他方向的微跳大部分为曲线。实验表明微跳的发生频率为 1～5Hz，持续时间约为 25ms，移动距离 100μm 以上。不过笔者团队的实验显示，发生频率会受心理状态影响，当集中精力思考问题时或惊吓时，微跳运动会减少甚至停止。

另外，生理学领域部分学者认为，微跳的一个重要作用是把因漂移产生的视标在网膜上的成像与中央凹的偏离修正过来。因此，微跳具有向心性的特征[15, 16]，有维持注视位置的作用，其又称为位置维持系统。还有部分学者认为微跳可以防止视神经细胞对较长时间持续不变的刺激失去反应，这也是生物传感器及神经细胞的普遍特性。

目前，主流研究成果认为，微跳与跳跃型眼球运动相同，且发生和受控于同一种机制。

图 3-14 又表明，独立的微跳可以发生在任意方向，而共轭微跳却只发生在水平方向[14]。笔者认为水平方向的共轭运动与双眼光心连线方向相同，应该与立体视觉相关。3.3.4 节将利用这一特性介绍一下共轭微跳运动对立体视觉的贡献。

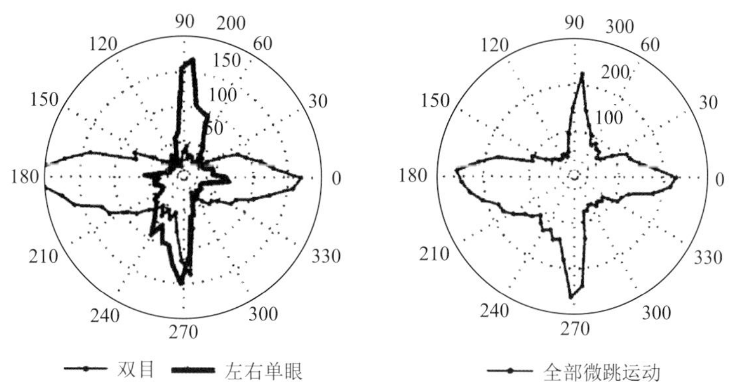

图 3-14　双眼共轭（左）及单眼独立微跳运动（右）的分布[14]

3.3.3　固视眼振的测量

由于固视微动神秘的特性，加之众说纷纭，没有定论，而且原有的检测方法根本达不到必要的精度，因此需要一种高精度且高速度的眼动测量装置。图 3-15（a）用探测线圈法测量眼动，虽然精度尚可，但对眼球的侵害较大，不易得到自然状态下的微眼动。图 3-15（b）通过眼肌电来测量眼动，虽然敏感度高，但位置测量精度不高。图 3-15（c）是通过相机测量虹膜或瞳孔的位置来测量眼动的装置，但相机的精度、帧率，特别是镜头的放大倍率都不够。因此，为了得到第一手资料，笔者团队发明了一款高精度眼动测量仪（图 3-16）[17-21]。

如图 3-16 所示，由于固视微动的振幅太小（2μm）、频率太高（100Hz），为了消除外部发生的振动对测量装置的影响，所有装置都固定在减震台上，六自由度微调云台设置在磁铁固定架之上，头部固定架通过额头和上颚牙齿把上头骨固定住。为了测量微眼动的高频信息，采用高速相机（1000 帧/s）。为了减少测量距离的误差对测量数据的影响，采用远心镜头（telecentric lens），它可以在一定的物距范围内，使得到的图像放大倍率不变，简单地说这种镜头拍出来的图像没有近大远小关系。由于使用高倍率高速相机，需要进行补光，为了不影响实验效果，可采用近红外线光源（图 3-16 是可见光）。

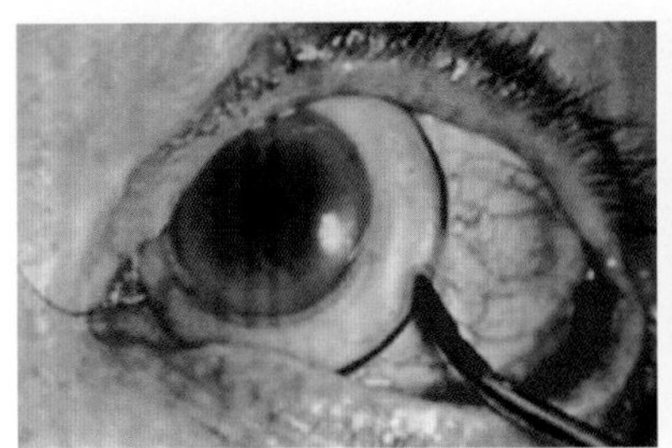
(a) 探测线圈法

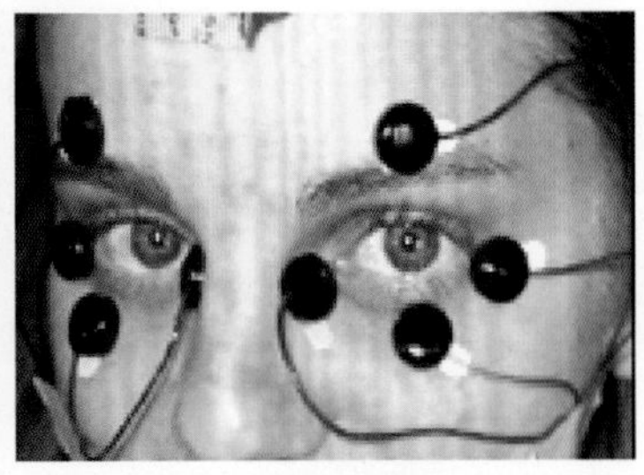
(b) 眼肌电测量法

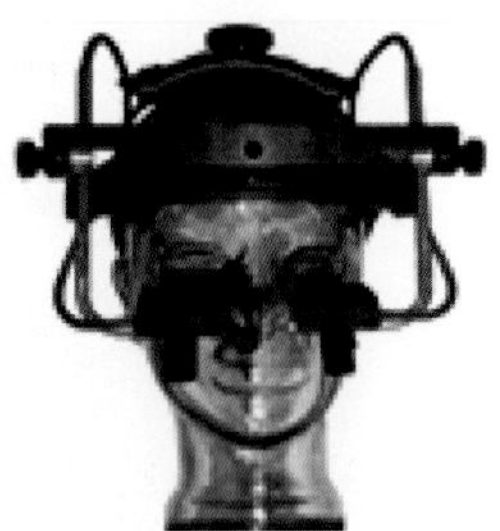
(c) 眼动测量相机

图 3-15 固视微动的传统测量方法

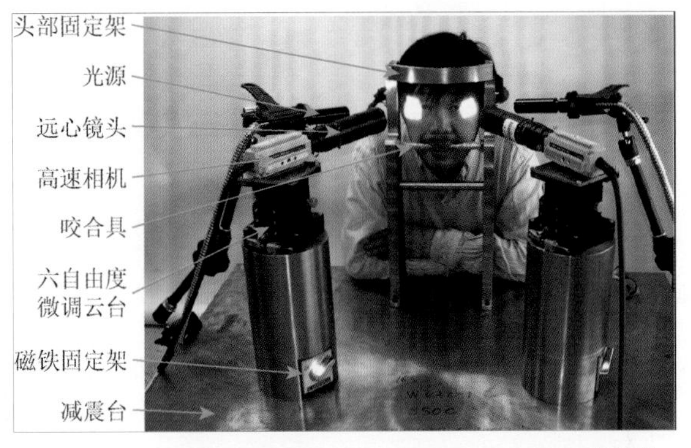

图 3-16 固视微动测量装置及测量实验的场景[19-24]

图 3-16 的眼动测量装置的原理如图 3-17 所示。由于要测量振幅为 2μm 的运动，即使通过亚像素图像处理算法，相机的单像素对应的测量宽度也至少应该小于 2μm，而在这个尺度上已经可以分辨细胞了，所以通过测量瞳孔或虹彩位移来测量眼球的固视微动显然不现实。笔者团队发现通过巩膜和结膜上的毛细血管（直径为 7～9μm）及微血管进行位移测量是一个有效的办法[19-22]。通过图像处理算出左右相机拍摄到的毛细血管网在横向及纵向的位移，即可算出眼球三自由度的转角。图 3-18 是测量一只眼球三自由度旋转的实验场景。

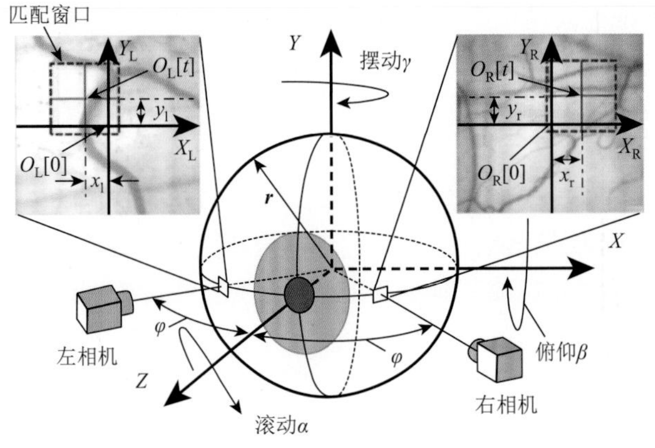

图 3-17 高分辨率相机测量三自由度眼球运动的原理[19, 20]

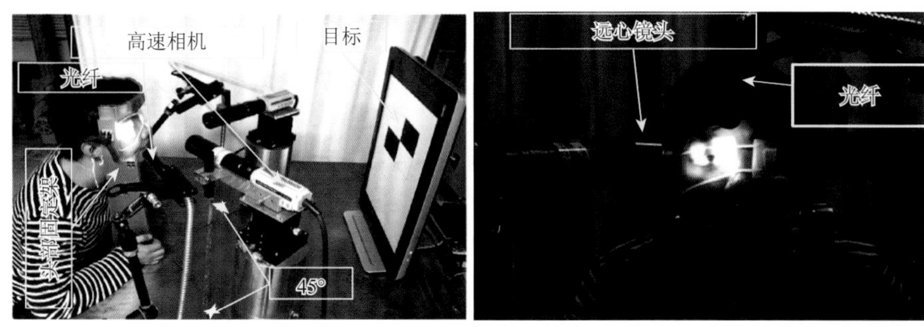

图 3-18　单眼三自由度固视微动的实验场景[20, 21]

由图 3-17 可知，当眼球的转角足够小时，下式成立：

$$\alpha[t]=\frac{\kappa_y}{r\sin\varphi}\frac{y_1[t]-y_r[t]}{2} \tag{3-1}$$

$$\beta[t]=\frac{\kappa_y}{r\cos\varphi}\frac{y_1[t]+y_r[t]}{2} \tag{3-2}$$

$$\gamma[t]=\frac{\kappa_x}{r}\frac{x_1[t]+x_r[t]}{2} \tag{3-3}$$

式中，α、β、γ 为眼球绕各坐标轴的转角；r 为眼球半径；κ_x 和 κ_y 分别为相机的 1 像素的宽和高在眼球表面对应的长度（μm/像素）；x_1、y_1 和 x_r、y_r 对应左右相机图像的移动距离（像素）。通过亚像素图像处理，图 3-16 和图 3-18 所示装置的检测精度可高达 0.0008°，可测频率 1000Hz，可以达到比固视微动的最小振幅 0.013°高出 16 倍以上的分辨率，比固视微动最高频率 100Hz 高出 10 倍的采样频率，基本达到了固视微动的测试需求。

图 3-19 表示当眼球在每个方向旋转时各相机图像的移动方向。

为了对应图 3-11，根据摆动和俯仰的固视微动转角测量结果绘制出网膜像的轨迹，如图 3-20 和图 3-21 所示。由于书上无法显示视频，为了便于理解，把 3s 的固视微动的轨迹分 6 段，每段间隔 0.5s，如图 3-20 所示。3.5s 处的固视微动整体如图 3-21 所示，图中颜色代表眼动速度。这两幅图揭示了固视微动的重要特征：

（1）与经典认知相同，固视微动确实可以分为三种类型：震颤、漂移、微跳；

（2）与经典认知不同的是，微跳不是直线，只有水平（摆动）微跳存在直线。

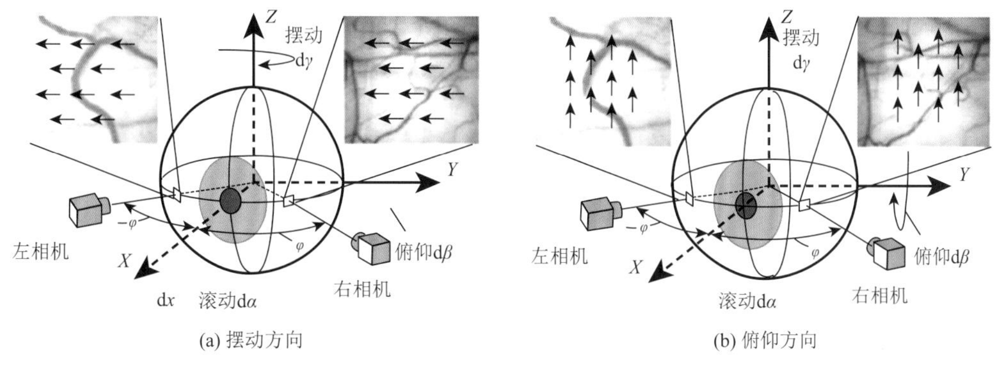

(a) 摆动方向　　(b) 俯仰方向

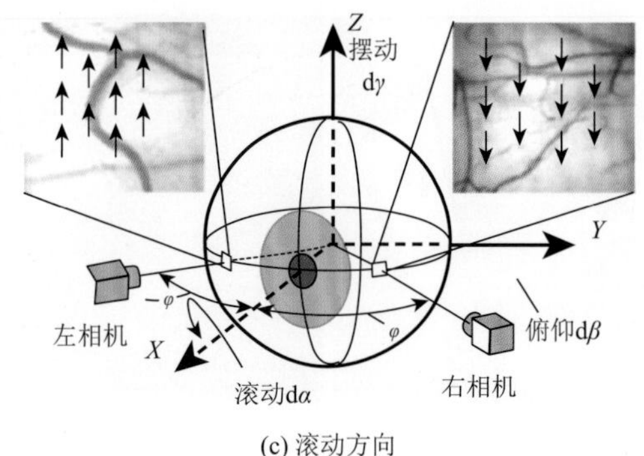

(c) 滚动方向

图 3-19 左右相机拍摄的图像运动方向与眼球转角的关系示意图[19-21]

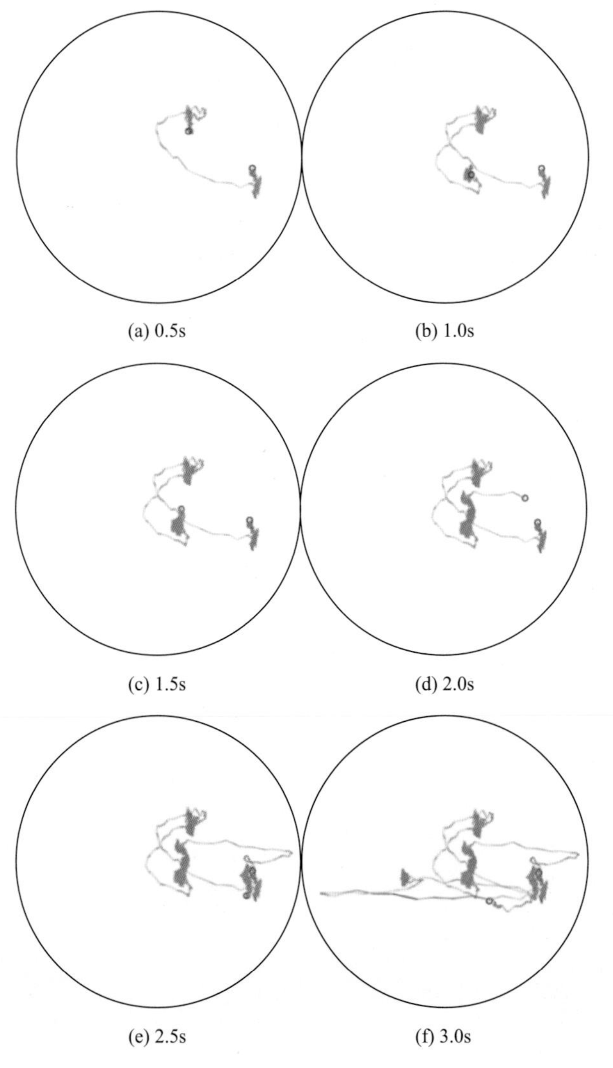

(a) 0.5s (b) 1.0s

(c) 1.5s (d) 2.0s

(e) 2.5s (f) 3.0s

图 3-20 固视微动的网膜像的 0.5s 间隔的移动轨迹（不包含滚动）

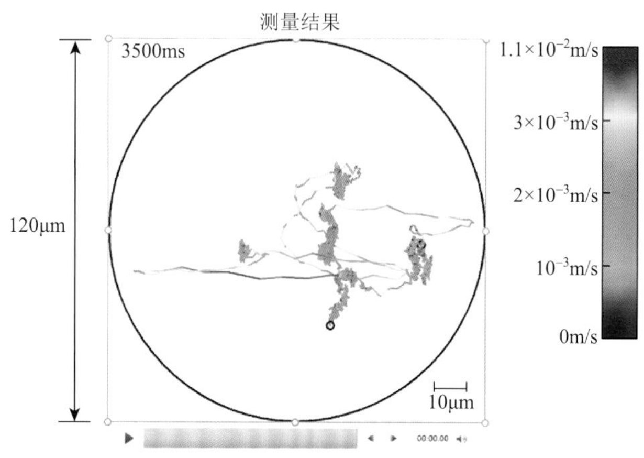

图 3-21　固视微动的网膜像的移动轨迹（不包含滚动）[19-21]

固视微动的三个方向的旋转角度及速度的典型分布如图 3-22～图 3-24 所示，这三幅图揭示了在该实验前从未发现的固视微动的其他特征：

（1）滚动方向也存在震颤、漂移和微跳运动；

（2）三个自由度的固视微跳大部分情况是同时发生的，当然偶尔也存在两两发生或单独发生；

（3）摆动方向固视微跳的速度远远大于其他两个方向（图 3-23）；

（4）摆动方向固视微跳都会引起其他两个方向的同时刻的微跳，但幅度和速度要比摆动微跳小很多（图 3-23）。

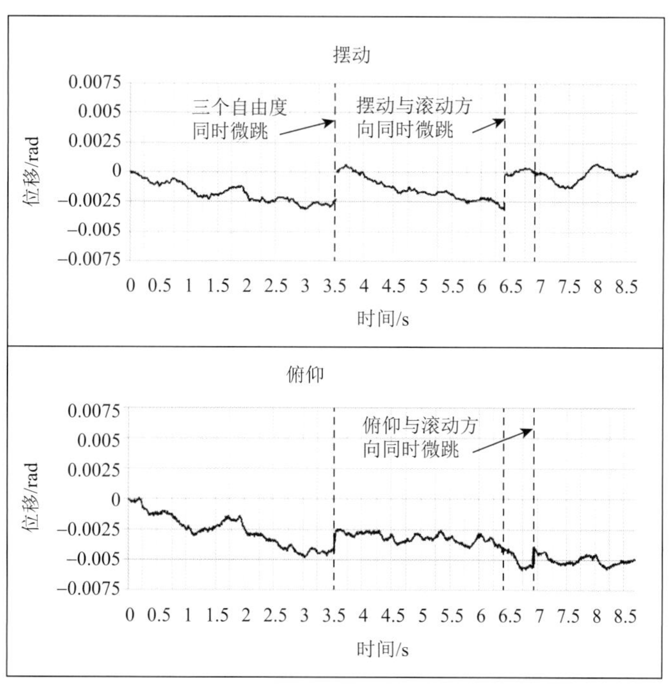

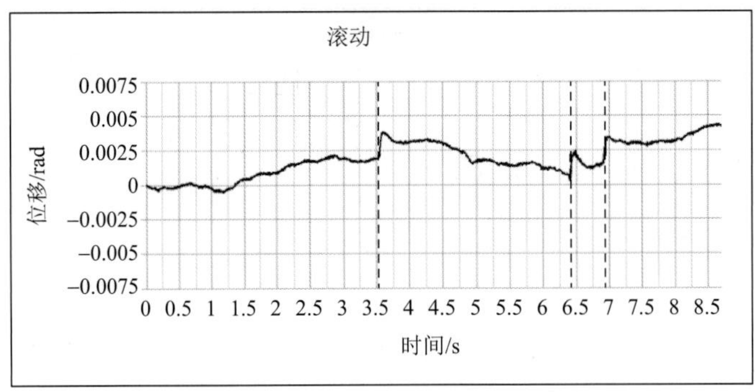

图 3-22　典型的三个自由度固视微动的转动轨迹

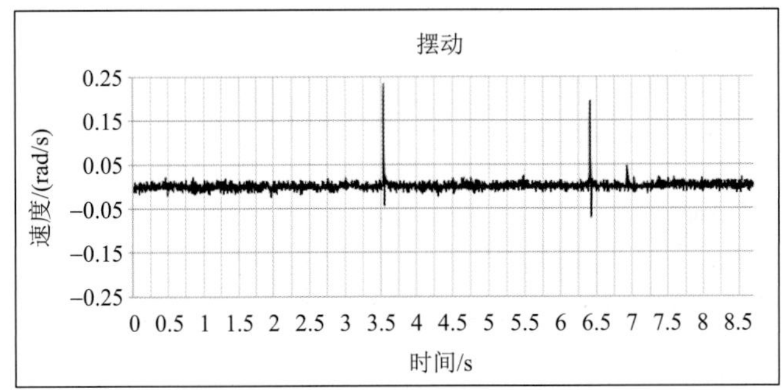

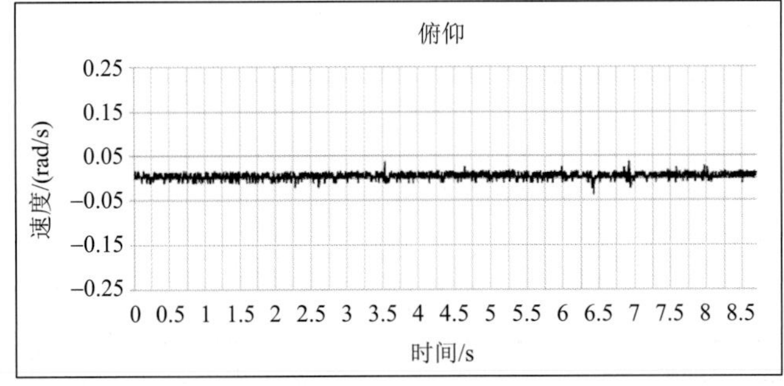

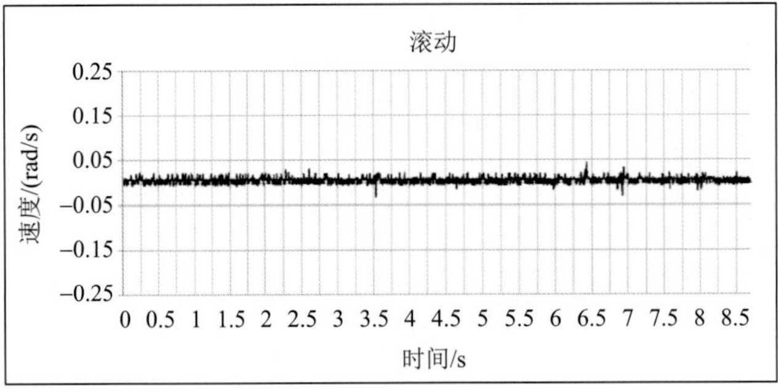

图 3-23　与图 3-22 同一实验的三个自由度固视微动的转动速度轨迹

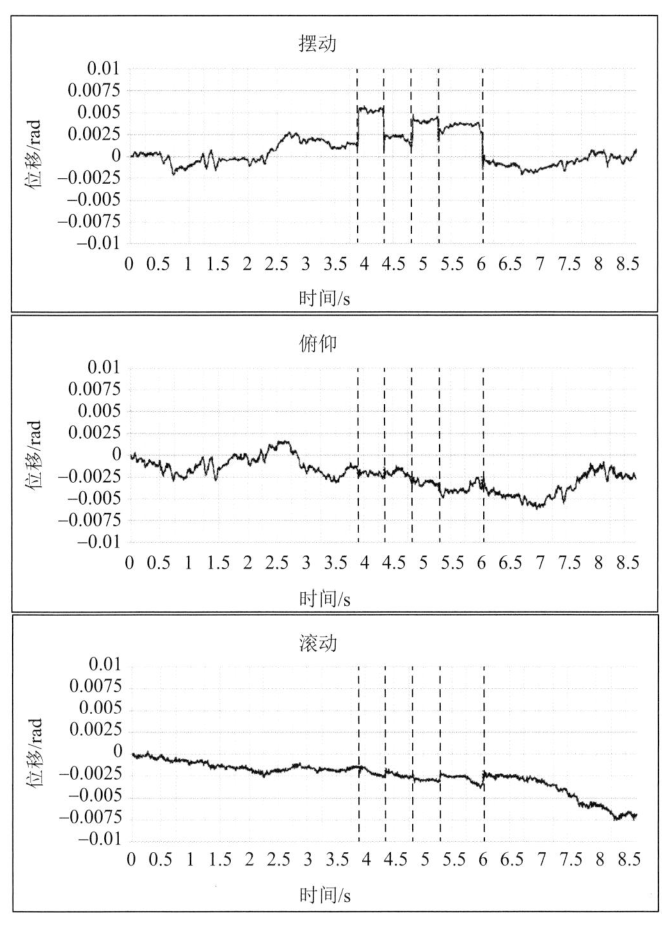

图 3-24　摆动方向的固视微跳单独发生的概率比较高

图 3-25 显示出只存在于摆动方向的固视微跳的特性：脉冲式往复跳动，即在跳跃后

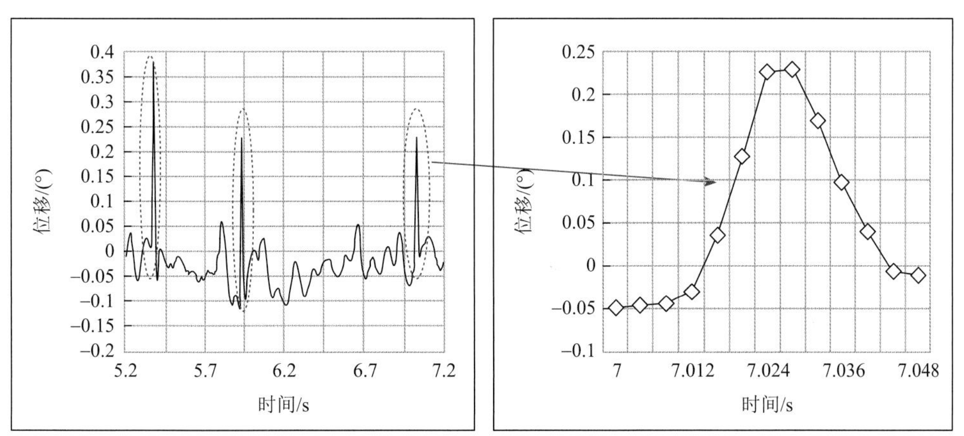

图 3-25　摆动方向存在的脉冲式微跳

马上出现跳回的现象。有些脉冲跳动后并不会改变原先的位置，如图 3-25（a）的中间的脉冲，几乎不改变位置，只是一个来回；同图左侧的脉冲，甚至跳回的幅度比跳去更大。这些往返跳跃的原因无法解释，暂且称其为脉冲式微跳。

图 3-26 揭示了一个更有趣的现象：每只眼睛滚动方向的固视微跳的方向不变。图 3-26（a）是受验者 SM 在不同时间段测试的同一只眼睛（左眼）的滚动微跳的方向，都是朝下，而图 3-26（b）是受验者 RN 在不同时间段测试的同一只眼睛（左眼）的滚动微跳的方向，都是朝上。这个现象可以解释为：每只眼睛因其结构的差异，在自然放松的条件下不会停留在正确的位置上，所以神经稍一放松就会产生偏离正确位置的漂移运动，而微跳正是为了摆正眼球位置所做的修正运动。也就是说，每只眼睛都有一个自然偏移方向，所以永远是向同一个方向修正。这也证实了经典认知中关于“固视微跳有维持眼位的作用，因此又称位置维持系统”的说法正确，但是只发生在滚动方向，俯仰方向的这种特性不明显，摆动方向的微跳如图 3-25 所示，看不出这种倾向。

图 3-16 是双眼同时测量固视微动的方法。由于装置结构所限，每只眼睛的测量点只能有一个，无法测量每只眼睛的三自由度运动信息，但是上述实验已表明，双眼固视微动最重要的是摆动方向（水平方向），因此重点测量双眼摆动方向的固视微跳的相互关系即可。由于固视微动的转角极小，当测试点放在眼球外侧与瞳孔中心等高的位置时，眼球的滚动方向和俯仰方向的旋转对测试点水平方向的平移的影响可以忽略不计。因此，

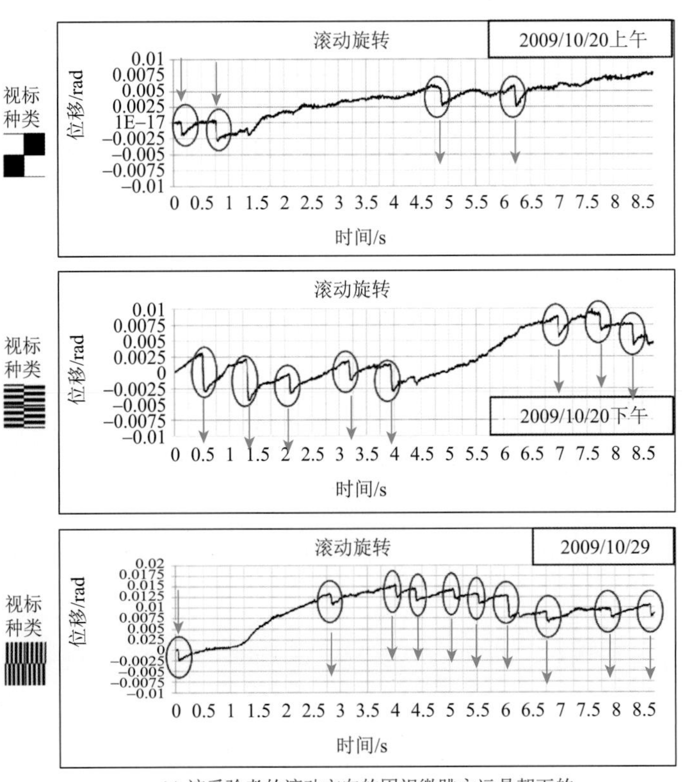

(a) 该受验者的滚动方向的固视微跳永远是朝下的

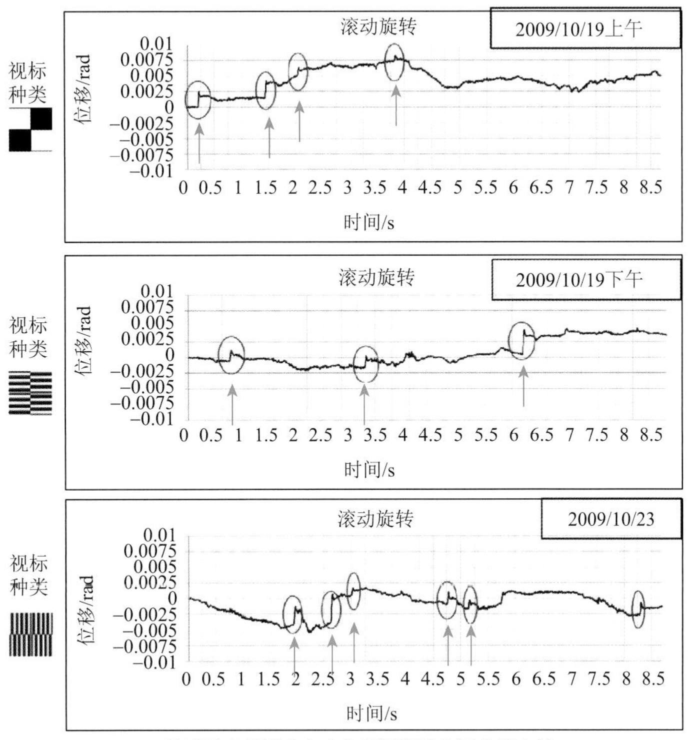

(b) 该受验者的滚动方向的固视微跳永远是朝上的

图 3-26　每只眼睛滚动方向的固视微跳的方向不变

图 3-17 中右相机的拍摄位置就是图 3-16 右眼的拍摄位置，图 3-17 中左相机的拍摄位置是图 3-16 左眼的拍摄位置。这时，相机拍摄到的眼球表面的水平方向的位移与摆动角度成正比，而垂直方向的位移与俯仰和滚动转角之和成正比。图 3-27（a）是双眼高精度同步测量的转角关系曲线，图 3-27（b）是双眼高精度同步测量的角速度曲线。很明显，摆动（水平）方向的微跳同时引起了俯仰或滚动（垂直）方向的跳动。

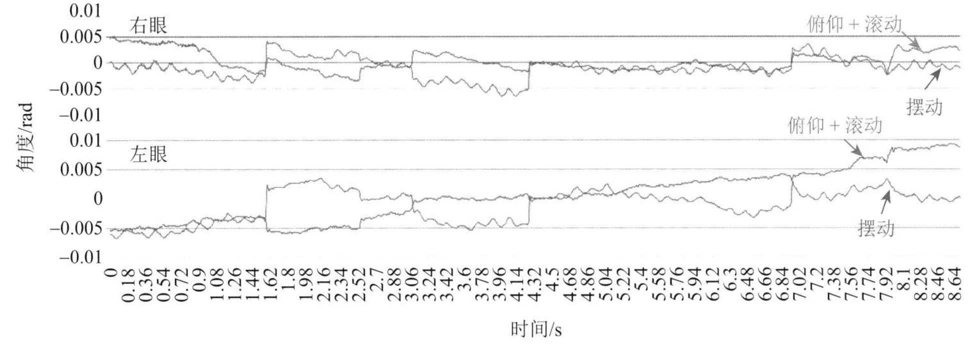

(a) 摆动方向与俯仰、滚动方向的固视微动的转角轨迹

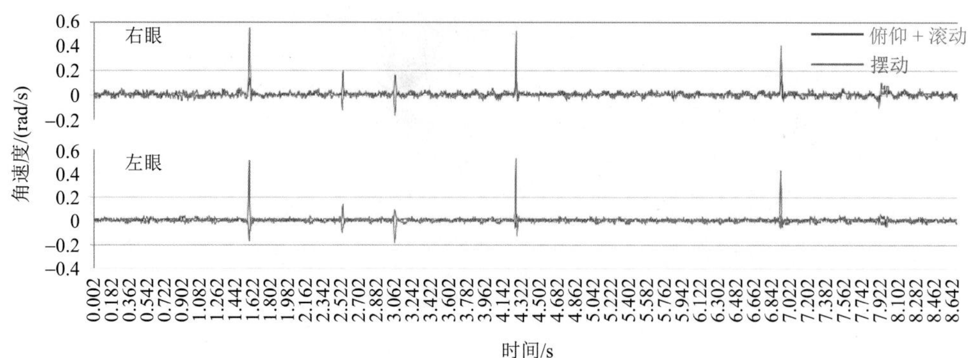

(b) 摆动方向与俯仰、滚动方向的固视微动的角速度轨迹

图 3-27 双眼固视微动的关系

图 3-27（b）是角速度轨迹，可以看出左右摆动（水平）方向的微跳的时间、方向和速度几乎完全相同，是标准的共轭运动。此外，几乎所有的摆动微跳都伴随着俯仰和滚动的微跳，而且这些俯仰和滚动微跳也几乎都是左右眼同步的，与摆动微跳不同的是有时共轭，有时辐辏（橘色线左侧第一个脉冲），感觉有点像在做双眼位置的微调，类似于后述章节介绍的双目相机及仿生眼的在线校准功能。从图中也可以看出，摆动方向的固视微跳不是向心性运动，没有维持眼球位置的作用。因此，可以理解为，摆动共轭微跳是人眼视觉处理所必需的，至少是有用的。摆动共轭微跳在机器视觉领域的原理解析在下一节介绍。

固视微动实验还通过改变视标类型进行了多次试尝，图 3-28 是实验室曾经用过的典型视标，最终证明左上角的视标效果最好。在使用右侧两种视标时，会引起部分人的眼球震荡，有位实验者的震荡频率固定在 6Hz 左右，具体原因不明，同时因为没有普遍性和仿生学意义，就没有继续研究下去。周边视对固视微动也有一定的影响，但影响效果不明显，也同样没有进行更深入的追究（图 3-29）。

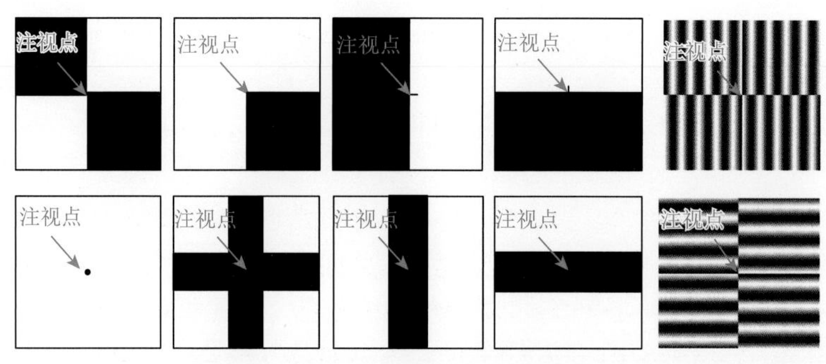

图 3-28 测试固视微动用的视标种类

此外，此处简单分享一下有关固视微动测试的一些花絮：①图 3-17 的微眼动测量原理还可以测量眼球前后方向的微小平移运动，其运动轨迹可以显示出受验者的心跳频率。

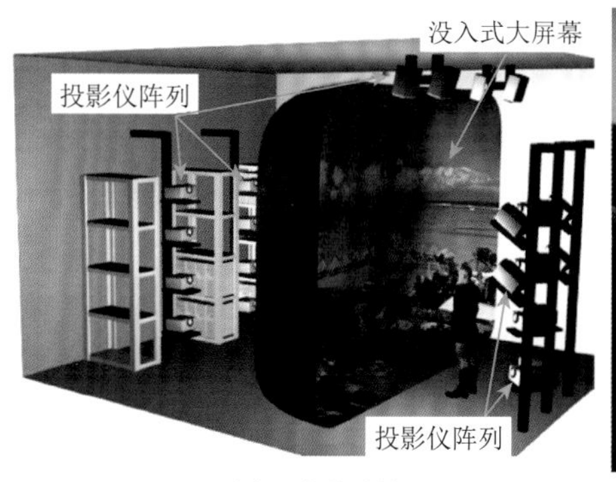

(a) 没入式大屏幕的结构

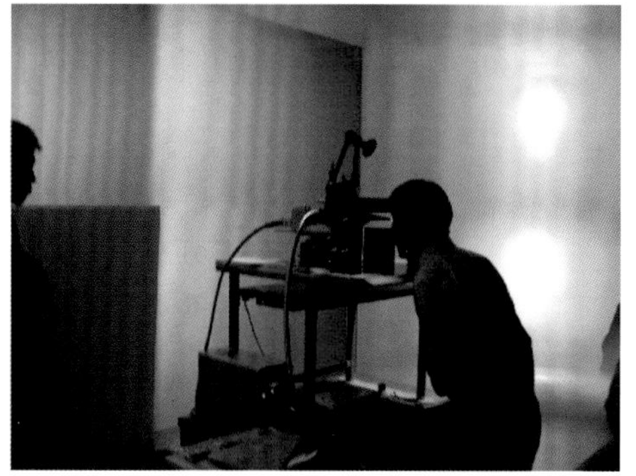

(b) 通过全视野的视觉影像来测试固视微动特性

图 3-29　利用覆盖全视野的视觉图文来测试固视微动特性的实验场景

②该装置还可以测量毛细血管内的血球流速，甚至可以检测出红细胞的形状，由于眼球的巩膜是白色的，结膜是透明的，微血管和毛细血管也是透明的，因此人体最佳的无侵袭验血的位置应该在巩膜和结膜上。目前已经通过该装置测出了微血管的血液流速[25, 26]。③由于固视微动不受人的意识控制，固视微动的实时测量可以检测人的一些心理变化和大脑思维状态，例如，让受验者默念素数，固视微跳的频率骤减[27]。④喝酒后巩膜（眼白）和结膜的微血管及毛细血管会变粗，也就是说眼睛会变红，这个现象大家都知道，但是抽烟后这些血管会变细，可能知道的人不多[27]。⑤每个人的巩膜和结膜的微血管和毛细血管网的形状都不一样，所以可以用作生物体识别，而且因为可测血液流动，所以无法造假[28]。

3.3.4　固视微跳对视觉的作用及在机器视觉的应用

由于以后章节不再涉及固视微动，因此在本小节单独介绍一下固视微动仿生的可能性。前两节说明了固视微动中震颤的目的可能是为了超分辨率，也介绍了工学里的类似应用，而漂移就是人眼运动驱动及控制机构的“不经意间”的自然移动，没有积极的意义。而固视微跳，特别是摆动（水平）方向的共轭微跳一定不是随机的，肯定有其重要的视觉处理的作用。

首先，双目的共轭微跳在光学上产生的影响可以通过图 3-30 说明。由于人眼的光心与旋转中心不重合，如图 3-30（a）所示，当眼球旋转一个 α 角后，不同距离的视标在视网膜上的移动距离不同，因此可以根据移动量测量视标的距离。但是这种原理不仅适合于微跳，同时也适合于普通的眼球跳跃运动，而且跳跃角度越大精度越高，这种情况也可以解释为，微跳和跳动是同一种机制，跳动的目的不仅是切换视标，还有估测距离的功能。这种原理同样适用于图 3-30（b）的相机。通过光心和旋转中心的不一致测量视标位置的原理虽然精度不高，但可以降低双眼三角测量算法测试视标距离时的匹配时间和误匹配率。如图 3-31 所示，如果一侧相机（上）可通过自身跳动测出某点（视标）的近似距离，另一侧相机（下）只要探索该点在本相机的对应位置及误差范围即可，这种方法不仅可以减少匹配点的探索时间，而且可以减小误匹配率。

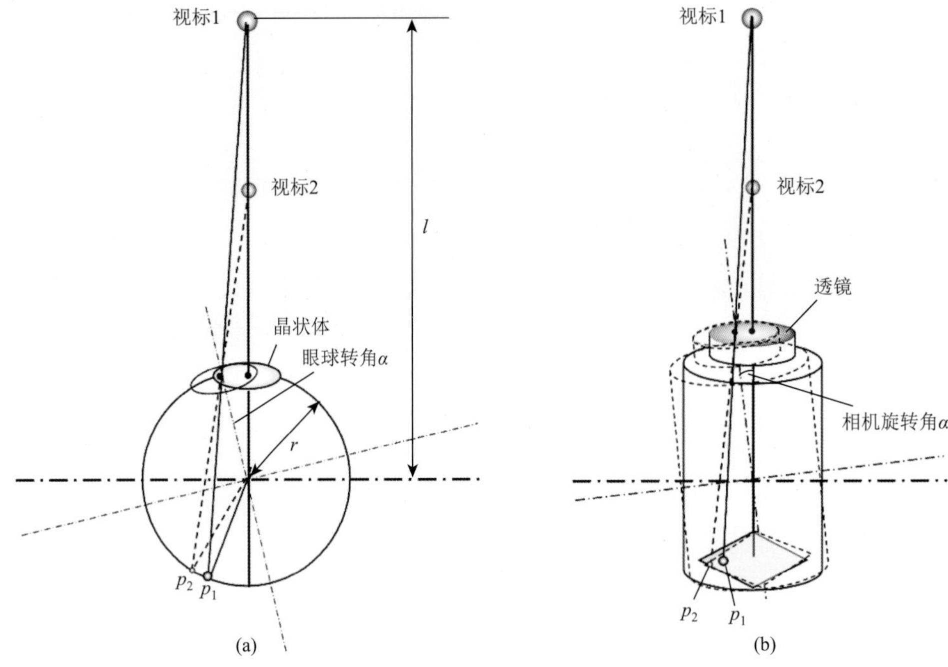

图 3-30　眼球旋转测距的原理[23]

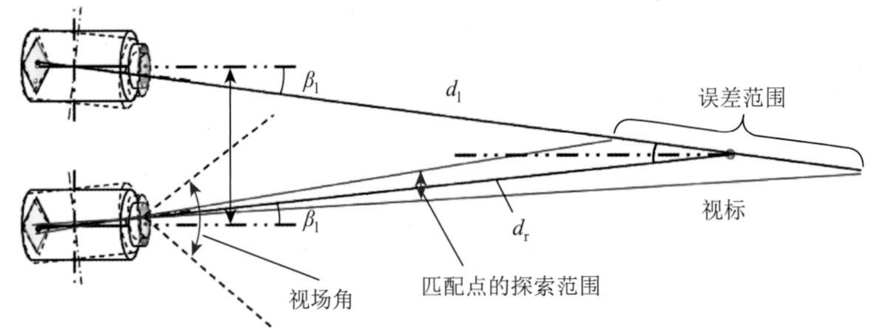

图 3-31　一侧相机（上）的视标测距误差范围可以缩小另一侧相机（下）探测该视标的范围

此外，通过水平方向的微小移动，如果中央凹的椎体具有时间上的积分功能（低通滤波）和空间上的微分功能（高通滤波），那么将可以得到图 3-32 下图的纵向的边缘图像。通过这种边缘图像进行双目图像匹配，错误率低，效率也高。特别是，边缘图像的横向宽度包含一定的距离信息，即越宽越近[29]。

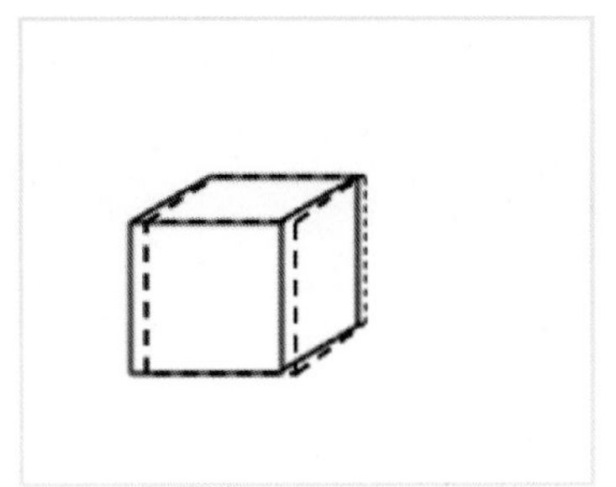

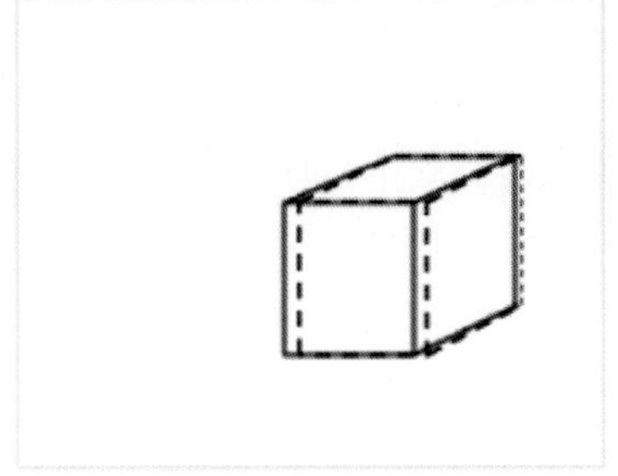

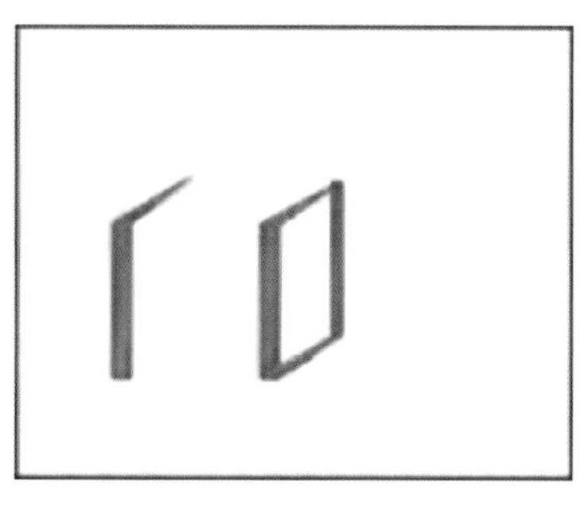
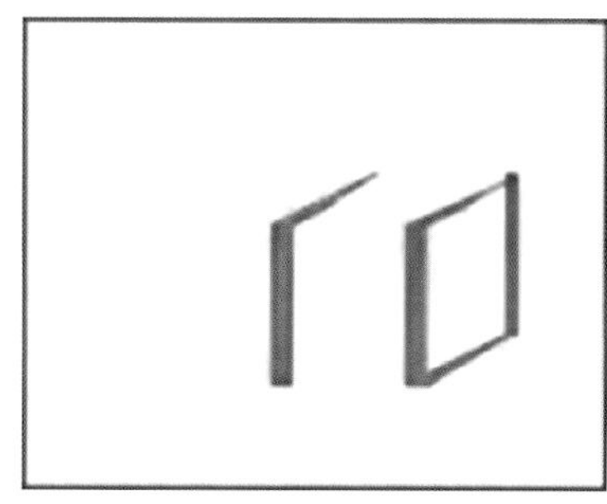

图 3-32　通过微跳获得边缘图像[29]

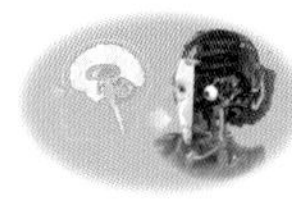

3.4　小结

本章解释和定义了眼球运动的类型。眼球运动可以分为宏观运动和微观运动，宏观运动和微观运动又分别可以分为几个层次。

1. 宏观眼球运动

1）宏观眼球运动的第一层分类

（1）**滚动**：由上斜肌和下斜肌的拉动产生的转动，本书定义为绕视轴（视线）旋转的运动。

本书定义的视轴是从眼球中央凹中心出发，通过该眼球光心的射线。该视轴也是眼球坐标系 x_E 轴（图 3-1）。

（2）**俯仰**：由上直肌和下直肌的拉动产生的转动，本书定义为绕眼球坐标横轴旋转的运动。

眼球坐标横轴的定义：穿过两只眼球的旋转中心，方向朝外，原点在该眼球旋转中心的坐标轴，即图 3-1 中的 y_E 轴。

头部正前方的定义：垂直于连接双眼旋转中心的直线，且平行于前庭器水平半规管所在平面，面部朝向的方向。头部正前方也称为中轴线方向。

（3）**摆动**：由外直肌和内直肌的拉动产生的转动，本书定义为绕眼球坐标纵轴旋转的运动。

2）宏观眼球运动的第二层分类

（1）**摆动方向的共轭运动和辐辏运动。**

（a）**共轭眼球运动（conjugate eye movements）**：简称共轭运动，双眼的相同方向的运动。本书定义为：当双眼注视点在双眼注视圆的切线方向运动时的眼球运动称为摆动方向的共轭运动。一般不特殊强调时，共轭运动就是指摆动共轭运动。

双眼注视圆：通过双眼的旋转中心和注视点的圆。

共轭角：注视点和双眼注视圆圆心的连线与双眼中轴线的夹角（图 3-9 中的 φ_c）。当双眼坐标对称设置时，共轭角 φ_c 等于两眼转角之差（$\varphi_l-\varphi_r$）。

双眼中轴线：穿过双眼旋转中心连线的中点，并垂直于该连线，同时在视线平面上的直线。

视线平面：双眼视线汇聚一点时形成的平面。视线平面永远与视平面重合（参考“名词解释”）。

（b）**辐辏运动（vergence eye movements）**：双眼的相对运动。定义为注视点在双眼注视圆的半径方向的运动为摆动方向的辐辏运动。不特殊强调时，辐辏运动就单指摆动辐辏运动。

辐辏角：两视线的夹角（图 3-9 的 φ_v）。当双眼坐标对称设置时，辐辏角 φ_v 是两眼转角之和（$\varphi_l+\varphi_r$）。

（2）**俯仰方向的共轭和辐辏运动**：因为双眼的视线需要汇聚在一点，所以正常状态下两条视线在同一平面上（视线平面），此时俯仰辐辏角为 0。因此，正常状态只有俯仰共轭运动，俯仰辐辏角和俯仰辐辏运动可视为俯仰方向上产生视线不相交时的角度误差和纠正该误差时的眼球运动。

（3）**滚动方向的共轭和辐辏运动**：与俯仰相同，因为双眼需要图像匹配，正常状态下眼球坐标的横轴在视线平面上，滚动辐辏角和滚动共轭角都为 0。只有当头部或视标绕中轴线方向存在旋转运动时，为消除运动模糊双眼会产生滚动共轭，此时眼球坐标横轴不在视线平面上，属于亚正常状态，当旋转停止时会通过滚动方向的跳跃眼动迅速恢复正常。与俯仰运动同理，滚动辐辏角和滚动辐辏运动可视为滚动方向产生的误差角和纠正误差时的眼球运动。

3）**宏观眼球运动的第三层分类**

跳跃型眼球运动：简称**跳跃眼动**，是指视网膜的黄斑以外某一点的视觉刺激或大脑选择的网膜像的某一点的信息，经由上丘处理后输入前庭核的信号，所控制的眼球运动，属于具有迭代学习功能的位置信号前馈控制（参考第 7 章）。

平滑型眼球运动：简称**平滑眼动**，是指眼球中央凹及黄斑上的视标的网膜像与中央凹中心的偏差，即视网膜误差信号控制的眼球运动，属于误差反馈控制（参考第 6 章）。

视动性反应：简称**视动反应**，是指眼球中央凹以外的网膜像的移动速度信号，即视网膜滑移信号控制的眼球运动，属于速度反馈控制（参考第 6 章）。

前庭眼反射：简称**前庭反射**，是指前庭器的输出信号控制的眼球运动，其中半规管输出的信号控制的眼球运动称为**旋转前庭眼反射**，耳石的输出信号控制的眼球运动称为**平移前庭眼反射**（由于左右耳石信号的差值也可以检测出头部旋转运动，后续将这部分信号归纳为**耳石性旋转前庭眼反射**），属于速度信号前馈控制（参考第 6 章）。

颈眼反射：颈部的颈椎及肌肉发出的头部与肩部的相对位姿信息控制的眼球运动，属于位姿信号前馈控制（参考第 13 章）。

原理上可能存在的所有宏观眼球运动的类型关系如下：

- 摆动
  - 共轭
    - 跳跃眼动
    - 平滑眼动
    - 视动反应
    - 前庭反射
    - 颈眼反射
  - 辐辏
    - 跳跃眼动
    - 平滑眼动
    - 视动反应
    - 前庭反射
    - 颈眼反射
- 俯仰
  - 共轭
    - 跳跃眼动
    - 平滑眼动
    - 视动反应
    - 前庭反射
    - 颈眼反射
  - 辐辏
    - 跳跃眼动
    - 平滑眼动
    - 视动反应
    - 前庭反射
    - 颈眼反射
- 滚动
  - 共轭
    - 跳跃眼动
    - 平滑眼动
    - 视动反应
    - 前庭反射
    - 颈眼反射
  - 辐辏
    - 跳跃眼动
    - 平滑眼动
    - 视动反应
    - 前庭反射
    - 颈眼反射

2. 微观眼球运动

目前只检测到固视微动，因此本书只介绍和探讨固视微动。

固视微动：固视微动是指人类的眼球在注视一个固定点时，一直有连续不断的微小的抖动，又称为固视眼动。固视微动有三种类型，具体如下。

震颤：一种微小的高频颤动，振幅只有 2μm 左右，换算成角度的话相当于 0.013°左右，频率在 30～100Hz，是三种固视微动中振幅最小、频率最高的运动，目前尚未发现两眼的震颤存在同步关联。

漂移：漂移运动一般被认为是眼球无意识地偏离注视点的运动。震颤与漂移同时存在，即边震颤边漂移。目前尚未发现两眼的漂移存在同步关联。

微跳：眼球注视视标时无意识地快速跳动。只有摆动（水平）共轭运动时常常是直线运动，大部分情况的摆动微跳包含俯仰和滚动。两眼的微跳有着明显的同步关系。

固视微动的其他特性如下：

（1）三种固视微动都存在摆动、俯仰和滚动方向的运动；

（2）三个方向的固视微跳大部分情况同时发生；

（3）每只眼睛的滚动方向的固视微跳的方向不变；

（4）摆动方向固视微跳的速度远远大于其他两个方向；

（5）摆动方向发生固视微跳时几乎都同时带动俯仰和滚动方向微跳；

（6）摆动方向的微跳存在脉冲现象，即微跳后瞬间跳回，笔者称这种微跳为脉冲式微跳。

3. 固视微动的仿生

由于以后章节不再涉及固视微动，所以在本章单独介绍了固视微动仿生的可能性。

固视震颤与超分辨算法结合，可以研制出超分辨相机。通过使感光芯片微振得到比感光芯片的像素分辨率高数倍的图像。另外，相机的微振也可以用于补偿感光芯片的个别像素损坏或缺失。在未来像素尺寸达到物理极限后，通过压电陶瓷等微动控制技术与相机技术的结合，也许会迎来相机领域的一次革新。

光心和旋转中心的不一致的仿生眼球机构的微跳可以测量空间特征点的深度信息，从而降低双眼立体视觉所需要的特征点匹配时间和误匹配率。

另外，通过摆动（水平）方向的微跳，可以得到纵向的边缘图像。通过这种边缘图像进行双目图像匹配，错误率低，效率高。特别是，边缘图像的横向宽度包含一定的距离信息，即越宽越近。

参考文献

[1] 国家市场监督管理总局，国家标准化管理委员会. 用于技术设计的人体测量基础项目：GB/T 5703—2023[S]. 北京：中国标准出版社，2023.

[2] Levin L A，Nilsson S F E，Hoeve J V，等. 埃德勒眼科生理学[M]. 11 版. 黄振平，译. 北京：北京大学医学出版社，2013.

[3] de Brouwer S，Missal M，Barnes G，et al. Quantitative analysis of catch-up saccades during sustained pursuit[J]. Journal of Neurophysiology，2002，87（4）：1772-1780.

[4] Lord M P，Wright W D. Eye movements during monocular fixation[J]. Nature，1948，162（4105）：25-26.

[5] Lord M P. Measurement of binocular eye movements of subjects in the sitting position[J]. The British Journal of Ophthalmology，1951，35（1）：21-30.

[6] 小松崎篤，篠田義一，丸尾敏夫. 眼球運動の神経学[M]. 東京：医学書院，1985.

[7] Zee D S，Fitzgibbon E J，Optican L M. Saccade-vergence interactions in humans[J]. Journal of Neurophysiology，1992，68（5）：1624-1641.

[8] Busettini C，Masson G S，Miles F A. Radial optic flow induces vergence eye movements with ultra-short latencies[J]. Nature，1997，390（6659）：512-515.

[9] Pritchard R M. Stabilized images on the retina[J]. Scientific American，1961，204：72-78.

[10] Zuber B L，Stark L，Cook G. Microsaccades and the velocity-amplitude relationship for saccadic eye movements[J]. Science，1965，150（3702）：1459-1460.

[11] Steinman R M，Cunitz R J，Timberlake G T，et al. Voluntary control of microsaccades during maintained monocular fixation[J]. Mediators of Inflammation，1967，155（3769）：1577-1579.

[12] Kingstone A，Fendrich R，Wessinger C M，et al. Are microsaccades responsible for the gap effect? [J]. Perception & Psychophysics，1995，57（6）：796-801.

[13] Hafed Z M，Clark J J. Microsaccades as an overt measure of covert attention shifts[J]. Vision Research，2002，42（22）：2533-2545.

[14] Engbert R，Kliegl R. Microsaccades uncover the orientation of covert attention[J]. Vision Research，2003，43（9）：1035-1045.

[15] Martinez-Conde S，Macknik S L，Hubel D H. The role of fixational eye movements in visual perception[J]. Nature Reviews Neuroscience，2004，5（3）：229-240.

[16] Cornsweet T N. Determination of the stimuli for involuntary drifts and saccadic eye movements[J]. Journal of the Optical Society of America，1956，46（11）：987-993.

[17] **张晓林**. 眼球结膜巩膜摄像装置：中国，ZL 200710047049.2[P]. 2010-05-19.

[18] 宮下則俊，川合拓郎，相澤啓助，佐藤誠，**張暁林**. ヒトの固視微動の計測と解析[C]. 東京，情報処理学会第 68 回全国大会講演論文集，2006：389-390.

[19] **Zhang X L**，Li J. A novel methodology for high accuracy fixational eye movements detection[C]. 4th International Conference on Bioinformatics and Biomedical Technology（ICBBT 2012），Singapore，2012.

[20] Li J M，**Zhang X L**. Novel human fixational eye movements detection using sclera images of the eyeball[J]. Japanese Journal of Applied Physiology，2012，42（3）：143-152.

[21] Li J M，**Zhang X L**. The performance evaluation of a novel methodology of fixational eye movements detection[J].

International Journal of Bioscience，Biochemistry and Bioinformatics，2013，3（3）：262-266.

[22] 李嘉茂，**張暁林**. ヒトの眼球強膜毛細血管画像を用いた固視微動の計測[J]. 日本臨床生理学会会誌，2012，42（3）：143-152.

[23] Li J M，**Zhang X L**. Using high-speed photography and image processing for fixational eye movements measurement[C]. 2012 IEEE International Conference on Imaging Systems and Techniques Proceedings，Manchester，2012：28-33.

[24] **張暁林**，川合 拓郎，小林剛，等. 固視微動の役割とその画像工学への応用[C]. 平成 17 年電気学会全国大会講演論文集，2005：77-78.

[25] Li J M，**Zhang X L**. The fundamental study using high-speed photography of sclera to observe capillary blood flow[C]. The 10th IASTED International Conference on Biomedical Engineering，Innsbruck，2013：13-15.

[26] Li J M，**Zhang X L**. A novel method for blood flow measurement based on sclera images[C]. 4th International Conference on Bioinformatics and Biomedical Technology（ICBBT 2012），Manchester，2012：74-81.

[27] **張暁林**，金子寛彦，田中康一，等. ヒト状態推定装置及びその方法：日本，2007-169799[P]. 2007-06-27.

[28] 李嘉茂，朱冬晨，李航，**张晓林**. 一种基于巩膜识别的身份验证方法、装置、设备和介质：中国，ZL202010241200.1[P]. 2021-06-25.

[29] 川合拓郎，宮下則俊，小林剛，佐藤誠，**张晓林**. 固視微動を利用した立体視手法[C]. 情報処理学会第 68 回全国大会講演論文集，東京，2006：383-384.

第 4 章 神经细胞的信号处理原理及数学模型

神经细胞的信息传输和运算功能是可以用数学模型解析的，神经细胞的数学模型是所有脑仿生的基础。如果无法确认神经细胞都有哪些运算功能和特性，后续的视觉神经系统的数学模型和仿生眼就无从谈起。目前人工智能所用的神经网络的基本原理来自神经细胞的数学模型和神经网的拓扑结构，但对于神经细胞的信息处理原理多半出于生理实验和推测，尚没有基于最基础的物理特性进行较完整的理论推导。本章通过对神经细胞的生物学基本特性的解析，尽可能地从物理底层逻辑推导出有说服力的关于神经细胞电信号处理的数学模型，为后续搭建生物视觉系统的数学模型建立理论基础。由于本章目的是给视觉系统的仿生理论的基础依据做铺垫，对仿生视觉感兴趣的读者可以选择性阅读。

4.1 细胞信息传递的几种类型

细胞间的信息传递模式与现代人类的信息交互模式不谋而合。图 4-1 为细胞间的三种通信模式。图 4-1（a）为旁分泌型，发信细胞通过分泌中介物质，受信细胞通过接收到中介物质来获得信息。图 4-1（b）为突触型，即神经细胞型，发信息的神经细胞通过突触紧密接触目标受信细胞，释放神经传导物质使目标受信细胞获得信息。图 4-1（c）为内分泌型，内分泌细胞通过释放荷尔蒙到血液中去，受信细胞通过流遍全身的血液接收到荷尔蒙来获得信息。

旁分泌型的信息传递有些像人类的直接对话，只能够将信息传递给附近的几个人；突触型传递方式像电话，可以远距离高质量地将信息传递给电话另一侧的人；而内分泌型信息传输方式像互联网，可以广泛、大面积地传输给需要信息的人或者需要信息且有密码的人。由于视觉神经控制系统主要与神经细胞和感知细胞有关，因此本章只对神经细胞的信息传输和运算功能进行建模。

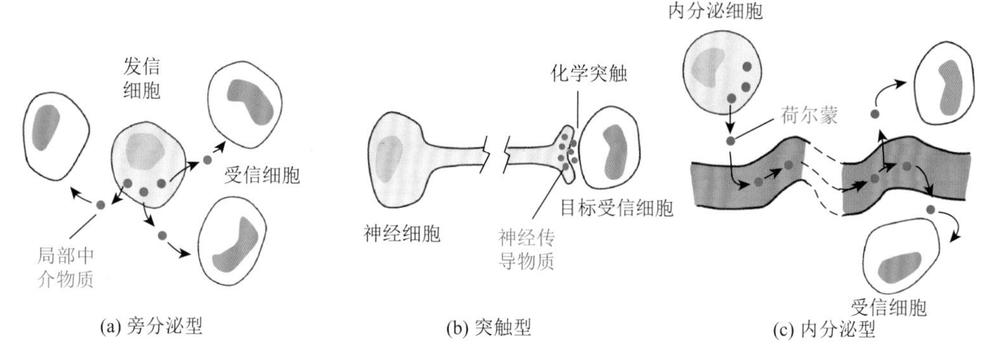

图 4-1 细胞间信息传递的三种类型

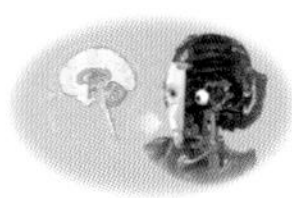

4.2 神经细胞的结构和基本功能概述

神经细胞种类的多样性表明，神经细胞不仅是神经系统拓扑结构中的一个单元，而且每种神经细胞单元的信息处理功能存在巨大差异。这一点就与目前人工神经网络（artificial neural network，ANN）的基本结构有着根本的不同。尽管如此，笔者仍然希望通过尽可能用统一的神经元模型来表现绝大部分神经细胞的功能。

神经细胞在结构上大致可分成细胞体（soma，简称胞体）和突起（neurite）两部分。神经细胞（神经元）的多样性，不仅体现在胞体的大小、突起的数量和长短的不同，而且表现在形态上，特别是神经传导物质种类上的不同。

如图 4-2 所示，神经细胞的突起分为树突（dendrite）和轴突（axon）两种。树突多呈树状分支，可接受刺激并将电信号传向胞体；轴突呈细索状，末端常有分支，称轴突终末（axonal terminal），轴突将冲动从胞体传向终末。通常一个神经元有一个至多个树突，但轴突只有一条。轴突往往很长，一般神经元的胞体越大，其轴突越长。轴突由细胞的轴丘（axon hillock）分出，在开始一段称为**始段**，其直径均匀，离开胞体若干距离后获得**髓鞘**的称为有髓神经纤维，没有髓鞘的称为无髓纤维。

胞体表膜和树突功能相同，树突只是为了更方便与其他神经细胞的轴突接触，同时又保证细胞体积不至于过大，而产生的细胞膜形状变异。树突和胞体表膜都可以形成突触后成分，成为细胞的信息接收部分。

轴突是神经细胞的信息输出部分。轴突的中部和顶端可以分叉，通过突触连接不同细胞。由于接触部位的不同，神经突触可主要分为以下类型：①轴突-胞体式突触；②轴突-树突式突触；③轴突-效应器式突触；④突触-突触式突触。一个神经元的轴突末梢反复分支，末端膨大呈杯状或球状，称为突触小体，其与突触后神经元的胞体或突起相接触。

神经生理学常常以突触为中心称呼神经细胞，发送信息侧神经细胞称为突触前细胞，信息接收侧神经细胞称为突触后细胞。一个突触前神经元可与许多突触后神经元形成突触，一个突触后神经元也可与许多突触前神经元的轴突末梢形成突触。一个脊髓前角运动神经元的胞体和树突表面就有 1800 个左右的突触小体覆盖着。

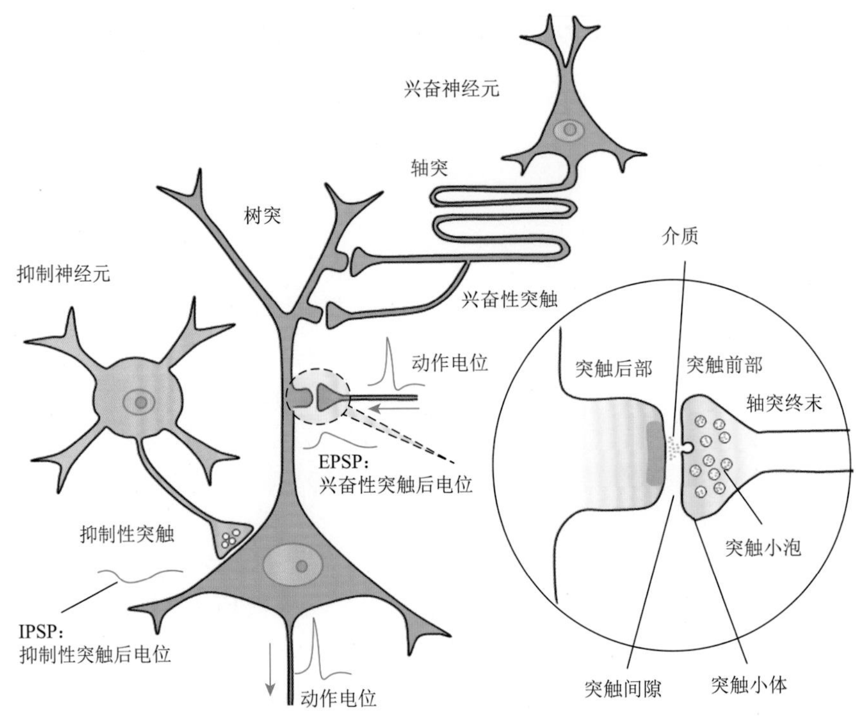

图 4-2 神经细胞之间的连接与相互作用关系

突触分为三部分（图 4-2 右侧）：突触前部（膜的部分称突触前膜）、突触间隙、突触后部（膜的部分称突触后膜）。突触前膜和突触后膜之间为突触间隙，在靠近前膜的轴浆内含有突触小泡，小泡内含有化学递质。

当一个神经细胞产生动作电位，并通过轴突传递到轴突末梢的突触，该突触前部（属于发出信号细胞的一部分）释放出突触小泡，突触小泡在突出间隙中释放介质，介质作用在突触后部（属于接收信息细胞的一部分），打开突触后膜的离子通道，使离子电流流入接收信息的胞体内，产生电位变化，称为突触后电位。当信息输送端神经细胞是兴奋性神经时，突触后电位为正向（脱极化方向），称为兴奋性突触后电位，可以诱发接收端神经细胞兴奋，产生动作电位。当信息输送端神经细胞是抑制性神经时，突触后电位为负向（极化方向），称为抑制性突触后电位，可以抑制接收端神经细胞兴奋。

根据神经元的结构和突触的数量，神经元又可分为单极细胞、双极细胞、伪单极细胞和多极细胞。图 4-3（a）为单极细胞，该细胞是从细胞中发出的单一轴突，不同的节段充当接收面或释放终端。单极细胞是无脊椎动物神经系统特有的神经细胞。图 4-3（b）为双极细胞，其具有两种功能不同的突触。树突接收电信号，轴突将信号传递给其他细胞。图 4-3（c）为伪单极细胞，其是双极细胞的变体，能够将体感信息传送到脊髓。两个节段都起轴突的作用，一个延伸到周围皮肤或肌肉，另一个延伸到中央脊髓。图 4-3（d）为多极细胞，其有一个轴突和许多树突，是哺乳动物神经系统中最常见的神经元类型。同时，多极细胞具有巨大多样性：脊髓运动神经元支配骨骼肌纤维；海马锥体细胞有一个大致三角形的胞体，存在于海马体和整个大脑皮质，树突从顶端（顶端树突）和基部

（基底树突）出现；小脑浦肯野细胞具有丰富而广泛的树突状结构，可容纳大量的突触输入。

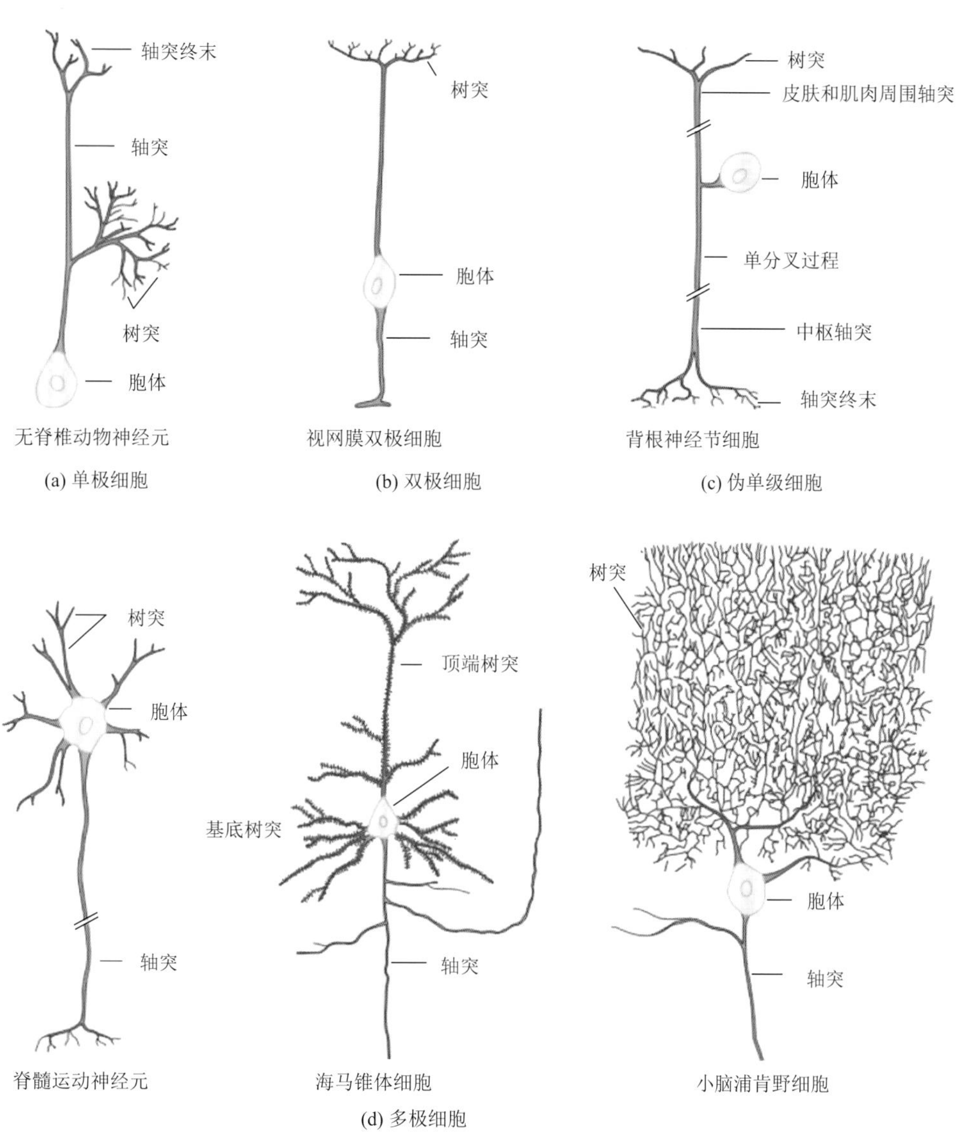

无脊椎动物神经元　　视网膜双极细胞　　背根神经节细胞

(a) 单极细胞　　(b) 双极细胞　　(c) 伪单级细胞

脊髓运动神经元　　海马锥体细胞　　小脑浦肯野细胞

(d) 多极细胞

图 4-3　神经元的种类[1]

参考图 4-4，神经元的基本功能是通过输入、整合、传导和输出信息来实现信息处理和交换的。

（1）输入（感受）区：就一个运动神经元来讲，胞体或树突膜上的受体是接收传入信息的输入区，该区可以产生突触后电位（局部电位）。

（2）整合（触发冲动）区：轴突的初始段属于整合区或触发冲动区，众多的突触后电位在此发生整合，并且当达到阈电位时在此首先产生动作电位。

（3）传导区：轴突属于传导冲动的区域，动作电位以不衰减的方式传向所支配的靶器官。

（4）输出（分泌）区：轴突末梢的突触小体则是信息输出区，神经递质在此通过胞吐方式加以释放。

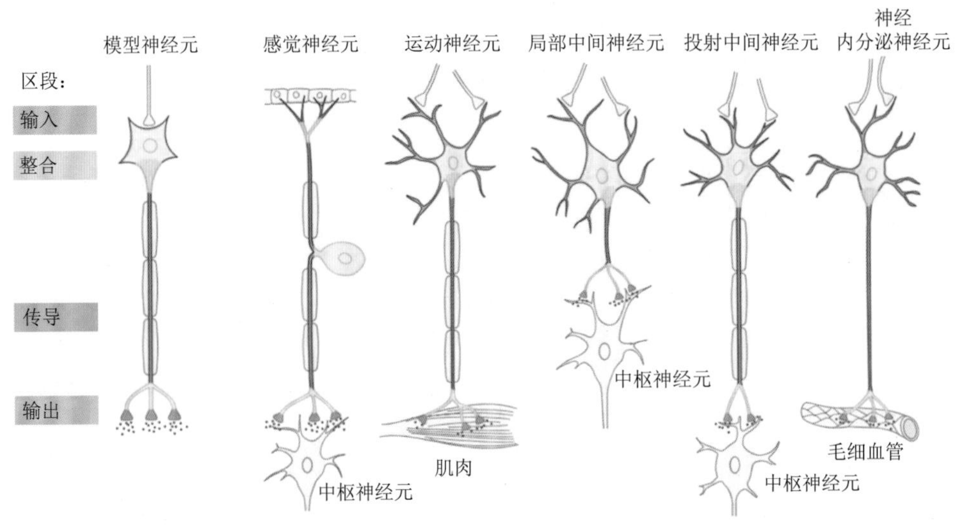

图 4-4　神经元的功能[1]

根据神经元的功能，神经元又可分为以下几类。

（1）感觉神经元（sensory neuron），或称传入神经元（afferent neuron）：多为伪单极神经元，胞体主要位于脑脊神经节内，其周围树突的末梢分布在皮肤和肌肉等处，接受刺激，将刺激传向中枢。

（2）运动神经元（motor neuron），或称传出神经元（efferent neuron）：多为多极神经元，胞体主要位于脑、脊髓和植物神经节内，通过将神经冲动传给肌肉或腺体，从而产生运动效应。

（3）中间神经元（interneuron）：介于前两种神经元之间，多为多极神经元。动物进化程度越高，中间神经元越多，人类神经系统中的中间神经元约占神经元总数的 99%，构成中枢神经系统内的复杂网络。

根据神经元释放的神经递质（neurotransmitter）或神经调质（neuromodulator），还可分为胆碱能神经元（cholinergic neuron）、胺能神经元（aminergic neuron）、肽能神经元（peptidergic neuron），以及氨基酸能神经元（amino acid neuron）。

（4）神经内分泌神经元（neuroendocrine cell），又称神经内分泌细胞：其合成并分泌神经激素，经血液循环或通过局部扩散调节其他器官的功能。

神经元又可以按照用途分为三种：输入神经、传出神经及连体神经。在所有神经细胞中，信号是以同样的方式组织的。如上所述，大多数神经元都有四个功能区，输入区、整合区和传导区都是神经元细胞对电信号的处理和整合，而输出区是该神经细胞轴突末

端的突触终末向突触间隙中喷射化学物质，用以产生不同类型的信号。因此，大多数神经元的功能组织，无论类型如何，都可以用一种神经元模型表现其功能，不同的是输入输出接口的数量和神经元的功能参数。当然并非所有的神经元都具有上述特征，例如，一些局部中间神经元缺乏传导成分，这种情况可以认为这部分的功能参数为 0。下面将着重讨论如何构建一个神经细胞的数学模型及其功能的初步电子实现。

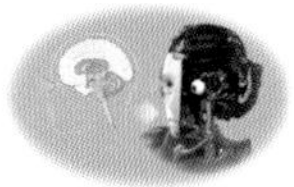

4.3　细胞膜电位的形成

几乎所有的细胞（包括植物细胞）都有膜电位。膜电位不仅是各种离子用来往返细胞壁两侧的动力，也是神经细胞、各种感知细胞及肌肉纤维细胞传递信息和接收信息的基础。每个细胞都具有非常复杂的构成，如果同时全面综合地解析细胞的各项功能，将会无从下手。因为本节只考虑神经细胞的电信号的传递及处理功能，所以主要考虑与膜电位，特别是动作电位相关的机构。

细胞膜电位的主要起因是细胞膜上的离子泵，又称主动离子通道。离子泵是膜运输蛋白之一，通过消耗 ATP（三磷酸腺苷，是生物体内最直接的能量来源）来输送离子，使该离子在膜内外产生浓度差，形成离子从高浓度向低浓度的势能。由于离子带电，浓度差自然也会产生膜内外的电位差，即膜电位。这种浓度和电位梯度称为电化学梯度。离子泵的种类不多，都是依靠消耗 ATP 来输送某种特定离子，主要有 Na-K 泵、Ca^{2+}泵、质子泵。最近，有研究发现了 ATP 调控 Mg^{2+}通道，也就是 Mg^{2+}泵。

Na-K 泵存在于动物细胞质膜上，每水解一个 ATP 释放的能量输送 3 个 Na^{+}到细胞外，同时摄取 2 个 K^{+}到细胞内，造成跨膜浓度梯度和电位差，Na^{+}、K^{+}的浓度梯度和电位差对神经冲动传导尤其重要。当梯度所持有的势能大于 ATP 水解的化学势能时，Na^{+}、K^{+}会反向顺浓度差流过 Na-K 泵，同时合成 ATP。这种可逆现象是离子泵的普遍性质，也是生命机构高效节能的表现之一。

Ca^{2+}泵分布在动、植物细胞质膜、线粒体内膜、内质网样囊膜（SER-like organelle），以及动物肌肉细胞肌质网膜上，每水解一个 ATP 转运两个 Ca^{2+}到细胞外，形成 Ca^{2+}梯度。通常细胞质游离 Ca^{2+}浓度很低，为 10^{-8}～10^{-7}mol/L，细胞间液 Ca^{2+}浓度较高，约为 5×10^{-3}mol/L。细胞外的 Ca^{2+}即使很少量涌入细胞内也会引起细胞质游离 Ca^{2+}浓度显著变化，导致一系列生理反应。Ca^{2+}流能迅速地将细胞外信号传入细胞内，因此 Ca^{2+}是一种十分重要的信号物质。

除了主动离子通道（离子泵），细胞膜上还有大量的被动离子通道（简称离子通道），是各种无机离子跨膜被动运输的通路。离子泵的存在使得细胞膜产生了一定的膜电位，即跨膜电位梯度，膜电位的存在使得没有离子泵驱动或输送的离子得以通过离子通道移动，从而被动地产生膜内外的跨膜浓度梯度。

当被离子泵输送的离子的浓度梯度所持有的势能与该离子泵 ATP 水解的化学势能及膜电位的电势等达到平衡时，内外膜电位也就达到了一定的平衡，此时的膜电位为静息电位。下面将对静息膜电位的形成进行进一步的说明，并通过等效电路模型进行解析。

图 4-5 为细胞膜电气化学结构的示意图。由于细胞膜上有大量的各种离子通道（包括离子泵等），示意图只将重要的离子通道各画一个统一表述。图中有两个电压门控离子通道是前面未涉及的。电压门控离子通道是神经细胞产生动作电位的关键部件，当膜电位由于某种原因发生变化，并达到某个阈值时，电压门控离子通道便会打开，使得相关离子通过该通道朝着电化学势能低的方向流动。本节只考虑静息膜电位的形成，所以关于电压门控离子通道的说明将放到后面。

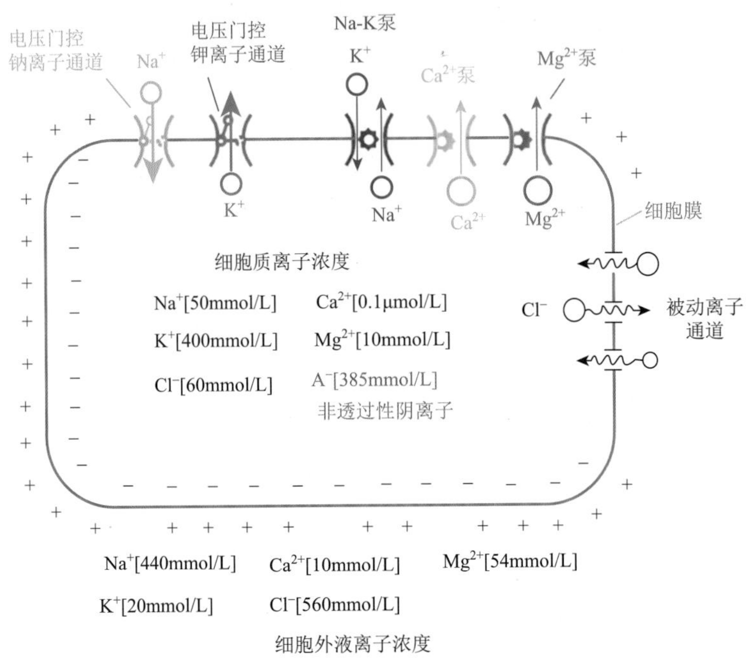

图 4-5 乌贼巨型神经细胞（轴突）的离子通道及内外离子浓度

利用细胞膜的等效电路对膜电位的原理进行解析是最直观的。霍奇金与赫胥黎曾经成功地使用等效电路来解释神经的动作电位，即 Hodgkin-Huxley 等效电路模型，他们获得了 1963 年度诺贝尔生理学或医学奖。但是，Hodgkin-Huxley 等效电路没有描述离子泵的影响，而之后也没有更进一步的相关研究。在本章中，为了对静息膜电位的形成进行更详细的分析，对细胞膜的等效电路做了进一步的改进，并加入了离子泵的作用。

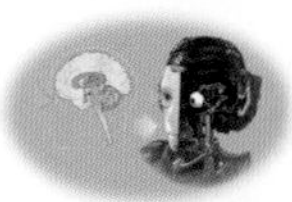

4.4 神经细胞的等效电路与冲动发生原理

静息膜电位是所有生命活动的基础，对神经细胞的信息处理性能的影响巨大，甚至可以说：失去了静息膜电位就失去了生命，反之亦然。 Hodgkin-Huxley 等效电路及目前绝大部分的神经细胞模型都是将离子的浓度梯度当作稳定电压源来考虑，而实际的细胞内外的离子浓度是受神经细胞连续的动作电位活动及各种离子泵活性的影响而发生变化的。如果要考虑静息膜电位的形成及影响，细胞的等效电路就无法再用电压不变的电源

来表示各离子的浓度梯度了。那么，用什么电子器件来表示离子的浓度梯度？答案只有一个——电容。但是细胞浓度梯度所产生的势能的性质与标准电容有很大区别，需要设定一个新的电容的概念，我们暂且称为离子电容[2, 3]。

4.4.1　离子电容

本书将细胞膜内外的离子浓度梯度当作电容来考虑，并将其称为离子电容。将具备内外离子浓度差和膜电位的细胞膜的电气特性用电路来表示，需要通过如图 4-6 所示的三个步骤来说明。图 4-6（a）表示的是细胞膜的一部分，膜内外的电位差用正负符号来表示，离子浓度梯度产生的势能分别用带有正负符号的小圆的数量不同来表示。图中，膜上面（细胞内侧）的阳离子浓度大于下面（细胞外侧），细胞膜上面（细胞内侧）的阴离子浓度小于下面（细胞外侧），箭头方向代表浓度梯度势能的方向，该图只表示了正负各一种离子。如果将细胞膜的各种离子通道对离子的透过性用导线及电阻来表示，可以得到图 4-6（b）所示的等效电路。将化学势能和电阻移到右侧，便形成了细胞膜的等效电路。在 Hodgkin-Huxley 等效电路中右侧的两个浓度梯度势能被描述成电源，而在本章节把它们定义为离子电容。

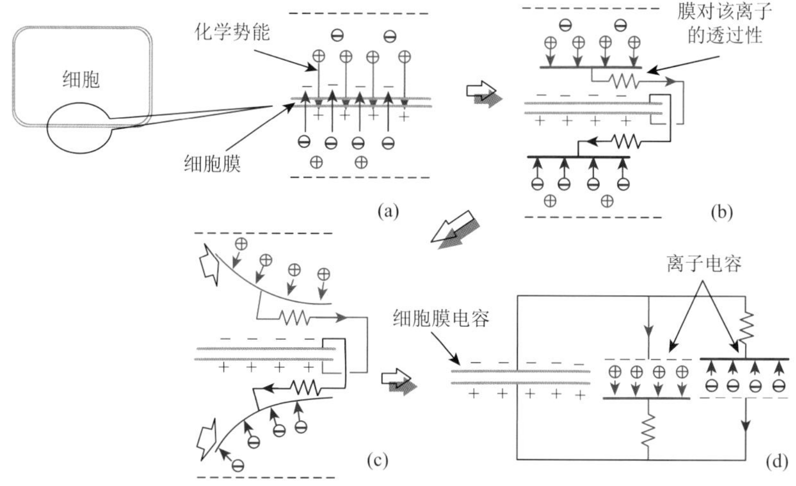

图 4-6　细胞膜的离子电容和膜电容的关系

根据能斯特方程（Nernst equation），离子 X 在细胞膜两侧的浓度差所产生的电势，即 X 离子电容的电压 v_X 可以表示为

$$v_X = \frac{RT}{z_X F}\ln\left(\frac{[X]_i}{[X]_o}\right) \tag{4-1}$$

式中，R 为摩尔气体常数；T 为热力学温度；F 为法拉第常数；z_X 为离子 X 的电价数；$[X]_i$ 为离子 X 的细胞内浓度；$[X]_o$ 为离子 X 的细胞外浓度。

该离子在细胞内部产生电荷的数量，即带电量 q_X 可通过式（4-2）算出：

$$q_{\mathrm{X}} = z_{\mathrm{X}}V\left([\mathrm{X}]_{\mathrm{i}} - [\mathrm{X}]_{\mathrm{o}}\right) \tag{4-2}$$

式中，V 为该细胞内液的体积。

根据以上两个方程式，可推导出：

$$q_{\mathrm{X}} = z_{\mathrm{X}}V[\mathrm{X}]_{\mathrm{o}}\left(\mathrm{e}^{\frac{z_{\mathrm{X}}F}{RT}v_{\mathrm{X}}} - 1\right) \tag{4-3}$$

由于细胞外液与组织液相通，与细胞的容积相比足够大，因此$[\mathrm{X}]_{\mathrm{o}}$可以认为是恒定的。又因为 R、F、z_{X} 为定数，如果设定 T、V 也基本不变，式（4-3）可以表示为

$$q_{\mathrm{X}} = a(\mathrm{e}^{bv_{\mathrm{X}}} - 1) \tag{4-4}$$

式中，a、b 为定数，$a = z_{\mathrm{X}}V[\mathrm{X}]_{\mathrm{o}}$，$b = \dfrac{z_{\mathrm{X}}F}{RT}$。

从式（4-4）可以看出，离子电容的特性与标准电容的 $q = Cv$（其中，q 为电容的带电量，C 为电容量，v 为电容两侧电压）相去甚远。图 4-7 为离子电容与标准电容的关系。该图显示，当某离子在细胞内部的浓度比细胞外部的浓度高时，随着浓度差的增加，离子电容的电压趋于恒定，可以当成稳定的电源考虑。但是，**当某离子在细胞内部的浓度远远小于细胞外部时，微小的浓度变化都会引起电压的剧烈变化**。

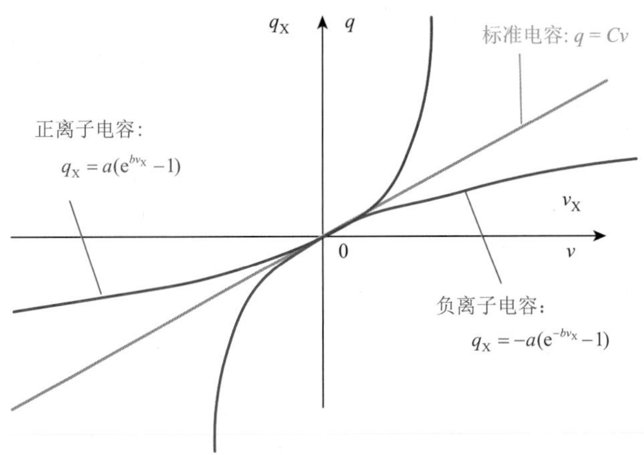

图 4-7　离子电容与标准电容的关系

4.4.2　神经细胞膜的等效电路

将 Hodgkin-Huxley 等效电路［图 4-8（a）］中离子浓度梯度的电源用离子电容来表示，就形成了如图 4-8（b）所示的等效电路。图中的 g 代表电导，由于考虑到神经细胞膜上有钠离子和钾离子的电压门控离子通道，所以 g_{Na} 和 g_{K} 是可变电导。很明显，图 4-8（b）作为神经细胞的等效电路系统，没有电源就无法连续动作，这也给离子泵找到了在等效电路中的位置。图 4-9 是将 Na-K 泵加入等效电路中所形成的神经细胞等效电路[2, 3, 5]。图中用电流源 i_{PNa} 和 i_{PK} 分别表示钠离子泵和钾离子泵，这样在感官上会更加直接。由于离

子电容和标准电容特性不同，图 4-9 用符号—( )—来表示离子电容。因为细胞外液与血液相连，血液贯通身体，所以可以认为外液在电路上接地，因此所有神经的等效电路代表细胞外侧的部分都接地。将图 4-5 所示的乌贼巨大神经用等效电路来表示，就可以得到图 4-10 所示的等效电路，其具有四个电源和五个离子电容，以及两个可变电导。当然，实际的离子电容不止这些。

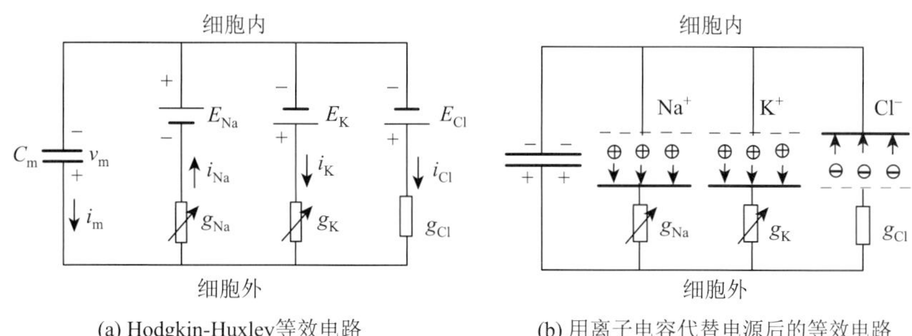

图 4-8　离子电容代替 Hodgkin-Huxley 等效电路中的电源

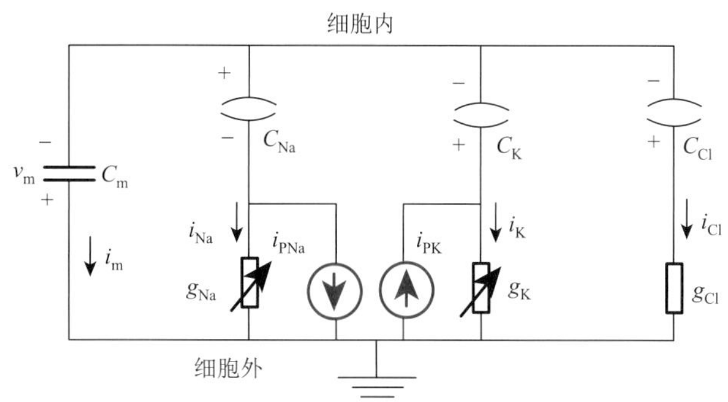

图 4-9　考虑到离子泵的神经细胞等效电路

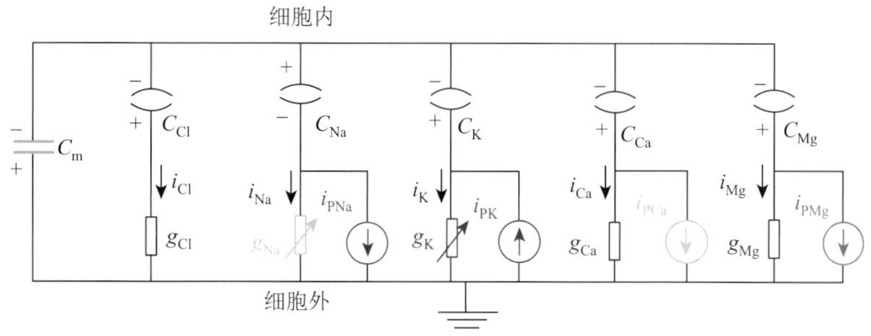

图 4-10　乌贼巨型神经细胞的示意图（图 4-5）的等效电路

如果用一个通用电路来描述任意细胞，甚至包括相同原理的任意生物的细胞，可将图 4-10 描述成图 4-11。

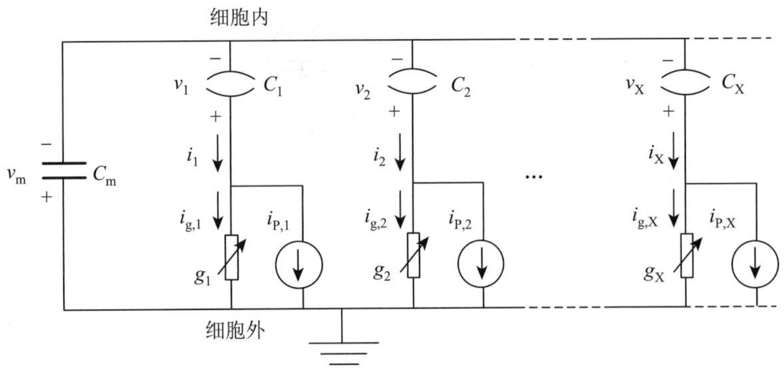

图 4-11 通用型神经细胞的等效电路

如果不习惯用电流源和电导，也可以用电阻和电压源来组成等效电路。

由于，

$$v_X - v_m = \frac{i_{g,X}}{g_X} = \frac{i_X - i_{P,X}}{g_X} \tag{4-5}$$

设：$R_X = \dfrac{1}{g_X}$

$$E_X = \frac{i_{P,X}}{g_X} = R_X i_{P,X} \tag{4-6}$$

因此，

$$v_X - v_m = R_X i_X - E_X \tag{4-7}$$

式中，v_X 为离子 X 的离子电容的电压；v_m 为膜电位；$i_{g,X}$ 为离子 X 的被动电流；g_X 为离子 X 的被动通道的电导；i_X 为离子 X 通过细胞膜的总电流；$i_{P,X}$ 为离子 X 的离子泵电流；R_X 为离子 X 的被动通道的电阻；E_X 为离子 X 的离子泵电压。

图 4-12 与图 4-11 等效。根据式（4-6）可知 E_X 与 R_X 成正比，所以当该离子在细胞膜上存在门控离子通道时，E_X 也是可变的，而且变化巨大。当然，电流源 $i_{P,X}$ 也是可变的，但是 $i_{P,X}$ 与该离子的细胞内外浓度梯度有关，而离子浓度梯度是相对稳定的，这也是用电流源表示离子泵的合理性。利用图 4-11 或图 4-12 的等效电路可以算出静息膜电位的成因，由于这部分的内容与本书的内容关系较远，这里不再赘述，若感兴趣可参考笔者的相关论文[2, 3]。

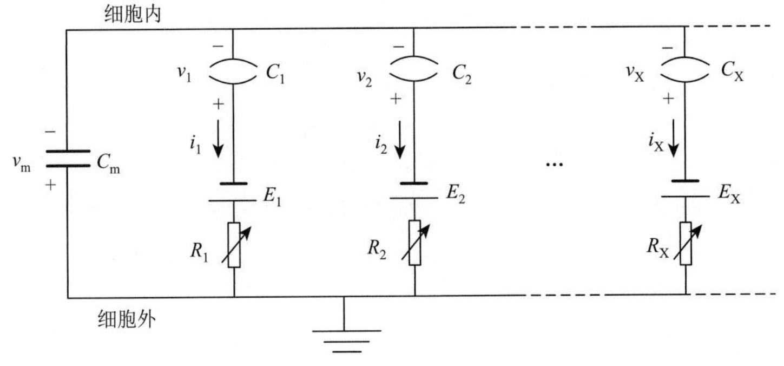

图 4-12 用电压源表示的通用型神经细胞等效电路

如果某离子 X 有门控离子通道那样的离子流通能力可变的离子通道，则 g_X 或 R_X 是可变的。如果离子 X 没有离子通道，则电导 g_X 为无限小或电阻 R_X 无限大，即 $i_{g,X}=0$，该条电路断路，不需要考虑。如果离子 X 只有被动离子通道，电导 g_X 或电阻 R_X 为定数。图 4-13 是将不具备离子泵的离子和不具备门控离子通道的离子的等效电路分别画了出来，以备以后具体讨论细胞膜活动电位时对等效电路的进一步细化。

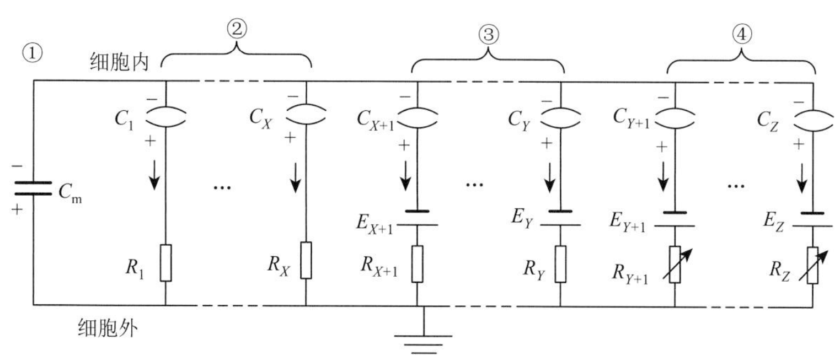

图 4-13　通用型神经细胞的等效电路

一般情况下，某离子只要有离子泵，那必定有门控离子通道，因为没有必要消耗能量实现无用的浓度梯度势，但是由于门控的启动条件不同，功能也不同，可以是电压门控，也可以是化学门控；可以普遍分布在细胞膜，也可以只分布在突触，所以在特定条件下讨论等效电路问题时可以认为某种离子有离子泵电源但没有可变电阻。当某离子既有被动离子通道又有门控离子通道时，可以统一用可变电阻表示，其实，Na^+、K^+、Ca^{2+}等通过通道蛋白进行的运输都属于被动运输。因此，图 4-13 是比较实用的表述神经细胞膜电位的等效电路，其包含四个部分：①表示细胞膜电容量的电容；②表示只有被动离子通道的离子特性的等效电路（数量为 X）；③表示只有离子泵但没有门控离子通道的离子特性的等效电路（数量为 $Y–X$）；④表示既有离子泵又有门控离子通道的离子的等效电路（数量为 $Z–Y$）。

4.4.3　神经细胞动作电位的形成

当离子 X 在细胞内外离子浓度梯度达到平衡值时，离子泵基本停止工作，因此在各离子都达到平衡状态时，图 4-11 的 $i_{P,X}=0$，即图 4-12 的 $E_X=0$。这时膜电位取决于离子电容的电压和通过等效电阻的电流，也就是说平衡状态时如果离子电容的容量足够大，或者离子泵瞬间将失去的电量补上，是可以将离子电容当成电源的。当连续发生动作电位时，虽然钾钠离子的电流可以引起离子电容的电位发生变化，但细胞内钾钠离子的含量远远多于每次活动电位所引起的离子流动量，同时离子泵会加快动作补回流失的电荷，因此离子浓度梯度可以认为基本稳定。

在考虑动作电位特性时为了简化解析步骤，图 4-13 可简化成图 4-14。根据戴维宁定理（Thevenin’s theorem），在图 4-14 中所有没有门控离子通道的离子的流动特性都统一成一条电压源和电阻的串联电路（E_B 和 R_B）来表示。没有离子泵只有离子通道的离子，其浓度梯度取决于细胞的静息膜电位（一般神经细胞正常状态的静息膜电位在–60mV 左右），即当细胞内外电化学势达到平衡时，该离子的浓度梯度势与静息膜电位相同。而当膜电位短时间产生变化时，浓度梯度不会有较大变化，所以表示浓度梯度的电源电压可以认为是恒定的。

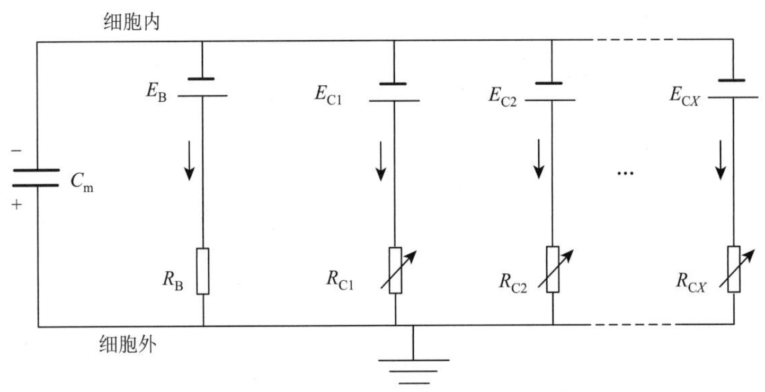

图 4-14 用于神经细胞动作电位解析的神经细胞等效电路

要注意，钠离子虽然在神经细胞内的浓度低，但实验证明其浓度值足够维持较长时间连续动作电位脉冲而基本不变，特别是钠离子泵和钠离子电容的叠加效果使得等效电路电压源基本上可以认为是稳压电源。但是，由于细胞内钙离子的浓度极度低下，从图 4-7 所示的离子电容的原理可以看出，钙离子的浓度梯度不适合用等压电源来表示。不过由于神经细胞在发生动作电位时钙离子几乎不参与透过细胞膜的流动，对神经动作电位的影响不大，在此可以忽略。当然，钙离子在突触中有化学门控通道，所以在考虑突触特性时，钙离子起到关键作用。另外，钙离子在肌肉细胞中通过门控离子通道可以保持持续的动作膜电位，研究肌肉特性时，钙离子通道的等效电路也必须考虑。由于肌肉纤维的动作原理与本书内容关联度不大，详细解析就不在这里赘述了。

在地球上的所有生物都是从海洋起源的，所以构成身体的主要材料都应该是海洋中丰富存在的物质。陆地生物的体液（血浆、淋巴液等）的成分也与海水相近，神经细胞也不例外，主要参与神经细胞动作电位的离子是海水中的主要成分钠离子、钾离子和氯离子。钙离子和镁离子虽然在细胞功能，特别是突触电位形成上起着很重要的作用，但与神经细胞动作电位的生成关系不大。因此，在此章节，我们还是回归 Hodgkin-Huxley 等效电路上来，将图 4-14 简化成图 4-15，以此来解释神经细胞动作电位的形成过程。

图 4-15 将原图［图 4-8（a）］中的氯离子通道改成了所有被动离子通道的统一等效电路 E_B 和 R_B；将钠离子的电压门控离子通道，即正向电压门控离子通道 R_P 和对应的浓度梯度势 E_P 串联；将钾离子的电压门控离子通道，即负向电压门控离子通道 R_N 和对应的浓度梯度势 E_N 串联。这样做的目的是尽量抛开具体离子的个性，从而考虑原理性的问题。

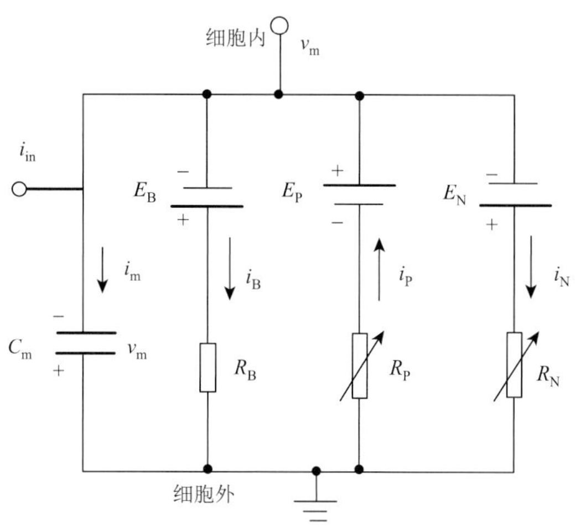

图 4-15　用于分析动作电位的神经细胞等效电路

因为地球的海水里的钠离子浓度远高于钾离子，所以细胞中尽量保存钾而排斥钠，以构成内外浓度差为动作电位做准备。如果某个星球海水中的钾离子浓度远大于钠离子浓度，那么该星球的生物细胞的钠钾泵可能就会反过来设置，变成钾钠泵，即细胞排出钾而纳入钠。此外，为了解析方便，根据戴维宁定理可以将电压门控钠离子通道和电压门控钾离子通道在静息膜电位时的电阻（如果不是无限大）也归纳到 R_B 上，这样就可以等价地认为，电压门控离子通道 R_P 和 R_N 在静息状态时电阻无限大，或电导都为 0。图 4-15 加了一个输入口 i_{in}，用来表示突触等外部信息所产生的电流输入。

神经细胞动作电位的发生原理已经是较为广泛被认知的知识了，下面将使用图 4-15 进行以下简单介绍。图 4-16 为动作电位发生原理的示意图。当神经细胞在某种原因的作用

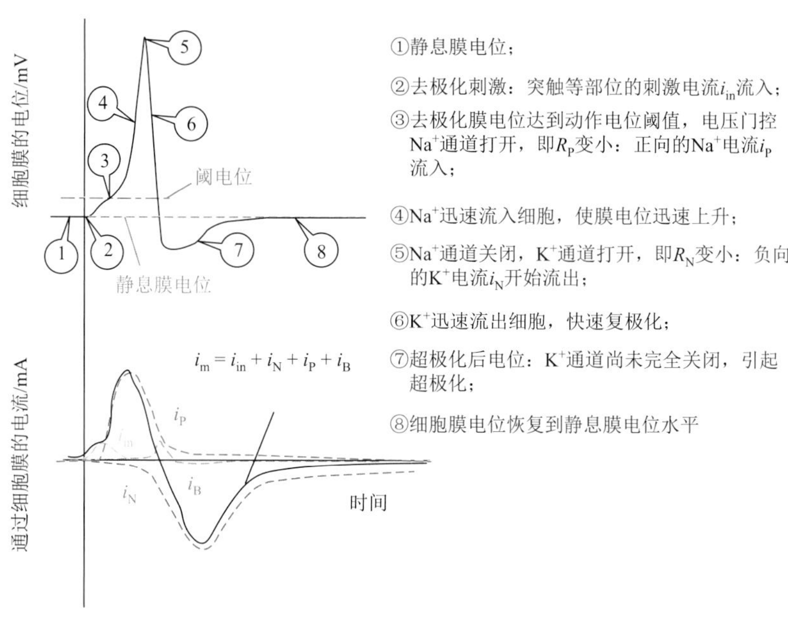

图 4-16　神经细胞膜动作电位与各离子通道电流的关系示意图[4]

下流入电流 i_{in}，使细胞膜的电位升高到某个阈值时（一般神经细胞的阈值是–40mV 左右，而静息膜电位是–60mV 左右），电压门控钠离子通道打开（即 R_P 变小），钠离子从外部流入细胞使得膜电位迅速升高（一般神经细胞可达到 30mV 左右），紧接着钾离子的门控离子通道打开（即 R_N 变小），钾离子从细胞内部流向外部，同时钠离子的门控离子通道关闭，膜电位迅速下降，钾离子的门控离子通道迅速关闭，至此一个动作电位脉冲完成。

图 4-16 中下图表示的是钠电流 i_P、钾电流 i_N、氯离子等通过非门控离子通道被动输送的离子电流总和 i_B，以及所有电流的和 i_m 的状况，上图为因离子电流的变化产生的细胞膜的电位。由于膜电位的变化也会产生氯离子等具有被动离子通道的离子的流动，这些离子的电流与膜电位变化量成正比。

4.4.4 神经细胞动作电位的传递方式

在神经细胞膜上动作电位的传播与目前工业器件的电信号传播有着本质区别。这种传播方式没有衰减，抗干扰性能强，非常值得借鉴。

图 4-17 为动作电位传导的示意图，其原理如下：①当神经细胞膜上的某一区域发生了动作电位，即某一区域的电位因钠离子的电压门控离子通道打开引发膜电位升高，此时因为该区域与周边区域的电位差而导致正电荷流向周边，负电荷流向该区域；②电荷的流动使得周边区域的电位升高，进而达到阈值使该周边区域的电压门控钠离子通道打开，引发该区域的动作电位的发生。①至②的过程连续发生，产生连锁反应，使动作电位迅速扩散。神经细胞膜上的动作电位就如同水面上的波浪，离子就像水分子一样，虽然波浪在向前传动但是每一部分的水分子只是做椭圆形振动，并没有与波浪一起移动。也就是说神经细胞的脉冲信号的传输并不伴随着整体电流的移动，因此既节能又不衰减。由于轴突是一个细长的神经膜，因此动作电位脉冲会顺着轴突迅速传递至终端，即突触前部。一般情况下，神经细胞的动作电位阈值最低处在轴突的根部，所以大部分情况是神经细胞的轴突根部最先开始冲动（产生动作电位），一方面第一时间将冲动通过轴突传输出去，另一方面依次扩展至整个细胞体和树突。

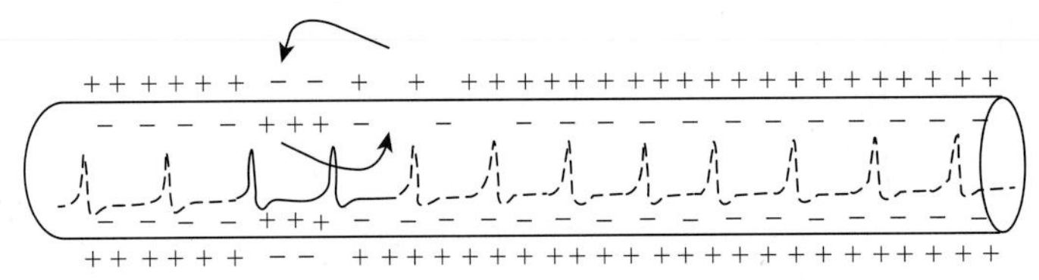

图 4-17　动作电位在神经细胞膜上的传导原理[4]

由于动作电位在细胞膜上的传播速度受限于电压门控钾钠离子通道的开闭速度，因此动作电位的传播速度远小于电流的传播速度（光速），最慢的传播速度只有不到 2m/s。为了加快神经纤维的电脉冲传播速度，神经细胞进化出髓鞘结构。如图 4-18 所示，神经纤维（轴突）上长有一定长度的固定间隔的髓鞘，髓鞘部分不导电，髓鞘和髓鞘之间的无髓鞘部分是裸露的，称为郎飞结，郎飞结处有钾钠门控离子通道。与无髓神经纤维的

脉冲传递原理相同，当某个郎飞结处发生动作电位时，与邻近郎飞结间就会产生电位差引发电流移动，使邻近胶轮（郎飞结）处的电位升高并诱发出新的动作电位。由于髓鞘不导电，也没有离子通道，电荷在髓鞘内部是单纯的电流移动，速度是光速，因此有髓神经的传播速度加快。当然，由于电流在髓鞘中流动会逐渐衰减，因此髓鞘的长度也不能太长，否则该髓鞘前面的郎飞结处的动作电位不足以使该髓鞘后面的郎飞结处的电位升高到引发动作电位的阈值，将导致信息传播中断，或者需要该髓鞘前面的郎飞结的连续多次动作电位才能引起一次后面郎飞结处的动作电位，导致传递的信息发生变化。由于动作电位结束后有一段不应期，保证了动作电位不会逆向传播。神经细胞的轴突纤维一般分为以下三种：

（1）A 型神经纤维具有发达的髓鞘，直径最粗，一般为 1～22μm，传导速度可达 12～120m/s。大多数的躯体感觉和运动纤维属于此类。

（2）B 型神经纤维也具有髓鞘，神经纤维较细，直径为 1～3μm，传导速度为 3～15m/s。

（3）C 型神经纤维最细，直径仅为 0.3～1.3μm，都属于无髓纤维，传导速度小于 2.3m/s。

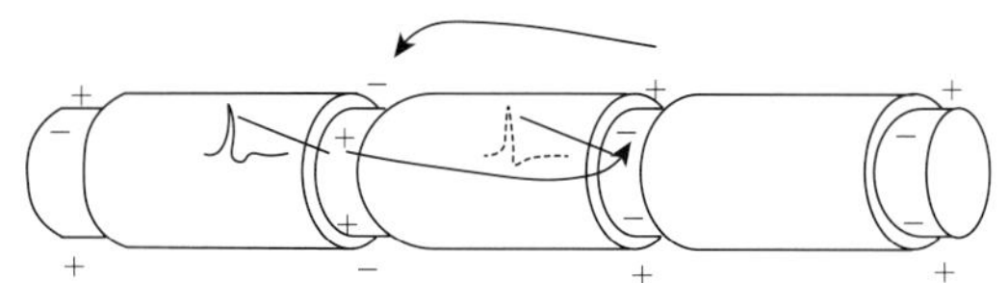

图 4-18　动作电位在有髓神经纤维上的传导原理[4]

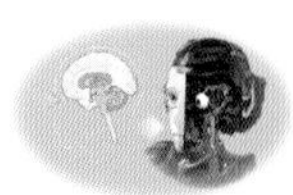

4.5　神经细胞的信息处理原理

4.5.1　神经细胞的电信号的信息表达方式

因为神经细胞的动作电位脉冲的发生原理都相同，所以一个神经细胞的每一个脉冲的形状基本相同。因此，神经细胞的脉冲形状本身不含有对外信息传输的意义，神经细胞电信号的输出信息只能表现在脉冲的“有无”、“数量”或“频率”三种方式上。

第一种方式：由于神经的脉冲电位不是持续一段时间的连续不变的电位，无法像计算机的门电路那样用电位表现 0 和 1，因此神经细胞的脉冲所能表现的“有无”只能是“触发信号”（triggering signal），在数学上可以用作“单位脉冲信号”（unit impulse signal），即通过单位脉冲触发对象细胞的“一系列固有反应”。在自动控制学领域，“一系列固有反应”的时间函数，就是控制对象的传递函数。

第二种方式：通过脉冲的数量来传递神经细胞的信息。如果用这种方式传递信息，脉冲序列必须是阶段性的，即通过每一时间段的脉冲数量来表达信息，或者在每一段脉冲组中各脉冲不同间隔的排列组合来表达信息。后者类似电报的编码原理，不过从目前神经细胞的脉冲电位的实验结果看，后者被神经系统采用的可能性不大。

第三种方式：通过脉冲的频率来表达信息。这种表达方式在工学上也经常使用，是比较有效的信息传达方式，特别是在运动控制方面，通过频率来表达信息大小，效率非常高。这种方式也得到了神经生理学实验的佐证。

在本书中，主要考虑通过神经细胞的脉冲频率来表示信号的大小，即频率越高信号值越大。当然，以上三种方式都有可能在实际神经系统中被采用，甚至可能是在一个局部神经系统中以混杂的形式存在。

由于神经细胞的脉冲形状本身不含有对外信息传输的意义，神经细胞的等效电路不必在意输出脉冲的形状。因此，图 4-19 所示的等效电路是可以工学实现的神经细胞原理图，R_P 和 R_N 是两种电压控制开关，可以用三极管等电子器件实现，电压控制开关的各种参数可以根据需要设置，原理上只要能够实现脉冲电位就可以。虽然图 4-19 可输出的脉冲的形状、尺寸、最大频率与电路各元器件性质相关，但是一旦各项参数确定，该电路的脉冲频率只受输入电流 i_{in} 控制。

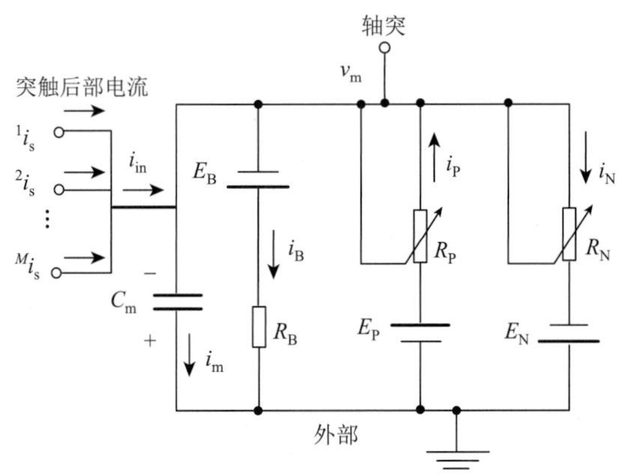

图 4-19　用于实现神经细胞动作电位生成的等效电路[5]

由于神经细胞等效电路的脉冲频率只与外部输入的电流有关，而神经细胞的外部输入电流来自其他神经或感知细胞与之接触的各突触后成分电流。因此，图 4-19 的输入电流 i_{in} 是各个突触电流的总和，当然也包括抑制性突触的负向电流。各突触引发的电流用 ^1i_s、^2i_s、…、^Mi_s 表示，即

$$i_{in} = \sum_{k=0}^{M} {}^k i_s \tag{4-8}$$

式中，i_{in} 为各个突触电流的总和；^ki_s 为突触 k 引发的电流。

可见，神经细胞体的等效电路部分可以看成是一个模拟加法器和漏积分，神经细胞更关键的运算功能来自突触。

4.5.2　神经细胞突触的生理学动作原理

如上所述，神经细胞体本身，即 Hodgkin-Huxley 等效电路只能够实现一个加法器的功能，真正的运算功能来自可以产生输入电流的神经突触，也就是说，突触才是神经细

胞运算功能的关键。因此，神经细胞的等效电路必须包含突触功能，才可以解析神经细胞的信息处理能力。下面将简单介绍一下突触的工作原理。

4.2 节已经简单介绍了突触的结构，为便于阅读，这里再简单复述一下。突触（synapse）是指一个细胞将其信息传递至另一个细胞的结构部位，一般指神经元之间或神经元与效应器细胞（effector）之间相互接触，并传递信息的部位。在光学显微镜下，可以看到一个神经元的轴突末梢经过多次分支，最后每一小支的末端膨大呈杯状或球状，称为突触小体。这些突触小体可以与多个神经元的胞体或树突相接触，形成突触。进一步，用电子显微镜观察突触，可以看到，突触是由突触前膜、突触间隙和突触后膜三部分构成的，图 4-20 是突触结构的示意图。

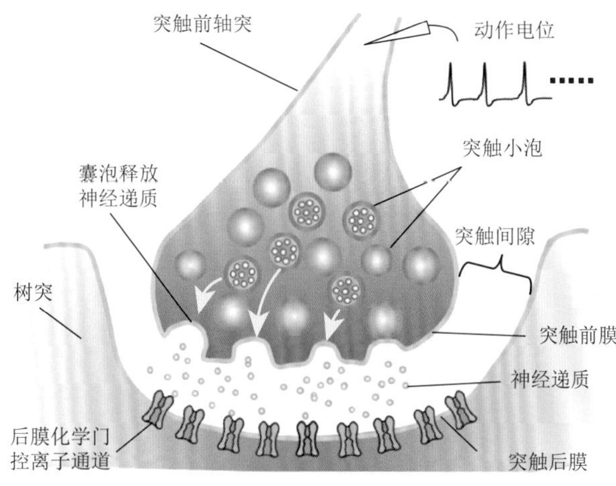

图 4-20　神经细胞突触的示意图

突触前细胞借助化学信号，即神经递质，将信息传送到突触后细胞，称为化学突触传递过程；借助于电信号传递信息者，称为电突触。由于高等动物的突触几乎都是化学突触，本书只介绍化学突触的原理和等效电路。突触前细胞传来的电脉冲，使突触后细胞的电位上升的突触称为兴奋性突触，而使突触后细胞的电位下降的突触称为抑制性突触。

胞体与胞体、树突与树突及轴突与轴突之间都有突触形成，常见的是某神经元的轴突与另一神经元的树突间所形成的轴突-树突突触，以及与胞体形成的轴突-胞体突触（图 4-2、图 4-4）。

突触前神经元（presynaptic neuron）的轴突末端呈球状膨大，轴突的膜增厚（为 6～7nm），形成突触前膜（presynaptic membrane）。在突触前膜部位的细胞内液里含有许多突触小泡（synaptic vesicle），突触小泡是突触前部的特征性结构，小泡内含有化学物质，称为神经递质。各种突触内的突触小泡形状和大小不同，所含神经递质也不同。常见突触小泡类型有以下几类。

球形小泡（sphericalvesicle）：直径为 20～60nm，其中含有兴奋性神经递质，如乙酰胆碱。

颗粒小泡（granular vesicle）：小泡内含有电子密度高的致密颗粒，按其颗粒大小又可分为两种。小颗粒小泡直径为 30～60nm，通常含胺类神经递质，如肾上腺素、去甲肾上腺素等；大颗粒小泡直径可达 80～200nm，所含的神经递质为 5-羟色胺或脑啡肽等肽类。

扁平小泡（flat vesicle）：小泡长径约为 50nm，呈扁平圆形，其中含有抑制性神经递质，如 γ-氨基丁酸等。

各种神经递质在胞体内合成，形成小泡，通过轴突的快速顺向运输到轴突末端。神经系统中两种或两种以上神经递质共存于一个神经元中的情况普遍存在［共存神经递质（coexistence neuro transmitter）］，在突触小体内可有两种或两种以上不同形态的突触小泡。

突触后成分（postsynaptic element）多为突触后神经元的胞体膜或树突膜，与突触前膜相对应部分增厚，形成突触后膜（postsynaptic membrane）。突触间隙（synapticspace）是位于突触前、后膜之间的细胞外间隙，宽为 20～30nm，其中含糖胺多糖（如唾液酸）和糖蛋白等，这些化学成分能和神经递质结合，促进递质由前膜移向后膜，使其不向外扩散或消除多余的递质。

突触的传递过程，是神经冲动沿轴膜传至突触前膜时，触发前膜上的电位门控钙通道开放，细胞外的 Ca^{2+} 进入突触前部，在 ATP 和微丝、微管的参与下，使突触小泡移向突触前膜，以胞吐方式将小泡内的神经递质释放到突触间隙。其中部分神经递质与突触后膜上的对应受体结合，引起与受体偶联的化学门控离子通道开放，使相应的离子在电化学势的推动下经通道进入突触后成分，使后膜内外两侧的离子分布状况发生改变，呈现兴奋性（膜的去极化）或抑制性（膜的极化增强）变化，从而影响突触后神经元（或效应细胞）的活动。

从突触的递质传递可以发现，神经间的信息传递是通过化学递质隔离了电流直通，与目前工业上的信号传递有着根本的区别，因此**神经细胞的耐电磁干扰性极强，但可以被化学物质干扰**。这也是毒药、麻醉药、毒品能够在生物体内大行其道的原因。

冲动在相同神经纤维上的传导速度基本上是恒定的，但在通过化学突触时均呈现一定的时间延迟，称为突触延搁。突触延搁是指从冲动传导到突触前末梢到突触后电位出现的时间间隔。哺乳动物中枢突触的突触延搁为 0.2～0.3ms，较低等动物的青蛙，神经节内的突触延搁长达 2～3ms。本书在分析神经系统模型时，信号的时延是一个重要的判断标准，当两个信号具有相同的时延，代表它们很可能使用了相同的神经系统通路。

一个中间神经元，一方面和多个神经元的轴突形成很多突触，另一方面又以自身轴突的多个分支和多个神经元（中间神经元和运动神经元）的胞体和树突形成多个突触。一个突触后细胞可同时与几个突触前细胞分别连成兴奋性和抑制性突触，有时这两种突触的作用可以互相抵消。如果抑制性突触发生作用，那就需要更强的兴奋性刺激才能使突触后细胞兴奋。

目前已发现的神经递质可以分为两大类：小分子神经递质和大分子神经多肽。小分子神经递质除了最早发现的乙酰胆碱，还有生物活性胺类递质和氨基酸类递质。通常神经元可按它所分泌的小分子神经递质来归类，如分泌乙酰胆碱的神经元统称为胆碱能神

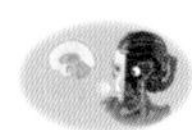

经元，类似的还有谷氨酸能神经元、γ-氨基丁酸能神经元、多巴胺能神经元、肾上腺素能神经元、去甲肾上腺素能神经元等[6, 7]。

神经递质中种类繁多的是大分子神经多肽。自 1970 年以来，已发现有 100 多种多肽分子符合上述神经递质标准。很多经典神经激素类物质现在被认为也可在局部发挥神经递质的作用，如垂体后叶激素（催产素和血管升压素）等。事实上，现在发现神经激素和神经递质间存在着越来越多的交叉。若要判断某种生物活性多肽属于激素还是递质，主要看它发挥作用的距离：激素通过血液循环作用于靶细胞，因此靶细胞常远离激素分泌细胞；而递质作用于突触后细胞的距离小得多，只需弥散于几十纳米的突触间隙即能与突触后膜上的受体结合，即使有些递质可通过扩散影响到周围的细胞，作用距离也不过几十到几百微米[7]。

某些神经元末梢可以释放一种以上的神经递质，有些含有多种肽类递质，有些含有两种以上的小分子递质，还有些是肽类递质与小分子递质共存。当多种神经递质共存于同一个神经末梢时，这些递质被称为共存递质。共存递质通常都独立包装在各自的囊泡里（也有少数共存递质包装在同一个囊泡里），所以它们的释放概率会有所不同。通常，低频刺激下小分子递质容易释放，只有在高频刺激下大分子多肽类递质才会被大量释放。因此，对于某一个突触，突触前神经元发送的冲动频率不同，其所释放的递质成分也不同，突触后细胞启动的化学信号通路自然也不一样[6, 7]。

共存递质释放概率的差异主要是由神经递质囊泡和突触前膜上的 Ca^{2+}通道之间的相对距离不同造成的。突触前膜上 Ca^{2+}通道密集的区域称为活性区，是神经递质释放的主要部位。包裹着小分子递质的突触囊泡通常搭靠在活性区部位，因此与 Ca^{2+}通道较近；而多肽类递质囊泡远离突触前膜和 Ca^{2+}通道分布。低频刺激下，进入突触前膜的 Ca^{2+}浓度有限，只能使活性区附近的小分子囊泡释放；高频刺激下，Ca^{2+}大量涌入突触前膜，其浓度才足以让位于更远处的多肽类递质囊泡和近处小分子递质囊泡同时释放[6]。

4.5.3　神经细胞突触的等效电路

正常情况下诱发神经细胞产生动作电位的唯一起因是外部输入细胞内部的电流而导致的膜电位升高。神经细胞的外部电流来自突触和离子泵，又因为离子泵受细胞内外离子浓度梯度影响，平衡状态时离子泵电流可以忽略不计，所以突触后膜电流就是诱发突触后神经元动作电位的唯一原因。突触后膜电流的特性取决于突触前膜释放出的神经递质打开突触后膜化学门控离子通道的能力。离子通道打开后，离子电流的大小不仅取决于被打开的离子通道的多少，还取决于该离子的内外浓度梯度，而这些离子的浓度梯度基本一定，如钠离子、钾离子、氯离子、钙离子等。因此，简化后的突触等效电路如图 4-21 所示，每个可变电导（也可以用电阻表示）代表一种神经递质和与之对应的化学门控离子通道通过电流的能力。第 n 个突触所代表的可变电导 ${}^{n}g_{\mathrm{s}}$ 受控于该突触的轴突传来的动作脉冲的频率 ${}^{n}f_{\mathrm{s}}$，每个突触输入胞体内的电流取决于上述电导 ${}^{n}g_{\mathrm{s}}({}^{n}f_{\mathrm{s}})$，以及与其对应的离子的浓度梯度 E_n 和膜电位 v_{m}。注意，此处的离子浓度梯度 E_1、E_2、…、E_M 有可能是同一种离子，即浓度梯度相同。

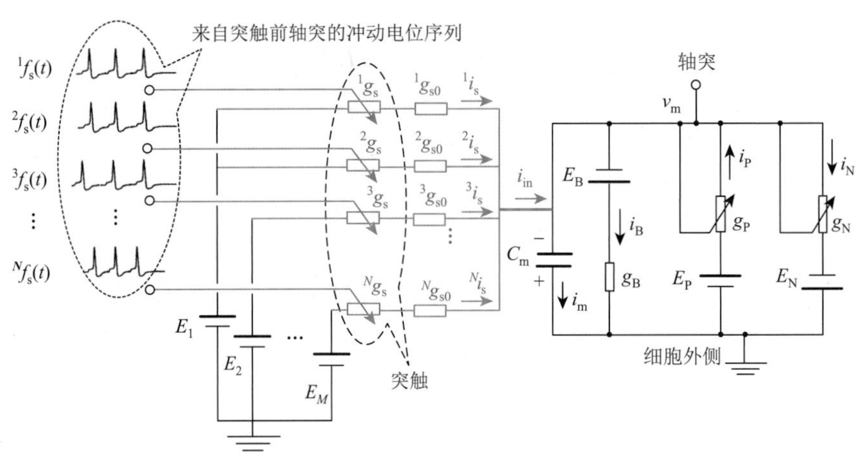

图 4-21 包含突触的神经细胞等效电路[5]

此外，还有一个重要的因素需要说明，即使是完全相同的突触，产生完全相同的突触后膜电流，且突触电流的传播速度是光速，但在细胞不同的位置所能够引发的膜电位变化是不同的。而一般情况下一个神经细胞的轴突根部的阈值最低，最容易产生动作电位，所以突触的位置到轴突根部的距离所产生的电阻效应必须考虑进去。也就是说，突触离轴突根部越远电阻越大，特别是较细的树突电阻会更大。因此突触的位置决定了它对细胞的影响力，图 4-21 所示的电导 ${}^{n}g_{s0}$ 是指突触位置对膜电位的影响。

基于上述关系，以下公式成立：

$$ {}^{n}i_{s}(t) = [E_{n} - v_{m}(t)][{}^{n}g_{s}({}^{n}f_{s}(t)) + {}^{n}g_{s0}] \tag{4-9} $$

式中，E_n 为突触后细胞的第 n 个突触所对应的离子的浓度梯度；t 为时间。由于神经递质已经发现了上百种，可见函数 ${}^{n}g_{s}({}^{n}f_{s})$的性能是多种多样的，绝不可能像目前人工智能所用的神经网络的神经元那么单纯。

4.5.4 神经细胞的脉冲信号处理原理及数学模型

图 4-21 中细胞膜电容的电压，即膜电位和离子通道电流之间的关系可以表示为[5]

$$ C_{m}\frac{\mathrm{d}v_{m}(t)}{\mathrm{d}t} = i_{in}(t) + i_{P}(t) - i_{N}(t) - i_{B}(t) \tag{4-10} $$

式中，$i_{in}(t)$ 为各个突触电流的总和；$i_{P}(t)$ 为电压门控离子通道的正向电流（流入电流，一般指钠离子电流）；$i_{N}(t)$ 为电压门控离子通道的负向电流（流出电流，一般指钾离子电流）；$i_{B}(t)$ 为通过非门控离子通道被动输送的离子电流总和（主要是氯离子）。

因为电导 g_B 不变，所以，

$$ i_{B}(t) = g_{B}[E_{B} + v_{m}(t)] \tag{4-11} $$

式中，E_B 为所有被动离子通道的统一等效电压。

将式（4-11）代入式（4-10），利用拉普拉斯变换进行解析如下：

$$C_{\mathrm{m}}sV_{\mathrm{m}}(s)-C_{\mathrm{m}}v_{\mathrm{m}}(0)=I_{\mathrm{in}}(s)+I_{\mathrm{P}}(s)-I_{\mathrm{N}}(s)-g_{\mathrm{B}}E_{\mathrm{B}}\frac{1}{s}-g_{\mathrm{B}}V_{\mathrm{m}}(s) \tag{4-12}$$

因为静息膜电位与被动流动的离子（一般指氯离子）的浓度差化学势相同，所以可以设定 $v_{\mathrm{m}}(0)=-E_{\mathrm{B}}$，式（4-12）整理后可得

$$\begin{aligned}V_{\mathrm{m}}(s)&=\frac{1}{C_{\mathrm{m}}s+g_{\mathrm{B}}}\left[I_{\mathrm{in}}(s)+I_{\mathrm{P}}(s)-I_{\mathrm{N}}(s)-g_{\mathrm{B}}E_{\mathrm{B}}\frac{1}{s}-C_{\mathrm{m}}E_{\mathrm{B}}\right]\\&=\frac{1}{C_{\mathrm{m}}s+g_{\mathrm{B}}}[I_{\mathrm{in}}(s)+I_{\mathrm{P}}(s)-I_{\mathrm{N}}(s)]-\frac{E_{\mathrm{B}}}{s}\end{aligned} \tag{4-13}$$

式（4-13）进行拉普拉斯逆变换可得

$$C_{\mathrm{m}}[v_{\mathrm{m}}(t)+E_{\mathrm{B}}]=\int_0^t \mathrm{e}^{\frac{g_{\mathrm{B}}}{C_{\mathrm{m}}}(t-\tau)}[i_{\mathrm{in}}(\tau)+i_{\mathrm{P}}(\tau)-i_{\mathrm{N}}(\tau)]\mathrm{d}\tau \tag{4-14}$$

在静息膜电位基础上细胞膜流入流出的电荷量为

$$q_{\mathrm{m}}=C_{\mathrm{m}}[v_{\mathrm{m}}(t)-v_{\mathrm{m}}(0)]=C_{\mathrm{m}}[v_{\mathrm{m}}(t)+E_{\mathrm{B}}] \tag{4-15}$$

为了简化表达式暂设 $i_{\mathrm{t}}(t)=i_{\mathrm{in}}(t)+i_{\mathrm{P}}(t)-i_{\mathrm{N}}(t)$, $\dfrac{g_{\mathrm{B}}}{C_{\mathrm{m}}^{'}}=\beta$，所以，

$$q_{\mathrm{m}}(t)=\int_0^t \mathrm{e}^{-\beta(t-\tau)}i_{\mathrm{t}}(\tau)\mathrm{d}\tau \tag{4-16}$$

由于神经细胞达到动作电位阈值前是信息处理的关键期，而每个冲动电位波形基本相同，因此在时间上做一个区域分割可以方便进一步的理论分析。

如图 4-22 所示，将第 n 个冲动达到阈值的时间点 $t_{\mathrm{t}}(n)$至动作电位不应期结束膜电位

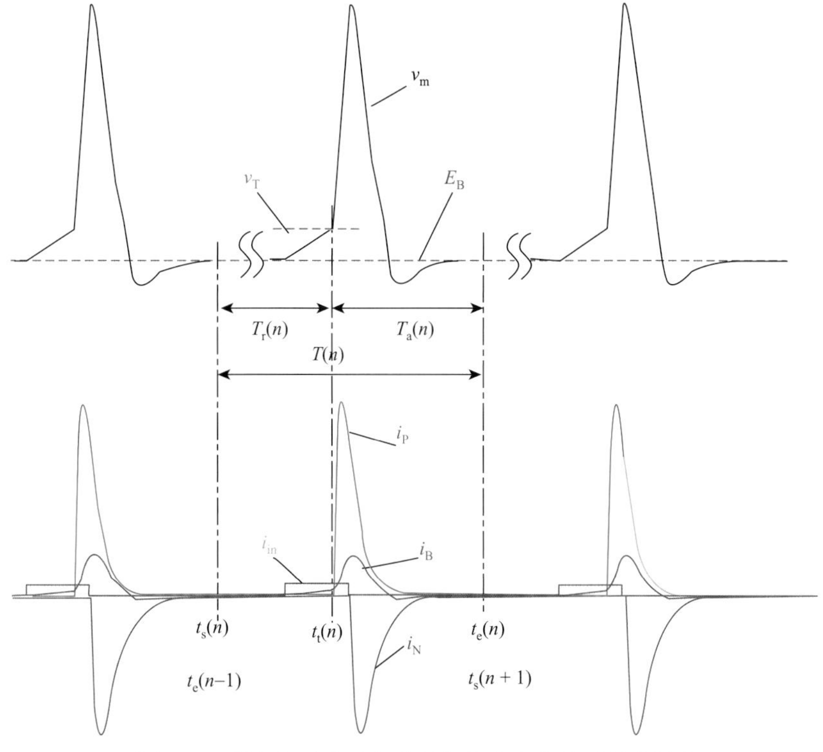

图 4-22　神经细胞的动作电位与静息电位的时间段划分

回到静息状态时刻 $t_e(n)$的这段时间称为动作时间 T_a，将上个动作电位结束时刻 $t_e(n-1)$至达到本次动作电位阈值时刻 $t_t(n)$之间的时间称为静息时间 T_r，静息时间的开始时刻 $t_s(n)$与上一个动作电位的结束时刻 $t_e(n-1)$相同。将两个动作电位的间隔称为动作周期 $T(n)$，即

$$T(n) = T_r(n) + T_a(n) \tag{4-17}$$

为了区分突触前细胞和突触后细胞的冲动，${}^{pre}T(m)$表示突触前轴突的冲动周期，用于区别突触后细胞的冲动周期 $T(i)$，即式（4-17）在表示突触前细胞冲动周期时可以表示为

$${}^{pre}T(m) = {}^{pre}T_r(m) + {}^{pre}T_a(m) \tag{4-18}$$

因为一个冲动周期过后是静息膜电位状态，电荷变化为 0，因此，

$$q_m[t_e(n)] - q_m[t_s(n)] = 0 \tag{4-19}$$

因为，

$$\begin{aligned} q_m[t_e(n)] - q_m[t_s(n)] &= \int_0^{t_e(n)} e^{-\beta[t_e(n)-\tau]}\, i_t(\tau)d\tau - \int_0^{t_{s(n)}} e^{-\beta[t_s(n)-\tau]} i_t(\tau)d\tau \\ &= \int_0^{t_s(n)} \{e^{-\beta[t_e(n)-\tau]} - e^{-\beta[t_s(n)-\tau]}\}\, i_t(\tau)d\tau + \int_{t_{s(n)}}^{t_{e(n)}} e^{-\beta[t_e(n)-\tau]}\, i_t(\tau)d\tau \end{aligned} \tag{4-20}$$

所以，

$$[e^{-\beta T(n)} - 1]\int_0^{t_s(n)} e^{-\beta[t_s(n)-\tau]} i_t(\tau)d\tau + \int_{t_{s(n)}}^{t_{e(n)}} e^{-\beta[t_e(n)-\tau]}\, i_t(\tau)d\tau = 0 \tag{4-21}$$

因为时间段 $T_r(n)$之内电压门控离子通道关闭，即 $i_P(t)$ 和 $i_N(t)$ 是 0（图 4-15，正规化后的 R_P 和 R_N 在静息状态时电阻无限大），所以在第 n 个冲动开始到结束的时间段可以用阈值时刻 $t_t(n)$划分为两段。时刻 $t_t(n)$到 $t_e(n)$的膜电位 $v_m(t)$永远都是从 v_T 回到静息膜电位 $v_0 = E_B$，如果设每个冲动从阈值电位开始到恢复静息膜电位为止所流入细胞膜内的电荷量是 q_a，那么 q_a 是定数。因此，重复上述计算过程可以得到

$$\begin{aligned} -q_a &= q_m[t_e(n)] - q_m[t_t(n)] \\ &= [e^{-\beta T_a(n)} - 1]\int_0^{t_t(n)} e^{-\beta[t_t(n)-\tau]}\, i_t(\tau)d\tau \\ &\quad + \int_{t_{t(n)}}^{t_{e(n)}} e^{-\beta[t_e(n)-\tau]}\, i_t(\tau)d\tau \end{aligned} \tag{4-22}$$

联立式（4-21）和式（4-22），可得

$$\begin{aligned} q_a &= [e^{-\beta T(n)} - 1]\int_0^{t_s(n)} e^{-\beta[t_s(n)-\tau]}\, i_t(\tau)d\tau \\ &\quad - [e^{-\beta T_a(n)} - 1]\int_0^{t_t(n)} e^{-\beta[t_t(n)-\tau]}\, i_t(\tau)d\tau \\ &\quad + \int_{t_{s(n)}}^{t_{t(n)}} e^{-\beta[t_e(n)-\tau]}\, i_t(\tau)d\tau \end{aligned} \tag{4-23}$$

由于 i_P 和 i_N，当 $t_s(n) \leqslant t \leqslant t_t(n)$ 时为 0，则

$$
\begin{aligned}
q_{\mathrm{a}} = & [\mathrm{e}^{-\beta T(n)} - 1]\int_{0}^{t_{\mathrm{s}}(n)} \mathrm{e}^{-\beta[t_{\mathrm{s}}(n)-\tau]} i_{\mathrm{t}}(\tau)\mathrm{d}\tau \\
& -[\mathrm{e}^{-\beta T_{\mathrm{a}}(n)} - 1]\int_{0}^{t_{\mathrm{s}}(n)} \mathrm{e}^{-\beta[t_{\mathrm{t}}(n)-\tau]} i_{\mathrm{t}}(\tau)\mathrm{d}\tau \\
& -[\mathrm{e}^{-\beta T_{\mathrm{a}}(n)} - 1]\int_{t_{\mathrm{s}}(n)}^{t_{\mathrm{t}}(n)} \mathrm{e}^{-\beta[t_{\mathrm{t}}(n)-\tau]} i_{\mathrm{in}}(\tau)\mathrm{d}\tau \\
& +\int_{t_{\mathrm{s}(n)}}^{t_{\mathrm{t}(n)}} \mathrm{e}^{-\beta[t_{\mathrm{e}}(n)-\tau]} i_{\mathrm{in}}(\tau)\mathrm{d}\tau
\end{aligned}
\tag{4-24}
$$

利用 $t_{\mathrm{t}}(n) = t_{\mathrm{s}}(n) + T_{\mathrm{r}}(n)$ 和 $t_{\mathrm{e}}(n) = t_{\mathrm{t}}(n) + T_{\mathrm{a}}(n)$，式（4-24）再整理后可得

$$
\begin{aligned}
q_{\mathrm{a}} = & [\mathrm{e}^{-\beta T(n)} - 1]\int_{0}^{t_{\mathrm{s}}(n)} \mathrm{e}^{-\beta[t_{\mathrm{s}}(n)-\tau]} i_{\mathrm{t}}(\tau)\mathrm{d}\tau \\
& -[\mathrm{e}^{-\beta T_{\mathrm{a}}(n)} - 1]\mathrm{e}^{-\beta T_{\mathrm{r}}(n)}\int_{0}^{t_{\mathrm{s}}(n)} \mathrm{e}^{-\beta[t_{\mathrm{s}}(n)-\tau]} i_{\mathrm{t}}(\tau)\mathrm{d}\tau \\
& -[\mathrm{e}^{-\beta T_{\mathrm{a}}(n)} - 1]\int_{t_{\mathrm{s}}(n)}^{t_{\mathrm{t}}(n)} \mathrm{e}^{-\beta[t_{\mathrm{t}}(n)-\tau]} i_{\mathrm{in}}(\tau)\mathrm{d}\tau \\
& +\mathrm{e}^{-\beta T_{\mathrm{a}}(n)}\int_{t_{\mathrm{s}(n)}}^{t_{\mathrm{t}(n)}} \mathrm{e}^{-\beta[t_{\mathrm{t}}(n)-\tau]} i_{\mathrm{in}}(\tau)\mathrm{d}\tau
\end{aligned}
\tag{4-25}
$$

再整理，可得

$$
\begin{aligned}
q_{\mathrm{a}} = & [\mathrm{e}^{-\beta T_{\mathrm{r}}(n)} - 1]\int_{0}^{t_{\mathrm{s}}(n)} \mathrm{e}^{-\beta[t_{\mathrm{s}}(n)-\tau]} i_{\mathrm{t}}(\tau)\mathrm{d}\tau \\
& +\int_{t_{\mathrm{s}(n)}}^{t_{\mathrm{t}(n)}} \mathrm{e}^{-\beta[t_{\mathrm{t}}(n)-\tau]} i_{\mathrm{in}}(\tau)\mathrm{d}\tau
\end{aligned}
\tag{4-26}
$$

将 $i_{\mathrm{t}}(t) = i_{\mathrm{in}}(t) + i_{\mathrm{P}}(t) - i_{\mathrm{N}}(t) = C_{\mathrm{m}}\dfrac{\mathrm{d}v_{\mathrm{m}}(t)}{\mathrm{d}t} + i_{\mathrm{B}}(t) = C_{\mathrm{m}}\dfrac{\mathrm{d}v_{\mathrm{m}}(t)}{\mathrm{d}t} + g_{\mathrm{B}}[E_{\mathrm{B}} + v_{\mathrm{m}}(t)]$

代入式（4-26）整理如下：

$$
\begin{aligned}
q_{\mathrm{a}} = & [\mathrm{e}^{-\beta T_{\mathrm{r}}(n)} - 1]\int_{0}^{t_{\mathrm{s}}(n)} \mathrm{e}^{-\beta[t_{\mathrm{s}}(n)-\tau]} \left\{C_{\mathrm{m}}\frac{\mathrm{d}v_{\mathrm{m}}(\tau)}{\mathrm{d}t} + g_{\mathrm{B}}[E_{\mathrm{B}} + v_{\mathrm{m}}(\tau)]\right\}\mathrm{d}\tau \\
& +\int_{t_{\mathrm{s}(n)}}^{t_{\mathrm{t}(n)}} \mathrm{e}^{-\beta[t_{\mathrm{t}}(n)-\tau]} i_{\mathrm{in}}(\tau)\mathrm{d}\tau \\
= & [\mathrm{e}^{-\beta T_{\mathrm{r}}(n)} - 1]\left\{C_{\mathrm{m}}v_{\mathrm{m}}[t_{\mathrm{s}}(n)] + \int_{0}^{t_{\mathrm{s}}(n)} \mathrm{e}^{-\beta[t_{\mathrm{s}}(n)-\tau]}\{-C_{\mathrm{m}}\beta v_{\mathrm{m}}(\tau) + g_{\mathrm{B}}[E_{\mathrm{B}} + v_{\mathrm{m}}(\tau)]\}\mathrm{d}\tau\right\} \\
& +\int_{t_{\mathrm{s}(n)}}^{t_{\mathrm{t}(n)}} \mathrm{e}^{-\beta[t_{\mathrm{t}}(n)-\tau]} i_{\mathrm{in}}(\tau)\mathrm{d}\tau \\
= & [\mathrm{e}^{-\beta T_{\mathrm{r}}(n)} - 1]\left\{C_{\mathrm{m}}v_{\mathrm{m}}[t_{\mathrm{s}}(n)] + \int_{0}^{t_{\mathrm{s}}(n)} \mathrm{e}^{-\beta[t_{\mathrm{s}}(n)-\tau]} g_{\mathrm{B}}E_{\mathrm{B}}\mathrm{d}\tau\right\} \\
& +\int_{t_{\mathrm{s}(n)}}^{t_{\mathrm{t}(n)}} \mathrm{e}^{-\beta[t_{\mathrm{t}}(n)-\tau]} i_{\mathrm{in}}(\tau)\mathrm{d}\tau
\end{aligned}
$$

得到

$$
\begin{aligned}
q_{\mathrm{a}} = & [\mathrm{e}^{-\beta T_{\mathrm{r}}(n)} - 1]\{C_{\mathrm{m}}v_{\mathrm{m}}[t_{\mathrm{s}}(n)] + C_{\mathrm{m}}[1 - \mathrm{e}^{-\beta t_{\mathrm{s}}(n)}]E_{\mathrm{B}}\} \\
& +\int_{t_{\mathrm{s}(n)}}^{t_{\mathrm{t}(n)}} \mathrm{e}^{-\beta[t_{\mathrm{t}}(n)-\tau]} i_{\mathrm{in}}(\tau)\mathrm{d}\tau
\end{aligned}
\tag{4-27}
$$

由于只考虑神经细胞的各种离子都已进入平衡状态后的特性，基本上$n\to\infty$，即$t_s(n)$、$t_t(n)$、$t_e(n)$都趋于无穷大，也就是说系统在初始时刻$t=0$的状态对于现时刻$t=t_s(n)$的影响完全可以忽略。因此，式（4-27）可以进一步简化成

$$q_a = C_m[e^{-\beta T_r(n)}-1]\{v_m[t_s(n)]+E_B\}+\int_{t_{s(n)}}^{t_{t(n)}} e^{-\beta[t_t(n)-\tau]}\, i_{in}(\tau)d\tau \tag{4-28}$$

因静息膜电位与E_B相同，即$v_m[t_s(n)]+E_B=0$，式（4-28）进一步简化，可得

$$q_a = \int_{t_{s(n)}}^{t_{t(n)}} e^{-\beta[t_t(n)-\tau]}\, i_{in}(\tau)d\tau \tag{4-29}$$

即

$$q_a = \int_0^{T_r(n)} e^{-\beta[T_r(n)-\tau]} i_{in}[\tau+t_s(n)]d\tau \tag{4-30}$$

因为$T_r(n)=T(n)-T_a$，根据中值定理，可得

$$q_a = [T(n)-T_a]e^{-\beta[T_r(n)-T_c(n)]} i_{in}[t_s(n)+T_c(n)] \tag{4-31}$$

当考虑$T_r(n)-T_c(n)$足够短，或者漏电流比β足够小（因$\beta=\dfrac{g_B}{C_m}$，β足够小相当于对应细胞膜电容，膜的电导足够小，即漏电足够少），则

$$e^{-\beta[T_r(n)-T_c(n)]}\approx 1 \tag{4-32}$$

所以式（4-31）可以简化为

$$q_a = [T(n)-T_a] i_{in}[t_s(n)+T_c(n)] \tag{4-33}$$

当考虑$t_s(n)>t\geqslant t_e(n)$时，冲动频率定义为$f_{out}(t)=\dfrac{1}{T(n)}$，如果$i_{in}[t_s(n)+T_c(n)]$也用$i_{in}(t)$近似，根据式（4-33），式（4-34）成立，即

$$f_{out}(t)=\frac{i_{in}(t)}{T_a i_{in}(t)+q_a} \tag{4-34}$$

当$i_{in}(t)$足够大时，

$$f_{out}(t)=\frac{1}{T_a} \tag{4-35}$$

这是神经细胞的最高频率。

当$i_{in}(t)<\mathrm{Max}[I_B(t)]=g_B(E_B+V_t)$时，膜电位$v_m(t)$无法到达$V_t$，神经细胞也无法产生冲动电位。也就是说，当输入电流小于漏掉的电流I_B时，将永远无法产生冲动。

如果$i_{in}(t)$较小，一般情况，$T_a\ll T_r$，即$T_a i_{in}(t)\ll q_a$，根据式（4-34）：

$$f_{out}(t)=\frac{1}{q_a} i_{in}(t) \tag{4-36}$$

这也是通过冲动频率来传递信息的神经系统的正常工作状态，此后的神经数学模型基本用式（4-36）来表示神经细胞冲动频率与突触后膜总电流之间的关系。由于$i_{in}(t)$较小时

受 I_B 影响，较大时受式（4-35）的极限值影响，$f_{out}(t)$ 和 $i_{in}(t)$ 的关系近似于人工神经网络的神经元常用的 sigmoid 函数。

如果用 N 表示与某神经细胞连接的突触的数量，${}^{n}i_s(t)$ 表示第 n 个突触输入的电流，式（4-36）可表示为

$$f_{out}(t) = \rho\sum_{n=1}^{N} {}^{n}i_s(t),\quad \rho = \frac{1}{q_a} \tag{4-37}$$

下面，着重考虑突触电流 $i_s(t)$的特性即可以分析出神经细胞的信息处理功能。当突触前轴突传来一个冲动时，突触前膜释放出一定量的神经递质，这些神经递质打开神经突触后膜的化学门控离子通道，使对应离子根据电化学梯度进入或排出细胞体（或树突），因此产生突触后膜电流，即突触电流 $i_s(t)$。

神经递质虽然有百种以上，但是总体上可以分为以下两个类型。

类型 1：当一个冲动从突触前轴突传过来时，无论间隔多短（大于 T_a），上一个冲动产生的神经递质已经全部被吸收、清除或水解，相关化学门控离子通道全部关闭。也就是说，一个冲动产生的神经递质的作用不影响下一个冲动时的突触后膜电流，这种神经递质称为类型 1 神经递质。如果某个突触的神经递质全是类型 1，突触前轴突的冲动频率为 $f_{in}(t)$，当设定每个突触前冲动所产生的流入突触后膜的电荷总量为 q_s 时，突触后膜电流为

$$i_s(t) = q_s f_{in}(t) \tag{4-38}$$

如果一个神经细胞只有类型 1 的突触，将式（4-38）代入式（4-37），神经的输入输出信号的关系为

$$f_{out}(t) = \rho\sum_{n=1}^{N} {}^{n}q_s\, {}^{n}f_{in}(t) \tag{4-39}$$

式中，n 为第 n 个突触；N 为该神经细胞突触的总数。由式（4-39）可以看出，类型 1 的神经递质产生的神经输入输出关系呈比例关系。

可以看出，目前人工神经网络的神经元模型就是式（4-39）所示模型，只是加了一个 sigmoid 函数，而生物细胞也确实存在类似于 sigmoid 函数的上限和下限的限制。但是，生物界的神经元要比人工神经网络复杂得多，因为神经递质有上百种，大部分的神经递质不是类型 1。

类型 2：当突触前轴突传来的冲动所释放的神经递质作用时间较长，后面的冲动释放出来的神经递质的作用可以与之叠加时，突触后膜的电流将是一个卷积效果。图 4-23 表示当某个突触只有一种类型 2 时的突触前轴突的冲动与突触后膜电流的关系。${}^{pre}T(m)$表示突触前轴突的冲动周期，用于区别突触后细胞的冲动周期 $T(i)$，即当考虑 ${}^{pre}t_s(n) > t \geqslant {}^{pre}t_e(n)$时，突触前冲动频率定义为

$$f_{in}(t) = \frac{1}{{}^{pre}T(n)} \tag{4-40}$$

$${}^{pre}T(m) = {}^{pre}T_r(m) + {}^{pre}T_a(m) \tag{4-41}$$

这里再说明一下，时间 t 虽然表示连续时间，但是在解析上实际是周期不定的离散时间。

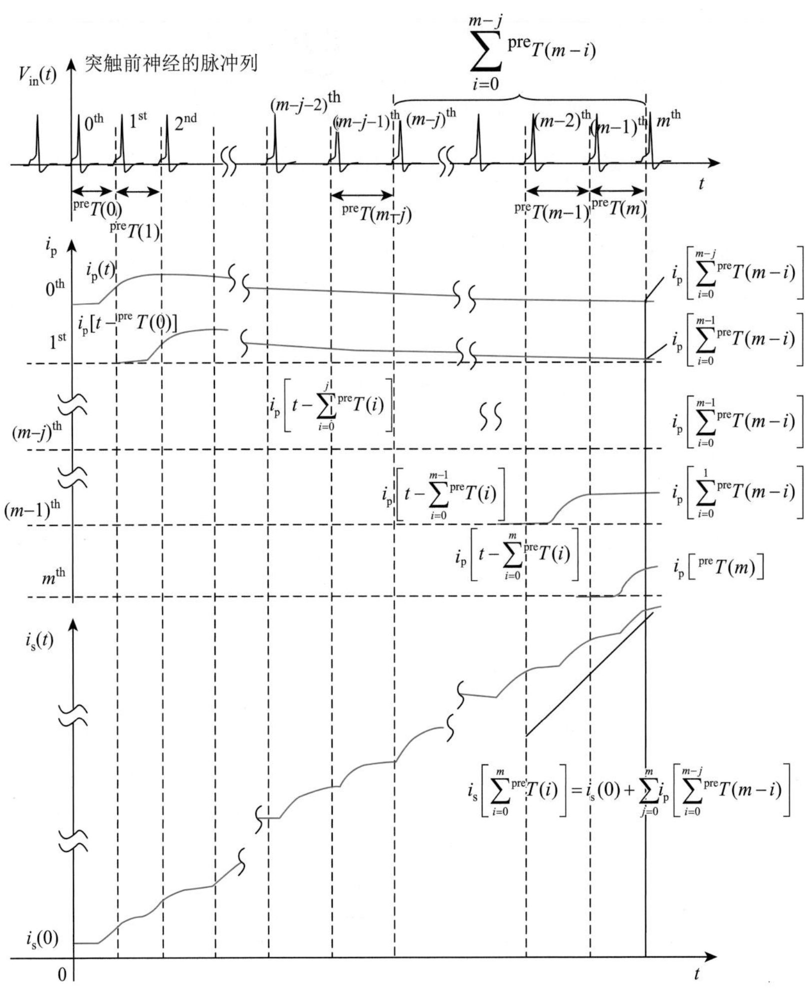

图 4-23　神经细胞后膜电流的卷积效果[5]

如图 4-23 所示，突触前轴突传来的每个冲动都能产生一定量的神经递质，并能打开一定量的突触后膜化学门控离子通道，通过这些离子通道的电流为 $i_p(t)$。如果设定每次冲动所打开的突触后膜化学门控离子通道数量相同，突触后膜电流 $i_p(t)$便会依次叠加。因此，在第 m 个冲动的时间 $t=\sum_{i=0}^{m} {}^{pre}T(i)$ 时产生的突触后膜电流 $i_s(t)$可以通过式（4-42）得到

$$i_s\left[\sum_{i=0}^{m} {}^{pre}T(i)\right]=i_s(0)+\sum_{j=0}^{m} i_p\left[\sum_{i=0}^{m-j} {}^{pre}T(m-i)\right] \tag{4-42}$$

根据式（4-40），式（4-42）可以写成

$$i_s\left[\sum_{i=0}^{m} {}^{pre}T(i)\right]=i_s(0)+\sum_{j=0}^{m} i_p\left[\sum_{i=0}^{m-j} {}^{pre}T(m-i)\right] f_{in}\left[\sum_{i=0}^{j} {}^{pre}T(i)\right] {}^{pre}T(j) \tag{4-43}$$

如果冲动周期足够小，式（4-43）可以用连续时间函数来表示，因此可以改写为

$$i_s(t)=i_s(0)+\int_0^t i_p(t-\tau) f_{in}(\tau)\mathrm{d}\tau \tag{4-44}$$

当突触不仅包含类型 2 的神经递质，而且包含类型 1 的神经递质时，其突触后膜电流也可以用式（4-44）表示，只不过根据式（4-38），$i_p(t)$包含 $q_s\delta(t)$ 项即可，其中 $\delta(t)$ 是单位脉冲函数。甚至当突触有多种类型 2 和多种类型 1 的神经递质时，无论各种神经递质之间相互作用与否，只要每个冲动产生的总和电流的时间函数 $i_p(t)$ 都一样，式（4-44）依然成立。

由于比例项比较重要，因此将比例项分离出来表示比较直观。式（4-39）和式（4-44）融合后便可以得到普遍性的突触后膜电流方程式为

$$ {}^n i_s(t) = {}^n i_s(0) + {}^n q_s\, {}^n f_{in}(t) + \int_0^t {}^n i_p(t-\tau)\, {}^n f_{in}(\tau)\mathrm{d}\tau \tag{4-45} $$

式中，n 为第 n 个突触。式（4-45）包含突触只有一种神经递质[${}^n q_s = 0$ 或 ${}^n i_p(t) = 0$]的情况，也包含了多种神经递质共存的状态。当含有多种神经递质类型 1 时，只是 ${}^n q_s$ 数值变大，因此神经递质类型 1 的种类太多没有意义，一般情况只有一种就够了。而含有多种神经递质类型 2 时，${}^n i_p(t)$可以形成复杂的函数，因此类型 2 的种类越多，说明神经的复杂度越高。

将式（4-45）代入式（4-37），式（4-46）成立：

$$ f_{out}(t) = \rho\sum_{n=1}^{N}\left[{}^n i_s(0) + {}^n q_s\, {}^n f_{in}(t) + \int_0^t {}^n i_p(t-\tau)\, {}^n f_{in}(\tau)\mathrm{d}\tau \right] \tag{4-46} $$

式中，N 为该神经细胞突触的总数。

因为每个从同一根轴突分离出来的突触接收到的冲动频率是相同的，为了明确输入输出关系，式（4-46）的输入信号 ${}^n f_{in}(t)$可以归纳成神经细胞的第 n 根接入轴突（即输入神经）的频率信号，此时 ${}^n i_p(t)$是同一轴突分离出的突触在对应细胞产生的电流之和（一个轴突分出的复数个突触既可以接入同一细胞，也可以接入复数个细胞）。所以式（4-46）也是表现神经细胞的电冲动信号的输入输出关系的方程式，这也是本章最重要的方程式。为了表述方便，可用拉普拉斯变换来表示式（4-46），即

$$ F_{out}(s) = \rho\sum_{n=1}^{N}[{}^n q_s + {}^n I_p(s)]\, {}^n F_{in}(s) \tag{4-47} $$

式中，$F_{out}(s)$为某神经细胞的冲动频率；${}^n F_{in}(s)$为该神经细胞的第 n 个输入侧神经细胞的冲动频率；N 为输入侧神经细胞的个数，因为输入该细胞的同一根轴突的突触都归纳为同一个输入信号，所以此处 N 为输入侧神经细胞的个数。

由于抑制性突触表现为让电荷流出细胞，因此抑制性突触在式（4-46）中的表现为 q_s 或 $i_p(t)$为负值，但是因为 $f_{out}(t)$不能为负数，如果该神经细胞没有足够的正向电流，抑制性突触的作用到最大也只能够让 $f_{out}(t) = 0$。

由式（4-47）可以看出，一个神经细胞的电信号的输入输出传递函数就是一个输入冲动所产生的突触后膜电流的时间函数。神经细胞的冲动信号单个就是单位脉冲信号，复数个就可以表现为频率信号。作为信号的表现方式，单位脉冲频率信号非常有效。

图 4-23 没有考虑当突触后神经细胞产生冲动时，在时间段 $T_a(i)$的动作电位对突触后膜电流产生的影响。一般考虑，如果突触后膜被神经递质打开的是化学门控离子通道，通道的开闭本身不受膜电位的控制的话，膜电位的一个动作电位应该不影响动作电位结

束后的突触后膜的离子电流。另外，因为 ${}^{n}i_{s}(t)=[v_{m}(t)-E_{n}]\,{}^{n}g_{s}(t)$，受膜电位 $v_{m}(t)$影响，因此 $i_{s}(t)$不是只取决于突触种类和动作电位频率的，但由于离子泵产生的钠离子、钾离子、钙离子、镁离子等的浓度梯度的等效电压（E_{n}）足够高，为了算式简单，膜电位从静息电位到阈值电位的变化对突触后膜电流 i_{s} 的影响可以基本忽略。例如，钠离子的化学势 $E_{Na}\approx180\text{mV}$，再考虑静息电位 $v_{0}\approx-60\text{mV}$，$E_{Na}-v_{0}=240\text{mV}$，而阈值电位 $v_{t}\approx-45\text{mV}$，与静息电位 v_{0} 的差是 15mV，因此 $v_{m}(t)$在时间段 $T_{r}(t)$的变化对 ${}^{n}i_{s}(t)$的影响可以忽略不计。当然，将 ${}^{n}g_{s}(t)$ 作为传递函数，在原理上效果会更好，只是推导算式会更加复杂。

式（4-47）虽然经过了较严密的数学逻辑推导，但本章还是对作为研究前提的神经突触的种类和范围进行了界定，至少有两种重要情况没有考虑，这里有必要说明一下。第一种情况是没有考虑突触前抑制，这种抑制不发生在突触后膜而在突触前的轴突末梢，因此突触后膜并不产生抑制性突触后膜电流。式（4-47）中的 $I_{p}(s)$是单输入传递函数，而突触前抑制轴突是多输入传递函数，解析起来可能会非常复杂，现代自动控制学似乎也没有现成的理论供参考，可以留给后人去研究。第二种情况是突触的逆行信号，即突触后神经元发出的神经递质影响突触前受体的情况也没有考虑，这种情况可以考虑为 $i_{p}(s)$ 是时变系统，在控制理论中也是比较棘手的问题，未来考虑神经系统的学习和自适应功能时会有可能成为重要研究对象。

式（4-47）用图来表示的话，如图 4-24 所示，一个神经元是一个可以通过各种神经递质实现任意传递函数的单元，比目前人工神经网络的神经元复杂得多。如果要知道一个神经细胞的特性，原理上只要知道该细胞上的每个突触在收到一个冲动信号后的突触后膜电流的时间轨迹即可。一般的生物学教科书都记载的是神经细胞的突触后电位，如兴奋性突触后电位（excitatory postsynaptic potential，EPSP）、抑制性突触后电位（inhibitory postsynaptic potential，IPSP），而通过突触后膜电流研究神经细胞基础原理的较少。由于神经细胞的动作电位阈值最低处在轴突的根部，因此测量轴突根部的电位比较有意义。

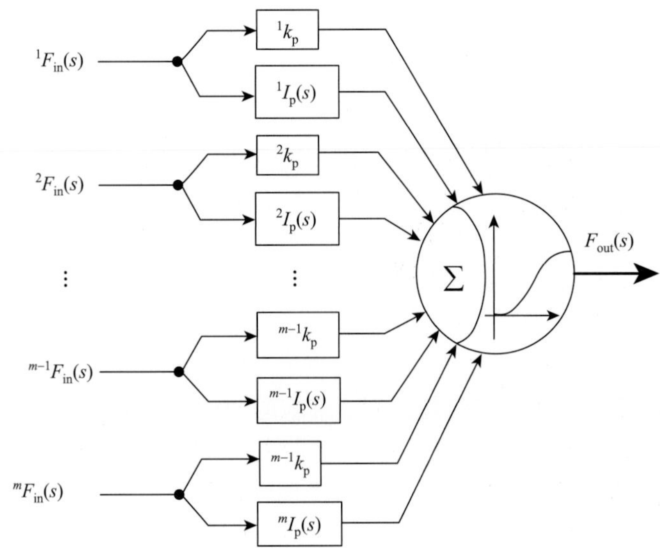

图 4-24　神经细胞的数学模型[5]

如上所述，根据突触后膜电流代表神经细胞的根本特性，图 4-25 为测量兴奋性突触后膜电流（excitatory postsynaptic current，EPSC）的方法。注意，在测量突触后膜电流时，因电压被 OP 放大器压制，EPSP 和 EPSC 不宜同时测量，轴突根部电位也不宜与 EPSC 同时测量，抑制性突触膜后电流的测量方法与之相同。

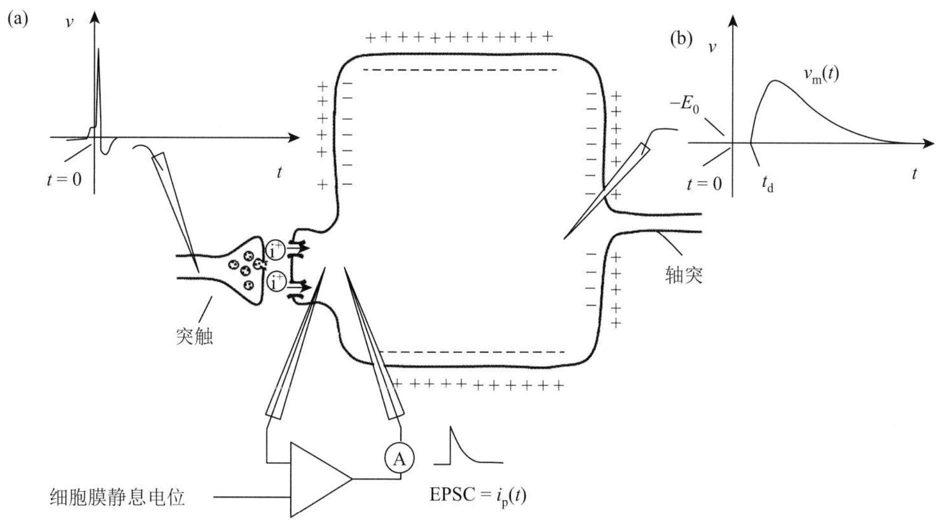

图 4-25　神经细胞突触后膜电流测量方法[5]

一般情况下，大部分的突触后膜电流呈现如图 4-26 所示的曲线状态，横轴为时间，纵轴为电流，s 点为突触接收到冲动电位的时间。图 4-26 显示的是一次滞后元的基本特性，用拉普拉斯变换表示为

$$I_p(s) = \frac{k_i T_i}{T_i s + 1} e^{-sT_d} \tag{4-48}$$

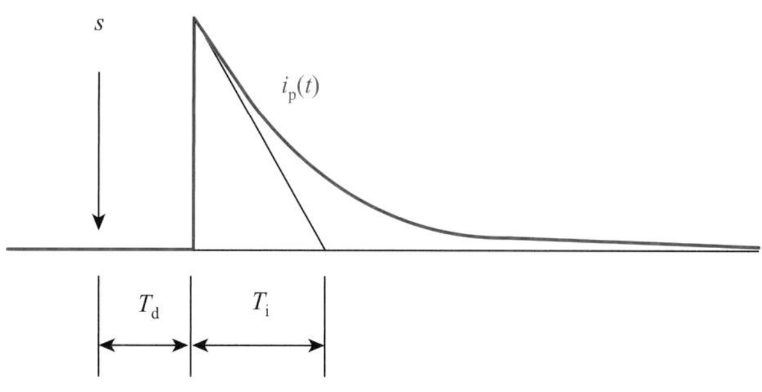

图 4-26　突触后膜电流的一般状态[5]

根据式（4-48），图 4-25 可以简化为如图 4-27 所示的线性神经元。一次滞后元加比例要素的并列组合形成除微分以外的任意线性传递函数，由于一个轴突可以具备多个突触接入同一个细胞，因此一个神经元就可以实现任意线性传递函数。可见生物的神经系统是个既简单又多功能的系统，目前的人工神经网络仅实现了只有比例要素的神经元的系统。

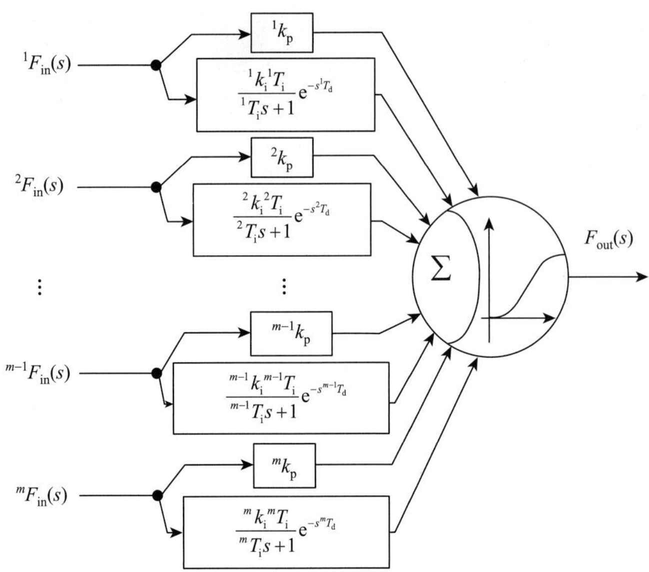

图 4-27　神经细胞的线性数学模型[5]

根据神经细胞的等效电路和数学模型分析，可以用简单的电阻电容和三极管等基础电子元器件通过模拟电路实现神经元的功能。由于此部分内容与本书目的相差较远，不在此处赘述了，有兴趣的读者可参考笔者团队专利[8]。

参 考 文 献

[1] Kandel E R，Koester J D，Mack S H，et al. Principles of Neural Science[M]. 6th ed. New York：McGraw-Hill Education，2021.

[2] **Zhang X L**，Wakamatsu H. Electrical equivalent circuit and resting membrane potential of neuron[J]. IEEJ Transactions on Electronics，Information and Systems，1999，119（5）：539-544.

[3] **Zhang X L**，Wakamatsu H. A new equivalent circuit different from the Hodgkin-Huxley model，and an equation for the resting membrane potential of a cell[J]. Artificial Life and Robotics，2002，6（3）：140-148.

[4] Hall Z W. An Introduction to Molecular Neurobiology[M]. New York：Sinauer Associates Inc.，1992.

[5] **Zhang X L**. A mathematical model of a neuron with synapses based on physiology[J]. Nature Precedings，2008，3：1703.1.

[6] 盛祖杭. 神经元突触传递的细胞和分子生物学[M]. 上海：上海科学技术出版社，2008.

[7] 尼克尔斯 J G，马丁 A R，华莱士 B G，等. 神经生物学——从神经元到脑[M]. 4 版. 杨雄里，译. 北京：科学出版社，2003.

[8] **Zhang X L**，Yukinori M U. Nerve equivalent circuit，synapse equivalent circuit and nerve cell body equivalent circuit：US，8112373 B2 [P]. 2012-01-07.

第5章

大脑神经系统的概述

视觉系统离不开大脑。本章为了方便非医学领域的读者更好地理解后面各章节的仿生视觉系统的建模过程，具备最基本的脑科学知识，先对人脑的整体结构，特别是与视觉相关部分的构造和特性进行一个简要介绍。同时，根据脑系统中视觉信号的流向，搭建一个视觉脑系统的整体框架，以便后续章节的展开。

“大脑”一般会被理解为颅腔内的所有脑组织，但在生理学上大脑专指端脑和间脑两个部分。如图 5-1 所示，脑组织可以分成端脑、间脑、中脑、脑桥、延髓、脊髓、小脑 7 个部分。这里把脊髓也作为脑的一部分，也有一些解剖学和生理学文献里不将脊髓包括在脑组织中。端脑和间脑统称为大脑，中脑、脑桥和延髓统称为脑干。因此，脑系统最宽泛的分类就是大脑、小脑、脑干、脊髓四部分。由于脑系统是一个连续完整的系统，脑组织的区域划分无法做到非常清晰。

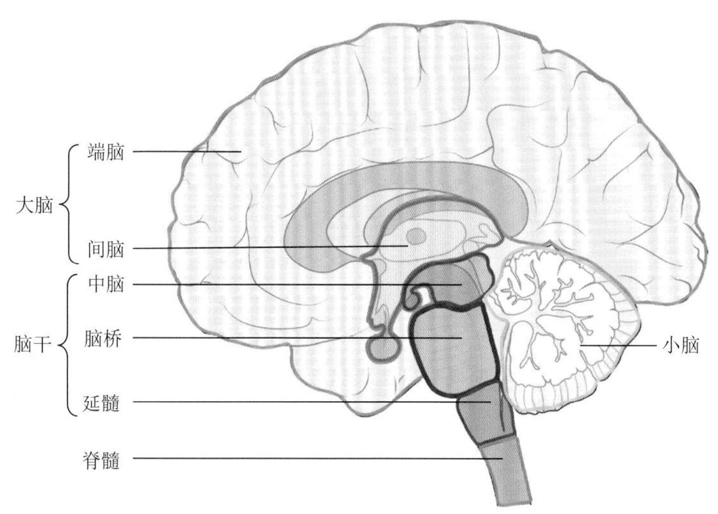

图 5-1　脑系统名称概述

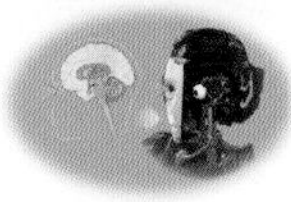

5.1 脑干的构造和功能

脑干作为大脑信息的进出口、中继站和预处理系统，是理解整个脑系统的核心部位。脑干下端与脊髓相连，上端与大脑相接，自下而上可分为延髓、脑桥和中脑（图 5-2）。

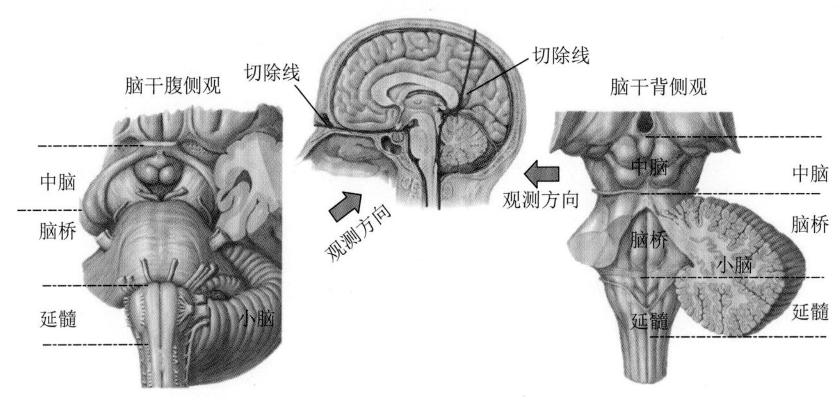

图 5-2 脑干的组成

脑干的大部分成分是白质，也就是大量的神经纤维，神经纤维本身只是信号的传递导线，并没有信号处理的能力，但是通过了解这些神经纤维从哪里来，到哪里去，可以勾勒出整个脑神经系统的构架。

脑干上的各种神经元细胞及树突聚集的地方称为灰质，灰质分散成大小不等的灰质块，即“神经核”。脑干上的灰质绝大部分集中在脑干的内部和背部。大脑、小脑的灰质均匀分布在表面，白质作为信号传递导线集中在内侧，该结构正好与灰质在内、白质在外的脊髓相反。脑干处在脊髓和大脑小脑的中间部位，是白质从外转向内的中间地段。

脑干部位有四个重要构造，具体介绍如下。

1）延髓（medulla oblongata）

延髓居于脑的最下部，与脊髓相连；其主要控制呼吸、心跳、消化等基础生理需求，支配呼吸、排泄、吞咽、肠胃等活动。

2）脑桥（pons）

脑桥位于中脑与延髓之间。脑桥的外侧白质主要是横向神经纤维束，连通小脑两侧皮质，可将神经冲动自小脑一侧半球传至另一侧半球，使之发挥协调身体两侧肌肉活动的功能。也就是说，脑桥白质除纵向连接大脑和小脑的纤维之外，还有外侧横向纤维是连接左右小脑的信息通道，类似于大脑脑梁（胼胝体，后面将进行详细介绍）。至于为什么要包绕在纵向神经纤维的外侧，大概是物理结构的强度需求使然，可有效防止小脑从脑干上剥离脱落（笔者个人见解）。

3）中脑（midbrain）

中脑位于脑桥之上，恰好是整个脑的中点。中脑是视觉与听觉的反射中枢，其中视

觉反射中枢位于中脑四叠体的上丘，相关内容将在第 7 章进行详细解析。

4）网状系统（reticular system）

网状系统居于脑干的中央，是由许多错综复杂的神经元集合而成的网状结构。网状系统的主要功能是控制觉醒、注意、睡眠等不同层次的意识状态。

要对脑干的结构有更清晰的概念，需要从脊髓的神经元分布和神经纤维走向开始分析。脑干上神经核的排布很有规律，分为运动神经核和感觉神经核两类，顾名思义分别是驱动肌肉运动的神经核和接收感知器官信息的神经核。自界沟由内向外分别是：①一般躯体运动核；②特殊内脏运动核；③一般内脏运动核；④一般内脏感觉核；⑤特殊内脏感觉核；⑥一般躯体感觉核；⑦特殊躯体感觉核。这里只介绍与视觉和部分听觉相关的神经核，即①一般躯体运动核、④一般内脏感觉核和⑦特殊躯体感觉核。图 5-3 标出了右侧的运动神经核和左侧的感觉神经核，注意，绝大部分神经核分布都是左右对称的。

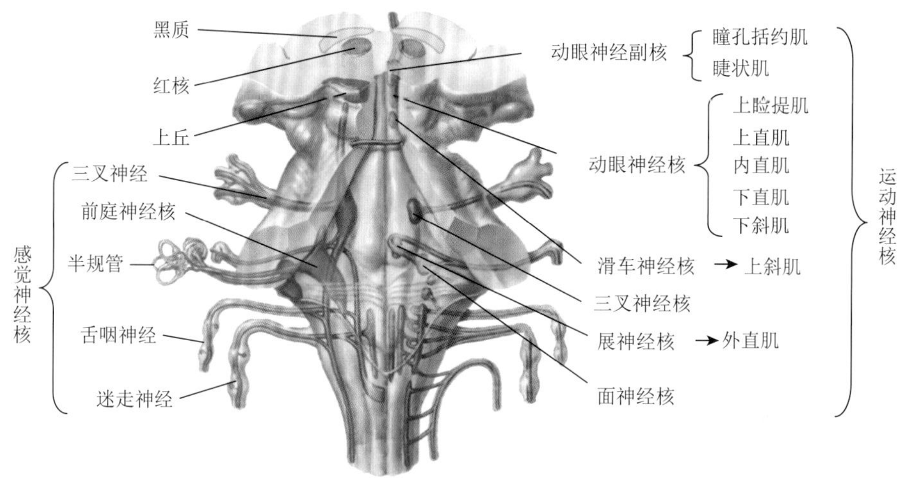

图 5-3　脑干与视觉相关各神经核的位置

视觉相关的一般躯体运动神经核有以下三类。

（1）动眼神经核：分成对的外侧核和单个的正中核。从这些核发出的纤维有的交叉，有的在同侧下行，经大脑脚的内侧出脑，支配眼球的上睑提肌、上直肌、下直肌和下斜肌（图 2-30）。

（2）滑车神经核：接受双侧皮质核束纤维支配，发出纤维经上髓帆交叉，组成滑车神经支配对侧眼的上斜肌（图 2-30）。

（3）展神经核：也称为外展神经核，发出纤维在桥延沟中线两旁出脑，向前行经眶上裂入眼眶，支配眼的外直肌（图 2-30）。

视觉相关的一般内脏运动核为动眼神经副核，其支配瞳孔括约肌（用于调节瞳孔大小）和睫状肌（用于调节晶状体的曲度），调节眼球的进光量和晶状体的焦距。

视觉相关的特殊躯体感觉神经核为前庭神经核，前庭神经的纤维一部分直接经小脑下脚入小脑，其他纤维直达前庭神经核。前庭神经核在眼球运动控制中起着核心作用，将在第 6 章进行详细介绍和解析。

除上述核团外，脑干中与视觉相关的，更上层的重要核团分别是四叠体（上丘、下丘）、顶盖前区、红核、黑质和下橄榄核。

1）四叠体

四叠体是上丘和下丘的总称。上丘是皮质下视觉反射中枢，将在第 7 章进行详细介绍；下丘是皮质下听觉反射中枢，也是听觉传导中继核。

2）顶盖前区

顶盖也称中脑背侧，顶盖前区又称顶盖前核，位于中脑和间脑交接，上丘嘴侧。该区由若干神经元构成，直接接受来自视网膜，经视束、上丘臂的视觉纤维，并接受视皮质和上丘的投射。其传出纤维对多区域进行投射，其中一部分纤维终止于双侧动眼神经副核，从而使双眼同时完成直接和间接对光反射（图 6-1）。

3）红核

红核是随大脑和小脑的进化逐渐出现的，位于中脑的被盖部（占据被盖大部），为圆柱状的细胞柱，自上丘阶段延至间脑的尾部。小脑发出的结合臂交叉后进入红核，其中一部分止于红核，另一部分继续上行止于丘脑。自红核发出的纤维，在被盖的腹侧交叉下行，为红核脊髓束，止于前角运动细胞。红核借红核脊髓束将小脑等处的冲动传递到脊髓的前角细胞，这是小脑控制和调节身体运动的主要通道。

4）黑质

黑质是大脑皮质直接或间接地通过**纹状体**与网状结构发生联系的中间站，与躯体运动功能密切相关。

5）下橄榄核

在延髓的上部，锥体的背外侧有一囊形的灰质团，称为下橄榄核。下橄榄核接受纹状体、中脑网状结构和红核等处来的纤维。它发出橄榄小脑束走向对侧，在延髓的背外侧，积聚上行终止于小脑。此核是小脑的重要中继核，是传递给小脑教师信号（相当于真值信号）或者误差信号的攀缘纤维的主要发出核。

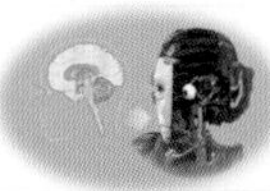

5.2 间脑的构造和功能

间脑位于脑干和端脑之间，连接大脑半球和中脑，分为上丘脑、背侧丘脑、后丘脑、底丘脑和下丘脑 5 部分（图 5-4）。

（1）**上丘脑**：主要的结构为松果体，松果体是一个内分泌腺。

（2）**背侧丘脑（又称丘脑）**：为两个卵圆形的灰质团块，左右各一个。每个卵圆形的灰质团块又分为丘脑前核、丘脑内侧核和丘脑外侧核。丘脑前核具有与内脏活动有关的功能；丘脑内侧核可能是躯体和内脏感觉冲动的整合中枢；丘脑外侧核是躯体感觉通路的最后一级中继站，把皮肤感觉、本体感觉冲动传向大脑皮质**中央后回**［参考图 5-11 和图 5-14（a）］。

（3）**后丘脑**：包括内侧膝状体和外侧膝状体。内侧膝状体内有内侧膝状体核，是听觉传导路中最后一个中继站，接受听觉纤维的传入，并发出纤维到达大脑皮质听觉中枢。

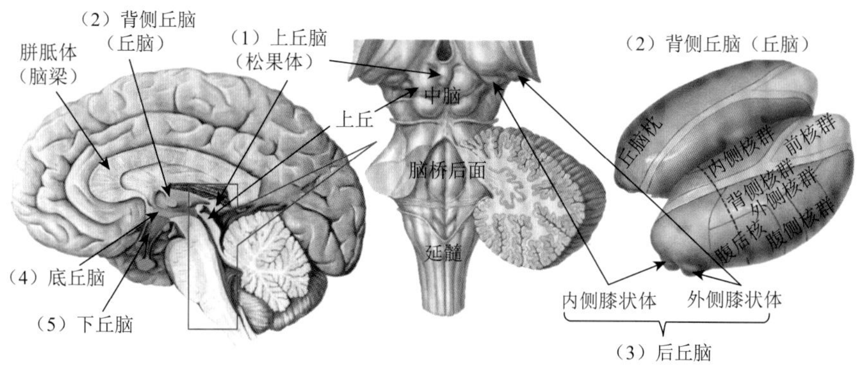

图 5-4　间脑的位置和构造

外侧膝状体内有外侧膝状体核，是视觉传导路中最后一个中继站，接受视觉纤维的传入，并发出纤维（视放线）到达大脑皮质视觉中枢（枕叶 V1 区，将在 5.4 节和第 9 章详述）。

（4）**底丘脑**：为中脑和间脑的过渡地区。

（5）**下丘脑**：是自主性神经的皮质下中枢，与某些激素的分泌、某些代谢的调节和体温、心血管运动、呼吸运动的调节有关系，进而影响情绪反应、食欲、睡眠、觉醒、生物钟（或昼夜节律）等正常生命活动。

从上述间脑的功能分类可以看出，虽然上丘脑至下丘脑的各个部分都称为间脑，但是功能差异甚大。上丘脑和下丘脑是通过释放荷尔蒙（激素）来对身体在不同发育阶段或接收到环境不同刺激进行调节的。而背侧丘脑、后丘脑和底丘脑，可以看成各种进出脑干的信息传入或传出端脑的中转站或转接口。间脑对理解整个脑系统的功能框架非常有意义，特别是外侧膝状体与视觉有密切的关系，在本书的第 9 章将会对外侧膝状体进行较详细的介绍。

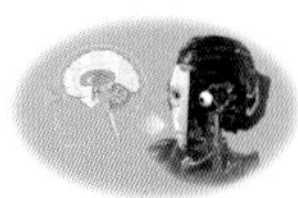

5.3　小脑的构造和功能

小脑是高等动物的运动控制中枢中非常关键的器官，无小脑或小脑萎缩等患者会无法精确控制身体，导致动作不连贯、平衡失调，站立时身体摇摆不稳、步履蹒跚等情况。由于具有小脑（新小脑）的动物（如哺乳类动物）的运动能力极高，可以做几乎身体机能允许的任何动作，可见其运动控制系统功能强大，而这种控制能力被认为主要来自小脑。小脑（新小脑）和大脑（端脑）在种系发生学上应该是同时发生的，但是却长在不同的地方，内部神经系统结构也完全不同，可见两者有着明确的分工，大脑（端脑）的原理是无法完成小脑的功能的。也就是说，小脑就是对应身体的运动控制需求而“特制”的。

小脑位于颅后窝内、大脑两半球枕叶的下方、脑桥和延髓的背侧面，各部位名称如图 5-5 所示。小脑表面被覆一层灰质，称小脑皮质；小脑内部为白质，称小脑髓质。在髓质内有三对深部核团：小脑顶核、间位核（由栓状核和球状核组成）和齿状核（图 5-6）。

按功能，小脑分为前叶、后叶和绒球小结叶。绒球小结叶又称为原小脑、古小脑或前庭小脑，是小脑的最古老部分。它接受来自前庭核和前庭神经的纤维，主要功能是维持身体平衡和协调眼球运动。小脑前叶又称为旧小脑，主要功能是调节肌张力。小脑后叶又称为新小脑或大脑小脑，主要功能是协调骨骼肌的随意运动。

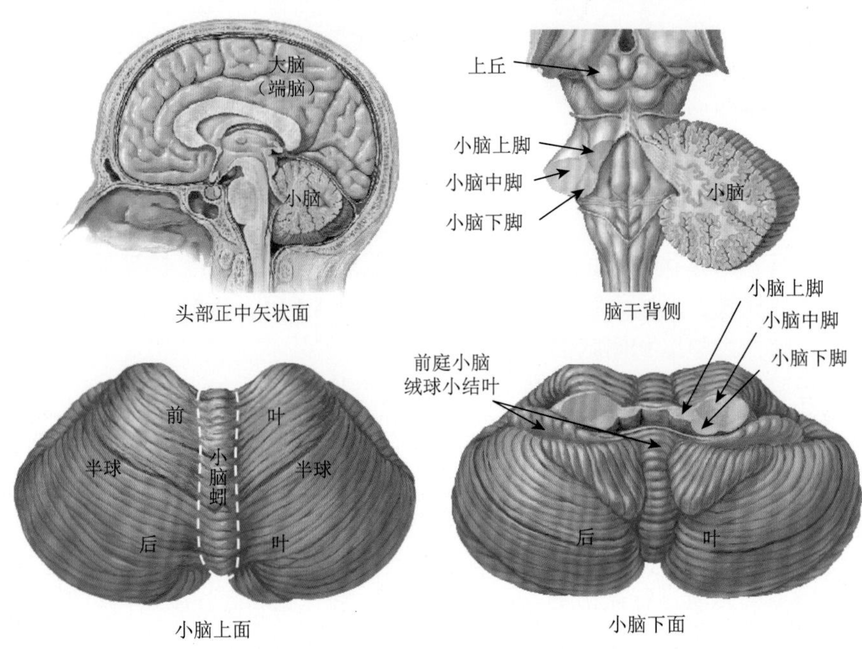

图 5-5　小脑的位置和外观结构（来自华中科技大学同济医学院解剖学系教程）

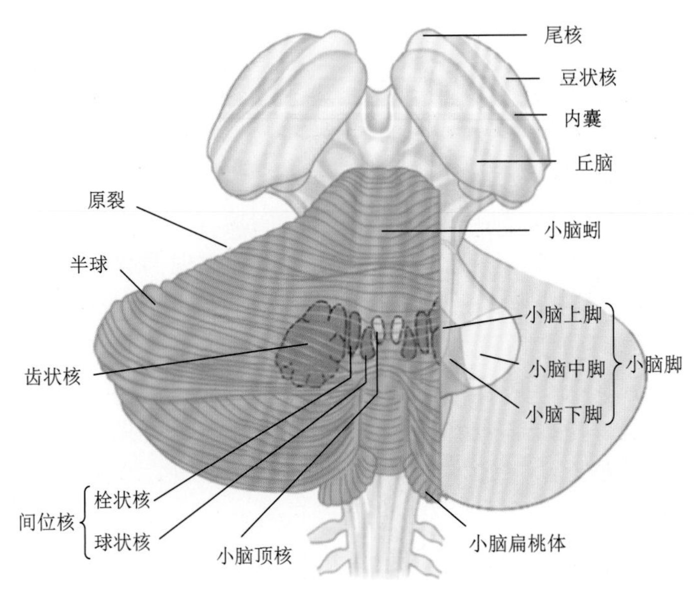

图 5-6　背视图中深部核团与小脑脚的位置[1]

小脑通过三对小脑脚（或称小脑臂）与脑干相连，小脑脚是由小脑传入和传出纤维组成的巨大神经纤维束，也是小脑与外部联系的必经之路，分别称为小脑上脚、小脑中脚、小脑下脚。小脑下脚（绳状体）由来自脊髓和延髓的进入小脑的纤维组成；小脑中脚（脑桥臂）由脑桥核到小脑的纤维组成，纤维进入小脑后，直达小脑半球皮质，这是高级中枢经脑桥与小脑相联系的通道；小脑上脚（结合臂）是小脑向前上方连于中枢的两条纤维束，由小脑核发出至中脑红核的纤维及自脊髓小脑前束上升进入小脑的纤维共同组成。在小脑脚中，传出纤维约占四分之一，而传入纤维约占四分之三。由于小脑对眼球运动控制系统极为重要，关于小脑的进一步解析和建模，将在第 8 章进行详细介绍。

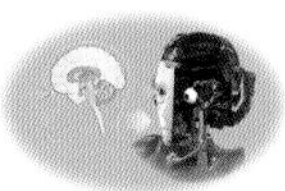

5.4 端脑的构造和功能

5.4.1 端脑的基本结构

端脑是脊椎动物脑的高级神经系统，由左右两个半球组成，也称大脑半球，左半球称为左脑，右半球称为右脑，由胼胝体（脑梁）相连，是人类脑的最大部分，是产生感知，实现解析、判断、决策等智慧功能，并控制行动的最高级神经中枢。近年来的研究指出，大脑两半球具有机能不对称性的特征。

胼胝体（脑梁）是位于大脑内部正中间位置，具有约 2 亿根神经纤维的纤维束，呈白色（图 5-7）。由胼胝体连接将大脑分为左右两部分的脑结构并不只是人类，所有的哺乳类动物都是这样的，而脊椎动物中只有有袋动物没有脑梁（如袋鼠）。

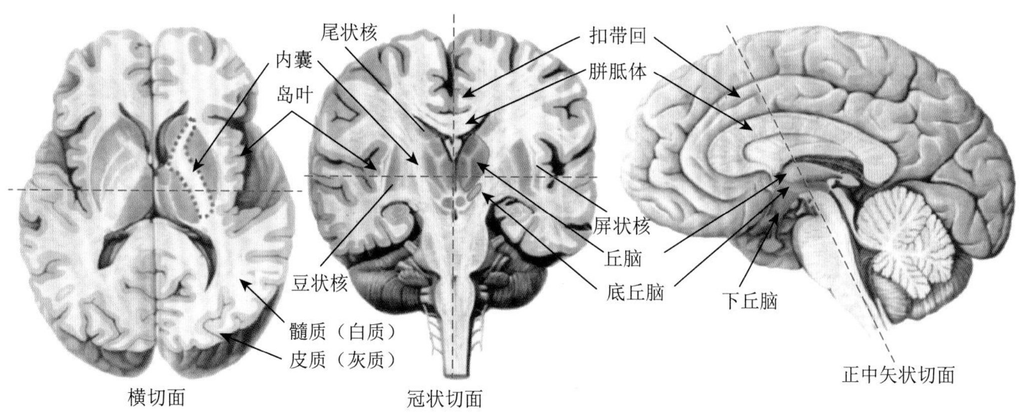

图 5-7 大脑系统各部位的名称

端脑表面有很多往下凹的部分，称为沟（sulcus），沟与沟之间隆起的部分称为回（gyrus），因沟和回的结构使大脑皮质的面积大大增加，如同揉成一团的纸，体积不大，面积很大。大脑皮质（又称大脑皮层）厚度为 2～3mm，总面积约为 $2200cm^2$。端脑由约 140 亿个细胞构成，重约 1400g，大脑虽只占人体体重的 2%，但耗氧量达全身耗氧量的

25%，血流量占心脏输出血量的 15%。脑消耗的能量若用电功率表示大约相当于 25W。大脑虽然与“同等计算能力”的超级计算机相比非常节能，但是在人体中无疑是耗能最大的器官。

端脑主要包括大脑皮质、大脑髓质和基底核三个部分（图 5-7、图 5-8）。大脑皮质由覆在端脑表面的灰质，主要是神经元胞体构成的。皮质的深部由神经纤维形成的髓质（或称白质）构成。髓质内含有神经纤维和核团，其中有 4 对核团位于脑底部，称为基底神经节（核），包括尾状核、豆状核、屏状核和杏仁核（图 5-8、图 5-9）。半球内的白质（神经纤维）有各种走向，如通过胼胝体连合左右两半球，通过内囊联系大脑皮质和脑干（图 5-7）。

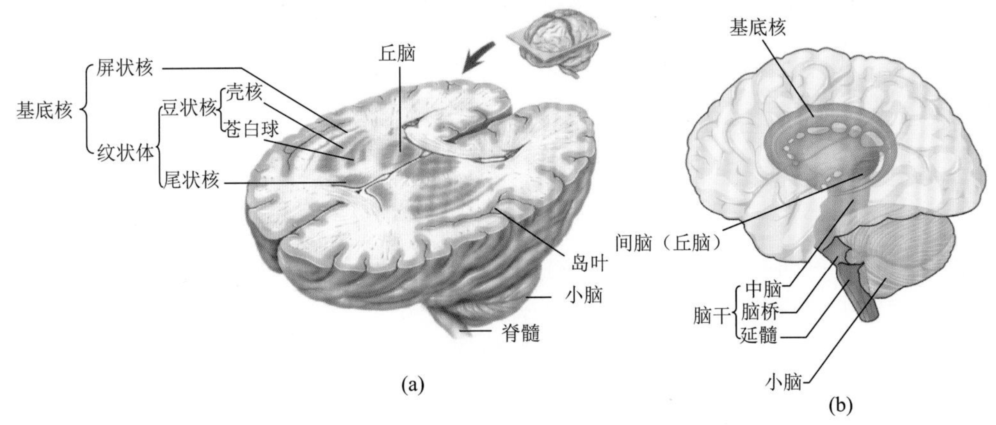

图 5-8　大脑基底核的位置[1]

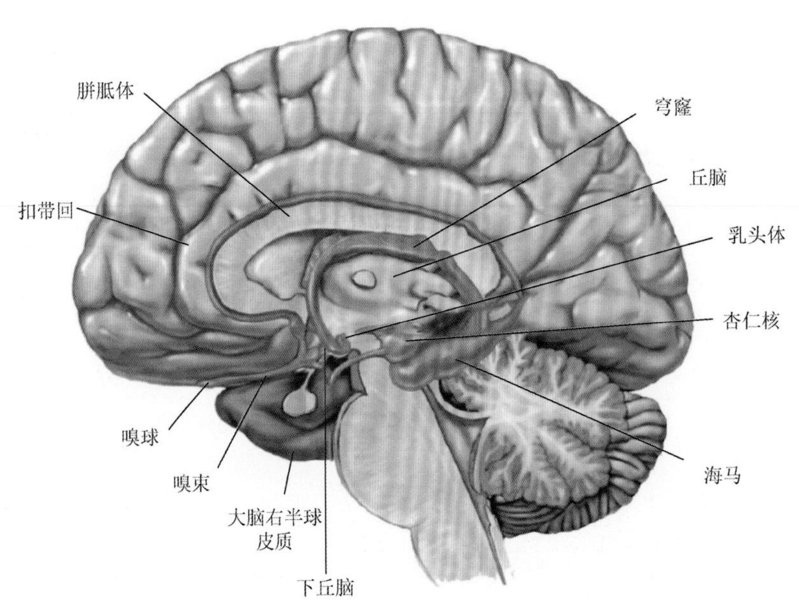

图 5-9　大脑边缘系统原皮质部分（绿色）的位置

端脑皮质一般分为原皮质、旧皮质和新皮质三种类型。最原始的脑皮质称为原皮质，是 3 层神经结构，如海马、齿状回（图 5-9、图 5-10），这 3 层结构分别是：①分子层；②锥体细胞层；③多形细胞层。旧皮质是 3～6 层结构，如海马钩回、海马旁回、岛叶等（图 5-7～图 5-10）。端脑的 90%是新皮质，是 6 层神经结构：①分子层（又称带状层）；②外颗粒层；③外锥体细胞层；④内颗粒层；⑤内锥体细胞层（又称节细胞层）；⑥多形细胞层。注意，生物学大脑皮质所说的“层”与人工神经网所说的“层”不是同一个概念。

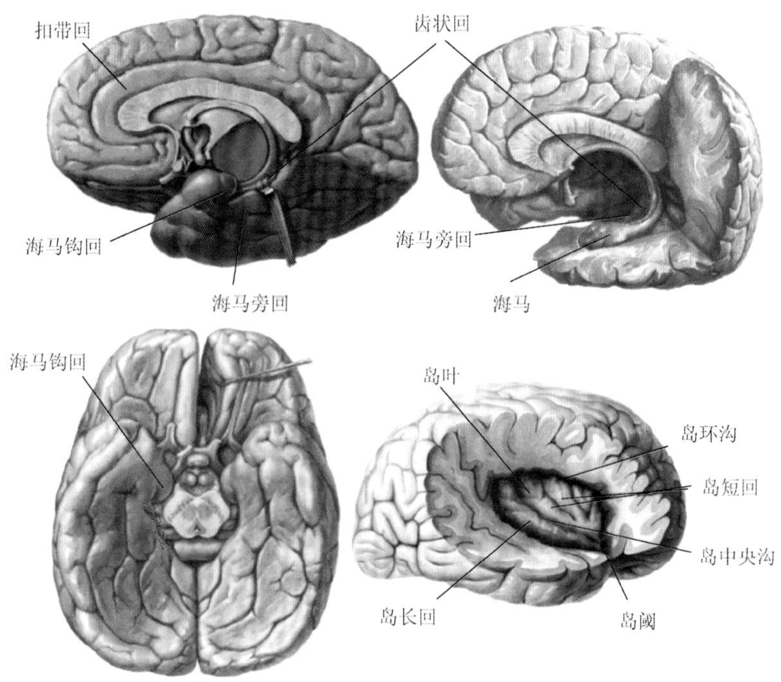

图 5-10　大脑边缘系统旧皮质部分（岛叶、扣带回、海马旁回、海马钩回）的位置

5.4.2　端脑区域的功能划分

大脑半球可以分为四个叶（新皮质，图 5-11）和一个边缘系统（旧皮质，图 5-9、图 5-10）。四个叶分别是额叶（frontal lobe）、顶叶（parietal lobe）、枕叶（occipital lobe）、颞叶（temporal lobe）；边缘系统包括岛叶（图 5-7、图 5-10）、边缘叶（包含扣带回、海马旁回、钩回）、杏仁核、丘脑前核、下丘脑等。部分边缘系统被划分为间脑。边缘系统主要负责身体基础生存所必需的控制和管理。

新皮质各脑区的大致功能如下。

（1）**额叶**：负责计划、判断、解决问题、智力、情感、注意力、自我意识等高级功能，另外语言中枢、书写中枢、运动中枢也在额叶。

（2）**顶叶**：负责身体感觉（痛觉、痒觉、触觉、温度感觉等），理解语言和文字（视觉语言中枢），解释从各种感官传递来的信息，还负责空间和视觉感知。

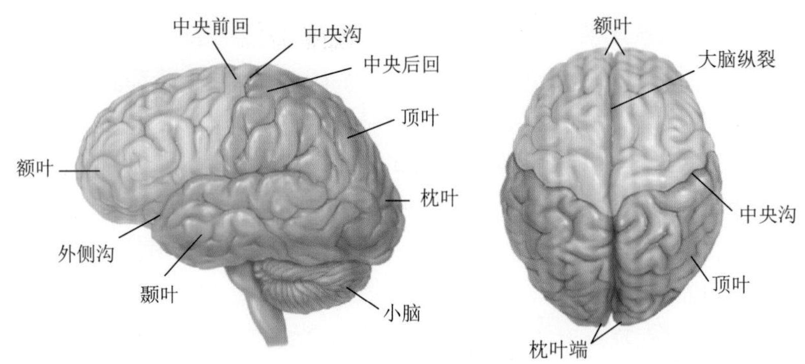

图 5-11 端脑的功能区分[2]

（3）**枕叶**：是视皮质所在的位置，主要处理与视觉相关的信息，如颜色、亮度、运动速度、特征提取等。

（4）**颞叶**：负责听觉、理解语言（听觉语言中枢）、判断方位、物体识别等。

更进一步，根据大脑皮质各种细胞和纤维的结构进行分区，广为应用的是德国神经科医生科比尼安·布罗德曼（Korbinian Brodmann）提出的布罗德曼分区，如图 5-12 所示，共分 52 个分区，根据颜色对各脑区的功能进行了进一步划分。1、2、3、5、40 区是体感区（somatosensory area）；4、6、32 区是运动区（motor area）；7、39 区是视顶叶区（visual-parietal area）；8 区是额叶眼区（frontal eye fields，又称前额眼动区）；9、10、11、12、23、24、25、26、28、29、33、35、36、46、47 区是认知区（cognition area）；17、18、19 区是视觉区（vision area）；20、21、27、30、37 区是视颞叶区（visual-temporal area）；部分 22 区是韦尼克区（Wernicke area），也称一般性理解区；34 区是嗅觉区（olfaction area）；38 区是情绪区（emotion area）；41、42 和部分 22 区是听觉区（audition area）；44、45 区是布罗卡区（Broca's area）也称运动语言区；以下的各区功能尚不清楚，其位置如下：13、14、16 区是岛叶皮质区；15 区在前颞叶；48 区在下脚后区，颞叶内侧的一小部分；49 区位于岛旁区，位于颞叶和岛叶的交界处；50、51、52 区位于岛旁皮质。

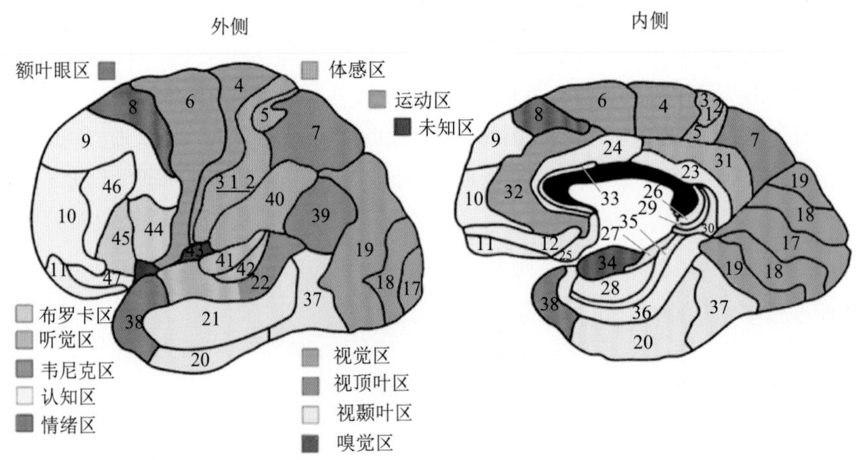

图 5-12 大脑的布罗德曼分区及其对应的功能（部分脑区，如岛叶皮质在脑内部，图中未标出）[3]

近期，随着脑科学的进步，根据人脑处理感知信息的模式，如单模态感知、多模态感知、运动控制及认知功能等，将人类大脑皮质更加详细地划分为 180 个功能区，图 5-13 是通过把脑的沟和回都展开来的方式［如同吹鼓的气球，因此称为膨胀图，图 5-13（a）和（b）］和平展的方式［图 5-13（c）］，显示了位于表面脑回和相邻皮质沟内的大脑区域。该图把初级听觉区（红色）、躯体感觉和运动区（绿色）及初级视觉区（蓝色）以原色着色。混合颜色表示多模态感觉区域：视觉和躯体感觉/运动联合皮质用蓝绿色（LIPv、MT）；视觉和听觉联合皮质用粉色到紫色（POS2、RSC）。灰度区域代表具有认知功能的皮质。对比两个脑半球可知，左右半球之间大脑组织具有很高的对称相似性[1]。

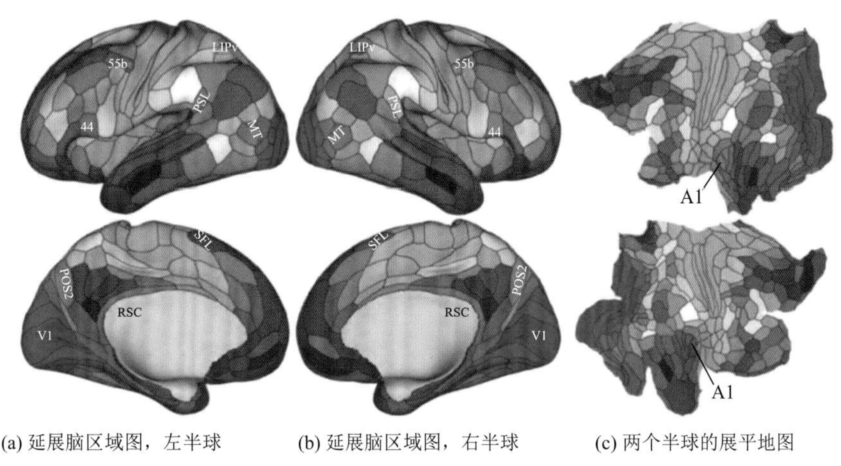

图 5-13　人类大脑皮质 180 个功能区域图[1]

A1. 初级听觉皮质；LIPv. 内外侧区，腹侧部；MT. 颞中区；POS2. 顶枕沟 2 区；PSL. 近西尔维亚语区；RSC. 脾后复合体；SFL. 上额叶语言区；V1. 初级视皮质；55b 区. 新确定的语言区；44 区. 布罗卡区的一部分

（a）左半球的膨胀图。顶部贴图是侧视图，底部贴图是中间视图；（b）右半球的膨胀图；（c）两个半球的平面图，显示了两个半球的功能组织（右上，右下）

另外，作为体表感知与身体运动控制相关的大脑皮质的部位，著名的体觉皮质区的“感觉地图”和控制人体全身所有部位骨骼肌的“运动地图”是脑科学入门者的必备知识（图 5-14）。皮肤感知和肌肉运动是生物最基础的功能，也是动物之所以称为动物的根本。从图 5-14 可以看到，大脑皮质的感觉部位和运动控制部位的位置几乎是一一对应的，也就是说感觉到刺激后最先接收到刺激信息的就是与之对应的肌肉运动控制部位。因此，可以说，皮肤接受到刺激后来不及进行理性分析，对应的肌肉就可以开始反应，或者做好随时反应的准备了。要注意的是，该图的眼睛（eye）的感觉区不是视网膜信号，而是眼皮、眼球表面等的感觉（如刺痛、瘙痒等）信息。

由于大量的脑功能实验是用猕猴脑来完成的，所以猕猴脑的功能区域图就显得非常重要了。图 5-15 是猕猴大脑的展开图。以下大部分的脑功能描述都是与猕猴脑的功能区对应的。

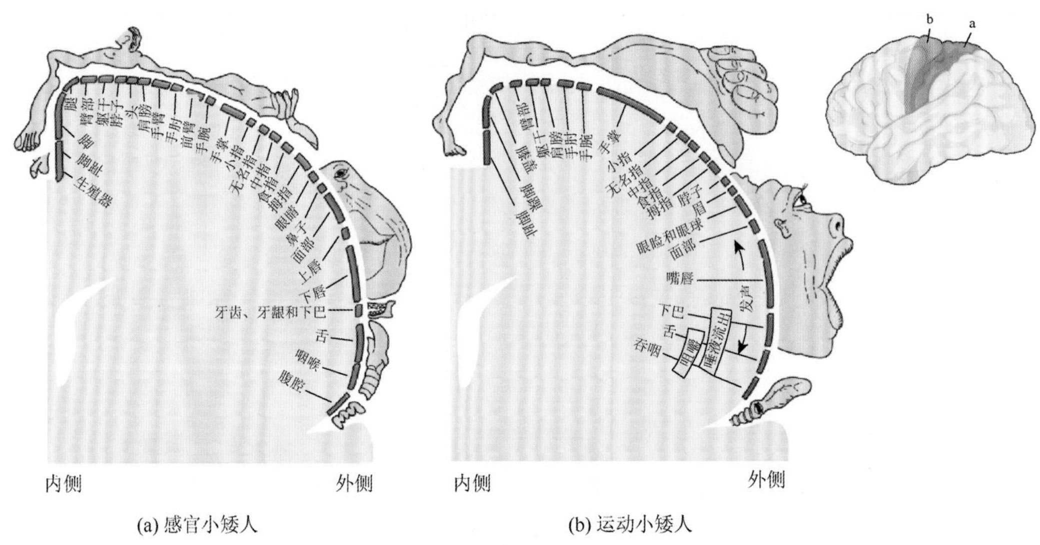

(a) 感官小矮人　　　　(b) 运动小矮人

图 5-14　大脑的体表感觉区和身体运动区的皮质区域的相对占据面积示意图[1]

（a）人的体表在大脑皮质中以有序的体感输入阵列呈现。大脑皮质专门处理来自身体某一特定部位的信息的区域与该部位的面积不成正比，而是反映该部位感觉受体的密度。因此，来自嘴唇和手的感觉输入占据了比肘部更多的皮质区域。（b）大脑运动皮质的输出以与感官类似的方式组织，而且位置上有相互对应的关系。身体某一部位面积与该部位的运动控制能力和程度有关。因此，人类的大部分运动皮质用于驱动手指的肌肉和操控语言相关的肌肉

5.4.3　端脑各功能区的等级和信息流向

图 5-16 显示了每个类别中因信息处理的先后顺序所划分的信息处理功能的级别。感觉器官把检测到的信息输入初级感觉区，然后初级感觉区将其处理过的信息再发送到多个次级感觉区，这些次级感觉区又向第三（高级）感觉区提供输入。视觉、听觉、体感这三个主要感知具备三级处理功能，而嗅觉和味觉的处理相对单纯。这里的多模态区（multimodal area）是具有多个感官系统信息的重要输入，属于更高级区，即第三级或更高级。

根据上述大脑皮质的功能布局可知，第一（初级）感觉区位于第二（次级）感觉区的旁边，第二感觉区又与第三（高级）感觉区相邻。这些区域的功能越来越复杂，最终在第三感觉区整合多种感觉模式。与运动行为有关的额叶区域也有类似的组织。初级运动皮质位于次级运动区（前运动皮质）的旁边，而次级运动区又与第三运动区（前额叶

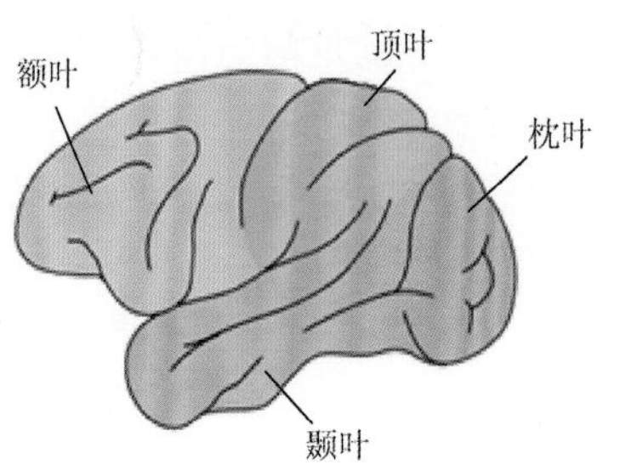

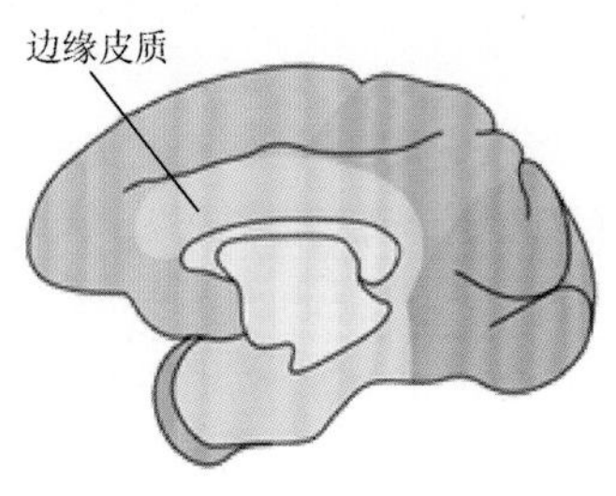

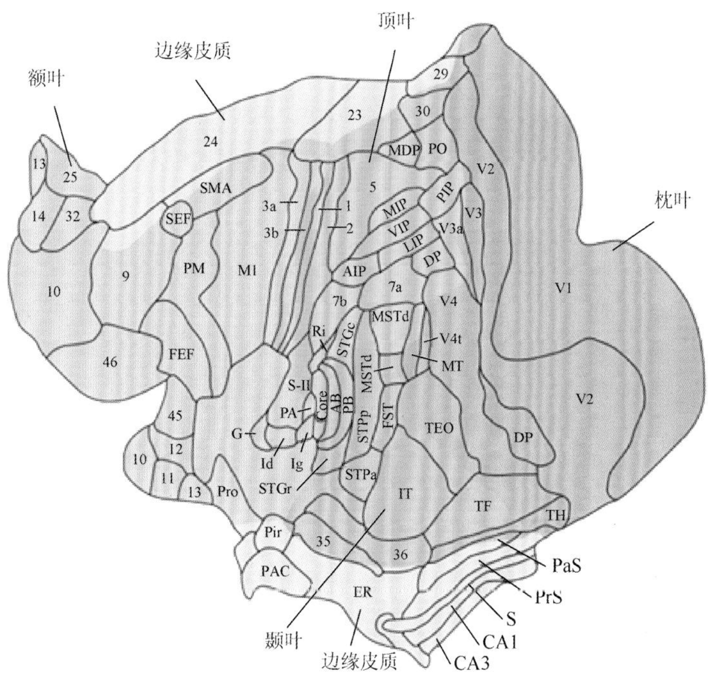

图 5-15 猕猴大脑皮质展开图[1]

外侧和内侧视图显示了五个皮质叶的位置。展开半球（下面板）上的标记区域是生理学和解剖学研究中定义的区域[1]。解剖标签如下。编号区域为布罗德曼区域；AB. 听带；AIP. 顶叶内前区；CA1、CA3. 海马角区；Core. 初级听觉皮质；DP. 背侧月前区；ER. 内嗅皮质；FEF. 额叶眼区；FST. 颞叶上沟底；G. 味觉皮质；Id、Ig. 岛叶皮质不规则分裂和颗粒分裂；IT. 下颞皮质；LIP. 顶内沟外侧皮质；MDP. 内侧背顶叶区；M1. 初级运动皮质；MIP. 顶叶内侧；MSTd、MSTl. 内侧颞叶上部背侧和外侧区；MT. 颞中区；PA. 听觉后区；PAC. 杏仁核周皮质；PaS. 旁下托；PB. 听觉副皮质；PIP. 顶内后部；Pir. 梨状皮质；PM. 运动前皮质；PO. 顶枕区；Pro. 眶前等位体；PrS. 前穹窿；Ri. 岛后区；S. 下托；SEF. 辅助视野；S-II. 次级体感区；SMA. 辅助运动区及邻近扣带回运动区；STGc、STGr. 颞上回听皮质尾侧和头侧区；STPa、STPp. 颞上多感觉区、前后区；TEO. 颞枕交界处；TF、TH. 海马旁区；V1、V2、V3、V3a、V4、V4t. 可视区域；VIP. 顶内腹侧

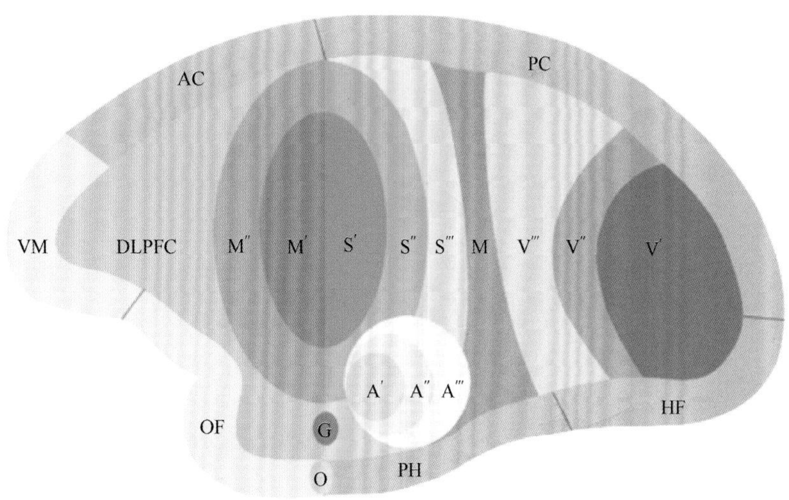

类别	子类	级别	半球展图位置
视觉	初级	V′	V1
	次级	V″	V2, V3, V3a, PIP, PO, MT, V4
	高级	V‴	MDP, LIP,7a, MSTd, MSTl, FST, IT
体感	初级	S′	3a, 3b
	次级	S″	1, 2, S-II
	高级	S‴	5, MIP, AIP,7b, Ri, Id, Ig
听觉	初级	A′	Core
	次级	A″	AB, PA
	高级	A‴	PB, STGc, STGr
多模态		M	VIP, STPp, STPa
味觉		G	G
嗅觉		O	Pir, PAC
运动	初级	M′	M1
	次级	M″	PM, SMA,FEF, SEF, 24
背外侧前额叶	背侧	DLPFC	9, 10, 14
	背外侧		46
	腹凸		45
眶及内侧前额叶	眶	OF	11, 12, 13, Pro
	腹内侧	VM	25, 32
边缘	前扣带回	AC	24
	后扣带回	PC	23, 29, 30
	海马	HF	CA1, CA3, S, PrS, PaS
	海马旁	PH	ER, TF,TH,35, 36

图 5-16 大脑皮质功能区的等级[1]

V1、V2、V3、V3a、V4. 可视区域；PIP. 顶内后部；PO. 顶枕区；MT. 颞中区；MDP. 内侧背顶叶区；LIP. 顶内沟外侧皮质；MSTd、MSTl. 内侧颞叶上部背侧和外侧区；FST. 颞叶上沟底；IT. 下颞皮质；S-II. 次级体感区；MIP. 顶叶内侧；AIP. 顶叶内前区；Ri. 岛后区；Id、Ig. 岛叶皮质不规则分裂和颗粒分裂；Core. 初级听觉皮质；AB. 听带；PA. 听觉后区；PB. 听觉副皮质；STGc、STGr. 颞上回听皮质尾侧和头侧区；VIP. 顶内腹侧；STPa、STPp. 颞上多感觉区、前后区；G. 味觉皮质；Pir. 梨状皮质；PAC. 杏仁核周皮质；M1. 初级运动皮质；PM. 运动前皮质；SMA. 辅助运动区及邻近扣带回运动区；FEF. 额叶眼区；SEF. 辅助视野；Pro. 眶前等位体；CA1、CA3. 海马角区；S. 下托；PrS. 前穹窿；PaS. 旁下托；ER. 内嗅皮质；TF、TH. 海马旁区

皮质）相邻，后者与行为的执行控制有关。感觉信息通过一系列从初级到次级到第三级感觉区的突触传递进入中枢神经系统，而运动命令则是从第三级到次级到初级运动区逐层传达下去。这些感觉和运动在高级层次即第三感觉区相互作用，是认知功能的核心所在。

当大脑皮质各区域共同作用产生行为时，如同社会组织，谁和谁说话非常重要。由于各皮质区域通过轴突束来相互通信，因此调查神经束的连接方向便可以知道信息的流动方向。目前通过对猕猴的神经解剖学追踪研究，从一个区域到另一个区域的神经束（或称投射）现在已经很清楚了。通过将染料注入一个神经元群，该染料通过轴突运输到远处的神经元群，这些神经元群便可以被识别。这些追踪研究证实了大脑皮质的感觉区域是有层次结构的。在每个感觉系统（视觉、听觉等）内，来自外围的信号到达初级感觉区，如初级视皮质（V1）、初级听皮质（A1）或初级体感皮质（S-I）。初级感觉区在信息处理的早期阶段具有以下 4 个特征：

（1）它们的输入来自丘脑感觉中继核（丘脑是皮质下所有区域的主要输入源）。

（2）初级感觉区的神经元具有小的感受野，即受体表面上必须被刺激才能激发神经

元的区域，并排列成一个精确的感觉受体表面（视网膜、耳蜗或皮肤）的体感图。图 5-14 只是躯体表面的体感图，视网膜和耳蜗将在视觉初级皮质和听觉初级皮质形成对应的体感图（后述）。

（3）损伤体感图的一部分会导致仅限于对侧感觉受体表面相应部分的简单感觉丧失。

（4）与其他皮质区域的联系是有限的，几乎完全局限于以相同方式处理信息的相邻区域。

高级感觉区具有一系列不同的特性，这些特性对它们在信息处理的后期阶段所起的作用非常重要，具体如下：

（1）从丘脑感觉中继核接收的信息很少，它们的输入来自感觉皮质的低阶区域和其他丘脑核团。

（2）它们的神经元有很大的感受野，并被组织成不精确的外围受体阵列图。

（3）损伤会导致知觉和相关认知功能的异常，但不会损害感知刺激的能力。

（4）它们不仅与邻近的单模态感觉区相连，还与额叶和边缘叶的远区相连。

因此，感官信息被连续处理，链中的每个区域执行特定的计算并将结果传送到下一个区域。例如，在视觉系统的腹侧通路中，该通路与处理有关形状的信息有关，该通路从对视觉刺激的详细特征作出反应的神经元开始，然后进入编码整个形状的神经元。初级视皮质（V1）中单个神经元的感受野跨度约为 1°；在 V4（一个中阶区域，或称次级感觉区）的神经元的感受野跨度约为 10°；而位于下颞皮质（一个高阶区域，也可称为高级感觉区）的神经元的感受野跨度可达 100°。因此，V1 中的单个神经元可能对观察对象面部的一个小细节敏感，如眉毛在其小的感受野内向某个方向排列，而下颞叶皮质中的单个神经元可以对整个面部作出反应。

然而，感觉通路并不完全是单向的，在每个功能通路，高阶区域投射回低阶区域的链接也是常态。因此，可以调节低阶区域的神经元对局部细节的敏感度提高。例如，来自下颞叶皮质的自上而下的信号可能有助于 V1 的神经元分辨脸部某个部位的细节。

感官加工的层级链导致功能非常复杂的区域，不能简单地用感官来描述。在 19 世纪后期，圣地亚哥·拉蒙·卡哈尔（Santiago Ramóny Cajal）提出，具有感觉功能的区域与具有认知功能的区域有着本质上的区别，称后者为“联合皮质”或称“联合区”。现代神经科学家将“联合皮质”一词应用于大脑皮质的某些区域，这些区域的损伤会导致认知缺陷，而这些缺陷不能仅仅用感觉或运动功能受损来解释。

顶叶、颞叶、额叶和边缘叶中都含有大量的联合皮质，它们以不同的方式促进认知：

（1）顶叶联合皮质对运动行为和空间意识的感觉指导至关重要。

（2）颞叶联合皮质对于感觉刺激的识别和语义（事实）知识的储存非常重要。

（3）额叶联合皮质在组织行为和工作记忆中起着关键作用。

（4）边缘叶联合皮质具有与情绪和情景记忆相关的复杂功能。

由于视觉信息量的巨大，枕叶虽大，但是只有初级皮质和次级皮质，高级视觉区都被划分到了顶叶和颞叶。联合区比低阶感觉区和低阶运动区有更广泛的输入和输出联系。一些联合区具有将视觉、听觉、体感和运动信息相联系，使它们能够用整合感觉模式或使用感觉信息来指导运动行为。这些同时处理多种信息的联合区被称为**多模态联合区**，而只处理一种信息，如视觉信息的联合区 V‴（图 5-16），就是**单模态联合区**。此外，所有的联合区都是由顶叶、颞叶、额叶和边缘叶之间密集的通路网络相互连接起来的。

图 5-17 显示，低阶感觉区的信息都是分两条通路通过单模态联合区分别输出到顶叶（背侧流）和颞叶（腹侧流）的多模态联合区。而顶叶（背侧流）和颞叶（腹侧流）联合皮质又将其输出发送到额叶联合皮质。可见，额叶联合皮质要比顶叶和颞叶联合皮质有更高阶的认知能力。

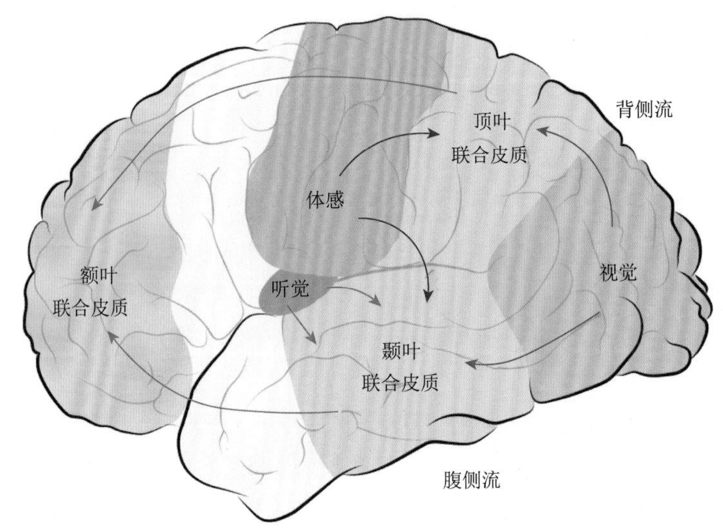

图 5-17 大脑皮质的背侧和腹侧系统联合皮质的输入信息流[1]

顶叶联合皮质主要投射到额叶皮质的背侧区域，这些区域为运动和执行控制功能服务，空间信息对这些功能很重要。

颞叶联合皮质主要投射到额叶皮质的腹侧区域，包括眶前额叶皮质，这些区域调节对环境中事物的情绪反应。同时颞叶的信息也投射到边缘叶，产生情绪和情景记忆等进入海马。情感的意义只有在物体被识别后才能被赋予，这种能力取决于颞叶区域的信息处理结果。

实际上，顶叶皮质受损的患者通常在空间知觉方面有缺陷，而下颞皮质受损的患者在识别物体和面孔方面有问题。例如，中腹部颞叶皮质受损的患者会产生视觉对象失认的情况，当呈现出某物体的图形时，患者能够用笔准确地画出些图形，但是却无法准确地识别图像所示物体（视觉失认症，图 9-21）。

运动控制系统与感觉系统不同，在感觉系统中，信息从外周进入高阶区域，在运动系统中，信号从额叶的高阶区域流向初级运动皮质（图 5-18）。眶腹内侧前额叶皮质（orbitofrontal-ventromedial prefrontal cortex，OFC）的情绪处理结果影响背外侧前额叶皮质（dorsolateral prefrontal cortex，DLPFC）的认知过程，而背外侧前额叶皮质又通过运动前皮质（PM、FEF 等）和初级运动皮质（M1，布罗德曼 4 区）作用于脊髓运动神经。

图 5-19 表示的是体感信息和运动控制信息的传递通路。体感信息通过背根神经节细胞进入中枢神经系统，再通过髓质、内侧丘系、丘脑，最终导致体感皮质的兴奋。来自

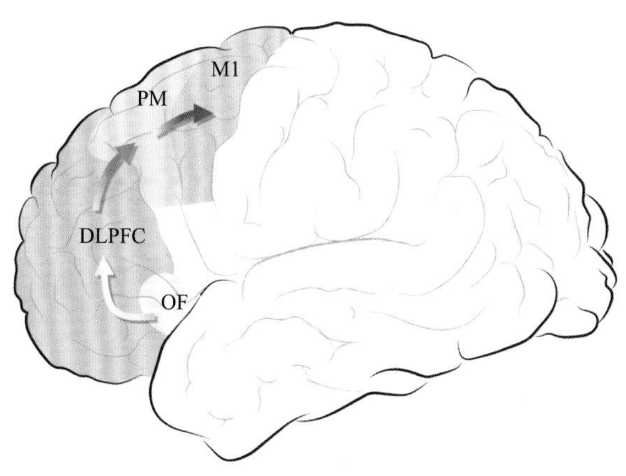

图 5-18　额叶各区域的串联连接[1]

前额叶皮质的情绪和认知过程通过一条从眶腹内侧前额叶皮质（OF，又称 OFC）开始并投射到背外侧前额叶皮质（DLPFC）、运动前皮质（PM）和初级运动皮质（M1）的通路来控制行为

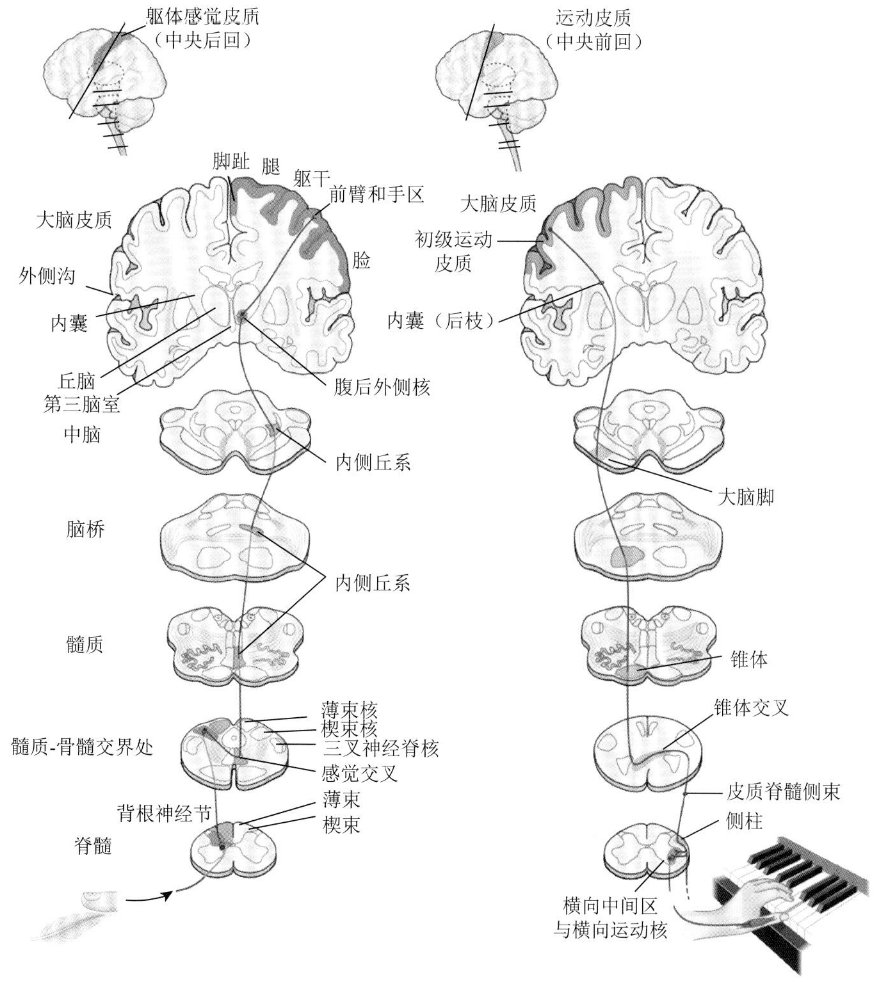

图 5-19　体感信息与运动控制信息的通路[1]

身体不同部位的信息的纤维彼此之间保持着有序的关系，并在每个突触传递的终止模式中形成身体表面的神经地图（图 5-14）。

体感信息在端脑中经过一系列低阶高阶处理及与其他传感器信息的融合得到认知和判断并传递到初级运动皮质。而起源于初级运动皮质的信息通过内囊、大脑脚进入脊髓、锥体交叉、脊椎侧束、运动核，终止于骨骼肌控制其运动。此外，基底节和小脑都通过丘脑的连接影响皮质运动控制回路。运动皮质决定哪些肌肉群被激活，以及施加的力的大小。根据运动皮质、基底节、小脑和其他脑干核团的输入，脊髓启动适当的肌肉收缩，以完成有目的的运动。

图 5-20 是笔者根据上述脑科学的成果总结的信息处理的粗略流程。无论视觉、听觉还是触觉（这里指广义的触觉，即躯体感知，包括触觉、温度觉、痛觉、肌肉运动知觉等体感信息）都有大致相同的信息处理流程。顶叶和颞叶的多模态联合皮质可以认为是至少包含视听触的融合。味觉和嗅觉相对处理过程简单一些，没有明显的层级处理（图 5-16）。

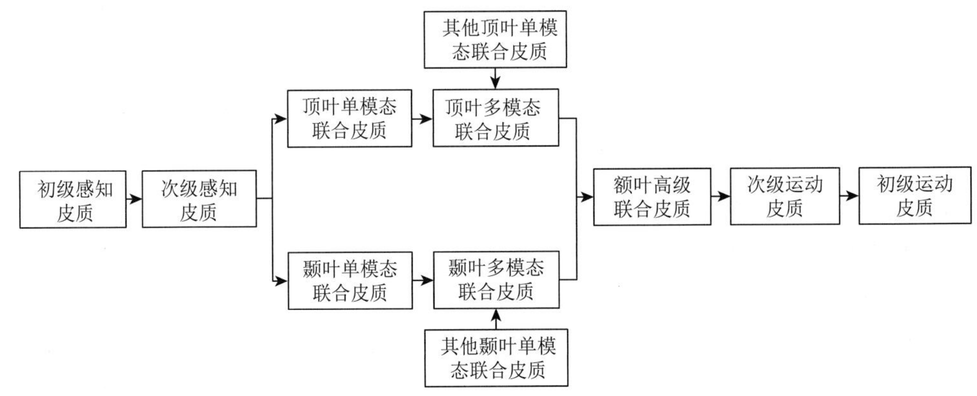

图 5-20 端脑感知信息到运动信息的处理过程示意图

根据上述知识，笔者有以下感悟。生物最初发展起来的是体感系统，通过多种传感器在全身分布的位置，在脑内形成全身传感地图，并且重要的部位（如触手）所拥有的传感器的密度和种类更多，然后通过层级神经网络结构逐渐提高认知水准，最终达到理解环境的目的。而视网膜和内耳听觉神经网就是体感系统的翻版，基本处理流程几乎相同，并共同进化。例如，视网膜就是根据视神经的位置在脑中形成视网膜感知地图，因为眼球光轴投射的位置最重要，所以视网膜中心有中央凹，中央凹的视锥细胞密度最高。此外，因为食物在口中翻滚，气味扩散迅速，所以味觉和嗅觉传感细胞不需要感知位置信息，因此其信息处理的复杂度和信息量都较低，大脑对味觉和嗅觉的处理也就相对简单，或者说是退化了。这里顺便提一下，嗅觉和味觉同源（生物起源于水中），很多鱼类皮肤上就分布着味觉细胞，因此对这些生物来讲，味觉也是体感系统的一部分。

5.4.4 韦尼克区和布罗卡区

在分析视觉的高级功能时，韦尼克区和布罗卡区扮演着非常重要的角色。这是因为

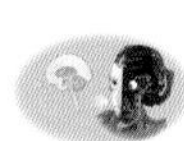

初级视皮质处理后的视觉信息和初级听觉皮质处理后的听觉信息都输入到了韦尼克区（图 5-21）。也就是说到了这个区域，**视觉和听觉的信息已经有了可相互关联的性质**。韦尼克区损坏产生的韦尼克失语症的典型症状表现为患者说的话听起来很流利，但实际上却没有完整的意思。也就是说，初级听觉皮质能够把语音或者记忆变成单词，但是没有韦尼克区，就无法理解每个词的意思。

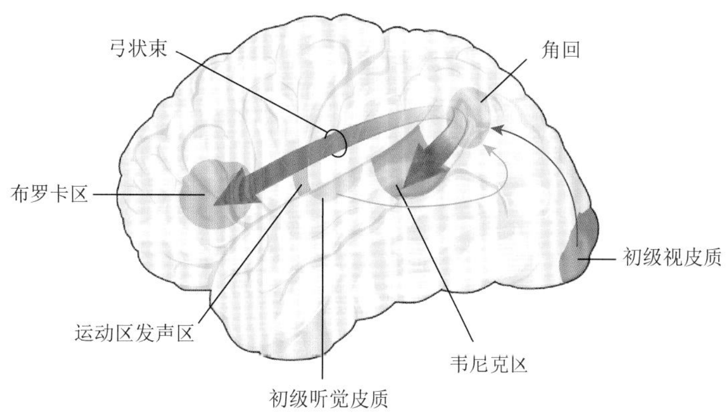

图 5-21　韦尼克区和布罗卡区的语言处理信息流走向[1]

近年，对韦尼克区进行了更详细确切的划分，其有两个部分，具体如下。

（1）听觉性语言中枢：位于 22 区，在颞上回后部，能使人调整自己的语言，并听取、理解别人的语言。若此处受损，患者能讲话，但混乱而割裂；能听到别人讲话，但不能理解该语句的意思（听觉上的失认），对别人的问话常常所答非所问，临床上称为感觉性失语症。

（2）视觉性语言中枢（阅读中枢，韦尼克区的一部分和位于其上方的角回），位于 39 区和 37 区，也包含了顶下叶的角回（图 5-21），靠近视中枢。此中枢受损时，患者视觉无障碍，但角回受损使得视觉意象与听觉意象失去联系（**大脑长期记忆的信息编码以听觉形式为主**），导致原来识字的人变为不能阅读，失去对文字符号的理解，称为失读症。

图 5-21 表示的是视觉和听觉信息的流向。图中视觉和听觉来自初级视皮质（在第 9 章详细介绍）和初级听觉皮质。笔者推测，无论是声音还是图像都在经过各自初级皮质的加工后，将这些自然信息进行了分类，例如，杯子掉在地上的声音可以分解为物体种类和状态种类两大类别，然后再细分成具体的物体种类“杯子”和状态种类“摔碎”。**当然将语音变成词句也属于这种处理，这是人类最擅长的**。而把图像进行分类也是初级视皮质的功能，例如，当杯子、桌子、椅子等物体的图像进到初级视皮质后，会自行进行分类和符号化处理，在图像处理领域该类运算和解析统称为“语义分割”。与此功能相同，看到文字图形后也可以识别成对应的抽象的文字符号，无论某一文字的字形如何变幻都可以对应到这个文字的“语义”上。人类在语言和文字上能力特别强，也受益于枕叶的视觉词形加工区（visual word form area）这一特殊区域。因此，和语言一样，文字也是人类对应自身大脑视皮质强大的“语义分割”能力发明的。

笔者认为，无论初级听觉皮质将声音变成抽象的词句，还是初级视皮质将图像变成抽象的类别，在进入韦尼克区之前已经都是“语义”级别的信息了。在韦尼克区对这些“语义”进行理解，得出完整概念，再进入布罗卡区进行进一步的加工变成可以表达的语言，然后进入运动皮质控制口舌和眼球进行意思的表达，当然也包括肢体语言。

一般将布罗卡区称为运动性语言中枢（说话中枢），位于布罗德曼第 44 区和 45 区。布罗卡区一般认为是提供语言的语法结构、言语的动机和愿望的区域。该区病变引起的失语症通常称为运动性失语症或表达性失语症。患者阅读、理解和书写不受影响，但发音困难，不能使用复杂句法和词法，自发性主动语言障碍，很少说话和回答，语言有模仿被动的性质。

总结一下，韦尼克区处理的信息是经过初级视皮质和初级听觉皮质处理过的具有“语义”的信息。韦尼克区把各种语义融会贯通，形成对环境的整体态势的理解。而布罗卡区是把韦尼克区对环境和状态的理解进行判断，作出决策，如形成自身想要表达的语句，然后这些决策信息进入运动皮质对运动进行规划并通过脑干和小脑的运动控制系统对动作器官（如口、舌、眼、手、脚等）进行运动控制。当然，形成语句在布罗卡区，而布罗卡区再靠前的认知区（9、10、46 等分区）是进行认知和形成行动决策的更高级的区域。笔者主观推测，这些区域可决定在布罗卡区形成的语句是否需要说出去或者如何说出去。

5.4.5 海马区的功能

在大脑边缘系统，与视觉关系密切的是海马区，所以这里专门把这部分分离出来进行单独介绍。海马区可分为海马体（又称海马回，hippocampal gyrus）、齿状回（dentate gyrus）、下托（subiculum）、前下托（presubiculum）、旁下托（parasubiculum）、内嗅皮质（entorhinal cortex）6 个部位（图 5-9、图 5-10）。

海马区（hippocampal region）是大脑边缘系统的一部分，主要负责长期记忆（long-term memory，也称长时记忆）的存储（嗅周皮质及海马旁皮质）、转换（内嗅皮质）和空间位置、方向的认知等功能（图 5-22）。如果切除掉两侧海马区，那么记忆就会一同消失。空间信息的储存与处理也与海马区有关。磁共振成像研究证实了出租车司机的海马区体积比普通人要大，且与驾龄呈正相关的趋势，这应该与出租车司机需要记忆大量地理信息有关。

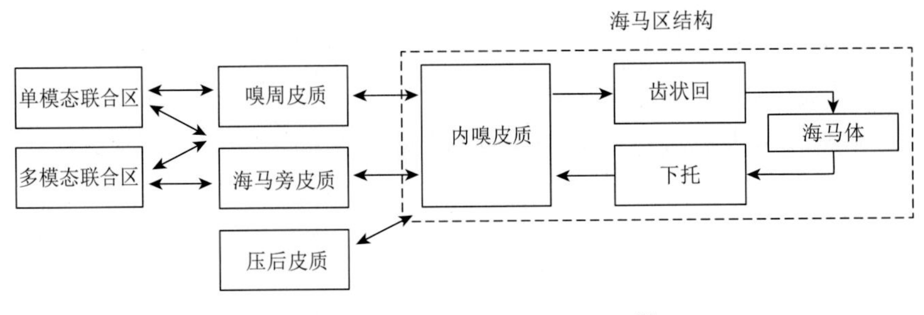

图 5-22 海马区连接的层次结构[1]

由于记忆和“定位导航”功能是生物的一种必备能力，非常明确和重要，同时海马区在解剖学及组织学上具有一目了然的清晰构造，所以在哺乳类动物的中枢神经系统中，海马区是被最为详细研究的一个部位。

海马区在事件发生的环境背景及细节内容的记忆中也起着重要的作用，对新近发生的事件，包括很多细节一般都由海马区来完成记忆，随着时间的推移，记忆细节会随之减少，主要部分便形成了长期记忆。

空间信息的储存和处理与海马区相关。小鼠实验的研究显示，海马区的神经元有空间放电区，这些细胞称为位置细胞（place cell）。如果小鼠发现自己处在某个地点，无论该小鼠移动的方向如何，对应细胞就会放电（兴奋），而另一部分的细胞会对头部的方向及移动方向有反应。根据不同的身处地点和头部朝向，不同的细胞会放电，因此只要观察细胞的放电情形，就可能指出动物身处的地点。在人类海马区也有基本相同的位置细胞，因此海马体可能扮演“认知地图”（cognitive map）的角色，而认知地图就是环境格局的神经重现，在后续章节（第 15 章）称为“状态意识空间”。

此外，生理实验指出，海马体对于“寻找方向”，即“导航”（navigation）也起着重要作用。动物实验显示，即使要完成简单的空间记忆活动，健全的海马体也是必要的（例如把目的地藏住，让动物找路回去）。若海马体不健全，人类可能就无法记住曾经去过的地方，以及如何前往想去的地点。另外，若要在熟悉环境之间找出捷径及新的路线，海马体也扮演极其重要的角色。海马相关的内容将在第 9 章进行进一步的介绍。

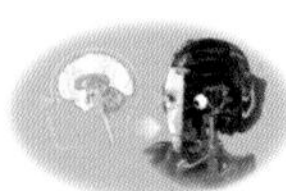

5.5　人脑视觉系统的宏观框架

根据上述介绍的脑系统的解剖结构和生理功能，可以大致勾勒出如图 5-23 所示的关于视觉各种处理在大脑的各功能区域的位置和信息流向粗略概念。这里将听觉通路也加了进去，一方面是因为在韦尼克区听觉与视觉汇合，之后被当成同一类信息处理，视觉解析的后期需要考虑听觉；另一方面是因为声音也可以引起跳跃型眼球运动，音源的方向辨别与眼球运动相关。声音和视觉同时处理会得到更好的态势感知效果，最近视听融合处理已经逐渐成为信息处理领域的一个新方向。

根据上述脑系统各部位的关系，笔者绘制了一幅视觉处理及眼球运动控制系统的信息处理流程框架图，如图 5-24 所示。这张图未来一定会有很大的改进及修正空间，同时为方便理解也省略了很多，包括进入下丘脑和顶盖前核的用于调节昼夜节律和瞳孔晶状体的视觉信息，以后各章将根据这张流程图来进行各功能的分解、详细解析和工学再现。其实这张图已经很接近大脑整体框架图了，如果加入手脚的控制机制，便可以形成从感知、理解、判断、决策、行动，再到感知的一个闭环，实现逐渐适应自然、改变自然的自适应和自学习过程。机器人如果有了这个闭环的智能信息处理结构，就可以不断地对这个人工智能系统进行自主改良，实现认知的不断进化。本书将在第 9 章和第 16 章介绍更详细的人脑和仿生眼视觉信息处理流程的框架图。

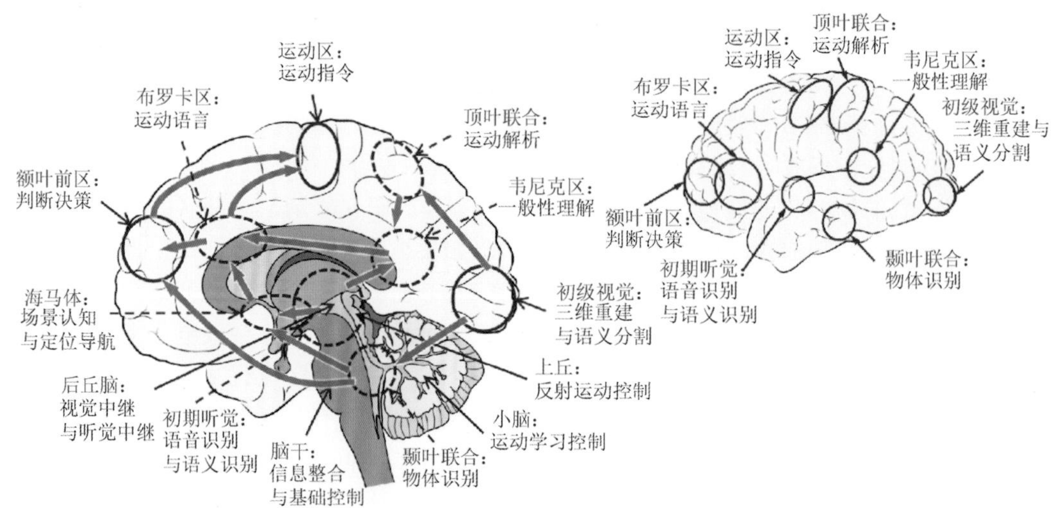

图 5-23　关于视觉的脑系统整体功能处理大致流向示意图

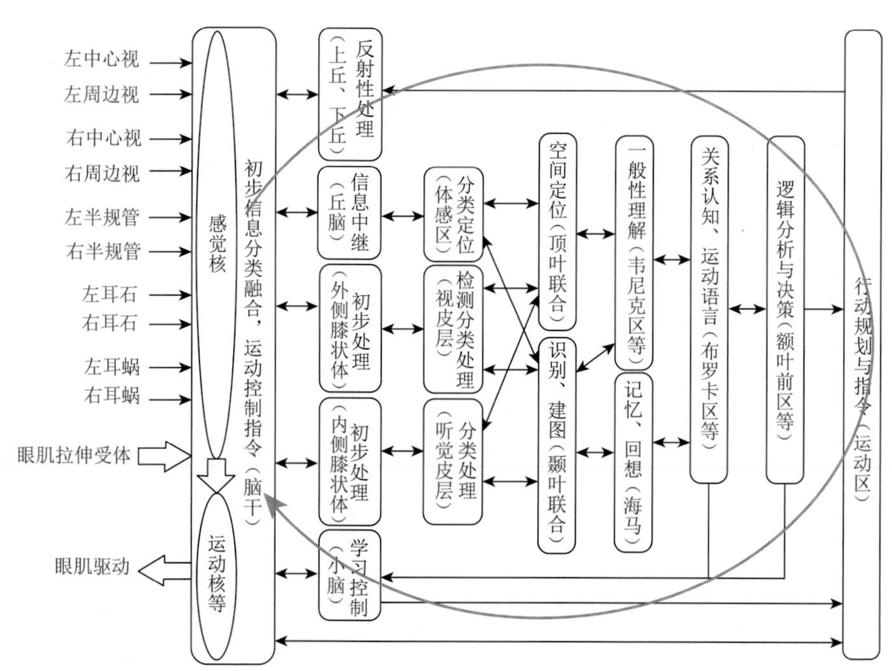

图 5-24　以视觉为主的脑信息处理流程框架

参 考 文 献

[1] Kandel E R，Koester J D，Mack S H，et al. Principles of Neural Science[M]. 6th ed. New York：McGraw-Hill Education，2021.

[2] Stuart I F. Fundamentals of Human Physiology[M]. 9th ed. New York：McGraw-Hill Education，2006.

[3] Simkin D R，Thatcher R W，Lubar J. Quantitative EEG and neurofeedback in children and adolescents：Anxiety disorders，depressive disorders，comorbid addiction and attention-deficit/hyperactivity disorder，and brain injury[J]. Child and Adolescent Psychiatric Clinics of North America，2014，23（3）：427-464.

第三篇　视觉系统的生理学及其数学模型

第 6 章

眼球运动控制神经系统及其数学模型

本章将通过构建眼球运动控制神经系统的数学模型来分析眼球运动的特性，将生理学中分别讨论的各种特定条件下产生的特定眼球运动，用统一的模型进行描述和对照，进而形成仿生眼的完整控制系统原型。

本书在第 3 章中介绍了人类具有多种类型的眼球运动，但双眼协同运动的原理是长期未解之谜。首先，如果要让机器眼实现人眼的双眼协同运动，例如，用同一套控制系统实现共轭运动和辐辏运动的不同动态特性，用普通的控制学理论很难实现。其次，即使是单眼控制，通过现有的机器人控制手法，使机器眼球达到人眼在特定条件下的特定运动控制特性是很简单的，但是如果用同一套控制系统，让机器眼在所有环境下都达到与人眼相同的动态特性，就必须通过了解与人眼运动相关的神经系统结构，构建与人眼类似的控制系统才可以实现。笔者团队通过建立生物的眼球运动控制神经系统的数学模型来研究眼球运动的基本原理，得到了一系列可以信赖的成果[1-12]。

笔者认为，眼球运动控制的基础系统框架和原理可以通过解析脑干上的视觉关联神经通路得到，具体理由如下：

（1）没有小脑、大脑的新皮质，只有脑干和旧脑皮质的动物也可以正常控制眼球运动。

（2）大脑可以有意识地控制的眼球运动只有跳跃型眼球运动，而且跳跃型眼球运动一旦开始，其运动轨迹也是不可以通过意识自由改变的。也就是说，大脑的意识可以做的只是指定视线将去对准的位置这件事情。因此，除了跳跃型眼球运动的终点目标的“设定”这一件事，所有的眼球运动都是不受意识控制的“全自动模式”。因此，大脑对眼球运动控制系统的基础特性影响不大。

（3）小脑虽然与眼球运动有着密切的关系，但小脑也与所有运动器官的运动控制有关，具有通过学习不断提高控制效果的功能。而且，小脑神经系统的神经细胞排列规整均一，没有对应于特定器官和特定运动的特定结构。因此，可以认为小脑是一种万能的、可自主学习和适应的运动控制装置。所以，小脑的解析虽然对于“学习控制”的理论很重要，但是对于眼球运动控制基础原理的解析帮助不大。

（4）与小脑、大脑不同，作为生命的最基本单元，脑干的神经通路清晰，构造明确，各神经核之间的神经信息处理特性可测。因此笔者认为，解析脑干对理解各运动器官的基本控制系统的结构和功能最为重要。

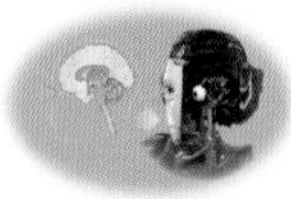

6.1 视神经至大脑视皮质的宏观通路

视神经的大致通路如图 6-1 所示。从图中可以看到，可以将黄斑部（中央凹及其周边）以外的周边视野划分为 4 块，视觉信号通过视神经纤维被送到不同的大脑皮质进行处理。本书所讲的**神经纤维**是指神经细胞的轴突及由多根轴突组成的神经束；**神经通路**是指神经纤维通过的路线。下面根据图 6-1 对来自视网膜的视神经通路进行依次说明。

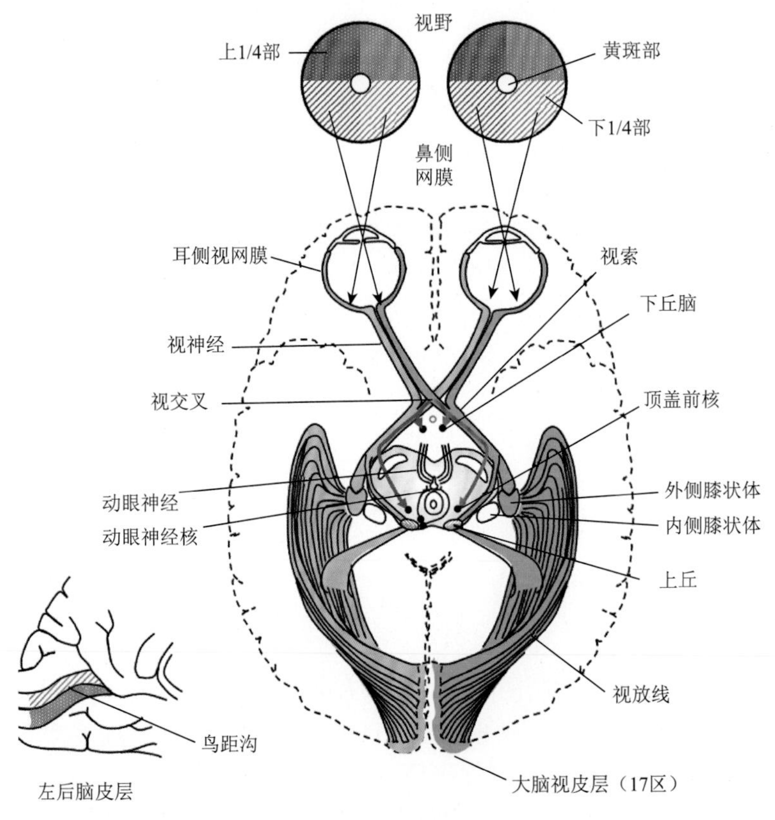

图 6-1 人类的视神经通路[13]

（1）双眼视网膜周边视野的右半侧的视神经纤维在视交叉汇合，然后通过右侧的外侧膝状体投射到右侧的大脑视皮质。同样，双眼视网膜周边视野的左半侧的视神经纤维在视交叉汇合，然后通过左侧的外侧膝状体投射到左侧的大脑视皮质。视网膜的神经纤维（视束）的 90%以上进入外侧膝状体。

（2）视交叉汇合后一部分直接投射到同侧的上丘。这一路在发生学上较为古老，是

在生物进化出大脑新皮质之前。上丘作为神经系统主中枢时的残留，是非哺乳类的脊椎动物体内主要的视觉投射目标。在人类视觉系统中，跳跃型眼球运动控制系统的控制信号发生在这个位置。

（3）视交叉后的视神经纤维的一部分直接投射到下丘脑（hypothalamus）中的视交叉上核（suprachiasmatic nucleus，SCN）（节律控制核团）。这一路视神经信号用于控制昼夜节律。

（4）视交叉后的视神经纤维的一部分直接投射到顶盖前核（pretectal nucleus），位于中脑和间脑交接处，上丘嘴侧。这路视神经信号用于控制睫状肌调整晶状体形状，并调控瞳孔大小，可见眼球的对焦和光圈调节是不经过大脑高级视皮质的单独控制回路。

周边视野的视网膜的分割处理效果如图 6-2 所示，即将空间分割成了左右、前后、上下 8 部分。具体来讲，视网膜左右分割后，可将空间在视轴平面分割成 4 部分，即影像投射在双眼内侧视网膜的物体在区域Ⅰ之内，投射在双眼外侧视网膜的物体在区域III之内，投射在双眼右侧视网膜的物体在区域Ⅱ之内，投射在双眼左侧视网膜的物体在区域Ⅳ之内。进一步，投射在上半视网膜的物体在视轴平面的下侧，投射在下半视网膜的物体在视轴平面的上侧。视网膜的分割对运动控制的影响将在本章 6.5.5 节进行详细介绍。

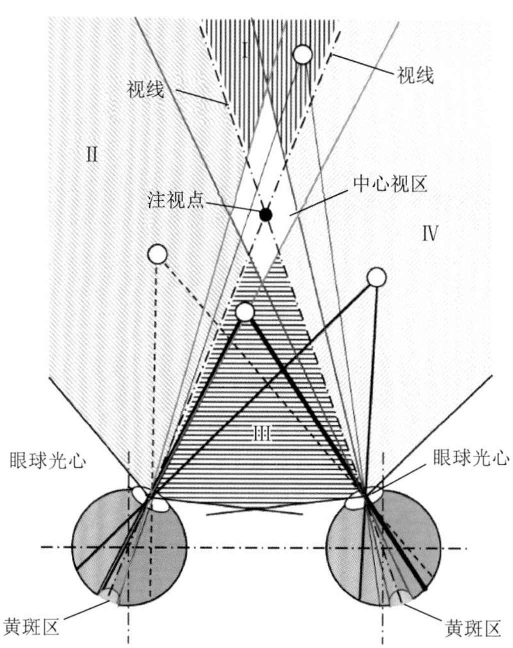

图 6-2　视网膜区域分割所产生的在视轴平面上的位置区域分割示意图

这里需要注意的是，视神经的一部分投射到大脑视皮质的同时，另一部分不经过大脑视皮质直接投入到上丘。上丘是产生跳跃型眼球运动的控制信号的地方，同时上丘还接收来自大脑视皮质的神经纤维，这些神经纤维应该承载着视觉处理结果或者大脑的决策信息。从进化的过程来看，很多不具备大脑和小脑新皮质的低等动物，视网膜的信息只到上丘，没有大脑指令，可见上丘也具备一定的视觉信息处理能力和判断能力，虽然可能只是反射性的判断，但是已经具备作为生物的主观能动性了。关于上丘的功能和原理的解析详见第 7 章。

每只眼睛都能看到大部分的双眼视野，无法被另一只眼睛视野覆盖的部分称为单眼周边视野。视网膜神经元（神经节细胞）的轴突将信息从每个视半区沿着视神经传递到视交叉，在视交叉处，来自鼻侧半视网膜的纤维交叉到对侧眼球耳侧半视网膜。耳侧半视网膜的纤维保持在同一侧，与对侧鼻侧半视网膜的纤维汇合形成视束。视束携带来自各眼球的对侧视野的信息，并投射到外侧膝状体。如图 6-3（a）所示，外侧膝状体中的细胞将轴突沿着视放线送到初级视皮质。沿视觉神经通路的病变将产生特定的视觉场缺陷，如图 6-3（b）所示，具体病变如下：

（1）视神经损伤导致一只眼睛完全失明。

（2）视交叉的损害导致每个耳侧半视野丧失视力（双颞偏盲）。

（3）视束病变导致对侧半视野丧失视力（对侧偏盲）。

（4）进入颞叶视放线纤维的弯曲部的损伤导致双眼对侧半视野上象限丧失视力（对侧上象限性盲）。

（5）视皮质的部分损伤导致对侧视半区的部分损伤。例如，距沟上部的病变导致下象限部分缺损。

（6）距沟下部的病变导致上象限部分缺损。

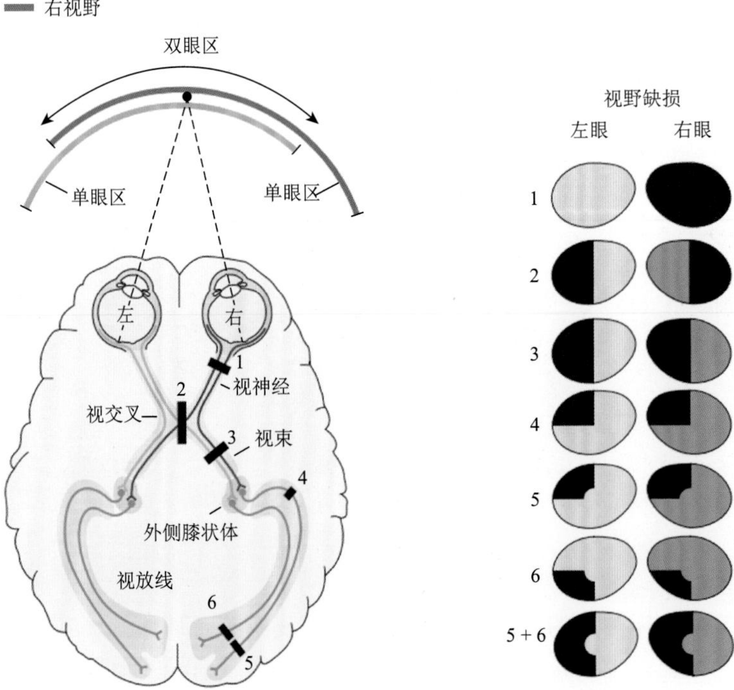

(a) 经过外侧膝状体的视觉神经通路　(b) 沿视觉神经通路的病变位置所产生的对应视觉场缺陷

图 6-3　视觉通路阻断位置对视野的影响[14]

视野的中心区域往往不受单侧大脑皮质损伤的影响。因此，在做控制系统模型时，对于中心视的视觉反馈（平滑眼动）是不做左右上下视野区分的。

6.2　以脑干为中心的眼球运动控制神经系统

人的眼球有三对眼肌，可以控制三个自由度的运动。由于双眼的协同运动，特别是辐辏运动主要表现在双眼的视线在视线平面方向的运动，所以解析双眼内直肌和外直肌的运动控制系统是了解眼球运动特性的关键。而且，在解剖学和生理学领域，关于眼球水平运动控制的神经系统的研究最多，因此本书着重以眼球水平运动的神经系统的解析为中心进行介绍。

前庭核（vestibular nucleus，VN）是整个视觉控制神经系统的核心，因为作为传感器的视网膜经大脑处理后的信息和前庭器官（半规管、椭圆囊和球囊）的信息都要输入前庭核。眼肌（外直肌和内直肌等）的控制信号也是从前庭核出发的（图 6-4）。另外，虽然图 6-4 未画出来，但是从前庭核到小脑，以及小脑和上丘输入前庭核等通路也大量存在。因此在绘制整体眼球运动控制神经系统之前，首先介绍一下前庭核。

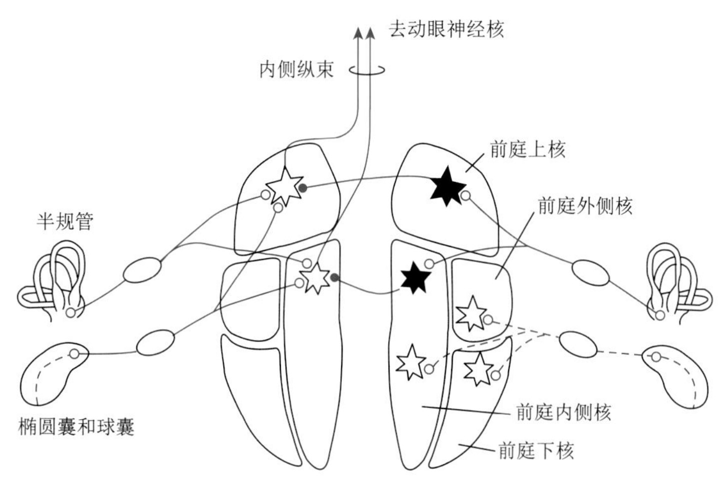

图 6-4　前庭核的信息通路图[1-5]

图 6-4 是前庭神经核（简称前庭核）与前庭器官间的神经通路。前庭核是第二级神经元，其作为大脑主要的中继站，是脑神经中最大的神经核，通过传入和传出神经纤维与其他神经相联系，有内、外、上、下四个核和一些小细胞群。

（1）前庭内侧核（medial vestibular nucleus，MVN，Schwalbe 核）占前庭区的大部分，接收来自 3 个半规管和椭圆囊的神经纤维。该核发出的纤维越过中线后加入对侧内侧纵束（medial longitudinal fasciculus，MLF），再分升支、降支，升支与同侧展神经核、对侧动眼神经核、滑车神经核联系。

（2）前庭外侧核（lateral vestibular nucleus，LVN，Deiters 核）由大型多极细胞组成，

位于第四脑室底延髓外侧部，一般不直接接收初级前庭传入神经纤维，只有腹侧接收少量椭圆囊囊斑的神经纤维，其主要接收额顶叶来的纤维（注：额顶叶是大脑的决策中枢），除了有纤维越过中线参加对侧内侧纵束，主要发出前庭脊髓束，下行于脊髓全长，终止于同侧前角细胞，对伸肌发出运动信号维持肌张力。

（3）前庭上核（superior vestibular nucleus，SVN，Bechterew 核），也称上核，由含尼氏体的中细胞组成，位于前庭外侧核的背方，传入神经主要是半规管壶腹嵴，发出的纤维经旁绳状体与小脑绒球小结叶、蚓垂及小脑皮质相联系，小脑绒球也有古老的纤维止于上核。前庭上核还发出纤维组成前庭中脑径路。

（4）前庭下核（inferior vestibular nucleus，IVN，Roller 核），也称下核，位于前庭核区腹外侧处，细胞和 MVN 相似，与 LVN 界限不清，主要接收球囊和部分半规管来的神经纤维，其发出的二级纤维加入内侧纵束，下行至脊髓全长，可能止于中间核。

（5）前庭核分散的小细胞群有 X、Y、Z、F 核位于大的神经核周围，其在神经元控制机制、前庭核与小脑、网状结构之间的反射弧中起重要作用。

图 6-5[5-10]是将多篇关于眼球运动的论文中与水平眼球运动控制相关的神经通路的内容整合得到的神经系统通路图[15-29]。水平眼球运动是指双眼视线在双眼旋转中心的横断面（或称水平面）上的运动，即摆动（参考“名词解释”）。为表示方便，图中黑色小圆表示抑制性突触或突触群，因此与黑色小圆连接的线表示抑制性神经纤维；白色小圆表示兴奋性突触或突触群，与白色小圆连接的线表示兴奋性神经纤维；用包含上述黑白小圆的圆形或椭圆形图形表示神经核。神经核是指在中枢神经系统内，形态和功能相似的神经元胞体及其树突聚集在一起形成的灰质团块。由于前庭核是整个视觉控制神经系统的核心，因此下面对于图 6-5 的解说，也分别从前庭核的输入部分和输出部分进行。

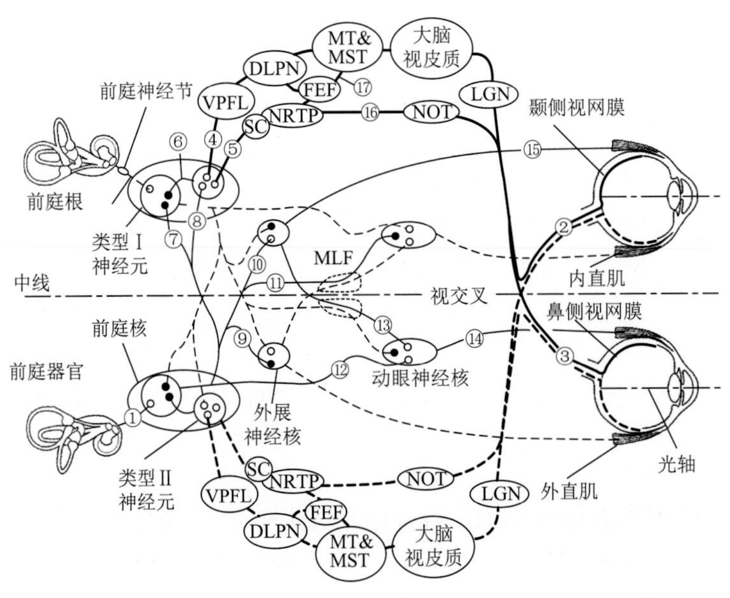

图 6-5 水平眼球运动控制关联的神经系统通路图[10]

LGN. 外侧膝状体；MT. 颞中区；MST. 内侧颞上区；DLPN. 桥背外侧核；VPFL. 腹侧旁小叶；FEF. 额叶眼区；NOT. 视束核；NRTP. 脑桥被盖网状核；SC. 上丘；MLF. 内侧纵束

1）前庭核的输入信息的神经通路

（1）从水平（外侧）半规管及椭圆囊和球囊来的兴奋性神经纤维①与前庭核的类型Ⅰ神经元（type Ⅰ neurons）连接。

（2）从外侧的视网膜开始的神经纤维②在视交叉与另一侧的内侧视网膜出发的神经纤维③汇合，然后分成两路：

一路进入外侧膝状体神经核（lateral geniculate nucleus，LGN，简称外侧膝状体）后通过视放线到达大脑视皮质（visual cortex）。然后在大脑视皮质处理过的视觉信息通过颞中区（middle temporal area，MT）和内侧颞上皮质（medial superior temporal cortex，MST）进一步分支。

（a）由桥背外侧核（dorsolateral pontine nucleus，DLPN）和腹侧旁小叶（ventral paraflocculus，VPFL）④进入前庭核与类型Ⅱ神经元（type Ⅱ neurons）相连。

（b）经由额叶眼区（frontal eye field，FEF，图 5-12、图 5-15）⑰投射到脑桥被盖网状核（nucleus reticularis tegmenti pontis，NRTP）后进入上丘（SC）。笔者认为，这条神经纤维是大脑根据视觉判断发出跳跃眼动命令信号的通路。低等动物没有来自大脑的命令信号，所以会对所有超过阈值的视觉刺激（如运动物体）进行跳跃眼动的反应。

另一路在视交叉出发的神经纤维经由视束核（nucleus of the optic tract，NOT）⑯不经由大脑，直接投射到脑桥被盖网状核，进入上丘。这条神经纤维是不经过大脑的反射性视觉神经通路。

（3）从上丘进入前庭核，与类型Ⅱ神经元相连的通路⑤是跳跃眼动的控制通道。跳跃眼动的控制信号由不经过大脑的视觉信号⑯和由大脑判断后进行控制干预的信号⑰两组信号构成。

（4）前庭核的类型Ⅱ神经元的轴突的抑制性突触连接到类型Ⅰ神经元⑥。

2）前庭核输出到眼肌的神经通路

（1）前庭核的类型Ⅰ神经元的兴奋性轴突与下列神经核连接：

（a）另一侧前庭核的类型Ⅱ神经元⑧；

（b）动眼神经核⑫，再连接到眼球的内直肌⑭；

（c）另一侧的外展神经核⑩，然后分成两支，一支连入另一侧眼球的外直肌⑮，另一支通过内侧纵束（medial longitudinal fasciculus，MLF）以兴奋性突触连入同侧的动眼神经核⑬。

（2）前庭核的类型Ⅰ神经元的抑制性轴突与下列神经核连接：

（a）另一侧前庭核的类型Ⅰ神经元⑦；

（b）外展神经核⑨；

（c）另一侧的动眼神经核⑪。

由于中央凹出发的神经纤维无论左右上下都与端脑左右半球的视觉初期皮质中央凹处理区有联系（图 6-3），因此②和③的视神经纤维关于中央凹部分的信息不进行左右分离，而是均一分配到各个通路。

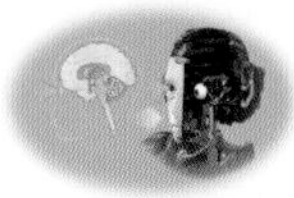

6.3 眼球运动控制系统各要素的数学模型

6.3.1 眼球的黏弹性模型

眼球及驱动眼球运动的眼肌的解剖学构造如图 6-6（a）所示。该图可以近似地用黏弹性模型表示为如图 6-6（b）所示的结构，其中 k_{sl}、k_{sm} 分别表示内直肌和外直肌的弹性系数，单位为 N/m；k_{dl}、k_{dm} 分别表示内直肌和外直肌的黏性系数，单位为 N/(m·s)。由图 6-6（b）可以得出求解眼球旋转角度 $\varphi_{oe}(t)$（单位为 rad）的微分方程式：

$$f_l(t)-f_m(t)=mr_e\ddot{\varphi}_{oe}(t)+(k_{dl}+k_{dm})r_e\dot{\varphi}_{oe}(t)+(k_{sl}+k_{sm})r_e\varphi_{oe}(t) \tag{6-1}$$

式中，$f_l(t)$和 $f_m(t)$分别为内直肌和外直肌所产生的拉力，N；m 为眼球的等效质量环，kg；r_e 为眼球的半径。

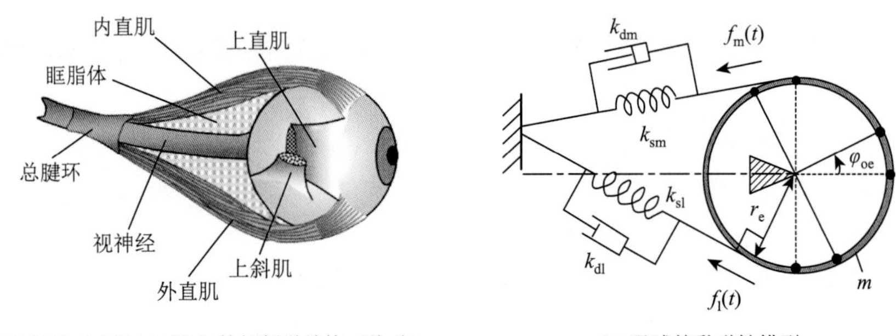

(a) 眼球（右侧）及眼肌的解剖学结构（俯瞰）　　(b) 眼球的黏弹性模型

图 6-6　根据眼球及其驱动肌肉的解剖学结构构建的黏弹性模型

对式（6-1）进行拉普拉斯变换，可以得到眼球的眼肌力与旋转角度关系的传递函数，即

$$\phi_{oe}(s)=\frac{1}{mr_e s^2+(k_{dl}+k_{dm})r_e s+(k_{sl}+k_{sm})r_e}\left[F_l(s)-F_m(s)\right] \tag{6-2}$$

由于眼球的质量与眼肌力相比很小，惯性力可以忽略，所以式（6-2）可以简化为

$$\phi_{oe}(s)=\frac{1}{(k_{sl}+k_{sm})r_e\left(\dfrac{k_{dl}+k_{dm}}{k_{sl}+k_{sm}}s+1\right)}\left[F_l(s)-F_m(s)\right] \tag{6-3}$$

如果假定肌肉发生的力和与之连接的运动神经核的神经纤维的冲动频率成正比，则

$$F_l(s)=\delta_l C_l(s)，F_m(s)=\delta_m C_m(s) \tag{6-4}$$

式中，$C_l(s)$和 $C_m(s)$分别为与内直肌和外直肌相连的外展神经核与动眼神经核的神经纤维冲动频率，imp./s；δ_l 和 δ_m 为定数。

设 $T_e=\dfrac{k_{dl}+k_{dm}}{k_{sl}+k_{sm}}$，$g_l=\dfrac{\delta_l}{r_e(k_{sl}+k_{sm})}$，$g_m=\dfrac{\delta_m}{r_e(k_{sl}+k_{sm})}$，则式（6-3）可以表示为

$$\phi_{\text{oe}}(s)=\frac{1}{T_{\text{e}}\,s+1}\left[g_{\text{m}}C_{\text{m}}(s)-g_{1}C_{1}(s)\right] \tag{6-5}$$

式（6-5）说明，眼球的传递函数可以用一次时延函数表示。

6.3.2　神经核的线性模型

一般来讲，神经核是神经细胞的集合体，神经纤维是指由神经细胞的轴突或复数轴突组成的轴突束。根据第 4 章推导的神经细胞模型，在这里采用最简单的形式，即只考虑比例要素，而其他要素可以根据具体的生理实验结果在建立系统模型时追加，如后面提到的漏积分要素等。将神经核当成具有输入信号增益调节能力的加法器（包括减法）也是神经系统模型研究经常采取的方法[17-19]。综上所述，图 6-7 是神经核的基础数学模型，与输入纤维连接的白色圆表示兴奋性神经，黑色圆表示抑制性神经，输入与输出关系表示为

$$O_m(t)=\sum k_{\text{p},i}I_{\text{p},i}(t)-\sum k_{\text{n},j}I_{\text{n},j}(t) \tag{6-6}$$

式中，$O_m(t)$为该神经核的第 m 根输出神经纤维的信号，用神经纤维的冲动频率来表示，imp./s；$I_{\text{p},i}(t)$为第 i 根兴奋性输入神经纤维的冲动频率，imp./s。因为神经核包含大量的神经细胞，所以神经核的模型不是一个神经细胞的模型，因此更确切地说，第 i 根输入神经纤维包含的至少一根轴突必须与第 m 根输出纤维所包含的各轴突的至少一个神经细胞相连。与之相同，$I_{\text{n},j}(t)$为第 j 根抑制性输入神经纤维的冲动频率，imp./s；$k_{\text{p},i}$ 和 $k_{\text{n},j}$ 分别表示各对应神经轴突突触的信息增益。由于式（6-6）已经使用减号表示抑制性神经元，所以 $k_{\text{p},i}$（$i=1,2,3,\cdots$）和 $k_{\text{n},j}$（$j=1,2,3,\cdots$）都为正值。

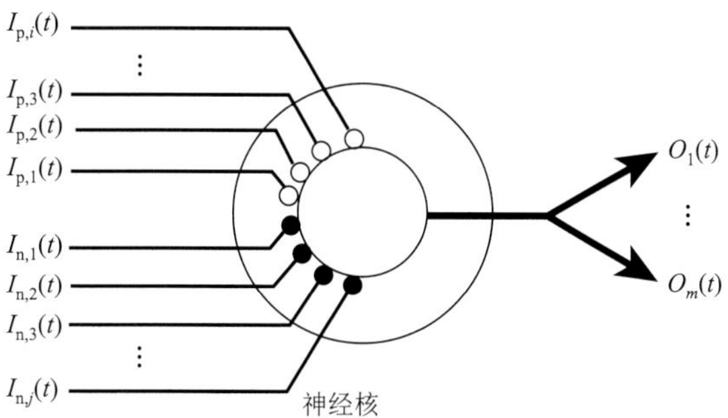

图 6-7　神经核的基础数学模型

6.3.3　前庭器官的传递函数

前庭器官所包含的半规管、椭圆囊、球囊的输入信号分别是对应半规管的旋转角加速度和对应椭圆囊、球囊的平移加速度，而输出信号分别是各对应一级神经纤维的当前冲动频率与头部静止状态时的冲动频率之差[21, 30, 31]。因此，我们把作为传感器前庭器官的对应各种运动的单位脉冲响应称为前庭器官的传递函数。

根据过往的研究，半规管、椭圆囊、球囊的各自一级神经纤维的冲动频率与头部静止

状态的冲动频率之差和与之对应的头部旋转速度和平移速度基本呈线性比例关系[21, 30, 31]。因此，本书将半规管、椭圆囊、球囊的各自一级神经纤维的冲动频率与头部静止状态的相应冲动频率之差作为各对应器官的输出信号，相当于设定头部静止时的冲动频率所代表的数值是 0，因此当冲动频率小于头部静止时的频率代表负值。

前庭器官的传递函数可以从过去的生理学研究中找到[27, 32]。因图 3-6 中水平方向的头部旋转角度 φ_{h} 与水平半规管坐标旋转角度 φ_{v} 相同，假设水平半规管坐标系的旋转加速度为 $\ddot{\varphi}_{\mathrm{v}}(t)$，对应的拉普拉斯变换值为 $\ddot{\varphi}_{\mathrm{v}}(s)$，半规管的一级神经纤维输出信号 $\omega_{\mathrm{v}}(t)$（单位为 imp./s）的拉普拉斯变换为 $\Omega_{\mathrm{v}}(s)$，半规管的传递函数可表示为

$$\Omega_{\mathrm{v}}(s)=\frac{g_{\omega}T_{\omega}}{T_{\omega}s+1}\ddot{\phi}_{\mathrm{v}}(s) \tag{6-7}$$

式中，T_{ω} 为时间常数，s；g_{ω} 为半规管的一级神经纤维的冲动频率的变化与头部旋转加速度之间的比例关系，(imp./s)/(rad/s^2)，该参数或称感度[21, 27]。

与半规管类似，椭圆囊和球囊也可以表示为

$$V_{\mathrm{v}x}(s)=\frac{g_{\mathrm{v}}T_{\mathrm{v}}}{T_{\mathrm{v}}s+1}\ddot{X}_{\mathrm{v}}(s) \tag{6-8}$$

$$V_{\mathrm{v}y}(s)=\frac{g_{\mathrm{v}}T_{\mathrm{v}}}{T_{\mathrm{v}}s+1}\ddot{Y}_{\mathrm{v}}(s) \tag{6-9}$$

式中，$V_{\mathrm{v}x}(s)$ 和 $V_{\mathrm{v}y}(s)$ 分别为对应 x 轴方向和 y 轴方向的平移运动的椭圆囊和球囊的输出信号 $v_{\mathrm{v}x}(t)$ 和 $v_{\mathrm{v}y}(t)$（单位为 imp./s）的拉普拉斯变换；T_{v} 为椭圆囊和球囊的时间常数，s；g_{v} 为椭圆囊和球囊的一级神经纤维的冲动频率的变化与头部平移加速度之间的比例关系，(imp./s)/(m/s^2)，该参数或称感度[27]。

从式（6-7）～式（6-9）可以看出，前庭器官的一级神经纤维的信号分别是对旋转及平移加速度的不完全积分，或称漏积分，当时间常数趋于无限大时就是完全积分了。因为生理极限的限制，在生物界的神经运算中的积分都是漏积分，不太可能存在完全积分。因此，虽然这些输出信号都相当于速度信号，但是当头部保持匀速运动时，输出信号就会逐渐消失。

6.3.4 前庭核到运动神经核之间的传递函数

鲁宾逊等发现，前庭核到外展神经核或动眼神经核之间存在不完全积分器（一般称漏积分，即有泄漏的积分器）和直达项[17, 33]，用传递函数表示如下：

$$G_{\mathrm{vm}}(s)=\frac{g_{\mathrm{vmi}}T_{\mathrm{vm}}}{T_{\mathrm{vm}}s+1}+g_{\mathrm{vmd}} \tag{6-10}$$

式中，T_{vm} 为漏积分的时间常数，s；g_{vmi} 和 g_{vmd} 分别为积分通道和直达通道的增益，无单位。

前庭核到运动神经核之间存在神经积分器已经成为常识。Mettens 等主张神经积分器存在于舌下前置核（nucleus prepositus hypoglossi）和前庭内侧核（medial vestibular nucleus）[23]。不过，本书第 4 章已经阐明，每个神经细胞只要具有第Ⅱ种类型的神经递质，就具备积分器的功能[11]。也就是说，不需要有一个专门的神经集团来形成神经积

分器，而是每个神经细胞都有可能构成积分器。当然神经核是相互类似的神经细胞的集团，有积分功能的神经细胞组成的集团也具备积分器功能。

为了在数学上方便解析，本书将前庭核到运动神经核之间神经通路的漏积分时间常数都设定为同一值，其整体可用式（6-10）表示。式（6-10）又可以整理成如下传递函数：

$$G_{\mathrm{vm}}(s) = g_{\mathrm{vm}} T_{\mathrm{vm}} \frac{T_{\mathrm{d}} s + 1}{T_{\mathrm{vm}} s + 1} \tag{6-11}$$

其中，

$$T_{\mathrm{d}} = \frac{g_{\mathrm{vmd}}}{g_{\mathrm{vmi}} T_{\mathrm{vm}} + g_{\mathrm{vmd}}}, \qquad g_{\mathrm{vm}} = g_{\mathrm{vmi}} + \frac{g_{\mathrm{vmd}}}{T_{\mathrm{vm}}}$$

由式（6-11）可以得知，前庭核与动眼神经核之间神经通路的传递函数的极点和零点分别是$-1/T_{\mathrm{vm}}$和$-1/T_{\mathrm{d}}$，而 T_{d} 可以通过调节 g_{vmd} 和 g_{vmi} 进行设定。Cannon 等认为通过设定 T_{d} 可以消除控制对象的极点[15]。**该功能就是后述的控制对象极点消除法**。

6.4　单眼运动控制系统的数学模型及其解析

本书首先从简单的模型构建着手，逐步扩大逐渐复杂化，能用简单模型分析的特性尽量用简单的模型进行分析，以此简化解析步骤，尽快得出有用的结论，也便于读者理解。本节主要通过最简单的单眼模型来分析眼球运动的动态特性和频率特性。

笔者在各种学会中发表各种神经系统的数学模型时，常常被问到的是：“模型中的各种参数与真实的神经系统是否相同？”实话讲，现阶段各种神经通路的传递函数的参数不可能精确地测量出来，但是这并不影响神经系统的数学模型的构建。笔者认为，在神经系统的模型构建中，最重要的是各功能单元之间的神经通路是否存在，其次是该神经通路的性质。这里所说的性质是指，如果该系统是线性系统，该通路的性质是指其是否含有比例要素、积分要素、微分要素或者时延要素等基本运算要素，以及这些要素的组合方式（如并联或串联等）。而代表这些要素作用程度的参数的大小并不重要，因为控制对象的不同，其最佳值也会有所不同。例如，解析 PID 控制系统的特性时，最重要的是反馈回路是否存在，有了反馈环，其控制系统的基本性质就定了，其次是该系统是 P 控制（比例）、PI 控制（比例和积分），还是 PID 控制（比例、积分和微分），至于各要素的参数的最佳值，是根据控制对象的传递函数来反算出来的（这种情况需要控制对象的传递函数已知），或者通过实验调节出来的（试凑法）。笔者将在第 8 章介绍通过自学习的办法设定 PID 的参数，可供有兴趣的读者参考。

6.4.1　单眼运动控制系统的数学模型

所有仿生视觉系统的模型开始于单眼运动控制模型。在分析眼球的各种特性时，为了简便起见，先将另一侧眼睛的影响抛开，进行单独分析。同时，由于小脑与脑干的连接太复杂，而且小脑是以学习控制为主的，因此在解析眼球运动的动态特性和频率特性时也先不考虑。综上，将图 6-5 的眼球运动控制神经系统的一半去掉，再去掉上丘与视觉通道的连接，可以得到如图 6-8 所示的单眼最简化的运动控制神经系统。图 6-8 的神经通路标号与图 6-5 一致。

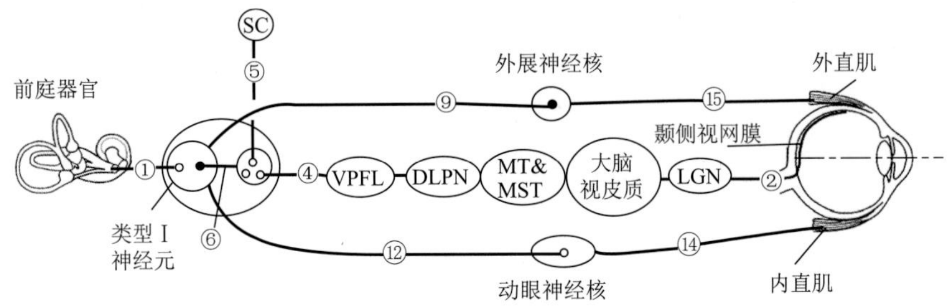

图 6-8　单眼（左眼）运动控制神经系统结构示意图

为了构建单眼的运动控制模型，根据图 3-6 的整体视觉系统坐标系，对照图 3-1，单独将一只眼（左眼）更加细分的标准坐标系设计出来，得到如图 6-9 所示的单眼水平坐标系。其中坐标系 x_{WO}-y_{WO} 是原点与眼窝坐标重合、坐标方向与世界坐标系相同的眼球基础坐标系，以此坐标系为基础，设定固定于眼窝的眼窝坐标系 x_O-y_O 和固定于眼球的眼球坐标系 x_E-y_E，以及视标 T_g 的位置参数。注意，这里为了解析方便，与图 3-6 相同，把图 3-1 的眼球坐标系原点移到了眼窝坐标系的原点上。具体参数设定如下。

φ_o：眼窝坐标系（x_O - y_O）与眼球基础坐标系（x_{WO} - y_{WO}）的偏差角。

φ_t：视标和眼窝坐标系原点连线与世界坐标系 x_{WO} 轴的偏差角，也称视标在世界坐标系的位置。

φ_{et}：眼球视线，即 x_E 轴，与视标的偏差角，也是该眼球的转角误差。

φ_{ot}：视标和眼窝坐标系原点连线与 x_O 轴的偏差角，也是该眼球的目标值。$\varphi_{ot} = \varphi_o - \varphi_t$。

φ_{oe}：眼球坐标系（x_E - y_E）与眼窝坐标系（x_O - y_O）的偏差角，即眼球的转角。$\varphi_{oe} = \varphi_{ot} - \varphi_{et}$。

$\varphi_o(t)$的拉普拉斯变换为$\phi_o(s)$，其他同。

对于单眼模型，首先考虑水平旋转运动控制系统。根据图 6-8 和图 6-9，以及前面章节中的各个器官的数学模型，可以获得如图 6-10 所示的单眼运动控制系统的数学模型。

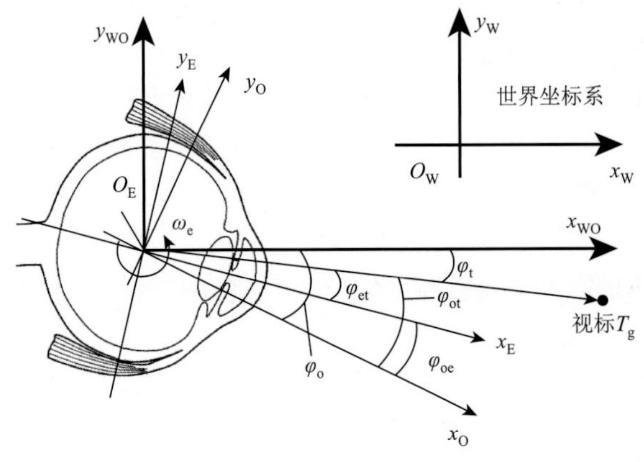

图 6-9　眼球的坐标系设定（图 3-6 的左眼坐标系）

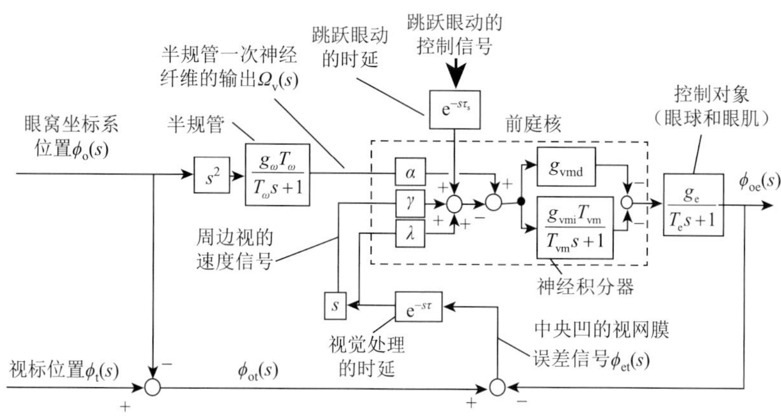

图 6-10　单眼运动控制系统的数学模型[3]

具体步骤如下：

（1）由于半规管坐标系和眼窝坐标系都是固定于头部的坐标系，$\phi_o(s)=\phi_v(s)$，因此半规管的传递函数［式（6-7）］可以改写为

$$\Omega_v(s)=\frac{g_\omega T_\omega}{T_\omega s+1}\ddot{\phi}_o(s)=\frac{g_\omega T_\omega}{T_\omega s+1}s^2\phi_o(s) \tag{6-12}$$

式中，$\Omega_v(s)$为水平半规管一次神经纤维的输出信号，该信号通过前庭神经节以兴奋性神经纤维的方式接入前庭核的类型 I 神经元。根据图 6-7 及式（6-7）的神经核模型，半规管的一次神经纤维与前庭核的结合强度设定为 α。

（2）眼球运动控制系统的控制对象是眼球，控制对象的输出量是眼球的转角 $\phi_{oe}(s)$，目标值是 $\phi_{ot}(s)$，所以控制眼球需要的最基本信息是输出量 $\phi_{oe}(s)$ 与目标值 $\phi_{ot}(s)$ 的误差 $\phi_{et}(s)$。因此，视网膜的信号经过大脑视皮质的处理后最终输入前庭核用于眼球运动控制的信号应该是眼球与视标的误差信号（称为视网膜误差信号）$\phi_{et}(s)$，以及视标在视网膜投影的速度信号（称为视网膜滑动信号）。生物学里讲的视网膜滑动信号是指投射到视网膜的影像相对于视网膜的移动速度信号，在头部运动时，环境的影像全体都会在视网膜上产生滑动，以此诱发视机性反射，起到稳像的作用。

在此模型中暂且将视网膜滑动信号设定为视标的速度信号，即 $\phi_{et}(s)$ 的微分 $s\phi_{et}(s)$。因视觉处理的时间较长，模型中考虑了时延项 $e^{-s\tau}$。视觉信号以兴奋性神经纤维的方式接入到前庭核的类型 II 神经元，速度信号和误差信号与前庭核的结合强度分别设定为 γ 和 λ。类型 II 神经元又以抑制性神经纤维的方式连接到类型 I 神经元。类型 II 神经元与类型 I 神经元的结合强度可以通过 γ 和 λ 来表现，这里就不再追加了。

（3）根据 6.3.4 节中式（6-10）描述的前庭核到运动神经核之间的传递函数，可以将直达项和神经积分器并列设置于前庭核模型和眼球模型中间（神经积分器可以归类于前庭核的功能）。由于前庭核至外展神经核的神经纤维是抑制性的，而前庭核至动眼神经核的神经纤维是兴奋性的，因此前庭核发出的正信号所产生的眼球旋转运动与图 6-9 所设置的眼球坐标系的正旋转方向相反，直达项和神经积分器与控制对象模型间的连接为负。

（4）由于内直肌和外直肌的作用相同，将两者功能合并在一起，即设 $C_m=-C_l$，

$g_e = C_m(g_l + g_m)$，式（6-5）的控制对象（眼球和眼肌）的传递函数归纳后放入了图 6-10 的单眼运动控制系统模型。

由于前庭核至运动神经核的直达项和积分器可以归纳成式（6-11），如果 $T_d = T_e$，就会产生 $(T_d s+1)$ 抵消掉控制对象的分母 $(T_e s+1)$ 的效果，让积分器的极点代替控制对象的极点。由于积分器的极点可以任意设置，所以可以产生良好的控制效果[15]。

进一步地，把图 6-10 的重复增益去掉，就可以得到简化的单眼运动控制系统模型，如图 6-11 所示。为了模仿人眼的视动性眼振，当眼球转角超过角度 $\mathrm{Max}(\varphi_{oe})$（模拟实验中设置为 20°）时，通过跳跃型眼动回跳，图 6-11 在前庭核中加入了来自上丘的跳跃型眼动信号。由于这里不讨论跳跃型眼动的控制信号生成原理，只为了在模拟实验中让眼球反跳，因此跳跃型眼动信号是通过控制对象的反系统自动生成的。图中的 $E(s)$表示模拟实验设定的眼球回跳轨迹 $\varepsilon(t)$ 的拉普拉斯变换。关于跳跃型眼动信号在上丘的生成原理，将在第 7 章单独论述。

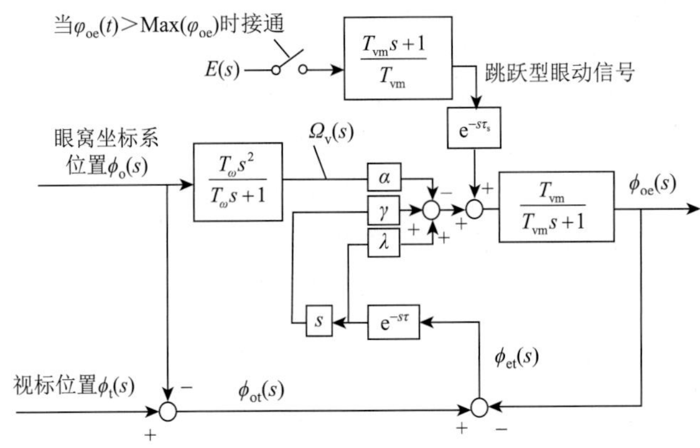

图 6-11　单眼运动控制系统的简化模型[3]

图 6-11 可以得到下列输入输出关系：

$$\phi_{oe}(s)=\frac{T_{vm}}{T_{vm}s+1}\left[-\alpha\frac{T_\omega s^2}{T_\omega s+1}\phi_o(s)+(\gamma s+\lambda)e^{-s\tau}\phi_{et}(s)\right] \tag{6-13}$$

因为，

$$\phi_{et}(s)=\phi_{ot}(s)-\phi_{oe}(s) \tag{6-14}$$

将式（6-14）代入式（6-13）可得

$$\begin{aligned}\phi_{oe}(s)=&\frac{-\alpha T_{vm}T_\omega s^2}{(T_\omega s+1)\left[(1+\gamma e^{-s\tau})T_{vm}s+\lambda T_{vm}e^{-s\tau}+1\right]}\phi_o(s)\\&+\frac{T_{vm}(\gamma s+\lambda)e^{-s\tau}}{(1+\gamma e^{-s\tau})T_{vm}s+\lambda T_{vm}e^{-s\tau}+1}\phi_{ot}(s)\end{aligned} \tag{6-15}$$

式（6-15）的第一项代表当视标相对头部固定，即 $\varphi_{ot}(t)=0$ 时，眼球位置对于头部旋转时的响应特性。第二项是当头部静止，即 $\varphi_o(t)=0$ 时，视标相对于头部（眼窝坐标系）旋转运动时眼球位置的响应。由于，

$$\phi_{\mathrm{ot}}(s)=\phi_{\mathrm{t}}(s)-\phi_{\mathrm{o}}(s) \tag{6-16}$$

将式（6-16）代入式（6-15）可得

$$\begin{aligned}\phi_{\mathrm{oe}}(s)=&-\frac{T_{\mathrm{vm}}T_{\omega}(\alpha+\gamma \mathrm{e}^{-s\tau})s^2+T_{\mathrm{vm}}(\gamma+\lambda T_{\omega})\mathrm{e}^{-s\tau}s+\lambda T_{\mathrm{vm}}\mathrm{e}^{-s\tau}}{(T_{\omega}s+1)\left[(1+\gamma \mathrm{e}^{-s\tau})T_{\mathrm{vm}}s+\lambda T_{\mathrm{vm}}\mathrm{e}^{-s\tau}+1\right]}\phi_{\mathrm{o}}(s)\\&+\frac{T_{\mathrm{vm}}(\gamma s+\lambda)\mathrm{e}^{-s\tau}}{(1+\gamma \mathrm{e}^{-s\tau})T_{\mathrm{vm}}s+\lambda T_{\mathrm{vm}}\mathrm{e}^{-s\tau}+1}\phi_{\mathrm{t}}(s)\end{aligned} \tag{6-17}$$

式（6-17）的第一项代表当视标静止时，头部运动对眼球位置的影响；第二项表示当头部静止时视标的旋转对眼球位置的影响。

6.4.2　眼球运动控制系统的动态特性分析

将眼球运动模型的数学模拟实验与生理实验数据进行比较以确认数学模型的正确性，再通过数学模型进行生理实验无法实现的模拟实验来加深对眼球运动控制系统的理解。图 3-8 是虚拟眼球运动诱发装置，也是生理实验的理想装置，很多生理眼球运动实验用的是类似装置。本节通过该虚拟实验装置对上述眼球运动的数学模型进行眼球运动控制系统的动态特性模拟。图 3-8 所示实验装置的具体组成如下。

（1）一套可按控制指令旋转的转筒：转筒的里侧有连续不断的重复图案，可以供实验对象注视和跟踪。转筒内部有照明，以确保实验对象可以看到转筒内侧的图案。同时，确保当关掉照明时环境全黑，肉眼无法看到周围任何物体。

（2）一套可按控制指令旋转的转台：转台中央固定有供实验对象坐的椅子，椅子上有固定实验对象头部的装置，以确保头部相对转台不动，同时眼睛可以**正视**转筒内侧的图案。

（3）另外还具备测量眼球转角和转速的装置。

图 3-8 所示装置的理想坐标系状态如图 6-12 所示，即转台的转轴 z_{B}、视觉刺激转筒的转轴 z_{D} 与眼窝坐标系的纵轴 z_{O} 重合。也就是说，所有上述坐标系的 z 轴都垂直于图 6-12 的眼窝坐标系（x_{O} - y_{O}）所在平面，也垂直于转台平面。

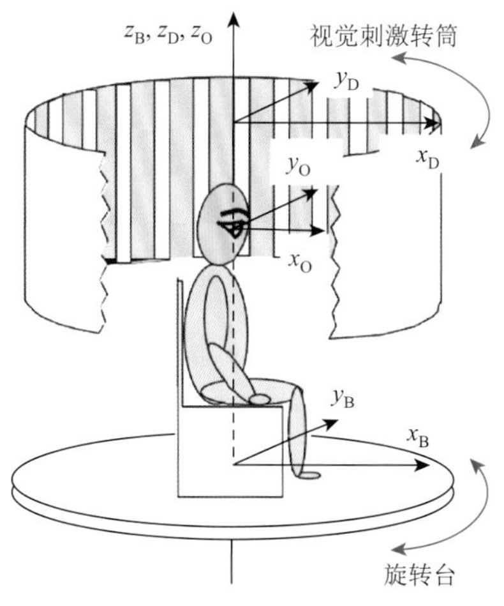

图 6-12　理想眼球运动生理实验装置（对应图 3-8）

1. 前庭眼反射的动态特性

将图 6-12 所示实验装置的照明关掉，让实验对象完全看不到转筒上的图案和周围任何物体。这时旋转转台，眼球就会产生纯粹的前庭眼反射运动。由于没有视觉反馈，相当于 $\varphi_{\mathrm{et}}(t)=0$，根据式（6-13）可以得到

$$\phi_{\mathrm{oe}}(s)=\frac{-\alpha T_{\mathrm{vm}}T_{\omega}s^2}{(T_{\mathrm{vm}}s+1)(T_{\omega}s+1)}\phi_{\mathrm{o}}(s) \tag{6-18}$$

转台的转速设定是：在开始的 0.1s 以 $500(°)/s^2$ 的加速度加速，然后以 50(°)/s 的恒定速度旋转 20s，再以 $-500(°)/s^2$ 的加速度减速 0.1s 至停止。

根据一些生理实验的数据和控制学经验[3, 15]，式（6-18）的传递函数的参数设定为：$\alpha=1$、$T_{\omega}=15\mathrm{s}$、$T_{\mathrm{vm}}=16\mathrm{s}$。将式（6-18）进行拉普拉斯逆变换，再根据图 6-11 模型的跳跃眼动的触发条件 $\mathrm{Max}(\varphi_{\mathrm{oe}})=20°$，就可以得到如图 6-13 所示的眼球运动轨迹。

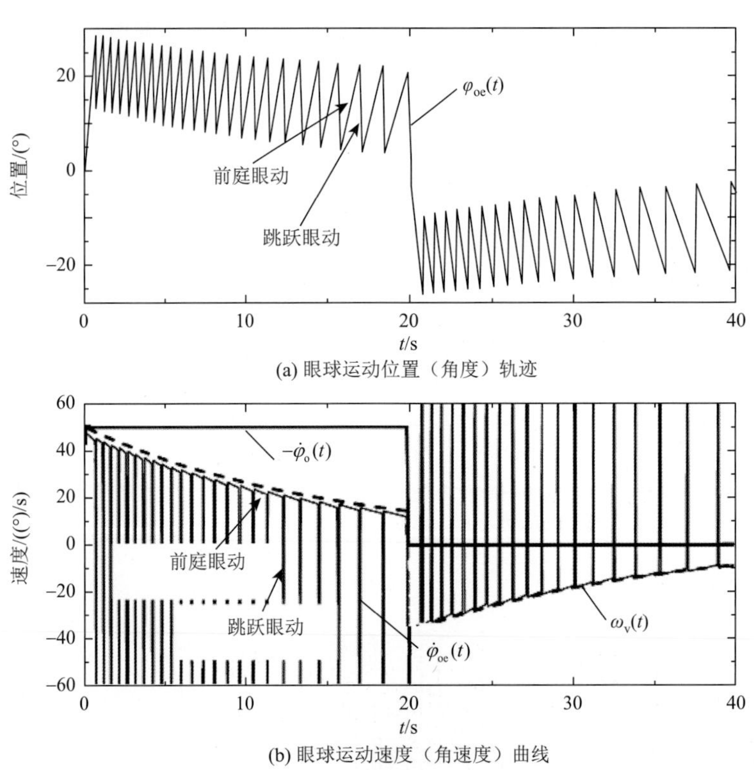

图 6-13 眼球运动控制系统数学模型的前庭眼反射的动态特性
（关灯情况下旋转旋转台时的眼球运动特性）[3]

由图 6-13 可以看到，在头部运动初期，眼球的运动速度与头部的运动速度相同（方向相反），但随着时间的推移，眼球运动速度逐渐下降，最终会趋于 0。这是因为前庭器半规管的输出信号是头部加速度信号的漏积分，以及前庭核到运动神经核之间的神经积分器也是漏积分所致。正因为半规管的输出是头部旋转加速度的漏积分，所以当头部旋转到一定时间后突然停止，半规管会得出头部向反方向旋转的错误信号，导致

眼球不但没有停止，而且向反方向旋转。这也是当人在原地旋转一段时间停下来后，会站不稳的原因。图 6-13 所示前庭眼反射的动态特性和生理学实验的结果（图 6-14）[15] 基本相同。

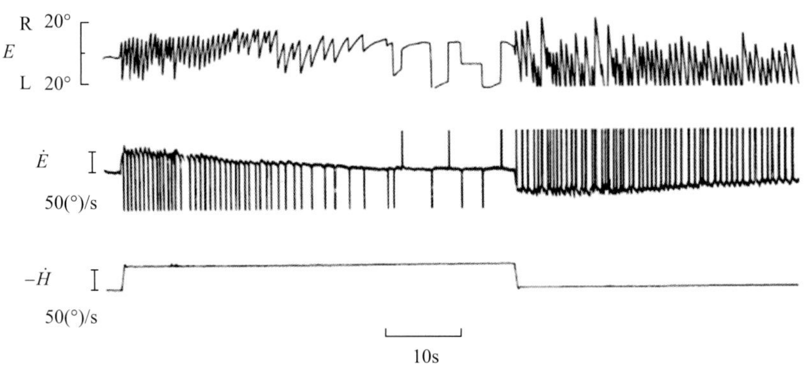

图 6-14　猕猴的前庭眼反射的动态特性生理实验[15, 33]

正常猕猴在完全黑暗中整体旋转期间记录：E 是眼球的转角；$\dot{E}$ 是眼球转速；$\dot{H}$ 是头部转速

2. 视觉反馈控制的动态特性

当固定住旋转台，在可视条件下旋转视觉刺激转筒时，眼球运动来自视网膜信号的作用。因为此时 $\varphi_{\text{o}}(t)=0$，根据式（6-17）可得到如下传递函数：

$$\phi_{\text{oe}}(s)=\frac{T_{\text{vm}}(\gamma s+\lambda)\mathrm{e}^{-s\tau}}{(1+\gamma\mathrm{e}^{-s\tau})T_{\text{vm}}s+\lambda T_{\text{vm}}\mathrm{e}^{-s\tau}+1}\phi_{\text{t}}(s) \tag{6-19}$$

转筒的转速与图 6-13 的转台设定相同：在开始的 0.1s 以 500(°)/s^2 的加速度加速，然后以 50(°)/s 的恒定速度旋转 20s，再以−500(°)/s^2 的加速度减速 0.1 s 至停止。

式（6-19）的参数设定为：$\gamma=0.5$、$\lambda=0.002$、$T_{\text{vm}}=16\text{s}$、$\tau=0.12\text{s}$。将式（6-19）进行拉普拉斯逆变换，再根据图 6-11 模型的跳跃眼动的触发条件，就可以得到如图 6-15 所示的眼球运动轨迹。

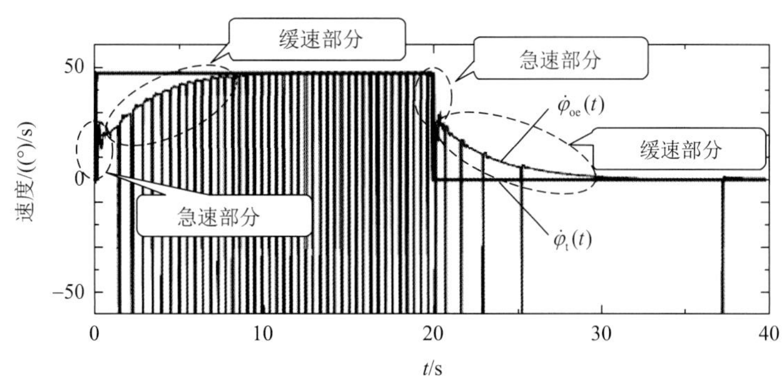

图 6-15　视动性眼震（固定转台，旋转转筒时的眼球运动特性）（$\alpha=0,\gamma=0.5,\lambda=0.002$）[3]

由图 6-15 可以看出，视动性眼震，即视觉反馈引起的眼球运动可以分为两个部分的特性，一部分是当转筒旋转后眼球运动速度急速上升的运动特性，另一部分是缓慢上升逐渐接近转筒速度的运动特性。该特性不仅是人类拥有的，在绝大部分的哺乳类动物中也都存在，用猕猴做的生理眼动实验如图 6-16 所示[34]。

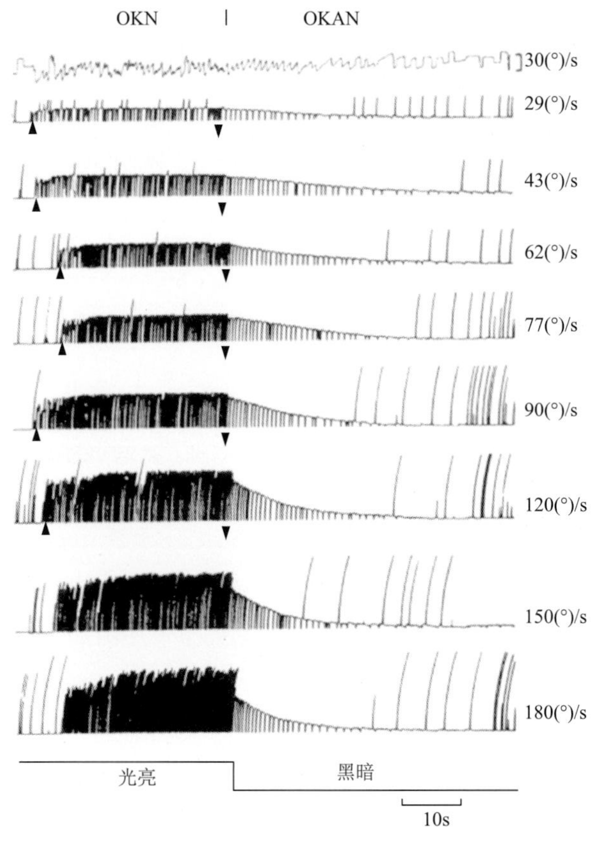

图 6-16 生理实验中视动性眼震的急速部分和缓速部分的情况[34]

转筒旋转速度为 29～180(°)/s 时分别诱发的视动性眼震（OKN）和视动性后遗眼震（optokinetic after-nystagmus，OKAN）的慢相速度。水平眼电图（electrooculogram，EOG）和慢相速度轨迹均显示为 29(°)/s 的刺激。对于其他刺激，仅显示低相速度轨迹。箭头显示刺激的开始和结束。在 OKN 期间，速度开始快速上升，随后缓慢上升至稳态水平。在 OKAN 开始时，慢相速度开始下降，随后缓慢下降至零。OKAN 期间的下降率随着刺激速度的增加而增加。速度轨迹的校准由稳态 OKN 速度的振幅给出，假设该振幅近似等于刺激速度的振幅

急速部分和缓速部分的这种现象其实在自动控制领域非常好解释。从结论上来讲，就是急速部分是速度反馈的动态特性，而缓速部分是误差反馈的动态特性。由于视动性眼震的潜伏期为 50～100ms，快于平滑眼动的 125ms 的潜伏期，因此可以断定它们的控制信号来自不同的系统。笔者认为急速部分的速度反馈信号来自视网膜周边视（视杆细胞），而缓速部分的误差信号来自视网膜的中央凹（视锥细胞）。这是因为来自周边视的视神经纤维较粗，而来自中央凹的视神经纤维较细，第 4 章中提到过，神经纤维越粗，信号传递速度越快，所以周边视的信息传递速度大于中心视。

虽然生理学实验无法将急速部分和缓速部分分离开，但眼球运动模型却很容易做到。可以通过设定图 6-11 所示模型中的误差信号回路增益 $\lambda = 0$ 来模拟切断来自中央凹的视

觉误差信号，得到急速部分的特性（图 6-17），也可以通过设定 $\gamma = 0$ 来模拟切断来自周边视的视觉对象速度信息，从而得到只有缓速部分的眼球运动特性（图 6-18）。该模拟实验中 λ 的设定数字偏小，目的是让缓速部分的特点更明显一些，正常情况下，λ 大一些，控制效果会更好。

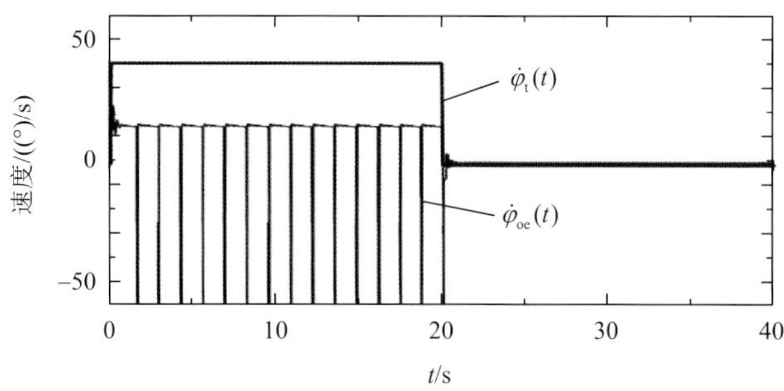

图 6-17　急速部分的眼球运动特性（切断视觉误差反馈信号回路）（ $\alpha = 0, \gamma = 0.5, \lambda = 0$ ）[3]

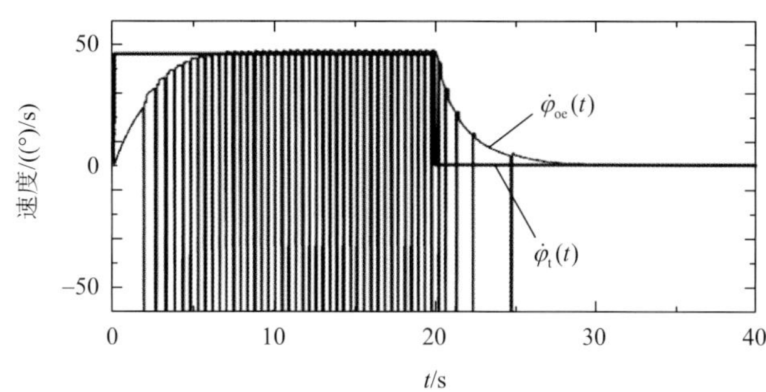

图 6-18　缓速部分的眼球运动特性（切断视觉速度反馈信号的回路）（ $\alpha = 0, \gamma = 0.5, \lambda = 0.002$ ）[3]

由图 6-17 可以看出，没有了视觉误差信号，眼球运动虽然可以快速反应，但与视标会一直保持较大的误差。而图 6-18 显示，如果没有速度反馈信息，反应速度会变慢，但视线与视标的速度误差会逐渐减少最终接近于 0。

3. 视觉信号和前庭信号同时作用时的动态特性

当将图 6-12 的转筒固定，在开灯情况下旋转转台时，就会产生平滑眼动、视动反应和前庭眼反射共同作用的最佳眼球运动控制条件。最佳条件是指因转筒固定，前庭器获得的头部运动信息与视觉获得的信息完全一致，不会产生眩晕现象。

转台的旋转速度设置与前述前庭眼反射实验相同：在开始的 0.1s 以 500(°)/s^2 的加速度加速，然后以 50(°)/s 的恒定速度旋转 20s，再以−500(°)/s^2 的加速度减速 0.1s 至停止。

转筒固定相当于 $\varphi_t(t) = 0$（设眼球注视的视标在初始位置），根据式（6-17）可得到如下方程式：

$$\phi_{oe}(s) = -\frac{T_{vm}T_{\omega}(\alpha + \gamma e^{-s\tau})s^2 + T_{vm}(\gamma + \lambda T_{\omega})e^{-s\tau}s + \lambda T_{vm}e^{-s\tau}}{(T_{\omega}s+1)\left[(1+\gamma e^{-s\tau})T_{vm}s + \lambda T_{vm}e^{-s\tau} + 1\right]}\phi_o(s) \qquad (6\text{-}20)$$

式（6-20）的各参数与前述参数设定基本相同：$\alpha=1$、$\gamma=0.5$、$\lambda=0.01$、$T_{\omega}=15\text{s}$、$T_{\text{vm}}=16\text{s}$、$\tau=0.12\text{s}$[3, 15]，只是视觉误差反馈的增益λ的数值比 6.4.2 节的 2.增大，目的是提高控制精度和效果。

将式（6-20）进行拉普拉斯逆变换，可以得到如图 6-19 所示的眼球运动特性。由图 6-19 可以看出，在这种条件下，视觉跟踪效果最佳，眼球旋转速度与转筒视标的相对速度几乎完全相同。

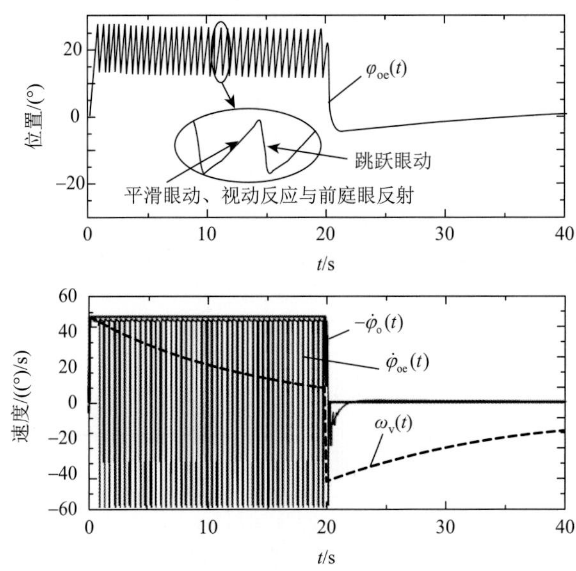

图 6-19 平滑眼动、视动反应和前庭眼反射共同作用下的眼球运动特性（开灯情况下固定转筒，旋转转台时的眼球运动特性）[3]

4. 前庭眼反射的副作用

当转台和转筒以相同的速度旋转时，转筒上的图标与实验对象的头部相对静止，原本不需要眼球运动，但是由于前庭器官的信号影响，实验对象的眼球也会产生不必要的运动。这种情况生理学实验也有所验证，而且长时间的实验会使实验对象产生眩晕甚至呕吐。利用图 6-11 所示的眼球运动控制模型，也可以模拟这种情况。由于转筒和转台相对静止，相当于$\varphi_{\text{ot}}(t)=0$，根据式（6-15）可得

$$\phi_{\text{oe}}(s)=\frac{-\alpha T_{\text{vm}}T_{\omega}s^{2}}{(T_{\omega}s+1)\left[(1+\gamma \mathrm{e}^{-s\tau})T_{\text{vm}}s+\lambda T_{\text{vm}}\mathrm{e}^{-s\tau}+1\right]}\phi_{\text{o}}(s) \qquad (6\text{-}21)$$

转台和转筒的旋转速度设定与前面的模拟实验相同，参数设定也相同。式（6-21）的模拟实验结果如图 6-20 所示。该图显示，转筒和转台在旋转期间和停止期间，眼球各有一次转角超过±20°，发生了跳跃眼动。在转筒和转台旋转初期，眼球的转速一度接近转台的转速，但随后在视觉反馈控制的作用下迅速把眼球运动速度降了下来。这种现象在生理学实验的研究中也有所记录[34]。

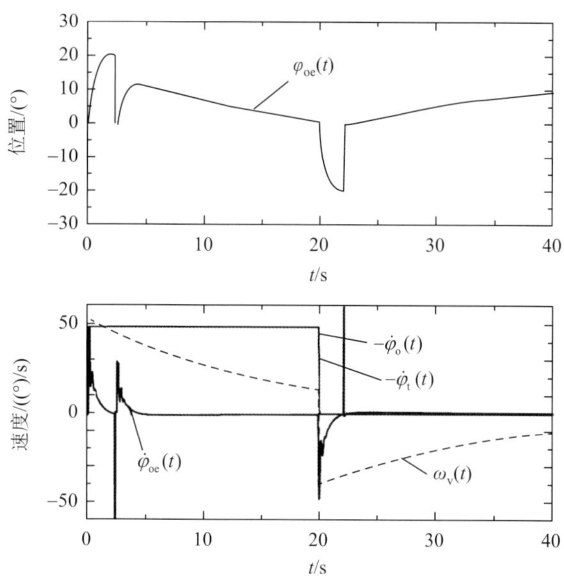

图 6-20　前庭眼反射的副作用（当转筒和转台以相同速度旋转时的眼球运动特性）[3]

由于前庭眼反射的潜伏期是所有眼球运动中最短的（约 13ms），因此在前庭眼反射动作开始时，视觉反馈控制的作用尚未开始显现，这也是最初的眼球运动速度迅速上升的原因之一。

人类的视野很广（接近 180°），在一般情况下，都可以观察到真实的自然环境，所以很少会产生像图 6-20 这样的情况。只有当视野被封闭到汽车、火车、轮船、飞机等人工物体中时才有可能产生视觉信息与前庭信息矛盾的现象。这也是产生晕车、晕船等现象的原因。

需要注意的是，笔者认为只有周边视信息和前庭信息不一致时才有可能产生眩晕现象。用中心视看运动的物体，例如，追踪一只飞鸟，尽管头部也运动，但不会产生眩晕现象。这也是解决大型屏幕和头戴显示器眩晕问题的关键。简单地讲，当在周边视里加一个固定于世界坐标系的虚拟视标时，就会大大缓解眩晕的问题。

当转动头部去追踪视标时，颈眼反射和前庭眼反射有一个微妙的平衡问题，这里先不进一步讨论，在后面讨论机器视觉系统时再通过实验详细解释。

6.4.3　眼球运动控制系统的频率特性分析

本节通过分析眼球运动控制系统模型的频率特性，来进一步说明平滑眼动、视动反应、前庭眼反射等各种眼球运动在视觉功能中所扮演的角色和相互间的关系。频率响应分析用的模型与图 6-11 基本相同，但去掉了跳跃眼动的输入和时延项。简化后的模型如图 6-21 所示，该系统的输入输出关系如下：

$$\phi_{oe}(s) = -\frac{T_{vm}T_{\omega}(\alpha+\gamma)s^2 + T_{vm}(\gamma+\lambda T_{\omega})s + \lambda T_{vm}}{(T_{\omega}s+1)\left[(1+\gamma)T_{vm}s + \lambda T_{vm} + 1\right]}\phi_o(s) + \frac{T_{vm}(\gamma s+\lambda)}{(1+\gamma)T_{vm}s + \lambda T_{vm} + 1}\phi_t(s) \quad (6\text{-}22)$$

式（6-22）的各参数设定与前面的模拟实验相同（特别设定会加以说明）：$\alpha=1$、$\gamma=0.5$、$\lambda=0.01$、$T_\omega=15\text{s}$、$T_{\text{vm}}=16\text{s}$。

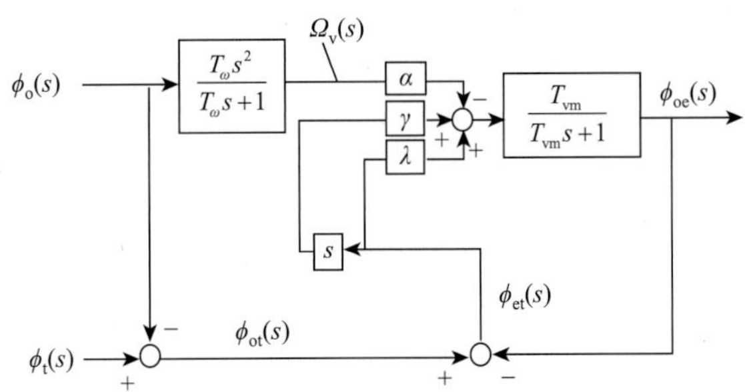

图 6-21 用于频率分析的单眼运动控制系统模型[3]

1. 前庭眼反射的频率特性分析

当只考虑前庭眼反射时，可以将图 6-21 的视觉反馈信息消除掉，即设 $\gamma=0$、$\lambda=0$，根据式（6-22）可以得到

$$\phi_{\text{oe}}(s)=-\frac{T_{\text{vm}}T_\omega\alpha s^2}{(T_\omega s+1)(T_{\text{vm}}s+1)}\phi_{\text{o}}(s) \tag{6-23}$$

将 $s=\text{j}\omega$ 代入式（6-23），便可以得到传递函数的频率特性：

$$\frac{\phi_{\text{oe}}(\text{j}\omega)}{-\phi_{\text{o}}(\text{j}\omega)}=\frac{-\alpha T_{\text{vm}}T_\omega\omega^2}{(T_\omega\text{j}\omega+1)(T_{\text{vm}}\text{j}\omega+1)} \tag{6-24}$$

将式（6-24）整理后可得

$$\frac{\phi_{\text{oe}}(\text{j}\omega)}{-\phi_{\text{o}}(\text{j}\omega)}=\frac{\alpha\omega^2}{\left(\frac{1}{T_\omega^2}+\omega^2\right)\left(\frac{1}{T_{\text{vm}}^2}+\omega^2\right)}\left[\left(\omega^2-\frac{1}{T_\omega T_{\text{vm}}}\right)+\left(\frac{1}{T_\omega}+\frac{1}{T_{\text{vm}}}\right)\text{j}\omega\right] \tag{6-25}$$

由于前庭眼反射的头部运动与眼球运动相反，为了与后面的视觉反馈特性进行比较，式（6-25）采用 $-\phi(\text{j}\omega)$ 作为频率传递函数的分母。

从式（6-25）可以得到频率响应的增益和相位函数：

$$\begin{aligned}G(\omega)&=\left|\frac{\phi_{\text{oe}}(\text{j}\omega)}{-\phi_{\text{o}}(\text{j}\omega)}\right|\\&=\frac{\alpha\omega^2}{\left(\frac{1}{T_\omega^2}+\omega^2\right)\left(\frac{1}{T_{\text{vm}}^2}+\omega^2\right)}\sqrt{\left(\omega^2-\frac{1}{T_\omega T_{\text{vm}}}\right)^2+\left(\frac{1}{T_\omega}+\frac{1}{T_{\text{vm}}}\right)^2\omega^2}\end{aligned} \tag{6-26}$$

$$\theta(\omega)=\arctan\left[\frac{\left(\frac{1}{T_\omega}+\frac{1}{T_{\text{vm}}}\right)\omega}{\omega^2-\frac{1}{T_\omega T_{\text{vm}}}}\right]=\arctan\left[\frac{(T_{\text{vm}}+T_\omega)\omega}{T_\omega T_{\text{vm}}\omega^2-1}\right] \tag{6-27}$$

由式（6-25）和式（6-27）可以得到图 6-22，即前庭眼反射的频率特性[3]。

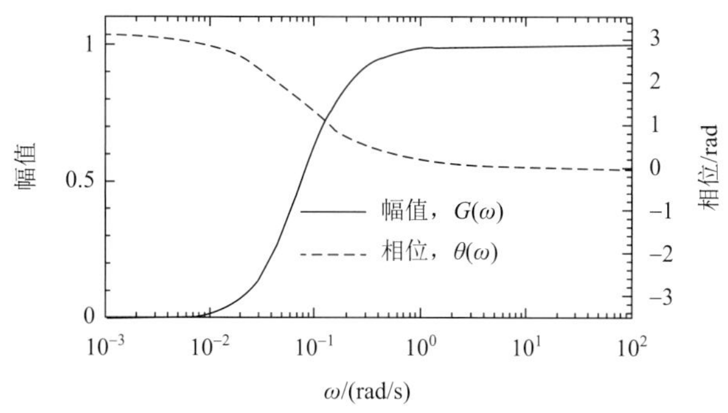

图 6-22　前庭眼反射的频率特性[3]

由图 6-22 可以看出，前庭眼反射在接近低频时，幅值逐渐趋于 0，相位差趋于 3.14rad（180°），但接近高频时，幅值逐渐趋于 1，相位差趋于 0rad。幅值为 0 表示眼球对于头部运动没有反应。由于 $\phi_{oe}(j\omega)$ 与 $-\phi(j\omega)$ 的相位差为 180°等同于 $\phi_{oe}(j\omega)$ 与 $\phi(j\omega)$ 的相位是 0rad，表示眼球的运动与头部完全在同一相位上运动，这个状态也是表示眼球对于头部的运动没有反应。相反，幅值为 1 表示眼球对于头部运动的幅度相同。$\phi_{oe}(j\omega)$ 与 $-\phi(j\omega)$ 的相位差为 0rad 表示眼球的运动与头部完全相反，这个状态表示眼球对于头部的运动速度相同，方向相反，完全补偿掉了头部运动引起的视线偏移。更简洁地讲就是，**前庭眼反射在低频时作用小，在高频时效果明显**。

2. 视动性眼球运动的频率特性分析

当只考虑视动反应时，可以将图 6-21 的前庭信息和中心视的视标误差信息消除掉，即假设 $\alpha=0$、$\lambda=0$，根据式（6-22）可以得到如下方程式：

$$\phi_{oe}(s)=\frac{\gamma T_{vm}s}{(1+\gamma)T_{vm}s+1}\left[\phi_t(s)-\phi_o(s)\right]=\frac{\gamma T_{vm}s}{(1+\gamma)T_{vm}s+1}\phi_{ot}(s) \tag{6-28}$$

将 $s=j\omega$ 代入式（6-28），便可以得到传递函数的频率特性：

$$\frac{\phi_{oe}(j\omega)}{\phi_{ot}(j\omega)}=\frac{\gamma T_{vm}j\omega}{(1+\gamma)T_{vm}j\omega+1} \tag{6-29}$$

将式（6-29）整理后可得

$$\frac{\phi_{oe}(j\omega)}{\phi_{ot}(j\omega)}=\frac{\gamma\omega}{(1+\gamma)^2\omega^2+1/T_{vm}^2}\left[(1+\gamma)\omega+\frac{1}{T_{vm}}j\right] \tag{6-30}$$

由式（6-30）可以得到图 6-23 的频率特性。

由图 6-23 可以看出，视动反应的相位特性与前庭眼反射很接近，都是在高频时效果比较好，即幅值变大，相位差趋于 0rad，而低频时幅值小，相位差较大。当 $\gamma=1$ 时最大幅值为 0.5，增大 γ 可以提高幅值。视动反应在不利用前庭器官的情况下，某种程度上起到了前庭器的效果。另外，生理学的实验证明，在前庭器官损伤后，患者的视动反应能力会通过自适应学习明显增强，即 γ 的数值会变大，说明了视动反应对前庭反射的代偿作用[35, 36]。

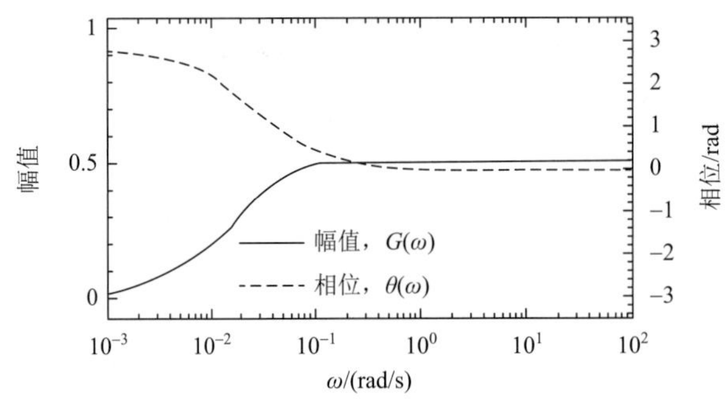

图 6-23 视动反应的频率特性[3]

视动反应的关键参数γ也不是越大越好，当γ过大时副作用也会显现出来。这里讲的副作用是指，由于视动反应是周边视野的运动信息对眼球的速度反馈控制，当视动反应功能过强时，会影响中心视对视标的跟踪功能，即眼球对小物体的追踪能力变弱。也就是说当视动反应能力过强时，平滑眼动能力可能会变差。更好的办法也许是，**当眼球在追踪目标时，主动去抑制视动反应控制环，但是这种操作需要控制系统具有较高的视觉处理能力，即背景分离能力（参考 9.5.5 节和 14.2.3 节）**。

3. 平滑型眼球运动的频率特性分析

当只考虑平滑眼动时，可以将图 6-21 的前庭信息和周边视信息消除掉，即假设$\varphi_{\mathrm{o}}(t)=0$、$\alpha=0$、$\gamma=0$，根据式（6-22）可以得到如下方程式：

$$\phi_{\mathrm{oe}}(s)=\frac{\lambda T_{\mathrm{vm}}}{T_{\mathrm{vm}}s+\lambda T_{\mathrm{vm}}+1}\phi_{\mathrm{t}}(s) \tag{6-31}$$

将$s=\mathrm{j}\omega$代入式（6-31）便可以得到平滑眼动的频率特性：

$$\frac{\phi_{\mathrm{oe}}(s)}{\phi_{\mathrm{t}}(s)}=\frac{\lambda}{(\lambda+1/T_{\mathrm{vm}})^2+\omega^2}\left(\lambda+\frac{1}{T_{\mathrm{vm}}}-\mathrm{j}\omega\right) \tag{6-32}$$

根据式（6-32），可以得到频率特性如图 6-24 所示。图 6-24 显示，平滑眼动的动态特性与前庭眼反射及视动反应正好相反，即对于低频运动视标呈现幅值趋于 1，相位差趋于 0rad 的理想状态，而对于高频运动的视标，幅值越来越小，相位差越来越大。更简洁地说，就是**平滑眼动在低频时效果好，在高频时效果减弱甚至消失**。

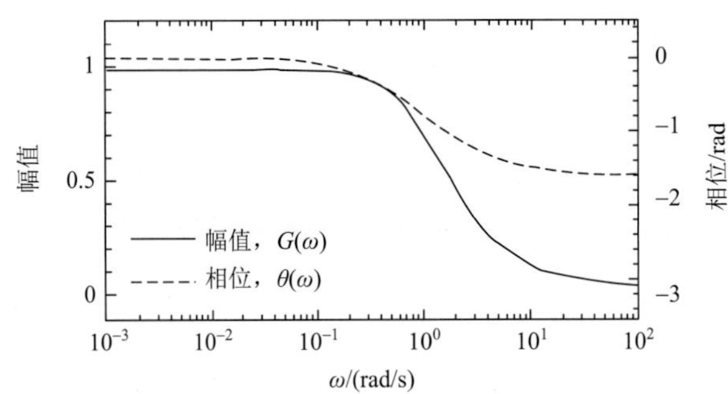

图 6-24 平滑眼动的频率特性[3]

从平滑眼动和视动反应的频率特性可以看出，视觉误差反馈控制的特性和视觉速度反馈控制的特性完全不同，这也是笔者要将这两种在生理学实验中很难分离的运动类型分离开来，分别命名为平滑眼动（smooth pursuit）和视动反应（optokinetic response）的原因。

4. 眼球运动全系统的频率特性分析

本小节讨论眼球运动全系统的频率特性，也就是在理想状态和理想环境下的眼球运动特性。将图 6-12 所示实验设备中的转筒固定，只旋转转台，这样前庭器获得的信息和视觉（中心视和周边视）获得的信息完全相同，得到最理想的视觉环境，就像骑着马看山川大地的景色。

在上述条件下，相当于 $\phi_{\mathrm{t}}(s)=0$，根据式（6-22）可得如下传递函数：

$$\phi_{\mathrm{oe}}(s)=-\frac{T_{\mathrm{vm}}T_{\omega}(\alpha+\gamma)s^2+T_{\mathrm{vm}}(\gamma+\lambda T_{\omega})s+\lambda T_{\mathrm{vm}}}{(T_{\omega}s+1)\left[(1+\gamma)T_{\mathrm{vm}}s+\lambda T_{\mathrm{vm}}+1\right]}\phi_{\mathrm{o}}(s) \tag{6-33}$$

将 $s=\mathrm{j}\omega$ 代入式（6-33）便可以得到频率特性：

$$\frac{\phi_{\mathrm{oe}}(\mathrm{j}\omega)}{-\phi_{\mathrm{o}}(\mathrm{j}\omega)}=\frac{-T_{\mathrm{vm}}T_{\omega}(\alpha+\gamma)\omega^2+T_{\mathrm{vm}}(\gamma+\lambda T_{\omega})\mathrm{j}\omega+\lambda T_{\mathrm{vm}}}{(T_{\omega}\mathrm{j}\omega+1)\left[(1+\gamma)T_{\mathrm{vm}}\mathrm{j}\omega+\lambda T_{\mathrm{vm}}+1\right]} \tag{6-34}$$

将式（6-34）整理可得

$$\frac{\phi_{\mathrm{oe}}(\mathrm{j}\omega)}{-\phi_{\mathrm{o}}(\mathrm{j}\omega)}=\frac{\lambda T_{\mathrm{vm}}-T_{\mathrm{vm}}T_{\omega}(\alpha+\gamma)\omega^2+T_{\mathrm{vm}}(\gamma+\lambda T_{\omega})\mathrm{j}\omega}{\lambda T_{\mathrm{vm}}+1-(1+\gamma)T_{\mathrm{vm}}T_{\omega}\omega^2+(\lambda T_{\mathrm{vm}}T_{\omega}+T_{\omega}+T_{\mathrm{vm}}+\gamma T_{\mathrm{vm}})\mathrm{j}\omega} \tag{6-35}$$

假设，

$$\left.\begin{aligned}A(\omega)&=\lambda T_{\mathrm{vm}}+1-(1+\gamma)T_{\mathrm{vm}}T_{\omega}\omega^2\\B(\omega)&=\lambda T_{\mathrm{vm}}T_{\omega}+T_{\omega}+T_{\mathrm{vm}}+\gamma T_{\mathrm{vm}}\\C(\omega)&=\lambda T_{\mathrm{vm}}-T_{\mathrm{vm}}T_{\omega}(\alpha+\gamma)\omega^2\\D(\omega)&=T_{\mathrm{vm}}(\gamma+\lambda T_{\omega})\end{aligned}\right\} \tag{6-36}$$

式（6-35）可以整理如下：

$$\begin{aligned}\frac{\phi_{\mathrm{oe}}(\mathrm{j}\omega)}{-\phi_{\mathrm{o}}(\mathrm{j}\omega)}&=\frac{\left[A(\omega)-B(\omega)\mathrm{j}\omega\right]\left[C(\omega)+D(\omega)\mathrm{j}\omega\right]}{\left[A(\omega)-B(\omega)\mathrm{j}\omega\right]\left[A(\omega)+B(\omega)\mathrm{j}\omega\right]}\\&=\frac{A(\omega)C(\omega)+B(\omega)D(\omega)\omega^2+\left[A(\omega)D(\omega)-B(\omega)C(\omega)\right]\mathrm{j}\omega}{A^2(\omega)+B^2(\omega)\omega^2}\end{aligned} \tag{6-37}$$

假设，

$$\left.\begin{aligned}E(\omega)&=A(\omega)C(\omega)+B(\omega)D(\omega)\omega^2\\F(\omega)&=\left[A(\omega)D(\omega)-B(\omega)C(\omega)\right]\omega\\H(\omega)&=A^2(\omega)+B^2(\omega)\omega^2\end{aligned}\right\} \tag{6-38}$$

式（6-37）可简化为

$$\frac{\phi_{\mathrm{oe}}(\mathrm{j}\omega)}{-\phi_{\mathrm{o}}(\mathrm{j}\omega)}=\frac{E(\omega)+F(\omega)\mathrm{j}}{H(\omega)} \tag{6-39}$$

由式（6-39）可以得到频率响应的增益和相位函数分别为

$$G(\omega)=\frac{\sqrt{E^2(\omega)+F^2(\omega)}}{H(\omega)} \tag{6-40}$$

$$\theta(\omega)=\arctan\frac{F(\omega)}{E(\omega)} \tag{6-41}$$

将 $\alpha=1$、$\gamma=1$、$\lambda=1$、$T_\omega=15\text{s}$、$T_{\text{vm}}=16\text{s}$ 代入式（6-36）、式（6-38）、式（6-40）和式（6-41）可以得到眼球运动控制系统全体的频率响应图（图 6-25）。

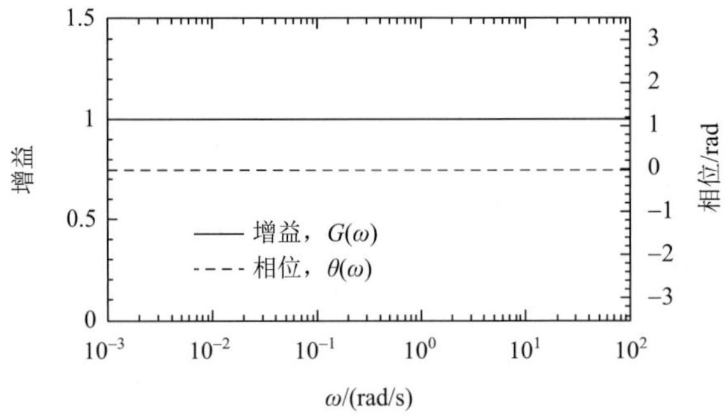

图 6-25　眼球运动控制系统模型全体的频率特性[3]

由于前庭反射、视动反应在高频域特性优良，平滑眼动在低频域特性优良，因此当所有眼动功能同时有效时，在全频域都会得到良好效果是可以预见的。但是如图 6-25 所示，无论是增益还是相位差都是一条笔直的直线，因为式（6-35）整理出来的增益幅值和相位差方程式都非常复杂，很难一眼看出是直线，即使修改 γ 、λ 、T_ω、T_{vm} 的数值，只要不极端，基本形状也不会发生太大变化，增益都是 1，相位差是 0rad，说明**理想状态下眼球运动控制系统的控制性能也是理想的**。

6.4.4　小结

通过眼球运动控制系统数学模型的动态特性和频率特性分析可知，眼球运动控制系统是一个统一的系统。也就是说，前庭眼反射、视动反应、平滑眼动都是一个控制系统在特定条件下的控制特性而已。除了用破坏前庭器官或切断光源等方式将输入信号强制遮断的情况，前庭眼反射、视动反应、平滑眼动都是同时存在的，各种眼球运动类型其实是视标或环境所产生的系统输入不同而产生的现象而已。将眼球运动通过生理现象进行分类，很可能会无法抓住实质，这也是笔者在第 2 章将眼球运动的控制信号和控制原理作为定义眼球运动类型的依据的原因。

人类的视觉系统在周边环境不动的条件下，具有最理想的视觉运动特性。当双眼追踪一个运动目标时，可以分为两种情况：①目标太大，特别是整个视觉环境都在动时（如在封闭的轮船里），前庭眼反射会引起反作用；②目标太小，则视机反射起反作用。因此，目标跟踪需要一定的智能系统进行辅助才能获得更好效果，例如，当双眼跟踪一只正在飞的小鸟时，大脑的视觉处理系统要把飞鸟与树林山川等不动的周边环境区分开来，尽

量减少环境对眼球的视机反射控制系统的影响。人类的眼球运动控制系统对第二种情况，即小目标追踪对应得比较好，而对第一种状态需要经过较长期的适应才可以对应，这也就是有些人最开始时会晕船，但习惯之后，晕船现象会消失的原因。

6.5　双眼运动控制系统的数学模型及其解析

双眼协同运动是高级生物视觉系统的特点，是经过长期进化得来的。机器视觉要获得双眼运动能力，必须伴随着校准、标定、坐标变换及自适应等一系列复杂问题。本小节只讨论双眼协同运动特性问题。6.4 节介绍了单眼模型的构建方法，并论证了前庭眼反射、视动反应、平滑眼动等眼球运动类型的发生条件及运动特性和频率特性。绝大多数哺乳类动物的眼球运动具有双眼运动的特性，特别是一些食肉类动物和灵长类动物（包括人类）的双眼，因立体视觉的需求，已经无法做到每只眼球的独立运动了。因此，为了解析双眼运动特有的如共轭运动、辐辏运动、协同运动等运动的特性，需要建立双眼视觉控制系统的数学模型。

设计双眼视觉控制系统模型的第一步是根据图 3-6 的双眼的坐标系，定义出双眼视觉控制系统的输入信号和输出信号。然后根据图 6-5 的水平眼球运动控制关联神经系统的通路图，以及 6.3 节介绍的眼球运动控制系统各要素的数学模型，搭建与图 6-5 一一对应的控制系统模型。由于系统过于复杂，为了便于解析，在不失去基本特性的条件下，需要尽可能对模型进行简化，当然简化过程里必然会掺杂研究人员的主观判断。本小节不考虑眼球运动控制系统的非线性特性、时延特性，也不考虑上丘及小脑的学习控制功能和大脑视皮质的高级识别功能，只集中于解析双眼运动的最基本特性来构建双眼运动控制的数学模型。

6.5.1　用于双眼运动控制系统的坐标变换

当考虑双眼运动特性时，由于辐辏运动和共轭运动的关系是讨论的焦点，所以视标的空间位置、头部的平移运动就必须在坐标系中准确表现。与第 3 章、第 6 章相同，为了方便解析，这里还是只限定讨论水平双眼运动。根据图 3-6，头部位置与姿态的运动向量可以表示如下：

$$\boldsymbol{H}(t)=\begin{bmatrix}x_{\mathrm{h}}(t) & y_{\mathrm{h}}(t) & \varphi_{\mathrm{h}}(t)\end{bmatrix}^{\mathrm{T}} \tag{6-42}$$

$$\dot{\boldsymbol{H}}(t)=\begin{bmatrix}\dot{x}_{\mathrm{h}}(t) & \dot{y}_{\mathrm{h}}(t) & \dot{\varphi}_{\mathrm{h}}(t)\end{bmatrix}^{\mathrm{T}} \tag{6-43}$$

$$\ddot{\boldsymbol{H}}(t)=\begin{bmatrix}\ddot{x}_{\mathrm{h}}(t) & \ddot{y}_{\mathrm{h}}(t) & \ddot{\varphi}_{\mathrm{h}}(t)\end{bmatrix}^{\mathrm{T}} \tag{6-44}$$

式中，$\dot{x}_{\mathrm{h}}(t)$ 和 $\dot{y}_{\mathrm{h}}(t)$ 分别为头部坐标系对应基础坐标系（或称世界坐标系）的 x_{B} 轴和 y_{B} 轴方向的速度，m/s；$\dot{\varphi}_{\mathrm{h}}(t)$ 为头部坐标系相对基础坐标系的转角 $\varphi_{\mathrm{h}}(t)$ 的角速度，rad/s；$\ddot{x}_{\mathrm{h}}(t)$、$\ddot{y}_{\mathrm{h}}(t)$ 和 $\ddot{\varphi}_{\mathrm{h}}(t)$ 分别对应的是加速度。因为考虑到视标为一个点，没有旋转量，所以视标在世界坐标系的位置和速度分别表示如下：

$$\boldsymbol{T}_{\mathrm{g}}(t)=\left[x_{\mathrm{t}}(t) \quad y_{\mathrm{t}}(t)\right]^{\mathrm{T}} \tag{6-45}$$

$$\dot{\boldsymbol{T}}_{\mathrm{g}}(t)=\left[\dot{x}_{\mathrm{t}}(t) \quad \dot{y}_{\mathrm{t}}(t)\right]^{\mathrm{T}} \tag{6-46}$$

式中，$\dot{x}_{\mathrm{t}}(t)$ 和 $\dot{y}_{\mathrm{t}}(t)$ 分别为目标在基础坐标系中的速度。

因为前庭器官能够检测出头部的平移加速度和旋转加速度，根据图 3-6，左右前庭器官坐标的平移及旋转加速度分别为

$$\ddot{x}_{\text{v-l}}(t)=\ddot{x}_{\mathrm{h}}(t)-r_{\mathrm{v}}\ddot{\varphi}_{\mathrm{h}}(t) \tag{6-47}$$

$$\ddot{y}_{\text{v-l}}(t)=\ddot{y}_{\mathrm{h}}(t)+r_{\mathrm{v}}\dot{\varphi}_{\mathrm{h}}^{2}(t) \tag{6-48}$$

$$\ddot{\varphi}_{\text{v-l}}(t)=\ddot{\varphi}_{\mathrm{h}}(t) \tag{6-49}$$

$$\ddot{x}_{\text{v-r}}(t)=\ddot{x}_{\mathrm{h}}(t)+r_{\mathrm{v}}\ddot{\varphi}_{\mathrm{h}}(t) \tag{6-50}$$

$$\ddot{y}_{\text{v-r}}(t)=-\ddot{y}_{\mathrm{h}}(t)+r_{\mathrm{v}}\dot{\varphi}_{\mathrm{h}}^{2}(t) \tag{6-51}$$

$$\ddot{\varphi}_{\text{v-r}}(t)=-\ddot{\varphi}_{\mathrm{h}}(t) \tag{6-52}$$

式中，$\ddot{x}_{\text{v-l}}(t)$、$\ddot{y}_{\text{v-l}}(t)$ 和 $\ddot{\varphi}_{\text{v-l}}(t)$ 分别为左侧前庭坐标系的 $x_{\text{v-l}}$ 轴和 $y_{\text{v-l}}$ 轴方向的头部平移加速度和绕原点 $O_{\text{v-l}}$ 的旋转加速度；$\ddot{x}_{\text{v-r}}(t)$、$\ddot{y}_{\text{v-r}}(t)$ 和 $\ddot{\varphi}_{\text{v-r}}(t)$ 分别为右侧前庭坐标系的 $x_{\text{v-r}}$ 轴和 $y_{\text{v-r}}$ 轴方向的头部平移加速度和绕原点 $O_{\text{v-r}}$ 的旋转加速度；$r_{\mathrm{v}}\dot{\varphi}_{\mathrm{h}}^{2}(t)$ 为头部绕头部坐标原点 O_{H} 旋转时在前庭坐标系原点产生的离心加速度。

由图 3-6 还可以得到如下关系：

$$\varphi_{\text{ot-l}}(t)=\varphi_{\text{oe-l}}(t)+\varphi_{\text{et-l}}(t) \tag{6-53}$$

$$\varphi_{\text{ot-r}}(t)=\varphi_{\text{oe-r}}(t)+\varphi_{\text{et-r}}(t) \tag{6-54}$$

在世界坐标系中的头部位姿和视标位置坐标可以通过下列方程算出眼球的目标值：

$$\varphi_{\text{ot-l}}(t)=\varphi_{\mathrm{h}}(t)-\arctan\frac{y_{\mathrm{t}}(t)-y_{\mathrm{h}}(t)-r_{\mathrm{he}}\sin\left[\varphi_{\mathrm{h}}(t)+\varphi_{\mathrm{he}}\right]}{x_{\mathrm{t}}(t)-x_{\mathrm{h}}(t)-r_{\mathrm{he}}\cos\left[\varphi_{\mathrm{h}}(t)+\varphi_{\mathrm{he}}\right]} \tag{6-55}$$

$$\varphi_{\text{ot-r}}(t)=-\varphi_{\mathrm{h}}(t)+\arctan\frac{y_{\mathrm{t}}(t)-y_{\mathrm{h}}(t)-r_{\mathrm{he}}\sin\left[\varphi_{\mathrm{h}}(t)-\varphi_{\mathrm{he}}\right]}{x_{\mathrm{t}}(t)-x_{\mathrm{h}}(t)-r_{\mathrm{he}}\cos\left[\varphi_{\mathrm{h}}(t)-\varphi_{\mathrm{he}}\right]} \tag{6-56}$$

6.5.2 与神经回路对应的双眼运动控制神经系统模型

基于上述的坐标系及系统输入输出信号的设定，根据图 6-5 的水平眼球运动控制关联神经系统的通路图，可以得到与神经通道一一对应的控制系统，如图 6-26 所示。图中，α、β、γ 分别表示前庭核（VN）、外展神经核（abducens nucleus，AN）、动眼神经核（nucleus of oculomotor nerve，OMN）的突触信息传递增益，下标 l 和 r 分别表示左侧和右侧。

在图 6-26 中，由于头部各器官的坐标系是左右对称设置的，眼球鼻侧视网膜检测出来的视标对应眼坐标的位置，即视网膜误差对于本眼球是正值，而对于另一只眼球的坐标就是负值，因此从鼻侧视网膜经由视交叉到达另一侧的前庭核的输入信号为负值。也就是说，通过视交叉的通道的信号要乘以一个系数——“−1”。

图 6-26 中视网膜输入信号 $\varphi_{\mathrm{et}}(t)$的拉普拉斯变换$\phi_{\mathrm{et}}(s)$可以分成视网膜不同部位的信

息，微分通道 $s\phi_{\text{et}}(s)$来自周边视，直达项$\phi_{\text{et}}(s)$通道来自中央凹。在仿生眼的系统里，可以是同一视频的两种不同图像处理的结果输入，$s\phi_{\text{et}}(s)$是光流信息（图像每个点的速度），$\phi_{\text{et}}(s)$是视觉误差信息（视标到相机视线的角度）。另外，在大脑视皮质对视标位置和速度进行综合判断，以前馈的形式控制眼球也是完全可能的。例如，生理学上对于周期性运动的视标，眼球会预测视标的未来位置和速度进行相位超前控制。由于本小节以构建双眼运动的基本控制系统模型为目的，对于高层次的眼球运动控制放到后面的智能控制部分来探讨，这里暂不考虑。

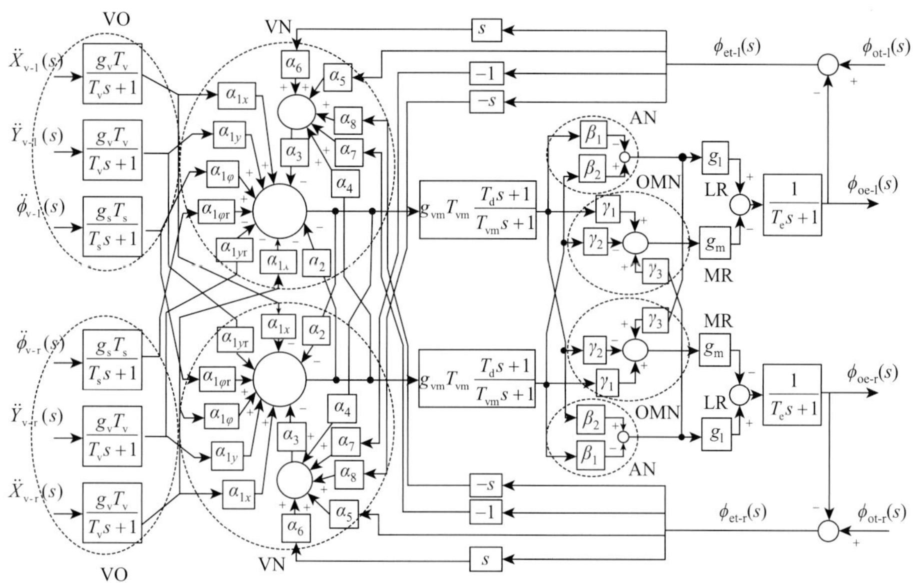

图 6-26　对应水平眼球运动控制关联神经系统的双眼水平运动控制系统模型

6.5.3　双眼运动控制模型的解析

为了更简洁地解析双眼运动的特性，可以将图 6-26 中功能重复的通路归纳简化。进一步地，根据 6.4.1 节所介绍的，如果 $T_{\text{d}}=T_{\text{e}}$，就会产生$T_{\text{d}}s+1=T_{\text{e}}s+1$，从而抵消掉控制对象的分母（$T_{\text{e}}s+1$），让积分器的极点代替控制对象的极点，产生良好的控制效果。通过以上处理，可以将图 6-26 简化为图 6-27[4, 37]。

图 6-27 中的各参数归纳如下：

$$\lambda = g_{\text{vm}}g_{\text{l}}\beta_1 + g_{\text{vm}}g_{\text{m}}\gamma_1 + g_{\text{vm}}g_{\text{m}}\beta_2\gamma_3$$

$$\lambda_{\text{r}} = g_{\text{vm}}g_{\text{l}}\beta_2 + g_{\text{vm}}g_{\text{m}}\gamma_2 + g_{\text{vm}}g_{\text{m}}\beta_1\gamma_3$$

$$\varsigma = \alpha_2 + \alpha_4\alpha_3 ,\quad \sigma = \alpha_3\alpha_5 ,\quad \eta = \alpha_3\alpha_6 ,\quad \sigma_{\text{r}} = \alpha_3\alpha_7 ,\quad \eta_{\text{r}} = \alpha_3\alpha_8$$

将上述参数进一步归纳为

$$\rho = \lambda + \varsigma\lambda_{\text{r}} ,\quad \rho_{\text{r}} = \lambda_{\text{r}} + \varsigma\lambda ,\quad \kappa_x = g_{\text{v}x}\alpha_{1x} ,\quad \kappa_y = g_{\text{v}y}\alpha_{1y}$$

$$\kappa_\varphi = g_{\text{v}\varphi}\alpha_{1\varphi} ,\quad \kappa_{x\text{r}} = g_{\text{v}x}\alpha_{1x\text{r}} ,\quad \kappa_{y\text{r}} = g_{\text{v}y}\alpha_{1y\text{r}} ,\quad \kappa_{\varphi\text{r}} = g_{\text{v}\varphi}\alpha_{1\varphi\text{r}}$$

根据以上简化和归纳，可以得到进一步简化的双眼视觉控制系统模型，如图 6-28 所示。仿生眼的控制系统（参考第 13 章）一般是以这个模型为基础进行设计的。

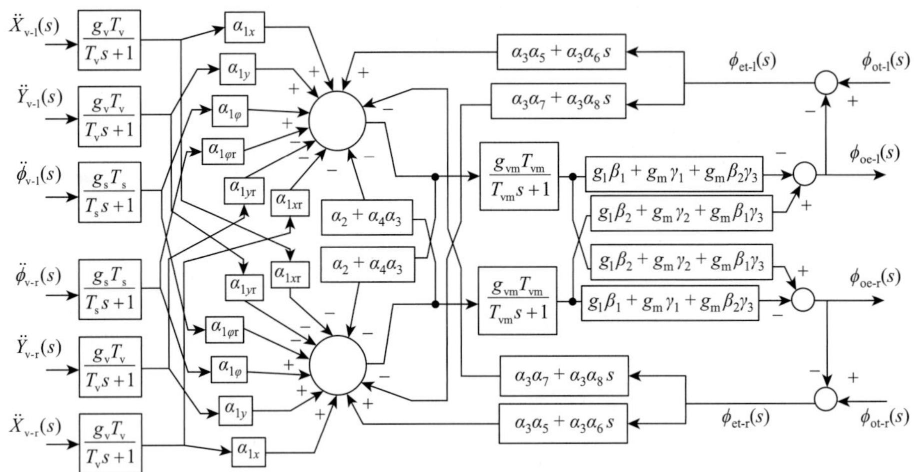

图 6-27 图 6-26 的模型简化后的形态

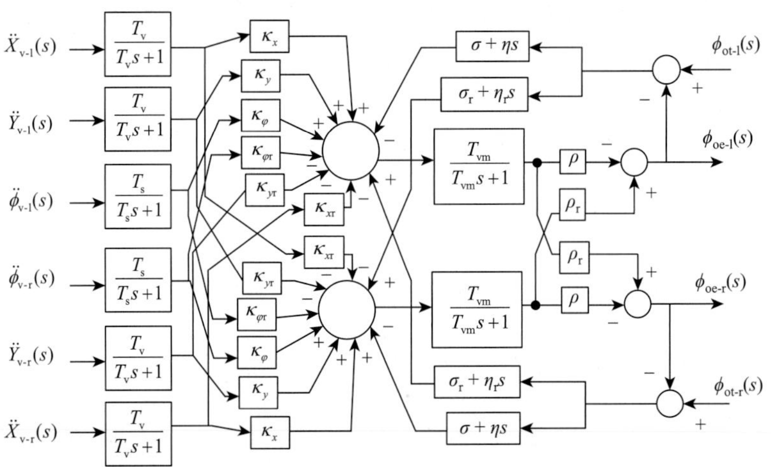

图 6-28 图 6-27 的模型进一步简化后的形态

根据生理学实验的结果，各漏积分的时间定数 $T_{v\varphi}$、T_{vx}、T_{vy}，以及 T_{vm} 都是在 10～30s[17, 38, 39]，在日常的头部运动中这些时间定数足够大。为了下列推导运算更加简洁，把图 6-28 中的漏积分都当成标准积分来考虑[3, 40]，即设

$$\frac{T_v}{T_v s+1}=\frac{T_{v\omega}}{T_{v\omega} s+1}=\frac{T_{vm}}{T_{vm} s+1}=\frac{1}{s} \tag{6-57}$$

则图 6-28 可以简化为图 6-29。

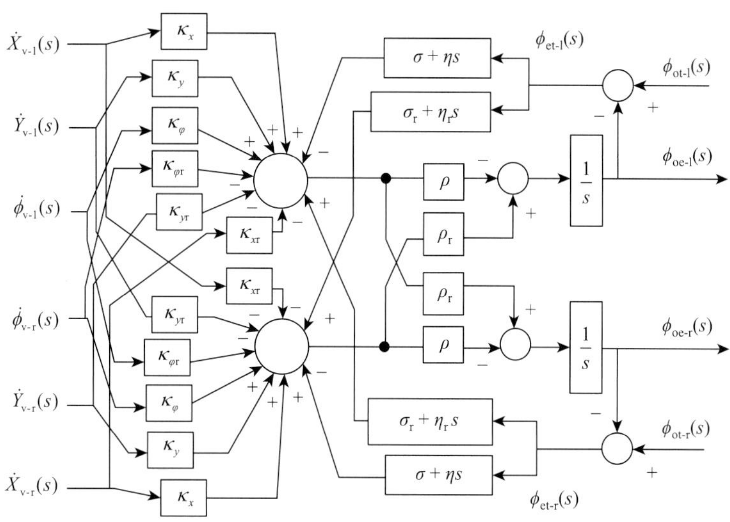

图 6-29　双眼水平运动控制系统的简化模型

下面通过解析图 6-29 来获得双眼视觉控制系统的特性。由于双眼系统是多输入输出系统，在一般的经典控制学理论中已经不多见。根据图 6-29 可以得到如下输入输出关系：

$$\begin{aligned}\phi_{\text{oe-l}}(s)=&-\rho\frac{1}{s^2}\left[\kappa_x\ddot{X}_{\text{v-l}}(s)+\kappa_y\ddot{Y}_{\text{v-l}}(s)+\kappa_\varphi\ddot{\phi}_{\text{v-l}}(s)-\kappa_{x\text{r}}\ddot{X}_{\text{v-r}}(s)-\kappa_{y\text{r}}\ddot{Y}_{\text{v-r}}(s)-\kappa_{\varphi\text{r}}\ddot{\phi}_{\text{v-r}}(s)\right]\\&-\rho\frac{1}{s}\left\{-(\sigma+\eta s)\left[\phi_{\text{ot-l}}(s)-\phi_{\text{oe-l}}(s)\right]+(\sigma_\text{r}+\eta_\text{r}s)\left[\phi_{\text{ot-r}}(s)-\phi_{\text{oe-r}}(s)\right]\right\}\\&+\rho_\text{r}\frac{1}{s^2}\left[\kappa_x\ddot{X}_{\text{v-r}}(s)+\kappa_y\ddot{Y}_{\text{v-r}}(s)+\kappa_\varphi\ddot{\phi}_{\text{v-r}}(s)-\kappa_{x\text{r}}\ddot{X}_{\text{v-l}}(s)-\kappa_{y\text{r}}\ddot{Y}_{\text{v-l}}(s)-\kappa_{\varphi\text{r}}\ddot{\phi}_{\text{v-l}}(s)\right]\\&+\rho_\text{r}\frac{1}{s}\left\{-(\sigma+\eta s)\left[\phi_{\text{ot-r}}(s)-\phi_{\text{oe-r}}(s)\right]+(\sigma_\text{r}+\eta_\text{r}s)\left[\phi_{\text{ot-l}}(s)-\phi_{\text{oe-l}}(s)\right]\right\}\end{aligned}\tag{6-58}$$

$$\begin{aligned}\phi_{\text{oe-r}}(s)=&-\rho\frac{1}{s^2}\left[\kappa_x\ddot{X}_{\text{v-r}}(s)+\kappa_y\ddot{Y}_{\text{v-r}}(s)+\kappa_\varphi\ddot{\phi}_{\text{v-r}}(s)-\kappa_{x\text{r}}\ddot{X}_{\text{v-l}}(s)-\kappa_{y\text{r}}\ddot{Y}_{\text{v-l}}(s)-\kappa_{\varphi\text{r}}\ddot{\phi}_{\text{v-l}}(s)\right]\\&-\rho\frac{1}{s}\left\{-(\sigma+\eta s)\left[\phi_{\text{ot-r}}(s)-\phi_{\text{oe-r}}(s)\right]+(\sigma_\text{r}+\eta_\text{r}s)\left[\phi_{\text{ot-l}}(s)-\phi_{\text{oe-l}}(s)\right]\right\}\\&+\rho_\text{r}\frac{1}{s^2}\left[\kappa_x\ddot{X}_{\text{v-l}}(s)+\kappa_\text{r}\ddot{Y}_{\text{v-l}}(s)+\kappa_\varphi\ddot{\phi}_{\text{v-l}}(s)-\kappa_{x\text{r}}\ddot{X}_{\text{v-r}}(s)-\kappa_{y\text{r}}\ddot{Y}_{\text{v-r}}(s)-\kappa_{\varphi\text{r}}\ddot{\phi}_{\text{v-r}}(s)\right]\\&+\rho_\text{r}\frac{1}{s}\left\{-(\sigma+\eta s)\left[\phi_{\text{ot-l}}(s)-\phi_{\text{oe-l}}(s)\right]+(\sigma_\text{r}+\eta_\text{r}s)\left[\phi_{\text{ot-r}}(s)-\phi_{\text{oe-r}}(s)\right]\right\}\end{aligned}\tag{6-59}$$

根据式（6-53）和式（6-54）可以得到 $\varphi_{\text{et-l}}(t)=\varphi_{\text{ot-l}}(t)-\varphi_{\text{oe-l}}(t)$、$\varphi_{\text{et-r}}(t)=\varphi_{\text{ot-r}}(t)-\varphi_{\text{oe-r}}(t)$。所以，式（6-58）与式（6-59）的两端分别相加可得

$$\begin{aligned}\phi_{\text{oe-l}}(s)+\phi_{\text{oe-r}}(s)=&-(\kappa_x-\kappa_{x\text{r}})(\rho-\rho_\text{r})\frac{1}{s^2}\left[\ddot{X}_{\text{v-l}}(s)+\ddot{X}_{\text{v-r}}(s)\right]\\&-(\kappa_y-\kappa_{y\text{r}})(\rho-\rho_\text{r})\frac{1}{s^2}\left[\ddot{Y}_{\text{v-l}}(s)+\ddot{Y}_{\text{v-r}}(s)\right]-(\kappa_\varphi-\kappa_{\varphi\text{r}})(\rho-\rho_\text{r})\frac{1}{s^2}\left[\ddot{\phi}_{\text{v-l}}(s)+\ddot{\phi}_{\text{v-r}}(s)\right]\\&+(\rho-\rho_\text{r})\left[(\eta-\eta_\text{r})+(\sigma-\sigma_\text{r})\frac{1}{s}\right]\left[\phi_{\text{et-l}}(s)+\phi_{\text{et-r}}(s)\right]\end{aligned}\tag{6-60}$$

而式（6-58）与式（6-59）两端分别相减可得

$$\begin{aligned}\phi_{\text{oe-l}}(s)-\phi_{\text{oe-r}}(s)=&-(\rho+\rho_{\text{r}})(\kappa_x+\kappa_{x\text{r}})\frac{1}{s^2}\left[\ddot{X}_{\text{v-l}}(s)-\ddot{X}_{\text{v-r}}(s)\right]\\&-(\rho+\rho_{\text{r}})(\kappa_y+\kappa_{y\text{r}})\frac{1}{s^2}\left[\ddot{Y}_{\text{v-l}}(s)-\ddot{Y}_{\text{v-r}}(s)\right]\\&-(\rho+\rho_{\text{r}})(\kappa_\varphi+\kappa_{\varphi\text{r}})\frac{1}{s^2}\left[\ddot{\phi}_{\text{v-l}}(s)-\ddot{\phi}_{\text{v-r}}(s)\right]\\&+(\rho+\rho_{\text{r}})\left[(\eta+\eta_{\text{r}})+(\sigma+\sigma_{\text{r}})\frac{1}{s}\right]\left[\phi_{\text{et-l}}(s)-\phi_{\text{et-r}}(s)\right]\end{aligned}\tag{6-61}$$

从式（6-60）和式（6-61）可以得到非常重要的结论：

（1）左右眼的旋转角度的和（因为是左右对称坐标系，对应到头部坐标系时是左右眼球转角的差），即双眼的辐辏角（参考图 3-9 所示双眼注视圆）是由左右各相关传感器（视网膜、半规管、耳石）的信号的和来控制的。

（2）左右眼的旋转角度的差，即双眼的共轭角是由左右各相关传感器的信号的差来控制的。

（3）辐辏运动和共轭运动的控制系统是完全独立和分离的，两套控制系统的参数也不同，甚至可以独立设定。例如，辐辏运动的控制信号，左右眼的视网膜误差信号的和 $\left[\phi_{\text{et-l}}(s)+\phi_{\text{et-r}}(s)\right]$ 的直达项（比例通道）的增益是 $(\rho-\rho_{\text{r}})(\eta-\eta_{\text{r}})$，积分项的增益是 $(\rho-\rho_{\text{r}})(\sigma-\sigma_{\text{r}})$；而共轭运动的控制信号，左右眼的视网膜误差信号的差 $\left[\phi_{\text{et-l}}(s)-\phi_{\text{et-r}}(s)\right]$ 的直达项的增益是 $(\rho+\rho_{\text{r}})(\eta+\eta_{\text{r}})$，积分项的增益是 $(\rho+\rho_{\text{r}})(\sigma+\sigma_{\text{r}})$。任意设定辐辏运动和共轭运动的直达项和积分项的增益，都可以反算出不止一组 ρ、ρ_{r}、η、η_{r}、σ、σ_{r} 的值。也就是说，辐辏运动和共轭运动的直达项和积分项的增益可以任意设定。

根据式（6-60）和式（6-61）及式（6-47）～式（6-54），可以得到

$$\begin{aligned}\phi_{\text{oe-l}}(s)+\phi_{\text{oe-r}}(s)=&-\frac{\rho-\rho_{\text{r}}}{s+(\rho-\rho_{\text{r}})(\sigma-\sigma_{\text{r}}+\eta s-\eta_{\text{r}}s)}\frac{2}{s}\\&\times\left[(\kappa_x-\kappa_{x\text{r}})\ddot{x}_{\text{h}}(s)+(\kappa_y-\kappa_{y\text{r}})r_{\text{e}}\dot{\phi}_{\text{h}}^2(s)\right]\\&+\frac{(\rho-\rho_{\text{r}})(\sigma-\sigma_{\text{r}}+\eta s-\eta_{\text{r}}s)}{s+(\rho-\rho_{\text{r}})(\sigma-\sigma_{\text{r}}+\eta s-\eta_{\text{r}}s)}\left[\phi_{\text{ot-l}}(s)+\phi_{\text{ot-r}}(s)\right]\end{aligned}\tag{6-62}$$

$$\begin{aligned}\phi_{\text{oe-l}}(s)-\phi_{\text{oe-r}}(s)=&-\frac{\rho+\rho_{\text{r}}}{s+(\rho+\rho_{\text{r}})(\sigma+\sigma_{\text{r}}+\eta s+\eta_{\text{r}}s)}\frac{2}{s}\\&\times\left[-(\kappa_x+\kappa_{x\text{r}})r_{\text{e}}\ddot{\phi}_{\text{h}}(s)+(\kappa_y+\kappa_{y\text{r}})\ddot{y}_{\text{h}}(s)(\kappa_\varphi+\kappa_{\varphi\text{r}})\ddot{\phi}_{\text{h}}(s)\right]\\&+\frac{(\rho+\rho_{\text{r}})(\sigma+\sigma_{\text{r}}+\eta s+\eta_{\text{r}}s)}{s+(\rho+\rho_{\text{r}})(\sigma+\sigma_{\text{r}}+\eta s+\eta_{\text{r}}s)}\left[\phi_{\text{ot-l}}(s)-\phi_{\text{ot-r}}(s)\right]\end{aligned}\tag{6-63}$$

再通过式（6-62）+ 式（6-63）和式（6-62）–式（6-63）可以得到各眼球的运动控制传递的方程式为

$$
\begin{aligned}
\begin{bmatrix} \phi_{\text{oe-l}}(s) \\ \phi_{\text{oe-r}}(s) \end{bmatrix} = & -\frac{1}{\sigma-\sigma_{\text{r}}+\left(\dfrac{1}{\rho-\rho_{\text{r}}}+\eta-\eta_{\text{r}}\right)s}\begin{bmatrix} \kappa_x-\kappa_{x\text{r}} & \kappa_y-\kappa_{y\text{r}} \\ \kappa_x-\kappa_{x\text{r}} & \kappa_y-\kappa_{y\text{r}} \end{bmatrix}\begin{bmatrix} \dot{X}_{\text{h}}(s) \\ \dfrac{1}{s}r_{\text{e}}\dot{\phi}_{\text{h}}^2(s) \end{bmatrix} \\
& +\frac{1}{2}\frac{\sigma-\sigma_{\text{r}}+\eta s-\eta_{\text{r}}s}{\sigma-\sigma_{\text{r}}+\left(\dfrac{1}{\rho-\rho_{\text{r}}}+\eta-\eta_{\text{r}}\right)s}\begin{bmatrix} \phi_{\text{ot-l}}(s)+\phi_{\text{ot-r}}(s) \\ \phi_{\text{ot-l}}(s)+\phi_{\text{ot-r}}(s) \end{bmatrix} \\
& -\frac{1}{\sigma+\sigma_{\text{r}}+\left(\dfrac{1}{\rho+\rho_{\text{r}}}+\eta+\eta_{\text{r}}\right)s}\times\begin{bmatrix} \kappa_y+\kappa_{y\text{r}} & \kappa_\varphi+\kappa_{\varphi\text{r}}-r_{\text{e}}\kappa_x-r_{\text{e}}\kappa_{x\text{r}} \\ -\kappa_y-\kappa_{y\text{r}} & -\kappa_\varphi-\kappa_{\varphi\text{r}}+r_{\text{e}}\kappa_x+r_{\text{e}}\kappa_{x\text{r}} \end{bmatrix}\begin{bmatrix} \dot{Y}_{\text{h}}(s) \\ \dot{\phi}_{\text{h}}(s) \end{bmatrix} \\
& +\frac{1}{2}\frac{\sigma+\sigma_{\text{r}}+\eta s+\eta_{\text{r}}s}{\sigma+\sigma_{\text{r}}+\left(\dfrac{1}{\rho+\rho_{\text{r}}}+\eta+\eta_{\text{r}}\right)s}\begin{bmatrix} \phi_{\text{ot-l}}(s)-\phi_{\text{ot-r}}(s) \\ \phi_{\text{ot-r}}(s)-\phi_{\text{ot-l}}(s) \end{bmatrix}
\end{aligned}
\tag{6-64}
$$

其中，$\dot{\phi}_{\text{h}}^2(s)$ 是 $\dot{\varphi}_{\text{h}}^2(t)$ 的拉普拉斯变换，即 $\dot{\phi}_{\text{h}}^2(s)=L\left[\left(\dot{\varphi}_{\text{h}}(t)\right)^2\right]$。

再次强调一下，眼窝坐标系和眼球坐标系是左右对称的，因为式（6-64）的第一项和第二项不为 0 时将引起 $\varphi_{\text{oe-l}}(t)$ 和 $\varphi_{\text{oe-r}}(t)$ 的反方向运动（符号相同），所以是双眼辐辏运动的控制项。同理，因为第三项和第四项不为 0 时将引起 $\phi_{\text{oe-l}}(s)$ 和 $\phi_{\text{oe-r}}(s)$ 的同方向运动（符号相反），所以是共轭运动的控制项[4]。

式（6-64）说明引起辐辏运动的外部因素包括：①头部前后方向的运动 $\dot{x}_{\text{h}}(t)$；②头部旋转时耳石部位的离心加速度 $r_{\text{e}}(\dot{\varphi}_{\text{h}}(t))^2$；③相对于左眼窝坐标系和右眼窝坐标系的视标方向偏差之和 $\phi_{\text{ot-l}}(s)+\phi_{\text{ot-r}}(s)$。引起共轭运动的外部因素包括：①头部左右方向的运动 $\dot{y}_{\text{h}}(t)$；②头部旋转运动 $\dot{\varphi}_{\text{h}}(t)$；③相对于左眼窝坐标系和右眼窝坐标系的视标方向偏差之差 $\phi_{\text{ot-l}}(s)-\phi_{\text{ot-r}}(s)$。

这里要说明一下的是，虽然式（6-64）使用的是头部运动的速度，即 $\dot{x}_{\text{h}}(t)$、$\dot{y}_{\text{h}}(t)$、$\dot{\varphi}_{\text{h}}(t)$，但是由于耳石和半规管能够感应的是加速度，即 $\ddot{x}_{\text{h}}(t)$、$\ddot{y}_{\text{h}}(t)$、$\ddot{\varphi}_{\text{h}}(t)$，而这些传感器的输出是这些加速度的漏积分，因此如果头部长时间匀速运动，耳石和半规管的输出信号 $\dot{x}_{\text{h}}(t)$、$\dot{y}_{\text{h}}(t)$、$\dot{\varphi}_{\text{h}}(t)$ 都将趋于 0。这也是我们乘车、乘飞机时眼球的运动不会受车和飞机的速度影响的原因。因此，虽然图 6-29 为了解析方便采用了式（6-57）的设定，但是在做仿生眼时，各项积分还是采用漏积分比较实用。

由于头部的前后运动会产生视标相对于眼球的距离变化，因此由此产生的双眼辐辏运动是必要的，这也是前庭眼反射之一，调节 κ_x-$\kappa_{x\text{r}}$ 的大小，可以调节辐辏前庭眼反射的强度，但是由于式（6-64）中的辐辏前庭眼反射只有头部的运动速度信息，没有视标与头部的距离信息，这种前庭眼反射的效果肯定不好。根据辐辏角或者双眼当前的转角信息来设定 κ_x 和 $\kappa_{x\text{r}}$ 的值可以得到最佳的辐辏前庭眼反射，具体可以在仿生眼控制系统设计时考虑，目前尚未在眼球运动控制神经系统中找到相关神经通路。

耳石测出的因头部旋转产生的离心加速度对双眼辐辏运动的影响不是有效的眼球运

动，一般不希望这种眼球运动的发生，所以可以设$\kappa_y=\kappa_{yr}$，使$\kappa_y-\kappa_{yr}$项为0，让$r_e\dot{\phi}_h^2(s)$对眼球运动不产生影响。生物系统可以通过进化和自适应产生类似$\kappa_y=\kappa_{yr}$的效果，也就是说我们正常人在快速旋转头部时是不会发生双眼辐辏运动的。但是当前庭系统或相关神经通道发生病变时，有可能出现因头部旋转产生的辐辏运动[1, 5, 9]。

6.5.4 双眼控制系统的参数设定

前面已经介绍过，对于一个控制系统，整体框架是关键，而具体的参数设定可以根据自动控制理论和控制对象的性质进行设置。图6-29所示控制系统的参数设定首先要本着系统的稳定性、控制对象在各种条件下的最终误差最小来设定。

1. 双眼模型的稳定性

从图6-26～图6-29的模型构建过程中，由于神经细胞的兴奋性或抑制性事先已经明确，兴奋性为正，抑制性为负，因此系统中的所有参数本身都是正的常数。式（6-64）中共轭运动的传递函数（第三项和第四项）的极点都是负的，所以共轭运动是稳定的。因此，图6-29所示系统的稳定性取决于式（6-64）中辐辏运动的传递函数（第一项和第二项）的极点为负，即

$$\sigma-\sigma_r>0,\quad \frac{1}{\rho-\rho_r}+\eta-\eta_r>0 \tag{6-65}$$

或者，

$$\sigma-\sigma_r<0,\quad \frac{1}{\rho-\rho_r}+\eta-\eta_r<0 \tag{6-66}$$

当切断图6-29的交叉通道，即双眼独立，自己的视觉控制自己的眼球时，$\sigma_r=\rho_r=\eta_r=0$，此时如果根据式（6-66），将得到$\sigma<0,\dfrac{1}{\rho}+\eta<0$的结果，这个结果不符合各参数大于0的原则。因此，为了使双眼控制系统稳定，按照以下参数设定比较稳妥：

$$\sigma>\sigma_r,\quad \rho>\rho_r,\quad \eta>\eta_r \tag{6-67}$$

另外，一般情况下，当头部向前运动时，视标接近头部，双眼的视线交点需要向头部方向移动，即双眼应该向里旋转，根据坐标系的设定，前庭眼反射的增益参数应为负值，所以根据式（6-64）和式（6-67），$\kappa_x-\kappa_{xr}$和$\kappa_y-\kappa_{yr}$为正值，即

$$\kappa_x>\kappa_{xr},\quad \kappa_y>\kappa_{yr} \tag{6-68}$$

2. 双眼模型的注视误差解析

视线和视标之间的误差就是视网膜误差$\varphi_{et}(t)$，根据式（6-64）和式（6-53）、式（6-54），可以得到关于视线误差的关系式为

$$
\begin{aligned}
\begin{bmatrix} \phi_{\text{et-l}}(s) \\ \phi_{\text{et-r}}(s) \end{bmatrix} = & \frac{1}{\sigma - \sigma_{\text{r}} + \left(\dfrac{1}{\rho - \rho_{\text{r}}} + \eta - \eta_{\text{r}} \right) s} \begin{bmatrix} \kappa_x - \kappa_{x\text{r}} & \kappa_y - \kappa_{y\text{r}} \\ \kappa_x - \kappa_{x\text{r}} & \kappa_y - \kappa_{y\text{r}} \end{bmatrix} \begin{bmatrix} \dot{X}_{\text{h}}(s) \\ \dfrac{1}{s} r_{\text{v}} \dot{\phi}_{\text{h}}^2(s) \end{bmatrix} \\
& + \frac{1}{2} \frac{\dfrac{1}{\rho - \rho_{\text{r}}} s}{\sigma - \sigma_{\text{r}} + \left(\dfrac{1}{\rho - \rho_{\text{r}}} + \eta - \eta_{\text{r}} \right) s} \begin{bmatrix} \phi_{\text{ot-l}}(s) + \phi_{\text{ot-r}}(s) \\ \phi_{\text{ot-r}}(s) + \phi_{\text{ot-l}}(s) \end{bmatrix} \\
& + \frac{1}{\sigma + \sigma_{\text{r}} + \left(\dfrac{1}{\rho + \rho_{\text{r}}} + \eta + \eta_{\text{r}} \right) s} \times \begin{bmatrix} \kappa_y + \kappa_{y\text{r}} & \kappa_\varphi + \kappa_{\varphi\text{r}} - r_{\text{e}} \kappa_x - r_{\text{e}} \kappa_{x\text{r}} \\ -\kappa_y - \kappa_{y\text{r}} & -\kappa_\varphi - \kappa_{\varphi\text{r}} + r_{\text{e}} \kappa_x + r_{\text{e}} \kappa_{x\text{r}} \end{bmatrix} \begin{bmatrix} \dot{Y}_{\text{h}}(s) \\ \dot{\phi}_{\text{h}}(s) \end{bmatrix} \\
& + \frac{1}{2} \frac{\dfrac{1}{\rho + \rho_{\text{r}}} s}{\sigma + \sigma_{\text{r}} + \left(\dfrac{1}{\rho + \rho_{\text{r}}} + \eta + \eta_{\text{r}} \right) s} \begin{bmatrix} \phi_{\text{ot-l}}(s) - \phi_{\text{ot-r}}(s) \\ \phi_{\text{ot-r}}(s) - \phi_{\text{ot-l}}(s) \end{bmatrix}
\end{aligned}
\tag{6-69}
$$

下面将利用终值定理来解析在各种约束条件下双眼系统的最终误差 $\varphi_{\text{et}}(\infty)$，以此来探讨各参数的最佳值。

首先，为了使解析简单化，在没有特殊声明时，系统的各状态函数的初值设定如下（参考图 3-6）：

$$
\begin{gathered}
x_{\text{h}}(0) = 0, \quad y_{\text{h}}(0) = 0, \quad \phi_{\text{h}}(0) = 0 \\
\dot{x}_{\text{h}}(0) = 0, \quad \dot{y}_{\text{h}}(0) = 0, \quad \dot{\varphi}_{\text{h}}(0) = 0 \\
x_{\text{t}}(0) = r_{\text{ot}}, \quad y_{\text{t}}(0) = 0 \\
\dot{x}_{\text{t}}(0) = 0, \quad \dot{y}_{\text{t}}(0) = 0
\end{gathered}
$$

（1）当头部和视标都固定时。

将头部固定在世界坐标系原点，视标固定在位置（r_{t}, a）时，图 3-6 中的头部和视标的函数为

$$
\begin{gathered}
x_{\text{h}}(t) = 0, \quad y_{\text{h}}(t) = 0, \quad \varphi_{\text{h}}(t) = 0 \\
x_{\text{t}}(t) = r_{\text{t}}, \quad y_{\text{t}}(t) = a
\end{gathered}
$$

而且，

$$
\varphi_{\text{ot-l}}(t) + \varphi_{\text{ot-r}}(t) = A, \quad \varphi_{\text{ot-l}}(t) - \varphi_{\text{ot-r}}(t) = B
$$

式中，A 和 B 为定数，可以从图 3-6 中算出。

根据以上设定，式（6-69）的各输入信号分别为

$$
\begin{gathered}
\dot{X}_{\text{h}}(s) = 0, \quad \dot{Y}_{\text{h}}(s) = 0, \quad \dot{\phi}_{\text{h}}(s) = 0, \quad r_{\text{v}} \dot{\phi}_{\text{h}}^2(s) = 0 \\
\phi_{\text{ot-l}}(s) + \phi_{\text{ot-r}}(s) = A \frac{1}{s}, \quad \phi_{\text{ot-l}}(s) - \phi_{\text{ot-r}}(s) = B \frac{1}{s}
\end{gathered}
$$

利用终值定理，式（6-69）可以得到如下结果：

$$\lim_{t\to\infty}\begin{bmatrix}\varphi_{\text{et-l}}(t)\\ \varphi_{\text{et-r}}(t)\end{bmatrix}=\lim_{s\to 0}\begin{bmatrix}s\phi_{\text{et-l}}(s)\\ s\phi_{\text{et-r}}(s)\end{bmatrix}=\begin{bmatrix}0\\ 0\end{bmatrix} \tag{6-70}$$

通过式（6-70）可以看出，当头部和视标固定时，只要双眼控制系统达到稳定的条件，视线最终都能够高精度地对准视标。

（2）当固定视标，头部以一定速度 ϖ 旋转时。

当视标与头部的距离足够远，即 $r_{\text{h}} \gg r_{\text{he}}$ 时，各输入信号分别为

$$\dot{X}_{\text{h}}(s)=0,\quad \dot{Y}_{\text{h}}(s)=0,\quad \dot{\phi}_{\text{h}}(s)=\varpi\frac{1}{s},\quad r_{\text{v}}\dot{\phi}_{\text{h}}^{2}(s)=r_{\text{v}}\varpi^{2}\frac{1}{s}$$
$$\phi_{\text{ot-l}}(s)=-\varpi\frac{1}{s^{2}},\quad \phi_{\text{ot-r}}(s)=\varpi\frac{1}{s^{2}} \tag{6-71}$$

因此，根据式（6-69）可以得到稳态误差为

$$\begin{aligned}\lim_{t\to\infty}\begin{bmatrix}\varphi_{\text{et-l}}(t)\\ \varphi_{\text{et-r}}(t)\end{bmatrix}&=\lim_{s\to 0}\begin{bmatrix}s\phi_{\text{et-l}}(s)\\ s\phi_{\text{et-r}}(s)\end{bmatrix}\\ &=\lim_{s\to 0}\frac{1}{\sigma-\sigma_{\text{r}}+\left(\dfrac{1}{\rho-\rho_{\text{r}}}+\eta-\eta_{\text{r}}\right)s}r_{\text{v}}\varpi^{2}\frac{1}{s}\begin{bmatrix}\kappa_{y}-\kappa_{y\text{r}}\\ \kappa_{y}-\kappa_{y\text{r}}\end{bmatrix}\\ &\quad+\frac{1}{\sigma+\sigma_{\text{r}}}\varpi\left(\kappa_{\varphi}+\kappa_{\varphi\text{r}}-r_{\text{e}}\kappa_{x}-r_{\text{e}}\kappa_{x\text{r}}-\frac{1}{\rho+\rho_{\text{r}}}\right)\begin{bmatrix}1\\ -1\end{bmatrix}\end{aligned} \tag{6-72}$$

由式（6-72）可知，如果$\kappa_y \neq \kappa_{y\text{r}}$，视线对视标的误差将趋于无穷大。因此，要使前庭眼反射系统正常工作，$\kappa_y=\kappa_{y\text{r}}$ 是必要的。在医学临床经验中发现，有些患者会产生辐辏型眼震现象。这个现象可以解释为患者的眼球运动控制神经系统发生异常，使$\kappa_y \neq \kappa_{y\text{r}}$，从而使患者在头部旋转时发生在左右耳石的离心力对系统的影响无法消除，导致双眼的误差不断增加，从而产生辐辏型眼震。

因此，如果设定：

$$\kappa_y=\kappa_{y\text{r}}$$
$$\kappa_{\varphi}+\kappa_{\varphi\text{r}}-r_{\text{e}}\kappa_{x}-r_{\text{e}}\kappa_{x\text{r}}=\frac{1}{\rho+\rho_{\text{r}}}$$

视线对视标的稳态误差为 0，这是头部运动情况下的参数设定规则。

（3）当视标以一定速度 ω 绕头部旋转，而头部固定时。

当视标与头部的距离足够远时，各输入信号分别为

$$\dot{X}_{\text{h}}(s)=0,\quad \dot{Y}_{\text{h}}(s)=0,\quad \dot{\phi}_{\text{h}}(s)=0,\quad r_{\text{v}}\dot{\phi}_{\text{h}}^{2}(s)=0$$
$$\phi_{\text{ot-l}}(s)=\omega\frac{1}{s^{2}},\quad \phi_{\text{ot-r}}(s)=-\omega\frac{1}{s^{2}} \tag{6-73}$$

此时，双眼视觉模型的稳态误差是

$$\lim_{t\to\infty}\begin{bmatrix}\varphi_{\text{et-l}}(t)\\ \varphi_{\text{et-r}}(t)\end{bmatrix}=\lim_{s\to 0}\begin{bmatrix}s\phi_{\text{et-l}}(s)\\ s\phi_{\text{et-r}}(s)\end{bmatrix}=\frac{\omega}{(\sigma+\sigma_{\text{r}})(\rho+\rho_{\text{r}})}\begin{bmatrix}1\\ -1\end{bmatrix} \tag{6-74}$$

由于此时的眼球运动属于平滑眼动，没有前庭器官的辅助，因此不仅反应速度比（2）

的前庭眼反射慢，而且稳态误差无法达到 0。由式（6-74）可知，稳态误差大小与视标速度 ω 成正比，与 $(\rho+\rho_r)(\sigma+\sigma_r)$ 成反比，即 $(\rho+\rho_r)(\sigma+\sigma_r)$ 越大误差越小。

3. 小结

图 6-29 的各参数需要按照以下方式设定：

（1）$\sigma>\sigma_r$，$\rho>\rho_r$，$\eta>\eta_r$，$\kappa_x>\kappa_{xr}$，$\kappa_y>\kappa_{yr}$。

（2）$\kappa_y=\kappa_{yr}$。

（3）$\kappa_\varphi+\kappa_{\varphi r}-r_e\kappa_x-r_e\kappa_{xr}=\dfrac{1}{\rho+\rho_r}$。

在满足以上设定的条件下，可以考虑以下各参数的性质：

（1）只要系统稳定，$(\rho+\rho_r)(\sigma+\sigma_r)$ 的值可以尽量大一些，这样可以减小视标追踪的误差。

（2）当 $\rho=\rho_r$ 或者 $\sigma=\sigma_r$ 和 $\eta=\eta_r$ 时，辐辏运动将会消失，而共轭运动的功能正常，即双眼的运动完全相同。

（3）当 $\rho_r=\sigma_r=\eta_r=0$ 时，双眼完全独立运动，没有了控制意义上的相互协同关系。

（4）与上述（2）和（3）相关联，ρ_r、σ_r、η_r 必须分别在 $0\sim\rho$、$0\sim\sigma$、$0\sim\eta$ 设定，数值越大双眼间的联动关系就越强。

6.5.5　视网膜分割处理对双眼运动特性的影响

图 6-1 介绍了人眼周边视网膜（即不包含黄斑部）被分割成四个部分，分别输送到大脑及上丘的不同区域进行处理。本节将主要讨论由于视网膜的分割所产生的对眼球运动控制系统的影响。

视网膜的分割最直接的影响就是如图 6-2 所示将空间分割成前后左右上下 8 个区域，视标所在的区域不同，该视标的视觉信息传递到的脑区不同。反过来讲，就是视标不在的区域所对应的脑区里没有该视标的信号。因此，可以根据图 6-2，分别讨论当视标在不同区域时所对应的眼球运动控制系统。为了解析方便，将图 6-2 中眼球的光心和旋转中心归为一点（视标距离远比眼球半径大时成立），重新设置坐标系，得到图 6-30。

根据图 6-30，视标在各视觉区域的位置与视网膜误差 $\varphi_{et\text{-}r}$ 和 $\varphi_{et\text{-}l}$ 的关系如下：

$$\left.\begin{array}{l}
（1）视标在视觉区域\,\text{I}\,时：\varphi_{et\text{-}l}(t)>0；\ \varphi_{et\text{-}r}(t)>0\\
（2）视标在视觉区域\,\text{II}\,时：\varphi_{et\text{-}l}(t)>0；\ \varphi_{et\text{-}r}(t)<0\\
（3）视标在视觉区域\,\text{III}\,时：\varphi_{et\text{-}l}(t)<0；\ \varphi_{et\text{-}r}(t)<0\\
（4）视标在视觉区域\,\text{IV}\,时：\varphi_{et\text{-}l}(t)<0；\ \varphi_{et\text{-}r}(t)>0
\end{array}\right\}\tag{6-75}$$

这里还是用最简洁的眼球运动控制系统（图 6-29）进行讨论。将图 6-29 中关于前庭眼反射部分的回路去除后，可得到图 6-31 的视觉反馈控制系统，图中 S_{LT}、S_{LN}、S_{RT}、S_{RN} 分别表示在各通路上设的开关，当开关闭合时表示信号通过该通路，而开关断开时表示信号不通过该通路。

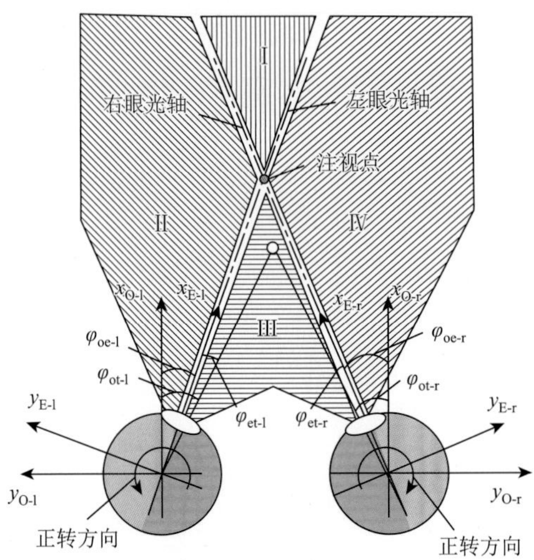

图 6-30 视标在视网膜分割对应区域在双眼坐标系统的位置

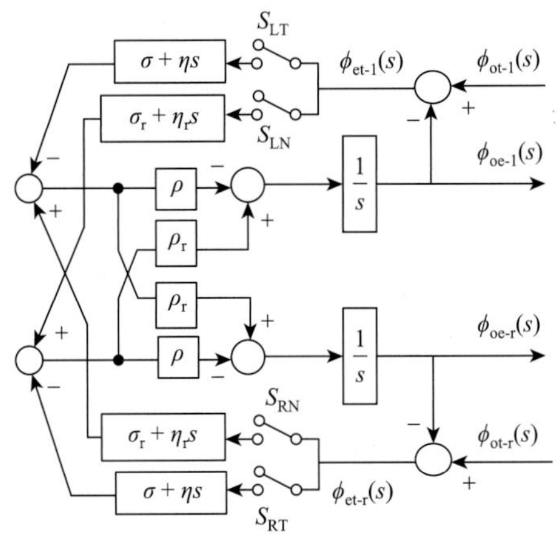

图 6-31 考虑视网膜分割特性的简易双眼视觉反馈控制系统

由于当视标在区域 I 时，视标投影在视网膜内侧，所以根据图 6-1，此时视标的视觉信息只传导给对侧大脑，因此此时 S_{LN} 和 S_{RN} 接通，S_{LT}、S_{RT} 断开。以此类推，可以得到如下关系：

（1）视标在视觉区域 I 时：S_{LT} 断开、S_{LN} 接通、S_{RT} 断开、S_{RN} 接通；

（2）视标在视觉区域 II 时：S_{LT} 断开、S_{LN} 接通、S_{RT} 接通、S_{RN} 断开；

（3）视标在视觉区域 III 时：S_{LT} 接通、S_{LN} 断开、S_{RT} 接通、S_{RN} 断开；

（4）视标在视觉区域 IV 时：S_{LT} 接通、S_{LN} 断开、S_{RT} 断开、S_{RN} 接通。

再根据式（6-75）可知：

$$S_{LT} = \begin{cases} 1, & \varphi_{et\text{-}l}(t) < 0 \\ 0, & \varphi_{et\text{-}l}(t) > 0 \end{cases} \tag{6-76}$$

$$S_{LN}=\begin{cases}1, & \varphi_{et\text{-}l}(t)>0\\ 0, & \varphi_{et\text{-}l}(t)<0\end{cases} \tag{6-77}$$

$$S_{RT}=\begin{cases}1, & \varphi_{et\text{-}r}(t)<0\\ 0, & \varphi_{et\text{-}r}(t)>0\end{cases} \tag{6-78}$$

$$S_{RN}=\begin{cases}1, & \varphi_{et\text{-}r}(t)>0\\ 0, & \varphi_{et\text{-}r}(t)<0\end{cases} \tag{6-79}$$

根据以上关系，可以分别讨论视标在不同区域时的眼球运动控制系统及特性。

（1）当视标在视觉区域Ⅰ时，图 6-31 可以简化成图 6-32。

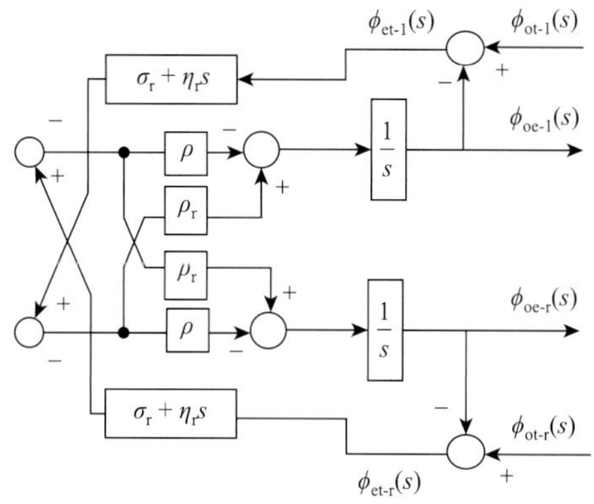

图 6-32　视标在视觉区域Ⅰ时的双眼反馈控制系统

与 6.5.3 节的方法相同，根据图 6-32，可以直接得到辐辏运动和共轭运动的传递方程式，当然，也可以通过式（6-62）和式（6-63）获得，即

$$\phi_{oe\text{-}l}(s)+\phi_{oe\text{-}r}(s)=\frac{\sigma_r+\eta_r s}{\sigma_r+\left(\dfrac{1}{\rho-\rho_r}+\eta_r\right)s}\left[\phi_{ot\text{-}l}(s)+\phi_{ot\text{-}r}(s)\right] \tag{6-80}$$

$$\phi_{oe\text{-}l}(s)-\phi_{oe\text{-}r}(s)=\frac{\sigma_r+\eta_r s}{\sigma_r+\left(\dfrac{1}{\rho+\rho_r}+\eta_r\right)s}\left[\phi_{ot\text{-}l}(s)-\phi_{ot\text{-}r}(s)\right] \tag{6-81}$$

式（6-80）是辐辏运动的传递方程式，式（6-81）是共轭运动的传递方程式。可以看出，此时的眼球运动仍然是辐辏运动和共轭运动相互独立存在，具有不同的传递函数。

辐辏运动的时间常数为

$$T_v=\frac{\dfrac{1}{\rho-\rho_r}+\eta_r}{\sigma_r}=\frac{1}{\sigma_r(\rho-\rho_r)}+\frac{\eta_r}{\sigma} \tag{6-82}$$

共轭运动的时间常数为

$$T_c=\frac{\dfrac{1}{\rho+\rho_r}+\eta_r}{\sigma_r}=\frac{1}{\sigma_r(\rho+\rho_r)}+\frac{\eta_r}{\sigma} \tag{6-83}$$

由于各参数都为正数，很明显，$T_v > T_c$，所以此时仍然是辐辏运动的收敛时间大于共轭运动的收敛时间，基本性质与未进行视网膜分割处理的特性相同。

（2）当视标在视觉区域Ⅱ时，图 6-31 可以简化成图 6-33。

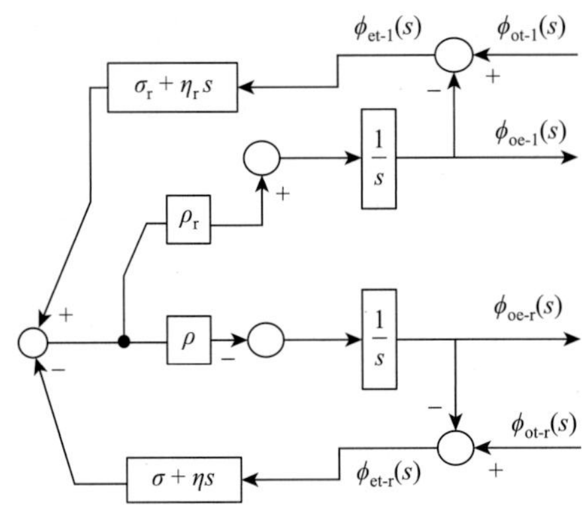

图 6-33 视标在视觉区域Ⅱ时的双眼反馈控制系统

与（1）相同，根据图 6-33，可以得到辐辏运动和共轭运动的传递方程式为

$$\phi_{oe-l}(s) = \frac{1}{s}\rho_r\left[(\sigma_r + \eta_r s)\phi_{et-l}(s) - (\sigma + \eta s)\phi_{et-r}(s)\right] \tag{6-84}$$

$$\phi_{oe-r}(s) = -\frac{1}{s}\rho\left[(\sigma_r + \eta_r s)\phi_{et-l}(s) - (\sigma + \eta s)\phi_{et-r}(s)\right] \tag{6-85}$$

因为 $\phi_{et-l}(s) = \phi_{ot-l}(s) - \phi_{oe-l}(s); \phi_{et-r}(s) = \phi_{ot-r}(s) - \phi_{oe-r}(s)$，所以，

$$\frac{s}{\rho_r}\phi_{oe-l}(s) = (\sigma_r + \eta_r s)\left[\phi_{ot-l}(s) - \phi_{oe-l}(s)\right] - (\sigma + \eta s)\left[\phi_{ot-r}(s) - \phi_{oe-r}(s)\right] \tag{6-86}$$

$$\frac{s}{\rho}\phi_{oe-r}(s) = -(\sigma_r + \eta_r s)\left[\phi_{ot-l}(s) - \phi_{oe-l}(s)\right] + (\sigma + \eta s)\left[\phi_{ot-r}(s) - \phi_{oe-r}(s)\right] \tag{6-87}$$

式（6-86）和式（6-87）左右两边分别相加可得

$$\phi_{oe-r}(s) = -\frac{\rho}{\rho_r}\phi_{oe-l}(s) \tag{6-88}$$

同理，

$$\phi_{oe-l}(s) = -\frac{\rho_r}{\rho}\phi_{oe-r}(s) \tag{6-89}$$

将式（6-88）代入式（6-86），可得

$$\phi_{oe-l}(s) = \frac{\rho_r}{s + \rho_r(\sigma_r + \eta_r s) + \rho(\sigma + \eta s)}\left[(\sigma_r + \eta_r s)\phi_{ot-l}(s) - (\sigma + \eta s)\phi_{ot-r}(s)\right] \tag{6-90}$$

将式（6-89）代入式（6-87），可得

$$\phi_{oe-r}(s) = \frac{-\rho}{s + \rho_r(\sigma_r + \eta_r s) + \rho(\sigma + \eta s)}\left[(\sigma_r + \eta_r s)\phi_{ot-l}(s) - (\sigma + \eta s)\phi_{ot-r}(s)\right] \tag{6-91}$$

由式（6-90）和式（6-91）可以看出，左右眼的运动除了比例要素 ρ_r 和 ρ，完全相同。

因此，这种情况下，即使表面上有一定的辐辏成分，但已不是为了减小视线与视标的误差而进行的辐辏运动了。这个现象也可以通过以下的辐辏运动和共轭运动的传递函数得到印证。将式（6-90）和式（6-91）的两端分别相加，可得

$$\phi_{\text{oe-l}}(s)+\phi_{\text{oe-r}}(s)=\frac{\rho_{\text{r}}-\rho}{s+\rho_{\text{r}}(\sigma_{\text{r}}+\eta_{\text{r}}s)+\rho(\sigma+\eta s)}\left[(\sigma_{\text{r}}+\eta_{\text{r}}s)\phi_{\text{ot-l}}(s)-(\sigma+\eta s)\phi_{\text{ot-r}}(s)\right] \tag{6-92}$$

将式（6-90）与式（6-91）的两端分别相减，可得

$$\phi_{\text{oe-l}}(s)-\phi_{\text{oe-r}}(s)=\frac{\rho_{\text{r}}+\rho}{s+\rho_{\text{r}}(\sigma_{\text{r}}+\eta_{\text{r}}s)+\rho(\sigma+\eta s)}\left[(\sigma_{\text{r}}+\eta_{\text{r}}s)\phi_{\text{ot-l}}(s)-(\sigma+\eta s)\phi_{\text{ot-r}}(s)\right] \tag{6-93}$$

由式（6-92）和式（6-93）可以看出，辐辏运动和共轭运动的输出完全相同，只有增益（$\rho_{\text{r}}-\rho$）和（$\rho_{\text{r}}+\rho$）不同。如果设 $\sigma=\sigma_{\text{r}}$，$\eta=\eta_{\text{r}}$，辐辏运动和共轭运动都由共轭目标值$\left[\phi_{\text{ot-l}}(s)-\phi_{\text{ot-r}}(s)\right]$引起。

更详细的论述留给读者，这里不再赘述。

（3）当视标在视觉区域III时，图 6-31 可以简化成图 6-34。

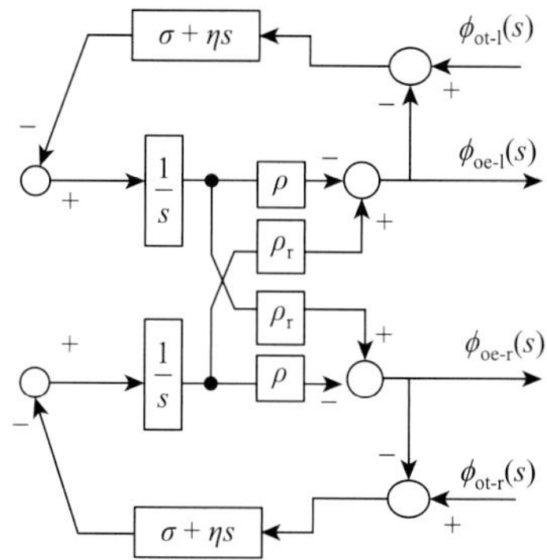

图 6-34　视标在视觉区域III时的双眼反馈控制系统

与（1）和（2）相同，根据图 6-34，可以得到辐辏运动和共轭运动的传递方程式为

$$\phi_{\text{oe-l}}(s)+\phi_{\text{oe-r}}(s)=\frac{\sigma+\eta s}{\sigma+\left(\dfrac{1}{\rho-\rho_{\text{r}}}+\eta\right)s}\left[\phi_{\text{ot-l}}(s)+\phi_{\text{ot-r}}(s)\right] \tag{6-94}$$

$$\phi_{\text{oe-l}}(s)-\phi_{\text{oe-r}}(s)=\frac{\sigma+\eta s}{\sigma+\left(\dfrac{1}{\rho+\rho_{\text{r}}}+\eta\right)s}\left[\phi_{\text{ot-l}}(s)-\phi_{\text{ot-r}}(s)\right] \tag{6-95}$$

由式（6-94）、式（6-95）与式（6-80）、式（6-81）比较可知，视标在区域 I 和区域III时的特性相同，当 $\sigma=\sigma_{\text{r}}$、$\eta=\eta_{\text{r}}$ 时，其完全相同。要注意，视网膜分割后，当 $\sigma=\sigma_{\text{r}}$、$\eta=\eta_{\text{r}}$ 时，不会导致辐辏运动消失。

（4）当视标在视觉区域IV时，图 6-31 可以简化成图 6-35。

由图 6-35 和图 6-34 对比可知，控制系统完全对称，因此控制特性也相同，这里不再论述。

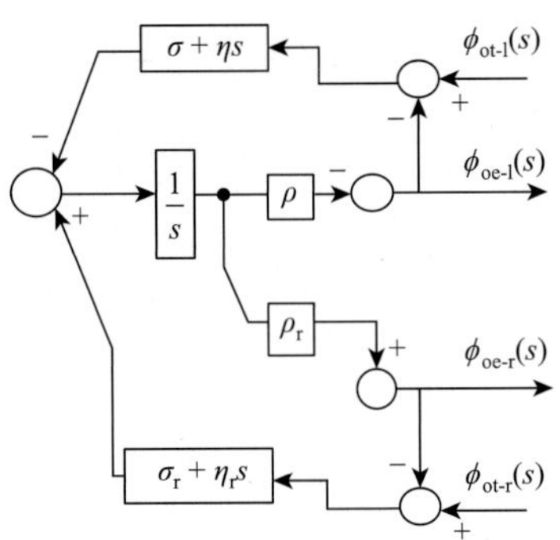

图 6-35 视标在视觉区域Ⅳ时的双眼反馈控制系统

6.5.6 小结与讨论

在视网膜被分割处理的情况下，当视标在视觉区域Ⅰ和Ⅲ时，眼球运动包含辐辏运动和共轭运动，与视网膜不分割时的特性基本相同，辐辏运动的动态特性不同于共轭运动。而当视标在视觉区域Ⅱ和Ⅳ时，只有共轭运动，没有辐辏运动。

由于视网膜的分离只发生在周边视，因此本节所述特性只存在于跳跃型眼球运动和视动性眼球运动。而且从解剖学的视神经结构上来看，周边视的立体视觉只存在于视觉区域Ⅱ和Ⅳ，即左右两个视觉区域。当视标在视觉区域Ⅰ和Ⅲ，即前后两个视觉区域时，如果视标在中心视区内（参照图 6-2)，立体视觉是由中心视来处理的，对于离注视点远的物体，因为在大脑处理的脑区不同，很可能是没有办法产生立体视觉的。

参考文献

[1] **Zhang X L**，Wakamatsu H. A mathematical model for binocular vestibular-ocular reflex and its application on topographic diagnosis[J]. Japanese Journal of Applied Physiology，1999，29（2)：123-131.

[2] **Zhang X L**，Wakamatsu H. Development and analysis of an oculomotor model as a unification of reflex and pursuit eye movements[C]. 1999 European Control Conference（ECC)，Karlsruhe，2015：1926-1931.

[3] **Zhang X L**，Wakamatsu H. A unified adaptive oculomotor control model[J]. International Journal of Adaptive Control and Signal Processing，2001，15（7)：697-713.

[4] **Zhang X L**，Wakamatsu H. Binocular-robot based on physiological mechanism[C]. Proceedings of SICE/ICASE Joint Workshop-Control Theory and Applications，2001：55-58.

[5] **Zhang X L**，Wakamatsu H. Mathematical model for binocular movements mechanism and construction of eye axes control system[J]. Journal of the Robotics Society of Japan，2002，20（1)：89-97.

[6] **Zhang X L**. A robot eye control system based on binocular motor system[C]. Proceeding ICBME2002，2002：1-6.

[7] **Zhang X L**. A binocular motor system model for robot eye control[C]. Interational Conference on Applied Modelling and Simulation，Cambridge，2002：370-375.

[8] **Zhang X L**，Wakamatsu H，Sato M. A human like robo-eye system[C]. Proceeding ICITA2004，2004：1-4.

[9] **Zhang X L**. A conceptual discussion on relationship between vergence and conjugate eye movements on the viewpoint of system and control engineering[C]. 2005 IEEE International Symposium on Circuits and Systems（ISCAS)，Kobe，2005：4783-4786.

[10] **Zhang X L**. An object tracking system based on human neural pathways of binocular motor system[C]. 9th International Conference on Control，Singapore，2006：1-8.

[11] **Zhang X L**，Sato Y. Cooperative movements of binocular motor system[C]. 2008 IEEE International Conference on Automation Science and Engineering，Arlington，2008：321-327.

[12] **Zhang X L**. A cooperative interaction control methodology of a pair independent control system[C]. 11th International Conference on Control Automation Robotics and Vision，Singapore，2010：42-49.

[13] Carpenter M B. Core Text of Neuroanatomy[M]. Philadelphia：Williams & Wilkins，1991.

[14] Kandel E R，Koester J D，Mack S H，et al. Principles of Neural Science[M]. 6th ed. New York：McGraw-Hill Education，2021.

[15] Cannon S C，Robinson D A. Loss of the neural integrator of the oculomotor system from brain stem lesions in monkey[J]. Journal of Neurophysiology，1987，57（5）：1383-1409.

[16] Cannon S C，Robinson D A. An improved neural-network model for the neural integrator of the oculomotor system：more realistic neuron behavior[J]. Biological Cybernetics，1985，53（2）：93-108.

[17] Robinson D A. Linear addition of optokinetic and vestibular signals in the vestibular nucleus[J]. Experimental Brain Research，1977，30（2）：447-450.

[18] Galiana H L，Outerbridge J S. A bilateral model for central neural pathways in vestibuloocular reflex[J]. Journal of Neurophysiology，1984，51（2）：210-241.

[19] Gomi H，Kawato M. Adaptive feedback control models of the vestibulocerebellum and spinocerebellum[J]. Biological Cybernetics，1992，68（2）：105-114.

[20] Gamlin P D，Yoon K. An area for vergence eye movement in primate frontal cortex[J]. Nature，2000，407（6807）：1003-1007.

[21] Goldberg J M，Fernandez C. Physiology of peripheral neurons innervating semicircular canals of the squirrel monkey. Ⅰ. Resting discharge and response to constant angular accelerations[J]. Journal of Neurophysiology，1971，34（4）：635-660.

[22] Keller E L，Robinson D A. Abducens unit behavior in the monkey during vergence movements[J]. Vision Research，1972，12（3）：369-382.

[23] Mettens P，Godaux E，Cheron G，et al. Effect of muscimol microinjections into the prepositus hypoglossi and the medial vestibular nuclei on cat eye movements[J]. Journal of Neurophysiology，1994，72（2）：785-802.

[24] Raphan T，Wearne S，Cohen B. Modeling the organization of the linear and angular vestibulo-ocular reflexes[J]. Annals of the New York Academy of Sciences，1996，781（1）：348-363.

[25] Robinson D A. The use of matrices in analyzing the three-dimensional behavior of the vestibulo-ocular reflex[J]. Biological Cybernetics，1982，46（1）：53-66.

[26] Robinson D A. The use of control systems analysis in the neurophysiology of eye movements[J]. Annual Review of Neuroscience，1981，4：463-503.

[27] Smith H H，Galiana H L. The role of structural symmetry in linearizing ocular reflexes[J]. Biological Cybernetics，1991，65（1）：11-22.

[28] Uchino Y，Sasaki M，Sato H，et al. Utriculoocular reflex arc of the cat[J]. Journal of Neurophysiology，1996，76（3）：1896-1903.

[29] Zee D S，Fitzgibbon E J，Optican L M. Saccade-vergence interactions in humans[J]. Journal of Neurophysiology，1992，68（5）：1624-1641.

[30] Fernandez C，Goldberg J M，Abend W K. Response to static tilts of peripheral neurons innervating otolith organs of the squirrel monkey[J]. Journal of Neurophysiology，1972，35（6）：978-987.

[31] Fuchs A F，Kimm J. Unit activity in vestibular nucleus of the alert monkey during horizontal angular acceleration and eye movement[J]. Journal of Neurophysiology，1975，38（5）：1140-1161.

[32] Angelaki D E，Hess B J，Suzuki J. Differential processing of semicircular canal signals in the vestibulo-ocular reflex[J]. The Journal of Neuroscience，1995，15（11）：7201-7216.

[33] Galiana H L. A nystagmus strategy to linearize the vestibulo-ocular reflex[J]. IEEE Transactions on Bio-Medical Engineering，1991，38（6）：532-543.

[34] Cohen B，Matsuo V，Raphan T. Quantitative analysis of the velocity characteristics of optokinetic nystagmus and optokinetic after-nystagmus[J]. The Journal of Physiology，1977，270（2）：321-344.

[35] Waespe W，Henn V. Conflicting visual-vestibular stimulation and vestibular nucleus activity in alert monkeys[J]. Experimental Brain Research，1978，33（2）：203-211.

[36] Ito M. The Cerebellum and Neural Control[M]. New York：Raven Press，1984.

[37] Robinson D A. The systems approach to the oculomotor system[J]. Vision Research，1986，26（1）：91-99.

[38] Komatsuzaki A，Shinoda Y，Maruo T. Neurology of Oculomotor System[M]. Tokyo：Igaku-Shoin Ltd.，1985.

[39] 吉田薫. 眼科学大系（第 7 卷），神経眼科[M]. 东京都：中山書店，1995.

[40] 篠田義一. 臨床耳鼻咽喉科頭頚部外科全書[M]. 东京都：金原出版社，1988.

第7章

上丘的跳跃眼动机制

四叠体是大脑和小脑形成之前的低等动物的行动指挥中枢，上丘（superior colliculus，SC）主要负责视觉，下丘（inferior colliculus，IC）主要负责听觉的信息处理和对应的肌体反应。本章首先介绍上丘的信息来源和神经通路，然后以跳跃眼动的功能为中心介绍上丘是如何通过最简洁有效的方法进行自学习或反复训练，来实现高速度和高精度运动控制的。

前面的章节提到过，人类眼球的跳跃眼动的控制信号来自上丘，而这种跳跃眼动速度快、精度高，是眼睛的灵魂。当动物有感兴趣的事物或受到外界突发性变化刺激时，眼球和头部甚至身体会自然引发一系列反射性运动，使双眼快速对准相关物体，这种反应称为**定向反应**（orienting response）。定向反应引起的眼球运动就是跳跃眼动。定向反应也是动物对自然界进行反应和互动的最基本表现，**如果一个机器人具有准确的定向反应，至少它看起来已经像生物了**。

7.1 上丘的结构

上丘在中脑的背侧。中脑背侧也称顶盖，由两对圆形小鼓包组成，上边的一对就是上丘，是视觉的皮质下中枢，而下边的一对为下丘，是听觉通路上的重要中枢。

上丘是定向反应的主要中枢之一，本节通过介绍上丘的基本结构和特性来探讨仿生眼实现跳跃眼动的方法。上丘在脑中的位置如图 7-1 所示。

上丘在细胞形态学上讲分为 7 层，从表层开始往下分别是：Ⅰ层为带状层、Ⅱ层为视层、Ⅲ层为浅表灰质层；Ⅳ层为中灰层；Ⅴ层为中间层；Ⅵ层为深灰层；Ⅶ层为底层。

一般将Ⅰ～Ⅲ层称为浅层，Ⅳ～Ⅶ层称为深层。浅层接收来自视网膜的直接投射和来自大脑初级视皮质的投射。深层接收来自大脑高层次视觉区域及视觉联合等与视觉关联的高层次脑区的输入，同时还接收来自听觉和体感系统的输入，更进一步还接收来

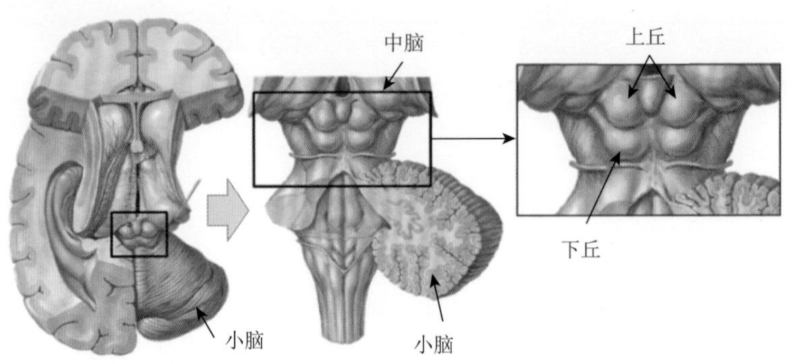

图 7-1 上丘的位置

自额叶眼区（FEF）、黑质、小脑核等脑区的投射。上丘对外的信号输出基本出于深层，其神经纤维的投射是从深层向上进入丘脑、横向进入对侧上丘、向下进入脑干和脊髓（包含交叉性和非交叉性）共四个方向。

由以上可以看出上丘虽然是低等动物的智能处理中枢，但在动物从低等向高等的进化过程中已经与大脑、小脑等高级脑产生了极其密切的联系。之所以上丘和下丘没有消失或退化掉，一定是因为其不可代替的作用。笔者一直认为，解析四叠体和脑干的结构和功能，特别是从低等动物开始，对于理解生命的最基本原理有着比直接解析大脑更重要的意义，只有理解了脑干才可以进一步理解大脑和小脑。下面对上丘整体结构和特性进行简洁描述（该章内容大量参照北间敏弘先生的调研成果[1]）。

7.2 上丘的外部信息通路

上丘除了直接接收来自视网膜的信息，还接收来自枕叶初级视皮质（V1）、顶内沟外侧皮质（lateral intraparietal cortex，LIP）和额叶眼区（FEF）的神经投射。上丘投射到脑桥旁正中网状结构（PPRF），然后从脑桥旁正中网状结构及前庭核将控制信号发送到动眼神经核，包括控制眼睛侧向运动的外展核。

如上所述，由于人类的大脑可以有意识地控制的眼球运动只有跳跃眼动，而跳跃眼动的控制信号来自上丘，所以进入上丘的来自端脑的三路信号分别代表着不同的意义。上丘的跳跃眼动信号受控于 LIP 和 FEF。LIP 代表的是视觉认知，FEF 代表的是决策，所以 FEF 决定是否进行跳跃眼动（即注视目标的切换），LIP 给出跳跃的目标及位置。FEF 通过黑质对上丘进行抑制性投射，可以抑制眼跳的产生。在相关区有损伤时，动物更容易对分散注意力的刺激进行扫视[2]。

反射性的本能跳跃反应来自上丘本身。而来自初级视皮质的信息，因为进入的是上丘的浅层，与视网膜信息的输入位置接近，所以对上丘处理结果的影响是初期的，应该属于对眼球无意识的操控。例如，为提高双目立体视觉能力的对双眼相对位姿（标准辐辏等）的调节，为提高视觉分辨能力的微小眼球运动等都有可能是视觉初期皮质对上丘输入信号的作用。

为了明晰除听觉和触觉引起的跳跃眼动外，视觉引起的跳跃眼动的通路，笔者对多篇文献进行了概括，并加入了一些推测，总结出以下几种信号来源途径（参考图 7-2）。

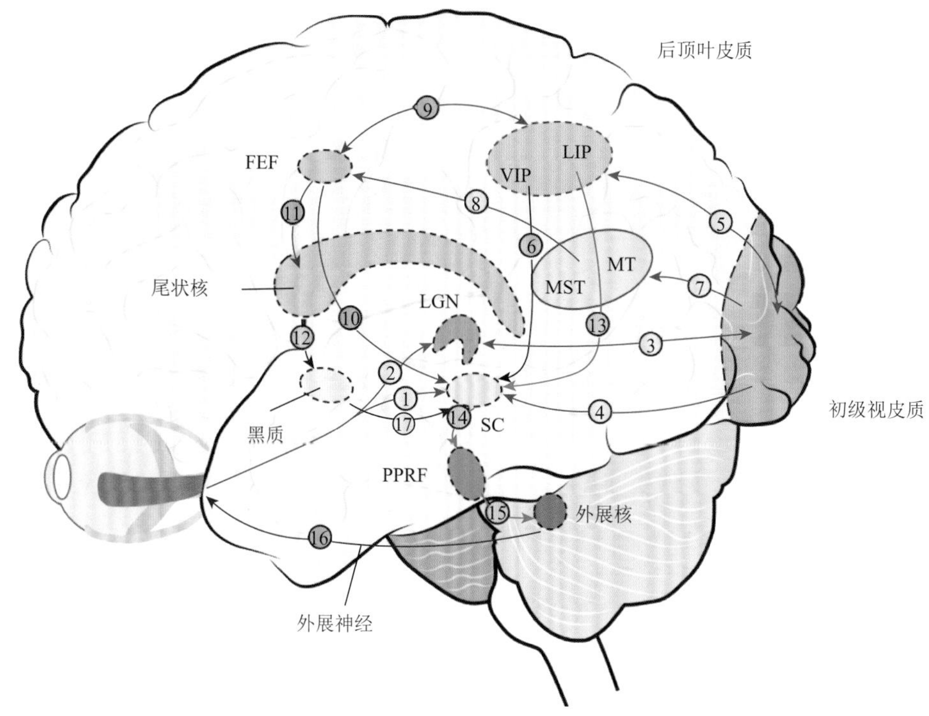

图 7-2 上丘接收的来自端脑的神经通路投射[1-3]

SC. 上丘；LGN. 外侧膝状体；PPRF. 脑桥旁正中网状结构；MT. 颞中区；MST. 内侧颞上区；VIP. 顶内腹侧；LIP. 顶内沟外侧皮质；FEF. 额叶眼区

（1）**初级视标位置信息通路：**视网膜直接投射到上丘浅层的信息通路①。由上丘直接处理视网膜信息获得的视标位置信号，可以理解为对较强刺激（如突然运动、亮度突变、颜色鲜艳的物体等）的不经过大脑的反射性跳跃眼动的控制信号。

（2）**中级视标位置信息通路：**视网膜经 LGN②到大脑枕叶初级视皮质③后投射到上丘浅层④的视标位置信号通路。用于环境及目标物体识别和感知的时延较长的无意识型跳跃眼动，是上述（1）的反射性跳跃眼动信号的增强版，可以辨别更复杂更抽象的物体，异性、食物、天敌等识别信息也许来自该通路。

（3）**物体分类及提供视标选项信息通路：**视网膜经 LGN 到大脑枕叶初级视皮质后投射到 LIP⑤，对物体进行分类，给出跳跃眼动目标的选项后投射到 FEF⑨后再投射到上丘深层⑩。

（4）**多模态融合位置信息通路：**来自视觉系统、听觉系统和体感系统的信息在 VIP 统一到头部坐标系后的融合信息投射到上丘深层⑥（形成机制尚不清晰，参考 7.4～7.6 节、图 7-2）。

（5）**视标和环境的速度信息通路：**从初级视皮质⑦出发，经 MT 和 MST 获得视标及环境的速度信息，到达 FEF⑧后输入上丘深层⑩的速度信息通路。人类在跳跃眼动之前有 100ms 的时延，视标的速度应该在这个阶段测量[4]。

（6）**视标选择信息通路**：从初级视皮质⑤出发，经 LIP 到 FEF⑨后输入上丘深层⑩选择需要注视和跟踪的目标。

（7）**跳跃眼动决断信息通路**：LIP 到 FEF⑨后经尾状核⑪输入黑质⑫对上丘⑰进行抑制，决定是否进行跳跃眼动或决定发生跳跃眼动的时机。

7.3 上丘神经元对视觉信息输入的响应

7.3.1 上丘浅层神经元的冲动活动

上丘浅层有来自视网膜和初级视皮质（枕叶）强烈的投射，对应视觉刺激产生响应的神经细胞有很多。浅层不同于深层，没有对听觉和体感刺激发生响应的细胞。每个浅层的神经元都有视觉的感受野（receptive field），在对应的视野位置上投射光斑等刺激，冲动活动会增强[5]。感受野在上丘内有规则地排列，视网膜各部位和上丘各部位具有对应关系，称为视网膜部位再现。图 7-3 是根据生理学实验结果[6, 7]绘制的上丘浅层部位与视网膜部位的对应关系示意图。这里要注意，从图 6-1 中可知，右侧上丘只能够接收到右眼右半侧（耳侧）视网膜的视觉信号和左眼右侧（鼻侧）视网膜的视觉信号。而图 6-2 又显示右眼右半侧视网膜看到的是中心视及左侧的Ⅱ和Ⅲ区域，左眼右侧视网膜看到的是中心视及左侧的Ⅰ和Ⅱ区域。将一张图放在注视平面上，左右眼的右侧视网膜只能看到左侧图。

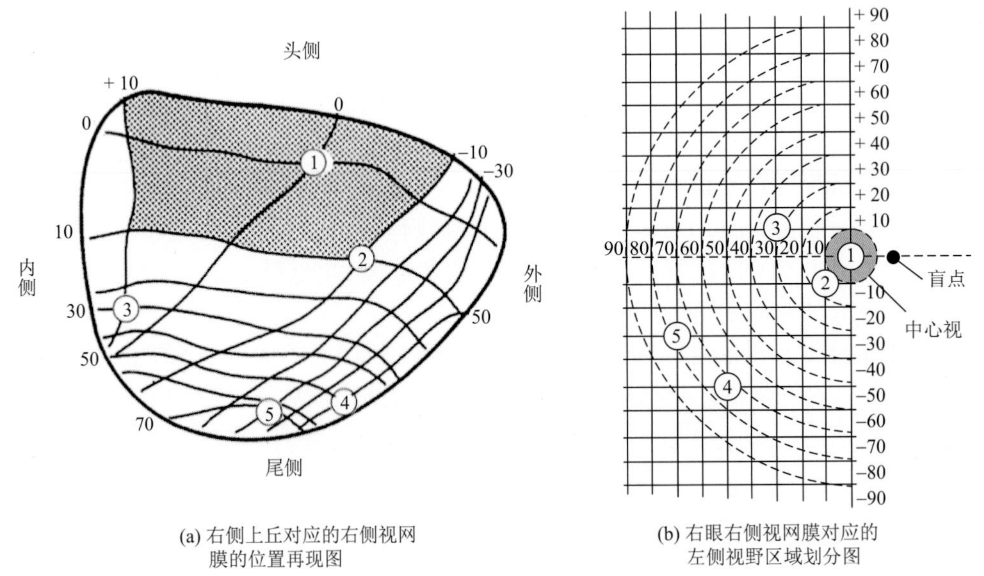

(a) 右侧上丘对应的右侧视网膜的位置再现图

(b) 右眼右侧视网膜对应的左侧视野区域划分图

图 7-3 猫的上丘浅层部位与视网膜部位对应关系示意图[6, 7]

图 7-3（a）为右侧上丘后视图。阴影是中心视±10°视野的对应部位。带符号+的数字是视网膜的上方视野的角度，带符号–的数字是视网膜的下方视野的角度，不带符号的数字 0 代表的线对应视野的正中线，数字越大越朝向外侧的周边视野[6, 7]。圆圈内的数字是视野位置与上丘再现位置的对应点的例子。图 7-3（b）为右侧视网膜可以看到的视野（如在被测试者前方放一张大图），即左侧视觉刺激的区域划分图（如通过激光笔等的光斑指点图上的位置），圆圈内的数字与图 7-3（a）的数字对应。例如，如果在图 7-3（b）所示视野的③处用光斑照射，图 7-3（a）中③的位置的神经元就会产生动作电位（神经冲动）。

灵长类动物的视网膜部位再现的排列与猫科相似，中央凹附近被放大，说明中央凹附近跳跃眼动的精度更高。上丘浅层各部位对应的是视网膜上的位置，也可以认为当某一点的神经元发生冲动，代表该点发出的是视网膜误差信息，即跳跃眼动的输入信号。猕猴上丘浅层的神经细胞对对应位置的视野上的光斑产生响应。例如，图 7-3（b）上的①、②、③等位置分别照射光斑，图 7-3（a）所示的对应位置及其周边的神经元就会发生冲动。一般情况是光斑增大，响应减弱。当一个小光斑移动时，无论方向如何，响应都会增强[5, 6, 8, 9]。部分细胞（约 10%）有方向选择性，对于特定移动方向产生最大响应[9]。猕猴的浅层神经元约半数在眼球中央凹朝着刺激光斑的方向移动时响应增强[2, 5]。

7.3.2　上丘深层神经元的冲动活动

不同于浅层神经元，深层神经元还大量接收听觉和体感信息。也就是说，在上丘的处理后期，听觉和体感的信息也将影响跳跃眼动。深层神经元也和浅层神经元一样对视觉刺激有响应，而且要比浅层响应细胞的范围广，也就是说深层在接收到浅层响应细胞的信息后响应范围会扩散[6, 10-14]。有些神经元的响应还会在跳跃眼动之后，即跳跃眼动也会引起这些神经元的响应[15]，因此这些神经元被称为视运动细胞[16]。也就是说，这些神经细胞在激起眼球朝向视标的跳跃眼动的同时还受跳跃眼动的影响，呈现出视觉性和运动性的二相性的特点[15]。

7.4　上丘对听觉的响应

上丘深层的一部分神经元不仅有视觉性响应，还对听觉刺激有响应。这种响应不是对某个一定频率的声音的反应，而是对如口哨、钥匙串等更复杂的声音反应强烈[14, 17-19]。另外，也有个别神经元对一些狭窄频域的声音有选择性的反应[15]。对于声音刺激有反应的神经元在空间上存在最佳响应位置，这些具有不同最佳响应位置的神经元在上丘深层有规则地排列在一起。听觉感受野的分布和视觉感受野的分布具有对应关系，即在空间上某个位置的声音刺激和在这个位置上的视觉刺激可以引起相同的跳跃眼动[14, 20-22]。

对于上述上丘对于声音的响应特性，笔者的理解是，首先对声音进行解析，判断是否需要对其作出反应，同时进行音源定位处理，这种声音的解析处理不一定在上丘，可以是在下丘或颞叶的听觉处理皮质。判断结束后信息进入上丘进行对眼球、头部和身体等的反射型运动控制。图 7-4 是猫的右侧上丘深层部位的背视图上听觉感受野与声音方位的对应关系示意图。点线的 0°是脑定位的水平面，+和–分别代表上方视野和下方视野的位置。虚线是对侧周边视野的偏移角，0°是正中线[21, 23]。

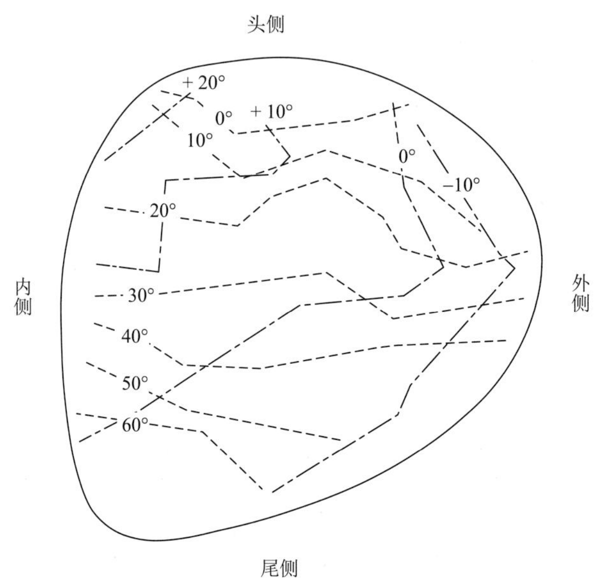

图 7-4 猫的右侧上丘深层部位与声音方位的对应关系示意图[21, 23]

7.5 上丘对体感的响应

大量的研究通过对猫、小鼠和猪的皮肤表面进行轻轻的触摸或施压等机械性刺激，调查上丘深层神经元的响应[14, 17, 24-27]。上丘各部位的神经元在对侧体表皮肤有对应的机械性刺激的感受野。与视网膜相同，上丘各部位对应的身体部位的再现也是不均一的，三叉神经支配的领域和前肢领域对应的上丘区域最大。上丘从吻到尾方向，对应对侧的脸部、前肢、体干、后肢，排列整齐。小鼠的触须位置也会在上丘的吻侧非常规则地准确再现出来[25, 26]。图 7-5 是猫的上丘深层部位与皮肤感觉部位的对应关系示意图。猫的左侧上丘的身体表面感受野（图 7-5 的涂黑部分）可以和图 7-3 所示的视网膜地图进行对比[27]。图 7-6 是小鼠触须的位置与上丘深层部位的对应关系示意图。小鼠右侧上丘的体表感受野的排列，特别是触须的位置在感觉地图上整齐排列[26]。

体感系统的输入，除了上述，还包括如眼肌、颈部、前肢肌等的固有感知器的输入[28-30]。

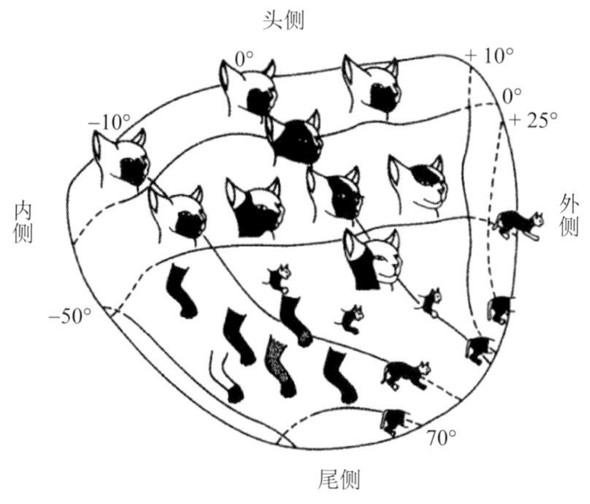

图 7-5　猫的上丘深层部位与皮肤感觉部位的对应关系示意图[27]

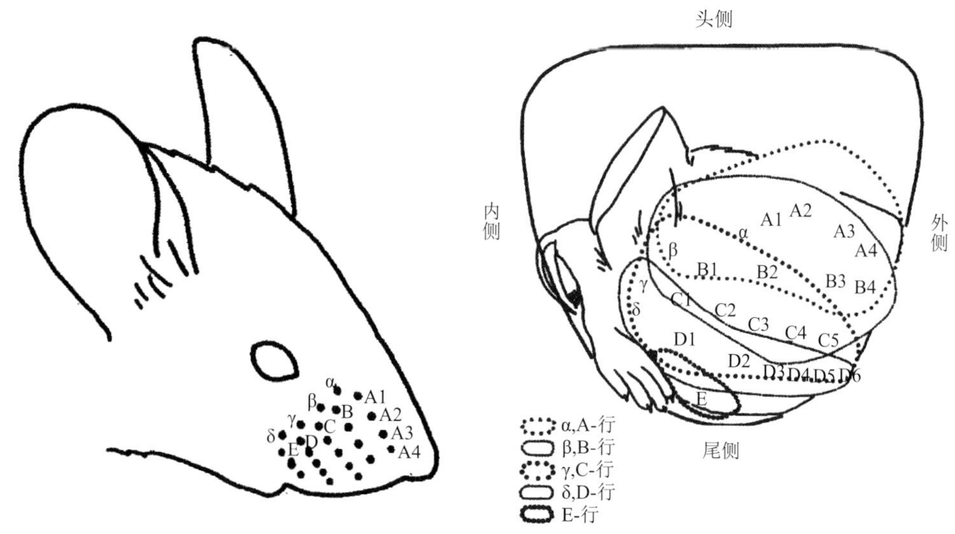

图 7-6　小鼠触须的位置与上丘深层部位的对应关系示意图[25, 26]

7.6　来自各感觉器官信息的统合

上丘视觉系统的输入是通过双眼视网膜上的投射图像相对于各中央凹的方向和距离，来获得视标相对于头部坐标系的坐标。而听觉系统的输入，是通过双耳感知声音的强度和时间差来获取音源的方向和位置。这些位置信息通过头部坐标系统一在一起。在上丘深层，来自视觉系统、听觉系统及体感系统的输入信号在各对应感受野的分布相互对应、互相影响[31, 32]。因此，视觉性、听觉性、体感性的任何一方单独刺激引起的响应会因为来自其他信息的组合而增强或减弱。这种通过多种传感器获得的外界信息来选择注视目标会更加准确和合理。无疑，上丘是多模态信息感知与融合的典范。

7.7 上丘的浅层神经元和深层神经元的关系

如 7.3 节所述，上丘浅层部的视觉感知区和深层部的运动区有着很完美的对应关系。最单纯的解释就是视网膜上视标的位置所对应的特定浅层部的神经活动，引发了该区域深层部的神经活动，最终导致跳跃眼动，使中央凹捕获到视标[8]。但是生理学实验又显示，浅层部和深层部不是单纯和直接的联系，因为深层部还受大脑更高层次的信息及听觉、体感等信息的影响。在看不到任何视觉目标的暗处，听觉刺激也可以产生跳跃眼动[15, 33, 34]。另外通过在跳跃运动过程中短暂提示下一个不同位置的视标[35]，或者在跳跃眼动之前瞬间提示其他位置的视标[17]，都不能够使本次的跳跃眼动停下来，只能在跳跃眼动结束后再进行对刚刚提示视标的跳跃运动。也就是说，浅层部的神经活动与深层部的神经活动是可以分别引发的[36]。

深层部的电极刺激产生的跳跃眼动方向和幅度与刺激的强度无关，也与眼球当前位置无关，只与刺激的部位相关[37, 38]。

另外，当猫的头部自由活动时，常常伴随头眼的协同运动。一般情况下，当浅层感受野的刺激位置对应于视网膜视野的角度小于 25°左右时，猫的跳跃眼动是单纯的眼球运动，而超过 25°时将伴随头部的快速运动，使得头部转角加上眼球转角达到浅层部的视野再现位置[39]。也就是说，跳跃眼动是可以和快速头部运动协调控制的，两者的控制信号同时发自上丘。关于这方面的原理性解释，生理学的学者之间有分歧[39, 40]，不过对于仿生眼的头眼协同的工学实现来讲，只要知道跳跃眼动可以包含头部快速运动就已经足够了。

7.8 上丘的数学模型及在仿生视觉控制系统中的位置

根据上述关于上丘的结构及特性的分析和总结，可以大致画出上丘的输入信息的来源和输出信息的去处。图 7-7 是笔者根据上述生理学和解剖学的见地绘制的上丘信息流向框架图，具体如下：

（1）视网膜获取的视觉信息通过视索直接投射到上丘浅层部进行粗犷和简洁的视觉处理。该处理在眼球运动控制系统中可以理解为跳跃眼动的目标位置检测，用于突发或强烈刺激时的短时延反射性跳跃眼动，进行快速视线对准。

（2）视网膜信息的另一部分进入端脑（大脑皮质）枕叶的初级视皮质，经过较高级的视觉处理后，其结果投射到上丘浅层部对上丘的视觉处理起到了加强和辅助的作用。该项功能是进化过程中高级脑对低级脑的反哺。在眼球运动控制系统中，该信息可以认为是高级视觉目标位置的检出，用于跳跃眼动的较准确可信的目标位置信息。

（3）初级视皮质的处理结果还会传到更高级的视觉处理脑区进行解析和推理等处理，再回到上丘深层部直接参与运动控制。来自高级脑区的信息至少可以分为：①经由颞中区（middle temporal area，MT）和内侧颞上区（medial superior temporal area，MST），到达

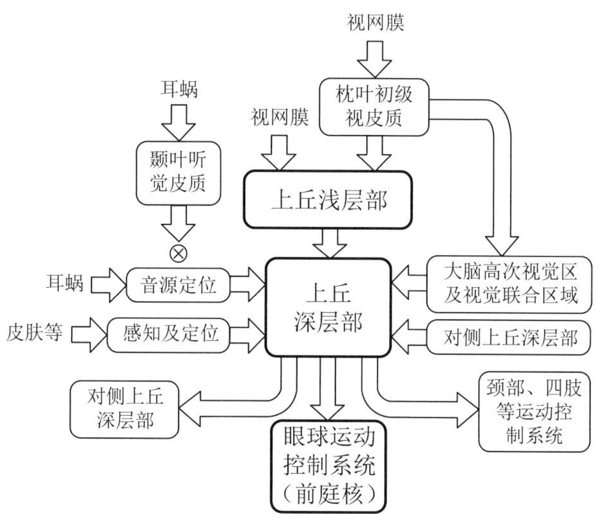

图 7-7　上丘的输入及输出系统构架

额叶眼区后输入上丘的信息，与视标速度及环境速度有关，在眼球运动控制系统中用于跳跃眼动终点的速度控制，以保证视线在切换到视标位置时与视标的速度保持一致[41]；②LIP 直接投射到上丘中间层和深层的信息，该信息可能与选择跳跃眼动目标的功能有关[42, 43]；③经由 LIP 到达 FEF 后，通过黑质对上丘进行的抑制性投射的信息，可能与决定是否进行跳跃眼动有关[44, 45]。在第 9 章的大脑视觉处理功能介绍及 13.4 节的仿生眼跳跃眼动的工程实现中将对经由大脑到达上丘的视觉处理信息相关内容进行更详细的介绍。

（4）上丘深层部是眼球和其他一些动作器官（舌头、四肢等）的反射型运动控制系统。对于眼球运动控制系统的贡献是，接收上丘浅层部的视觉处理结果，进行几乎是视网膜刺激位置和视线对准运动的一对一的眼球视线位置控制模式，即跳跃眼动控制模式。

（5）上丘深层部还同时接收来自听觉系统的音源位置信息。由于不需要对所有声音都作出反应，因此需要有更高层次的声音处理系统对声音种类或内容进行判断，例如，用端脑颞叶的听觉皮质来判断声音的种类，其判断结果用来决定是否需要去看。由于声音的理解和判断系统的结果不直接参加运动控制操作，因此其对运动控制系统的作用是决定是否需要对音源位置信息进行跳跃眼动（包含头部快速运动及肢体的反射运动）反应。因此在图 7-7 中使用⊗来表示，相当于一个开关。

（6）身体的皮肤、胡须、关节等体感器官的信息也会传入上丘深层部，对眼球等动作器官进行反射性运动控制，例如，某处皮肤的刺痛会引发身体一连串的动作让眼睛迅速看到被刺痛部位。

（7）上丘深层部的输出可以大致分成三个方向，更准确地说是三部分作用，最主要的就是用于控制眼球的运动，第一路信号直接进入前庭核，即眼球运动控制系统的输入信息融合部；第二路信号进入眼球以外的动作器官，如上肢，控制其反射性运动；第三路信号进入对侧上丘，形成双眼及左右对称的动作器官（如双手、双脚等）的协调运动。

当然，由于生物的脑神经系统极为复杂，很多神经通路没有包含在图 7-7 中，未来当获知某些通路具有重要作用时，可以不断地在此构架图中加入。

由于上丘在眼球运动控制中的作用是跳跃眼动控制，而且一旦触发就不可改变，所以可以理解为，上丘的控制信号在一个跳跃眼动过程中是一个不可中断的连续信号。又因为视野的每一个位置都在上丘深层部有一个对应区域，用此区域的神经细胞群来形成一个独立的控制信号序列，所以基本上可以断定，上丘控制的跳跃眼动是一种前馈控制，而前馈信号的生成可以通过遗传得到基础数据，然后通过学习的方法逐渐完善。这种方法在工学上类似于机器人领域的迭代学习控制系统。

迭代学习是一门系统理论，在本书中不多介绍，基本原理如图 7-8 所示[46]。首先，控制信号存储器里存储有和目标轨迹时间长度相同的适当的控制信号序列。初期的各个采样点可以是随机值或者是 0，如果有先验值更好。具体操作是：①把存储器里的控制轨迹输入控制对象 G，可以得到一个被控对象的响应轨迹；②然后把该轨迹与目标轨迹进行比较，得出误差曲线；③误差曲线通过学习函数 L 修改后与上一次的控制轨迹融合（一般是相加），得到一条新的控制轨迹。①～③反复操作，直至误差轨迹整体小于要求的值为止。该方法的难点在于学习函数 L 的设置，要保证误差不断收敛。

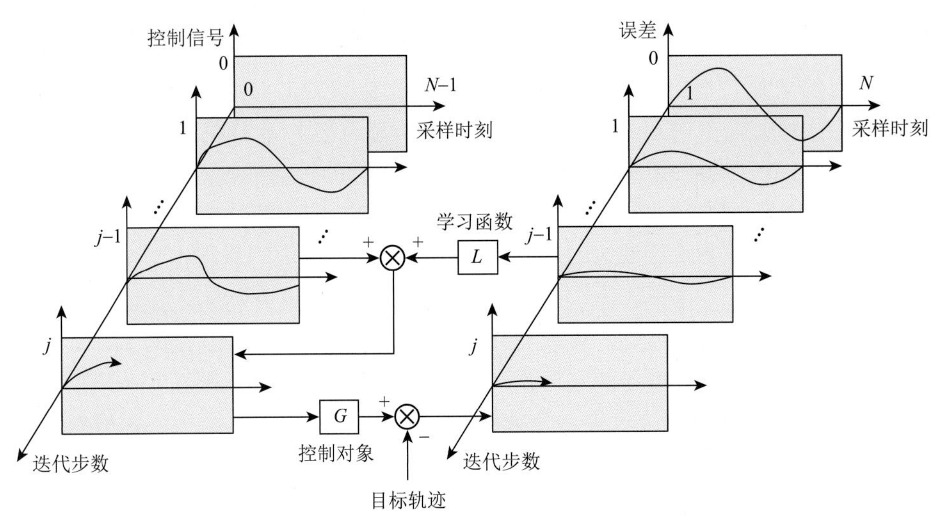

图 7-8 迭代学习控制系统的基本原理

迭代学习虽然方法简单，但是可以达到极高的控制精度，其在工业机器人控制领域是一种用途广泛的控制方法。当将此方法用于跳跃眼动控制时，存储器里必须存储大量的曲线以对应不同位置的跳跃眼动控制。由于存储器里可以存储的曲线有限，而且每一个动作都需要反复学习，因此可以执行的运动功能有限。这也是低等动物的动作种类有限，但动作精度却可以很高的原因。

上述迭代控制原理可用图 7-9 表示。这里 k 是指目标任务执行次数。离散系统的采样延后及实际控制对象的时延在系统中没有表现，但在实际操作过程中需要充分考虑。图 7-9 未考虑学习过程中的控制效果，如果希望在基本正确地执行控制任务的同时逐渐完善控制效果，与 PID 控制系统融合在一起比较合理，所以图 7-9 可以演化成图 7-10。为了不让学习信号影响到 PID 的控制效果，图 7-10 对存储器位置进行了修改。

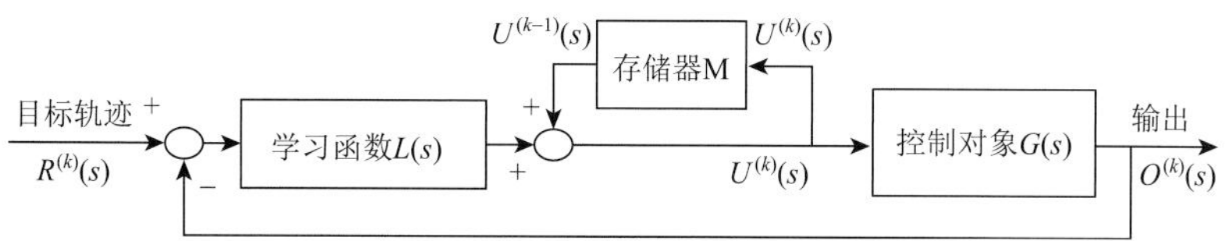

图 7-9　迭代学习控制系统

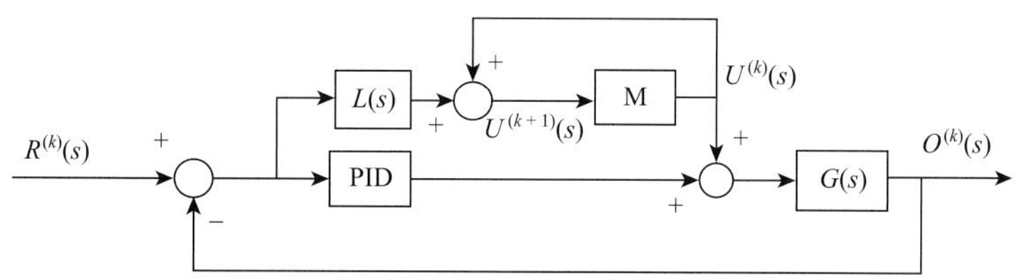

图 7-10　迭代学习与 PID 控制的融合

将图 7-10 与图 7-7 融合可以得到跳跃眼动的控制系统，如图 7-11 所示。由于上丘的信息直接投射到前庭核，将图 7-11 融合到图 6-10 的单眼控制系统后，可以得到包含跳跃眼动的单眼控制系统（图 7-12）。因为跳跃眼动时平滑眼动被抑制[47]，所以跳跃眼动被触发时，平滑眼动处的控制开关将被断开，因此图 7-10 的 PID 回路在跳跃眼动控制系统中未被利用。

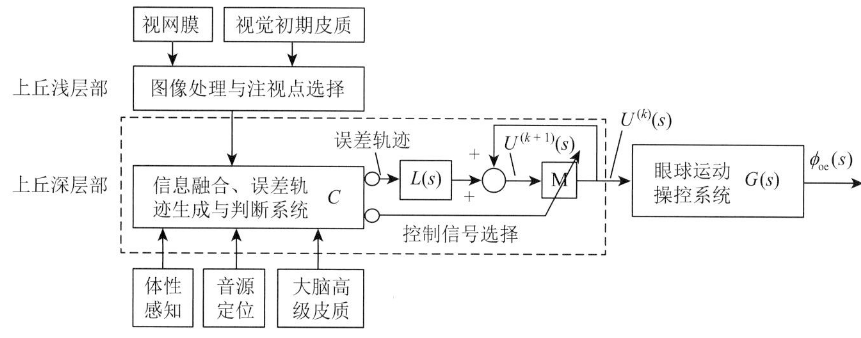

图 7-11　跳跃眼动控制系统模型

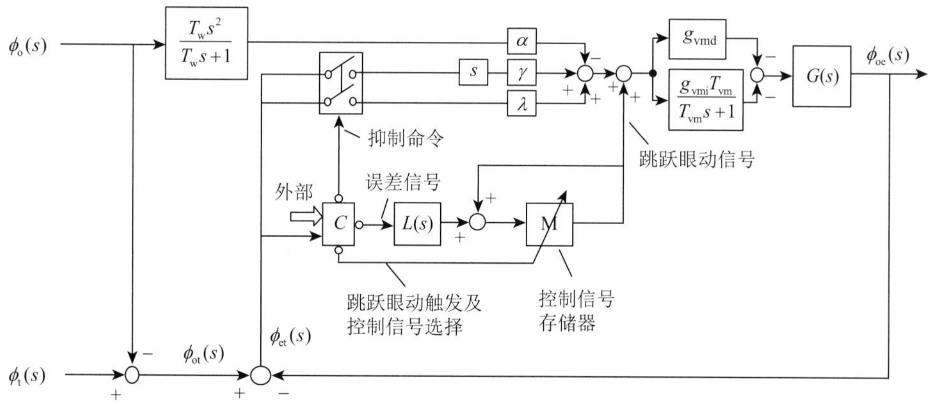

图 7-12　包含跳跃眼动的单眼控制系统

如果视网膜上的每一个视神经细胞都要对应上丘上的一根控制曲线，那么 1 亿多个细胞需要太多的记忆资源，这显然是不可能的。事实上也是，邻近视野所引起的上丘的冲动区域是部分重叠的，也就是说存在神经系统共用现象。同理，如果仿生眼的相机是 1 千万像素的，也不适合准备 1 千万根控制曲线放在存储器里。因此联想到傅里叶变换，如果一根控制曲线用十个正弦波来组合，只要存储一个动作周期时间、十套正弦波的振幅和相位共 21 个参数就可以了。而且通过傅里叶变换的方法进行迭代学习，学习效果可能会更好[48]。

参考文献

[1] Kitama T. Oculomotor control by the superior colliculus[J]. Equilibrium Research，1998，57（1）：5-32.

[2] Goldberg M E，Wurtz R H. Activity of superior colliculus in behaving monkey. Ⅱ. Effect of attention on neuronal responses[J]. Journal of Neurophysiology，1972，35（4）：560-574.

[3] Kandel E R，Koester J D，Mack S H，et al. Principles of Neural Science[M]. 6th ed. New York：McGraw-Hill Education，2021.

[4] de Brouwer S，Missal M，Barnes G，et al. Quantitative analysis of catch-up saccades during sustained pursuit[J]. Journal of Neurophysiology，2002，87（4）：1772-1780.

[5] Wurtz R H，Mohler C W. Organization of monkey superior colliculus：enhanced visual response of superficial layer cells[J]. Journal of Neurophysiology，1976，39（4）：745-765.

[6] Cynader M，Berman N. Receptive-field organization of monkey superior colliculus[J]. Journal of Neurophysiology，1972，35（2）：187-201.

[7] Feldon S，Feldon P，Kruger L. Topography of the retinal projection upon the superior colliculus of the cat[J]. Vision Research，1970，10（2）：135-143.

[8] Schiller P H，Koerner F. Discharge characteristics of single units in superior colliculus of the alert rhesus monkey[J]. Journal of Neurophysiology，1971，34（5）：920-936.

[9] Goldberg M E，Wurtz R H. Activity of superior colliculus in behaving monkey. Ⅰ. Visual receptive fields of single neurons[J]. Journal of Neurophysiology，1972，35（4）：542-559.

[10] Berman N，Cynader M. Comparison of receptive-field organization of the superior colliculus in siamese and normal cats[J]. The Journal of Physiology，1972，224（2）：363-389.

[11] McIlwain J T. Visual receptive fields and their images in superior colliculus of the cat[J]. Journal of Neurophysiology，1975，38（2）：219-230.

[12] Marrocco R T，Li R H. Monkey superior colliculus：Properties of single cells and their afferent inputs[J]. Journal of Neurophysiology，1977，40（4）：844-860.

[13] Stein B E，Arigbede M O. A parametric study of movement detection properties of neurons in the cat's superior colliculus[J]. Brain Research，1972，45（2）：437-454.

[14] Gordon B. Receptive fields in deep layers of cat superior colliculus[J]. Journal of Neurophysiology，1973，36（2）：157-178.

[15] Wurtz R H，Goldberg M E. Activity of superior colliculus in behaving monkey. 3. Cells discharging before eye movements[J]. Journal of Neurophysiology，1972，35（4）：575-586.

[16] Sparks D L，Hartwich-Young R. The deep layers of the superior colliculus[J]. Reviews of Oculomotor Research，1989，3：213-255.

[17] Stein B E，Arigbede M O. Unimodal and multimodal response properties of neurons in the cat's superior colliculus[J]. Experimental Neurology，1972，36（1）：179-196.

[18] Wickelgren B G. Superior colliculus：some receptive field properties of bimodally responsive cells[J]. Science，1971，173（3991）：69-72.

[19] Updyke B V. Characteristics of unit responses in superior colliculus of the *Cebus* monkey[J]. Journal of Neurophysiology，1974，37（5）：896-909.

[20] Wallace M T，Stein B E. Sensory organization of the superior colliculus in cat and monkey[J]. Progress in Brain Research，1996，112：301-311.

[21] Stein B E，Meredith M A. The Merging of the Senses[M]. Cambridge：The MIT Press，1993.

[22] Harris L R，Blakemore C，Donaghy M. Integration of visual and auditory space in the mammalian superior colliculus[J]. Nature，1980，288：56-59.

[23] Middlebrooks J C，Knudsen E I. A neural code for auditory space in the cat's superior colliculus[J]. The Journal of Neuroscience，1984，4（10）：2621-2634.

[24] Dräger U C，Hubel D H. Responses to visual stimulation and relationship between visual，auditory，and somatosensory inputs in mouse superior colliculus[J]. Journal of Neurophysiology，1975，38（3）：690-713.

[25] Dräger U C，Hubel D H. Physiology of visual cells in mouse superior colliculus and correlation with somatosensory and auditory input[J]. Nature，1975，253：203-204.

[26] Dräger U C，Hubel D H. Topography of visual and somatosensory projections to mouse superior colliculus[J]. Journal of Neurophysiology，1976，39（1）：91-101.

[27] Stein B E，Magalhães-Castro B，Kruger L. Relationship between visual and tactile representations in cat superior colliculus[J]. Journal of Neurophysiology，1976，39（2）：401-419.

[28] Abrahams V C，Rose P K. Projections of extraocular，neck muscle，and retinal afferents to superior colliculus in the cat：Their connections to cells of origin of tectospinal tract[J]. Journal of Neurophysiology，1975，38（1）：10-18.

[29] Abrahams V C，Rose P K. The spinal course and distribution of fore and hind limb muscle afferent projections to the superior colliculus of the cat[J]. The Journal of Physiology，1975，247（1）：117-130.

[30] Abrahams V C，Turner C J. The nature of afferents from the large dorsal neck muscles that project to the superior colliculus in the cat[J]. The Journal of Physiology，1981，319：393-401.

[31] Meredith M A，Stein B E. Visual，auditory，and somatosensory convergence on cells in superior colliculus results in multisensory integration[J]. Journal of Neurophysiology，1986，56（3）：640-662.

[32] Wallace M T，Wilkinson L K，Stein B E. Representation and integration of multiple sensory inputs in primate superior colliculus[J]. Journal of Neurophysiology，1996，76（2）：1246-1266.

[33] Sparks D L. Sensori-motor integration in the primate superior colliculus[J]. Seminars in Neuroscience，1991，3（1）：39-50.

[34] Wurtz R H，Goldberg M E. Superior colliculus cell responses related to eye movements in awake monkeys[J]. Science，1971，171（3966）：82-84.

[35] Hallett P E，Lightstone A D. Saccadic eye movements towards stimuli triggered by prior saccades[J]. Vision Research，1976，16（1）：99-106.

[36] Mays L E，Sparks D L. Dissociation of visual and saccade-related responses in superior colliculus neurons[J]. Journal of Neurophysiology，1980，43（1）：207-232.

[37] Robinson D A. Eye movements evoked by collicular stimulation in the alert monkey[J]. Vision Research，1972，12（11）：1795-1808.

[38] Schiller P H，Stryker M. Single-unit recording and stimulation in superior colliculus of the alert rhesus monkey[J]. Journal of Neurophysiology，1972，35（6）：915-924.

[39] Roucoux A，Guitton D，Crommelinck M. Stimulation of the superior colliculus in the alert cat. II. Eye and head movements evoked when the head is unrestrained[J]. Experimental Brain Research，1980，39（1）：75-85.

[40] Freedman E G，Stanford T R，Sparks D L. Combined eye-head gaze shifts produced by electrical stimulation of the superior colliculus in rhesus monkeys[J]. Journal of Neurophysiology，1996，76（2）：927-952.

[41] Cassanello C R，Nihalani A T，Ferrera V P. Neuronal responses to moving targets in monkey frontal eye fields[J]. Journal of Neurophysiology，2008，100（3）：1544-1556.

[42] Scudder C A，Kaneko C R，Fuchs A F. The brainstem burst generator for saccadic eye movements[J]. Experimental Brain Research，2002，142（4）：439-462.

[43] Andersen R A. Visual and eye movement functions of the posterior parietal cortex[J]. Annual Review of Neuroscience，1989，12：377-403.

[44] 北澤宏理，大木雅文，永雄総一. 小脳半球による随意眼球運動の制御機構[J]. Equilibrium Research，2009，68（3）：119-130.

[45] Brown J W，Bullock D，Grossberg S. How laminar frontal cortex and basal ganglia circuits interact to control planned and reactive saccades[J]. Neural Networks，2004，17（4）：471-510.

[46] Owens D H. 迭代学习控制——一种优化方法[M]. 刘艳红，霍本岩，李超，等，译. 北京：科学出版社，2018.

[47] Robinson D A. Oculomotor Control Signals[M]. New York：Pergamon Press，1975.

[48] **张晓林**，张光荣. 仿生型自动视觉和视线控制系统及方法：中国，ZL02137572.0[P]. 2005-09-14.

第8章 小脑的基本结构及学习控制系统

小脑是生物进化到高级阶段后与大脑（端脑）并行发展起来的专门用于身体运动控制的智能装置。小脑与大脑虽然在信息上有交流，但在物理结构上完全分离成了两个组织，可见作为运动控制系统的小脑所需的功能和原理与作为识别和判断系统的大脑完全不同。因此，小脑的原理对机器人运动控制的研究有着极其重要的意义。

小脑皮质由一系列网络结构基本相同的微小单元重复组成，同一区域各微小单元的神经拓扑结构和生理学功能的相似性意味着小脑的各微小单元对不同的输入执行类似的操作。小脑的某个部位损坏后，通过训练，该损坏部位的功能会被其他部位的小脑组织替代完成（称为“代偿”功能）。因此，小脑也被称为万能的运动控制系统。

由于小脑拓扑结构较为清晰，比大脑简单，笔者曾认为小脑的原理应该可以先于大脑被解析出来。但就目前情况看，尽管半个世纪前小脑的神经网络结构就已经较为清晰，但关于小脑工作原理的研究进展缓慢，尚无决定性成果。小脑工作原理如果能够解明，相当于人类获得了一种普适的机器设备控制系统，意义深远。小脑结构概略已经在第 5 章介绍过，这里直入主题。

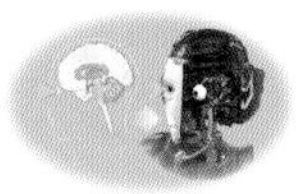

8.1 小脑的输入输出

为了较完整地构建人眼控制系统的数学模型，需要首先明确小脑系统的宏观功能模块及各模块的输入信息的来源和输出信息的目的地。

如第 5 章所述，小脑可大致分为三个区域，即前庭小脑、脊髓小脑和新小脑，在不同类型的运动中具有不同的作用（图 8-1）。

前庭小脑由绒球小结叶组成，是小脑最原始的部分。它接收前庭器和视觉信号的输入，投射到脑干的前庭核，并参与平衡、前庭反射和眼球运动的控制。前庭器包括半规管和耳石等器官，这些器官感知头部的运动及重力的方向。大部分前庭小脑的输入信号来自脑干中的前庭核。前庭小脑也接收视觉输入，包括来自位于顶盖前区神经核的信号，以及通过脑桥和顶盖前区的初级和次级视皮质的信号。前庭小脑的独特之处在于其输出绕过小脑深部核团，直接进入脑干的前庭核。

脊髓小脑由蚓部和小脑半球中间部分组成（图 8-1 和图 5-6）。它的命名来自它通过脊髓背侧和腹侧的脊髓小脑束接收来自脊髓的大量输入，但也接收来自视觉、听觉和前庭的输入。这些输入为小脑提供了关于生物体及其环境变化状态的各种信息，经过处理后再通过小脑顶核经过丘脑和前庭核投射到大脑皮质和脑干区域，控制身体姿态和运动，包括眼球运动。例如，蚓部眼肌区的损伤会导致跳跃眼动超出目标。

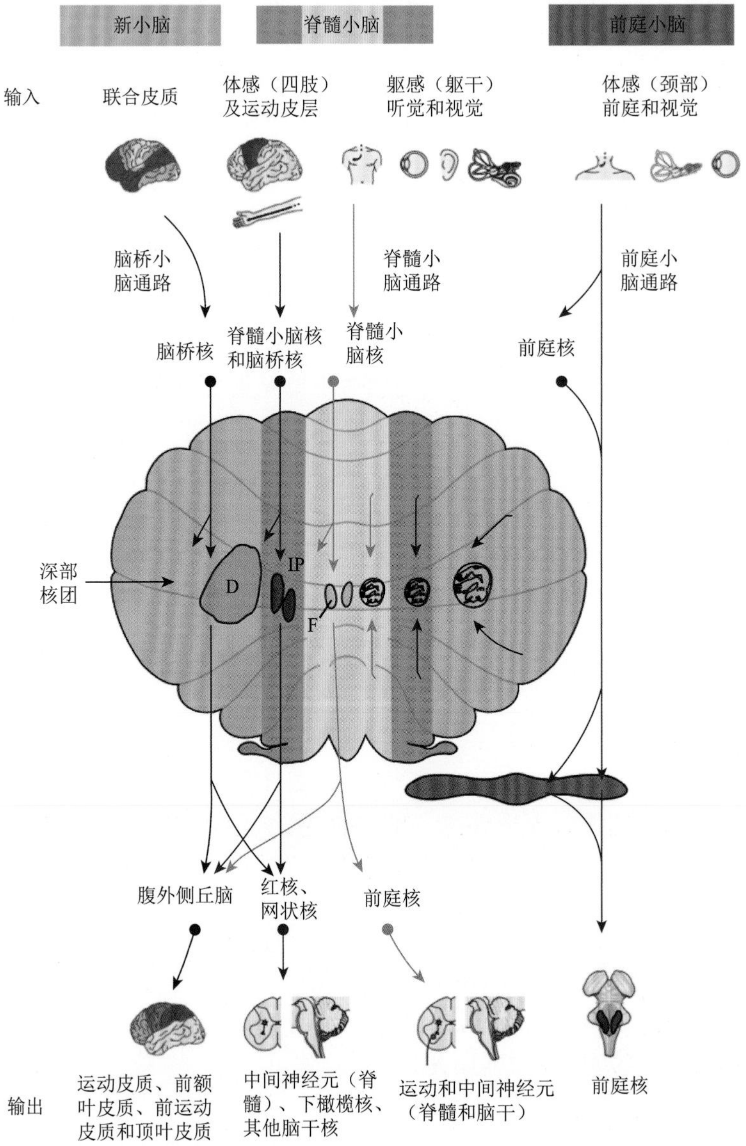

图 8-1 小脑的三个功能区的输入和输出[1]

图中显示的是小脑皮质展开图，箭头指示不同功能区域的输入和输出。深部核团的图是基于非人类灵长类动物的解剖追踪和单细胞记录（D 表示齿状核；F 表示顶核；IP 表示间位核）

新小脑在系统发育上是最新的，这个区域几乎所有输入和输出都与大脑皮质有关。输入来自前额叶、颞叶和视觉联合野等区域，通过桥核和齿状核投射到新小脑；输出通过齿状核传递，齿状核通过丘脑投射到对侧大脑半球的运动皮质、前运动皮质、顶叶皮质和前额叶皮质。笔者的直观感觉是，这些小脑和大脑之间的信息循环很可能是运动控制相关的线下学习，也就是通过睡梦或者想象来进行运动控制等的训练。应该注意的是，齿状核也投射到对侧红核，这也是少数新小脑输出到大脑外的信息。新小脑有许多功能是广泛参与到身体各部位运动的计划和执行中的，甚至在与运动规划无关的认知功能中也能发挥作用。

小脑系统的信息输入方式，一般可分为苔藓纤维（mossy fiber）和攀缘纤维（climbing fiber）两套输入系统，两者都与小脑深核和小脑皮质的神经元形成兴奋性突触。一般认为，苔藓纤维系统传输的信号是小脑系统在发挥其功能时所需要的信息，即控制学中所说的控制系统的输入信号，图 8-1 所示的输入信息都是通过苔藓纤维来传输的。而攀缘纤维一般被认为是小脑系统本身处理能力的学习和矫正信号，人工智能领域称为监督信号或教师信号。下面分别作以下整理。

苔藓纤维输入系统的信息包括：①来自身体各种本体感受器（包括骨骼肌、肌腱、关节及上位颈椎，不包括内感知器中的内脏感受器）和部分外感受器（主要是皮肤的各种感受器）等的冲动，通过脊髓小脑核和脑桥核传至脊髓小脑；②来自躯干、听觉、视觉、前庭等感知器的信息，经脑干及小脑深部核团，通过网状小脑束投射到小脑前叶和蚓部；③来自头部的本体感受器和外感受器的冲动，经过三叉神经核和三叉神经脊束核投射到小脑（图 8-1 未标示）；④来自前庭神经核的第 1 级纤维和前庭神经核的第 2 级纤维组成的前庭小脑束，投射到前庭小脑（绒球小结叶）皮质；⑤来自大脑皮质的冲动，经皮质脑桥束下行到达脑桥核，再经脑桥小脑束投射到新小脑的皮质。

攀缘纤维输入系统被认为是小脑的矫正与学习信号，包括来自大脑皮质、脑干网状核群、红核及小脑深部核团的冲动。这些冲动投射到延髓的下橄榄核，然后投射到对侧的全部小脑皮质。下橄榄核由背侧副橄榄核、主橄榄核和内侧副橄榄核等 3 个部分组成。来自副橄榄核的神经纤维分别投射到小脑蚓部皮质的不同纵区，主橄榄核的背侧和腹侧投射到小脑半球，主橄榄核的外侧枝和背帽投射到绒球小结叶。作为小脑神经网络的误差修正信号，攀缘纤维信息的形成方式和投射位置极为重要，由下橄榄核统一生成和统一配置。

此外，还有小脑第三传入系统，即与卢加洛（Lugaro）细胞和串珠状纤维相关的单胺能神经元传入投射，一般被认为可能是对小脑起一种兴奋水平调节的作用，而不是像苔藓纤维或攀缘纤维那样起着特定信息的传递作用。

小脑的输出信息主要是通过小脑皮质的传出神经元浦肯野细胞轴突构成的传出纤维传递的。浦肯野细胞的轴突纤维首先到达小脑的深部核团，在这些核团转换神经元后，再离开小脑。从小脑皮质浦肯野细胞到小脑深部核团的纤维联系，称为皮质-核团投射。这种投射具有一定的方位特征，蚓部皮质的浦肯野细胞主要投射到顶核，部分投射到前庭外侧核；半球部皮质的浦肯野细胞投射到齿状核；介于蚓部和半球之间的旁蚓皮质（小脑半球中间部分）的浦肯野细胞则投射到顶核和齿状核之间的间位核（图 8-1）。

图 8-1 将小脑分成了三个纵向区，近年的研究，又进一步将上述三个纵向区划分为七个纵向区[2]，在此不详述。

笔者将视觉信息通过前庭神经核至小脑的关联通路进行整理，如图 8-2 所示。更进一步的整理和分析，需要脑系统整体搭建起来后才可以有效实施。图 8-2 的目的是用于本章后面部分的小脑学习控制模型的解析。

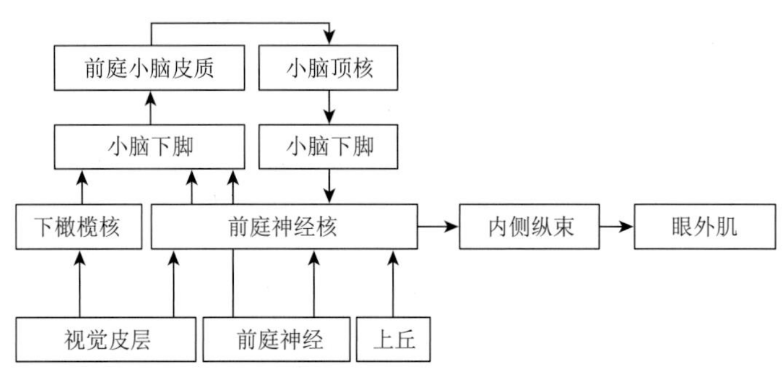

图 8-2 前庭神经核与小脑的关联通路

8.2 小脑神经系统的细胞组织结构

人类的小脑表面覆盖着一层灰质，称为小脑皮质，小脑皮质层厚度约为 1mm，皮质面积约为 50000mm^2，所有小脑叶片都有同样的神经组织结构（图 8-3）。皮质的下方是小脑髓质，由小脑的神经纤维和 3 对小脑深部核团组成（图 5-6）。小脑皮质里有 7 种神经元，分别是星状细胞（也称外星状细胞）、篮状细胞（也称内星状细胞）、浦肯野细胞、高尔基细胞、颗粒细胞、Lugaro 细胞和单极刷细胞。在这些细胞中只有浦肯野细胞发出轴突离开小脑皮质，成为小脑皮质中唯一的输出神经元。图 8-4 是小脑皮质神经细胞及纤维的排列立体示意图，小脑皮质分为 3 层，从表及里分别为分子层、浦肯野细胞层和颗粒层[2, 3]。

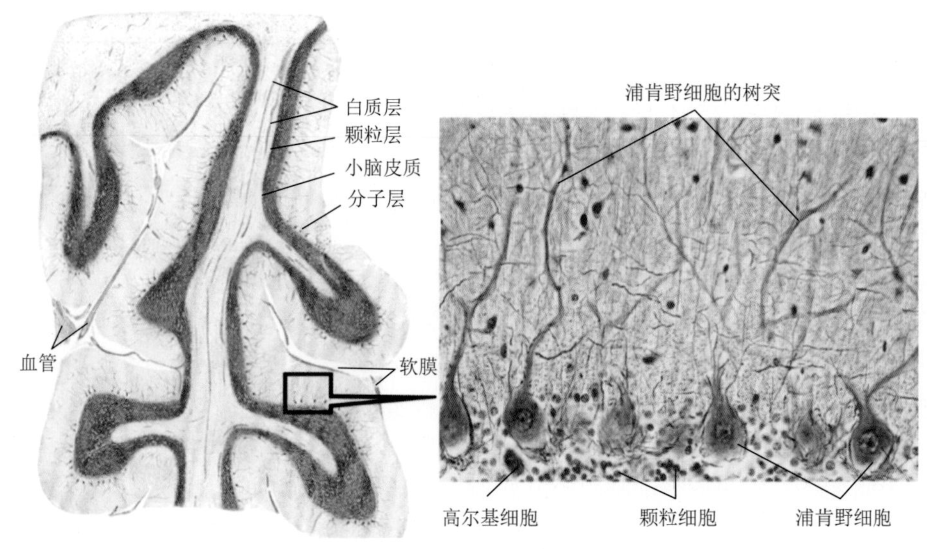

图 8-3 小脑皮质各层概观（人类的小脑，细胞染色）[4]

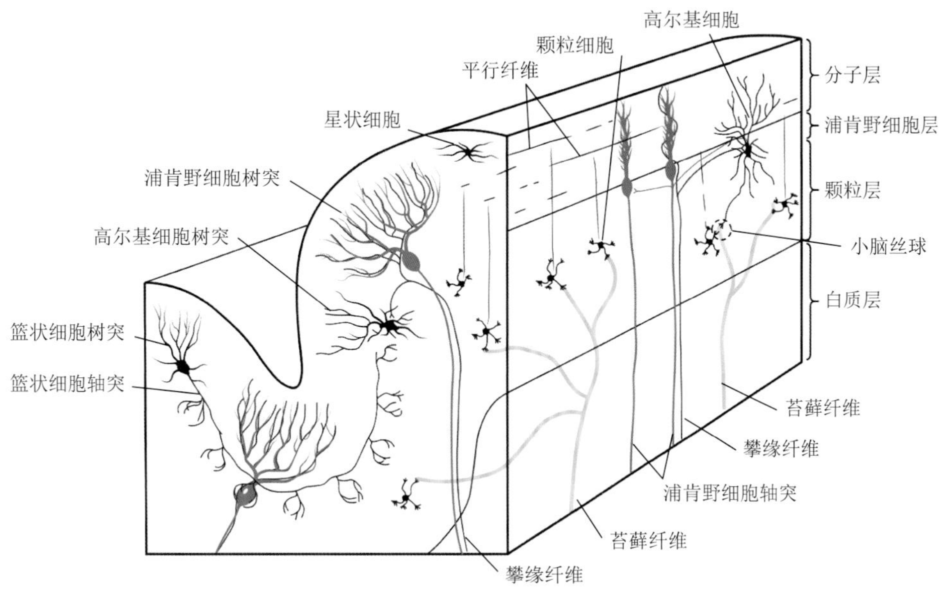

图 8-4　小脑皮质神经细胞及纤维的排列立体示意图[5]

在分子层内，篮状细胞和星状细胞的轴突走向均与小脑叶片的长轴相垂直。篮状细胞位于浦肯野细胞附近的分子层，密度是浦肯野细胞的 6 倍。篮状细胞接收来自平行纤维的兴奋性突触，进而向浦肯野细胞体提供抑制性突触，形成一种被称为“pinceau”的独特复杂结构（像篮子一样包裹着浦肯野细胞的胞体）。一个篮状细胞可以给 50 个浦肯野细胞提供抑制性突触，一个浦肯野细胞可以接收来自 20～30 个篮状细胞的突触。篮状细胞也接收来自攀缘纤维侧支的兴奋性突触。星状细胞位于分子层近表面的 2/3 处。星状细胞比浦肯野细胞多 16～18 倍。与篮状细胞不同，星状细胞仅向浦肯野细胞的树突提供抑制性突触[2, 4]。

在浦肯野细胞层内，浦肯野细胞的胞体排列整齐有序，其树突分支伸向分子层，沿与叶片相垂直的平面扇状分布。人类的浦肯野细胞层有近 1500 万个浦肯野胞体（猫有 8 万个，小鼠有 1.8 万个），每个浦肯野细胞的树突从平行纤维接收多达约 175000 个兴奋性突触，同时还从攀缘纤维、串珠状纤维中获得兴奋性突触，并从篮状细胞和星状细胞中获得抑制性突触。浦肯野细胞的轴突则向下穿出小脑皮质，与小脑深部核团的神经元接触而形成抑制性突触。浦肯野细胞的轴突都有逆行的侧支与其他的浦肯野细胞、高尔基细胞及篮状细胞构成抑制性突触。

在小脑左、右半球深部的髓质中，每侧各埋藏着 4 个由神经细胞群构成的神经核团，由内侧向外侧分别为顶核、栓状核、球状核和齿状核，其中栓状核和球状核常合称为间位核（图 8-1 和图 5-6）[1, 2]。

颗粒层由颗粒细胞和高尔基细胞组成。颗粒细胞是脑细胞中体积最小的神经元（直径为 5～8μm），但数量最多，人类有数百亿个[3]。每个颗粒细胞有一个胞体和 4～6 支短的树突，每个树突都从苔藓纤维末端接收兴奋性突触。颗粒细胞的轴突向上伸至分子层，随后呈 T 字形分成两支，以相反的方向沿着叶片的长轴走行，被称为平行纤维，其长度可达 5～7mm。一个浦肯野细胞的树突有 20 万～40 万根平行纤维穿过，每根平行纤维与约 450 个浦肯野细胞相连接。平行纤维与浦肯野细胞、星状细胞、篮状细胞和高尔基细胞的树突形成兴奋性突触[2, 3]。

下面将对每一种细胞进行详细介绍，最后用一张图（图 8-5）对各种细胞间的关系进行描述。

高尔基细胞位于颗粒层的上部，接近浦肯野细胞，每 15 个浦肯野细胞中有一个高尔基细胞[3]。它的树突在所有方向伸展，大部分分支伸向分子层，与平行纤维有 5000 多个兴奋性突触结合，部分下降树突留在颗粒层与苔藓纤维分支有 200 多个兴奋性突触结合。高尔基细胞的轴突终止于颗粒层，其广泛的分支与多达 5700 个颗粒细胞的树突和苔藓纤维的末梢共同组成小脑小球（也称小脑丝球），成为一种突触复合体。苔藓纤维的末梢与颗粒细胞的树突之间为兴奋性突触，高尔基细胞的轴突与颗粒细胞的树突之间为抑制性突触[2, 3]。

Lugaro 细胞位于浦肯野细胞层或稍低于浦肯野细胞层。它们的轴突向高尔基细胞的顶端树突提供抑制性突触。小脑皮质高尔基细胞与 Lugaro 细胞的数量相同。一个 Lugaro 细胞的轴突分支延伸到约 150 个高尔基细胞上（因为 Lugaro 细胞的数量与高尔基细胞相同，所以每个高尔基细胞也接收来自约 150 个 Lugaro 细胞的轴突分支）。Lugaro 细胞接收串珠状纤维（5-羟色胺能纤维）的突触，在 5-羟色胺的存在下，它们以 5～15Hz 的频率有规律地放电。

单极刷状细胞主要位于前庭小脑的颗粒层中，后者是接收初级前庭传入神经的小脑部分。单极刷状细胞在其刷状树突上接收来自单个苔藓纤维末端的一个兴奋性突触，形成一个巨大的兴奋性突触。单极刷状细胞的轴突分支后其末端在小脑小球内与颗粒细胞和单极刷状细胞的树突形成突触。从这个意义上讲，单极刷状细胞从苔藓纤维获得信息输入皮质，是小脑皮质的信息来源。

攀缘纤维是小脑的一种独特结构，在中枢神经系统其他部位没有同类结构。攀缘纤维起源于延髓的下橄榄核。在这里要特别提一下，攀缘纤维作为小脑的主要两种输入信号之一，当该通路信号被人为消除时，并不会立刻影响小脑系统的运动控制功能，而是使小脑失去学习功能，即学习新的运动技能时无法适应。因此，攀缘神经纤维通路的信号不是小脑系统作为控制系统必须马上反应的输入信号，而是小脑系统的修正信号[6]。这也是小脑作为学习控制系统的重要特征。每个浦肯野细胞由一根攀缘纤维支配，攀缘纤维与浦肯野细胞的树突形成许多突触联系。一根攀缘纤维一般控制着 2～4 个浦肯野细胞。攀缘纤维是有髓纤维，进入浦肯野细胞层变成无髓，几次分支后顺着浦肯野细胞的树突像藤条一样缠绕在上面，形成兴奋性连接。攀缘纤维在小脑皮质内多次分支，几乎与所有种类的皮质内的细胞有结合[7]。

苔藓纤维是比较粗的有髓纤维，主要来自脑干和脊髓，部分来自周围神经，由不同的小脑前核传递。苔藓纤维在白质内就开始分支，进入颗粒层后髓鞘消失，再进行多次分支后形成玫瑰花结与颗粒细胞在小脑小球结合，该玫瑰花结是小脑小球特性结构的核心。一根苔藓纤维的分支向 400～600 个颗粒细胞提供兴奋性突触。

串珠状纤维含有各种胺（如血清素、乙酰胆碱、去甲肾上腺素、组胺）或肽（如食欲素、血管紧张素Ⅱ、促肾上腺皮质激素释放因子）。含 5-羟色胺的纤维来自中缝核，而

含去甲肾上腺素的纤维来自蓝斑核。含有组胺的纤维和许多含有神经肽的纤维来自下丘脑。这些串珠状纤维通常稀疏地延伸到整个颗粒层和分子层，并与浦肯野细胞和其他小脑神经元形成直接接触。实验结果表明，苔藓纤维和攀缘纤维可以形成神经元间的特异性连接，而串珠状纤维广泛传递信息，影响靶神经元的整体活动或改变其工作模式。这种神经支配方式被定义为神经调节[8]，在本书中不把它当成系统的输入信号。

形态学和电生理学研究表明，小脑有一种皮质核团的微复合体的结构可作为机能单元。这一单元由小脑皮质核团投射的微纵区，以及与它相对应的下橄榄核——小脑皮质区投射共同组成。据说人类小脑的机能单元有 5000 多个。小脑模型的设计与解析最好以一个单元的皮质核团微复合体为基础来考虑。至少能够以小脑唯一可以输出信息的神经细胞浦肯野细胞为中心，画出与之相连的所有神经细胞作为一个功能单元，然后进行系统解析才是比较理想的。但因工作量较大，也超出了本书范围，在这里笔者将 Ito 的小脑神经通路图[3, 9]进行了修改，把小脑每一种神经细胞用一个胞体为代表来表示，把各神经细胞间的关系用曲线连接起来，构建了微复合体神经通路示意图（图 8-5）。与其他神经通路示意图一样，图中白色小圆代表兴奋性连接，黑色小圆代表抑制性连接。

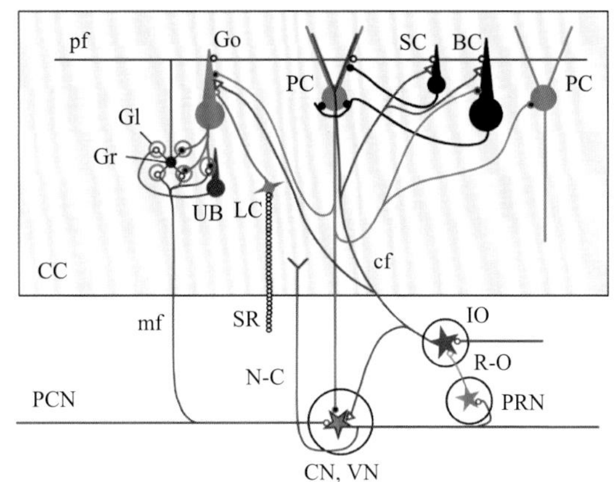

图 8-5　小脑皮质核团的神经元及神经纤维通路示意图[3, 9]

CC. 小脑皮质微区；PC. 浦肯野细胞；BC. 篮状细胞；SC. 星状细胞；Go. 高尔基细胞；Gr. 颗粒细胞；pf. 平行纤维；mf. 苔藓纤维；cf. 攀缘纤维；Gl. 小脑小球（小脑丝球）；CN. 小脑核；VN. 前庭核；IO. 下橄榄核；N-C. 核皮质苔藓纤维的投射；PCN. 小脑前神经元；PRN. 红核（小细胞部）；R-O. 红核细胞兴奋性投射；SR. 串珠状纤维（5-羟色胺能纤维）；UB. 单极刷状细胞；LC. Lugaro 细胞

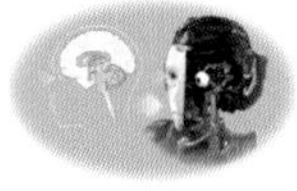

8.3　小脑神经系统的拓扑结构

在构建和解析小脑神经系统的数学模型时，各种神经细胞数量之间的比例很重要。根据相关资料[3, 10, 11]，笔者对人类小脑的神经细胞数量进行了统计，大致可以认为，浦肯野细胞约 1500 万个、颗粒细胞约 500 亿个、高尔基细胞约 100 万个、篮状细胞约 1 亿个、星状细胞约 2 亿 5 千万个，Lugaro 细胞与高尔基细胞数量相同，均为约 100 万个。也就是说，细胞数量的比例是：浦肯野细胞：颗粒细胞：高尔基细胞：篮状细胞：星状细胞：Lugaro 细胞 = 15：50000：1：100：250：1。

由于每个浦肯野细胞只用 1 根攀缘纤维，1 根攀缘纤维控制 2～4 个浦肯野细胞，按照 1500 万个浦肯野细胞计算，攀缘纤维数量应该在 500 万根左右。根据 8.2 节的介绍，苔藓纤维数量按照每根可连接 500 个颗粒细胞，每个颗粒细胞可接 5 个苔藓纤维，颗粒细胞有 500 亿个的数量关系来考虑，苔藓纤维应该至少有 5 亿根。因此，小脑系统的输入纤维（苔藓纤维）数量：输出纤维（浦肯野细胞轴突）数量：学习纤维（攀缘纤维）数量≈100：3：1。

构建小脑神经系统的数学模型，更重要的还有以下几个方面的信息：

（1）1 个浦肯野细胞接收 1 根来自攀缘纤维的信息，同时还接收约 20 个篮状细胞的信息，数十个星状细胞的信息和数十万根平行纤维的信息，每根平行纤维来自一个颗粒细胞；

（2）高尔基细胞接收约 5000 根平行纤维的信息、约 200 个苔藓纤维和约 150 个 Lugaro 细胞的信息，高尔基细胞给 5700 多个颗粒细胞输出抑制性信息；

（3）颗粒细胞直接或通过单级刷状细胞，在数个小脑小球内，接收多个苔藓纤维信息和 1 个高尔基细胞信息；

（4）篮状细胞接收 1 根攀缘纤维和大量平行纤维的信息；

（5）星状细胞接收 1 根攀缘纤维和大量平行纤维的信息；

（6）Lugaro 细胞接收 5-羟色胺能纤维的信息。

根据上述小脑解剖学的结构和数据，可以画出小脑神经网络最简单的拓扑结构（图 8-6）。图中神经元 S 表示苔藓纤维的初始细胞，前面提到过，苔藓纤维来自本体感受器、外感受器、脑干、大脑皮质等部位。图 8-6 没有考虑 Lugaro 细胞和单极刷状细胞，因为 Lugaro 细胞接收串珠状纤维（5-羟色胺能纤维）的突触，起到的是一种系统整体调节作用，而单极刷状细胞可以理解为苔藓纤维的能力放大器官。笔者认为这两种细胞都需要在小脑具体功能实现后再考虑。

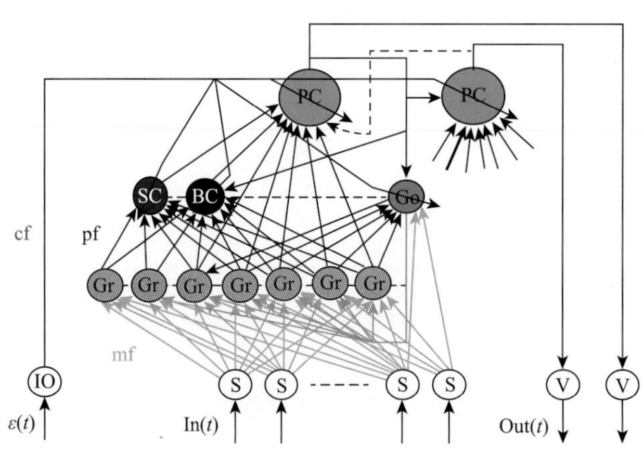

图 8-6　小脑神经细胞的拓扑结构图

PC. 浦肯野细胞；SC. 星状细胞；BC. 篮状细胞；Go. 高尔基细胞；Gr. 颗粒细胞；IO. 下橄榄核（误差信号输出细胞）；S. 初始细胞（小脑前神经元）；V. 小脑的深部核团（如小脑顶核、前庭外侧核、齿状核等）；pf. 平行纤维；mf. 苔藓纤维；cf. 攀缘纤维；$\varepsilon(t)$. 小脑系统误差信号；In(t). 小脑系统输入信号；Out(t). 小脑系统输出信号

图 8-6 所示小脑神经网络的拓扑结构与目前广泛使用的反向传播（BP）等人工神经网络结构的最大不同是高尔基细胞的结构。高尔基细胞在接收苔藓纤维和平行纤维（颗粒细胞的轴突）的信息后没有将信息传入下一层神经元，而是反馈回了颗粒层，甚至高尔基细胞还接收网络的输出单元——浦肯野细胞的输出信息和攀缘纤维的修正信息，这是目前常见人工神经网络所没有的结构。

如果认为攀缘纤维具有调节其所缠绕的浦肯野细胞、篮状细胞等的树突与平行纤维等的轴突的突触结合强度的功能，图 8-6 所示神经网络拓扑图与目前常用的人工神经网络的另一个不同之处是系统误差信号直接修正不仅在最后一层（浦肯野细胞层）神经元的参数，而且还直接参与前一层神经元（篮状细胞、星状细胞和高尔基细胞）的参数修正。

另外，输出神经元的输出信号的反行连接，即浦肯野细胞的轴突的返行侧支与其他浦肯野细胞、高尔基细胞及篮状细胞构成的抑制性突触，也是现有人工神经网络所不常用的手段。

笔者团队至今尚未得到可以较满意地解释图 8-6 所示神经网络结构的学习控制理论，也未发现其他学者的适合该结构的人工智能理论。目前的人工神经网络基本上比较适合解决识别与解析类的问题，如语音识别、图像识别等问题，而不适合运动控制类型的学习功能。笔者认为，之所以现有神经网络无法实现高级的运动控制功能，最主要的原因是这些神经网络无法应对运动控制系统的积分、微分、时延等与时间动态相关的特性，而要对应这些特性，必须考虑被控系统的各时间点的运动状态。因此，笔者认为时间域的数学模型不适合小脑模型的搭建，而频域的数学模型，如拉普拉斯变换后的模型更适合运动控制系统的自学习模型的搭建与解析。盼望未来有志者可以在该领域有所建树。

总而言之，要解决被控对象的动态控制问题，该神经网络的原理与现有人工神经网络应该有本质的区别，这也许是生物的小脑要单独分离出来，而不是大脑（端脑）的一个脑区的根本原因。

8.4　小脑在视觉控制系统中的位置

为了易于说明和理解，这里仍然以单眼水平运动（摆动）控制系统为例，讨论小脑学习系统在视觉控制系统中的位置和功能。根据图 6-8 及上述小脑输入输出神经通路（图 8-2），可以得到包含小脑及上丘在内的视觉控制系统的神经通路图（图 8-7）[12-20]。与小脑连接的通路中⑱是攀缘纤维，其信息来自大脑视皮质（visual cortex），经由颞中区（MT）、内侧颞上区（MST），进入下橄榄核（IO）后转换成攀缘纤维投射到小脑。作为小脑学习控制系统输入信号的苔藓纤维，分别是来自前庭神经的⑳、来自前庭核（VN）的㉑、来自脑桥被盖网状核（NRTP）的㉒、来自 MT 和 MST 的㉓，以及来自眼肌拉伸受体的㉔（未在图 8-2 标出）。小脑的输出纤维，即浦肯野细胞的抑制性轴突纤维，经小脑顶核投射到前庭核⑲（参照图 8-1）。

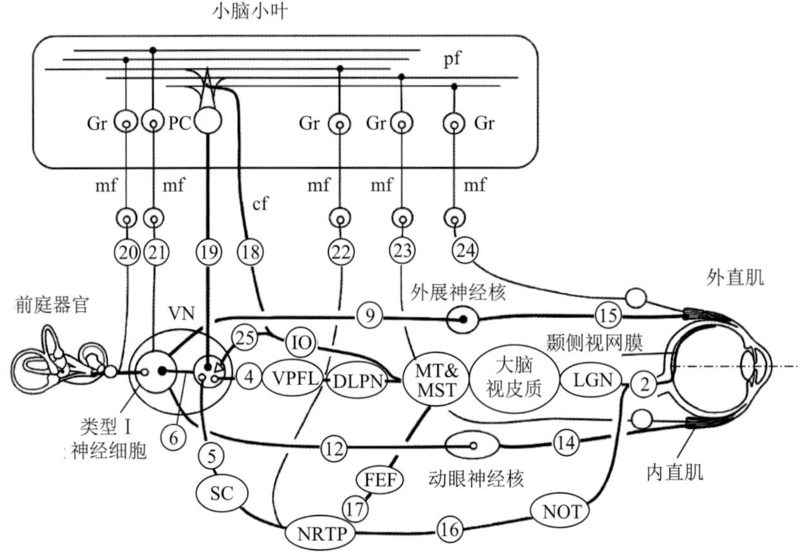

图 8-7　包含小脑的单眼水平眼球运动控制关联神经系统的神经通路图[19, 20]

pf. 平行纤维；Gr. 颗粒细胞；PC. 浦肯野细胞；mf. 苔藓纤维；cf. 攀缘纤维；IO. 下橄榄核；LGN. 外侧膝状体；MT. 颞中区；MST. 内侧颞上区；DLPN. 桥背外侧核； VPFL. 腹侧旁小叶；FEF. 额叶眼区；NOT. 视束核；NRTP. 脑桥被盖网状核；SC. 上丘；VN. 前庭核

由于小脑不存在像上丘那样的空间位置的对应地图，而且与身体几乎所有的运动控制相关，因此可以认为小脑的学习控制系统相当于控制对象的反系统，即不需要对每一套动作准备一套控制曲线，而是小脑一旦适应了身体的某运动器官（这里是眼球，也可以是手、脚等），即形成了作为控制对象的该器官的传递函数的反函数以后，就可以准确执行任意的目标轨迹。相当于控制对象的传递函数是 $G(s)$，小脑的传递函数是 $1/G(s)$，因此系统的输出轨迹 $Y(s)$等于目标轨迹 $U(s)$。当然，实际的反系统要考虑时延、控制对象的可控制性和目标轨迹的可执行性（如操作所需能量不可过大）等问题，不会这么简单。

根据单眼运动控制系统的数学模型（图 6-10）及图 8-2，可以得到如图 8-8 所示的包含小脑学习控制系统的眼球运动控制系统数学模型[19, 20]。为了集中讨论小脑功能，图 8-8 没有将上丘的控制回路放进去。图 8-8 的小脑模型的输入输出信号与图 8-7 的小脑输入输出神经通路一一对应。小脑模型的学习信号⑱对应攀缘纤维，可以认为是运动控制系统的误差信号，在模型中采用视网膜误差信号；小脑模型的输出信号⑲对应的是小脑的浦肯野细胞的轴突纤维，该纤维输入小脑核或者前庭核（图 8-5），在眼球运动控制系统中只关联到前庭核；小脑模型的输入信号⑳对应的是前庭器官的一次神经纤维投射到小脑的信号；小脑模型的输入信号㉑对应的是前庭核的输出信号；小脑模型的输入信号㉒和㉓对应的是视网膜经过端脑视皮质处理后的信息，以及未经过视皮质直接投射到上丘之前的视觉信号，在这里分别定义为视网膜误差信号（视标在相机像平面坐标中的位置信号）与视网膜影像的速度信号（在相机像平面坐标中的视标速度信号或光流信号）；小脑模型的输入信号㉔对应投射到小脑的来自眼肌拉伸受体的信号，在这里定义为眼球的旋

转信号。虽然这样的对应关系有些简单粗暴，但是这种结构是可以工学实现的，未来可以在这个基础上不断进行修正和改进。

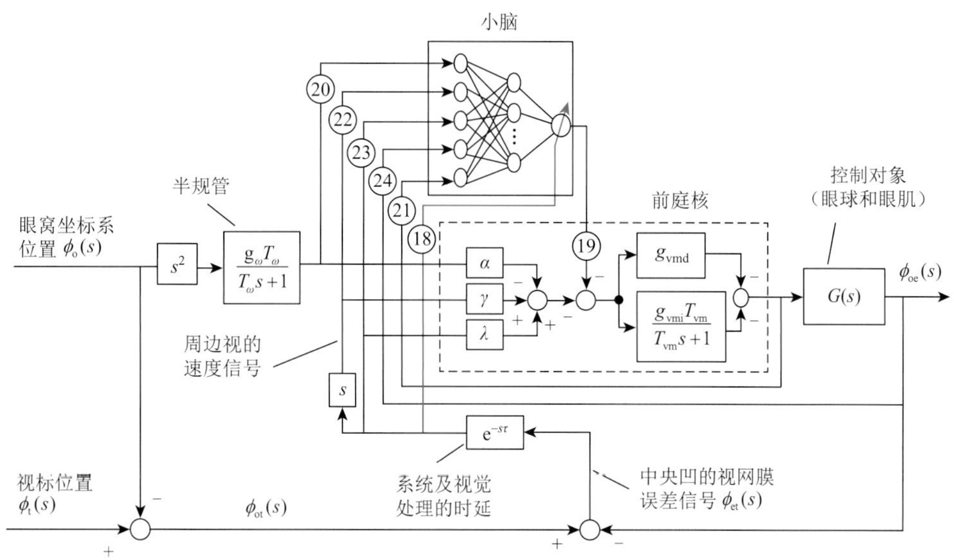

图 8-8　包含小脑学习控制系统的眼球运动控制系统的数学模型[19, 20]

由于至今尚没有公认的较成功的小脑神经系统的数学模型，这里对图 8-6 的小脑神经细胞的拓扑结构按照现有人工神经网络的思路，进行简化。高尔基细胞的作用在部分生理学学者中被认为是用来调节苔藓纤维和攀缘纤维的信号之间的相位差异的[18]。这个想法非常好理解，因为眼球运动控制神经系统的信息传递时间和运动控制都会产生一定时间上的延误，所以小脑攀缘纤维的信号所代表的系统误差是系统时延 τ 之前时刻的输入信号所引起的。图 8-8 的时延项 $e^{-s\tau}$ 代表的就是系统的时延 τ 。因此，小脑神经系统必须考虑时延问题。

8.5　小脑学习系统的模拟实验

本节将介绍对图 8-8 所示学习控制系统进行的模拟实验。控制对象 $G(s)$ 和前庭核的各参数还是与第 6 章的设定相同（图 6-10），即

$$G(s)=\frac{g_e}{T_e s+1},\ T_d=\frac{g_{vmd}}{g_{vmi}T_{vm}+g_{vmd}},\ g_{vm}=g_{vmi}+\frac{g_{vmd}}{T_{vm}}$$

用于模拟计算的模型各参数设定如下：

$$T_d=0.01\text{s},\ T_{vm}=16\text{s},\ g_{vm}=1$$

$$\alpha=2.5, \gamma=0.5, \lambda=0.01, T_\omega=15\text{s}, g_\omega=1, \tau=0.12\text{s}$$

为了使学习有一点难度，设定：$T_e=0.025$ 、$g_e=0.6$（实验已证明，如果 $T_d=T_e$，学习效果会好很多[19]）。

图 8-6 所示小脑拓扑图显示的是三层网络，由于内外星状细胞是抑制性输出，这些细胞与浦肯野细胞层的连接权重系数 w_{SP} 为负数，即 $w_{SP}<0$，而颗粒细胞是兴奋性，与浦肯野细胞连接的代表突触强度的权重系数 w_{GP} 为正数，即 $w_{GP}>0$，而人工神经网络的权重系数可正可负，这里将小脑神经网络简化成如图 8-9 所示的两层神经网络。图中的 w_G 考虑到了兴奋和抑制两种神经元的特性，即 $-\infty < w_G < \infty$； w_S 代表苔藓纤维与颗粒细胞的兴奋性结合。当然，小脑模型的神经网络也可以是三层。

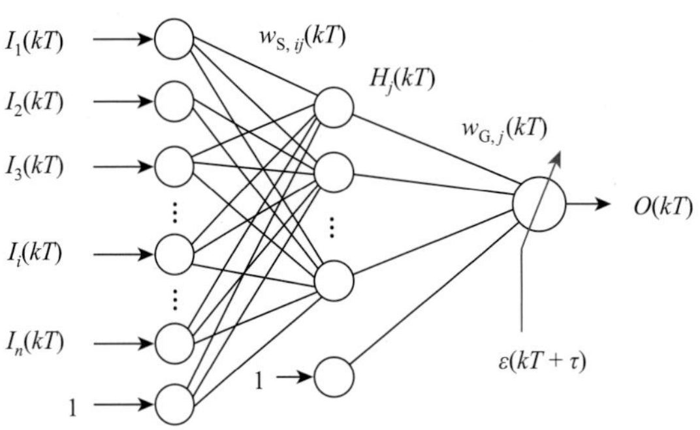

图 8-9 小脑学习控制系统的简易模型

I. 输入信号； *O*. 输出信号；*H*. 中间层神经元输出信号；*i*. 输入层的第 *i* 个神经元；*j*. 中间层的第 *j* 个神经元；*k*. 采样序列；*T*. 采样周期；$w_{S,ij}$. 第 *i* 个输入神经元至第 *j* 个中间层神经元之间的权重系数；$w_{G,j}$. 第 *j* 个中间层神经元至输出神经元之间的权重系数；*τ*. 系统时延

图 8-9 所示各神经元的输入输出关系如下：

$$u_j(kT)=\sum_{i=1}^{n}w_{S,ij}(kT)I_i(kT) \tag{8-1}$$

$$H_j(kT)=f_h\left[u_j(kT)-w_{S,n+1j}(kT)\right] \tag{8-2}$$

$$f_h(x)=\frac{1}{1+e^{-x}} \tag{8-3}$$

$$v(kT)=\sum_{j=1}^{m}w_{G,j}(kT)H_j(kT) \tag{8-4}$$

$$O(kT)=f_o\left[v(kT)-w_{G,m+1}(kT)\right] \tag{8-5}$$

$$f_o(x)=-\frac{1}{1+e^{-x}} \tag{8-6}$$

式中，n 为中间层神经元的数量，本节的模拟实验设置为 $n=5$； $u_j(kT)$ 为 kT 时刻中间层的第 j 个神经元的内部状态；$v(kT)$ 为 kT 时刻输出神经元的内部状态；$w_{S,ij}(kT)$为 kT 时刻第 i 个输入神经元至第 j 个中间层神经元之间的权重系数；$w_{G,j}(kT)$为 kT 时刻第 j 个中间层神经元至输出神经元之间的权重系数；$w_{S,n+1j}(kT)$和 $w_{G,m+1}(kT)$分别为 kT 时刻的中间层神经元及输出神经元的阈值；$f_h(x)$ 和 $f_o(x)$ 分别为中间层神经元和输出神经元的传递函数（图 8-10）。由于浦肯野细胞是抑制性细胞，$f_o(x)$ 的输出值⑲以负值输

入前庭核（图 8-8）。根据人工神经网络的反向传播法[21]，神经元之间的信息传递权重系数修正如下：

$$\delta_{\rm o}(kT)=\varepsilon(kT-T+\tau)O(kT)\big[O(kT)-1\big] \tag{8-7}$$

$$\Delta w_{{\rm G},j}(kT)=\eta\delta_{\rm o}(kT)H_j(kT)+\sigma\Delta w_{{\rm G},j}(kT-T) \tag{8-8}$$

$$w_{{\rm G},j}(kT+T)=w_{{\rm G},j}(kT)+\Delta w_{{\rm G},j}(kT) \tag{8-9}$$

$$\delta_j(kT)=\delta_{\rm o}(kT)w_{{\rm G},j}(kT)H_j(kT)\big[1-H_j(kT)\big] \tag{8-10}$$

$$\Delta w_{{\rm S},ij}(kT)=\eta\delta_j(kT)I_i(kT)+\sigma\Delta w_{{\rm S},ij}(kT-T) \tag{8-11}$$

$$w_{{\rm S},ij}(kT+T)=w_{{\rm S},ij}(kT)+\Delta w_{{\rm S},ij}(kT) \tag{8-12}$$

式中，η 为学习系数；σ 为安定系数。在模拟实验中设 $\eta=0.02$，$\sigma=0.05$。模拟实验的采样周期 T 设定为 0.005s。

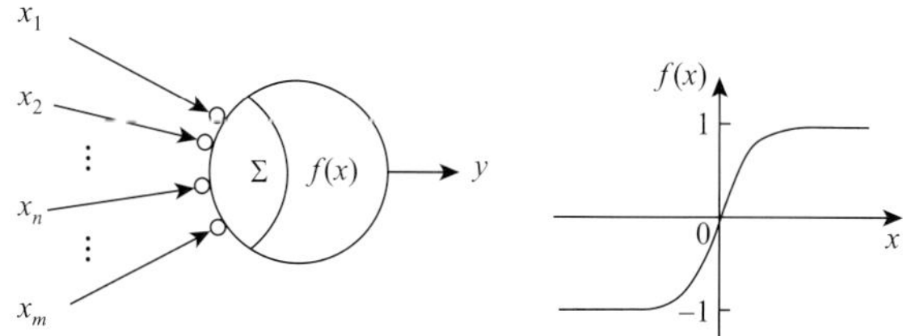

图 8-10　图 8-9 的中间层神经元及输出神经元的传递函数

一般人工神经网络的学习，是用人工神经网络的输出信号和教师信号的误差来修正权重系数的，而本节以小脑系统的实际结构为参考，使用视网膜误差信号 ε 进行学习，而且要考虑系统的时延。模拟实验中系统时延比较好处理，只要权重修正信号 $\varepsilon(kT-T+\tau)=\varphi_{\rm et}(kT)$，而 $\varphi_{\rm et}(kT)$ 来自 $\varphi_{\rm ot}(kT)$ 和 $\varphi_{\rm oe}(kT)$ 即可。

参考图 6-9 眼球的坐标系，对图 8-8 所示单眼学习控制系统的模拟实验的目标值进行设定。头部从正中位置以 80(°)/s^2 的角加速度旋转 0.625s，再保持速度不变 2.5s，然后以 80(°)/s^2 的角减速度减速 0.625s 至停止，然后在 3.725～5s 保持头部不动。头部运动曲线如图 8-11 中 $\varphi_{\rm o}(t)$ 所示。视标曲线可以设定为一个正弦波，即 $\varphi_{\rm t}(t)=15\sin\dfrac{2\pi t}{5}$，因此眼球运动的目标曲线如图 8-11 中 $\varphi_{\rm ot}(t)$ 所示。

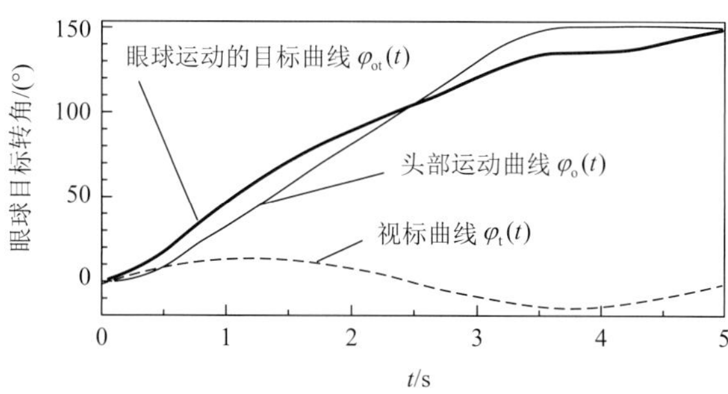

图 8-11　视觉系统模拟实验的目标轨迹[19, 20]

小脑神经网络的各权重参数的初值设置为随机的乱数。学习控制的误差曲线如图 8-12 所示，该曲线的每一个点都是头部和视标按照图 8-11 的曲线运动一个周期（5s）时，眼球在各采样时刻被测得的转角与目标值的误差的平方和再除以采样次数 n 求得的。由图 8-12 可以看出，随着学习次数的增多，误差会逐渐减小。

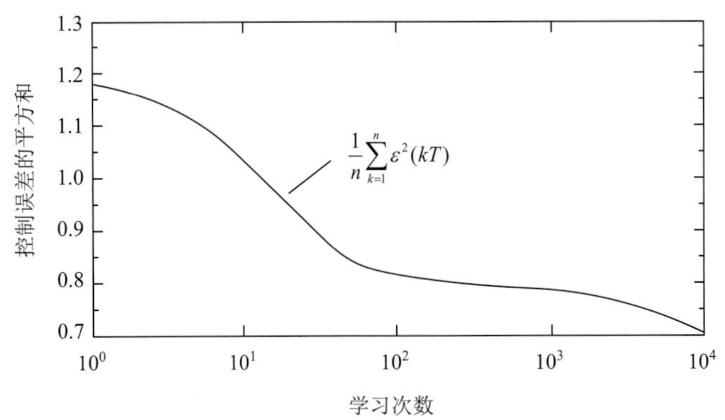

图 8-12　视觉控制系统的学习过程的误差平方和曲线[19, 20]

n 是一个运动周期的采样次数，由于采样周期是 5ms，这里 $n = 1000$

由于人工神经网络目前没有考虑积分、微分等要素，无法形成控制对象的真正反函数，但是其输入信号使用大量目标值以外的控制系统及被控对象内部的各种信息，所以图 8-9 的结构仍然能够获得较理想的控制效果。笔者也讨论过不用某路信号时对学习效果带来的影响，如取消眼球转角信号对小脑的输入，即切断图 8-8 中的㉔通路，其学习控制的误差曲线如图 8-13 所示，学习后的精度会大幅下降。

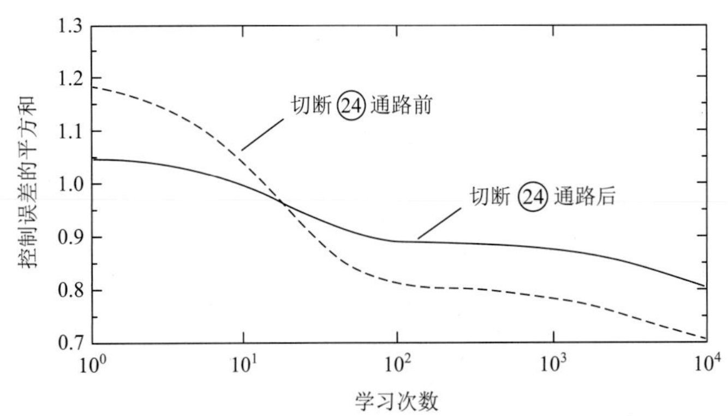

图 8-13　当切断输入小脑的眼球转角信号通路时的学习控制误差曲线[19, 20]

㉔通路代表的是眼肌拉伸受体通过苔藓纤维投射到小脑的信号，生理学医生的生理实验结果显示，切断该通路不影响眼球的运动特性，但笔者的模拟实验显示，如果没有这条通路，尽管当前运动控制效果不会有较大改变，但学习效果会下降。实际上如果某条神经通路对系统没有用，根据生物器官的废用性原理，这条通路会在进化过程中慢慢

消失，既然神经系统中㉔通路存在，就说明该通路有意义。另外，图 8-12 的学习曲线没有考虑㉑通路的作用，如果利用㉑通路，学习效果应该会更好。

小脑的学习不需要控制对象的动作有周期性，即只要控制对象运动，就可以不断进行学习，这一点和上丘式迭代学习有着本质区别。上丘式迭代学习只适合控制一套或多套固定的动作，而小脑是可以控制任意连续动作的。

8.6　神经核的学习功能与小脑学习系统的互补

本节简单讨论一下神经核的学习特性。图 8-5 和图 8-7 显示攀缘纤维有分支投射到小脑核和前庭核，所以可以认为小脑核和前庭核也具备学习的功能。由于前庭核的结构简单，在神经系统模型中只将它们当成前馈信号通道、比例信号通道、积分信号通道、微分信号通道等的传递系数来表示，所以这里可以通过学习的方式自动改变这些传递系数，以此自动得到各控制系数的最佳值。一般来讲，PID 控制（比例、积分、微分控制）的各参数是工程师通过反复实验获取的，而神经控制系统是可以通过自学习，自动获取最佳控制参数的。

首先，将图 8-8 中的小脑学习系统去掉，把前庭眼反射前馈系数α设定成时变系数$\alpha(t)$，可以得到图 8-14。图中$\alpha(t)$可以通过以下方式逐步修正：

$$\alpha(kT+T)=\alpha(kT)+\delta\left[\rho-\alpha(kT)\right]+\xi\varphi_{\mathrm{et}}(kT)\omega_{\mathrm{v}}(kT) \tag{8-13}$$

式中，δ为忘却系数；ρ为$\alpha(kT)$的标准值；ξ为学习系数；k为学习次数；T为学习周期（在这里是采样周期）；$\omega_{\mathrm{v}}(kT)$为$\Omega_{\mathrm{v}}(s)$的拉普拉斯逆变换，即时间域的值；系统的误差用视网膜误差$\varphi_{\mathrm{et}}(kT)$来代替。标准值$\rho$和忘却系数$\delta$是用来协调与其他学习系统的相互作用的，不使用，即设$\delta=0$，也不影响学习效果。

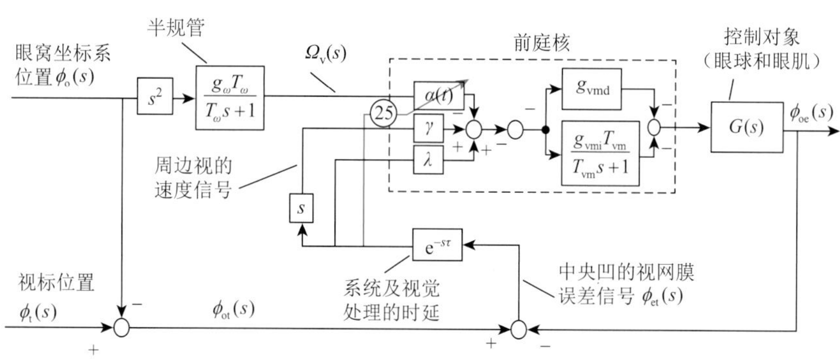

图 8-14　神经核简易学习系统的原理[19, 20]

为了使控制对象有一点难度，图 8-14 的设定与 8.5 节的小脑学习系统模拟实验相同时，学习过程的误差平方和曲线如图 8-15 所示。

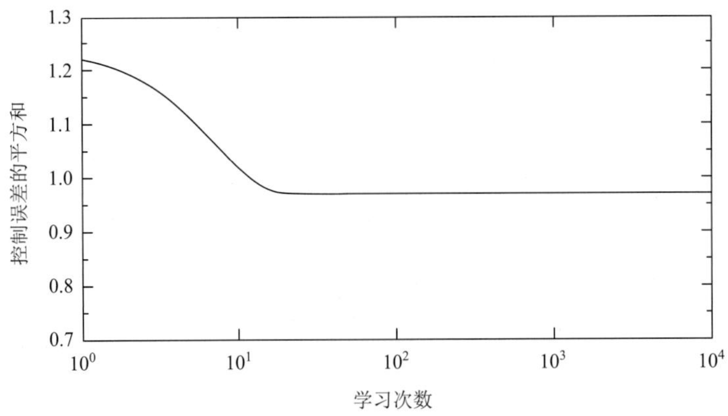

图 8-15 前庭核学习视觉控制系统学习过程的误差平方和曲线[19, 20]

控制系统的各种参数，如 PID 控制，都可以通过学习的方法来设定，这里不再详述。前庭核学习和小脑学习的融合可以说明各种学习系统的相互关系，这里通过模拟实验进行说明。图 8-16 是同时具备前庭核学习与小脑学习的视觉控制系统，图 8-17 是使用图 8-11 和图 8-12 所述实验时的参数条件下的结果。通过小脑学习和前庭核学习融合的结果与两者分别学习的结果进行对比，可以看出，前庭核学习反应速度快但是精度较低，两者融合后既保存了前庭核学习反应快的特征，又提高了学习精度。图 8-18 显示，前庭核的系数在最初起到较大作用，随着小脑学习的进步会逐渐回归到一个适当值。前庭核的快速反应和小脑的高精度学习，在生理学上称为短期学习（short-term learning）和长期学习（long-term learning）[22]。适当的忘却能力有助于系统各部位的相互协调。

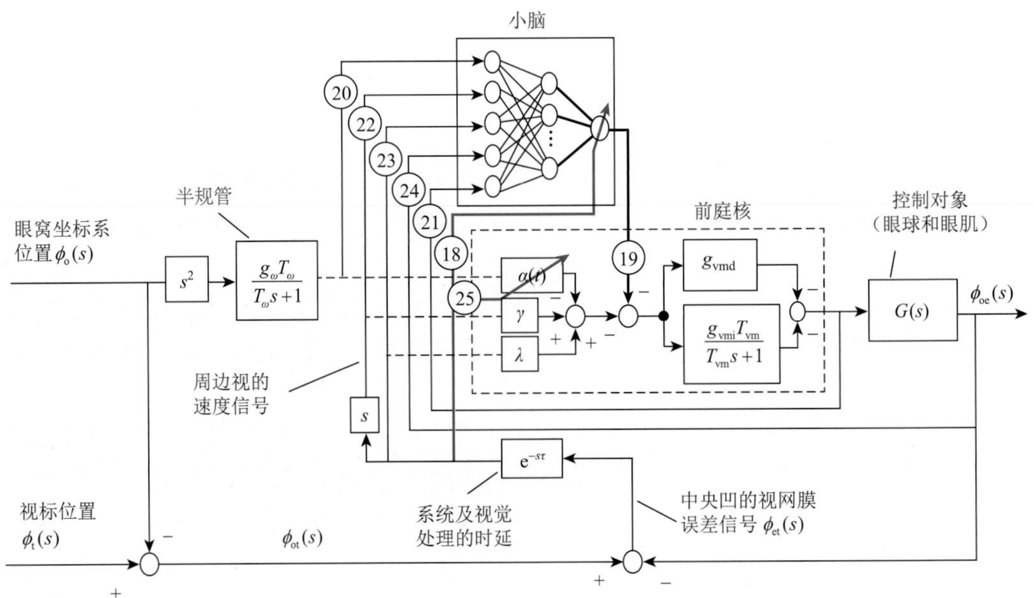

图 8-16 神经核学习与小脑学习的融合模型[19, 20]

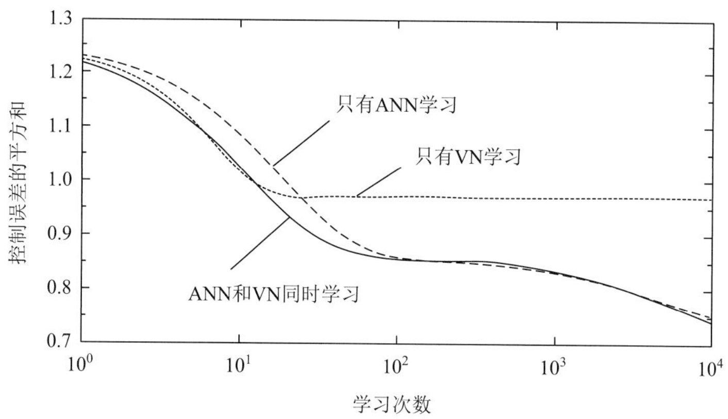

图 8-17　小脑学习和神经核学习的模拟实验结果比较

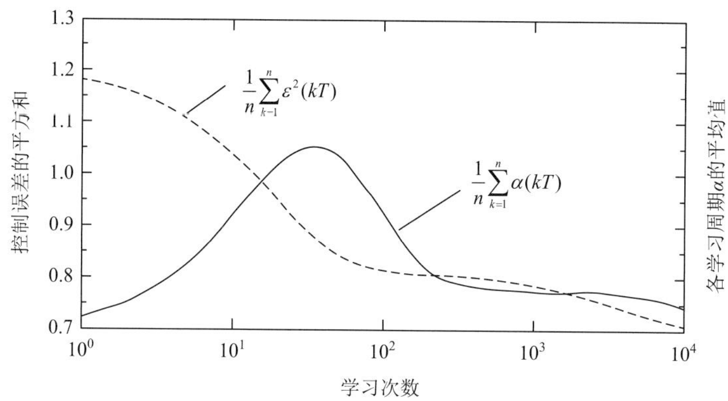

图 8-18　小脑和前庭核学习融合学习过程中α的变化曲线[19, 20]

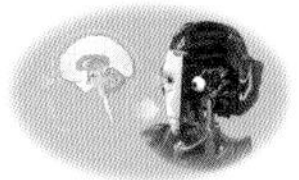

8.7　小结

由于小脑是通过控制骨骼肌实现身体相关部位运动能力的运动控制系统，可以在反复运动的过程中自主学习，从而不断提高其控制性能，所以小脑被称为万能的运动控制学习系统。

由于小脑神经系统的拓扑结构已经基本清晰，小脑神经细胞的种类少而且明确，因此可以通过查明每种神经细胞的输入输出信号的关系特性，即传递函数，再根据小脑神经系统的拓扑结构来搭建小脑的数学模型，进而实现具备小脑功能的人工小脑。本章只搭建了小脑系统的拓扑结构模型，但尚未获得每种神经细胞的传递函数，因此只构建了具备学习功能的小脑简易模型，未能实现理想的小脑数学模型。

由于作为小脑系统控制对象的骨骼肌系统具有惯性、黏性、弹性、摩擦等常见的控制系统的要素，控制对象系统的最佳控制输入函数值应该来源于求解控制对象的微分方程式。因此，笔者认为，小脑的学习控制系统最好不要用时域函数表述，而是使用频域函数，这样可以有效解决具有微积分和时延要素的棘手问题。

由于小脑是个学习控制系统，当将人工小脑系统用于设备控制（如机器人）时，因为在初期尚未对控制对象进行学习，如果控制单元中只有小脑，整个系统几乎无法实现最基本的运动功能需求。本章介绍了通过借鉴视觉控制系统中小脑和脑干的关系，实现了学习控制系统和 PID 控制系统的有机融合，使该控制系统可以在初期阶段通过 PID 控制系统实现基本控制功能，然后通过小脑的学习，逐渐提高控制性能。

视觉控制系统的学习功能不只体现在小脑、大脑等智能器官，其实每个神经细胞都有可能具备学习或自适应能力，在本章最后，通过前庭神经核的学习功能，介绍了小脑和 PID 控制系统的学习能力的互补，同时也为 PID 参数的自适应提供了解决方案。

参考文献

[1] Kandel E R，Koester J D，Mack S H，et al. Principles of Neural Science[M]. 6th ed. New York：McGraw-Hill Education，2021.

[2] 王玮，赵小贞. 中枢神经功能解剖学[M]. 2 版. 北京：科学出版社，2017.

[3] Ito M. Cerebellar microcircuitry[J]. Encyclopedia of Neuroscience，2009：723-728.

[4] 冈本道雄，藤田尚男，石村和敬. 実習人体組織学図譜[M]. 4 版. 東京都：医学書院，1995.

[5] Carpenter M B，Sutin J. Human Neuroanatomy[M]. Baltimore，1983.

[6] Ito M. Error detection and representation in the olivo-cerebellar system[J]. Frontiers in Neural Circuits，2013，7：1.

[7] Ito M，Kano M. Long-lasting depression of parallel fiber-Purkinje cell transmission induced by conjunctive stimulation of parallel fibers and climbing fibers in the cerebellar cortex[J]. Neuroscience Letters，1982，33（3）：253-258.

[8] Marder E，Thirumalai V. Cellular，synaptic and network effects of neuromodulation[J]. Neural Networks，2002，15（4-6）：479-493.

[9] Ito M. Cerebellar circuitry as a neuronal machine[J]. Progress in Neurobiology，2006，78（3-5）：272-303.

[10] Nairn J G，Bedi K S，Mayhew T M，et al. On the number of Purkinje cells in the human cerebellum：unbiased estimates obtained by using the “fractionator”[J]. The Journal of Comparative Neurology，1989，290（4）：527-532.

[11] Lange W. Cell number and cell density in the cerebellar cortex of man and some other mammals[J]. Cell and Tissue Research，1975，157（1）：115-124.

[12] Cannon S C，Robinson D A. Loss of the neural integrator of the oculomotor system from brain stem lesions in monkey[J]. Journal of Neurophysiology，1987，57（5）：1383-1409.

[13] Ito M，Miyashita Y. The effects of chronic destruction of the inferior olive upon visual modification of the horizontal vestibulo-ocular reflex of rabbits[J]. Proceedings of the Japan Academy，1975，51（9）：716-720.

[14] Ito M. The Cerebellum and Neural Control[M]. New York：Raven Press，1984.

[15] Kawato M，Gomi H. The cerebellum and VOR/OKR learning models[J]. Trends in Neurosciences，1992，15（11）：445-453.

[16] Gomi H，Kawato M. Adaptive feedback control models of the vestibulocerebellum and spinocerebellum[J]. Biological Cybernetics，1992，68（2）：105-114.

[17] Maekawa K，Takeda T. Electrophysiological identification of the climbing and mossy fiber pathways from the rabbit's retina to the contralateral cerebellar flocculus[J]. Brain Research，1976，109（1）：169-174.

[18] Fujita M. Adaptive filter model of the cerebellum[J]. Biological Cybernetics，1982，45：195-206.

[19] **Zhang X L**，Wakamatsu H. Learning model of eye movement system based on anatomical structure[J]. IEEJ Transactions on Electronics，Information and Systems，1998，118（7, 8）：1053-1059.

[20] **Zhang X L**，Wakamatsu H. A unified adaptive oculomotor control model[J]. International Journal of Adaptive Control and

Signal Processing，2001，15（7）：697-713.

[21] Rumelhart D E，Hinton G E，Williams R J. Learning representations by back-propagating errors[J]. Nature，1986，323（6088）：533-536.

[22] Khater T T，Quinn K J，Pena J，et al. The latency of the cat vestibulo-ocular reflex before and after short- and long-term adaptation[J]. Experimental Brain Research，1993，94（1）：16-32.

第 9 章 大脑的视觉处理功能

端脑是视觉系统中最复杂和深奥的组成部分，灵长类大脑中约 55%的新皮质与视觉有关[1]。在计算机视觉发展的历史进程中，与“生物视觉”学科之间的相互作用程度，反映了机器视觉界不断变化的研究重点和研究阶段。每当机器视觉的研究进入迷途，部分研究者就会再次回到脑科学领域，去体会生物视觉研究者的见解，挖掘其研究成果在机器视觉算法和系统中的意义。脑科学研究也就在有意无意之间为机器视觉指点了迷津。随着人类对大脑功能和机制有了越来越多的了解，研究接近生物脑原理的类脑系统的时机已经逐渐成熟。

灵长类视觉处理神经系统跨越多个脑区，通过观察大脑在不同部位进行的不同阶段的视觉处理内容和相关处理后视觉信息的类别，可以了解到大脑在信息挖掘、解析和判断的整个流程。类似于流水线上的产品加工过程，从最初投射到双眼视网膜的光影像，经过视网膜和丘脑外侧膝状体的粗加工，进入初期感知皮质 V1 区进行基础视觉处理，再经过次级感知区的 V2、V3、V4、V5（MT）等一系列分门别类的精加工，通过端脑背侧通路和腹侧通路与听觉、体感等信息融合，最终当视觉信息到达前额叶时已经成为具有可进行决策和行为控制的“成品”信息。本章对从视网膜起到额叶运动区的整个视觉信息加工过程进行梳理，并与现阶段的机器视觉研究成果进行对比，以期对从事机器视觉研究的学者和工程师有所帮助。本章内容大量参考了 *Principles of Neural Science*[2]和 *Deep Hierarchies in the Primate Visual Cortex：What Can We Learn for Computer Vision？*[3]的内容，在此深表敬意。

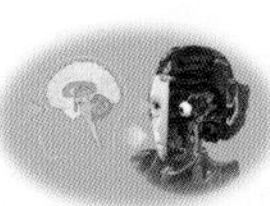

9.1 视网膜的信息处理功能

1906 年，查尔斯·谢灵顿（Charles Sherrington）在对抓挠-退缩反射的分析中创造了“receptive field”（感受野）一词：“皮肤表面可以诱发抓挠反射的所有点被称为该反射的感受野”。此后的视觉研究中引进了感受野的概念（参考 5.4.3 节和“名词解释”）。在视

觉系统中，其神经元的感受野代表视觉空间上的一个小窗口（图 9-1），该窗口中任意位置的光点刺激都会引起该神经元的反应。

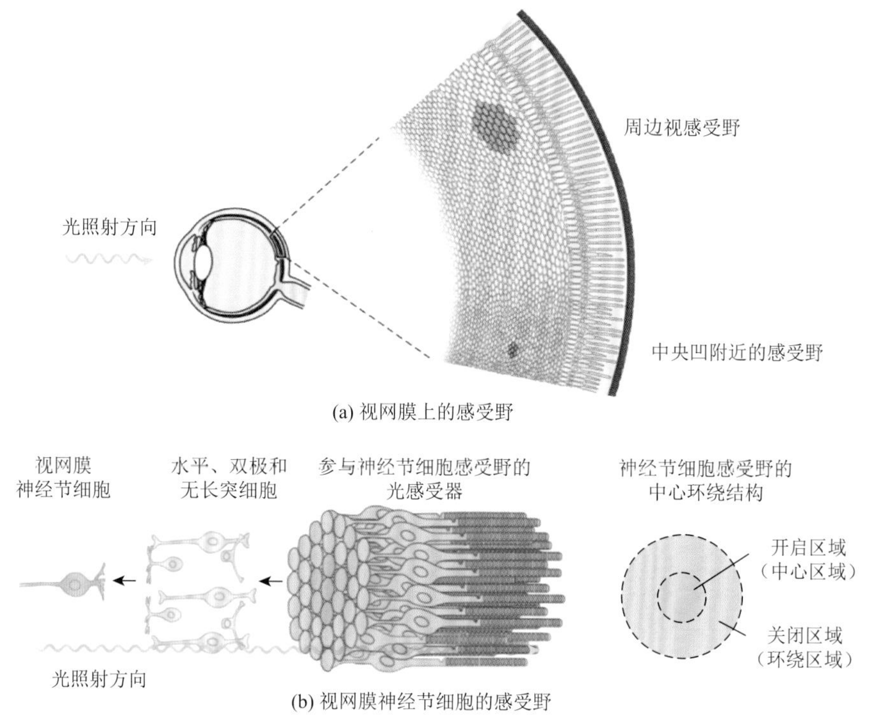

图 9-1　视网膜神经节细胞与光感受器的感受野[4]

（a）视网膜神经节细胞感受野中光感受器的数量因视网膜上的位置而异。靠近中央凹的细胞接收来自覆盖较小区域的较少受体的输入，而远离中央凹的细胞接收来自覆盖较大区域的更多受体的输入。（b）光通过神经细胞层到达视网膜后部的光感受器。来自光感受器的信号通过外核层和内核层的神经元传输到视网膜神经节细胞

在感受野中仅用一个光点测量神经元的反应只能对神经细胞感受野的性能产生有限了解。Hartline 和 Stephen Kuffler 在研究哺乳动物视网膜时利用两个小光点或一个小光点的移动，在感受野中发现了一个抑制性周围区域或称侧抑制区，因此揭示了视网膜神经节细胞的感受野具有不同的功能分区。这些感受野有一个围绕中心的组织，分为两类，即中心和非中心。后来的研究表明外侧膝状体（LGN）中的神经元也具有相似性质的感受野。

当一个光点在圆形中心区域内点亮时，中心区细胞（on-center cells）兴奋。当感受野中心的光点被关闭时，代表中心区外的细胞［off-center cells，或称环绕区细胞（surround cells）］兴奋。环绕区域具有与中心区域相反的信息符号。对于中心区外细胞，不包括中心的光刺激在光被关闭时产生响应，称为中心外环绕。中心区域（on-center）也被称为开启区域（on-area），环绕区域也被称为关闭区域（off-area）。中心区域和环绕区域相互抑制（图 9-2）。当中心区域和环绕区域都用漫射光照明时，几乎没有响应。相反，穿过感受野的明暗边界会产生强烈的反应。因为与均匀表面相反，这些神经元对边界和轮廓等光反射变化部分和光照差异部分最敏感，所以可以认为它们编码关于视野中对比度

的信息。要注意，各视网膜神经节的感受野之间是相互重叠的，也就是说，一个感光器细胞既可以是某个神经节细胞的中心区域，也可能是另一个神经节细胞的环绕区域。

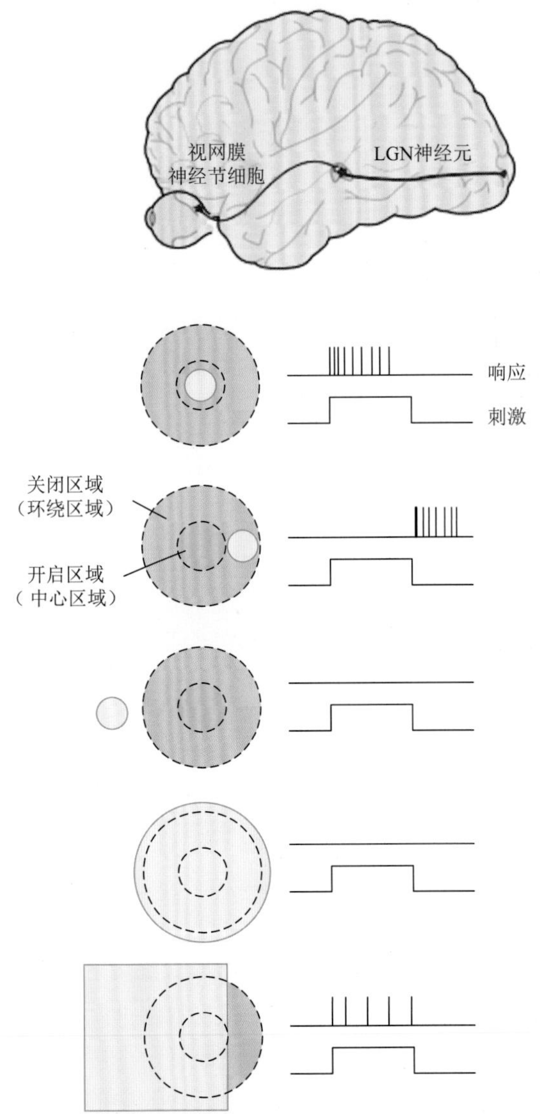

图 9-2 视觉通路早期中继神经元（视网膜神经节、LGN 等）的感受野对光照的反应[4]

丘脑外侧膝状体内的神经元也与视网膜神经节细胞类似，具有中心区域和环绕区域相互对立的圆形对称感受野。中心可以对光点（黄色）的开始或偏移作出响应，而周围环境则有相反的响应。由于对应神经元对感受野以外周围的光没有反应，因此可以定义感受野边界。当光线覆盖中心和周围时，反应较弱，因此这些神经元对视野中对比度大的区域（明暗边界）的反应最强。

感受野在视网膜上的大小取决于两个因素：第一个因素是感受野在视场的偏心率，即其相对于中央凹的距离，视网膜的中央凹部分（视力最高）感受野最小，越偏离中央

凹感受野越大；第二个因素是沿视觉传递路径方向的神经元的位置而变化，例如，枕叶V1 区的感受野大于外侧膝状体（LGN）的感受野。如果感受野的大小以视角的角度表示，整个视野覆盖近 180°，在视觉处理的早期中继中，中央凹附近的感受野最小。中央凹部分的视网膜神经节细胞的感受野大约为 0.1°，而视觉周边的感受野可能大几个数量级。

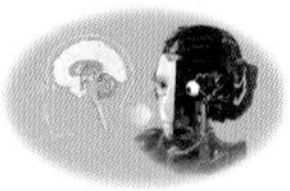

9.2　外侧膝状体的结构和神经投射

图 9-3（a）是视网膜到外侧膝状体的神经纤维投射图。外侧膝状体不仅是视觉信息进入大脑的中继站，而且已经具备初步的视觉处理功能了。外侧膝状体可以检测出视觉图形中线段的朝向（orientation）信息、物体的运动方向（direction）信息和运动速度（speed）信息。这个能力已经比视网膜的视觉处理能力前进了一大步[5]。

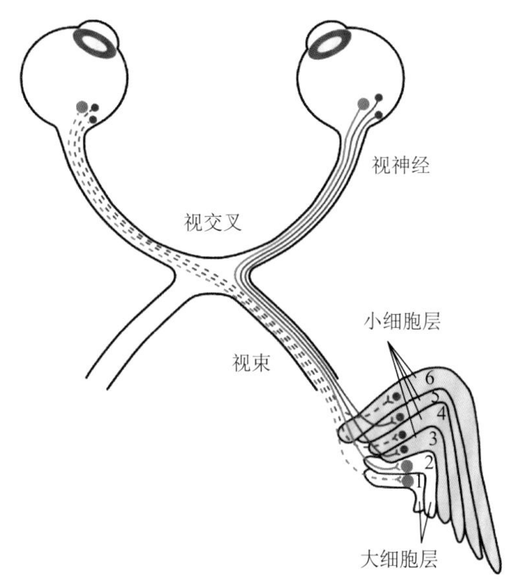

(a) 视网膜到外侧膝状体的神经纤维投射图

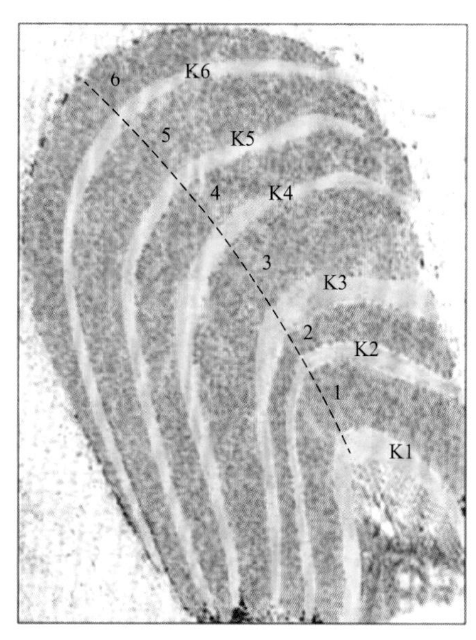

(b) 人的外侧膝状体切面染色图

图 9-3　人的外侧膝状体的神经投射和结构[6]

目前生理学的实验数据显示，大约有 70%的外侧膝状体细胞具有空间朝向检测能力（线段方向，参考图 9-9），并且对相近朝向反应的细胞在空间上聚集在一起，具有一定的功能组织模式。大约有 1/3 的外侧膝状体细胞具有运动方向和速度检测能力。在空间分析方面，视网膜神经节细胞与其对应的 LGN 细胞之间没有显著差异，甚至在视网膜神经节和 LGN 细胞之间几乎存在一对一的对应关系[7]。因此，外侧膝状体应当被认为是视觉信息在皮质下的重要处理站，为初级视皮质（枕叶 V1 区）的特征检测功能提供了最初的“种子”[4]。

图 9-3（b）是外侧膝状体的切面染色图。外侧膝状体分为 6 层，其中第 1、2 层的细胞属于大细胞（magnocellular，又称 M-type），其接收的神经纤维投射分别来自对侧和同

侧视网膜。第 3～6 层的细胞属于小细胞（parvocellular，又称 P-type），其中第 3 层和第 5 层接收的神经纤维投射来自同侧视网膜，第 4 层和第 6 层来自对侧视网膜。图中 K1、K2、K3、K4、K5、K6 层的细胞属于粒状细胞（koniocellular），其接收的神经纤维投射的来源与上层主体层相同。值得注意的是，**视野中某个给定点的所有信息最终都会出现在一列中，该列会延伸到所有六个膝状体层**。

大细胞的感受野尺寸比较大，对“运动信息”（如运动的方向和速度）较敏感，但是对物体的精细结构不敏感；小细胞的感受野尺寸比较小，对“形状信息”（如物体的精细结构）较敏感，但对运动信息不敏感。这样一来，**大细胞和小细胞就将输入的视觉信号分为两类，各自打包向皮质传输，从而实现了“双通道并行”的模式**。这种并行模式，使得后续视皮质检测多种视觉特征信息变得更加容易。

图 9-4 是外侧膝状体对大脑初期视皮质（纹状区）的投射。该图显示的是左侧的外侧膝状体，看到的是右半侧的视野图像。视网膜中大致有 60%接收对侧视野的图像输入，另有 40%接收同侧视野的图像输入，可见有 20%的图像是单眼视，没有立体视觉。

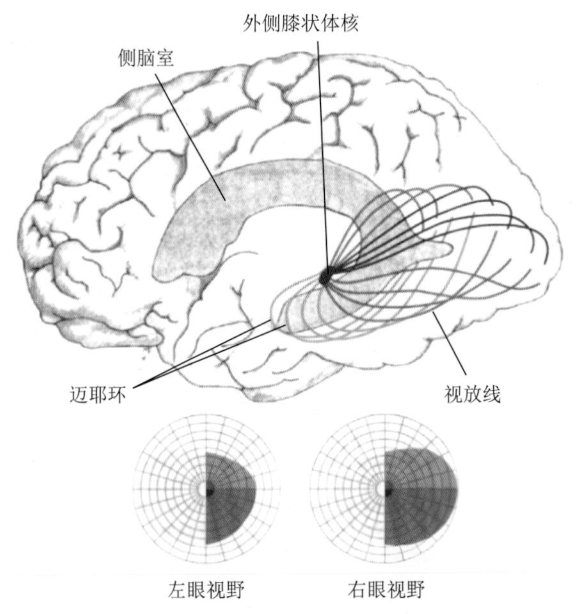

图 9-4　人的外侧膝状体（左侧）对大脑初期视皮质（纹状区）的投射[6]

外侧膝状体除了直接来自视网膜的输入，也接收来自脑中其他区域的投射，如脑干、丘脑、视皮质，其中有 80%的兴奋性神经元接收来自 V1 的反馈。

9.3　枕叶视皮质的区域划分

图 9-5 表示视觉信息从视网膜途经外侧膝状体后进入大脑枕叶，并在大脑枕叶皮质按功能划分成区域。各区域分别说明如下。

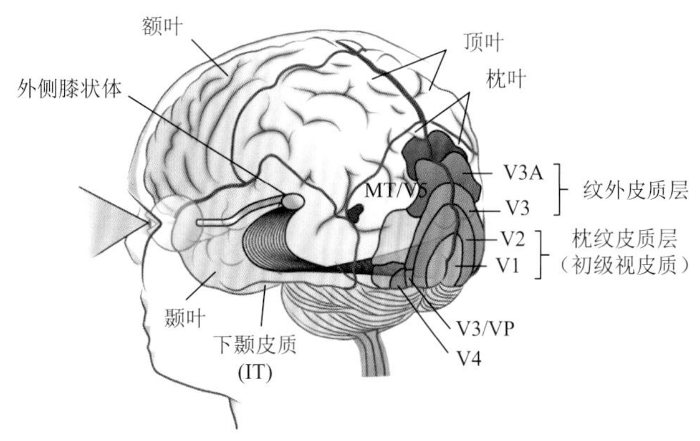

图 9-5　人脑枕叶的视皮质的区域划分[3]

V1. 第一视区；V2. 第二视区；V3. 第三视区；V3A. 第三 A 视区；V4. 第四视区；V5. 第五视区；MT. 颞中区；VP. 腹后皮质；IT. 下颞皮质

V1 区：第一视区，即布罗德曼 17 区（图 5-12），也称纹状区，一般被认为是初级视皮质，是外侧膝状体的视放线直接投射的区域。全区面积约 2600mm^2，与视网膜面积相比大致为 7∶1。与端脑其他部位皮质相比，厚度较薄，平均 1.5mm。

V1 区的皮质类型属颗粒型，全区结构比较一致，不再分亚型。此区细胞组织结构横向分层明显，各层细胞有不同的功能，垂直方向的柱状结构也极明显，同一细胞柱功能相同。在用人工神经网络进行计算机视觉的初期处理时，该区的神经系统结构值得认真参考。

V2 区：第二视区，即布罗德曼 18 区（图 5-12），因位于布罗德曼 17 区周围，又称纹旁区。皮质比布罗德曼 17 区厚，属颗粒型。

V3 区：第三视区，即布罗德曼 19 区，因该区围绕着布罗德曼 17 区和布罗德曼 18 区，故又称纹周区，也称枕前区，皮质厚度在视皮质中最厚，平均 2.5mm，属顶叶型皮质。

V2、V3 区称为次级视皮质，结构与第一视区明显不同，与其他皮质相似。当人类布罗德曼 18 区和布罗德曼 19 区受损伤时，患者很难识别物体的形状、大小及其意义。

另外，V4 区和横跨颞中区（MT）的 V5 区在视觉系统里属于更高级的处理区域。

由于人类生理学实验的伦理限制，目前大部分的实验都是以猕猴为中心进行的。所以，这里也以猴脑的研究成果为基础进行说明。灵长类动物的大脑被分成大约 100 个皮质区域，而人类大脑皮质到目前为止被划分为 180 个功能区域（图 5-13）。学界普遍认为，猕猴的主要感觉和运动区域与人类大脑的相应区域是同源的。此外，猕猴的其他几个皮质区域在人类中具有已鉴定的同源物，如 MT/MST 及顶叶内前部区域（AIP）。这些区域可以被视为地标（landmark），用来将人类的其他皮质区域与猕猴的已知区域联系起来。

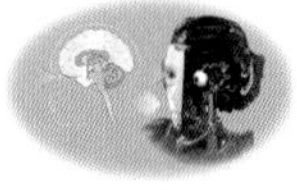

9.4　初级视皮质的神经系统结构

关于脑皮质神经网络的数学模型，目前研究的学者非常多，ANN、CNN 都可以算是这些研究的成果，在这里不多介绍。本章主要以脑科学的研究成果为基础，通过视觉信息在大脑皮质的传递过程，来分析各个脑区是如何将视觉信息进行逐步分解和分阶段处理的，以此和目前机器视觉图像处理的各种研究成果进行对比，找出对应关系，为机器视觉研究提供灵感、素材和方法论。

图 9-6 所示视网膜各区域在 V1 区的对应图中可以看到，视觉空间的拓扑结构在 V1 区中仍被保持，但对视野各区域的重视程度却大不相同。视网膜中央凹单位面积所对应的视皮质面积要比外围的大块视野单位面积所对应的皮质面积多很多。

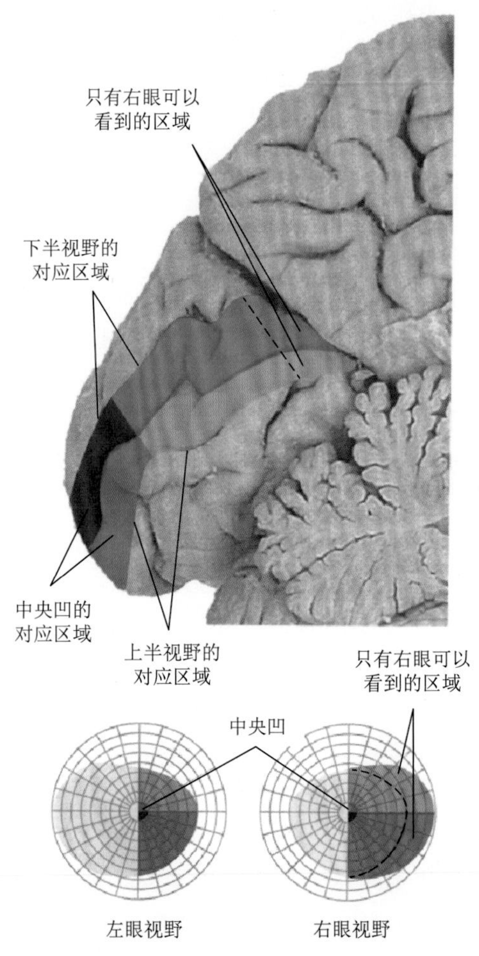

图 9-6　左枕叶初级视皮质和右视野的对应图[6]

图 9-7 是视网膜至视觉初期皮质的神经通路及信息的并行处理。如 9.2 节所述，根据图 9-7 再进行如下整理。视网膜的弥散节细胞（图 2-25）投射到外侧膝状体的第 1 层和第 2 层，形成大细胞（M-type）传递途径，又称 M 通道，第 1 层接收的神经纤维投射来自对侧视网膜，第 2 层接收来自同侧视网膜的视神经纤维。从视网膜的侏儒节细胞出发的视神经进入外侧膝状体的第 3～6 层，形成小细胞（P-type）传递途径，又称 P 通道，其中第 3 层和第 5 层接收的神经纤维投射来自同侧视网膜，第 4 层和第 6 层来自对侧视网膜。

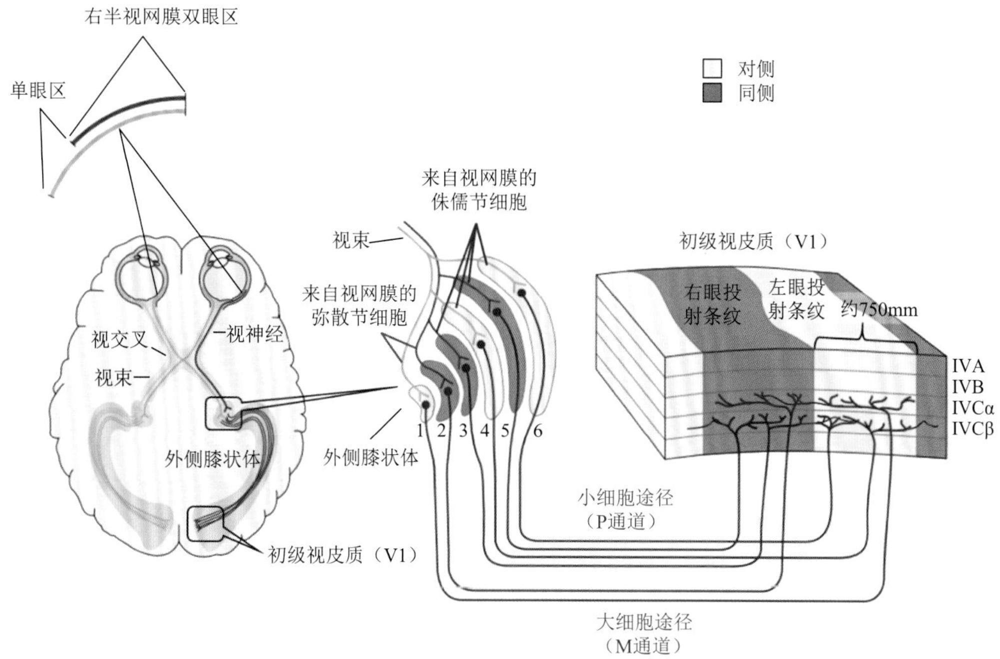

图 9-7　视网膜至视觉初期皮质的神经通路及信息的并行处理[2]

M 通道的出发点弥散节细胞主要接收视杆细胞的信息，其空间分辨率低、时间分辨率高，感受野较大，适合处理运动和突然变化的感知，在周边视野有较高的视力。P 通道的出发点侏儒节细胞主要接收视锥细胞的信息，视神经纤维较细（脉冲传递速度慢），在中心视野有较高的视力，因其对颜色敏感，具有较高的空间分辨率和较小的感受野，被认为适合处理图形和物体的感知[3]。

M 通道发出的神经纤维投射到 V1 区的IVCα 层，P 通道的神经纤维投射到 V1 区的IVCβ 层，之后 M 通道和 P 通道的信息也将在端脑里走不同的路径，发挥不同的作用。

由于在外侧膝状体的第 1～6 层之间没有神经的交互，因此外侧膝状体不具备双眼之间的信息匹配等处理功能，也就是说不具备双眼立体视觉功能。而在 V1 区，左右视网膜的信息在对应的眼优势柱条纹（参考“名词解释”）间有神经纤维的交互，说明具备双眼信息交互能力。

图 9-8 是生物实验得到的初级视皮质（V1）内部的兴奋性连接示意图[2]。正如新皮质（neocortex）的大部分其他区域，V1 也可以分为大致 6 层。来自 LGN 的输入大部分进入 IVC 层（IVCα、IVCβ）和 IVA 层，另有少部分分布在Ⅰ、Ⅱ、Ⅲ和Ⅵ层。第Ⅱ、Ⅲ和 IVB 层的细胞投射至视觉系统中的次级视觉感知皮质（V2、V3、V4 等），第Ⅴ层的细胞反馈至上丘，第Ⅵ层则反馈至 LGN。要注意，这里所说的“层”与人工神经模型中所说的“层”不是同一个意思，希望随着脑科学和人工智能的进一步融合，这些名词逐渐统一。

在视皮质结构中各区域间的连接几乎总是双向的，从图 9-8 可以看出，V1 区的神经网络结构和目前通用的人工神经网络在输入输出层的位置和方式就已经完全不一样，更不用说神经网络的内部原理和结构。人工神经网络的研究还有很长的路要走。

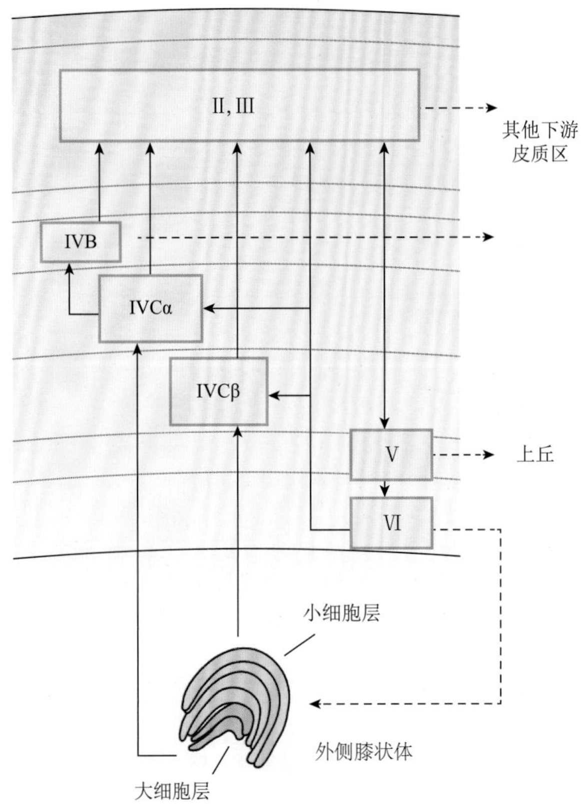

图 9-8 初级视皮质的内在神经通路[2]

另外，不同层次的神经元具有不同的感受野（参考“名词解释”）特性。V1 浅层神经元的感受野较小，而深层神经元的感受野较大。神经生理学认为，浅层神经元专门用于高分辨率模式识别，而较深层的神经元，例如，第 5 层中对运动方向有选择性的神经元，专门用于跟踪空间中的物体。不过，从人工神经网络的拓扑结构看，这个现象很容易理解。由于每个神经元都对应多个输入和多个输出，随着信息进入神经网络，其相关信息伴随神经元信息接力次数的增加逐渐扩散是必然的。

再强调一下，神经网络各处理中心之间的信息反馈处理是大脑神经网络结构非常重要的特点，信息处理路径中相对级别较高的处理中心（如 V1）可以影响级别相对较低的中心（如 LGN）。**从 V1 皮质投射到 LGN 的神经元数量是从 LGN 向 V1 皮质提供输入的神经元数量的十倍，这显然是超出了人工神经网络常用模型的常识，因为人工神经网络一般是输入信号多，输出信号少，反馈回输入单元的信号就更少了**。显然这种反馈投射模式很重要，但其功能在很大程度上尚不清楚。

除了串行前馈和反馈连接，皮质神经通路结构的一个重要组成部分是平行延伸于皮质中各层的纤维，并提供远程水平连接。由于水平连接使神经元在相对较大的视野范围内整合信息，因此可以将视觉图像的组成部分组装成一个统一的感知系统。锥体细胞的轴突平行于皮质表面延伸数毫米，可以横跨数个左右眼优势带（后述），因此在初期视皮质中来自双眼视网膜的信息交互有可能形成立体视觉。

视皮质由一些特殊神经元组成的柱状结构构成，视网膜在皮质表面表现出系统性的对应结构。在初级视皮质中，具有相似功能的神经元被紧密排布在一起，在垂直于皮质表面的方向上形成柱状（column）结构，并从皮质的表面延伸到白质中。这些柱状结构与特定皮质区域的功能特性有关，并与视网膜的位置相对应。因此，生理学将具有相同感受野并具有相同功能，只对某一种视觉特征发生响应的由神经元集团组成的基本功能单位称为“功能柱”（functional column）（参考“名词解释”）。

大体有两种功能柱理论，即特征提取功能柱和空间频率功能柱。视觉生理学研究发现，在视皮质内存在许多视觉特征的功能柱，如颜色柱、方位柱和眼优势柱。

方位柱（orientation column）：将每个神经元对线条/边缘处在适宜的方位角并按一定方向移动时，表现出最大兴奋的功能柱称为“方位柱”。方位柱宽约 1mm，由简单型、复杂型和超复杂型细胞组成，对边界线、边角的位置，以及对其出现的方向与运动方向均能进行特征提取。方位柱不仅存在于初级视皮质（V1），也存在于次级视皮质中。

眼优势柱（ocular dominance column）：LGN 的交替层接收来自同侧或对侧视网膜神经节细胞的输入（图 9-3）。这种分离在 LGN 到 V1 的输入中得以维持，产生交替的左眼和右眼优势（ocular dominance）条纹，或称之为眼优势带（图 9-7）。眼优势带反映了来自 LGN 不同层的输入的分离。眼优势条纹中的柱状结构称为眼优势柱。

超柱（hypercolumn）：由于对线纹理的倾斜方向上具有相似倾向性的神经元被分组到一个方位柱中，而在皮质表面有按照顺时针和逆时针方向偏好的方位柱进行有规则排列的循环，每 750μm 重复一次 180°循环。一个完整循环的方位柱细胞群称为“超柱”。在超柱中，往往与方位超柱排列成 90°的方向上还规则地排列着左右眼优势柱。左眼和右眼的优势带也交替出现，周期为 750～1000μm。

颜色偏好斑点（blob）：嵌入在方位超柱和眼优势带中的是方向选择性差但颜色偏好强烈的神经元簇。在初级视皮质中，这些神经元簇形成的斑点直径为几百微米，间距为 750μm。由于这些神经元簇富含颜色选择性细胞，而缺乏方向选择性细胞，因此斑点被认为专门用于提供有关表面而非边缘的信息。这里我们也可以知道**颜色和形状处理在 V1 中基本上是分开的**。

图 9-9 是初级视皮质计算模块示意图。一块直径约为 1mm 的皮质组织包含一个方位超柱（一个完整的方位柱周期）、一个左右眼优势柱周期，以及一个斑点和斑点间结构。该模块可能包含初级视皮质的所有功能和解剖细胞类型，并将重复数百次以覆盖视野。

感觉通路中的单个神经元可以对一系列刺激值作出反应。例如，颜色检测路径中的神经元不限于响应一个波长，而是调谐到一个波长范围。神经元的响应在某一特定值处达到峰值，在该值的任一侧衰减，形成具有特定带宽的钟形调谐曲线。因此，例如，响应峰值为波长 535nm、带宽约为 300nm 的绿色视锥细胞可能在 470nm 和 600nm 处产生相同的响应。为了能够从神经元信号中确定波长，至少需要两种神经元（如红色视锥细胞），代表以不同波长为中心的滤波器。当然如果投射到视网膜的只有一个波长的光，原理上两个神经元信号不仅可以测出该光的波长，还可以测出光的强度。

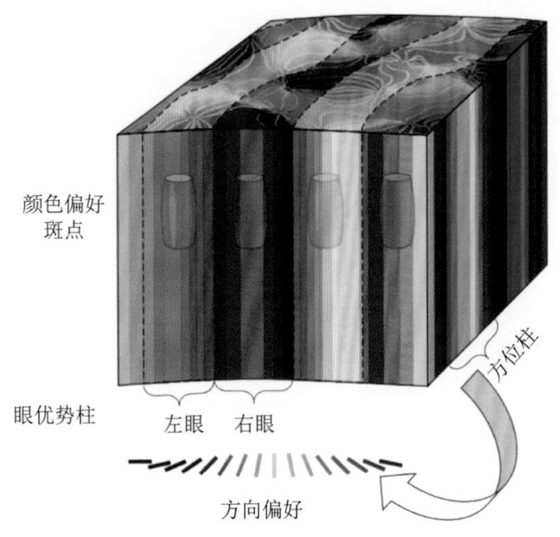

图 9-9 初级视皮质计算模块示意图[2]

图 9-10 是笔者绘制的一种用神经网络检测光波长方法的示意图。通过 S、R、M、L 四种视细胞检测出来的光的响应强度，可以形成四个方程式，算出两种波长的光的波长和强度。该图左下侧方框中的 R 和 M 的强度是由两个波长的光叠加而成的。因此，从原理上讲，当有两种不同波长的光照射到视网膜时，根据视网膜神经及相关神经通路对光的反应，颜色偏好斑点的神经元簇是有可能分辨出两种光的波长和强度的。

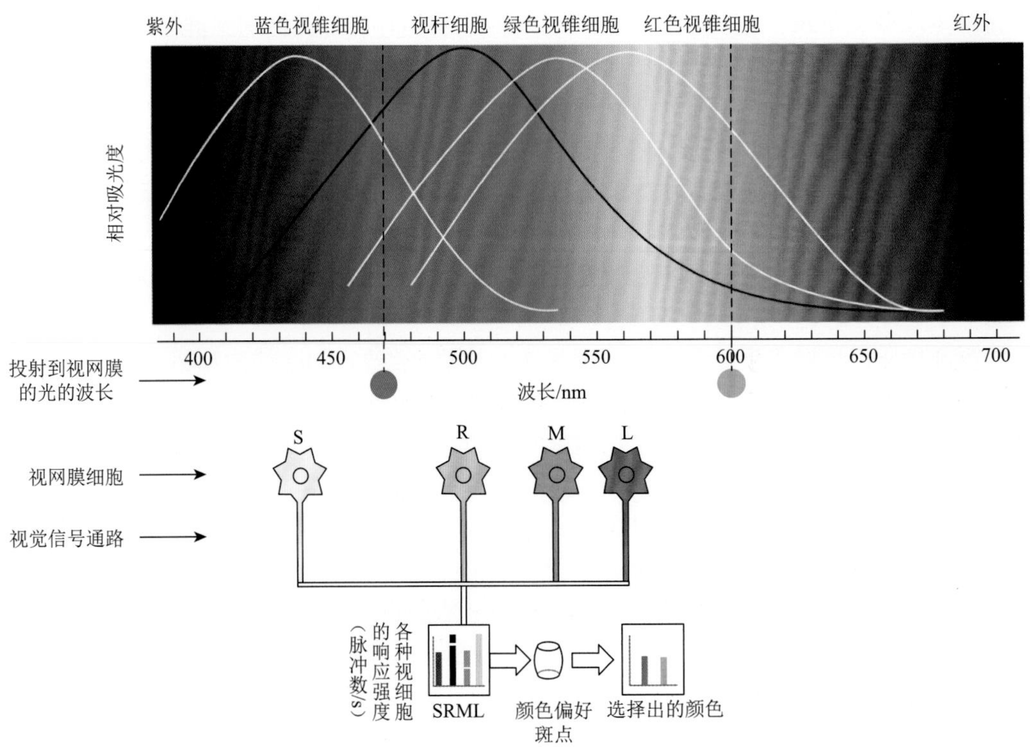

图 9-10 向量平均模型检测光的波长及强度的示意图

当然，如果光的强度和波长是一个物体对太阳光的反射光，其光束几乎是全光谱，用四种感光神经来分解各个波长的光强是远远不够的。但是如果已知太阳光的成分，四种视觉感光神经可以得到的色彩信息恐怕远远不止四个方程式四个解这么简单。可以说，用三色油彩调出来的颜色来画的油画，只能骗过人的眼睛，实物真实的光谱与油画反射的光谱应该有较大差距。

即使是一个单一的视觉感知，也是许多神经元活动的产物，这些神经元以一种特定的组合和交互方式运作，称为群体编码。更具体一点讲，群体编码就是指大量神经元以各种方式建模得出一种结论。最流行的模型称为向量平均（参考文献[2]）。图 9-10 下图的颜色识别编码原理就是典型的向量平均法。

当大脑要表现一条信息时，一个重要的考虑因素是参与该信息的神经元数量。尽管视觉刺激的所有信息都存在于视网膜中，但视网膜的能力并不足以识别物体。在视觉通路的另一端，颞叶中的一些神经元对复杂物体（如面部）具有选择性。假设脑中某一个神经细胞发生冲动时代表视网膜看到了一个特定的复杂物体，如“祖母的脸”，这种假想的神经元被称为“祖母细胞”（grandmother cell），因为它只代表一个人的祖母；这种细胞也被称为“教皇细胞”，因为它代表等级认知途径上的一个顶点，在这里称为顶点神经元。笔者认为，颞叶和顶叶中都应该存在大量的、代表不同层次和内容的顶点神经元，颞叶中存在的是识别、认识等认知的顶点神经元，顶叶中存在的是运动状态、态势、坐标系统等认知的顶点神经元。

然而，神经系统并不可能总是通过单个神经元的活动来代表整个物体或整个系统，常常还需要进一步统合。例如，一些顶点神经元代表一个物体的一部分，而一组顶点神经元代表整个物体。集合的每个成员可以参与由不同对象激活的不同集合。这种安排被称为分布式代码。例如，表示红辣椒和嘴唇的是同一个顶点神经元，暂且称为红唇细胞，红唇细胞组合到人的脸上就是嘴唇，组合到菜篮子里就是辣椒。分布式代码可能涉及几个或多个顶点神经元，鼻子、眼睛的顶点神经元和红唇细胞同时兴奋时红唇细胞就代表嘴唇，而各顶点细胞的输出又被整合到代表脸的顶点神经元。识别脸的顶点神经元又可能是人体的分布式代码之一。在任何情况下，分布式代码都需要在表示人脸的神经元及表示与此人相关的姓名和经历的神经元之间建立复杂的连接。这些对各种成熟信息的统合分析能力就集中到了额叶，进而分解成具体的行动信息。

关于神经元级别更细致的结构这里不再详细介绍，有兴趣的读者可以参考 *Principles of Neural Science*[2]等书籍。下面将以各视区的功能为主，对照机器视觉的观点进行较为详细的介绍。

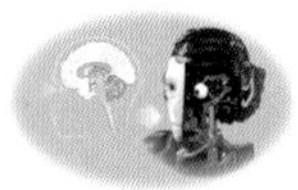

9.5 视皮质各区域的视觉功能

9.5.1 V1 区的主要视觉功能

V1 区对边缘、条纹和栅格具备检测功能。一部分细胞对边缘或单条线敏感，另一部分细胞对光栅（栅格）敏感。简单细胞群对栅格的相位（或线的准确位置）敏感；复杂细胞群则对准确位置不敏感，但其具有较大的感受野。

有人利用 Gabor 小波对功能柱进行了近似模拟[8]。Gabor 小波在图像压缩[9]、图像检索[10]和人脸识别[11]等应用中也取得了很大的成功。

与机器视觉中常用的特征点检测不同，V1 区似乎只对特征线（边缘、线条、光栅）进行检测。尽管特征点在图像处理领域被认为鲁棒性很强，但事实上生物的进化结果却似乎放弃了特征点检测的能力。

V1 区可以进行“绝对视差计算”，即空间一个点相对左右视网膜的中央凹的投影位置的差。相对于两眼坐标的深度信息的提取也在 V1 区完成。

V1 区的部分神经元对运动有反应。具体地，即部分神经元会在某个视网膜刺激模式（如光栅）朝一个特定方向运动时作出反应，而对其他方向的运动不反应[12]。值得注意的是，方向选择细胞属于 M 通路，主要投射到 MT[13]。时空特征（如运动）已被证明是人类识别物体的第一个特征，比颜色、边缘、线等的检测更早[14]。

V1 区中 5%～10%的神经元是专门用于颜色识别的。除了单纯对颜色作出反应的细胞，双拮抗细胞对感知颜色恒定性起着关键作用。如图 9-11 所示，每一种颜色通道里都有一个不同颜色的空间对立结构，如蓝黄或红绿。这种颜色感知方式可以通过对比效应感知目标物体的颜色偏离背景颜色的程度。这种方式很像图像处理中彩度检测手法，可以消除环境颜色、阴影等对对象物的影响。当然，双拮抗细胞对单一颜色的斑点反应特别好。

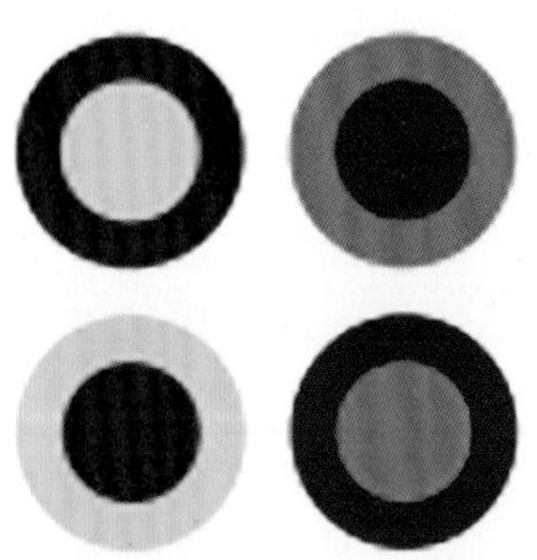

图 9-11　蓝黄与红绿双拮抗细胞响应模式示意图[3]

9.5.2　V2 区的主要视觉功能

V2 区的主要输入信号来自 V1 区。在 V2 区中，M 通路和 P 通路之间的分离在很大程度上得以保留。像 V1 区一样，V2 区包含识别线条方向、颜色和视差的神经元细胞。然而，有一小部分 V2 区神经元对相对视差敏感，也就是说 V2 区可以得出目标相对于某空间坐标系的位置，或空间两点之间的位置关系。注意，生理学中讲的“相对视差”和“绝对视差”与工学图像处理的定义不同：目标在某空间坐标系，如世界坐标系中的位置一般在图像处理学中称为“绝对坐标”或“世界坐标”，而相对于相机（眼球）坐标系的坐标称为“相对坐标”或“相对于相机坐标系的坐标”。

由于 V2 区的感受野大于 V1 区，而且接收了 V1 区的运算结果，因此与 V1 区相比，V2 区可以对更复杂的轮廓进行表示，如包含纹理的轮廓、虚幻的轮廓，以及进一步对边界所有权（border ownership）的解释。

（1）纹理定义和虚幻轮廓的检测。一些 V2 区细胞对纹理定义的轮廓很敏感［图 9-12（a）］，其方向检测与亮度定义的轮廓类似[12]。V2 区细胞对虚幻轮廓也很敏感[15]。这些可能会应用在各种情况下，包括纹理或视差的不连续性，如 Kanizza 三角形［图 9-12（b）］。V1 区也响应虚幻的轮廓，但有较长的延迟，这说明其可能是由 V2 区的反馈驱动产生的结果。

（2）边界所有权的识别是 V2 区非常重要的性能。机器视觉对边界所有权的研究出现得比较晚，笔者团队在语义边缘检测领域进行了较深入的研究，其结果类似于边界所有权的概念，该部分内容将在 14.3 节进行详细介绍。边界（即轮廓）主要由两个或多个曲面的投影形成，这些曲面在三维中相交或有间隙。在大多数情况下，此类边界仅属于在边界处相交的曲面之一，而边界所有权属于边界所属曲面（或区域）。

图 9-13 是一个典型的边界所有权问题。当边界属于两侧黑色区域时，该图感觉就像相互面对的人脸；而当边界属于中间的白色区域时，该图感觉就像一个高脚杯的形状。知道边界所属，对图形的扩散和填充处理机制尤其重要，通过这些机制可以在很大程度上减少和纠正缺失和模糊的视觉信息。

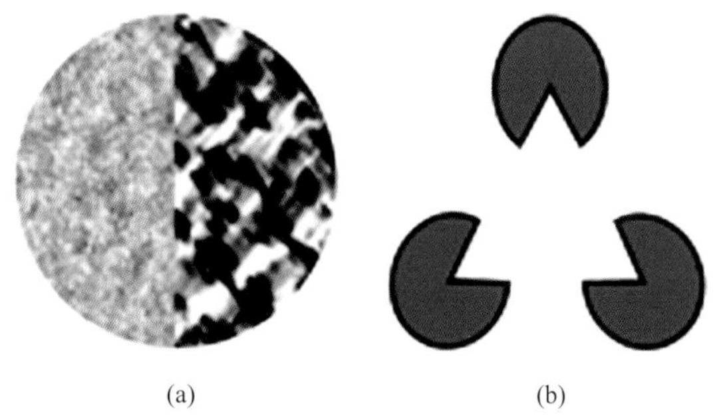

(a)　(b)

图 9-12　纹理定义轮廓和虚幻轮廓[3]

图 9-13　边界所有权的示例

对边界所有权敏感的细胞是 2000 年 Zhou 等[16]发现的。V1 区中有 18%的细胞，V2 区和 V4 区中有 50%以上的细胞（沿着腹侧通路）根据边界所有权的方向进行反应或编码*。

边界所有权敏感神经元在反应开始 10～25ms 后区分所有者的方向。边界所有权敏感神经细胞早在 V1 区就出现了（尽管程度较低）。这一事实表明，边界所有权可以使用局部线索来确定，这些线索可以通过横向长程相互作用来沿着边界整合。然而，正如 Fang 等[17]所表明的那样，这个过程也可能受到更高层次的皮质区域的调节或影响。

* 编码和解码是计算机学科的术语，是指信息从一种形式或格式转换为另一种形式的过程，也称为计算机编程语言的代码，简称编码。在生理学，用来指神经元及系统在刺激与反应之间的关系，可以从两个方向来研究。神经编码试图建立从刺激到反应的映射，着眼于理解神经元如何对不同的刺激作出反应，建立模型来预测神经元对特定刺激的反应。而神经解码研究的是相反方向的映射，从已知的反应来推算外界刺激，试图从被激发的动作电位序列来重建外界刺激或者刺激的某些特征。

（3）相对视差是 V2 区的检测功能。与 V1 区中的视差敏感细胞不同，V2 区中的细胞对相对视差敏感，相对视差是空间两点绝对位置的差值。例如，注视平面上的点（零视差）和靠近观察者的点（近视差）的视差之差可以称为相对视差。立体视觉主要依赖于相对视差的处理[18]。由于 V2 区对相对视差的敏感性，可以比较物体的深度并推断物体的三维空间关系。

9.5.3 V3 区的主要视觉功能

关于 V3 区的作用，脑科学相关的信息很少，大部分的神经生理学和脑科学书籍没有给出关于 V3 区的详细介绍。目前已经发布的关于 V3 区的功能有以下几个方面：

（1）检测出视野中不同物体的方向及速度。神经元感受野比 V1 区神经元大 60～100 倍，对物体在空间中的相对位置关系能给出大视野反应，对视野各成分的向量进行总体反应。

（2）每个神经元的感受野周围都存在一个抑制区，对与背景运动方向相反的刺激物最敏感，不仅能对视野中物体相对空间关系形成知觉，还能对图形背景反向运动产生物体运动知觉。

（3）V3A 区将 V3 区测出的不同物体的方向及速度等运动信息进行初步加工，传输到 V5 区（MT）。

9.5.4 V4 区的主要视觉功能

V4 区负责高度分化的曲率和颜色的识别。该区域在实现了物体方位、长度、宽度、空间频率和色调等信息的加工之后主要传至下颞皮质，由下颞皮质对物体的细微结构进行更精细的加工和识别。V4 区神经元的感受野比 V1 区神经元的感受野大 20～100 倍，感受野周围存在着较大的抑制性“安静带”。这种生理特点赋予 V4 区神经元将物体与其背景分离的功能。神经元对其视野内物体色调的波长发生最大兴奋时，会对其背景上相同波长的光进行最大的抑制。**即使物体与背景颜色相似，人也能产生边界或轮廓清晰的物体知觉。**

MT 似乎主要由 M 通路输入控制，而 V4 区似乎结合了 M 通路和 P 通路的输入，因为阻断 M 通路或 P 通路都会降低 V4 区中大多数细胞的活性[15]。

V4 区神经元对方向、颜色、视差和简单形状有选择性的反应。它们继续将低层次的响应整合到高层次的响应中，并增加不变性。例如，V4 区细胞对速度和/或运动方向差异定义的轮廓作出响应，其方向选择性与亮度定义轮廓的选择性相匹配[12]（在 V1 区和 V2 区中也发现了一些这样的细胞，但延迟较长，这再次表明它们是由 V4 区的反馈驱动的）。V4 区突出的新特性是曲率选择性和色调的亮度不变编码。

（1）曲率选择性：一些 V4 区神经元会对具有特定曲率的轮廓（偏向凸轮廓[19]）或具有特定角度的顶点[12]作出反应。这种选择性甚至特定于轮廓段相对于所考虑形状的中心的位置，从而产生以识别对象为中心的形状。V2 区也有对曲线（不是直线的轮廓）作出反应的细胞，但它们的反应可以通过对边缘的检测来解释，而 V4 区神经元则不是这样。

V4 区神经元通过一个群体代码来表示简单的形状，这个群体代码可以通过曲率角位置函数来拟合[19]。在此表示中，对象的曲率附加到相对于对象质心的某个位置。大多数 V4 区神经元代表单个部件或某轮廓的一部分。

（2）颜色色调和亮度不变性：V4 区中的颜色编码神经元与 V2 区中的颜色编码神经元不同，它们编码的是色调，而不是沿着两个主色轴的颜色对向性，并且对色调的检测值相对于亮度是不变的[20]，有些像机器视觉常讲的彩度[21]。虽然这些细胞对颜色很专一，但它们中的许多细胞也表现出明显的方向选择性。尽管 V4 区神经元被清楚地分为两个群体，一个用于颜色，另一个用于形状处理[22]，但颜色编码细胞的方向选择性表明，颜色和形状感知之间有某种程度的整合。

9.5.5　MT（V5 区）的主要视觉功能

MT（V5 区）处理运动和深度（距离）问题。颞中区（MT）将空间知觉和物体运动信息加工后继续传向颞上沟（superior temporal sulcus，STS）内沿和内侧颞上皮质（medial superior temporalcortex，MST）的神经元。这两个区的神经元（下面统称 MST）的感受野比 MT 还大，能对更大视野范围的物体空间关系和相对运动产生知觉，并可进行信息压缩，如果该部位受损，眼睛将丧失平滑追踪运动物体的能力。由上述可知，该区域可以产生视标的跟踪误差（对应视网膜误差，retina error）及速度信息（对应视网膜滑移，retina slip）（图 6-10）。概括起来，MT 的信号通过 MST 输出至脑干，控制**平滑眼动**（参考第 6 章）[23, 24]。

MT 绝大多数神经元对运动刺激敏感[25]。其感受野大约是 V1 区的 10 倍，因此 MT 神经元在更大的区域整合了 V1 区的一组运动信号。许多 MT 神经元也对双眼视差敏感[26]。**MT 由运动柱和深度柱组成，类似于 V1 区的定向柱和眼优势柱**。具体功能如下：

（1）MT 可检测视标的二维运动信息。MT 神经元通过结合 V1 区神经元对局部运动作出反应，并通过这些局部运动来计算整体运动，以此产生物体运动的中级表示[13, 27]。一些 MT 细胞解决了孔径问题（参考“名词解释”），对物体整体运动方向进行编码[28]。MT 细胞编码的是速度，而不是 V1 区细胞编码的时空频率[29]。在计算运动信号时，MT 神经元遵循从粗到细的策略，即对运动刺激的反应很快，但初期不精确，随着时间的推移会变得精细起来[30]。在 V1 区进行局部时空能量（spatiotemporal energy）的初步测量之后，需要结合运动测量来解决孔径问题，导出二维运动方向和估计速度。这导致在视野中运动的中级表示比早期的视觉区域（如 V1 区和 V2 区）更忠实于真实运动并且对噪声更鲁棒。运动信号组合中的视差信息部分地减小了大感受野上运动组合中固有的空间累积平移误差[31]。

（2）MT 可检测运动梯度和运动定义的形状。一些 MT 神经元对运动的高阶特征具有选择性，如运动梯度、运动定义的边、局部相反的运动和运动定义的形状[12]。这些选择性由视差敏感性来辅助。视差有助于分离不同距离物体的运动信号，保持运动视差，计算透明物体运动和三维运动表面。MT 可以构建出运动定义的曲面和曲面上运动的表示方式[3]。

9.5.6 枕叶视皮质各区域的信息处理的整体框架

综上所述，视网膜至枕叶视皮质各区的信息处理通路可以用图 9-14 来表示。腹侧通路主要与物体识别有关，携带有关形状和颜色的信息。背侧通路主要与运动检测有关。然而，这些通路并没有严格隔离，即使在初级视皮质，它们之间也存在着实质性的相互联系。关于侏儒节细胞和弥散节细胞的介绍可参考图 2-25 所示的视网膜结构示意图。图 9-14 中大箭头代表信息的正流向，而小箭头代表反馈信息流向。当然，尽管反馈信息流向用小箭头表示，并不代表反馈信息量小于正向信息量。

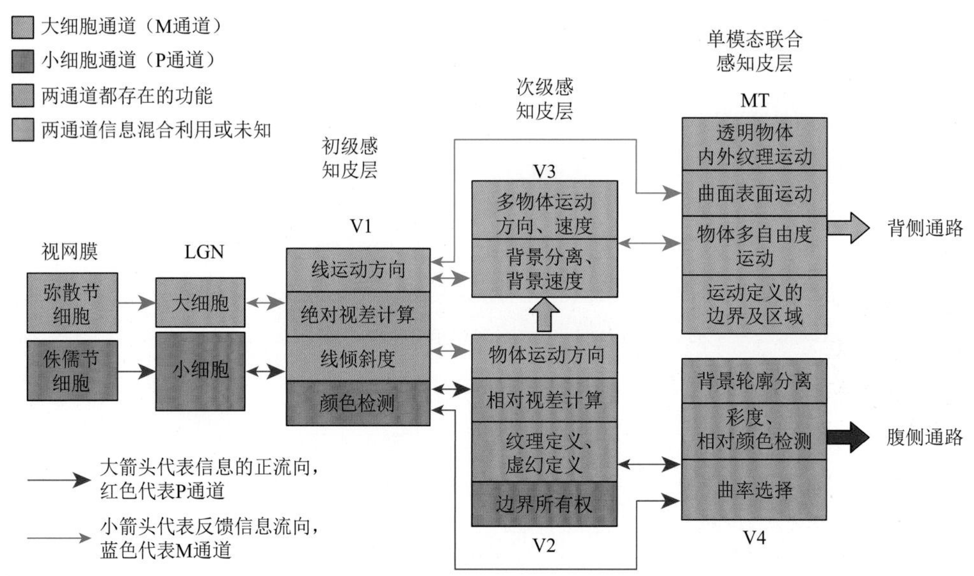

图 9-14 视觉通路中的并行处理（参考图 5-20）

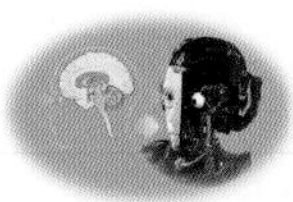 9.6 视觉信息处理在大脑中的通路

人脑上显示的视觉信息处理流向是双向的，即背侧流和腹侧流。背侧流处理注意力控制和视觉引导运动，腹侧流主要负责对物体的识别处理。而 Rizzolatti 和 Matelli 在提出的模型中将背侧流细分为两个分支（图 9-15）。在这两个分支中，背侧分支（背背流）参与特定运动的控制，而腹侧支（腹背流）负责组织有目的的动作所必需的视觉运动变换，如手到达位置和抓住物体，以及对空间和动作的感知。腹侧支也起着解释在其他人身上观察到的运动目的的作用[2, 32]。

这里再次强调一下，各个**局部信息处理中心**的反馈回路非常重要，反馈回来的信息因为有处理和传输的延时，所以影响的是下个时间段的影像的处理结果，这个处理结果明显可以用来提高上个节点的图像信息处理的精准度，或者提高处理速度。特别是检测

物体移动速度的处理，必须有前后图像的对比，这和机器视觉的前后帧对比来测速应该是一个道理。

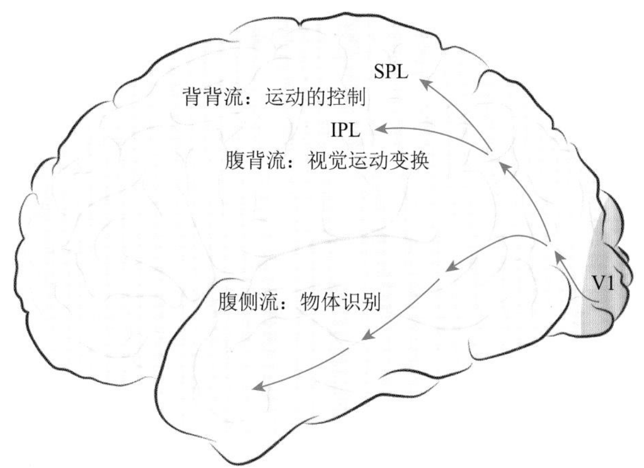

图 9-15　视觉加工的腹侧流和背侧流[2]

SPL. 上顶叶；IPL. 下顶叶

如图 9-16 所示，端脑的视觉信息处理大体可以分为三个阶段：第一阶段，视觉的初级和次级处理集中在枕叶部；第二阶段，视觉单模态联合和多模态综合信息处理在顶叶部（背侧流）和颞叶部（腹侧流）；第三阶段，分析、决策、规划和执行等最高级智慧处理在额叶。枕叶部包括 V1～V4 区和部分 MT（参考图 5-15）。如同 9.5 节介绍的那样，所有视皮质各区域的神经元都有对应视网膜的感受野，感受野大小从 V1 区的较小范围逐渐增加到 V4 区的较大范围，这些区域根据处理视觉信息的不同尺度的特征来处理和挖掘场景整体的态势。不同层次的处理，其信息特征的复杂性也随着层次结构的增加而增加。而顶叶和颞叶将综合视觉、听觉和体感信息进一步分析。下面将顶叶的背侧视觉处理信息流和颞叶的腹侧视觉处理信息流分开来进行具体说明。

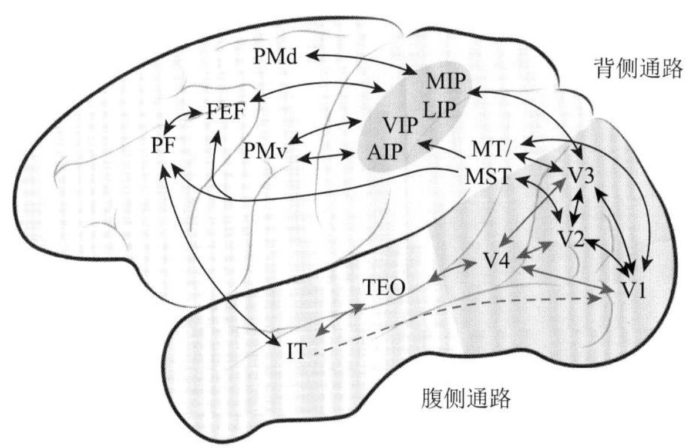

图 9-16　猕猴的大脑视觉信息的传导图[2]

AIP. 顶叶内前部皮质；VIP. 顶内腹侧皮质；LIP. 顶内沟外侧皮质；MIP. 顶叶内侧皮质；FEF. 额叶眼区；PMd. 背侧运动前皮质；PMv. 腹侧运动前皮质；PF. 前额叶皮质；TEO. 颞枕交界处皮质；IT. 下颞皮质；MST. 内侧颞上皮质；MT. 颞中皮质

9.6.1 视觉信息的背侧通路

图 9-17 是行动及操作控制关联的视觉处理的相关路径，即背侧视觉通路（蓝色）延伸至后顶叶皮质，然后延伸至额叶皮质[2]。顶叶背侧视觉流的信息来自 MT 和 V3 区（主要是 V3A 区[3]）等区域，处理后的信息主要投射到额叶的运动前区，在视觉和运动系统之间架起桥梁。

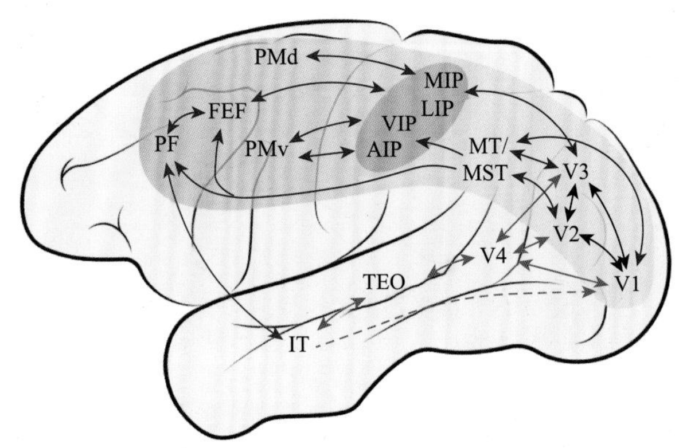

图 9-17 背侧视觉通路（蓝色）[2]

AIP. 顶叶内前部皮质；FEF. 额叶眼区；IT. 下颞皮质；LIP. 顶内沟外侧皮质；MIP. 顶叶内侧皮质；MST. 内侧颞上皮质；MT. 颞中皮质；PF. 前额叶皮质；PMd. 背侧运动前皮质；PMv. 腹侧运动前皮质；TEO. 颞枕交界处皮质；VIP. 顶内腹侧皮质

位于背侧流的不同区域在功能上与不同的**效应器**相关：LIP 参与眼球运动，MIP 参与手臂运动，AIP 参与手部运动（抓握），MST 和 VIP 参与身体运动（自我运动）。以下对各个区域进行详细说明。

（1）**MST**（medial superior temporal cortex，内侧颞上皮质）：主要功能是关注自身运动（眼球 + 身体）、光流计算、眼动补偿。

MST 的主要输入来自 MT[3]。与 MT 一样，MST 也有许多对视觉运动作出反应的神经元。MST 的感受野比 MT 的大得多，覆盖了视野的大部分区域，但没有清晰的与视网膜感知细胞排列位置的对应关系。许多 MST 神经元选择性地对全局运动模式作出反应，如大范围的图像的扩展或旋转[33]。因此，MST 神经元可以整合视野中不同方向的运动。然而，MST 的感受野的结构非常复杂，通常与模式选择性没有直观的联系[34]。在光流场中，MST 神经元被调谐到自我运动的方向或头部方向[35, 36]。**MST 神经元携带视差信号**[37]、**接收前庭输入**[38, 39]，这两种情况都与它们参与自我运动估计的情况一致。

部分 MST 也参与平滑追踪眼球运动[23]，在这里它**使用非视觉（视网膜外）输入**[40]。利用这些视网膜外信息，如前庭信息、眼肌伸张信息等，使得一些 MST 神经元抵消眼球运动对视网膜的影响，只对外界的运动作出反应，而不是对视网膜上的影像运动作出反应[41]。这一现象也见于 V3A 区[42]。

MST 神经元对光流模式的选择性在 MST 中产生了一个基于群体的航向图[36]。MST

并没有像 V1、V2、V4 区或 MT 等区域那样在视场的视网膜投影图中表示特定特征的分布，而是创建了一个新的参考框架，表示空间中不同方向的自我运动。笔者认为，该组织不是以视网膜或眼球坐标为中心，而是以头部坐标或身体坐标甚至环境坐标为中心来检测头部和身体在环境中的运动，相当于机器视觉中的 SLAM（simultaneous localization mapping，及时定位与地图构建）、视觉里程计等功能。而从光流中估计机器人的自身运动是机器人学中的一个普遍需求。这个问题的解决方案依赖于来自视野不同部分及与航向估计相关的非视觉区域的许多运动信号的组合。例如，对视网膜外眼动信息（如眼肌的本体感受器）的获取又使 MST 能够在身体运动和眼动的组合中估计航向。这个问题也是可动仿生眼所必须考虑的。

（2）**CIP**（caudal intraparietal area，顶叶内尾侧区）：CIP 神经元对由双眼视差（一阶视差）定义的倾斜平面有选择性的作出反应[43, 44]。CIP 神经元可以在平面的纹理和深度不同的情况下发出只对平面倾斜度反应的信号[45]。相关文献还报道了一只猕猴的某个 CIP 神经元对曲面（二阶视差）的选择性[46]。由此可知，CIP 是视觉处理的一个非常重要的区域，但脑科学目前对其内部组织知之甚少。CIP 感受野的大小和形状，以及 CIP 神经元的反应潜伏期都没有数据。CIP 从 V3A 区获得了强有力的投射，并向 LIP 和 AIP 进行投射[47]。其主要功能可以归纳为“平面、曲面的识别”。

CIP 可以区分来自视差的不同阶的深度信息[48]。一般将视差分为零阶、一阶和二阶。零阶视差是指平面的位置深度（或绝对视差，沿表面无视差变化）；一阶视差是指倾斜表面［表面左右倾斜度（tilt）和表面上下倾斜度（slant），沿表面视差的线性变化］；二阶视差是指曲面（凹或凸，表面上视差变化的变化）。CIP 包含编码零阶、一阶和二阶差异的神经元，并为 LIP 和 AIP 等视运动区提供输入。CIP 神经元在跳跃眼动时没有反应。

由于二阶视差与眼睛位置和距离无关[48]，因此构成了一个非常稳健的参数，用于正确估计环境的三维布局。

（3）**MIP**（medial intraparietal cortex，顶叶内侧皮质）：该区同时处理以视网膜为中心（retina-centered）和以身体为中心（body-centered）的空间信息，并且参与视觉引导的手臂抓取控制。其主要功能常常被归纳为“运动规划”。

MIP 主要投射到 PMd。这一区域的神经元通常在延迟到达的任务中有选择性地作出反应。例如，用猕猴做的动物实验中，猕猴被指示用手在一定时间延迟后触摸显示屏上显示的目标，以获得奖励。MIP 的某神经元会对特定的到达方向作出反应，但对其他方向没有反应，这种神经选择性主要是以眼睛为中心的。当猕猴可以自由选择目标时，MIP 和 PMd 显示出增强的棘波场一致性，表明这些大脑区域之间有直接的交流[49]。

MIP 神经元的活动主要反映朝向目标的运动规划，而不仅仅是目标的位置或目标外观引起的视觉注意[50]。当猕猴选择用手到达目标时，MIP 神经元的反应也比该猕猴选择扫视目标（跳跃眼动）时更强，这表明 MIP 编码可以自主选择或进行手的运动规划[51]。

（4）**LIP**（lateral intraparietal cortex，顶内沟外侧皮质）：根据猕猴的生理学实验结果，该区域功能可以归纳为：对空间特征、注视点的位置变化，特定位置的注意力集中起着重要作用。

LIP 位于视觉区域和运动系统之间，接收来自背侧流和腹侧流的信息，并投射到额叶眼区（FEF）和上丘的动眼神经控制区[52]。LIP 神经元在跳跃眼动的视标进入感受野之前作出反应。另外，通过对 LIP 的电刺激可以引起跳跃眼动[53]。因此，可以认为 LIP 可以生成跳跃眼动的控制信号或者命令信号。

LIP 中的视觉反应与刺激的显著性有关[54]，这说明 LIP 包含一个视野的显著性图，该图引导注意力并决定对相关刺激的扫视[55]。此外，LIP 还参与了其他几个认知过程，即决策形成[56]、奖赏处理[57]、计时[58]和分类[59]。一系列研究也表明，在被动注视过程中，LIP 的一些神经元可以选择性地对某些简单的二维形状作出反应[60]，而这一特性一般主要体现在腹侧视觉流。

LIP 空间的表征体现了背侧流空间加工的几个关键特性。LIP 神经元有视觉感受野，代表视网膜上的位置，也就是说，它们代表以视网膜为中心的坐标系中的刺激。然而，在眼球跳跃眼动前几毫秒，一些 LIP 神经元对跳跃眼动后感受野所在位置的刺激变得敏感[61]。这种在当前和未来感受野之间进行重新映射的活动，说明有可能是在跳跃眼动之前感受野进行了短暂移动。此外，尽管 LIP 感受野基本上处于视网膜坐标系，但细胞的活动受眼球姿态的调节，即当动物向右看时，一些细胞对感受野刺激的反应比向左看时强烈，反之亦然[6]。以视网膜为中心的感受野和眼球姿态调制的组合提供了 LIP 中的总体代码，该代码可以表示在头部坐标中刺激的位置，即可以执行坐标变换[62, 63]。例如，这种转换允许视觉和听觉空间输入的组合，用于视觉和声音的定位[3]。

LIP 被认为是与行为相关刺激的空间表征的核心区域。视觉（和听觉）输入被转换成一种空间表示，其中每个神经元使用以眼睛为中心的坐标，但在这种空间表示中，整个群体形成了一种以头部为中心的表示，即使眼睛位置发生变化，也对刺激位置进行编码。在单神经元水平上，跳跃眼动后的重新映射确保了视觉表征的连续性，这也是仿生眼在跳跃眼动时必须考虑的。

（5）**VIP**（ventral intraparietal cortex，顶内腹侧皮质）：由猕猴脑的生理实验可知，该区域可以获取与视觉和触觉刺激有关的以头部为中心的空间信息，并参与头部和口腔运动的多感觉引导。因此，该区域的功能可以归纳为：头部控制和头部定位，以及近人外部空间的态势感知。

VIP 区域与广泛的视觉、体感和运动前（口腔表现）区域相连。VIP 神经元是多模态的，在这个意义上讲，它们可以被视觉、触觉、前庭和听觉刺激及激活平滑眼动[64]。触觉感受野一般位于头和脸的皮肤上，视觉和触觉感受野的大小和位置经常匹配：对口腔周围区域的触觉刺激作出反应的神经元也会对接近口腔的视觉刺激作出反应。有人认为 VIP 在本人附近的外空间进行编码[64]。VIP 神经元的感受野从单纯以视网膜为中心到单纯以头部皮肤为中心，还包含对其他多种状态的感应[65]。此外，一些 VIP 神经元对复杂的运动刺激也有反应，如光流显示的方向。

（6）**AIP**（anterior intraparietal cortex，顶叶内前部皮质）：同时处理以物体为中心（object-centered）和以手为中心（hand-centered）的空间信息，并且参与视觉引导的抓取。该区域的某个神经元对特定形状的物体和抓握它们所需的手的形状是有选择性的。因此，该部位的功能可以归纳为：物体的 2D/3D 特征提取和手的抓握控制。

AIP 的输入主要来自 LIP、CIP 和腹侧通路[66]，而输出则指向腹侧运动前皮质（PMv）的 F5 区域，F5 与手的运动有关。AIP 的失活可导致对侧手的严重抓握缺陷[67]。Sakata 等[68]的研究表明，AIP 神经元在抓取物体时频繁放电，对某些物体的偏好高于其他物体。AIP 主要有如下三类神经元：第一类 AIP 神经元在对物体注视和抓取时有反应，但在黑暗中抓取时却无反应（视觉优势神经元）；第二类 AIP 神经元在物体注视过程中没有反应，但在抓取物体时有反应，即使在黑暗中也是如此（运动支配神经元）；第三类 AIP 神经元在对物体注视和抓取过程中及在黑暗中的抓取过程中都有反应（视动神经元）[69]。AIP 可以对曲面视差定义的 3D 结构进行编码[70]。然而，对猕猴的实验表明，AIP 中 3D 形状的神经编码与 3D 形状的知觉分类无关[71]。相比之下，大多数 3D 形状选择性 AIP 神经元在物体抓取过程中会作出反应[72]，这表明 AIP 代表了用于抓取的 3D 物体属性（即抓取启示）。

AIP 神经元对物体的 2D 和 3D 特征及与抓取相关的手的形状（在光或暗环境中）非常敏感。换句话讲，AIP 可能涉及将物体的抓取启示与其 2D 和 3D 特征联系起来。从视觉信息中提取可抓取的位置信息也是机器人学研究的热点，因为在自主和服务机器人中，抓取未知对象是一项经常性的任务。

图 9-18 是根据上述各处理中心的功能及各中心之间的关系绘制的背侧流视觉信息处理流程图（整合[2]和[3]等大量文献）。由于几乎所有下游信息处理中心（或称节点）对上游节点都有信息反馈投射，图中的大箭头代表信息的正流向，小箭头代表反馈。大脑的脑梁具有大量的神经纤维交错于各脑区之间，所有脑区之间都有可能有信息传输通路，这里只能根据生理实验及解剖学的神经纤维投射的大方向进行描写。

图 9-18 的下方标出了各视觉处理中心的神经元的感受野[3]。0°代表中央凹的正中心，50°代表偏离视野中心 50°角的位置，灰色圆代表对应神经元的感受野。与 V2 区不同，MT 的神经元在周边视和中心视都有感受野，可以说 P 通道和 M 通道的信息都进入了 MT。MST 已经没有明确的感受野的划分，只以视觉对象的整体为识别对象。而进入 MIP、LIP、VIP 后，感受野又产生了上下、左右的象限划分，可见这些区域受 V2/V3 区或 MT 的直接信息投射影响。或者说 MST 主要工作是坐标变换（将眼球坐标系变换到头部坐标系），不影响各区域感受野的形成。AIP 是控制手的操作的，所以不仅空间感受野较小，而且集中在中心视，其主要注意力汇聚在双眼注视的手和操作物件上。

9.6.2　视觉信息的腹侧通路

图 9-19（a）是视觉初期皮质至颞叶的腹侧流的走向示意图。在腹侧流的信息处理流程中分析和编码视觉场景及该场景中物体的形态和结构信息，并将这些信息传递到颞上多感觉区（superior temporal polysensory area，STP）、海马区［hippocampal region，HPR，图 9-19（b）］和前额叶皮质（prefrontal cortex，PF）。颞叶腹侧流的信息传递流程方框图如图 9-20 所示。IT 是腹侧流的末端，与内侧颞叶和前额叶皮质的相邻区域相互连接。此图说明了腹侧信息流的主要联系方向，即视觉信息处理的结果一方面进入海马存储，另一方面进入前额叶参与态势分析、决策和行动。

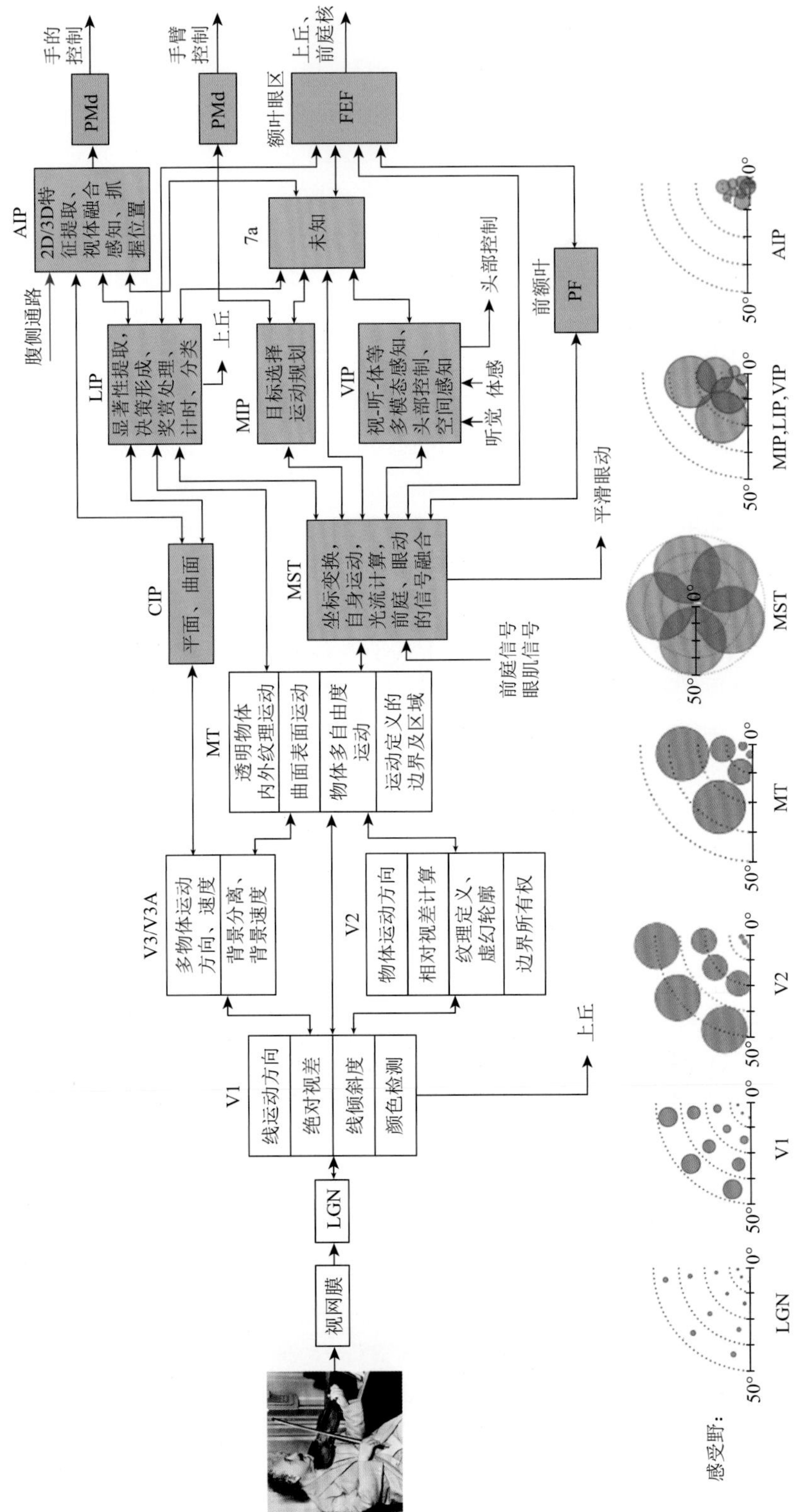

图 9-18 背侧流视觉通路各处理中心的功能及处理流程示意图

MST. 内侧颞上区；AIP. 顶叶内前部；VIP. 顶内腹侧；LIP. 顶内沟外侧皮质；MIP. 顶叶内侧；FEF. 额叶眼区；PF. 前额叶皮质

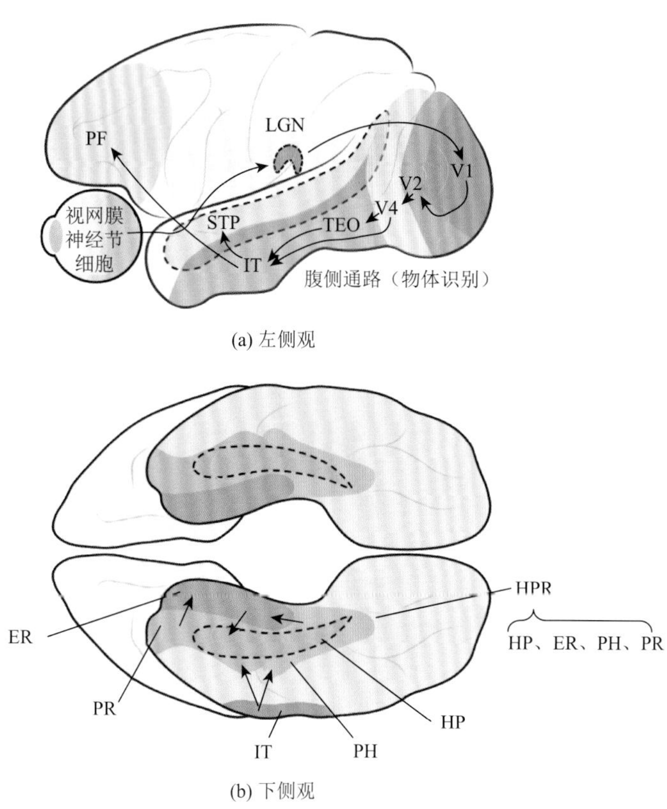

图 9-19　物体识别皮质的信息传递通路[2]

（a）猕猴大脑的侧视图显示了颞叶视觉处理的主要途径，包括物体识别途径（TEO. 颞枕交界处皮质；IT. 下颞皮质；STP. 颞上多感觉区；PF. 前额叶皮质）；
（b）猕猴大脑下侧视图，腹侧流的末端下颞皮质（IT）与内侧颞叶直至海马的信息流（HPR. 海马区；HP. 海马体；ER. 内嗅皮质；PH. 海马旁皮质；PR. 嗅周皮质）

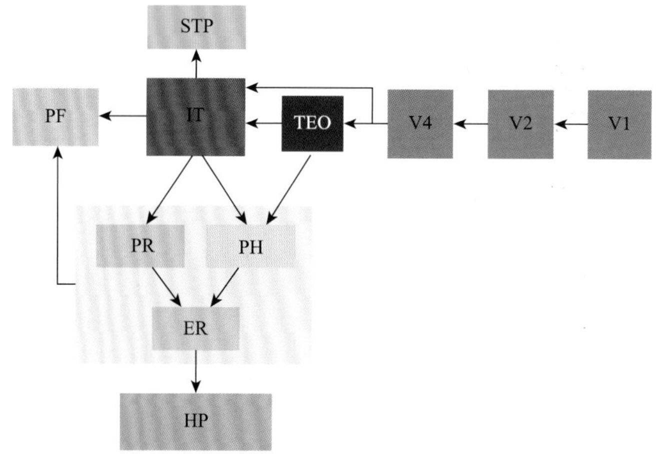

图 9-20　颞叶信息流的主要联系和主要方向（参考图 5-22）

TEO. 颞枕交界处皮质；IT. 下颞皮质；STP. 颞上多感觉区；PF. 前额叶皮质；PH. 海马旁皮质；PR. 嗅周皮质；ER. 内嗅皮质；HP. 海马体

颞下回可分为结构和机能特性不同的两个区：靠近枕叶部分的称为颞下后区（posterior inferotemporal，PIT），视觉信息经过 V4 区后先到达 PIT；颞下回前部的区域称为颞下前区（anterior inferotemporal area，AIT），视觉信息经过 PIT 后到达 AIT。各区的功能划分如下。

1）**TEO 区**

TEO（temporal-occipital，颞枕交界处皮质，又称 PIT）神经元具有方向性和形状选择性，其也被称为后 IT 核。脑科学研究表明，TEO 神经元主要对非常简单的形状元素作出反应。TEO 神经元的感受野相对较小（3°～5°），位于本侧和对侧中央凹周围。也就是说，TEO 区主要处理来自小细胞通路。

TEO 区负责集成关于多个轮廓元素的形状和相对位置的信息。TEO 区集成了轮廓元素，但是比 V4 区更复杂。这种集成是非线性的，它除了兴奋性输入，还包括抑制性输入。形状识别不受其位置和大小的影响，它支持基于零件的形状理论[12]。

神经心理学研究发现，下颞皮质受损可导致特定的物体识别失败。反过来，神经生理学和功能成像研究对下颞区神经元的活动所表现的知觉物体的方式，这些知觉和认知的关系及它们如何被经验改变，形成了如下重要的见解。如图 9-21 所示，下颞皮质受损会损害用视觉识别物体的能力，这种情况称为视觉失认症。视觉失认症有两大类：知觉性（感知性）失认症源于后部区域（TEO 区）的损伤，联想性失认症源于前部区域（IT 或称 TE）的损伤。

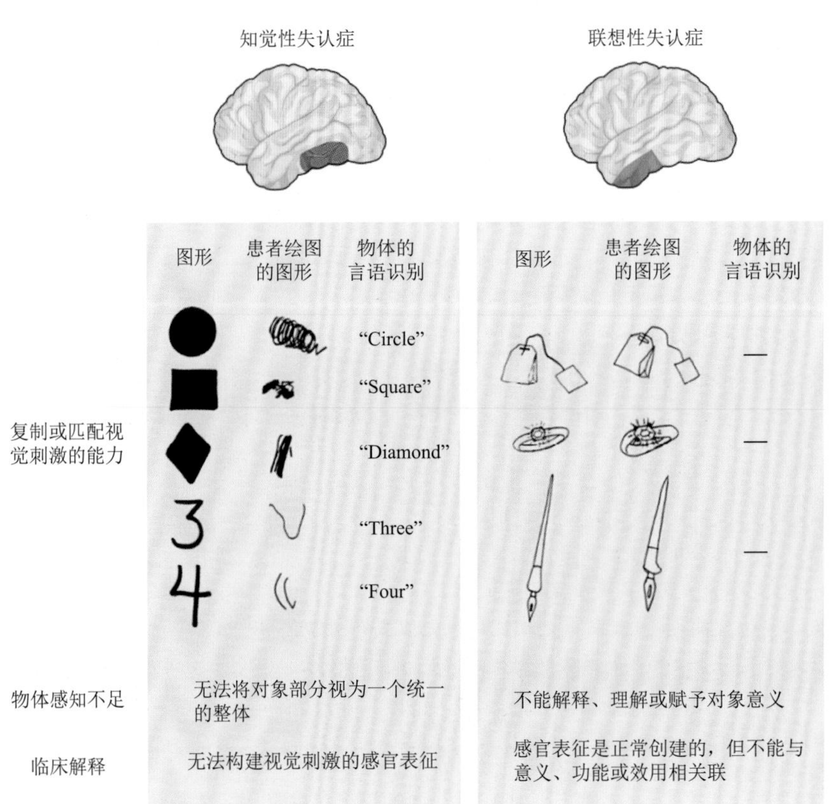

图 9-21 人类颞叶受损产生的视觉失认症类型[2]

2）**IT 区**

IT（inferotemporal，下颞叶）区又称颞下前区（anterior inferotemporal area，AIT），有别于颞上多感觉区（STP）。由于猕猴脑较小，与人脑的对应不够准确，动物生理学实验时直接称该区为颞叶区（temporal lobe area，TE）。为尊重原论文的叙述方式[3]，下面叙述统一使用 TE。

TE 的特征是相对于腹侧通路中先前区域 TEO，驱动神经元的视觉特征的复杂性显著增加。如图 9-21 的左侧所示，该部分（未损坏时）具备对物体的识别和描述能力，即机器视觉中的术语"语义识别"能力。TE 中视觉神经元的感受野为 10°～20°的视角，平均反应潜伏期为 70～80ms。

虽然 2D 形状是 TE 神经元反应的主要刺激维度，但其他对象属性也在 TE 中编码：颜色[73]、视差[73]、纹理[73]和 3D 形状[74]。至少对于颜色和 3D 形状，已经证实这些物体属性的处理在很大程度上集中在 TE 中的特定子区域[75, 76]。

Tanaka[77]通过开发刺激减少方法作出了重要贡献。他在测量 TE 神经元对现实物体的反应后，系统地缩小了最有效物体的图像，以确定 TE 神经元对其作出反应的关键特征。对于许多 TE 神经元，关键特征是中等复杂的，即比整体图像复杂程度低，但比简单的条或点复杂。在某些情况下，由关键特征驱动的神经元聚集在可能被认为是皮质柱的地方[73]。这些发现导致了这样一种假设，即 TE 神经元不为整个物体编码，而只为物体的各部分编码。因此，为了建立一个明确的对象表示，需要结合来自多个 TE 神经元的信息。

TE 神经元的许多特性（如不变性）可以与视觉对象识别的特性很好地对应。一些研究表明，恒河猴的 TE 神经元放电频率的变化与其在各种任务中的感知报告相关，包括物体识别[78]、颜色辨别[79]和 3D 形状辨别[71]。

一个具有目标识别能力的神经系统必须满足两个看似矛盾的要求，即选择性和不变性。一方面，神经元必须能够区分不同的物体，通过对视网膜图像中区分物体的特征的敏感度，向系统的其他部分提供关于物体身份的信息（在分类的情况下还包括物体类别）。另一方面，该系统还必须将同一物体的大小不同的视网膜图像视为等效图像，因此必须对自然视觉中发生的视网膜图像变化（如位置、照明、大小等的变化）不敏感。这可以通过丢弃视觉数据的某些方面来导出对某些变化具有高度鲁棒性的不变特征来实现（如 SIFT 描述符[80]）。但是，从系统的观点来看，不丢弃信息是有利的，因此在表现信息时把不变的部分与变化的部分分离开来，使得两种类型的信息都可以有效地使用是最佳选择。

TE 神经元对大范围的刺激变换通常表现出形状偏好的不变性。研究最广泛的 TE 神经元不变性包括位置不变性和大小不变性，但其他刺激变换也可以引发不变的形状偏好：定义形状的视觉线索[73]、部分遮挡[73]、深度位置[81]、照明方向[82]和重叠形状[73]。具有深度变化的旋转（朝眼球方向的 pitch、yaw 旋转）会引起物体视网膜图像中最剧烈的变化，同时也是 TE 中最微弱的不变性，因为大多数 TE 神经元即使经过广泛的训练后也表现出强烈的视图依赖性反应。唯一的例外可能是对于面，依赖于视图的响应和不变视图的响应都有记录[73]。

TE 神经元通常对同一类别的几个但不是所有的范例作出反应，许多 TE 神经元也对不同类别的范例作出反应[83]。因此，对象类别没有在 TE 中有显著表示。然而，最近的生理实验已经证明，可以使用统计分类器，如支持向量机（support vector machine，SVM），来训练基于少量 TE 神经元的响应对对象进行分类[73, 84]。因此，一个 TE 神经元群体能够通过它们的联合活动可靠地发送物体类别信号。与此类似，在前额叶皮质[85]和外侧顶叶内皮质（LIP 区）[59]也都有明确的类别表征。类别信息出现得很早，而且外侧顶叶内皮质比前额叶皮质更强更可靠[86]，甚至相对较少的视觉训练在单细胞水平及功能磁共振成像中，类别信号都对视觉感知有显著的生理影响[87]。将对象变形为彼此可以增加其感知的相似形状，这种方法被认为是学习不变性的有用机制[88]。

3）腹侧通路的信息处理流程图

图 9-22 是结合图 9-14 与上述 TEO 和 IT 的功能绘制的灵长类视觉识别系统的流程图。从视网膜开始直至腹侧流的末端 AIP 的各视觉处理中心的大致功能可以从该图中了解。腹侧通路视觉处理的结果一路会被送到海马进行储存，同时送入 STP（颞上多感觉区，人类的 STP 包含韦尼克区）与听觉、体感等其他感觉信息融合，另一路直接送入前额叶皮质（PF）作为大脑命令和控制中心的重要信息来源。

图 9-22 下方表示的是单神经元的感受野的大小，代表各个处理中心的一个基本视觉处理神经元所处理的视野范围。由该图可以看出，视野中心的感受野较小，处理图像比较细，周边视野感受野范围广，但感知能力不如中心视野细致。随着处理层次的升高，V2 区的整体感受野大于 V1 区和 LGN，说明每个处理神经元（功能柱）的处理范围增加了，可以感知到更大范围的信息。值得注意的是，V4 区只能感受中心视的视觉信息，应该是 P 通道的信息，可见 V2 区中关于周边视的信息，即 M 通道的信息，分流到了背侧流通路。到了 TEO，已没有上下视野的界限，进一步到 IT，左右、上下的视野已经融合在一起了。TEO 和 IT 的感受野主要分布在中心视附近，也进一步说明了颞叶的信息以 P 通道信息为主。

9.7 海马区的时空认知与信息表征模式

海马及其周边区域对动物认识世界和行动指引都起着关键作用。可以说，没有海马，不仅失去记忆，而且无法认知环境，更无法找到自己曾经去过的地方，包括自己的家。因此，笔者认为海马区是生物自我意识形成的载体之一。因为没有这个可以把对环境和事物的认知进行存储的意识的空间，就无法形成有效的意识。

这里要介绍两个关于记忆的概念：外显记忆（explicit memory）和内隐记忆（implicit memory）。外显记忆是指在意识的控制下，过去的经验对当前作业产生的有意识的影响。而内隐记忆是指那些在你没有完全意识到的情况下就影响你的行为的记忆。

动物为了生存需要具备的最重要的认知挑战之一是识别和记忆其在环境中的位置。例如，储存种子的鸟类可以记住数百个储存食物的位置。这种对地点、事物和事件的外显记忆需要海马、内嗅皮质和颞叶的相关神经结构的共同作用（图 9-23）。

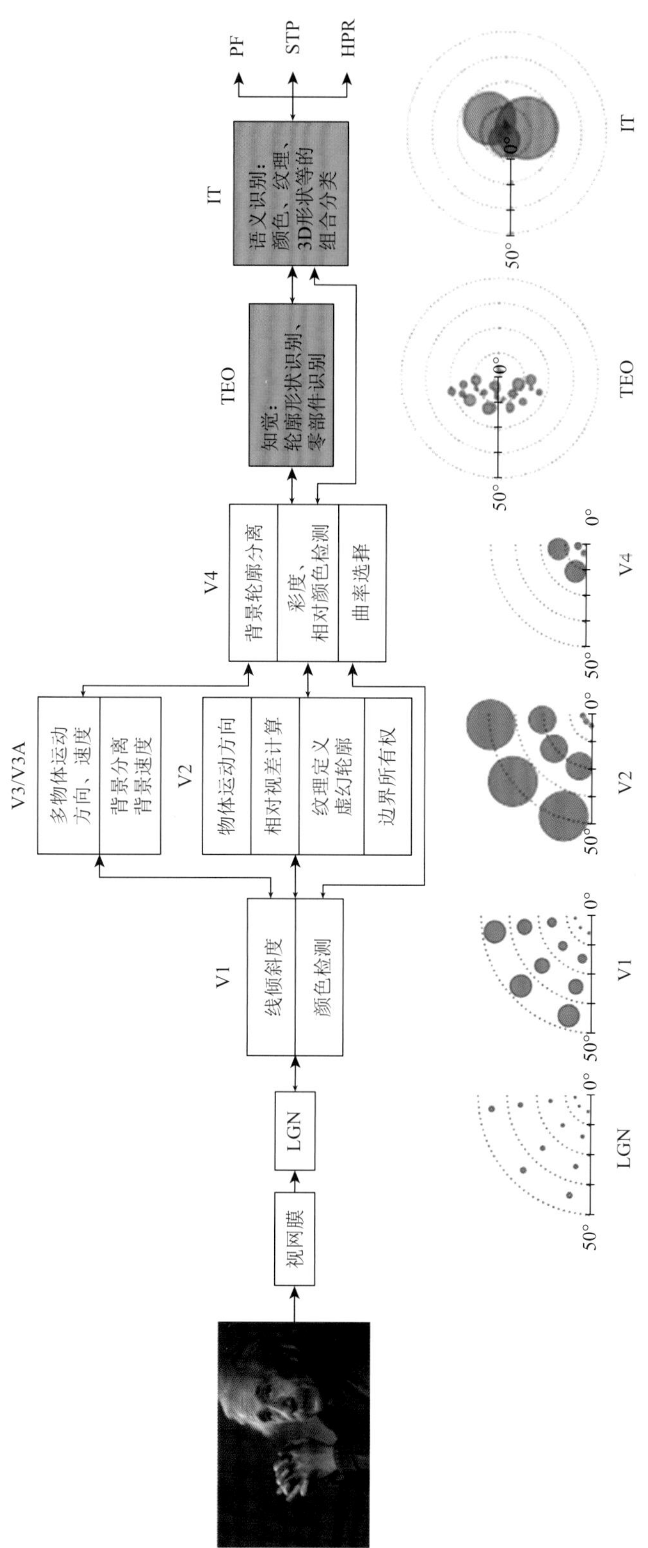

图 9-22　腹侧通路的视觉处理流程示意图

TEO. 颞枕交界处皮质；IT. 下颞皮质；PF. 前额叶皮质；STP. 颞上多感觉区；HPR. 海马区

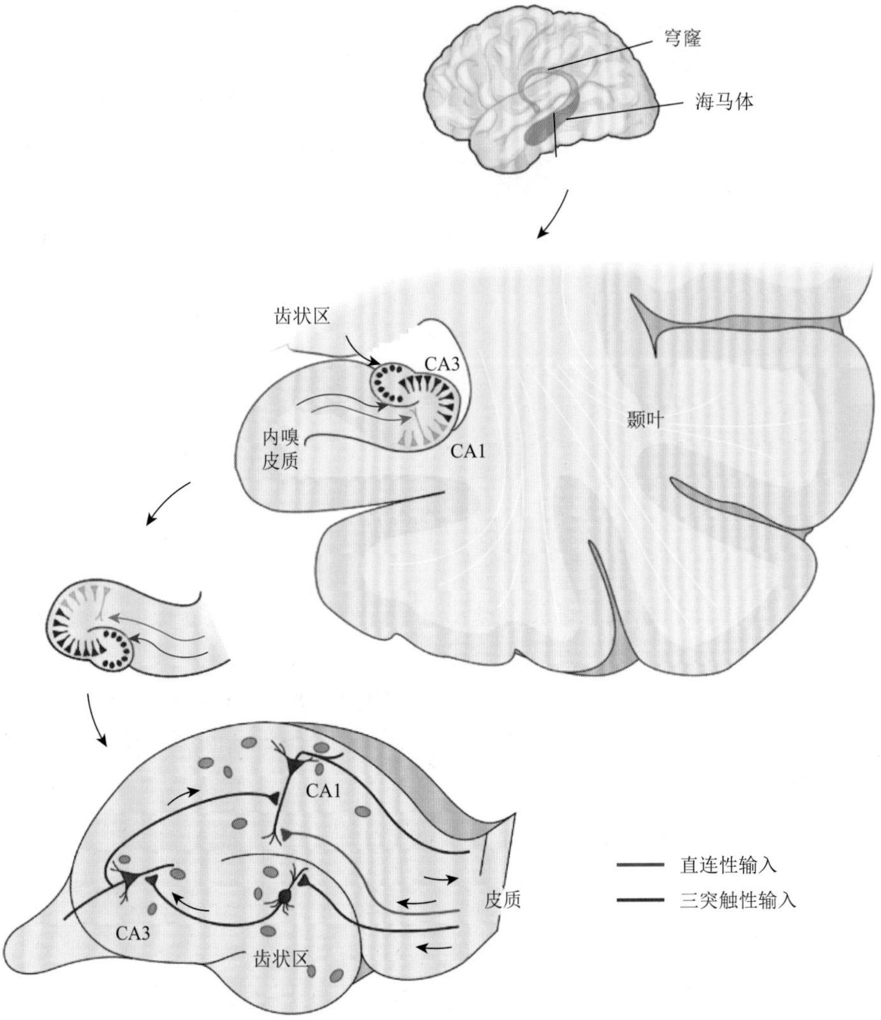

图 9-23　从皮质到海马突触回路的位置对应关系[2]

信息从内嗅皮质进入海马，该通路为海马的主要输出神经元 CA1 区的锥体神经元提供直接（绿色）和间接（三突触、红色）输入（箭头表示脉冲流的方向）

丘脑、海马区、内嗅皮质和下托中的部分细胞都参与了动物的导航任务。因此，对这些区域的伤害，都会削弱各种空间和方向能力。至少有六种细胞类型与空间定向有关，包括位置细胞、头朝向细胞、网格细胞、边界细胞、速度细胞和连接细胞。

（1）位置细胞（place cell）：存在于海马体中，当动物在环境中的某个特定位置时放电；

（2）头朝向细胞（head direction cell）：存在于背侧丘脑、海马旁区和内嗅皮质的几个区域中，头朝向细胞会在头部朝向某个特定方向时放电最为剧烈，因此大量的方向细胞就像指南针一样指示出动物的前进方向；

（3）网格细胞（grid cell）：也称定位细胞，位于内嗅皮质的网格细胞以独特的三角形网格模式对多个空间位置作出反应；

（4）边界细胞（boundary cell，或 border cell）：位于海马区内的一类特殊神经元，这些位于内嗅皮质的边界细胞在特定方向上离动物特定距离处存在环境边界时才有反应；

（5）速度细胞（speed cell）：放电频率与动物的奔跑速度成比例的细胞；

（6）连接细胞（conjunctive cell）：表现出上述特性的组合。

上述区域紧密相连，似乎在一个“导航网络”中协同工作，以提供空间定向、空间记忆和在周围环境中移动的能力。前庭神经网络的损伤可以破坏头部方向、位置和网格反应，所以前庭器官与海马的定位和建图功能有着密切的关系。前庭系统、海马和前丘脑区域有疾病或创伤的患者，即使在熟悉的环境中，其定向能力甚至寻找到回家的路的能力都会表现出严重缺陷。

9.7.1　海马体的位置细胞及认知地图

1971 年，约翰·奥基夫（John O′Keefe）发现了海马体空间环境的神经表征的生理学证据，并于 2014 年获得了诺贝尔生理学或医学奖。

奥基夫发现，大鼠海马体中的单个细胞（称为位置细胞）只有在该大鼠穿过环境中的特定区域（称为该细胞的位置场）时才会放电［图 9-24（b）］。随后的研究发现，蝙蝠、猕猴和人类等其他哺乳动物的海马中也存在类似细胞的活动。特定环境中的不同位置会激活不同的位置神经元集。因此，尽管单个位置细胞代表相对较小的空间区域，但海马体中位置细胞的数量和完整性可以覆盖整个环境，在连续的同一环境中，任何给定的位置都由一组特定的细胞来表现（编码）。

1971 年，奥基夫采用的电生理学方法仅限于一次记录一个位置细胞，但随着技术的进步，研究人员能够同时记录数十个，最近是数百个位置细胞［图 9-24（c）］。关键是，虽然单个位置细胞只编码环境的特定部分，并且容易在其位置场之外偶尔发出噪声，但整个位置神经元群体提供了更完整的空间覆盖和通过冗余位置编码来提高可靠性。群体编码的这些特性为新的、强大的定位计算分析铺平了道路。特别是，通过解码位置细胞群体的活动，便可估计动物在环境中的位置。具体方法是，通过确定每个神经细胞的空间选择性，并把这些选择性做成地图模板，通过正在进行的神经元的活动来对照该模板来定位该动物在地图中的位置。在实践中，这种解码通常是通过加权每个细胞对动物位置最终估计的贡献来执行的，加权系数与该细胞的空间编码可靠性成比例。使用这种类似的技术，人们可以在房间大小的环境中以几厘米的精度以毫米级单位描画出动物的位置轨迹。

动物在积极探索环境的过程中，海马的活动反映了位置编码，但在静止或静息的行为中，海马会进入一种不同的状态，在这种状态下，海马神经元活动会再次复现探索活动中的活动状态，称为“回放”或“重播”“重放”。回放序列在时间上被压缩，比探索期间的速度快 10～20 倍。重播被认为是一种心理排练，通过这种排练，某些记忆逐渐巩固，因此“回放”可能在海马体的记忆中起到关键作用。

前庭信号到达导航网络的路径及决定前庭信息如何影响这些空间调谐细胞的计算原理尚不清楚。但我们知道前庭器官至少对海马区的导航系统有三种不同的影响：①来自半规管的信号有助于估计头部方向；②重力信号（球囊及椭圆囊发出的信息）影响头朝向细胞的三维特性；③来自平移运动的信息（球囊及椭圆囊的信号）影响线性速度的估计，线性速度控制着网格细胞（详见 9.7.3 节）的特性及海马网络中 θ 波的振荡幅度和频率。因为没有证据表明前庭核反应特性与头部方向或其他空间调谐细胞类型直接相关，也没有发现前庭核直接投射到被认为容纳这些空间调谐神经元的大脑区域，所以可以推测前庭器官的信号不是通过前庭核投射到海马区的。

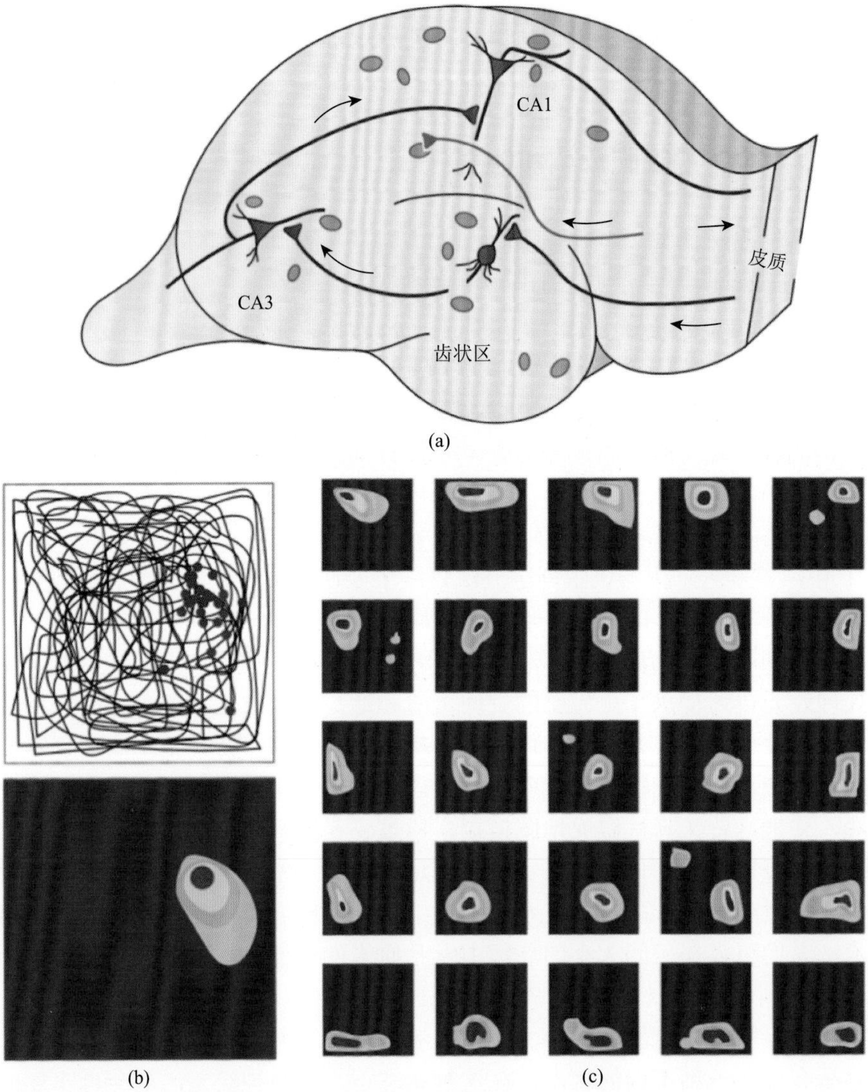

(a)

(b)

(c)

图 9-24　位置细胞在海马中的位置及放电频率热图[2]

(a) 输入-输出转换发生在哺乳动物海马的三突触回路中，从齿状回输入区到 CA3 区，再到 CA1 输出区，每个区域的主要兴奋性神经元（红色）作为主要处理神经元。主细胞的活动由局部回路 γ -氨基丁酸能中间神经元（GABAergic interneurons）（灰色）调节。(b) 海马体中位置细胞的放电。当小鼠行走于一个正方形的区域时，它所走的路径显示为黑色。将电极植入海马体内，记录单个细胞的数据。上图：一个位置细胞会在环境中的某位置及附近增加放电（每个动作电位由一个红点表示）。下图：表示位置细胞放电频率的彩色编码热图。波长较长的颜色（黄色和红色）代表在无放电活动背景（深蓝色）下的较高放电频率。(c) 彩色编码热图显示了大鼠探索方形盒子时，海马 CA1 区同时记录的 25 个不同位置细胞的放电

根据图 9-24 可以确定，在海马体中形成了外部世界的空间地图。认知心理学家爱德华·托尔曼（Edward Tolman）提出认知地图的概念，约翰·奥基夫和约翰（John O'Keefe）的研究成果印证了托尔曼的想法。他们将这些细胞称为“位置细胞”，并将其在环境中的空间位置称为“位置场”［图 9-24（b）和（c）］。当动物进入新环境时，新的位置场将在几分钟内形成，并在数周到数月内保持稳定。

不同的位置细胞有不同的位置场，它们共同提供了环境地图，从这个意义上讲，当前活跃细胞的组合足以准确读出动物在环境中的位置。如果大量的位置细胞才能构建一幅认知地图，也许可以认为，位置细胞越多，构建的认知地图就越大。出租车司机的海马比常人的大，也许可以说明出租车司机在脑中可以构建的认知地图比常人的大。

位置细胞图在其组织中不是以自我为中心的，这一点与大脑皮质表面的触觉或视觉神经图不同。位置细胞图相对于外部世界是固定的。基于这些特性，约翰·奥基夫和林恩·纳德尔在 1978 年提出，位置细胞是托尔曼心目中认知地图的一部分。位置细胞的发现为环境的内部表征提供了第一个证据，它们使动物能够有目的地环游世界。

9.7.2　哺乳动物的外显记忆与海马的关系

与工作记忆（参考“名词解释”）（详见 9.8.1 节）不同，目前的研究结果倾向于认为，信息的长期储存取决于海马体中特定记忆神经元群（神经组件）之间连接强度的长期变化。也就是说，长期的记忆储存是大脑中持久的结构变化。虽然现在学者们普遍认为外显记忆的储存分布在整个新皮质，但大量研究成果表明，储存记忆的过程需要海马。因此，为了了解大脑如何储存外显记忆，需要理解皮质至海马的回路是如何处理和储存信息的。

加拿大心理学家唐纳德·赫布（Donald Hebb）在 1949 年提出，当突触连接基于经验得到加强时，可能会产生记忆编码的神经组件。根据赫布的规则：当 A 细胞的轴突刺激 B 细胞，并反复或持续参与刺激时，会发生一些生长或代谢变化，从而提高 A 细胞作为激发 B 细胞之一的效率。这一理论被称为赫布理论（参考“名词解释”），该理论后来由理论神经学家戴维·马尔根据对海马回路的解析加以完善。

海马体处理来自附近内嗅皮质表层的多模态感觉和空间信息。这些信息通过多层级突触到达海马 CA1 区（海马的主要输出区）。只有 CA1 区病变的患者才表现出严重的记忆丧失，因此可以认为 CA1 区在学习、记忆以及回想（想起）中起到关键性作用。

如图 9-25 所示，来自内嗅皮质的信息通过两条兴奋途径到达 CA1 神经元，一条是直接的，另一条是间接的。在间接通路中，内嗅皮质第二层神经元的轴突通过穿孔通路投射，刺激齿状回（海马体的一部分）的颗粒细胞。接下来，颗粒细胞的轴突投射到苔藓纤维通路中，刺激海马 CA3 区的锥体细胞。最后，CA3 神经元的轴突通过谢弗侧支通路（Schaffer collateral pathway）投射，在 CA1 锥体细胞树突的更近端区域形成兴奋性突触。由于其三个连续的兴奋性突触连接，间接通路通常被称为三突触通路。最后，CA1 锥体细胞投射回内嗅皮质的深层，并向前投射到下托，下托是另一个内侧颞叶结构，连接海马和各种各样的大脑区域。

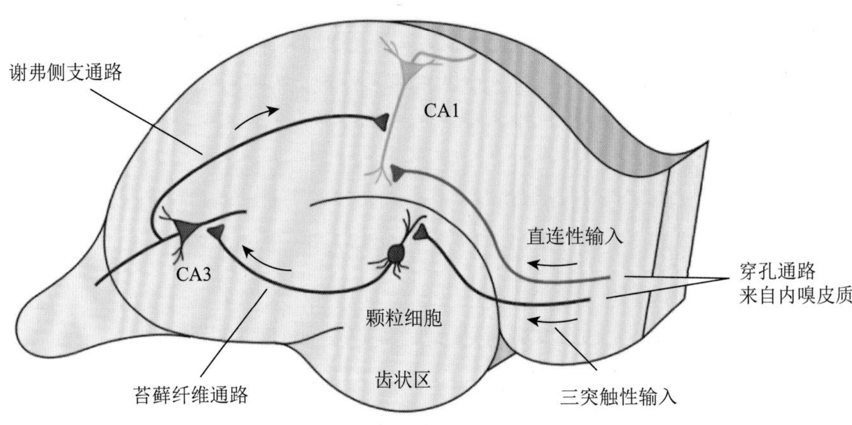

图 9-25　皮质至海马的突触回路[2]

位于 CA3 区和 CA1 区之间的相对较小的 CA2 区的神经元，通过齿状回和 CA3 区的直接途径和间接途径接收来自内嗅皮质第二层的信息。CA2 区还接收来自下丘脑核团的强大输入，这些核团释放催产素和加压素，这两种激素对社会行为非常重要。CA2 区向 CA1 区发送一个强大的输出，为 CA1 区提供第三个兴奋性输入源（其他两个分别是来自内嗅皮质的直接性输入和三突触性输入）。

由以上描述可知，不同海马通路的长时程增强（long-term potentiation，LTP）对外显记忆储存至关重要。当使用植入电极在完整的动物体内诱导 LTP 时，LTP 可以持续数天甚至数周，在分离的海马切片和细胞培养的海马神经元中可以持续数小时。另外，外显记忆的不同方面在海马的不同亚区处理：齿状回对模式分离很重要，CA3 区对模式完成非常重要，CA2 区编码社会记忆（也称社交记忆，如认出某人及记起他的能力）。

（1）**模式分离**：海马体的神经回路可以分别存储不同的神经活动模式，用以响应需要记住的每一次体验，包括区分两个密切相关环境的模式，称为模式分离。更简单的理解应该是，将相似的信息输入转换为不同的、不重叠的记忆轨迹。

海马的模式分离功能可能是内嗅输入向齿状回大量颗粒细胞分化的结果，这一理论得到了生理实验的验证。特别是，齿状回具有神经科学中最意想不到的特性，即新神经元的诞生或可理解为神经发生并不局限于发育的早期阶段，在整个成年期，新的神经元不断从干细胞中诞生，并融入神经回路。成人神经细胞的发生仅限于两个脑区的颗粒神经元：①嗅球的抑制性颗粒细胞；②齿状回的兴奋性颗粒神经元。最近的实验提出了一种可能性，即成人中新生的颗粒神经元对模式分离特别重要，尽管它们只占颗粒细胞总数的一小部分。刺激神经发生的程序增强了小鼠区分密切相关环境的能力。除成年新生神经元外，所有齿状回颗粒神经元的实验性沉默似乎不会损害模式分离，这意味着新生神经元对模式分离最为重要。

（2）**模式完成**：模式完成换言之就是指记忆唤起的能力。外显记忆的一个关键特征是，几个简单的线索通常就足以检索复杂的存储记忆。在记忆提取过程中，重新激活用于信息存储的神经细胞集合的一个子集将足以激活整个该神经集合，这种神经集合活动的恢复被称为模式完成。Marr 在 1971 年提出，CA3 锥体细胞的反复兴奋性连接可能是

这种现象的基础。他提出，当记忆被编码时，神经元的活动模式被存储为活跃的 CA3 细胞之间连接的变化，而且这些编码记忆神经集合中的细胞之间存在强烈的循环连接。实验表明，CA3 神经元之间反复出现的突触上的 LTP 对模式完成很重要。

9.7.3　网格细胞的空间表征模式

海马空间图是如何形成的？从内嗅皮质到海马位置细胞的传入连接携带什么类型的空间信息？2005 年，关于内侧内嗅皮质中某些神经元形成的空间表征有了一个令人惊讶的发现，这些神经元的轴突为海马体的传导通路输入提供了主要部分。这些神经元代表空间的方式与海马位置细胞非常不同。某内嗅神经元（称为网格细胞），当动物处于形成三角形网格状阵列的任意规则间隔位置时都会放电［图 9-26（c）］，而当动物处于这些网格交点以外的位置时不放电。当动物在环境中移动时，不同的网格细胞被激活，因此整个网格细胞群中的活动始终可以表示动物的当前位置。

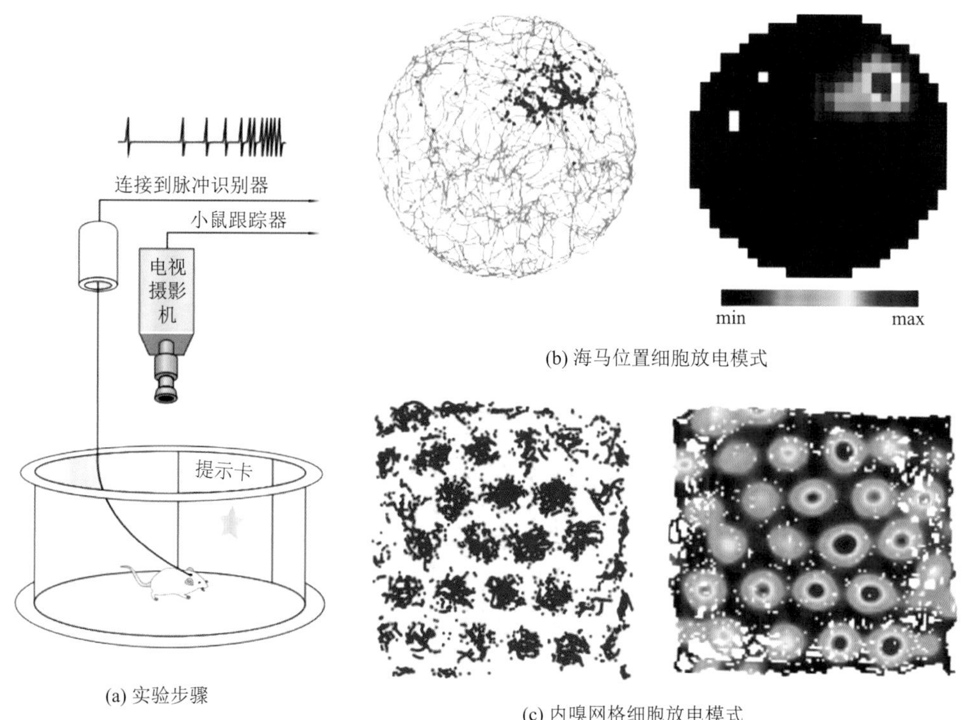

(a) 实验步骤

(b) 海马位置细胞放电模式

(c) 内嗅网格细胞放电模式

图 9-26　海马和内侧内嗅皮质细胞以不同的放电模式显示动物在环境中的位置[2]

（a）植入小鼠海马体的电极连接在信号线上，信号线连接到基于计算机的脉冲识别器上。小鼠被放置在一个带有顶置相机的容器中，该相机信号可以传输到一个检测小鼠位置的设备里。单个海马锥体神经元（位置细胞）中的脉冲由脉冲识别系统检测，然后将每个细胞的放电率绘制成动物在容器中的位置函数。该信息被可视化为神经细胞的二维活动图，从中可以确定该位置细胞的激发场［firing field，如图（b）部分所示］。（b）海马位置细胞的位置特异性放电。一只小鼠在一个类似于图（a）所示的圆柱形容器中活动。左图：动物在容器中的路径显示为灰黑色；细胞脉冲放电的位置以红点的形式显示。右图：同一神经元的脉冲频率用色彩表现（蓝色表示低频率，红色表示高频率）。在较大的环境中，同一位置神经元通常可以有多个放电位置，但这些位置没有明显的空间关系，说明位置细胞可以在不同环境重复使用。（c）表示在 220cm 宽的方形围栏中觅食 30min 期间，大鼠内嗅网格细胞放电的空间模式。该模式显示了典型的周期性网格放电场。左图：大鼠的轨迹显示为灰色；发生脉冲的位置显示为红点。右图：用色彩表现左边网格细胞的脉冲频率图网格细胞的放电模式在动物访问的所有环境中都有表达，包括在完全黑暗的环境中。因此，网格细胞虽然可以让动物在笛卡儿坐标系中定位到自己，但该坐标系是独立于视觉的背景、地标或特定标记的。网格细胞放电与视觉输入之间所表象的独立性意味着内在网络及自我运动线索可以作为信息源，以确保网格细胞在整个环境中被系统地激活。然后，由内嗅输入传递的网格化空间信息在海马体内被转换成可用笛卡儿坐标系表现的空间位置，这些位置由一组位置细胞的放电所代表，但这种转换是如何发生的仍有待确定（笔者在第15章对该现象进行数学解释）。自从2005年在大鼠内侧内嗅皮质中发现网格细胞以来，目前已在小鼠、蝙蝠、猕猴和人类中均发现了网格细胞。来自飞行蝙蝠的记录显示，网格细胞和位置细胞可以代表三维空间中的位置，这表明皮质-海马的空间导航系统的普遍性。最后，有人提出灵长类的网格细胞可能在多个感官坐标系统中编码位置。

网格细胞显示了其放电场和解剖结构之间的特征关系（图 9-27）。从内侧内嗅皮质的背侧到腹侧，单个网格场（网格交点处的放电范围）的大小和网格间距通常随网格细胞的位置向腹侧靠近而增加，从背极点的 30～40cm 的典型网格间距扩展到腹极点一些细胞的几米［图 9-27（a）］。扩展不是线性的，而是阶梯式的，这表明网格细胞网络是模块化的。这也是笔者推测每个网格细胞代表一个数字的位数的原因（参考 15.3.2 节）。

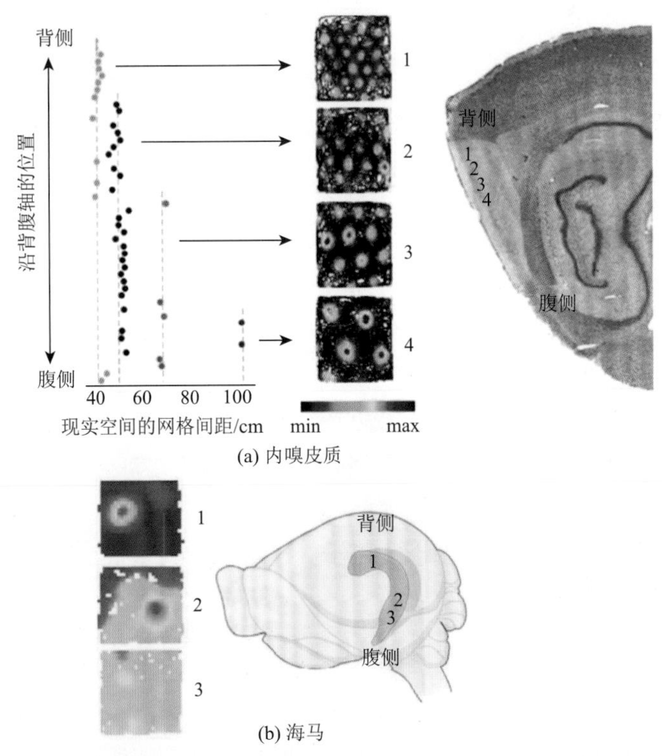

(a) 内嗅皮质

(b) 海马

图 9-27　网格场和位置场的大小随着内嗅皮质和海马背腹轴神经元位置的变化而扩大[2]

（a）内嗅皮质网格尺度与位置的关系。在同一只大鼠的内侧内嗅皮质（右侧矢状脑剖面中的绿色区域）的连续背侧至腹侧的四个水平面位置上，测定了 49 个网格细胞（彩色点）的网格间距（网格场之间的距离）。虚线表示平均网格间距值，表示网格间距位于四个离散模块中的一个模块中，每个模块的点根据模块着色。四组细胞放电频率图放在中间。这些神经元的记录位置由右侧的数字 1～4 表示。（b）沿着海马背腹轴放置三个不同位置区域。右图：记录电极所在海马的位置（数字）。左图：彩色编码地图显示了记录位置的每个神经元的放电场。感受野大小沿海马背腹轴在细胞中扩大

有趣的是，沿着海马背侧至腹侧轴，海马体位置细胞的位置场也逐渐扩大［图 9-27（b）］，说明位置场越大，代表的数字的位数越高。这与已知的突触连接模式一致：背侧内嗅皮质支配背侧海马，而腹侧内嗅皮质支配腹侧海马。笔者认为，从腹侧至背侧网格的逐渐细化，不仅可以使海马体位置细胞的定位精度逐步提高，而且保证了定位不会错位。网格细胞的位置信息传输模式会大大减少信息的传输量和传输神经纤维的数量，对人工脑系统的定位模式有非常大的启发意义。

同时，网格细胞位于位置细胞上游，以及其独特的编码特性很容易使人认为位置细胞的编码信息完全来自网格细胞，但位置细胞在内嗅皮质失活后，编码环境能力虽然减弱但并未消失[46, 84, 89]，表明位置细胞并不完全依赖网格细胞。相反，海马体失活后，大部分网格细胞失去网格型放电并转变成头朝向细胞[90]，表明网格细胞需要来自海马体位置细胞的输入。这种现象说明，**网格细胞的编码方式很可能是海马体位置细胞的记忆模式**。

腹侧海马的位置场更大，一方面可以认为是为了对更大范围的位置进行记忆，也有人认为是背侧海马对空间记忆更重要，而腹侧海马对非空间记忆更重要，包括社会记忆和情绪行为。

9.7.4　头朝向细胞、边界细胞、速度细胞

网格细胞并不是唯一向海马体投射的内侧内嗅细胞。例如，头朝向细胞主要对动物面对的方向作出反应［图 9-28（a）］。这种细胞最初发现于海马旁皮质的另一个区域——前下托（presubiculum），但它们也存在于内侧内嗅皮质。许多内嗅皮质的头朝向细胞也具有网格状的放电特性。与网格细胞一样，当动物在二维环境中穿过三角形网格的顶点时，这种头部方向神经元也是活动的。然而，在每个网格场中，这些细胞只有在动物面向某个方向时才会放电。头朝向细胞及网格和头部方向联合作用的细胞被认为为内嗅空间地图提供方向信息。

混合在网格细胞和头部方向神经元之间的是另一种空间状态神经元，即边界神经元。每当动物接近环境的局部边界，如边缘或墙壁时，边界细胞的放电频率就会增加［图 9-28（b）］。边界神经元可能有助于将网格细胞触发的相位和方向与环境的局部几何位置对齐。

最近在内侧内嗅皮质被发现的**目标向量细胞**也可能扮演类似的角色，这些细胞编码动物**相对于显著地标的距离和方向**。

最后一种内嗅细胞类型是速度细胞。无论动物的位置或方向如何，速度细胞的放电频率与动物的奔跑速度成比例［图 9-28（c）］。与头朝向细胞一起，速度细胞可以为网格细胞提供有关动物瞬时速度的信息，从而使被激活的网格细胞的集合能够根据移动动物的变化位置进行动态更新。速度细胞的两个重要特性如下：

第一，速度细胞的编码与背景无关。这种背景无关性体现在如下三个方面：①换了一个环境，速度细胞的编码方式不会发生改变；②换了一个任务，速度细胞的编码方式不会发生改变；③个体对速度的感知有两个来源，一是本体感觉，二是光流。但**光流对速度细胞的编码是可有可无的**。

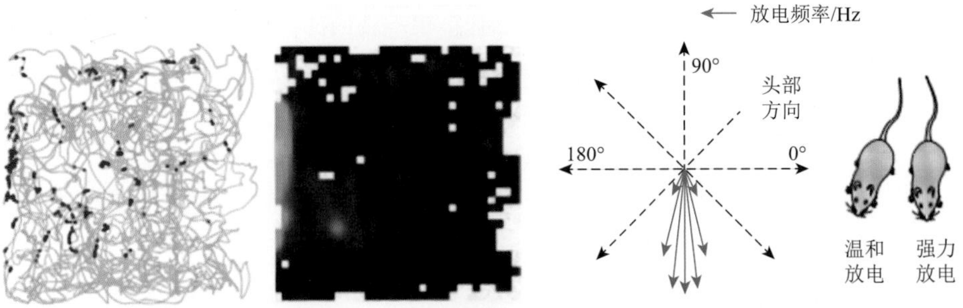

放电频率/Hz
90°
头部方向
180°
0°
温和放电
强力放电

(a) 头朝向细胞

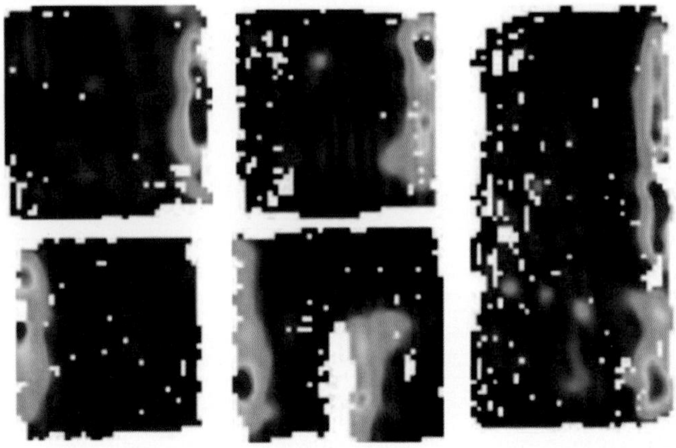

(b) 边界细胞

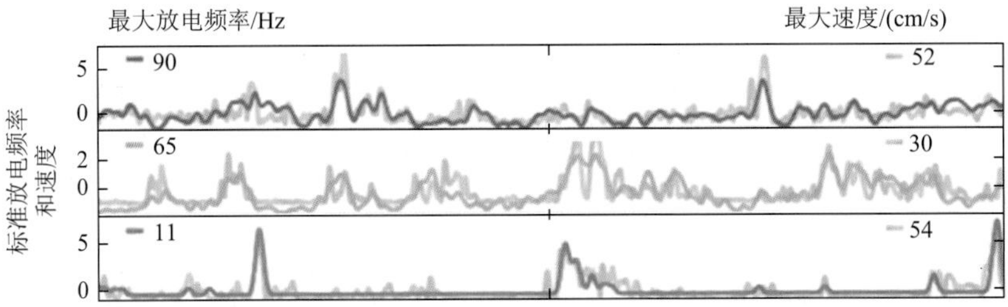

最大放电频率/Hz
最大速度/(cm/s)
标准放电频率和速度
90
52
65
30
11
54

(c) 速度细胞

图 9-28 内侧内嗅皮质中与动物导航不同需求相适应的三种功能性细胞类型[2]

（a）左边第一图是一只小鼠探索 100cm 宽正方形容器的轨迹（红色圆点表示放电位置）。左边第二图是放电频率图。可以看到，放电位置分布在容器中。右边的图显示了同一个细胞的放电频率与头部方向的函数关系（用极坐标表示）。当小鼠朝南时，在盒子里的任何地方，细胞都会选择性地放电。（b）不同几何形状的容器中代表性边界神经元的放电频率图（红色表示高放电率；蓝色表示低放电率）。上行：当容器从一个正方形（左边地图和中间地图）延伸到一个矩形（右边地图）时，放电场地图也跟随墙壁发生变化。下行：当正方形容器内引入隔离墙（中间图的白色像素）时，会在墙的右侧出现一个新的边界放电场。（c）速度细胞的特性。图中曲线显示了小鼠在自由觅食的 2min 期间，三个内嗅速度细胞的放电频率（彩色轨迹）和小鼠的真实运动速度（灰色）。显示这些神经元的放电频率与速度的高度对应关系

第二，速度细胞的编码是预期性的。通过 θ 波调节的（theta-modulated）细胞占速度细胞的 37%，这些细胞的放电频率与未来的运动速度相关性更高（高于与当前速度的相关性）。至于这个“未来”的时间（τ），约为 50～80ms。运用这种预期性的编码，能够让网格细胞形成更为精确的对位置的编码。

从速度细胞的以上性质可以看出，速度细胞的编码很像图像处理中的视觉里程计算法，但是速度细胞不仅受视觉感知的影响，而且还受可感知身体运动的其他感知器官的影响，更受大脑的意志（额叶）及运动控制（顶叶）等的影响，得到略超前的预测信息。很明显，预测信息对身体的运动控制更有用。

9.7.5　网格细胞与位置细胞的关系

9.7.3 节和 9.7.4 节描述了内侧内嗅皮质中几种功能专用的网格细胞群。不同于海马体，所有内嗅细胞类型的一个显著特点是其放电模式的刚性。无论环境如何，共定位网格细胞的集合都保持相同的内在放电模式。当一对网格细胞在一个环境中具有重叠的网格场时，它们的网格场在其他环境中也会重叠。如果它们的网格场是相反的，或者“不同步”，那么在其他环境中也会相反。头朝向细胞和边界细胞也有类似的刚性，在一种环境中方向相似的细胞在其他环境中方向也相似。速度传感器还保持其独特的调谐功能，以适应不同环境下的运行速度[2]。通过这些发现，笔者认为内侧内嗅皮质或该皮质回路的模块，可能像一个通用的用于表示地图上坐标位置的数字显示屏一样运行。对于网格细胞的信息表征原理，将在 15.3.2 节进行数学原理上的解释。

海马位置细胞的放电模式对环境的变化非常敏感。当动物的环境发生重大变化时，海马体中位置细胞所表现的位置场通常会转换为编码一个完全不同的空间位置，这一过程被称为重新映射。有时，即使是感官或动机输入的微小变化也足以引发重新映射。不同环境下海马位置图缺乏相关性（图 9-29）被认为有助于离散记忆的存储，并将一种记忆与另一种记忆混淆的风险降至最低。这对于像海马体这样的外显记忆系统来说是一个巨大的优势，据说可以存储数百万个事件。同时，为了准确、快速地表示和传输动物在空间中的位置、方向、速度等信息，内侧内嗅皮质等神经细胞组织使用了对环境或非空间感官刺激不太敏感的更刻板的网格细胞的编码方式。

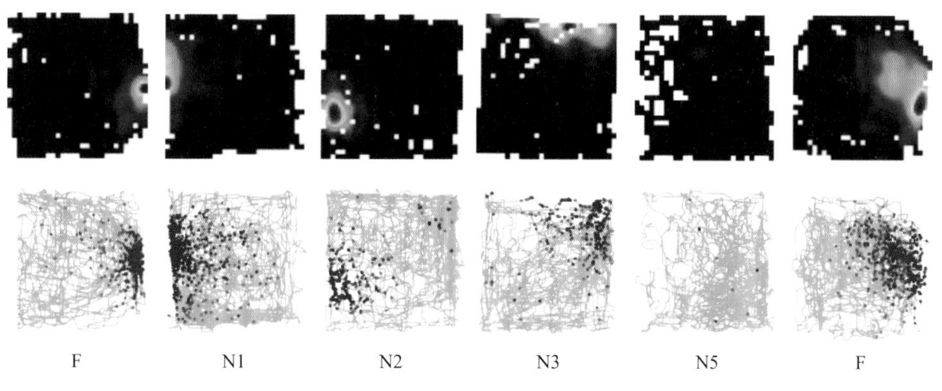

图 9-29　同一位置细胞在不同环境形成独立的位置地图[2]

放电频率图显示了单个海马位置细胞在不同方形房间里的放电模式，每个图代表不同的房间。在一个熟悉的房间（F）和 11 个新的房间（N）对大鼠进行了测试（只显示了四个新房间的记录）。上面一行是放电频率图，而下面一行是动物的运动轨迹，每个红点表示一次放电的位置。该位置细胞的位置记忆仅在一些房间（F、N1、N2、N3）中有效，但在这些房间的放电位置不同。实验结束时，当大鼠回到熟悉的房间时，细胞的放电场与熟悉房间中的初始记录位置相似，表明每个位置细胞在相同环境中的空间放电模式是稳定的综上所述，一个网格细胞是一张可以表现和覆盖任何环境和任意面积、网格大小不变的大网，不同网格细胞群的网格细胞，其网格的尺寸不同，网与网之间的对应关系或网格之间的位置关系不变。这样，不同网格细胞群中对应网格细胞的放电就可以决定出一个空间位置传给海马体的位置细胞。这里应该注意一点，网格细胞的网与环境的匹配一定是该动物经过探索和学习后固定下来的，我们暂且把这种匹配称为网格标定。动物是如何进行这种标定的，需要进一步研究。

而海马体中一个位置细胞的功能与网格细胞完全不同，其是用来记录和表现该动物探索和学习过的环境中某一特定位置的，而且一个位置细胞可以在多个环境中扮演不同位置显示的角色。这样，一个足够大的位置细胞群，就可以记录和表现任意环境的任意位置。但是，这也同时提出了一个重要的问题，即一个位置细胞无法对应一块完整的大场景，如某座城市中的某一个位置。当一个出租车司机驾车行驶在某个大城市中时，海马的位置细胞群是如何把每个位置细胞所代表的地图连续不断地拼接起来的？也许这个功能就需要网格细胞来实现了。

9.7.6 位置细胞的空间记忆机制

位置细胞除了代表动物的当前位置，还可以将位置记忆存储在与位置相关的放电模式中，这些模式可以在没有最初引发放电的环境感知输入的情况下被诱发。在 9.7.1 节也提起过回放现象，例如，当动物沿着线形迷宫重复跑几圈后休息或睡眠时，位置细胞会按照它们在迷宫中的相同顺序自发放电。与这种现象类似，过去的轨迹和经历可能会影响环境中特定位置的放电频率。也就是说，位置细胞的放电频率可以代表对该位置印象的深刻程度。位置细胞代表某一位置和在该位置经历过的事件的能力，可能是海马体编码复杂事件记忆能力的基础[2]。

在给定的环境下，一旦海马神经元群的放电模式形成后，需要长时程增强（LTP）对它进行维持[91]。

外显记忆被定义为有意识地回忆有关人、地点和物体的能力。虽然不能在小鼠身上对意识进行经验性研究，但可以对有意识回忆所需的选择性注意进行检查。当小鼠被给予不同的行为任务时，位置场的长期稳定性与执行任务所需的注意力程度密切相关。当一只小鼠不经意走过某个空间时，该区域 3～6h 后就会不稳定。然而，当一只小鼠被强迫关进这个空间时，对应位置细胞被训练到一个特定的位置时，这个位置会稳定好几天。

对灵长类动物的研究表明，形成稳定位置场需要注意力机制。前额叶皮质和多巴胺能调节系统在注意过程中起着重要作用。各种动物实验表明一个位置场的长期记忆，不是通过无意识地储存和回忆的内隐记忆形式产生的，而是需要动物关注其环境，就像人类的外显记忆一样。

很明显，稳定的位置场对动物学习空间任务至关重要。而有意识的注意力机制对形成稳定的位置场很重要。这也是笔者在第 15 章提出的高级视觉处理需要意识空间概念的原因之一。

9.7.7　海马区的信息处理框架

根据图 5-22、图 9-20 和图 9-22 的视皮质至海马区的神经信息通路，以及上述海马区各部位的信息处理功能，可以勾画出如图 9-30 所示海马区的信息处理流程示意图。由于姿态信息和速度信息在网格细胞中由头朝向细胞和速度细胞来表现，因此似乎海马中除位置细胞外也应该有姿态和速度的表现方式才更合乎逻辑。不过为了更尊重目前生物学的结论，暂且不将姿态和速度写在海马体（HP）的功能里。

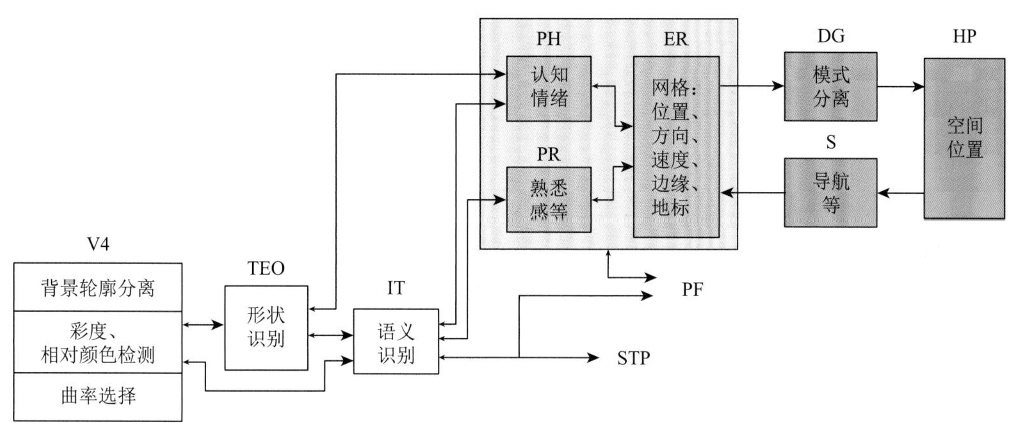

图 9-30　海马区的信息处理流程示意图

TEO. 颞枕交界处皮质；IT. 下颞皮质；STP. 颞上多感觉区；PF. 前额叶皮质；PH. 海马旁皮质；PR. 嗅周皮质；ER. 内嗅皮质；DG. 齿状回（齿状区）；S. 下托；HP. 海马体

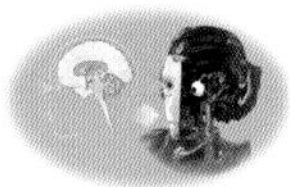

9.8　额叶的决策与行动

无论是腹侧通路还是背侧通路，信息流都最终汇聚到额叶。第 5 章介绍过，人的额叶占整个大脑半球面积的 25%以上，是人类最复杂心理活动的生理基础。额叶负责计划、判断、决策、情感、注意力、意识等高级功能，另外语言中枢、书写中枢、运动中枢也在额叶。额叶可分为前额叶皮质、运动前皮质（次级运动皮质）和初级运动皮质三个部分（图 5-18）。可见，额叶包含智慧的核心“前额叶”、核心意志的整理和传达机构“运动前皮质”，以及命令的执行机构“初级运动皮质”。

前额叶皮质（prefrontal cortex，PF 或 PFC），又称额叶前皮质，通常被称为脑部的命令和控制中心。决策和自控等高层次思考就在这里进行。电刺激前额叶皮质不引起任何运动反应，故称为非运动额叶区。根据解剖位置和功能特点，可将前额叶皮质分为两部分：背外侧前额叶皮质（DLPFC）和眶腹内侧前额叶皮质（OFC）。部分学者把灵长类动物的 DLPFC 再分为背侧 PFC 和腹内侧 PFC。PFC 的功能具有不对称性，左侧 PFC 与积极感情有关，右侧 PFC 与消极感情有关。

9.8.1 背外侧前额叶皮质的信息整合

（1）**纠错功能**：正常人，如果一个操作试了几次都不成功，就必然会改变做法。但对于前额叶功能出现了障碍的精神分裂症患者，他们往往会一直试下去。

（2）**信息整合功能**：可以将来自不同脑区的不同信息进行整合，最后形成一个全面的信息。

（3）**规划目标功能**：如果将完成一件事作为一个大目标，正常人会通过规划将其分解成几个子目标逐一完成，而当前额叶出现问题时，这个人就不知道怎么来安排子目标了。前额叶的规划功能还包括预期、规则学习、逻辑推理及翻转学习、适应性等功能。据说，大脑中的“背外侧前额叶皮质”可能是人们诚实与否的“开关”。一旦这个脑区受损，人们便倾向于因为私利而说谎。

（4）**工作记忆功能**：李澄宇团队证明了工作记忆这一核心认知功能所使用的脑区是大脑内侧前额叶，但工作习得之后则会转去别的脑区执行任务[92]。这种工作记忆是一种用“秒”来衡量的重要的短时记忆。“它就像计算机里的临时缓存，存放着很多思维的中间结果”。

前额叶的布罗卡区接收颞上多感觉区（STP）（包括韦尼克区）的信息，共同形成语言系统。比布罗卡区再靠前的认知区（布罗德曼 9、10、46 等分区）是进行认知和形成行动决策的更高级的区域。

9.8.2 眶腹内侧前额叶皮质的情绪机制

眶腹内侧前额叶皮质（OFC）简称**眶额皮质，是人类情绪产生的主要神经机制**。脑科学研究的相关证据显示，它是介于自动情绪反应的脑机制和控制复杂行为的脑机制之间的界面。与情绪相关的大脑区域还包括杏仁核、前扣带回皮质等。而眶额皮质是人类产生后悔的最主要的神经区域。此外，眶额皮质还与产生愉快、尴尬、愤怒、悲伤等情绪有关。

眶额皮质位于额叶前下方的前额叶皮质（图 5-18）。它是覆盖于眼眶（形成眼窝的骨性结构）之上的大脑皮质，因此称为眶额皮质。

眶额皮质的输入信号来自背内侧丘脑、颞叶、腹侧被盖区、嗅觉系统和杏仁核等神经系统的直接投射。输出信号到达大脑多个区域，包括扣带回、海马、颞叶、下丘脑外侧和杏仁核。眶额皮质与前额叶的其他区域也有联系。

更详细的功能不在本书研讨范围，此处不再赘述。

9.8.3 额叶眼区及其他前运动区的主动运动控制

额叶眼区（FEF）是用于控制眼球随意运动的次级运动皮质，或称运动前皮质（premotor cortices，PM）。如图 9-18 所示，眼球的随意运动控制是必须经过额叶眼区后再进入初级运动皮质的。而手臂、手和头部各器官的控制虽然不通过 FEF，但也是分别进

入次级运动皮质 PMd（背侧运动前皮质）、PMv（腹侧运动前皮质），基本原理应该相同。甚至前面提到的与言语功能相关的布罗卡区也属于次级运动皮质。另外，前运动区中还有镜像神经元，是在动物体执行某个动作或观察他人执行同一动作时都发放冲动的神经元。这种镜像神经元的功能可能与动作的模仿、学习，以及理解他人意图有关。

灵长类拥有高度复杂的主动控制眼球运动的系统（包括 FEF、LIP 和中脑的上丘）。它既受反射的、信号驱动的影响，也受有意识的、认知驱动的、注意机制的影响，并涉及整个视觉层次。这些原理的解明，对机器视觉领域的通过显著性地图或者注意力模型来计算注视点的位置等研究[93, 94]都将有启示作用。

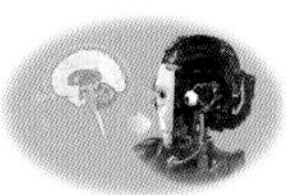

9.9　人脑视觉处理系统整体框架与流程

由于额叶的功能代表人类最高智慧，目前各种大数据模型如 ChatGPT 等所实现的功能就是这个部位的功能，但是人脑的具体结构并不清晰。图 9-31 是集成了图 9-18 和图 9-22 及图 9-30 的结构绘制的从视网膜开始到端脑前额叶为止的信息处理流程框架示意图。尽管与人脑的真实结构还有很大差距，但相信随着脑科学的进步，该图将会不断细化和完善。笔者团队仿生眼的后端信息处理部分将以该系统为基础进行开发。

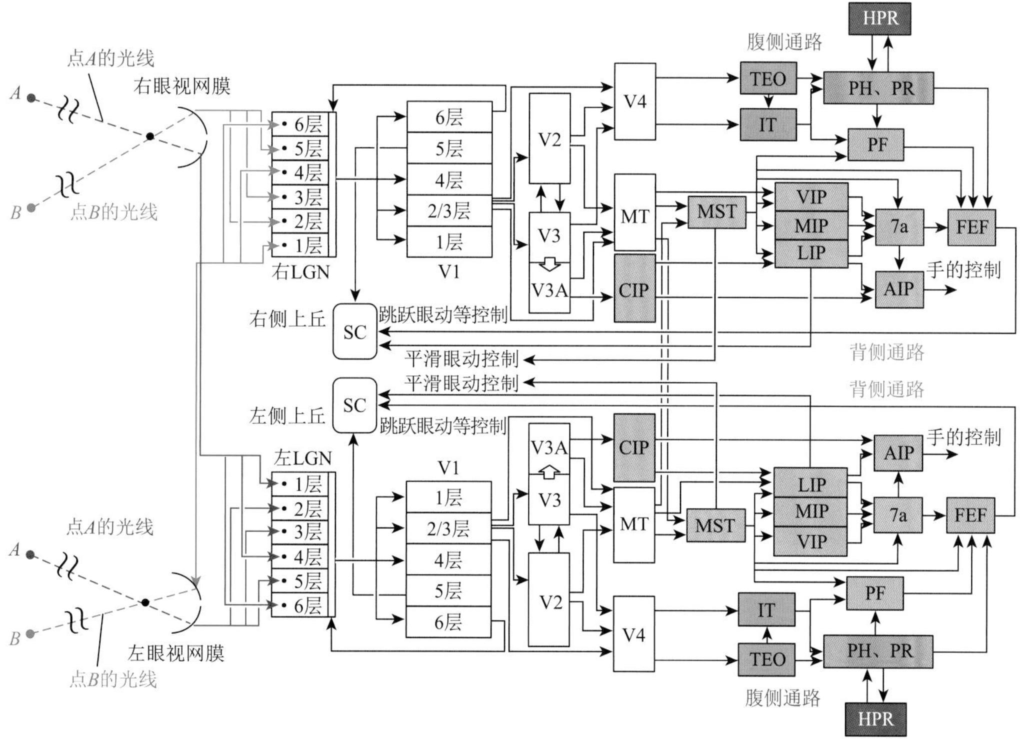

图 9-31　从视网膜开始到端脑前额叶为止的信息处理流程框架示意图

CIP. 顶叶内尾侧区；MT. 颞中区；MST. 内侧颞上区；VIP. 顶内腹侧；LIP. 顶内沟外侧皮质；MIP. 顶叶内侧；AIP. 顶叶内前部皮质；TEO. 颞枕交界处皮质；IT. 下颞皮质；PF. 前额叶皮质；FEF. 额叶眼区；HPR. 海马区

9.9.1 三维形状的分级检测

（1）**三维信息从初级到高级的处理流程：**三维形状的神经表征在视觉系统中是从初级到高级逐渐出现的。首先，从 V1 区的绝对视差开始[95]，沿着腹侧流，到 V2 区中的相对视差[96]、V4 区中的一阶视差[97]，最后到腹侧流的末端区域（IT）出现了二阶视差[75, 97]。沿着背侧流区域，V3 区和 V3A 区主要编码绝对视差[98]，MT 编码绝对、相对和一阶视差[90, 99, 100]，CIP 主要编码一阶视差[45]，AIP 区主要编码二阶视差[70]。9.6.1 节也提到过，到了二阶视差，表现物体形态的各种参数已经不受该物体的姿态、位置的影响了。与其他视觉特征表现一样，三维识别处理从初级到高级，神经元的感受野逐渐变大，潜伏期越来越长。潜伏期长，代表信号经历的神经元次数多、相关轴突长，也就是说处理更复杂，范围更广。其次，在层次结构中的每一个层次上，都会重复前一层次的神经选择性，以便在层次结构中的最高层次（如 IT）上，可以有获取零级、一级和二级差异的选择性[44]。

（2）**三维信息的并行处理：**在视觉处理的层次中，似乎有相当数量的三维形状信息是并行处理的。因此，腹侧流的 IT 部分和背侧流的 AIP 区都包含一个单独的三维形状表示[70, 81]。但是它们的表征是不同的，因为三维形状选择神经元的特性在 IT 和 AIP 之间有明显的不同：AIP 中三维形状的编码更快（潜伏期更短）、更粗糙（对表面不连续性的敏感性更低）、更不明确，与 IT 相比更基于边界（表面信息的影响更小）[72, 101]。可见，这两种神经元的三维表征更适合于这两种处理流所支持的行为目标：①IT 的三维形状表征子服务于三维形状的分类[102]，方便记忆和理解；②而 AIP 中的大多数三维形状选择性神经元是在手进行抓取过程中作出反应的[72]，更方便用于对物体的操作。

9.9.2 运动图像的检测

当一个人在环境中移动时，视网膜上产生的运动模式可以提供关于自身运动和环境结构的信息[103]。在人类视觉系统中，运动信息也是逐步、分层次获得的。

（1）**时空运动量：**V1 区中运动分析的第一步是从视网膜图像的动力学计算得到局部时空运动量[104, 105]。而在 MT 中的神经网络是基于 V1 区的输入来计算物体的基本运动特征，如二维图像的方向和速度[27]。这需要解决两个问题。

孔径问题（参考“名词解释”）：V1 区的感受野较小，每一个 V1 区中计算的时空感受野的局部运动量，仅可测量垂直于运动线或光栅方向的运动方向，无法解决孔径问题。

时空频率：V1 区的单个时空感受野不能计算速度，只能计算时空频率，即光栅或运动杆在感受野掠过的频率。

因此，MT 可以通过对大量的 V1 区神经元对各自对应感受野的空间和时间频率的特定组合作出反应，来解决物体的速度和方向问题[27, 29]。虽然有些研究发现 V1 区中的一些

复杂细胞已经解决了这些问题[106]，但笔者认为，这个现象很可能是 MT 对 V1 区的反馈所致。

（2）**运动视差**：MT 神经元对运动边缘和局部反向运动的敏感性可以用来从光流中提取运动视差。运动处理与 MT 中的视差分析相结合，可以分离出不同深度的运动信号[31]。

（3）**自运动提取**：自运动提取是 MST 的一个功能。自运动是指提取观察者的眼睛或者头部在空间中的平移和旋转，即头部和眼球作为刚体的 6 个自由度全位姿运动。MST 神经元有大量的双侧感受野（左右两侧共同的视野）对运动模式有反应。这些模式包括膨胀、收缩、旋转，更一般地说，还有螺旋形[33, 34]。因此，研究 MST 的一种方法是模式分析。另外，MST 在自我运动分析方面有更好的效果[36]。单个 MST 神经元被调谐到特定的自我运动，即特定的平移方向（如前后、左右、上下）和旋转方向（如 yaw、pitch、roll），以及平移和旋转的组合[36, 39]。因此，MST 的功能包含了自运动的检测，相当于机器视觉领域的视觉里程计算法。

（4）**多传感器信息融合**：当一个人用眼睛跟踪一个移动的目标时，目标在视网膜上是稳定的，而背景则会扫过视网膜。然而，目标会被认为是移动的，而背景被认为是稳定的。MST 中的一些细胞通过将视觉信息与正在进行的眼球运动及视网膜外的信息（如前庭信息）结合起来，对外界的运动作出反应，而不是单纯对视网膜上的影像运动作出反应[41]。这种视觉信号和视网膜外信号的结合也正是多传感联合皮质的功能。这个多传感器信息融合功能也是双眼可以提取自运动的关键。

总之，灵长类视觉系统的运动信息分析是从 V1 区的局部时空滤波，到 MT 的二维运动，再到 MST 自运动及物体在世界坐标系中运动分层次的递进结构进行处理的。沿着这个层次结构，一些计算问题得到逐步解决，感受野变得更大，复杂的特征可以解析，运动信号的空间信息得以积累。视觉系统对运动的表现形式从视觉对象在固定于眼球坐标系中的运动（V1 区、MT）转向在世界坐标系中的运动，进而得出在世界坐标系中的自运动（MST）。为了获得更准确的信息，视觉运动处理系统在 MST 将视网膜的视差信息、眼动信息（来自眼肌）和前庭信号相结合，使环境与身体的动作联系在一起。

9.9.3　物体识别

物体识别是生物最基本的需求，灵长类的物体识别早就超越了简单的二维形状感知。与三维建图等功能一样，物体识别也是分阶段，由简至繁逐步展开的。从不同线索和模式的整合，到对旋转和关节运动的不变性，直到语义、语境的抽取。而且类别区分（对象分类，如人体数量检测）和类内对象区分（如人脸识别）也是分级处理的重要表现。

（1）**二维形状和颜色的感知**：在枕叶的视觉处理初期阶段，一些不同线索的整合已经完成了二维形状感知。例如，可以通过 V1 区中的灰度、V2 区中的纹理和 V4 区中的运动差异来定义物体边缘。然而在初期阶段，颜色和形状似乎是相当独立的处理。这说明，至少在生物视觉系统，形状识别处理和颜色识别处理不需要过早融合。很多手机照相系统根据人眼的这一特点，采用高分辨率灰度相机和低分辨率彩色相机相配合的方式来形成彩色图像，以期用较低成本和较少的信息量得到更好的照片。

（2）**运动类别与多模态感知：**运动信息在视觉初期阶段就开始处理了，但用于物体识别的处理方式与用于形状感知的处理方式不同。例如，人们可以通过特有的步态从很远的地方认出熟悉的人，这种识别需要各关节的时空运动轨迹，与形状感知不是同一条处理路线。其他形式，如声音和气味，显然也有助于对象的识别。

（3）**特征不变性：**似乎 IT 中的处理神经元将腹侧流中较低层次的各种中等复杂度的特征集合起来，以构建识别对象的模型。尽管有迹象表明它们可以跨越不同大小的感受野，并可能把整合起来的特征信息抽象到不同水平的特征不变性参数上[77]。从 IT 到 V1/LGN 的大量反馈信息，对预测和提高下一阶段处理效率起到重要作用[107]。物体姿态的改变通常会极大地改变同一观测点看到的该物体的二维形状。然而，一小部分 IT 神经元可以表现出一定的旋转不变性。对熟悉物体的识别速度并不受旋转角度影响[81]，这一现象说明了检测熟悉物体时，它的旋转不需要额外的计算（时间）就可以得到相同的检测结果。对面部敏感神经元的响应就对观测对象头部的旋转有很大幅度的不变性。但是，对较不熟悉的物体进行识别时，似乎需要心理旋转，并且需要与旋转角度成比例的额外时间[108]。

（4）**上下文及环境对物体识别的影响：**环境对物体识别有着重要的影响。对比飘浮在空中或街景中的沙发，我们会更快地认出客厅里的沙发。有趣的是，先识别了对象后也有助于识别环境。这里，对象和环境的关系常常被称为上下文关系，因为这方面的研究是从文字识别能力开始的。上下文可以是不同性质的语义、空间结构或姿势，并且至少部分地由它之外的更高区域提供。一个简单的例子是单词“THE”和“CAT”，它可以用一个相同的字符写在中间，形状介于“H”和“A”之间。根据周围两个字母的上下文，我们可以立刻给这个相同形状的符号赋予不同的文字意义。这里说的“上下文”可以是在粗略的统计水平上的定义[109]。

（5）**类内对象区分和人脸识别专区：**有些人有很好的物体识别能力，但不能识别人脸，这种缺陷被称为面容失认症，尽管他们可以通过衣服或声音来识别人。IT 区内的纺锤状面部区域（fusiform face area，FFA）似乎是人脸识别的专用结构[89]。有证据表明，面容失认症不仅影响面部处理，而且在区分同一类别的物体方面也有缺陷。例如，观鸟爱好者在患上面容失认症后不能再区分鸟的类别，汽车专家患上面容失认症后也不能很好地区分汽车种类[110]。可见，类内的对象区分等细微的识别需要一个特殊的处理系统来处理。也就是说，对基本框架相同的物体进行更进一步的区分，需要测量每个部件的特性和部件之间的微妙位置关系，例如，对有眼有鼻有嘴的人脸进行更进一步的区分，需要对眼鼻嘴的相对尺寸和位置关系进行对比，这也是人脸识别算法的关键。

9.9.4　行动可供性认知

可供性（affordance）是知觉领域里的概念，在机器视觉领域不太使用。美国生态心理学家吉布森（James Gibson）在 *The Ecological Approach to Visual Perception*（《视知觉生态论》）一书中，详细论述了生态知觉理论，认为自然界中的许多客观物体具有相对稳定的性能，人的知觉就是这些客观物体刺激的直接产物。吉布森给客观物体的这种特征定义为"可供性"。可供性认为人知觉到的内容是事物提供的行为可能性而不是事物的性质。例如，一支笔在成人的眼中感觉到的可能就是用来写字的，但是在小孩的眼中它就有可能只是一个玩具。这一点如果只从物理属性的角度来解释，很难解释清楚。某个环境的可供性是这个环境给动物提供的行动可能性，既可以包含好的，也可以包含不好的，可供性既不是单纯的客观属性，也不是单纯的主观属性，而是两者皆有。当某购物者在商场容易迷路，找不到要买的东西时，就可以认为该商场设计的购物"可供性"不好。可是如果该商场对另一购物者来说很好认，那就可以说对于这名购物者，商场的"可供性"不错。

灵长类视觉系统通过沿枕背通路的递阶加工，提取特定的动作相关特征，为动作的计划和控制提供视觉信息的功能，这里称为行动可供性[3]。这种处理的特点是不断增加复杂性，利用多传感器的信息进行集成，并从一般的视觉表示转移到特定的效应器（如手、脚等，参考"名词解释"）和动作的表示。此外，这种处理在某种程度上独立于意识知觉，因此有些患者能够正确地与他们无法识别的物体互动，反之亦然[111]。

（1）坐标变换。生物的行动可供性需要体现在不同参考系，即坐标系内。背流层次结构的早期阶段（V1、V2、MT）与视觉特征提取（位置、方向、运动）有关，并从不同的线索（运动：MT，立体：CIP）估计与动作相关的物体特征，如表面的朝向（法向量、切向量等）。这些特征被编码在一个参考框架中。层级较高的脑区在环境空间或以头部为中心的参考系中进行信息的编码。

参考系变换，也就是在工学上表现为坐标变换，对于生物也是必要的，因为不同效应器的动作规划需要考虑不同参考系中的目标。眼球运动最好用固定于眼窝的坐标系进行编码，但手和脚的运动需要转换成固定于臂和腿，以及身体的坐标系，并从世界坐标系去表现相互的关系。对于一个特定的动作，什么是最好的编码并不总是清楚的，但是顶叶皮质的区域为不同的任务提供了许多平行的编码。

（2）多传感的融合。参考系转换的另一个问题在于视觉与其他感觉或运动信号的结合。在背侧流的处理过程中，视觉信息与前庭（MST、VIP）、听觉（LIP）、体感（VIP）和本体感觉或运动反馈信号（MST 和 VIP 用于平滑眼动，LIP 用于扫视，MST/VIP/7A/MIP 用于眼位）相结合。由于这些信号来自不同的感官表征，与视觉的结合需要广泛的空间变换。

（3）各种行动所需信息的分离。背侧流中在等级较高的区域构建空间表征，专门为特定动作提供信息：LIP 表示视觉场景中的显著性，作为眼球运动的目标信号，MIP 和 AIP 提供手臂到达（目标物位姿）和抓取（目标物形状）的信息，而 LIP 和 VIP 则为自我运动的控制提供信息[3]。因此，背侧流中动作相关视觉信息的处理具有功能分离的特点，而腹侧流中的处理则侧重于对物体的感知。

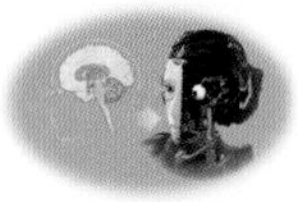

9.10 脑视觉处理系统对机器视觉的指导意义

脑科学的研究成果对机器视觉系统的信息处理流程及系统框架有着极大的影响和指导意义，即使是很容易通过自己的眼睛进行确认的生理学实验，它们对机器视觉处理的指导意义也是非常明显的。

为了将视觉场景中的元素连接成统一的感知，视觉系统依赖于组织规则，如相似性、接近性和良好的连续性，都有助于视觉信息的提取。图 9-32 是人类通过自己的眼睛就可以轻而易举验证的功能。

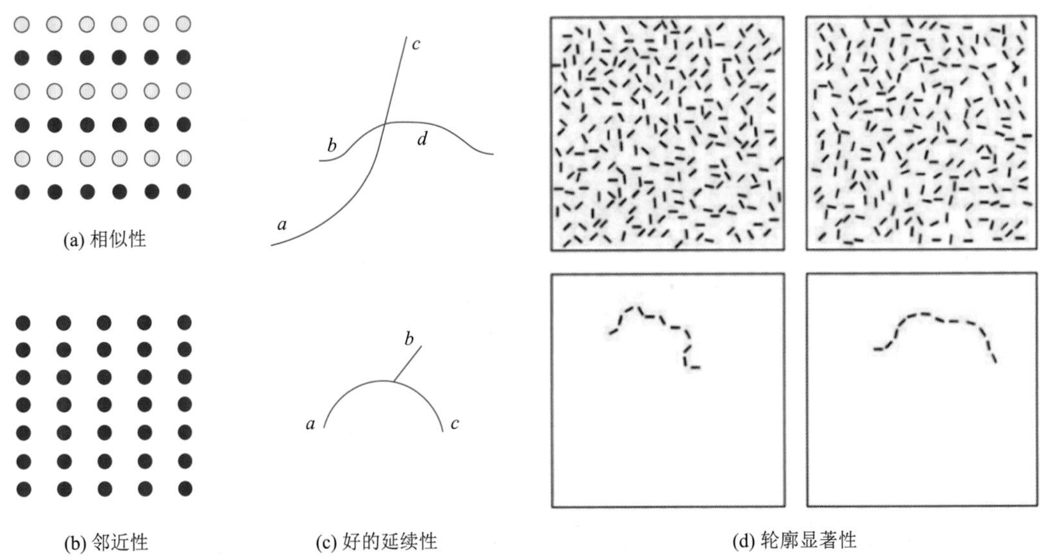

(a) 相似性　(b) 邻近性　(c) 好的延续性　(d) 轮廓显著性

图 9-32　生理视觉感知的组织规则[2]

（a）每行中的点具有相同的颜色，因此可以感知蓝白相间行的整体图案。（b）列中的点比行中的点靠得更近，从而产生列的感觉。（c）当线段共线时，它们在感知上是连接的。在最上面的一组线中，人们更可能看到线段 a 与 c 是同一条曲线，而 d 不是。在下面的一组线中，a 和 c 在感知上是相连的，因为它们保持相同的曲率，而 a 和 b 看起来是不连续的。（d）良好的连续性原则也见于轮廓显著性。在右侧，线条元素的平滑轮廓会很容易从背景中认出，而左侧的锯齿状轮廓则消失在背景中无法找到

通过人类在视觉处理流程中从低级到高级的不同线索抽取出来的视觉信息特征，加之上述的组织规则，可以很好地获取所需要的信息。图 9-33 就是一个通过多条线索抽取视觉信息的例子。首先，分析视觉环境的简单属性（底层处理）。这些底层特征被用来解析视觉场景（中间层处理），将局部视觉特征组装成曲面；将对象从背景中分离出来（曲面分割）；将局部方向集成到全局轮廓中（轮廓积分）；并从阴影和运动线索中识别曲面形状。最后，使用曲面和轮廓来识别对象（高级处理）[2]。

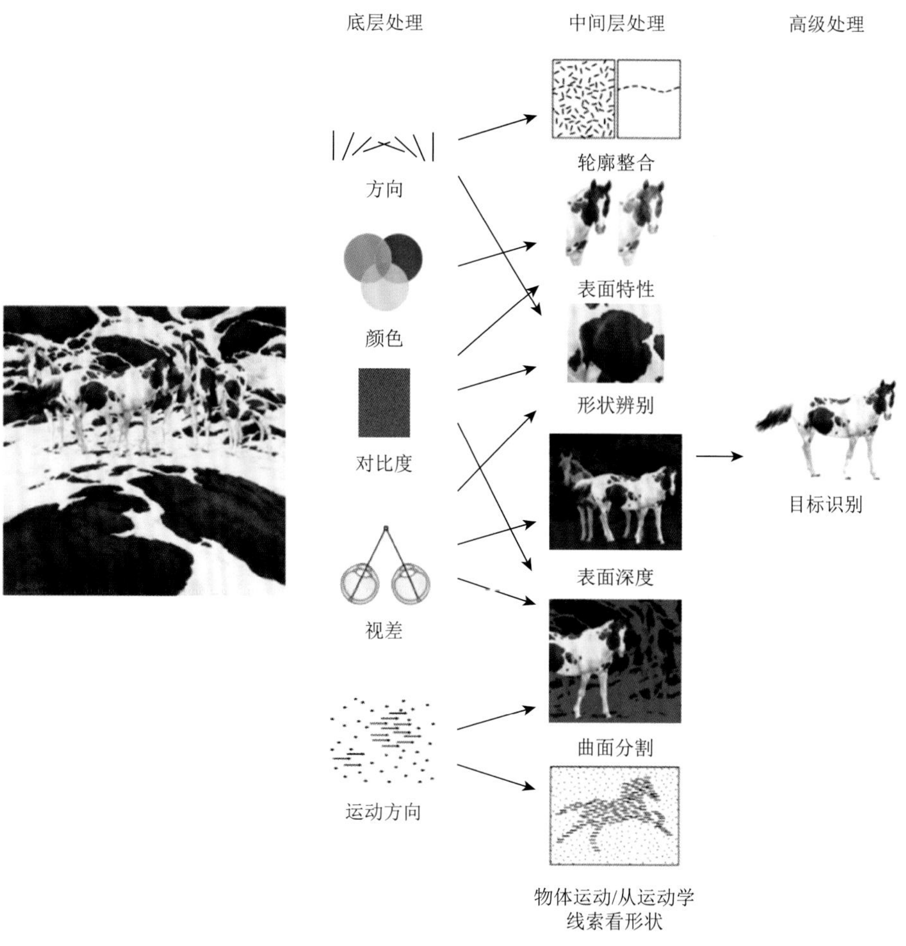

图 9-33　从三个层次五个线索分析的一个视觉场景[2]

参考文献

[1] Felleman D J，van Essen D C. Distributed hierarchical processing in the primate cerebral cortex[J]. Cerebral Cortex，1991，1（1）：1-47.

[2] Kandel E R，Koester J D，Mack S H，et al. Principles of Neural Science[M]. 6th ed. New York：McGraw-Hill Education，2021.

[3] Krüger N，Janssen P，Kalkan S，et al. Deep hierarchies in the primate visual cortex：What can we learn for computer vision？[J]. IEEE Transactions on Pattern Analysis and Machine Intelligence，2013，35（8）：1847-1871.

[4] Xu X M，Ichida J，Shostak Y，et al. Are primate lateral geniculate nucleus（LGN）cells really sensitive to orientation or direction？[J]. Visual Neuroscience，2002，19（1）：97-108.

[5] Malpeli J G，Baker F H. The representation of the visual field in the lateral geniculate nucleus of *Macaca mulatta*[J]. The Journal of Comparative Neurology，1975，161（4）：569-594.

[6] Nolte J，Angevine J B，Jr. The Human Brain in Photographsand Diagram[M]. 8th ed . Amsterdam：Elsevier Health Sciences，2017.

[7] Kremers J. The Primate Visual System[M]. New Jersey：Wiley，2005.

[8] Jones J P，Palmer L A. An evaluation of the two-dimensional Gabor filter model of simple receptive fields in cat striate cortex[J]. Journal of Neurophysiology，1987，58（6）：1233-1258.

[9] Daugman J G. Complete discrete 2-D Gabor transforms by neural networks for image analysis and compression[J]. IEEE Transactions on Acoustics，Speech，and Signal Processing，1988，36（7）：1169-1179.

[10] Manjunath B S，Ma W Y. Texture features for browsing and retrieval of image data[J]. IEEE Transactions on Pattern Analysis and Machine Intelligence，1996，18（8）：837-842.

[11] Wiskott L，FeUous J M，Kuiger N，et al. Face recognition by elastic bunch graph matching[J]. IEEE Transactions on Pattern Analysis and Machine Intelligence，1997，19（7）：775-779.

[12] Orban G A. Higher order visual processing in macaque extrastriate cortex[J]. Physiological Reviews，2008，88（1）：59-89.

[13] Movshon J A，Newsome W T. Visual response properties of striate cortical neurons projecting to area MT in macaque monkeys[J]. The Journal of Neuroscience，1996，16（23）：7733-7741.

[14] Xu F，Carey S. Infants' metaphysics：The case of numerical identity[J]. Cognitive Psychology，1996，30（2）：111-153.

[15] Kandel E R，Schwartz J H，Jessell T M. Principles of Neural Science[M]. 4th ed. New York：McGraw-Hill，2000.

[16] Zhou H，Friedman H S，von der Heydt R. Coding of border ownership in monkey visual cortex[J]. The Journal of Neuroscience，2000，20（17）：6594-6611.

[17] Fang F，Boyaci H，Kersten D. Border ownership selectivity in human early visual cortex and its modulation by attention[J]. The Journal of Neuroscience，2009，29（2）：460-465.

[18] Parker A J. Binocular depth perception and the cerebral cortex[J]. Nature Reviews Neuroscience，2007，8（5）：379-391.

[19] Pasupathy A，Connor C E. Responses to contour features in macaque area V4[J]. Journal of Neurophysiology，1999，82（5）：2490-2502.

[20] Conway B R，Moeller S，Tsao D Y. Specialized color modules in macaque extrastriate cortex[J]. Neuron，2007，56（3）：560-573.

[21] 毛晓波，**张晓林**. 彩度差分法を用いた運動物体検出時の影の除去[J]. 画像センシングシンポジウム，2005，6：5-6.

[22] Tanigawa H，Lu H D，Roe A W. Functional organization for color and orientation in macaque V4[J]. Nature Neuroscience，2010，13（12）：1542-1548.

[23] Dürsteler M R，Wurtz R H. Pursuit and optokinetic deficits following chemical lesions of cortical areas MT and MST[J]. Journal of Neurophysiology，1988，60（3）：940-965.

[24] Krauzlis R J，Lisberger S G. A model of visually-guided smooth pursuit eye movements based on behavioral observations[J]. Journal of Computational Neuroscience，1994，1（4）：265-283.

[25] Maunsell J H，van Essen D C. Functional properties of neurons in middle temporal visual area of the macaque monkey. Ⅰ. Selectivity for stimulus direction，speed，and orientation[J]. Journal of Neurophysiology，1983，49（5）：1127-1147.

[26] DeAngelis G C，Cumming B G，Newsome W T. Cortical area MT and the perception of stereoscopic depth[J]. Nature，1998，394（6694）：677-680.

[27] Simoncelli E P，Heeger D J. A model of neuronal responses in visual area MT[J]. Vision Research，1998，38（5）：743-761.

[28] Movshon J A，Adelson E H，Gizzi M S，et al. The analysis of moving visual patterns//Kosslyn S M，Andersen R A. Pattern Recognition Mechanisms[M]. Berlin：Springer，1985.

[29] Perrone J A，Thiele A. Speed skills：measuring the visual speed analyzing properties of primate MT neurons[J]. Nature Neuroscience，2001，4（5）：526-532.

[30] Pack C C，Born R T. Temporal dynamics of a neural solution to the aperture problem in visual area MT of macaque brain[J]. Nature，2001，409（6823）：1040-1042.

[31] Lappe M. Functional consequences of an integration of motion and *Stereopsis* in area MT of monkey extrastriate visual cortex[J]. Neural Computation，1996，8（7）：1449-1461.

[32] Rizzolatti G，Matelli M. Two different streams form the dorsal visual system：anatomy and functions[J]. Experimental Brain Research，2003，153（2）：146-157.

[33] Tanaka K，Saito H. Analysis of motion of the visual field by direction，expansion/contraction，and rotation cells clustered in the dorsal part of the medial superior temporal area of the macaque monkey[J]. Journal of Neurophysiology，1989，62（3）：626-641.

[34] Duffy C J，Wurtz R H. Sensitivity of MST neurons to optic flow stimuli. Ⅱ. Mechanisms of response selectivity revealed by small-field stimuli[J]. Journal of Neurophysiology，1991，65（6）：1346-1359.

[35] Pekel M，Lappe M，Bremmer F，et al. Neuronal responses in the motion pathway of the macaque monkey to natural optic flow stimuli[J]. NeuroReport，1996，7（4）：884-888.

[36] Lappe M，Bremmer F，Pekel M，et al. Optic flow processing in monkey STS：a theoretical and experimental approach[J]. The Journal of Neuroscience，1996，16（19）：6265-6285.

[37] Roy J P，Komatsu H，Wurtz R H. Disparity sensitivity of neurons in monkey extrastriate area MST[J]. The Journal of Neuroscience，1992，12（7）：2478-2492.

[38] Bremmer F，Kubischik M，Pekel M，et al. Linear vestibular self-motion signals in monkey medial superior temporal area[J]. Annals of the New York Academy of Sciences，1999，871（1）：272-281.

[39] Gu Y，Watkins P V，Angelaki D E，et al. Visual and nonvisual contributions to three-dimensional heading selectivity in the medial superior temporal area[J]. The Journal of Neuroscience，2006，26（1）：73-85.

[40] Newsome W T，Wurtz R H，Komatsu H. Relation of cortical areas MT and MST to pursuit eye movements. Ⅱ. Differentiation of retinal from extraretinal inputs[J]. Journal of Neurophysiology，1988，60（2）：604-620.

[41] Erickson R G，Thier P. A neuronal correlate of spatial stability during periods of self-induced visual motion[J]. Experimental Brain Research，1991，86（3）：608-616.

[42] Galletti C，Battaglini P P，Fattori P. ‘Real-motion’ cells in area V3A of macaque visual cortex[J]. Experimental Brain Research，1990，82（1）：67-76.

[43] Shikata E，Tanaka Y，Nakamura H，et al. Selectivity of the parietal visual neurones in 3D orientation of surface of stereoscopic stimuli[J]. Neuroreport，1996，7（14）：2389-2394.

[44] Taira M，Tsutsui K I，Jiang M，et al. Parietal neurons represent surface orientation from the gradient of binocular disparity[J]. Journal of Neurophysiology，2000，83（5）：3140-3146.

[45] Tsutsui K I，Sakata H，Naganuma T，et al. Neural correlates for perception of 3D surface orientation from texture gradient[J]. Science，2002，298（5592）：409-412.

[46] Katsuyama N，Yamashita A，Sawada K，et al. Functional and histological properties of caudal intraparietal area of macaque monkey[J]. Neuroscience，2010，167（1）：1-10.

[47] Nakamura H，Kuroda T，Wakita M，et al. From three-dimensional space vision to prehensile hand movements：the lateral intraparietal area links the area V3A and the anterior intraparietal area in macaques[J]. The Journal of Neuroscience，2001，21（20）：8174-8187.

[48] Howard L，Rogers B J. Basic Mechanisms[M]. Oxford：Oxford Press，2002.

[49] Pesaran B，Nelson M J，Andersen R A. Free choice activates a decision circuit between frontal and parietal cortex[J]. Nature，2008，453（7193）：406-409.

[50] Gail A，Andersen R A. Neural dynamics in monkey parietal reach region reflect context-specific sensorimotor transformations[J]. The Journal of Neuroscience：the Official Journal of the Society for Neuroscience，2006，26（37）：9376-9384.

[51] Cui H，Andersen R A. Posterior parietal cortex encodes autonomously selected motor plans[J]. Neuron，2007，56（3）：552-559.

[52] Lewis J W，van Essen D C. Corticocortical connections of visual，sensorimotor，and multimodal processing areas in the parietal lobe of the macaque monkey[J]. The Journal of Comparative Neurology，2000，428（1）：112-137.

[53] Thier P，Andersen R A. Electrical microstimulation suggests two different forms of representation of head-centered space in the intraparietal sulcus of rhesus monkeys[J]. Proceedings of the National Academy of Sciences of the United states of America，1996，93（10）：4962-4967.

[54] Gottlieb J P，Kusunoki M，Goldberg M E. The representation of visual salience in monkey parietal cortex[J]. Nature，1998，391（6666）：481-484.

[55] Bisley J W，Goldberg M E. Attention，intention，and priority in the parietal lobe[J]. Annual Review of Neuroscience，2010，33：1-21.

[56] Shadlen M N，Newsome W T. Proceedings of the national academy of sciences [J]. Science Advances，1996，93（2）：628-633.

[57] Platt M L，Glimcher P W. Neural correlates of decision variables in parietal cortex[J]. Nature，1999，400（6741）：233-238.

[58] Janssen P，Shadlen M N. A representation of the hazard rate of elapsed time in macaque area LIP[J]. Nature Neuroscience，2005，8（2）：234-241.

[59] Freedman D J，Assad J A. Experience-dependent representation of visual categories in parietal cortex[J]. Nature，2006，443（7107）：85-88.

[60] Sereno A B，Maunsell J H R. Shape selectivity in primate lateral intraparietal cortex[J]. Nature，1998，395（6701）：500-503.

[61] Duhamel J R，Colby C L，Goldberg M E. The updating of the representation of visual space in parietal cortex by intended eye movements[J]. Science，1992，255（5040）：90-92.

[62] Pouget A，Sejnowski T J. Spatial transformations in the parietal cortex using basis functions[J]. Journal of Cognitive Neuroscience，1997，9（2）：222-237.

[63] Zipser D，Andersen R A. A back-propagation programmed network that simulates response properties of a subset of posterior parietal neurons[J]. Nature，1988，331（6158）：679-684.

[64] Colby C L，Goldberg M E. Space and attention in parietal cortex[J]. Annual Review of Neuroscience，1999，22：319-349.

[65] Duhamel J R，Bremmer F，Ben Hamed S，et al. Spatial invariance of visual receptive fields in parietal cortex neurons[J]. Nature，1997，389（6653）：845-848.

[66] Borra E，Belmalih A，Calzavara R，et al. Cortical connections of the macaque anterior intraparietal（AIP）area[J]. Cerebral Cortex，2008，18（5）：1094-1111.

[67] Gallese V，Murata A，Kaseda M，et al. Deficit of hand preshaping after muscimol injection in monkey parietal cortex[J]. Neuroreport，1994，5（12）：1525-1529.

[68] Sakata H，Taira M，Kusunoki M，et al. The TINS lecture. The parietal association cortex in depth perception and visual control of hand action[J]. Trends in Neurosciences，1997，20（8）：350-357.

[69] Murata A，Gallese V，Luppino G，et al. Selectivity for the shape，size，and orientation of objects for grasping in neurons of monkey parietal area AIP[J]. Journal of Neurophysiology，2000，83（5）：2580-2601.

[70] Srivastava S，Orban G A，de Mazière P A，et al. A distinct representation of three-dimensional shape in macaque anterior intraparietal area：fast，metric，and coarse[J]. The Journal of Neuroscience，2009，29（34）：10613-10626.

[71] Verhoef B E，Vogels R，Janssen P. Contribution of inferior temporal and posterior parietal activity to three-dimensional shape perception[J]. Current Biology，2010，20（10）：909-913.

[72] Theys T，Srivastava S，van Loon J，et al. Selectivity for three-dimensional contours and surfaces in the anterior intraparietal area[J]. Journal of Neurophysiology，2012，107（3）：995-1008.

[73] Tompa T，Sáry G. A review on the inferior temporal cortex of the macaque[J]. Brain Research Reviews，2010，62（2）：165-182.

[74] Janssen P，Vogels R，Orban G A. Three-dimensional shape coding in inferior temporal cortex[J]. Neuron，2000，27（2）：385-397.

[75] Janssen P，Vogels R，Orban G A. Selectivity for 3D shape that reveals distinct areas within macaque inferior temporal cortex[J]. Science，2000，288（5473）：2054-2056.

[76] Tootell R B H，Nelissen K，Vanduffel W，et al. Search for color 'center（s）' in macaque visual cortex[J]. Cerebral Cortex，2004，14（4）：353-363.

[77] Tanaka K. Inferotemporal cortex and object vision[J]. Annual Review of Neuroscience，1996，19：109-139.

[78] Mruczek R E B，Sheinberg D L. Activity of inferior temporal cortical neurons predicts recognition choice behavior and recognition time during visual search[J]. The Journal of Neuroscience，2007，27（11）：2825-2836.

[79] Matsumora T，Koida K，Komatsu H. Relationship between color discrimination and neural responses in the inferior temporal cortex of the monkey[J]. Journal of Neurophysiology，2008，100（6）：3361-3374.

[80] Lowe D G. Distinctive image features from scale-invariant keypoints[J]. International Journal of Computer Vision，2004，60（2）：91-110.

[81] Janssen P，Vogels R，Orban G A. Macaque inferior temporal neurons are selective for disparity-defined three-dimensional shapes[J]. Proceedings of the National Academy of Sciences of the United States of America，1999，96（14）：8217-8222.

[82] Köteles K，de Mazière P A，van Hulle M，et al. Coding of images of materials by macaque inferior temporal cortical neurons[J]. European Journal of Neuroscience，2008，27（2）：466-482.

[83] Vogels R. Categorization of complex visual images by rhesus monkeys. Part 2：Single-cell study[J]. European Journal of Neuroscience，1999，11（4）：1239-1255.

[84] Kiani R，Esteky H，Mirpour K，et al. Object category structure in response patterns of neuronal population in monkey inferior temporal cortex[J]. Journal of Neurophysiology，2007，97（6）：4296-4309.

[85] Freedman D J，Riesenhuber M，Poggio T，et al. Categorical representation of visual stimuli in the primate prefrontal cortex[J]. Science，2001，291（5502）：312-316.

[86] Swaminathan S K，Freedman D J. Preferential encoding of visual categories in parietal cortex compared with prefrontal cortex[J]. Nature Neuroscience，2012，15（2）：315-320.

[87] Kourtzi Z，DiCarlo J J. Learning and neural plasticity in visual object recognition[J]. Current Opinion in Neurobiology，2006，16（2）：152-158.

[88] Franzius M，Wilbert N，Wiskott L. Invariant object recognition and pose estimation with slow feature analysis[J]. Neural Computation，2011，23（9）：2289-2323.

[89] Kanwisher N，McDermott J，Chun M M. The fusiform face area：A module in human extrastriate cortex specialized for face perception[J]. The Journal of Neuroscience：the Official Journal of the Society for Neuroscience，1997，17（11）：4302-4311.

[90] Krug K，Parker A J. Neurons in dorsal visual area V5/MT signal relative disparity[J]. The Journal of Neuroscience，2011，31（49）：17892-17904.

[91] Liu D，Gu X W，Zhu J，et al. Medial prefrontal activity during the delay period contributes to learning of a working memory task[J]. Science，2014，346（6208）：458-463.

[92] Rotenberg A，Mayford M，Hawkins R D，et al. Mice expressing activated CaMKII lack low frequency LTP and do not form stable place cells in the CA1 region of the hippocampus[J]. Cell，1996，87（7）：1351-1361.

[93] Peters R J，Iyer A，Itti L，et al. Components of bottom-up gaze allocation in natural images[J]. Vision Research，2005，45（18）：2397-2416.

[94] Rodriguez-Sanchez A J，Simine E，Tsotsos J K. Attention and visual search[J]. International Journal of Neural Systems，2007，17（4）：275-288.

[95] Cumming B G，Parker A J. Binocular neurons in V1 of awake monkeys are selective for absolute，not relative，disparity[J]. The Journal of Neuroscience，1999，19（13）：5602-5618.

[96] Thomas O M，Cumming B G，Parker A J. A specialization for relative disparity in V2[J]. Nature Neuroscience，2002，5（5）：472-478.

[97] Hinkle D A，Connor C E. Three-dimensional orientation tuning in macaque area V4[J]. Nature Neuroscience，2002，5（7）：665-670.

[98] Anzai A，Chowdhury S A，DeAngelis G C. Coding of stereoscopic depth information in visual areas V3 and V3A[J]. The Journal of Neuroscience，2011，31（28）：10270-10282.

[99] Uka T，DeAngelis G C. Linking neural representation to function in stereoscopic depth perception：Roles of the middle temporal area in coarse versus fine disparity discrimination[J]. The Journal of Neuroscience，2006，26（25）：6791-6802.

[100] Nguyenkim J D，DeAngelis G C. Disparity-based coding of three-dimensional surface orientation by macaque middle temporal neurons[J]. The Journal of Neuroscience，2003，23（18）：7117-7128.

[101] Janssen P，Vogels R，Liu Y，et al. Macaque inferior temporal neurons are selective for three-dimensional boundaries and surfaces[J]. The Journal of Neuroscience，2001，21（23）：9419-9429.

[102] Verhoef B E，Vogels R，Janssen P. Inferotemporal cortex subserves three-dimensional structure categorization[J]. Neuron，2012，73（1）：171-182.

[103] Gibson J J. The perception of visual surfaces[J]. The American Journal of Psychology，1950，63（3）：367-384.

[104] Theunissen F E，David S V，Singh N C，et al. Estimating spatio-temporal receptive fields of auditory and visual neurons from their responses to natural stimuli[J]. Network：Computation in Neural Systems，2001，12（3）：289-316.

[105] van Hateren J H，Ruderman D L. Independent component analysis of natural image sequences yields spatio-temporal filters similar to simple cells in primary visual cortex[J]. Proceedings Biological Sciences，1998，265（1412）：2315-2320.

[106] Pack C C，Livingstone M S，Duffy K R，et al. End-stopping and the aperture problem：Two-dimensional motion signals in macaque V1[J]. Neuron，2003，39（4）：671-680.

[107] Fidler S，Boben M，Leonardis A. Learning Hierarchical Compositional Representations of Object Structure[M]. New York：Cambridge University Press，2009.

[108] Schendan H E，Stern C E. Mental rotation and object categorization share a common network of prefrontal and dorsal and ventral regions of posterior cortex[J]. NeuroImage，2007，35（3）：1264-1277.

[109] Oliva A，Torralba A. The role of context in object recognition[J]. Trends in Cognitive Sciences，2007，11（12）：520-527.

[110] Gauthier I，Skudlarski P，Gore J C，et al. Expertise for cars and birds recruits brain areas involved in face recognition[J]. Nature Neuroscience，2000，3（2）：191-197.

[111] Goodale M A，Milner A D. Separate visual pathways for perception and action[J]. Trends in Neurosciences，1992，15（1）：20-25.

第四篇　仿生眼技术

第10章 仿生眼的硬件系统设计

目前进入实用阶段的 3D 视觉技术可以分为双目视觉技术、光场相机技术（包括复眼）、结构光技术、ToF 技术、线激光扫描技术、光谱共聚焦技术，其中只有双目视觉技术和光场相机技术可以仅利用自然光实现深度测量。由于利用自然光或简单光源的立体视觉传感器都使用三角测量算法，因此除仿生复眼和光场相机外，无论使用多少台相机，利用自然光或简单光源的立体视觉技术都可以统称为双目视觉技术。

为了完全模仿人眼运动功能，仿生眼需要具备以下部件：①两套代表眼球的相机组；②两套带动各眼球旋转的三自由度可控云台；③测量各眼球所有旋转角度的转角或位置传感器；④六轴以上高频 IMU（inertial measurement unit，惯性测量单元，即陀螺和加速度传感器）。不同于普通相机云台，上述双相机组、六台电机及转角传感器、双六轴 IMU 必须满足高精度同步和低延时。因此，研究仿生眼不仅涉及一系列发明创造，还首先必须解决机械、机电、电子、软件、系统等综合复杂的技术和工程问题。研究团队必须具备自动控制学、机器人工学、图像处理学、人工智能，甚至包括生理学和解剖学等多学科知识，才有可能研发出具备基本功能的仿生眼。本章聚焦生物眼的“可动”与“双眼”这两个关键要素，主要介绍笔者团队研究开发的仿生眼系统的基本构造。

10.1 仿生眼的动力学结构

仿生眼的基本机械结构是两只可转动的相机。以往的相机云台一般是两个自由度，即通过两个电机来调节相机的拍摄方向，如果需要两只眼，正常应该是四台电机，甚至有些双眼结构为了节省电机，采取一个电机控制两只“眼”联动。笔者团队为了使仿生眼再现人类的每只眼球三自由度的运动功能，用三个电机来驱动代表眼球的相机组（每只眼球可以是多台相机，以实现周边视和中心视功能）。这也是仿生眼的载体在任意运动时，仿生眼都可以进行防抖补偿运动所需要的最少电机数。同时，为了更好地实现眼球运动功能，如颈眼反射功能，颈部机构也最好同时考虑。因此，本章介绍的仿生眼的基本结构是每只眼球各三台电机、颈部三台电机，即共有九轴可控的结构。其实，人类和绝大部分哺乳类动物的颈部有七个颈椎，是具备平移运动功能的，如果完全模拟包含颈部的人类视觉系统，颈部需要有七台电机。

图 10-1 是仿生眼的运动学结构图[1-4]。图 3-6 只描述了头部和眼球摆动（或称水平运动）的二维坐标系，而图 10-1 包含了各眼球的三自由度和头部的三自由度的三维坐标系统。考虑到相机和图像处理的坐标设置习惯，各坐标的符号与方向设置与第 3 章有所不同，特别要注意的是图 10-1 的左右眼坐标系是机器人工学常用的右手定则坐标系，而图 3-6 是基于人眼解剖结构的左右对称坐标系，即左眼是左手定则坐标系，右眼是右手定则坐标系。当然，为叙述方便，这里仿生眼的运动学结构是串联式，还可以有多种方式，并联式（后述）也许会更适合仿生眼。

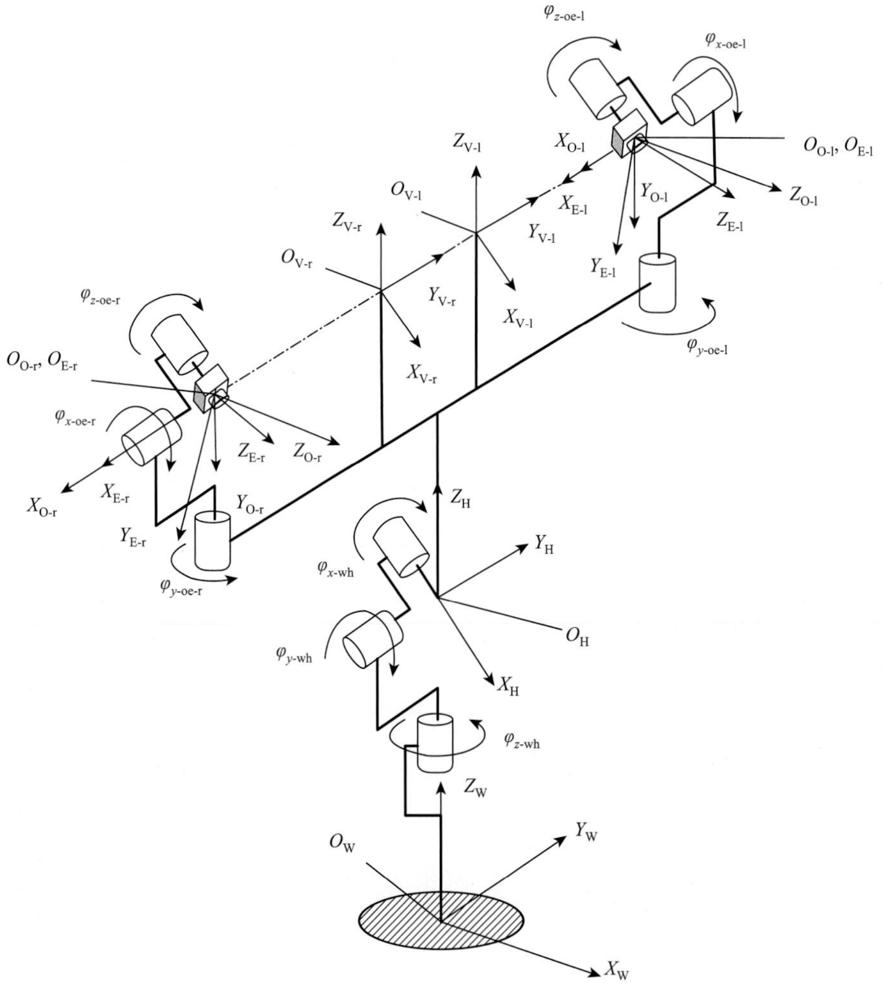

图 10-1　仿生眼的运动学结构图

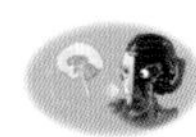

如图 10-1 所示，头部坐标系 Σ_H 的原点 O_H 设置在颈部驱动电机转轴交汇处，左右眼窝坐标系 $\Sigma_{O\text{-l}}$ 和 $\Sigma_{O\text{-r}}$ 的原点 $O_{O\text{-l}}$ 和 $O_{O\text{-r}}$ 分别设置在各眼球驱动电机轴线交汇处，同时该交汇点也是相机光心的位置。左右眼球坐标系，即相机坐标系 $\Sigma_{E\text{-l}}$ 和 $\Sigma_{E\text{-r}}$ 的原点 $O_{E\text{-l}}$ 和 $O_{E\text{-r}}$ 与眼窝坐标系的原点 $O_{O\text{-l}}$ 和 $O_{O\text{-r}}$ 重叠。初期状态时，头部坐标和眼球坐标分别与世界坐标和眼窝坐标重合。惯性传感器 IMU（对应前庭器官）的坐标系 $\Sigma_{V\text{-l}}$ 和 $\Sigma_{V\text{-r}}$ 的设置如图所示，与图 3-6 相同，固定于头部两侧，姿态与头部坐标相同。眼间距、IMU 位置等参数的符号表示也与第 3 章相同。

图 10-1 中仿生眼坐标系各个参数的定义如下。

x_h，y_h，z_h：头部在世界坐标系（Σ_H：X_H-Y_H-Z_H）中的坐标；

x_t，y_t，z_t：视标在世界坐标系中的坐标；

φ_h：头部坐标系相对于世界坐标系的转角。

由于有三个旋转轴，所以用下标的 x、y、z 分别代表绕对应坐标系的 x 轴、y 轴、z 轴的转角，或称滚动（roll）、俯仰（pitch）、摆动（yaw）方向的转角。例如：

$\varphi_{x\text{-wh}}$ 为头部坐标系相对于世界坐标系在绕 X_H 轴方向的转角（roll 角）；

$\varphi_{y\text{-wh}}$ 为头部坐标系相对于世界坐标系在绕 Y_H 轴方向的转角（pitch 角）；

$\varphi_{z\text{-wh}}$ 为头部坐标系相对于世界坐标系在绕 Z_H 轴方向的转角（yaw 角）。

因为眼窝坐标系和眼球坐标系使用了相机坐标系，所以 roll、pitch、yaw 的定义与头部有所不同。

$\varphi_{x\text{-oe}}$、$\varphi_{y\text{-oe}}$、$\varphi_{z\text{-oe}}$：眼球坐标系相对于眼窝坐标系分别在 roll、pitch、yaw 方向的转角，也是该眼球的转角。由于有左右双眼，用下标的 l 和 r 分别代表左眼和右眼，如 $\varphi_{\text{oe-l}}$、$\varphi_{\text{oe-r}}$ 分别代表左眼和右眼的转角，以下相同。因此该转角共六个，即 $\varphi_{x\text{-oe-l}}$、$\varphi_{x\text{-oe-r}}$；$\varphi_{y\text{-oe-l}}$、$\varphi_{y\text{-oe-r}}$；$\varphi_{z\text{-oe-l}}$、$\varphi_{z\text{-oe-r}}$。

另外，IMU（相当于前庭器）和视标的角度参数定义如下。

φ_v：半规管坐标系相对于世界坐标系的旋转角度，也有六个，即 $\varphi_{x\text{-v-l}}$，$\varphi_{x\text{-v-r}}$；$\varphi_{y\text{-v-l}}$，$\varphi_{y\text{-v-r}}$；$\varphi_{z\text{-v-l}}$，$\varphi_{z\text{-v-r}}$。

x_v，y_v，z_v：半规管坐标系原点在世界坐标系中的坐标，也有六个，即 $x_{\text{v-l}}$，$y_{\text{v-l}}$，$z_{\text{v-l}}$；$x_{\text{v-r}}$，$y_{\text{v-r}}$，$z_{\text{v-r}}$。

φ_{ht}：头部中轴线，即 X_H 轴与视标的偏差角，包括 $\varphi_{x\text{-ht}}$、$\varphi_{y\text{-ht}}$ 及 $\varphi_{z\text{-ht}}$。

φ_{et}：眼球视线，即 X_E 轴与视标的偏差角，也是该眼球的转角误差。该转角包括 $\varphi_{x\text{-et-l}}$、$\varphi_{x\text{-et-r}}$；$\varphi_{y\text{-et-l}}$、$\varphi_{y\text{-et-r}}$；$\varphi_{z\text{-et-l}}$、$\varphi_{z\text{-et-r}}$。

φ_{ot}：视标在眼窝坐标系中的偏差角，也是该眼球的目标值。该转角包括 $\varphi_{x\text{-ot-l}}$、$\varphi_{x\text{-ot-r}}$；$\varphi_{y\text{-ot-l}}$、$\varphi_{y\text{-ot-r}}$；$\varphi_{z\text{-ot-l}}$、$\varphi_{z\text{-ot-r}}$。

图 10-2 是根据图 10-1 的设计理念设计的仿生眼系统。图 10-2（a）是不加颈部的每只眼三自由度的 6 轴仿生眼系统；图 10-2（b）是图 10-2（a）所示仿生眼系统加载在三自由度颈部上的 9 轴仿生眼系统。

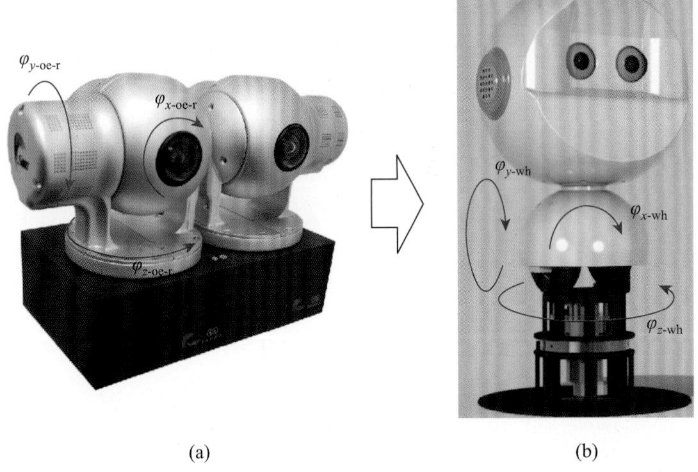

图 10-2 6 轴仿生眼（a）及含有三自由度颈部机构的 9 轴仿生眼（b）

10.2 仿生眼硬件配置的基本要求

由于人眼在跳跃眼动时可在几十毫秒之内到达 1000(°)/s 的转速，因此仿生眼对驱动电机的扭矩和转速有较高要求。同时为了仿生眼能够达到与人眼一样的高精度和高速度控制，普通的步进电机和舵机常常达不到要求，笔者团队一般采用 DC 或 DD 伺服电机和分辨率高于相机像素角分辨率的编码器。6 轴以上 IMU（平移加速度三自由度 + 姿态加速度三自由度）两台，对称设置在仿生眼两侧，采样频率越高越好（一般要求至少 200Hz），时延越小越好（至少小于 1ms）。

为便于读者设计和开发仿生眼，以下以笔者团队开发的仿生眼 BinoSense-S500 作为样板进行较详细的介绍。图 10-3 是该仿生眼的基本机械结构和设计参数，相机型号：The Imaging Source DFM 37UX252-ML；电机型号分别是 pitch：GB36-1、yaw：GB54-2、

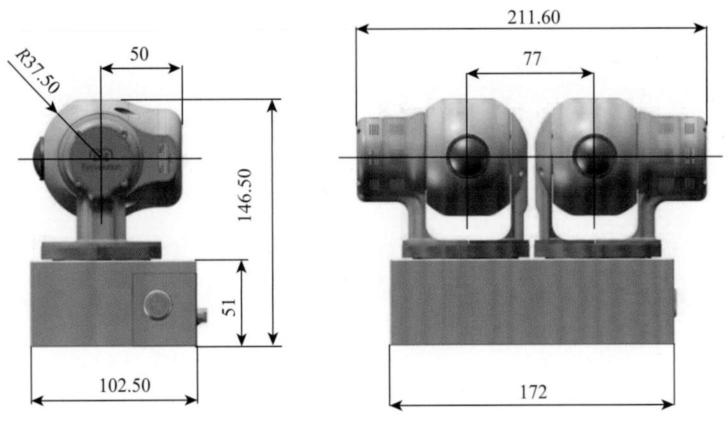

图 10-3 仿生眼 BinoSense-S500 外观尺寸（单位：mm）

roll：GB2208；IMU 型号：Bosch bmi088；仿生眼整机质量为 1.48kg。该仿生眼 yaw 轴、pitch 轴和 roll 轴的转动范围分别为±35°、±35°和±30°。

一般情况下，为提高设备的应用场景使用能力，设计时要尽量减小整机质量和外观尺寸，这就要求在满足技术要求的前提下，选用的机械结构设计方案尽量紧凑。为了消除回程间隙，提高控制及测量精度，该仿生眼采用电机直驱方式，位置传感器（三通道增量式编码器和光栅码盘检测，10 万点/周）直接安装在驱动器的轴上，如图 10-4 所示。

图 10-4　仿生眼 BinoSense-S500 驱动方式示意图

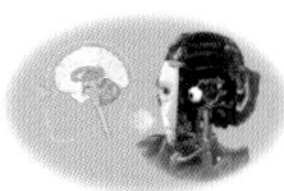

10.3　仿生眼的信号处理系统

10.3.1　信息的同步触发、采集、输出与时间戳

仿生眼的视觉信息、转角信息、惯性信息是一个整体，也就是说相机在某个时刻拍摄的图片一定要使用该时刻的转角传感器和 IMU 的信息才可以获知该时刻的视觉对象与自身的确切关系。这也就要求仿生眼上的各种传感器必须同步，特别是当仿生眼的信息处理进入多模态联合处理时，视觉与音频、体感（包括触觉、嗅觉、味觉、痛觉、温觉）的时间同步也变得更加重要。因此，在仿生眼的信息处理开始之前，信息的采集也必须统一规划，最好是用一款信息采集芯片来控制各种传感器的信息采集时间或者记录下各种信息的采集时刻，暂且称之为脑干芯片（参考 16.4 节）。

在同一时间采集信息，如左右相机在同一时刻开始拍摄图像，同一时刻结束该帧图像的拍摄，称为相机的同步。左右相机拍摄图像的时间误差，称为同步误差。同步误差越大的双目相机，越不适合运动视频的 3D 拍摄与动态立体视觉处理。

不同模态的信息难以进行同步时，可以将适当的时间信息加载在信号中以备未来的信息融合处理之用，该时间信息称为时间戳。例如，视频采集是在指定时刻和时间段采集图片，而音频采集需要连续不断的频率信息，因此视频与音频难以同步处理，所以时间戳就是视频和音频之间最好的关联标识。有了时间戳，通过时间戳的匹配，至少在影像放映时不会有人物嘴唇与声音不配的情况发生。

控制信号的输出同步也非常重要，否则不仅仿生眼的协同运动受影响，机器人身体的各个部位（如关节）的协同都不会完美。

10.3.2 相机全局快门

因为卷帘式快门相机每个像素的曝光时刻不同，当拍摄快速运动物体时会产生图像扭曲，为了使快速运动物体的图像不变形，最好采用全局快门式相机。当然，由于仿生眼可以跟踪被摄物体，又具备防抖功能，所以相对于固定双目相机，即使采用卷帘相机，其拍摄的运动物体的图像质量也会好一些。目前小型相机模组，如手机相机，具备同步触发与全局快门功能的极少，说明双目视觉传感器的产品生态尚不成熟，研发双目视觉产品的读者可以参考笔者团队定制的小型相机模组 BinoSense-MC-100 系列。

10.3.3 仿生眼信息处理与软件系统范例

图 10-5 与图 10-6 分别是上述 BinoSense-S500 的信息处理系统与软件系统框架图，该软硬件系统经过多代仿生眼设备实践与改进完善，基本上可以满足仿生眼的运动控制及信息采集的需求。

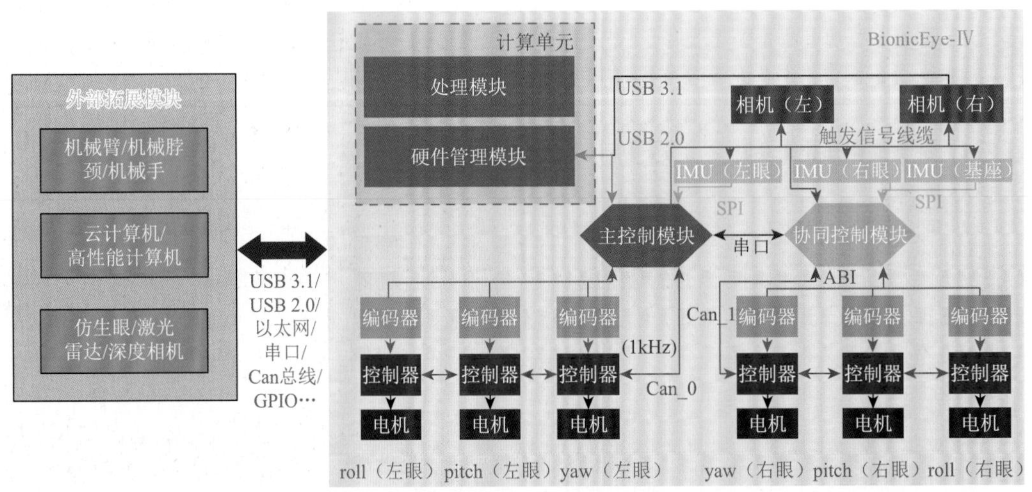

图 10-5 仿生眼的信息处理框架结构范例

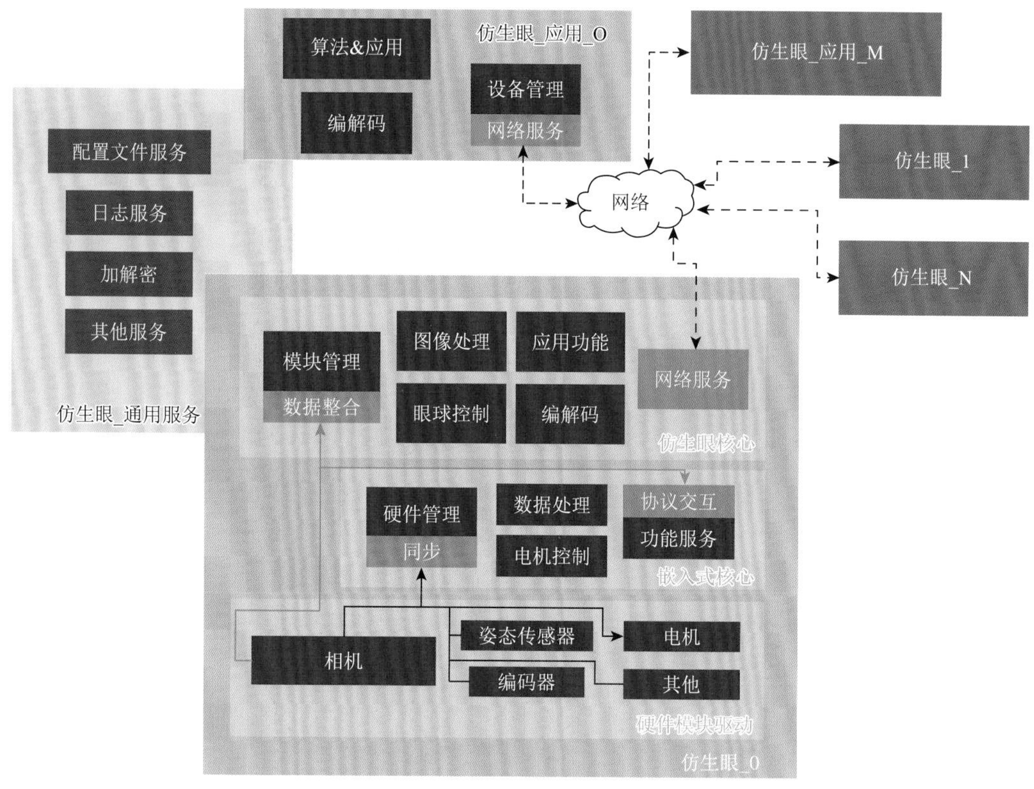

图 10-6 仿生眼的软件系统框架

从仿生眼信息处理系统（图 10-5）可以看出，通过仿生眼设备内部主控制模块与协同控制模块可以完成整个仿生眼内部电机转角传感器信息、IMU 信息、相机数据的同步控制，并支持将同步信号外传或接收外部同步信号以支持眼球与外设模块的协同工作。同时，各电机底层驱动、IMU 数据解算、数据预处理、通信协议、同步策略控制，以及前面提及的各类眼球运动核心控制算法功能也是在设备内部由主协控制模块协同完成的，其中眼球运动控制环路与 IMU 数据采样解算频率最高均可稳定在 1kHz 以上，可保证前庭眼反射（VOR）和平滑眼动（SP）等眼球运动的高速响应能力等。

由于仿生眼内部主协控制模块计算性能有限，仿生眼设备还内置了一个计算模块用于图像处理及对外的协议交互，实现仿生眼数据绑定压缩处理、图像处理运算（如标准辐辏、动眼标定、目标跟踪等）、日志记录、通信协议等。

设备还可通过 USB 3.1、USB 2.0、以太网、Wi-Fi、蓝牙、串口、Can 总线、GPIO 等通信或接口方式连接外部设备及模组，如移动底盘、机器人身体、机械臂、机械手、GPS 模块、激光雷达、深度相机等。该系统还支持仿生眼通过通信接口连接其他仿生眼设备组成集群，它们之间可同步采集原始数据，运动控制及图像处理也可根据需求协同进行，该系统支持仿生眼集群数目最大可达 32 台。

图 10-6 展示了仿生眼 BinoSense-S500 的软件系统框架，其主要由设备硬件驱动层（Hardware_Driver）、嵌入式核心层（Embedded_Core，即上述提及的主协控制模块）、设备核心层（BionicEye_Core）、设备服务层（BionicEye_Service）、设备应用层（BionicEye_

Application）五部分组成。其中设备硬件驱动层主要由仿生眼各个电机驱动器驱动、传感器模组驱动、姿态传感器驱动、相机驱动等组成；嵌入式核心层可以实现对各个设备硬件模组的管理、数据预处理、同步策略、核心控制算法实现等功能，还包括对上位机通信协议实现等；设备核心层可以实现仿生眼数据压缩编码传输、核心图像处理功能、网络协议交互、底层应用等功能；设备服务层则提供全局的底层网络服务、日志系统、设备配置管理服务等功能；设备应用层则实现了对仿生眼设备的控制、数据获取、算法功能等，支持用户在如手机、网页、计算机、平板、Android、iOS、Windows、Linux、ROS 等不同平台和系统实现对仿生眼设备的操作使用等。

10.3.4 多通道并行处理及多眼联动模式

正如人类视觉信息有背侧和腹侧的多条处理通路一样，仿生眼的视频信息处理最好也是多条通路并列进行，并且在每一个处理节点上的处理结果可以被其他信息处理单元自由获取。因此，仿生眼 BinoSense-S500 的数据信息基本上是采取广播式方案，可以通过有线和无线的多接口传输给各个处理单元。另外，不同于人眼系统，仿生眼系统可以发挥人工设备的优势，实现每个终端应用可以同时连接访问多个仿生眼设备，如图 10-6 所示，N 个仿生眼可以通过网络与 M 个终端应用进行数据交互、控制使用等。

N:M 传输模式对实际应用有很大益处，这也是仿生眼可以超越人眼的地方，毕竟目前人眼还无法与其他人眼共享视野数据。在实际应用中，可能需要多个复杂的图像处理算法共同处理才能实现特定功能，而其中对应的每个算法都需要极大的算力或者对实时性有一定要求，如稠密点云数据的计算、场景分割、物体识别算法等，可能会需要多个深度学习算法进行处理，如果仅用一个终端可能无法满足需求，这里就可以使用多个应用终端同时获取仿生眼设备的数据分别进行处理，后续再将各个终端结果汇总进行决策分析，从而保证仿生眼在机器人等平台执行复杂任务的可操作性。

10.3.5 仿生视网膜

第 1 章也提到过，给人看的相机和作为视觉传感器给机器看的相机结构应该是完全不同的。根据生物视网膜原理的仿生视网膜的研究最近取得了很好的成果。图 10-7 是清华大学施路平团队开发的一种仿生视网膜的形式[5]。其对应视锥细胞的 RGB（red green blue，三原色）像素组成的是彩色高精度图像，时间分辨率相对较低（如 30fps），而对应视杆细胞的像素是时空差分图像，可检出时空变化的信息，时间频率极高（该芯片最高可达 10000fps）。

另外，北京大学黄铁军团队提出了脉冲连续摄影原理，即把每个像素各自接收的光子流转换成光电子流，再把光电子流调制为脉冲序列[6]。与生物眼感光细胞原理类似，像素从清空状态开始积累电荷，达到额定阈值时产生一个脉冲作为积满标志并自动复位重新开始积累，如此重复。一个脉冲积满所经历的时间称为它的脉宽，与这个时段的光强成反比，据此可以估计这一时段的光的强度。各像素产生的脉冲流按照像素空间分布排列而成的脉冲流阵列称为视像，蕴含了光过程丰富的时空信息，从中可以生成任意时刻的

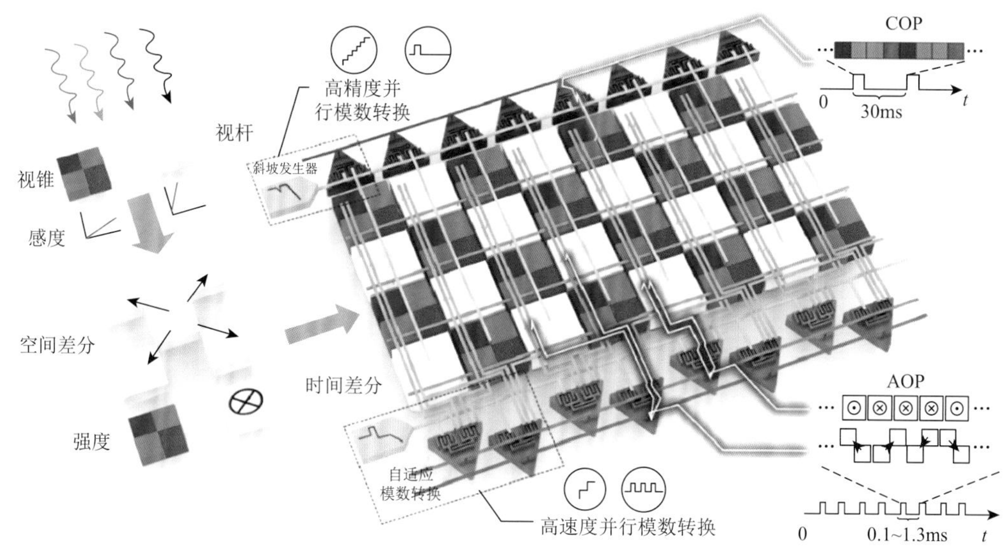

图 10-7　仿生视网膜 TianMouC 芯片的原理[5]

图像，实现超高速、高动态、无模糊连续成像，解决了定时曝光成像的“两难困境”，实现了超高动态成像。图 10-8（a）是脉冲累积成像原理，其效果与一般相机的光电强度累积类似，图像效果为图 10-9（a）；图 10-8（b）是脉冲间隔成像原理和脉冲间隔估计算法，呈现出的是图 10-9（b）的高速且高清的图像效果。

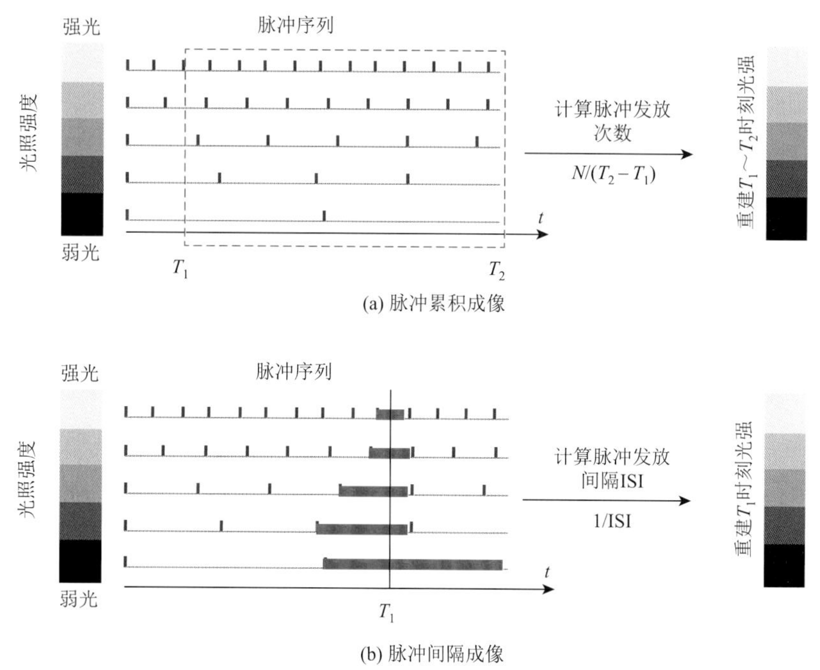

图 10-8　获得任意时刻图像的两种基本方法[6]

ISI：inter spike interval，脉冲发放间隔

(a) 脉冲累积成像（前800拍脉冲累积，时长40ms）

(b) 脉冲累积成像（根据第800拍所处脉宽估计）

图 10-9 脉冲累积成像和脉冲间隔成像效果对比[6]

目前该团队开发的脉冲连续摄影芯片和脉冲相机，已达到空间分辨率 100 万像素，4 万 Hz 同步脉冲输出。实拍实验验证了脉冲连续摄影原理的可实现性和超高速高动态无模糊成像性能。用较低计算复杂度实现了速度比人眼快千倍的超高速目标检测跟踪识别系统，解决了传统显示系统因为低帧率带来的运动模糊和视觉疲劳眩晕等问题[6]。

10.4 仿生眼的小型化与巨型化

由于本书仿生眼的定义是“可动的双眼”，所以仿生眼可以使用视场角窄小的相机（窄角相机），或者窄角相机与广角相机相配合的相机组作为眼球，通过眼球旋转把角分辨率高的窄角相机的视线对准需要观察的对象。因此，仿生眼可以将双眼间距（基线长）根据需要任意调节。加大双眼间距可以提高深度方向测距精度，但是会加大左右相机相对被测量物体的观测角度（即辐辏角），使得左右图像特征匹配的难度增加。眼间距大的双眼适合远距离大范围的视觉观测，称为巨人的眼睛；眼间距小的双眼适合近距离地观测，适用于服务机器人；甚至立体显微镜也需要仿生眼技术[7]，毕竟显微镜的标定比较困难，需要自动校准技术。而且在观察微小物体运动时，也需要周边视和中心视的配合与目标跟踪功能，即“大场景”中移动物体的实时放大，例如，鞭毛细菌的游动场景和细菌更微观地观测。3D 显微镜因开发未完成，下面不再进一步介绍。

10.4.1 仿生眼的小型化

为了应用于各种机器人，特别是类生物机器人，仿生眼的小型化和轻量化势在必行。笔者团队在开发初期，为了达到人眼的运动性能，开发的仿生眼球是巨大的[图 10-10（a）][8, 9]，随后逐年变小，图 10-10（c）是目前各项运动性能都达到或超越人眼的标准仿生眼产品 BinoSense S500。串联式结构虽然运算方便、结构简单，但机构体积无法达到人眼（直径约 2cm）的尺寸。

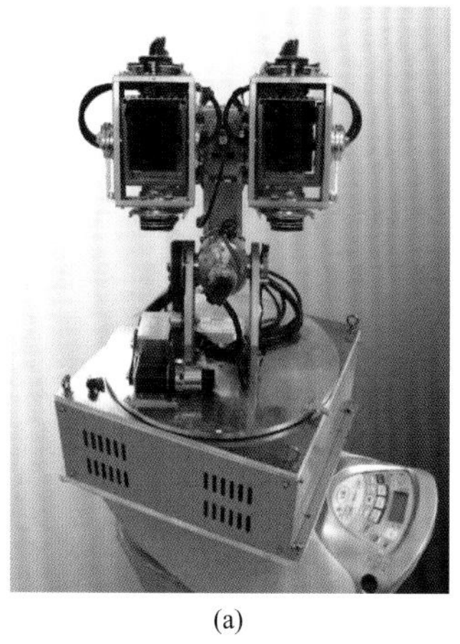

(a)

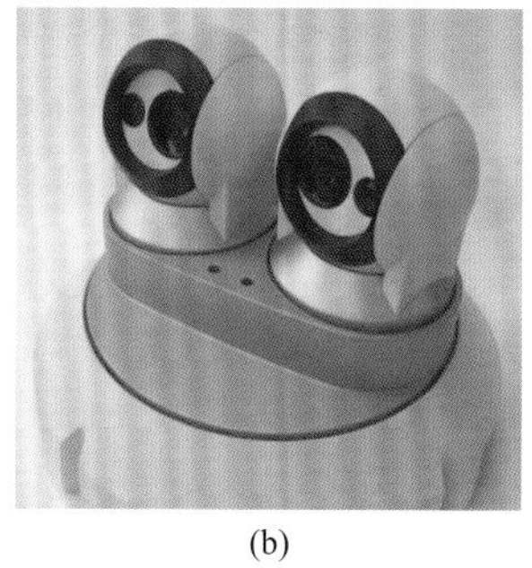

(b)

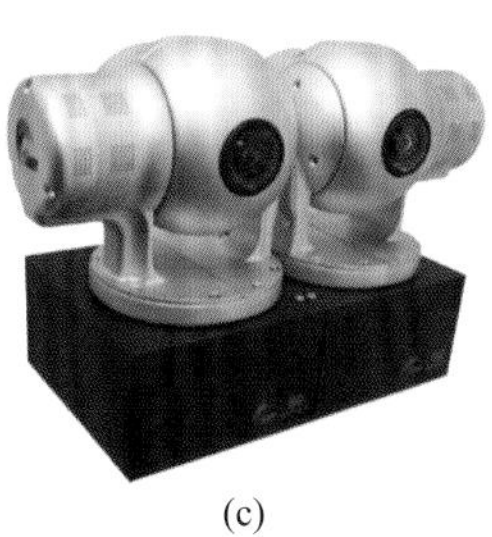

(c)

图 10-10　仿生眼的小型化历程

（a）9 轴仿生眼：每只眼 3 台相机 3 自由度，颈部 3 自由度（2010 年）；（b）5 轴仿生眼 BinoQ：每只眼 2 台相机，2 自由度，颈部 1 自由度（2013 年）；（c）仿生眼 BinoSense S500：每只眼 1 台彩色 4K 相机、3 自由度（2021 年）

图 10-11 是并联式小型仿生眼 BinoSense P300，已达到直径 2cm，视轴间距最小可达 3cm（人的眼间距平均 6.5cm），每只眼可以实现 3 个自由度旋转。未来如果需要更小的眼睛，将会使用无轴电机、超音波马达等 3 自由度动力设备。

图 10-11　并联式小型仿生眼 BinoSense P300（每只眼 3 自由度）

10.4.2　鹰眼与巨人眼

由于三角测距算法在精度上要求三角形任意一个角的角度不能太小，换言之，任意一边的长度相较另外两边的长度不能太小，所以在测远距离物体时，两个相机的间距不能太小，这也是生物眼睛测量远距离目标的局限性。大范围三维重建和远距离测距是仿生眼的重要应用方向，是仿生眼超越生物眼睛的重要领域。将望远镜头相机和广角镜头

相机组合在一起的多镜头相机组，并具备 2 自由度以上运动功能的视觉系统称为鹰眼系统（参考 2.5.2 节），两只相距较远的鹰眼组成的系统称为巨人眼系统。

鹰眼结构分为两个方向，具体如下。

（1）用于运动平台的鹰眼系统：如图 10-12 所示的鹰眼系统（Bino-eagle-eye Ⅰ）具备双目广角镜头和单目变焦镜头。如同老鹰，在高空盘旋时用单眼深中心视（相当于望远相机）观察地面，通过自身的飞行速度来预估猎物的距离。这套仿生鹰眼系统在观测远距离物体时用望远镜头观测，如果自身不运动，没有立体视，但如果装在飞机上，可以根据飞机速度推测地面物体距离。当接近猎物时，老鹰会用双眼的浅中心视（相当于广角相机）盯住猎物。该套仿生鹰眼系统也会通过双目广角镜头测量近侧物体的三维信息。

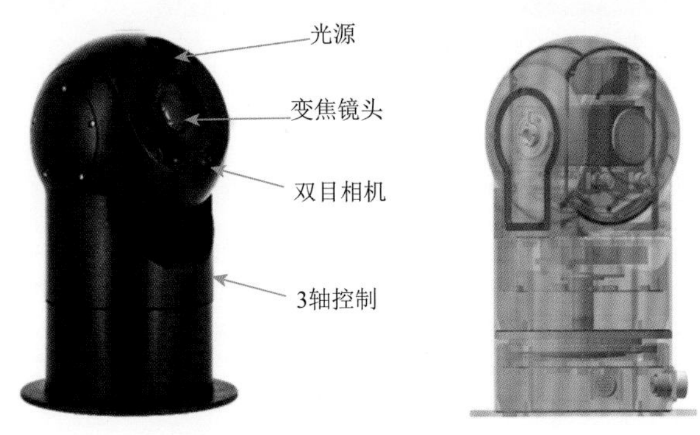

图 10-12　用于移动平台的鹰眼系统（Bino-eagle-eye Ⅰ）

（2）用于大型移动平台的巨人眼系统：两套鹰眼系统的间距设置在较远距离时，称为巨人眼系统。如图 10-13 所示的鹰眼系统（BinoSense E100）具备短、中、长三个固定焦段的相机和一台远红外相机。通过标定等运算，各相机的图像可以完全重叠对齐，实现数字变焦功能。另外，中焦相机与红外热像仪实现了像素级匹配。该类鹰眼适合于两台以上，长基线（相机距离远）配置，实现由近至远的大范围三维立体视觉。BinoSense E100 不仅可以设置于固定场所，而且适用于大型移动平台，如轮船、大型运输机等。由于是望远与广角配合，在望远镜头看远处的同时可以用广角镜头大视角观测，通过注意力机制在广角镜头中发现可疑或重要物体，然后把望远镜头对准该物体。

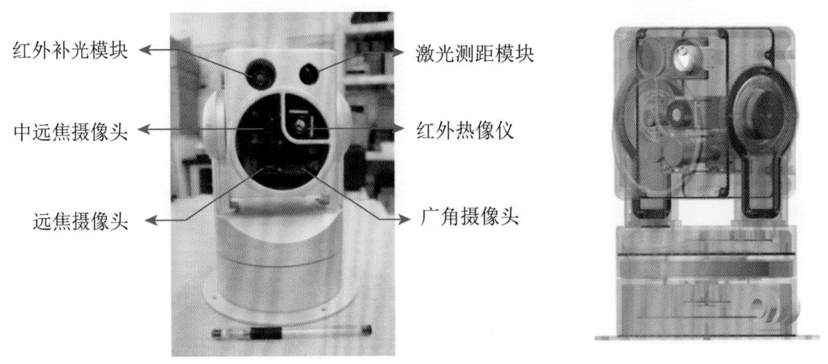

图 10-13　适用于大型移动平台的鹰眼系统（BinoSense E100）

如果把鹰眼设置于地面，鹰眼系统有两个自由度的运动就可以了。如图 10-14 所示的鹰眼系统（BinoSense E200），适合设置于固定位置，测量大范围自然环境，如雪山、冰川、湖泊，以及在大环境活动的动植物等。

图 10-14　用于固定平台的大范围立体观测的鹰眼系统（**BinoSense E200**）

参考文献

[1] **Zhang X L**，Wakamatsu H. Binocular-robot based on physiological mechanism[C]. Proceedings of SICE/ICASE Joint Workshop-Control Theory and Applications，2001：55-58.

[2] **张晓林**，张光荣. 仿生型自动视觉和视线控制系统及方法：中国，ZL 02137572.0[P]. 2005-09-14.

[3] **Zhang X L**. An object tracking system based on human neural pathways of binocular motor system[C]. 9th International Conference on Control，Automation，Robotics and Vision，Singapore，2006：1-8.

[4] **Zhang X L**，Sato Y. Cooperative movements of binocular motor system[C]. IEEE International Conference on Automation Science and Engineering，Arlington，2008：321-327.

[5] Shi L P. A vision sensor chip with complementary pathways for open-world sensing[J]. Nature，2024.

[6] 黄铁军. 脉冲连续摄影原理与超高速高动态成像验证[J]. 电子学报，2022，50（12）：2919-2927.

[7] Wang X S，Zhu D C，Shi W J，et al. Multi-depth-of-field 3-D profilometry for a microscopic system with telecentric lens[J]. IEEE Transactions on Instrumentation and Measurement，2022，71：1-9.

[8] **Zhang X L**. A cooperative interaction control methodology of a pair independent control system[C]. 11th International Conference on Control Automation Robotics & Vision，Singapore，2010：42-49.

[9] Yoneyama R，**Zhang X L**. Binocular motor control model integrating smooth pursuit，VOR and saccade[C]. IEEE EDS WIMNACT-37：Future Trend of Nanodevices and Photonics，Tokyo，2013.

第 11 章 仿生眼运动控制所需的图像处理

仿生眼的最基本特点是“双眼”和“运动”。为了实现仿生眼的运动控制功能，仿生眼必须首先具备最基本的图像处理能力。生物的眼也是先具备一定的视觉能力后，为了获得更好的视觉效果才逐步实现运动功能的。因此，本章先不讨论高层次的类脑视觉处理，主要介绍仿生眼运动控制所必需的基础图像处理的原理及功能。

当一只仿生眼要跟踪视野中某个物体时，首先要在图像中找到该物体，并在每一帧中找到与上一帧中相同的物体。这就需要知道该物体图像的特征，也就是图像处理基础算法之一的特征点、特征线的提取，以及帧与帧之间的特征点与特征线的匹配。另外，当控制仿生眼两只眼睛之间的位姿关系时，需要通过对比两只“眼”拍摄的图像之间的对应关系来调节双眼球间的位姿关系，也需要上述特征点、特征线的提取和匹配。当然，特征匹配仅限于特征点和特征线，其他图像特征的提取和匹配将在第 14 章介绍。此外，追踪目标物体时，物体的速度及环境的速度也是重要信息，在图像处理算法中称为光流检测，作为仿生眼控制系统的视动反应控制的信息来源，也将在本章进行简要介绍。

因此，本章介绍的图像处理内容包括：①特征点与特征线的提取算法；②特征点与特征线的匹配算法；③目标追踪算法；④光流检测算法。由于图像处理的研究内容繁多，本章只能够进行简要介绍，读者可以参考引用文献进行进一步的学习。

11.1 特征点与特征线的提取算法

局部图像特征描述是计算机视觉的一个基本研究问题，图像特征信息提取是众多视觉算法中的关键步骤和重要前提。在仿生眼视觉系统中仿生眼动态标定、仿生眼视觉定位、图像匹配、光流计算、语义边缘及场景理解等众多视觉任务中均需要提取图像的特征描述作为后续计算的输入值。特征提取算法的重复性、鲁棒性与可靠性决定了后续特征描述与匹配的性能，视觉特征的提取经历了从传统手工设计到使用深度神经网络进行

学习的研究演进之路，本节将概述相关视觉特征提取算法，重点关注其中图像特征点与特征线的提取。

11.1.1　传统手工设计的图像特征提取

1. 特征点提取方法简介

图像特征点（又称兴趣点、关键点）区别于直线、边缘及区域等图像特征量，易于定义和提取，因此常作为图像的视觉特征量使用。评价一种特征点好坏的重要标准是能否快速、准确提取特征并且精确描述其差异性，因此传统手工设计的特征点检测方法需设计一个合适的算子进行运算。

图像特征点大致可以分为角点和斑点两种类型：角点通常可理解为直线的交点或者高曲率曲线轮廓上的点；斑点则是描述某块闭合区域内的像素点集合，其区域内像素值相差较小，但与区域外像素值相差较大。角点提取结果通常用图像坐标点（u, v）表示，斑点提取结果则应使用（u, v, θ）进行表示，其中 θ 为斑点区域的半径等信息。

1）角点特征提取法

角点特征检测算法通常使用设计的角点响应函数来计算出角点的位置，大致可分为基于图像梯度和基于像素强度两种检测方法。

（1）基于图像梯度的角点检测法。

最早使用基于图像梯度检测并提出图像兴趣点概念的是 Moravec 检测算子[1]，该算子通过滑动窗口计算出像素点周围 8 方向区域块与相邻区域块的相关性（平方差之和），从而进行特征点的搜索。然而，该种检测算子无法使特征点具备旋转不变性，为了解决各向异性和计算复杂度问题，Harris 角点使用了像素值二阶矩阵和自相关矩阵进行梯度变化最剧烈点的判断[2]，因此 Harris 角点对亮度和对比度变化不敏感且具备一定的旋转和尺度不变性（图 11-1）。此后，Shi-Tomasi 角点[3]在 Harris 角点基础上进行改进，获得了更好的跟踪性能与更高的位置精度。

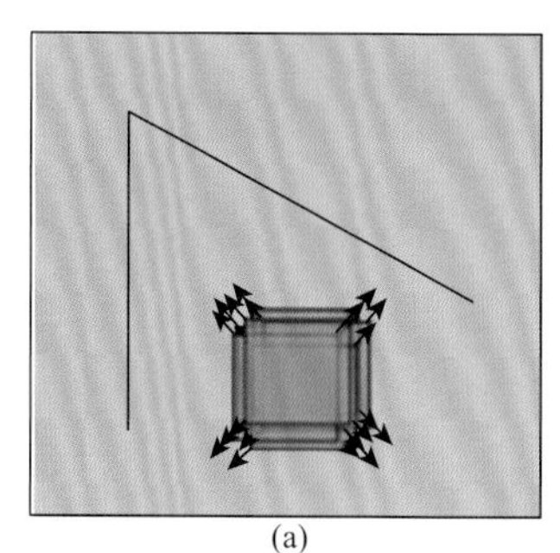

(a)

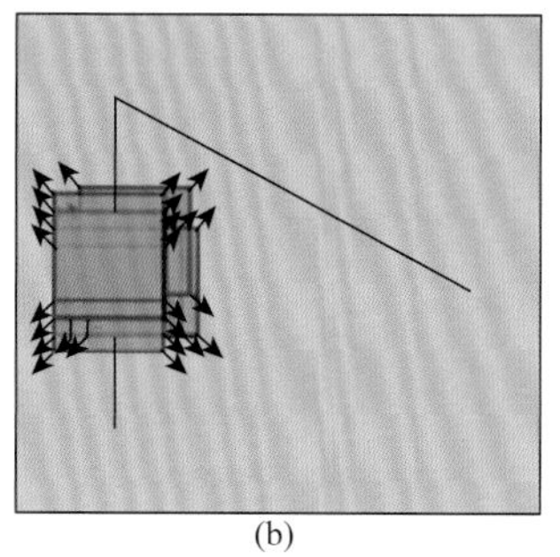

(b)

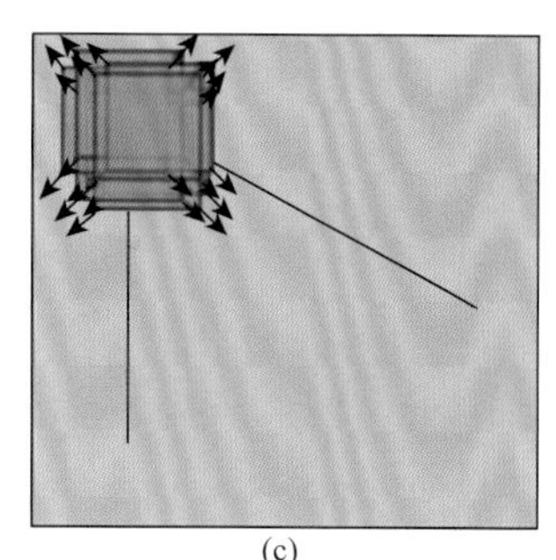

(c)

图 11-1　Harris 角点检测的原理[2]

（a）平坦区域：窗口往任意方向滑动，都不会有较大的灰度值变化；（b）边缘部分：滑动窗口沿着边线移动，无灰度变化，其他方向有变化；（c）角点区域：窗口无论往哪个方向移动都会带来较大的灰度变化

（2）基于像素强度的角点检测法。

基于像素强度进行比较的特征提取算子常使用中心像素与周围像素差来替代图像梯度的计算，基于这种比较大小操作的算子由于在速度和存储方面具有较大优势，也常用于对检测实时性要求较高的应用场景中。典型的 SUSAN[4]（small univalue segment assimilating nucleus）算子开创了基于像素强度比较算子的先河。该算子使用圆形模板在图像上移动并将模板内像素点与模板中心像素点的像素值进行比较。SUSAN 算子采用这种对比方式替代了传统基于图像梯度计算的方式，从而获取了较快的计算速度。

读者若需更进一步了解相关信息，可参考文献[1]～[8]及 OpenCV（一个开源的跨平台计算机视觉和机器学习软件库）。

此后，基于类似像素强度对比的算法分别进行了各层面的创新，其中 FAST[5]（features from accelerated segment test）算子最为成功。该算子仅统计模板中心像素与周围邻域像素的灰度值差达到一定阈值的像素点个数，当超过一定数目时则判断为 FAST 角点，随后使用机器学习方式[6]获取更可靠的像素点坐标位置。为进一步提高 FAST 算子的精度而不降低效率，FAST-ER[7]（features from accelerated segment test with enhanced repeatability）算子提高了 FAST 算子的位置检测重复度；ORB[8]（oriented fast and rotated BRIEF）算子结合了 FAST 的检测效率和 Harris 的检测可靠性，获得了更好的检测效果，并使得各种依赖实时特征检测的算法获得了更好的特征点检测输入。图 11-2 是 FAST 算子的原理在图像处理中的示意图。

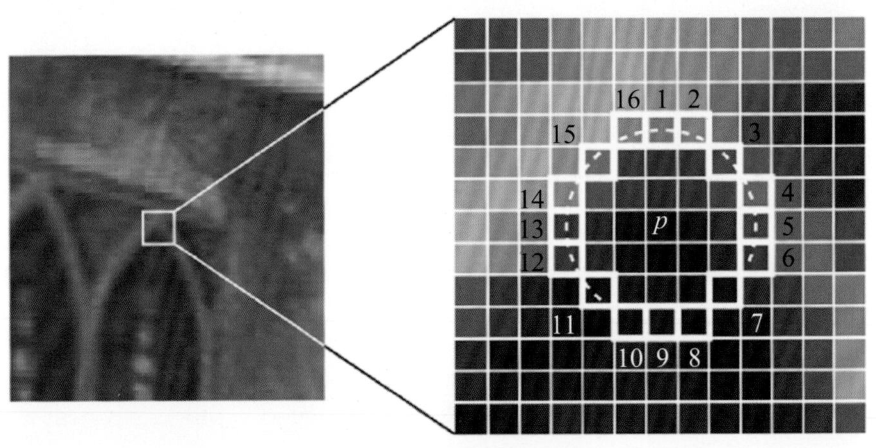

图 11-2　FAST 角点提取示意[5]

2）斑点特征提取法

斑点特征常使用二阶偏导数检测算子或基于分割的检测算子进行提取。其中，二阶偏导数检测算子使用 Laplacian 变换或 Hessian 矩阵运算获取特征点的仿射不变特性［参考仿射变换（affine transformation）］；基于分割的检测算子则首先通过形态学的区域分割并使用椭圆拟合进行仿射变换的求解。

斑点特征往往使用在对特征点位置精度要求较高的场景中，以获取满足更多图像不变性要求下的特征点位置准确性。LOG[9]（Laplacian of Gaussian，高斯-拉普拉斯）算子基于尺度空间理论，并使用高斯卷积核来降低图像噪声对检测的影响。LOG 算子可以检

测到局部极值点和高斯核的圆对称性引起的归一化响应区域。DOG[10]（different of Gaussian）算子通过高斯尺度空间进行采样，构建高斯金字塔，高斯金字塔分阶采样，其阶内又分为层，各阶与各层代表不同尺度下平滑后的高斯图像。DOH[11]（determinant of Hessian）算子则通过图像二阶微分 Hessian 矩阵及其行列式计算出图像局部的结构信息，因此获得了比 LOG 算子更好的仿射不变性检测效果。

SIFT[12]（scale invariant feature transform）算子在 DOG 和 DOH 的基础上，构建起更加高效的尺度不变特征变换算法。该算子具有一定的仿射不变性、视角不变性、旋转不变性和光照不变性，目前在图像特征提取方面得到了**最广泛的应用**。

SURF[13]（speeded up robust features）算子在 SIFT 算子基础之上提出了加速特征提取的鲁棒性提取策略，使用了近似 Harr 小波方法来提取特征点，简化了二阶微分模板的构建，提高了尺度空间的特征检测的效率。因此，SURF 算子是 **SIFT 算子的高速版**。图 11-3 是 SIFT 算子和 SURF 算子在同一图像中的特征点提取对比。SIFT 算子虽然提取出的特征点更多，特性更稳定，但计算量较大。因此，需要实时获得结果的实用系统中多半使用 SURF 算子。

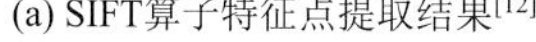

(a) SIFT算子特征点提取结果[12]

(b) SURF算子特征点提取结果[13]

图 11-3　SIFT 算子及 SURF 算子的斑点特征提取示例（采用了 OpenCV 开源软件）

除此之外，与圆形高斯卷积核的线性响应函数不同，KAZE[14]算子通过构造非线性尺度空间，并在非线性尺度空间检测特征点，保留了更多的图像细节。AKAZE[15]（accelerated KAZE）算子则是 KAZE 算子的加速版本。

表 11-1 比较了常见的手工设计图像特征点性能，在选用特征点类型时需要考虑实际应用需求，选择具备各种不变性条件下且满足检测效率或精度的特征点进行计算。此外，特征点检测算子仅计算出特征点的具体位置，为进一步描述特征点的差异性度量，需要

使用特征描述子进行描述。局部图像特征描述的核心问题是不变性（鲁棒性）和可区分性。通常局部图像特征描述子的引用，就是用来鲁棒地处理各种图像变换的情况。因此，在构建/设计特征描述子时，不变性问题就是首先需要考虑的问题。特征描述子将特征点周围的像素值信息转化成一组稳定的、区分度较高的表示形式，通常使用高维度的向量进行表示。有关描述子的计算大部分将与特征提取算子相结合，这里不再详细展开介绍。

表 11-1 常见手工设计图像特征点性能比较

性质	Harris	Shi-Tomasi	FAST	SIFT	ORB	SURF
光照不变性	√	√	√	√	√	√
尺度不变性			√	√	√	√
旋转不变性	√	√	√	√	√	√
仿射不变性				√		√
可重复性	+++	+++	++	+++	+++	+++
鲁棒性	++	++	++	+++	++	++
位置精度	+++	+++	++	+++	++	++
计算效率	++	++	+	+++	++	++

注：“√”表示具备该性质，“+”越多表示该性质越强。

2. 特征线提取方法简介

前几章介绍过，人类的视觉在视网膜、外侧膝状体，以及初级视皮质都具备提取线段的功能，大量线段的位置和方向构建出图像的轮廓信息。关于图像的边缘提取，在后面章节还会提及，本节主要介绍目前机器视觉领域较普遍使用的直线段的提取算法。

与图像特征点相比，在机器人所处的人造建筑等环境中，将存在大量的线条特征；且直线包含更加丰富的结构、角度、中心点等信息，适合在图像弱纹理场景下进行特征描述，因此图像中特征线的提取也成为较受关注的图像特征量之一。与特征点检测类似，特征线段的检测也需要设计合适的检测算子。

传统手工设计线段检测方法大致可以分为如下三种：①基于图像梯度的方法；②基于边缘连接的方法；③基于 Hough 变换的方法。

（1）基于图像梯度的方法：该方法通过合并局部区域内相似梯度方向的像素点来获取线的支撑区域[16]。LSD[17]（line segment detection）算子是较典型的基于图像梯度的快速直线提取算子，具有较高的参数自适应和鲁棒性，适用于对精度和速度均要求较高的场合（图 11-4）。

（2）基于边缘连接的方法：通过连接相邻图像的边缘并进行拟合得到直线。较典型的有 EDLine[18]算法。

（3）基于 Hough 变换的方法：Hough 变换是较为经典的算法，可以利用图像边缘点在参数空间进行直线参数累加投票得到直线。Hough 变换还可以用于圆或椭圆等二次曲线的提取。

除上述方法之外，还有 CannyLine[19]算子、MCMLSD[20]（Markov chain marginal line segment detector）算子等算法，读者若感兴趣，可以阅读相关的参考文献。

图 11-4　LSD 算子检测效果示例[17]

11.1.2　基于深度神经网络学习的图像特征提取

随着深度学习技术的发展，视觉处理任务大部分使用了基于数据训练的深度神经网络进行计算。受人工设计特征点检测算子的影响，基于卷积神经网络的特征提取网络通过构造代价函数来搜索图像的特征点，可分为监督、自监督和无监督的训练方式，主要工作转换为不同图像变换约束下的回归问题。

（1）监督方式：TILDE[21]（temporally invariant learned detector）提出了一种基于 LeNet-5 为主干网络的特征点检测框架，该网络以较小的图像块作为输入并计算出对应的响应值，进一步判断是否为特征点。DeepDesc[22]利用孪生网络及最小化铰链损失来构造特征描述子。LIFT[23]（learned invariant feature transform）是首个使用端到端深度神经网络的特征检测方法，其分别使用三个子网络进行特征点的位置提取、方向判断和描述子生成。LF-Net[24]使用孪生网络，区别于 LIFT，无须提供 SIFT 算法的先验信息。MagicPoint[25]是一种面向视觉定位的端到端特征点检测方法，该方法的问题是仅适用于规则几何图形场景且迁移难度较大。

（2）无监督/自监督：SuperPoint[26]是对 MagicPoint 的进一步改进，提出使用虚拟数据集进行特征提取网络的训练，并构造具有任意数量的单应性变换真实值的数据集以获取更多的训练数据。

本节概述了视觉图像处理中常见的特征点与特征线类型，重点关注传统角点特征、线特征与深度神经网络训练获得的高维度视觉特征及描述，本书中关于特征点与特征线的综述仅从仿生视觉系统应用出发难免无法全面概述特征提取领域研究。若读者对特征提取感兴趣可参阅相关综述文献[27]和[28]查看详尽信息。

11.2　特征点与特征线的匹配算法

图像特征量的匹配可用于建立不同图像帧之间的特征点关系，进一步建立起整幅图像间的关联，从而可以用于图像配准、拼接、光流及视觉定位数据关联等的计算。现有基于特征点的匹配大致可以分为如下三类：①基于特征描述子的特征匹配；②基于像素跟踪的特征匹配；③基于深度神经网络的匹配。

11.2.1 基于特征描述子的特征匹配

特征描述子作为描述特征点差异性的向量，能够用于区分不同特征点，常用做法是直接比较两特征点的某种距离（如欧氏距离、汉明距离等），当距离小于某一阈值时则认为两特征点对匹配成功。

基于描述子距离进行匹配的方式，首先是通过描述子在测量空间的距离获取初步匹配对集合。常用的方法有固定阈值（FT）、最近邻（FNN，也称蛮力匹配）、*k* 近邻（*k*-NN）、最近邻距离比值（nearest neighbor distance ratio，NNDR）等。随后通过使用额外的局部和/或全局几何约束（如极线约束，下面将详细介绍），将错误的匹配从假定的匹配集中删除。

（1）FT 策略：该方法考虑的是当距离低于一个 FT 时，直接输出匹配关系。由于这种策略对阈值参数比较敏感，可能会导致大量的一对多的匹配情况。

（2）最近邻策略：顾名思义，就是找到描述子距离最近的特征点匹配对。该方法能有效处理数据敏感性问题，找回更多的潜在真实匹配。这种策略已经应用于各种描述符匹配的方法中，但是也不能完全避免一对多的情况。

（3）*k* 近邻：在描述符匹配中，图像甲中的每个特征点，在待匹配的图像乙中寻找它的最近邻的 *k* 个实例，也就是 *k* 个邻居（反之亦然），使 *k* 近邻特征对成为假定匹配集中的候选匹配。

（4）最近邻距离比值：该方法通过比较最近邻和次近邻特征之间的距离差异，有效地甄别局部特征是否正确匹配，从而获得鲁棒和准确的匹配性能。

为了将错误的匹配从匹配集中删除，提高特征匹配算法的鲁棒性，在机器视觉中，随机采样一致性（random sample consensus，RANSAC）是一种常用的鲁棒性估计算法。文献[29]中使用 RANSAC 来去除动态环境中运动目标带来的错误匹配点。RANSAC 最早被使用在**视觉里程计**（参考“名词解释”）任务[30]。图 11-5 是使用 RANSAC 算法剔除错误匹配的示例。

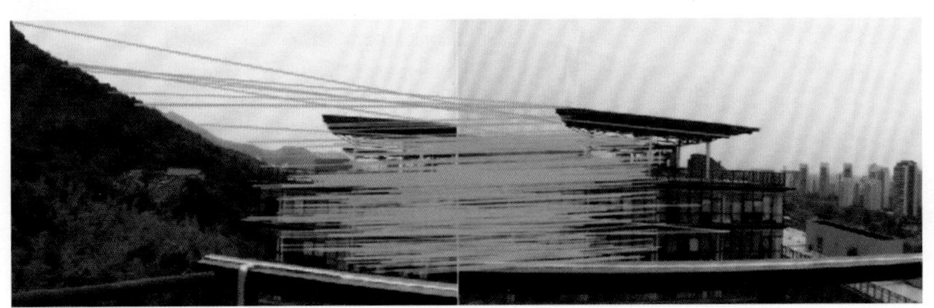

(a) 未剔除错误匹配情况下特征点的匹配

(b) 使用RANSAC算法剔除错误匹配后

图 11-5　使用 RANSAC 算法剔除错误匹配前后的对比（使用 OpenCV 绘制）

另外，其他方法还有一些：PROSAC[31]（progressive sample consensus）算法采用的是半随机选择策略，根据特征点提取的质量进行排序，逐渐增加用以计算模型的点的数目；PARSAC[32]（prior-based adaptive RANSAC）算法在小范围的增强现实（augmented reality，AR）等应用中获得了较好的结果。近些年，Baráth 等[33-35]通过从逐渐增长的邻域中抽取样本，提取局部结构进行全局采样和参数模型估计获得了较好的特征点匹配效果。

11.2.2　基于像素跟踪的特征匹配

基于特征描述子的特征匹配需要计算描述子间的距离，其运算量较大，并不适合类似于视觉里程计或视觉 SLAM 系统等对实时性要求较高的场景中。基于像素跟踪的特征匹配可看成“先检测-后跟踪”的过程，提取出特征点的位置后根据周围像素值的变化进行特征的关联，常使用 NCC（normalized cross correlation）、SSD（single shot detection）等基础算子进行计算，因此可以获取较高的跟踪速率。需要注意的是，当特征点位置相比整幅图像发生较大的变化时，跟踪过程可能出现漂移，常使用类似 KLT[36]（Kanade-Lucas-Tomasi）等的稀疏光流计算方法进行特征点的匹配，该种方式在视觉定位的数据关联过程中较为常见（图 11-6）。

(a)

(b)

图 11-6　通过 KLT 光流估计进行跟踪匹配

（a）当前帧；（b）上一帧并展示光流计算结果，使用 OpenCV 绘制

11.2.3 基于深度神经网络的特征匹配

与特征点提取类似，近些年也涌现出了很多使用深度神经网络进行训练学习得到的特征匹配结果。基于学习的特征关联可以大致分为两种方式：①基于图像；②基于点集合。基于图像的方式常用于图像配准、立体匹配、视觉定位与变换估计等任务中，这种方法可以直接实现基于任务的学习，而无须预先检测任何图像特征点；基于点集合的方式，对提取的特征点集合进行学习常用于分类、分割及配准等任务中。

本节重点关注基于点集合的深度神经网络特征匹配方法，该类型算法可以大致分为参数拟合和对待匹配的特征点进行分类的方式。前者受传统 RANSAC 算法的启发，旨在通过基于 CNN 的数据驱动优化策略估计变换模型，如基本矩阵和极线几何约束等。然而，后者倾向于使用网络进行分类器的训练，从而在假定的待匹配集中识别真正的匹配。

对于基于参数拟合的基本矩阵估计问题，DSAC[37]算法实现了一种基于传统 RANSAC 的可微分端到端强化学习网络，并使用概率选择替代确定性的假设选择，以减少期望损失和优化可学习参数。随后，Ranftl 等[38]提出了一种可训练的从噪声中估计基本矩阵的方法。该方法被转换为一系列加权齐次最小二乘问题，其中鲁棒权值由深度网络估计。与 DSAC 类似，Kluger 等[39]也引入了使用学习技术来改进重采样策略。

Brachmann 等[40]提出了一种使用假设抽样学习指导的稳健估计。该算法以内层数本身作为训练目标，以促进其进行自监督学习，并结合不可微任务损失函数和不可微最小求解器进行训练（图 11-7）。而 CONSAC[39]利用神经网络对假设选择的条件抽样概率进行顺序更新，并引入作为多参数模型拟合的稳健估计器进行求解。

(a) SIFT匹配结果

(b) SIFT匹配并使用RANSAC去除错误匹配

(c) SIFT匹配并使用NG-RANSAC去除错误匹配

图 11-7　NG-RANSAC 去除错误匹配的效果[40]

待匹配特征点分类法：Yi 等[25]提出了一种典型的基于对特征点分类的寻找最佳图像特征点匹配的方法。该方法利用多层感知机给候选的特征点匹配对进行加权，认为正确匹配的概率越大，权值越大，认为错误匹配的概率越大，权值越小。LMR[41]（learning for mismatch removal）通过基于多 k 近邻策略的局部邻域结构的一致性前提，训练分类器进行任意匹配假设的正确性判断，将特征匹配转化为二分类问题。文献[42]改进了错误匹配空间分布不规则导致无法保证空间 k 近邻的一致性问题，提出了基于兼容性的挖掘方法来搜索一致性的邻接点。PointNet[43]是一个优秀的基于分类的点云配准方法。该方法可直接处理无序点云数据，为物体分类、局部分割及场景语义解析的应用提供了统一的体系结构表征。PointNet ++[44]弥补了 PointNet 缺失局部特征的缺点，主要借鉴 CNN 的多层感受野思想，在整个点云的局部采样并重新划定小范围，作为局部的特征，用 PointNet 进行特征提取从而获取多层局部特征。

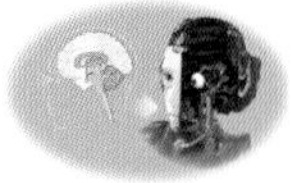

11.3　目标追踪算法

目标追踪算法的功能是给定目标在初始帧的位置后，在后续的图像序列中，持续准确地给出目标位置的预测结果。基本的流程就是上述特征提取与匹配的反复应用（图 11-8）：①输入初始目标位置，生成目标特征信息；②分别提取下一帧众多候选位置的特征信息，与目标特征信息进行比对，并评出相似度分值；③选取相似度得分最高的候选位置作为目标在当前帧的位置，利用当前帧的特征信息更新目标特征信息。目标追踪面临的主要挑战有目标自身的形变、尺度变换、复杂背景的干扰，以及其他物体对目标造成的遮挡等不利因素。

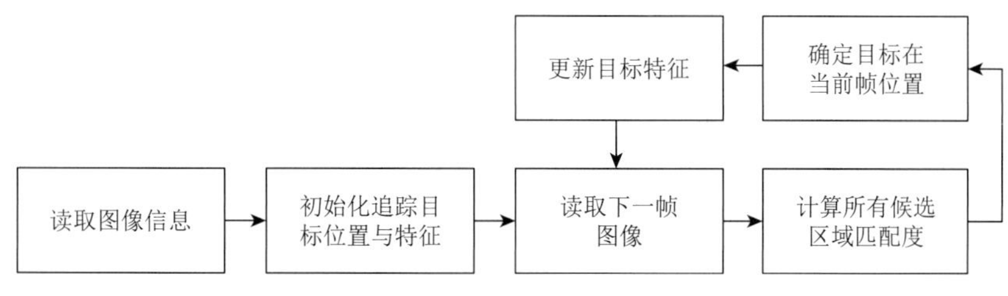

图 11-8　目标追踪的流程

传统目标追踪算法大多数使用生成模型的方法，即对当前帧的目标区域进行建模，在下一帧寻找与该模型最相似的区域，例如，Broida 等[45]提出的基于卡尔曼滤波的算法；Zhou 等[46]提出的基于粒子滤波的算法；Comaniciu 等[47]提出的 Mean-shift 算法（图 11-9）等。

图 11-9　Mean-shift 算法的效果[47]

后续的追踪算法在特征提取过程中引入机器学习中正负样本的概念，即不仅对追踪目标的特征进行描述，同时也注重非目标位置的描述。另外，有算法提出，在追踪过程中加入目标的重新检测机制，以应对遮挡等不利因素造成的目标短暂丢失问题。此类追踪算法的代表有 Hare 等[48]提出的 Struck 算法和 Kalal 等[49]提出的 TLD（tracking learning detection）算法（图 11-10）。

图 11-10　TLD 算法的效果[49]

为了提升目标追踪的效率，相关滤波思想被引入追踪算法中。该类方法的主要思想是设计了一个滤波模板，对所有候选区域进行相关运算，寻找匹配度最高的区域。由于这类方法首先将图像进行傅里叶变换处理，之后进行相关运算，极大地提升了算法的实时性。该类算法的代表有 Bolme 等[50]提出的 Mosse 算法，以及 Henriques 等[51]提出的 CSK（circulant structure of tracking by detection with kernels）、KCF[52]（kernel correlation filter）算法等。在此基础上 Danelljan[53]等提出了 ECO（efficient convolution operators for tracking）算法。该算法一方面将目标特征降维减少模型数量，另一方面使用高斯混合模型提升样本的差异性，同时还减少了目标特征的更新频率（图 11-11）。这些改进步骤，进一步提升了目标追踪算法的准确性与效率。

图 11-11　ECO 算法效果[53]

以往目标追踪算法中特征提取的标准都是由人工设定的，这一标准并不利于机器去学习。随着深度学习研究的开展，利用卷积网络来提取目标的深度特征信息的方法也被逐步引入目标追踪算法中，目标追踪算法的准确性也被提升到了新的高度。以下是几种有代表性的方法。

Nam 等[54]提出了 MDNet（multi-domain convolutional neural network）算法。该算法使用带标注数据的视频训练卷积神经网络来获取通用特征表述，并使用具备单个目标特征的多分支全连接层来实现对特定目标的表达。该算法将深度特征信息引入目标追踪中，同时也为多目标追踪提供了一种全新的思路。

Bertinetto 等[55]提出了 SiamFC（siamese fully-convolutional）算法，其是一种基于全卷积孪生网络的追踪算法。该算法不局限使用当前视频序列训练分类器，而是利用更为广泛的视频数据集，离线学习了一个通用的相似度匹配函数，并将该函数应用于追踪过程中的相似度评估。这一做法提升了卷积神经网络的效率，并且也证明了相似度匹配函数在不同数据中具有一定的共通性。同时，该算法还为后续诸多算法提供了基础框架。

Bhat 等[56]提出了 DiMP（discriminative model prediction）算法。该算法优化了孪生网络对背景和目标的区分能力，并且引入了在线学习的机制，每隔一定帧数更新滤波器，这些改进进一步提升了追踪算法应对复杂场景的能力，也进一步提升了算法效率（图 11-12）。

Yan 等[57]提出了一种 STARK（spatio-temporal transformer for visual tracking）算法追踪框架，该框架将时间、空间信息当成一个整体，让网络学习时空结合的表示特征，同时将目标追踪框定位问题构造成了一个预测左上与右下热力角点的问题，网络的输出即为包含当前帧目标的边界框。

目标追踪算法仍是当前计算机视觉研究的一个热点领域，更多崭新且优秀的方法正在不断被发掘。若想要关注该领域的进展可以关注 VOT[58]（visual object tracking）算法、

GOT-10k[59]（generic object tracking in the wild）算法、TrackingNet[60]、LaSOT[61]（large-scale single object tracking）算法、OxUvA[62]算法等目标追踪竞赛的成果。

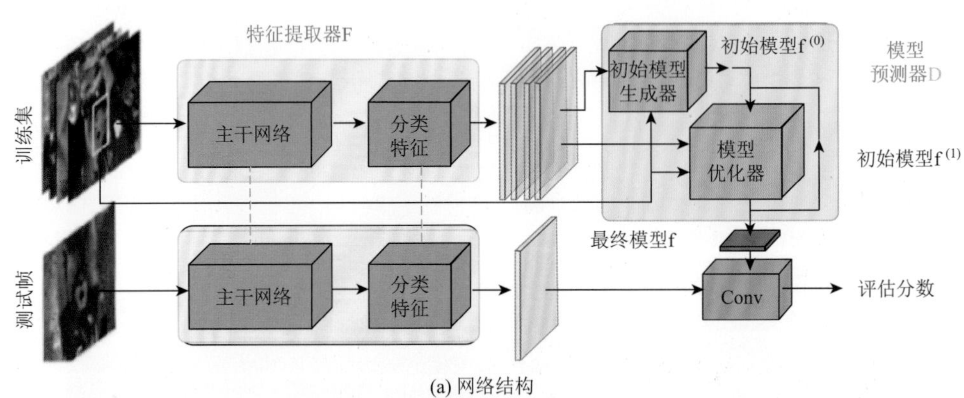

(a) 网络结构

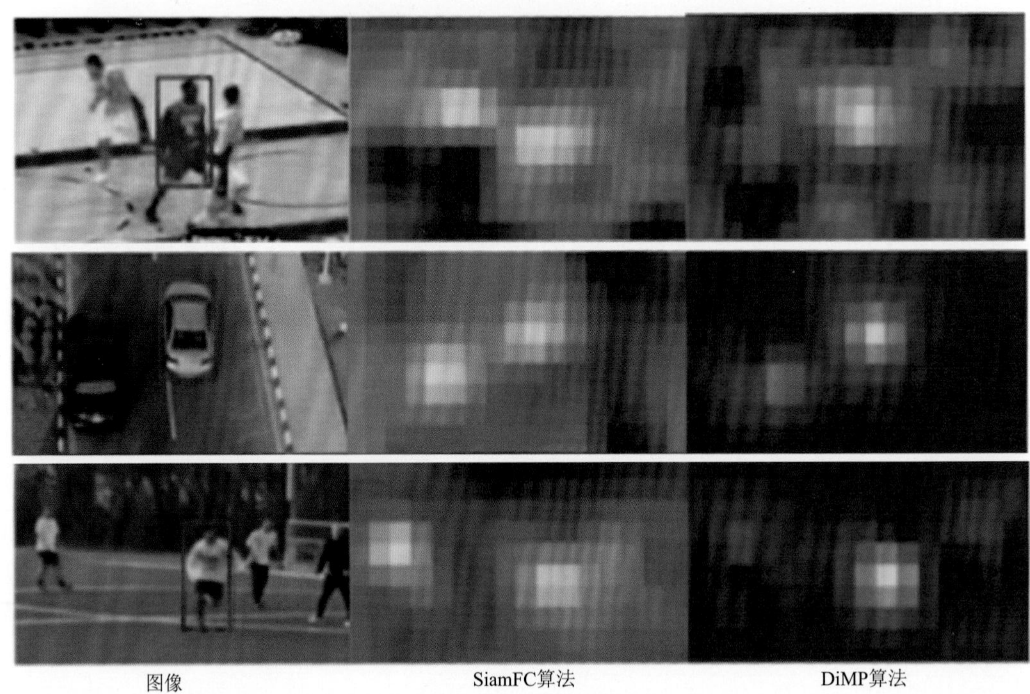

图像　SiamFC算法　DiMP算法

(b) 候选目标置信度

图 11-12　DiMP 算法基于孪生网络改进后的模型及效果对比[56]

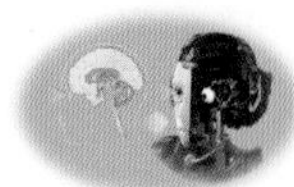

11.4　光流检测算法

11.4.1　概述

光流（optic flow）概念最早由美国心理学家 James Jerome. Gibson 在 1950 年引入，

用于描述给移动中的动物提供的视觉刺激，由观察者和场景之间的相对运动引起的视觉场景中的物体、表面和边缘运动的表观模式[63]。Gibson 强调了光流可供感知的重要性，提供了辨别环境中各种行动的可能性，如图 11-13 所示[64]。与**场景流**不同的是，光流描述了相邻帧之间像素级的位移场。现在机器人领域许多专家也采用光流法来解决图像处理、导航控制等领域中的相关技术问题，如图像分割（图 11-14[65]）、运动检测（图 11-15[66]）、运动补偿编码等。

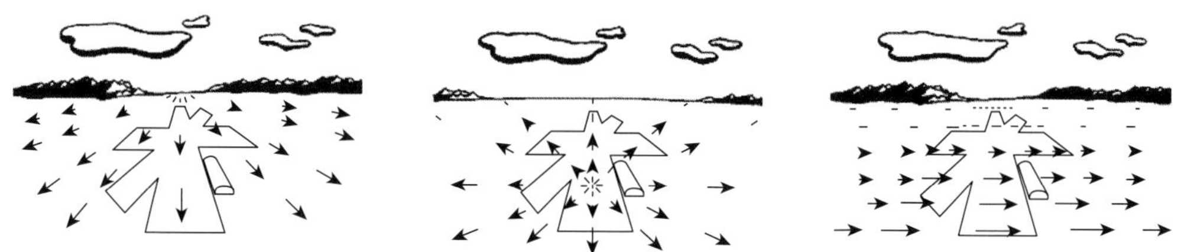

图 11-13　Gibson 光流示意图[64]

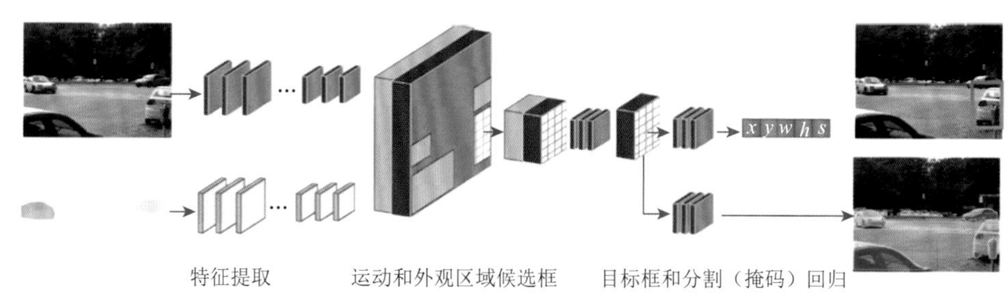

图 11-14　光流在图像分割中的应用[65]

x、y 分别是网络预测输出的目标框的中心点的坐标；w、h 分别是该目标框的宽和高的像素值；s 为目标框的语义类别

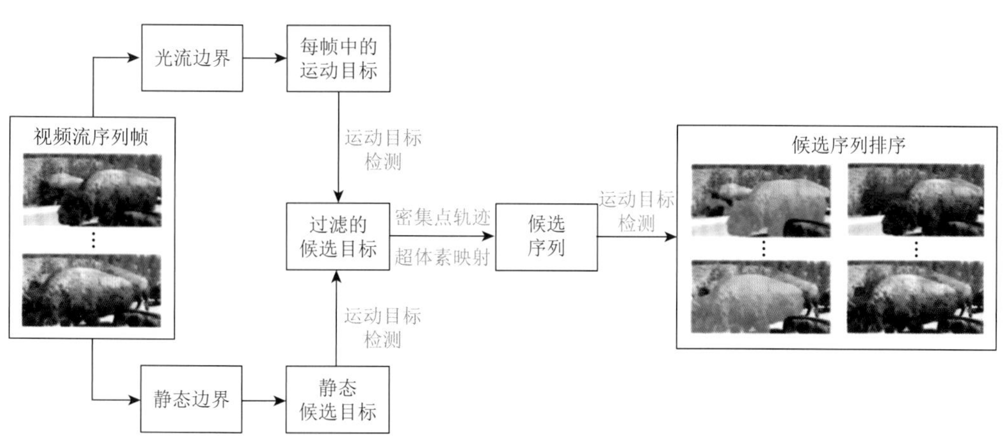

图 11-15　视频流中的运动目标分割[66]

光流估计问题已经有了很长的研究历史。Zhai 等[67]对光流的发展历史进行了较系统的梳理。光流估计算法可根据数据驱动的方式，大致分为两大类：传统光流估计方法和基于深度学习的光流估计方法。传统光流估计方法主要依赖人工设计的特征或者解码准

则，而基于深度学习的光流估计方法通常具有预设的网络模型结构，然后通过数据驱动的方式对模型参数进行训练。下面将集中介绍基于深度学习的光流估计算法。

11.4.2 传统光流估计算法

早期的光流估计方法主要依靠变分法[64]框架，变分法利用最简单的像素灰度作为参考像素和目标像素的匹配度描述准则，将光流场的匹配问题转化为泛函最小化问题，并通过迭代的方法进行求解。由于变分法使用的能量函数较复杂，计算复杂度往往较高且容易陷入局部最优解。之后，许多相关研究人员从不同角度进行了改进（表 11-2[68]）。一方面，通过使用绝对差/方差之和、区域块相关等局部描述方案代替单个像素灰度值进行相似度描述，或者使用由粗到细的方案优化求解过程。另一方面，使用特征匹配信息对变分优化进行约束。特征匹配信息的引入显著改善了检测精度，这也让研究人员意识到稀疏匹配信息在光流估计任务中的重要作用，并由此衍生出基于插值的光流检测方法。基于插值的光流检测方法首先对局部匹配关系进行建模，然后利用稀疏匹配关系对模型参数进行求解，最后利用求解出的局部映射模型获得整个局部区域的光流值。该类方案弥补了变分法对于大尺度位移的不足，取得了比较好的光流估计结果。

表 11-2 不同光流估计算法对比研究[68]

方案类别	存在不足	典型算法	备注
变分法	易陷入局部最优解 无法恢复细小运动结构 求解速度慢	变分方法（Horn 等，1981） warp 扭曲方法（Brox 等，2004） 长程点轨迹法（Brox 等，2010）	最经典方案，策略仍被沿用
基于插值的光流检测方法	插值模型不符合投影关系 插值近邻点选择方案不合理	边缘保护插值法（Revaud 等，2015） 大位移鲁棒插值法（Hu 等，2017）	受变分法匹配项的启发发展而来

近些年来，深度学习逐渐发展成为从数据中学习特征表示的有力工具，由于可以参考传统光流估计方案的思想进行网络设计，如迭代优化、由粗到细的光流解码结果等，因此基于深度学习的光流估计方案具有很强的后发优势，也将光流估计的精度提升到了新的高度。近几年来，为了帮助基于深度学习的光流估计算法的发展，若干数据集被相继提出，如 MPI-Sintel[65]、FlyingChairs[66]、FlyingThings3D[67]、KITTI2012[69]、KITTI2015[70]等，这些数据集为基于深度学习的光流估计算法提供了充足的训练和测试样例。卷积神经网络（convolutional neural network，CNN）作为深度学习的一个重要工具，已经成功应用到光流估计问题中。

11.4.3 有监督光流检测算法

目前有标注数据驱动的模型结构大致可以分为两类，一类以 U-Net[71]网络结构为基础，另一类以空间金字塔网络为基础。

1. U-Net 网络系列

U-Net 最初是面向语义分割任务提出的一种编解码架构，由编码器和解码器部分组成，如图 11-16 所示。

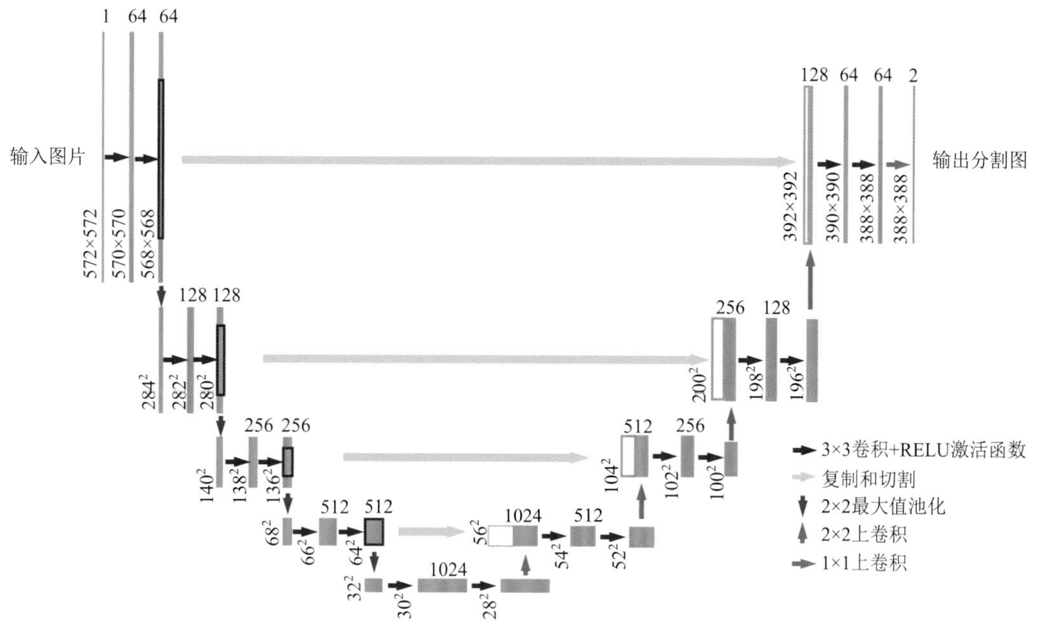

图 11-16　U-Net 网络结构示意[69]

2015 年，Dosovitskiy 等[70]首先引入 CNN 来处理光流估计问题，并设计了两个经典的网络结构：FlowNetS 和 FlowNetC。FlowNetS 的编码端如图 11-17 所示，网络的输入为堆叠的相邻两帧图像，编码端由一系列的卷积层组成，随着网络的加深，特征图的尺度也可以不断变小。编码端输出的特征尺度为原始尺度的 1/64。FlowNetC 的编码端结构如图 11-18 所示。与 FlowNetS 不同的是，FlowNetC 的输入分成了两个支路，并且每一支路为通过三个卷积层提取的两帧图像的特征图。随后，两个支路的输出合并送入相关层来计算特征的匹配代价。

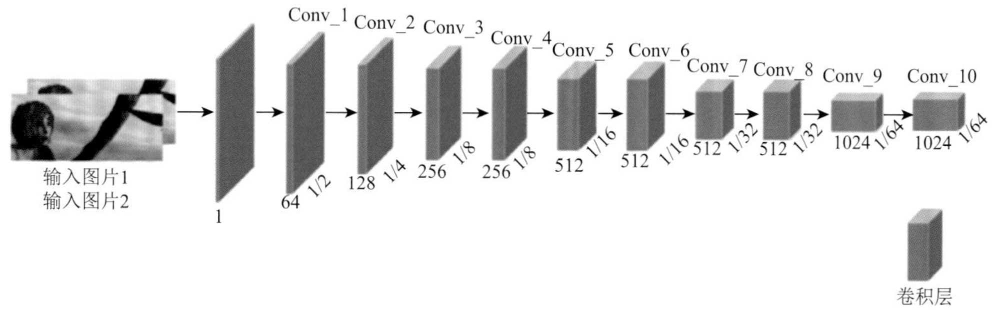

图 11-17　FlowNetS 编码端结构[70]

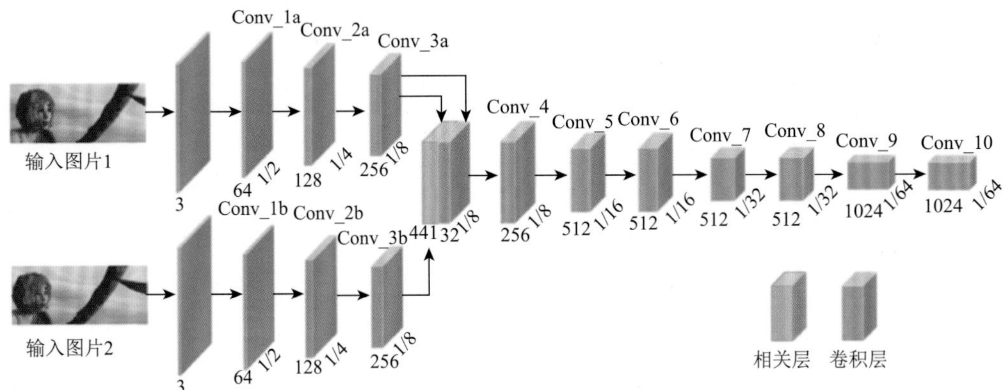

图 11-18　FlowNetC 编码端结构[70]

对于解码端，FlowNetS 和 FlowNetC 采用了相同的结构，如图 11-19 所示。解码端由一系列的反卷积层组成，从而不断扩张特征图维度，最后网络将会输出原尺度下的光流场。基于这一类编解码器（U-Net）结构，后续提出了很多光流估计网络。例如，Ilg 等[71]通过连续堆叠 U-Net 来构建更大的网络 FlowNet2.0（图 11-20），网络的精度得到了显著

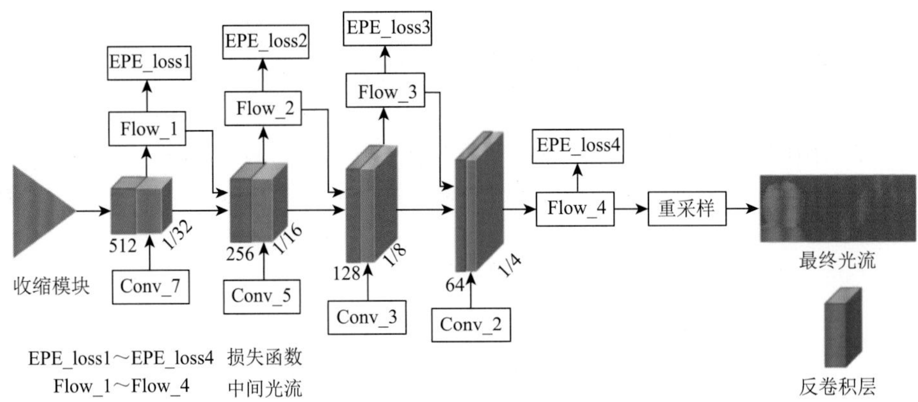

图 11-19　FlowNet 解码端结构[70]

最终光流中颜色越浅意味着光流越大

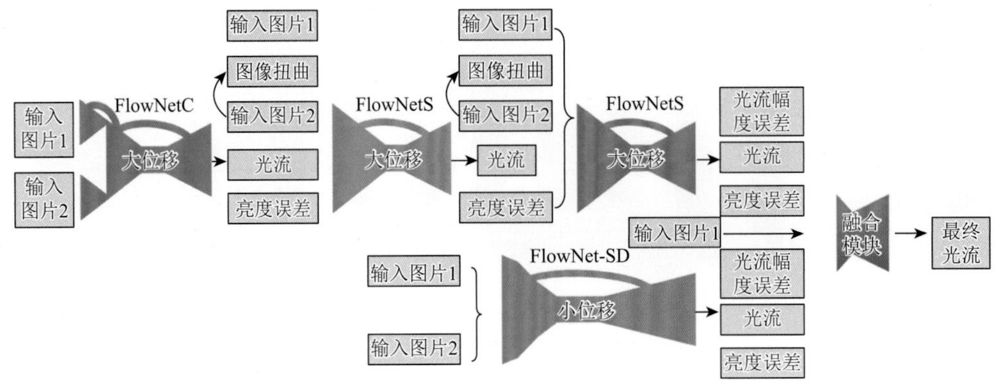

图 11-20　FlowNet2.0 网络结构[71]

改进，但是模型的大小和运行时间也急剧增大和延长；Xiang 等[72]通过引入其他先验知识，如亮度、梯度等来提升光流估计的精度（图 11-21）。

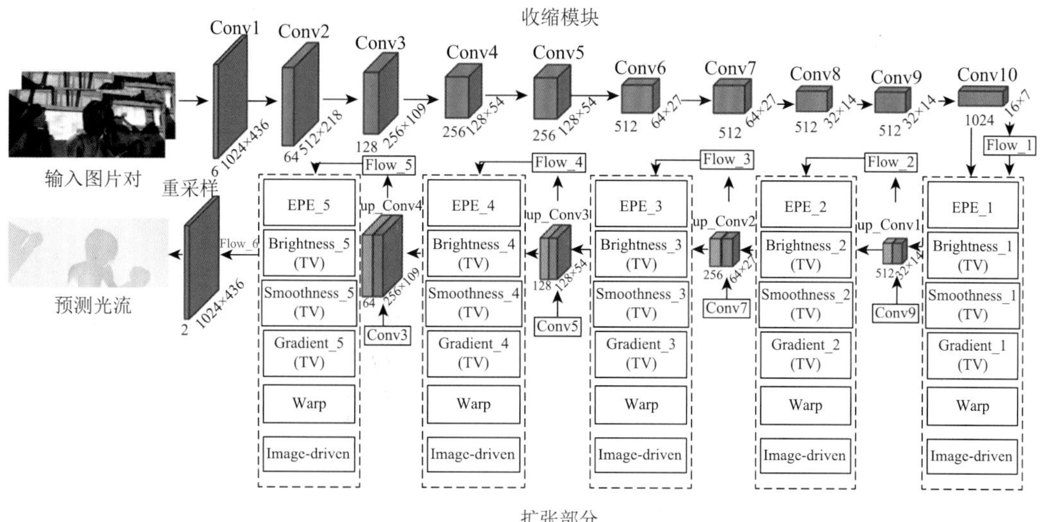

图 11-21　U-Net 结构加入其他先验知识[72]

Conv：卷积；up_Conv：上卷积；Flow：光流；EPE：到达端点差误差；Brightness：亮度误差；Smoothness：平滑项误差；Gradient：梯度误差；Warp：图像扭曲

U-Net 结构广泛应用于许多计算机视觉任务中，由于其广泛性，也适合用于多任务学习。Zhai 等[73]提出了一个多任务学习框架 SegFlow，在视频流中获取图像分割结果的同时求解光流场（图 11-22）。U-Net 结构的网络中会对特征图进行压缩和扩张，因此不利于稠密运动估计和精细光流场的估计。同时，U-Net 结构通常认为是全局的估计，缺少理论

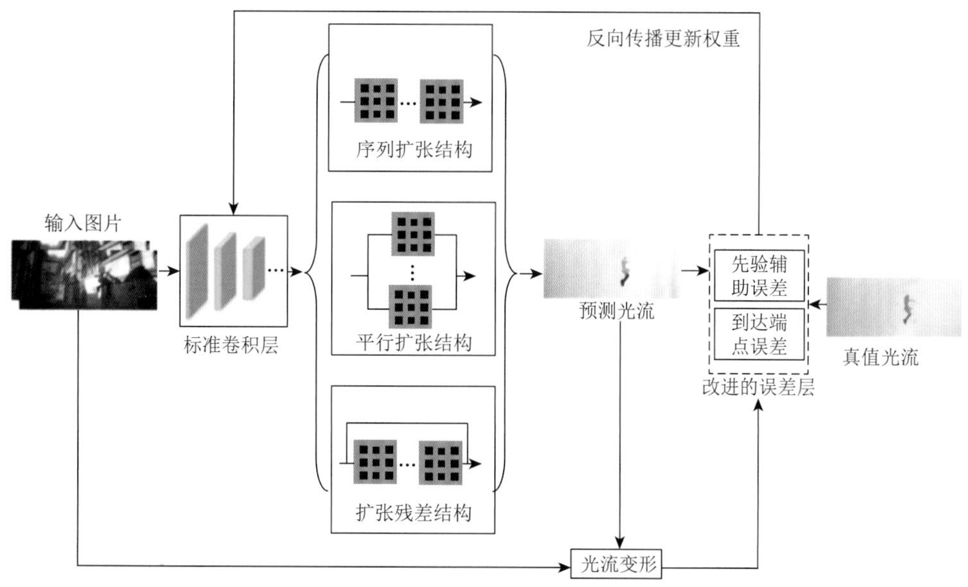

图 11-22　SegFlow 框架[73]

的支撑，而且这类方案也忽视了光流估计的一些准则，如保边、扭曲。在实际的嵌入式设备及移动应用中，这种 FlowNet 类的模型大小和运行时间都需要大大减小和缩短。

Godet 等[74]通过将前一帧的光流估计结果作为后一帧的输入，提出了周期性多帧框架 STaRFlow，从时间和空间角度循环迭代，改进了光流估计网络在遮挡区域、小物体和降质图像上的性能，并且在真实数据集上也得到了不错的效果（图 11-23）。

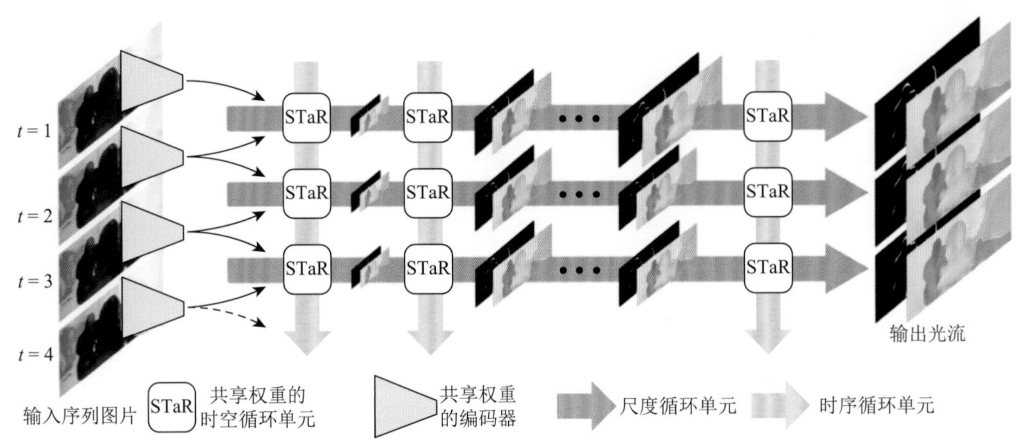

图 11-23　STaRFlow 多帧光流网络结构[74]

2. 空间金字塔结构系列

第二类是空间金字塔结构的网络。Ranjan 和 Black[75]最早提出由粗到细的空间金字塔网络 SpyNet，从而输出不同分辨率下的光流结果，其结构如图 11-24 所示。SpyNet 的模型很小，虽然精度与 FlowNet 相比略有不足，但适合应用于嵌入式机器视觉产品中。

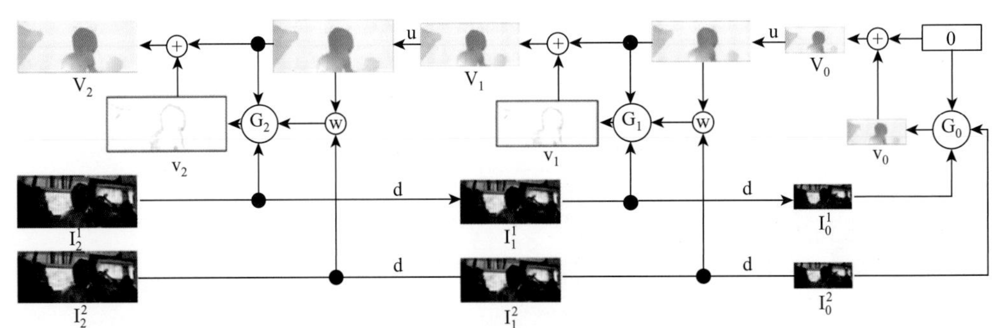

图 11-24　SpyNet 结构示意[75]

G_0～G_2：对应不同分辨率的网格结构；I_0～I_2：不同分辨率的图像，上标 1 和 2 表示前后帧；V_0～V_2：不同分辨率的估计光流；v_0～v_2：不同分辨率的残差光流；d：下采样操作；u：上采样操作；w：几何变换

很多相关研究人员提出使用插值加变分优化的方案提升算法对大尺度位移和细小运动结构的处理能力，虽然获得了一定的性能提升，但是这种插值方法容易受到不合理选

取的匹配点对的影响，在遮挡等区域表现较差。Wang 等[76]提出了带有语义信息的插值方案 SemFlow（图 11-25），以确保插值模型更加符合真实的投影关系。

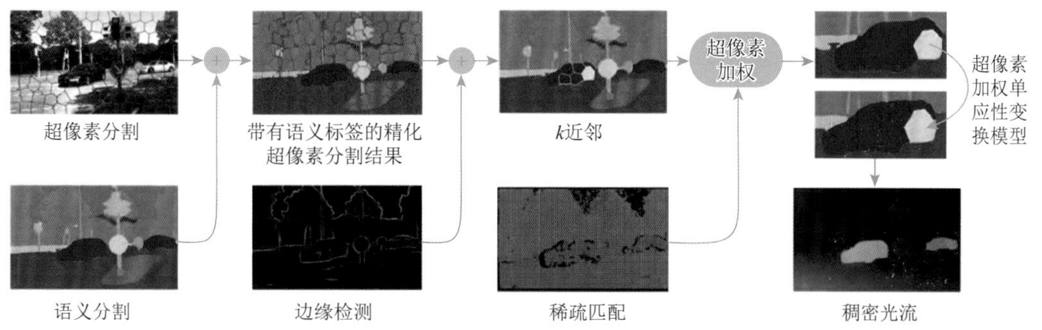

图 11-25　SemFlow 流程示意图[76]

为了有效处理大尺度位移的问题和减少参数数量，后续的光流估计网络都以空间金字塔结构为基础。Sun 等[77]提出了一个修改的空间金字塔网络 PWC-Net，在不同层级之间扭曲操作时改用对图像的特征图进行操作，同时使用相关层来计算匹配代价，具体结构如图 11-26 所示。该算法在若干数据集上都得到了明显的性能提升。后续的很多光流估计网络也采用对图像特征进行扭曲操作来减少特征空间距离。

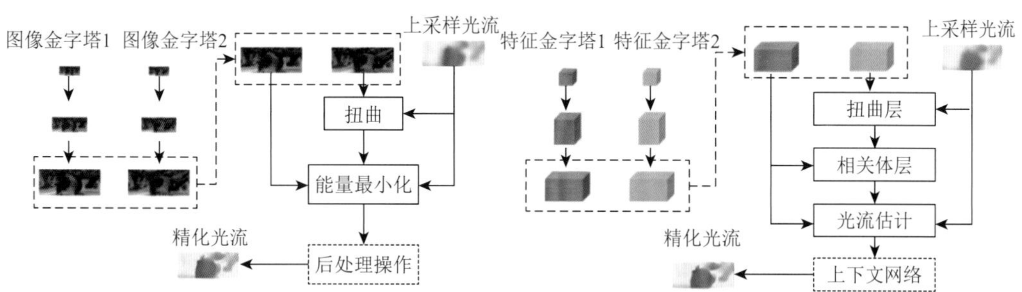

图 11-26　SpyNet[75]与 PWC-Net[77]对比

为了提升特征提取网络信息的富集能力，同时加强网络对运动边缘的关注度，Wang 等[78]在 PWC-Net 的基础上重新设计了特征提取器的结构，通过层级空洞模块将上下文信息收集过程和高效的层级解码结构结合以提高网络对上下文信息的感知能力，如图 11-27 所示。

Teed 和 Deng[16]提出 RAFT 网络结构（图 11-28），通过设计一个循环迭代操作，在迭代精化的过程中共享权重，进一步提升了光流估计网络的精度。这一类空间金字塔结构框架的主要优点就是精度较高，并且模型大小和运行时间也适合实际应用。这种结构可以满足光流任务的若干原则，如空间金字塔、扭曲、后处理操作，因此也更适合光流估计网络。

在 RAFT 的基础上，Jiao 等[79]对多帧间的运动一致性进行建模，从而对丢失的运动特征进行修复，达到了目前多帧光流估计网络的最佳性能（图 11-29）。

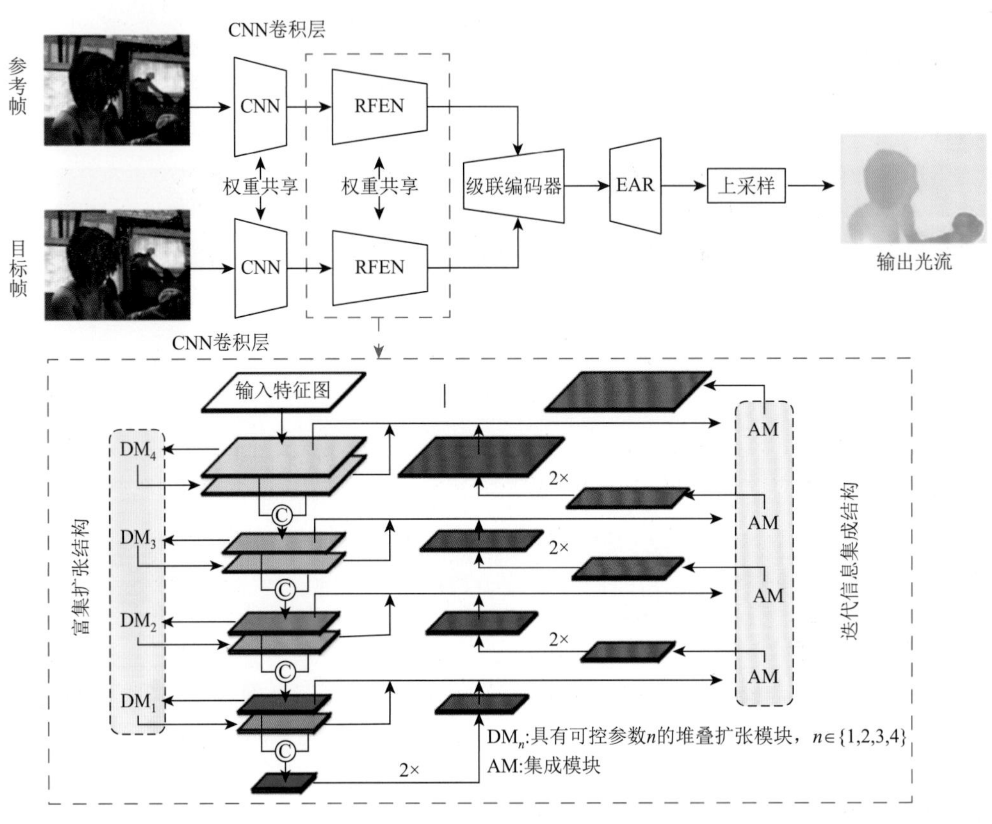

图 11-27　带有边缘精化的富集特征光流估计[78]

RFEN 指富集特征提取模块；EAR 指边缘感知精化模块；C 指串联特征，concatation

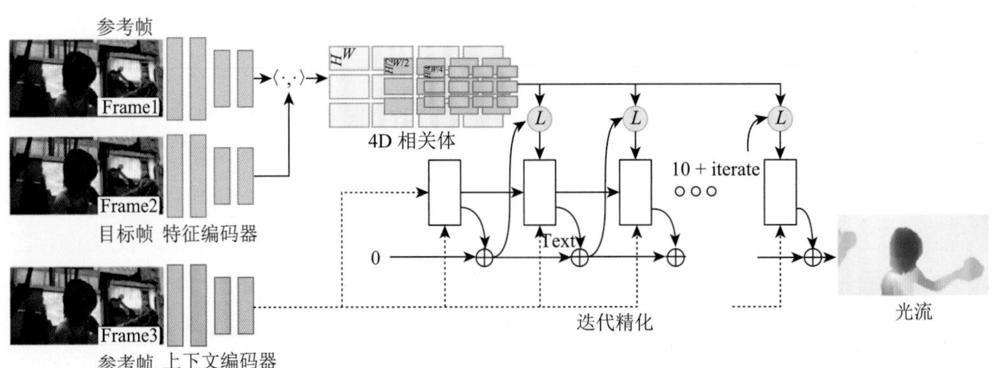

图 11-28　RAFT 网络结构示意[16]

L 指构建的损失；iterate 指迭代精华模块的迭代次数

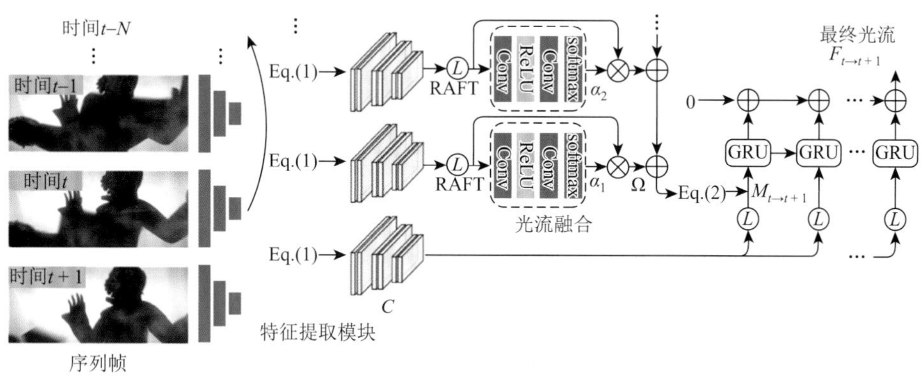

图 11-29 MFR 多帧光流网络结构示意[79]

MFR 指 motion feature recovery，运动特征恢复

11.4.4 无监督光流检测算法

上述算法都依赖真实光流作为监督信号，因此需要带标签的数据，而获取真实场景下的光流真值是复杂且费时的。因此，相关研究人员也在尝试从无监督的角度解决光流估计的问题。目前，无监督版本的 SelFlow[80]在公开数据集上是无监督方法中精度最优的，同样采用空间金字塔结构，每一层的结构如图 11-30 所示。但是，模型的精度仍无法超越现阶段的有监督方法，如前面所提到的 RAFT 模型。半监督的方法可能是比较好的解决途径，但目前提出的半监督方法，如 SemiFlowGAN[81]和 CPNet[82]，当前精度尚不如有监督和无监督的方法。Janai 等[83]尝试在多帧间利用无监督的方式进行光流估计和遮挡建模，提出了多帧光流（multi-frame optical flow，MFF）多帧框架，具体而言，在三帧图像间弥补因遮挡等问题造成的精度损失，在性能上超越了部分无监督双帧光流网络，甚至可以超过部分有监督的光流网络（图 11-31）。

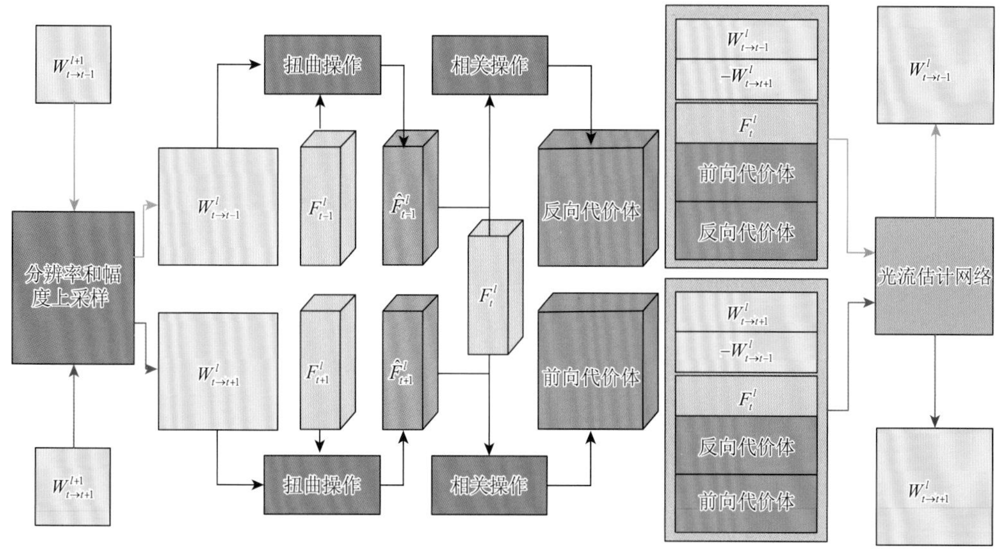

图 11-30 SelFlow 层级结构示意[80]

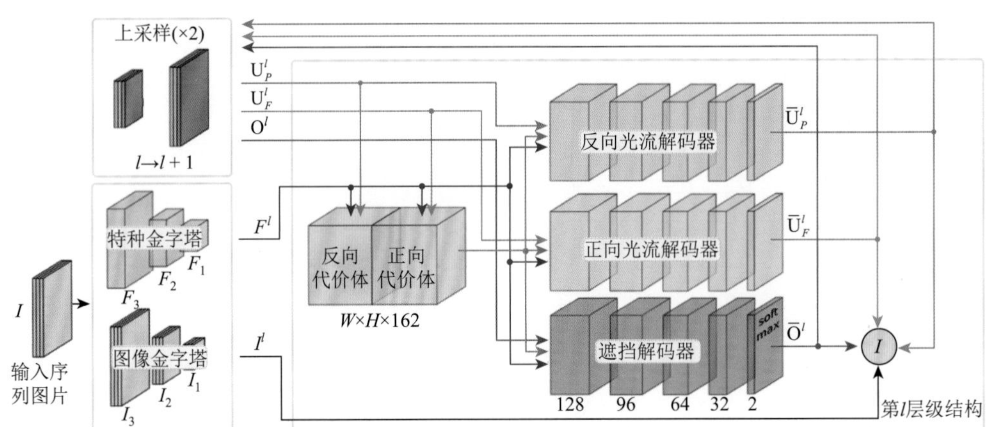

图 11-31 MFF 无监督多帧光流网络结构[83]

参 考 文 献

[1] Moravec H P. Towards automatic visual obstacle avoidance[C]. 5th International Joint Conference on Artificial Intelligence，Cambridge，1977：584.

[2] Harris C，Stephens M. A combined corner and edge detector[C]. Proceedings of the Alvey Vision Conference 1988，Manchester，1988：147151.

[3] Shi J，Tomasi C. Good features to track[C]. Proceedings of IEEE Conference on Computer Vision and Pattern Recognition，Seattle，1994：593-600.

[4] Smith S M，Brady J M. SUSAN—a new approach to low level image processing[J]. International Journal of Computer Vision，1997，23（1)：45-78.

[5] Trajković M，Hedley M. Fast corner detection[J]. Image and Vision Computing，1998，16（2)：75-87.

[6] Rosten E. Machine learning for very high-speed corner detection[C]. Proceedings of 9th ECCV，Graz，2006，1：430-443.

[7] Rosten E，Porter R，Drummond T. Faster and better：a machine learning approach to corner detection[J]. IEEE Transactions on Pattern Analysis and Machine Intelligence，2010，32（1）：105-119.

[8] Rublee E，Rabaud V，Konolige K，et al. ORB：An efficient alternative to SIFT or SURF[C]. 2011 International Conference on Computer Vision，Barcelona，2011：2564-2571.

[9] Lindeberg T. Feature detection with automatic scale selection[J]. International Journal of Computer Vision，1998，30（2)：79-116.

[10] Lowe D G. Object recognition from local scale-invariant features[C]. Proceedings of the Seventh IEEE International Conference on Computer Vision，Kerkyra，1999，2：1150-1157.

[11] Mikolajczyk K，Schmid C. Scale & affine invariant interest point detectors[J]. International Journal of Computer Vision，2004，60（1)：63-86.

[12] Lowe D G. Distinctive image features from scale-invariant keypoints[J]. International Journal of Computer Vision，2004，60（2)：91-110.

[13] Bay H，Tuytelaars T，van Gool L. SURF：Speeded up robust features[C]. ECCV'06：Proceedings of the 9th European Conference on Computer Vision，Berlin，2006：404-417.

[14] Alcantarilla P F，Bartoli A，Davison A J. KAZE features[C]. Proceedings of the 12th European Conference on Computer Vision，Florence，2012：214-227.

[15] Alcantarilla P F，Solutions T. Fast explicit diffusion for accelerated features in nonlinear scale spaces[J]. IEEE Transactions on

Pattern Analysis and Machine Intelligence，Bristol，2011，34（7）：1281-1298.

[16] Teed Z，Deng J. RAFT：Recurrent all-pairs field transforms for optical flow[C]. European Conference on Computer Vision，Cham，2020：402-419.

[17] von Gioi R G，Jakubowicz J，Morel J M，et al. LSD：A line segment detector[J]. Image Processing on Line，2012，2（4）：35-55.

[18] Akinlar C，Topal C. EDLines：A real-time line segment detector with a false detection control[J]. Pattern Recognition Letters，2011，32（13）：1633-1642.

[19] Lu X H，Yao J，Li K，et al. CannyLines：A parameter-free line segment detector[C]. 2015 IEEE International Conference on Image Processing，Quebec City，2015：507-511.

[20] Almazan E J，Tal R，Qian Y，et al. MCMLSD：A dynamic programming approach to line segment detection[C]. Proceedings of the IEEE Conference on Computer Vision and Pattern Recognition，Honolulu，2017：2031-2039.

[21] Verdie Y，Yi K M，Fua P，et al. TILDE：A temporally invariant learned detector[C]. 2015 IEEE Conference on Computer Vision and Pattern Recognition（CVPR），Boston，2015：5279-5288.

[22] Simo-Serra E，Trulls E，Ferraz L，et al. Discriminative learning of deep convolutional feature point descriptors[C]. 2015 IEEE International Conference on Computer Vision，Santiago，2015：118-126.

[23] Yi K M，Trulls E，Lepetit V，et al. LIFT：Learned invariant feature transform[C]. European Conference on Computer Vision，Cham，2016：467-483.

[24] Ono Y，Trulls E，Fua P，et al. LF-Net：Learning local features from images[C]. Advances in Neural Information Processing Systems，2018：6237-6247.

[25] Yi K M，Trulls E，Ono Y，et al. Learning to find good correspondences[C]. 2018 IEEE/CVF Conference on Computer Vision and Pattern Recognition，Salt Lake City，2018：2666-2674.

[26] de Tone D，Malisiewicz T，Rabinovich A. SuperPoint：Self-supervised interest point detection and description[C]. 2018 IEEE/CVF Conference on Computer Vision and Pattern Recognition Workshops（CVPRW），Salt Lake City，2018：337-33712.

[27] Ma J Y，Jiang X Y，Fan A X，et al. Image matching from handcrafted to deep features：A survey[J]. International Journal of Computer Vision，2021，129（1）：23-79.

[28] Chen L，Rottensteiner F，Heipke C. Feature detection and description for image matching：From hand-crafted design to deep learning[J]. Geo-spatial Information Science，2021，24（1）：58-74.

[29] Kitt B，Geiger A，Lategahn H. Visual odometry based on stereo image sequences with RANSAC-based outlier rejection scheme[C]. 2010 IEEE Intelligent Vehicles Symposium，La Jolla，2010：486-492.

[30] Nistér D. Preemptive RANSAC for live structure and motion estimation[J]. Machine Vision and Applications，2005，16（5）：321-329.

[31] Chum O，Matas J. Matching with PROSAC-progressive sample consensus[C]. 2005 IEEE Computer Society Conference on Computer Vision and Pattern Recognition，San Diego，2005：220-226.

[32] Tan W，Liu H M，Dong Z L，et al. Robust monocular SLAM in dynamic environments[C]. 2013 IEEE International Symposium on Mixed and Augmented Reality（ISMAR），Adelaide，2013：209-218.

[33] Baráth D，Matas J，Noskova J. MAGSAC：marginalizing sample consensus[C]. 2019 IEEE/CVF Conference on Computer Vision and Pattern Recognition（CVPR），2019：10189-10197.

[34] Baráth D，Ivashechkin M，Matas J. Progressive NAPSAC：Sampling from gradually growing neighborhoods[J]. Computer Science. arXiv，2019：1906.02295.

[35] Baráth D，Noskova J，Ivashechkin M，et al. MAGSAC ++，a fast，reliable and accurate robust estimator[C]. Proceedings of the IEEE/CVF Conference on Computer Vision and Pattern Recognition，Seattle，2020：1304-1312.

[36] Birchfield S. Derivation of kanade-lucas-tomasi tracking equation[J]. Unpublished Notes，1997，44（5）：1811-1843.

[37] Brachmann E，Krull A，Nowozin S，et al. DSAC—Differentiable RANSAC for camera localization[C]. 2017 IEEE

Conference on Computer Vision and Pattern Recognition（CVPR），Honolulu，2017：2492-2500.

[38] Ranftl R，Koltun V. Deep fundamental matrix estimation[C]. Proceedings of the European Conference on Computer Vision（ECCV），2018：284-299.

[39] Kluger F，Brachmann E，Ackermann H，et al. CONSAC：Robust multi-model fitting by conditional sample consensus[C]. 2020 IEEE/CVF Conference on Computer Vision and Pattern Recognition（CVPR），Seattle，2020：4633-4642.

[40] Brachmann E，Rother C. Neural-guided RANSAC：Learning where to sample model hypotheses[C]. 2019 IEEE/CVF International Conference on Computer Vision（ICCV），Seoul，2019：4321-4330.

[41] Ma J Y，Jiang X Y，Jiang J J，et al. LMR：Learning a two-class classifier for mismatch removal[J]. IEEE Transactions on Image Processing：A Publication of the IEEE Signal Processing Society，2019，28（8）：4045-4059.

[42] Zhao C，Cao Z G，Li C，et al. NM-net：Mining reliable neighbors for robust feature correspondences[C]. 2019 IEEE/CVF Conference on Computer Vision and Pattern Recognition（CVPR），Long Beach，2019：215-224.

[43] Charles R Q，Hao S，Mo K C，et al. PointNet：Deep learning on point sets for 3D classification and segmentation[C]. 2017 IEEE Conference on Computer Vision and Pattern Recognition（CVPR），Honolulu，2017：77-85.

[44] Qi C R，Yi L，Su H，et al. PointNet ++：Deep hierarchical feature learning on point sets in a metric space[J]. Advances in Neural Information Processing Systems，2017，30：5099-5108.

[45] Broida T J，Chellappa R. Estimation of object motion parameters from noisy images[J]. IEEE Transactions on Pattern Analysis and Machine Intelligence，1986，8（1）：90-99.

[46] Zhou S H，Chellappa R，Moghaddam B. Adaptive visual tracking and recognition using particle filters[C]. 2003 International Conference on Multimedia and Expo. ICME'03，Baltimore，2003：II-349.

[47] Comaniciu D，Ramesh V，Meer P. Kernel-based object tracking[J]. IEEE Transactions on Pattern Analysis and Machine Intelligence，2003，25（5）：564-575.

[48] Hare S，Golodetz S，Saffari A，et al. Struck：Structured output tracking with kernels[J]. IEEE Transactions on Pattern Analysis and Machine Intelligence，2016，38（10）：2096-2109.

[49] Kalal Z，Mikolajczyk K，Matas J. Tracking-learning-detection[J]. IEEE Transactions on Pattern Analysis and Machine Intelligence，2012，34（7）：1409-1422.

[50] Bolme D S，Beveridge J R，Draper B A，et al. Visual object tracking using adaptive correlation filters[C]. 2010 IEEE Computer Society Conference on Computer Vision and Pattern Recognition，San Francisco，2010：2544-2550.

[51] Henriques J F，Caseiro R，Martins P，et al. Exploiting the circulant structure of tracking-by-detection with kernels[C]. Computer Vision-ECCV，Florence，2012：702-715.

[52] Henriques J F，Caseiro R，Martins P，et al. High-speed tracking with kernelized correlation filters[J]. IEEE Transactions on Pattern Analysis and Machine Intelligence，2015，37（3）：583-596.

[53] Danelljan M，Bhat G，Khan F S，et al. ECO：Efficient convolution operators for tracking[C]. 2017 IEEE Conference on Computer Vision and Pattern Recognition（CVPR），Honolulu，2017：6931-6939.

[54] Nam H，Han B. Learning multi-domain convolutional neural networks for visual tracking[C]. 2016 IEEE Conference on Computer Vision and Pattern Recognition，Las Vegas，2016：4293-4302.

[55] Bertinetto L，Valmadre J，Henriques J A F，et al. Fully-convolutional siamese networks for object tracking[J]. ArXiv e-Prints，2016：arxiv：1606.09549.

[56] Bhat G，Danelljan M，van Gool L，et al. Learning discriminative model prediction for tracking[C]. 2019 IEEE/CVF International Conference on Computer Vision（ICCV），Seoul，2019：6181-6190.

[57] Yan B，Peng H W，Fu J L，et al. Learning spatio-temporal transformer for visual tracking[C]. 2021 IEEE/CVF International Conference on Computer Vision（ICCV），Montreal，2021：10448-10457.

[58] Kristan M，Leonardis A，Matas J，et al. The eighth visual object tracking VOT2020 challenge results[C]. European Conference on Computer Vision，Cham，2020：547-601.

[59] Huang L H，Zhao X，Huang K Q. GOT-10k：A large high-diversity benchmark for generic object tracking in the wild[J]. IEEE

Transactions on Pattern Analysis and Machine Intelligence，2021，43（5）：1562-1577.

[60] Müller M，Bibi A，Giancola S，et al. TrackingNet：A large-scale dataset and benchmark for object tracking in the wild[C]. Proceedings of the European Conference on Computer Vision（ECCV），Munich，2018：300-317.

[61] Fan H，Lin L T，Yang F，et al. LaSOT：A high-quality benchmark for large-scale single object tracking[C]. 2019 IEEE/CVF Conference on Computer Vision and Pattern Recognition（CVPR），Long Beach，2019：5369-5378.

[62] Valmadre J，Bertinetto L，Henriques J F，et al. Long-term tracking in the wild：A benchmark[C]. Proceedings of the European Conference on Computer Vision（ECCV），Munich，2018：670-685.

[63] Hetherington R. The perception of the visual world. by James J. Gibson. U.S.A：Houghton Mifflin Company，1950（George Allen & Unwin，Ltd.，London）. Price 35s[J]. Journal of Mental Science，1952，98（413）：717.

[64] Royden C S，Moore K D. Use of speed cues in the detection of moving objects by moving observers[J]. Vision Research，2012，59：17-24.

[65] Dave A，Tokmakov P，Ramanan D. Towards segmenting anything that moves[C]. 2019 IEEE/CVF International Conference on Computer Vision Workshop（ICCVW），Seoul，2019.

[66] Fragkiadaki K，Arbeláez P，Felsen P，et al. Learning to segment moving objects in videos[C]. 2015 IEEE Conference on Computer Vision and Pattern Recognition（CVDR）Boston，2015：4083-4090.

[67] Mayer N，Ilg E，Hausser P，et al. A large dataset to train convolutional networks for disparity，tical flow，and scene flow estimation[C]. Proceedings of the IEEE conference on computer vision and pattern recognition，2016：4040-4048.

[68] 王贤舜. 基于光流的场景动态感知算法研究[D]. 北京：中国科学院大学，2021.

[69] Ronneberger O，Fischer P，Brox T. U-Net：Convolutional networks for biomedical image segmentation[C]. International Conference on Medical Image Computing and Computer-Assisted Intervention，Cham，2015：234-241.

[70] Dosovitskiy A，Fischer P，Ilg E，et al. FlowNet：Learning optical flow with convolutional networks[C]. 2015 IEEE International Conference on Computer Vision，Santiago，2015：2758-2766.

[71] Ilg E，Mayer N，Saikia T，et al. FlowNet 2.0：Evolution of optical flow estimation with deep networks[C]. 2017 IEEE Conference on Computer Vision and Pattern Recognition，Honolulu，1647-1655.

[72] Xiang X Z，Zhai M L，Zhang R F，et al. Deep optical flow supervised learning with prior assumptions[J]. IEEE Access，2018，6：43222-43232.

[73] Zhai M L，Xiang X Z，Zhang R F，et al. Learning optical flow using deep dilated residual networks[J]. IEEE Access，2019，7：22566-22578.

[74] Godet P，Boulch A，Plyer A，et al. STaRFlow：A SpatioTemporal Recurrent cell for lightweight multi-frame optical flow estimation[C]. 2020 25th International Conference on Pattern Recognition（ICPR），Milan，2020：2462-2469.

[75] Ranjan A，Black M J. Optical flow estimation using a spatial pyramid network[C]. Proceedings of the IEEE Conference on Computer Vision and Pattern Recognition，Honolulu，2017：4161-4170.

[76] Wang X S，Zhu D C，Liu Y Q，Ye X，Li J，**Zhang X L**，et al. SemFlow：Semantic-driven interpolation for large displacement optical flow[J]. IEEE Access，2019，7：51589-51597.

[77] Sun D Q，Yang X D，Liu M Y，et al. PWC-Net：CNNs for optical flow using pyramid，warping，and cost volume[C]. 2018 IEEE/CVF Conference on Computer Vision and Pattern Recognition，Salt Lake City，2018：8934-8943.

[78] Wang X，Zhu D，Song J，Lin Y，Li J，**Zhang X L**，et al. Richer aggregated features for optical flow estimation with edge-aware refinement[C]. 2020 IEEE/RSJ International Conference on Intelligent Robots and Systems（IROS），IEEE，2020：5761-5768.

[79] Jiao Y，Shi G M，Tran T D. Optical flow estimation via motion feature recovery[C]. 2021 IEEE International Conference on Image Processing（ICIP），Anchorage，2021：2558-2562.

[80] Liu P P，Lyu M，King I，et al. SelFlow：Self-supervised learning of optical flow[C]. Proceedings of the IEEE/CVF Conference on Computer Vision and Pattern Recognition，Long Beach，2019：4571-4580.

[81] Wang Y，Yang Y，Yang Z H，et al. Occlusion aware unsupervised learning of optical flow[C]. 2018 IEEE/CVF Conference on

Computer Vision and Pattern Recognition，Salt Lake City，2018：4884-4893.

[82] Yang Y，Soatto S. Conditional prior networks for optical flow[C]. Proceedings of the European Conference on Computer Vision（ECCV），Munich，2018：271-287.

[83] Janai J，Guney F，Ranjan A，et al. Unsupervised learning of multi-frame optical flow with occlusions[C]. Proceedings of the European Conference on Computer Vision（ECCV），Munich，2018：690-706.

第12章 仿生眼的标准位姿与动态标定

标定是立体视觉的核心问题。仿生眼的系统搭建好之后，第一件要做的事情就是视觉系统的标定问题。双目相机的立体视觉计算，首先需要有好的3D图像（左右两幅匹配好的2D图像），而且还需要使用相机的内参（光心位置、焦距、像素大小及排列位置、镜头畸变等参数，参考“名词解释”）和外参（相机之间或相对世界坐标的位置和姿态等参数，参考“名词解释”）数据。由于制造、加工、装配等工艺的误差，需要通过特定工具和图像处理进行标定来获取内外参的数据。双目相机的标定过程复杂而耗时，因此外参和内参皆随时变化的动态双目给标定带来巨大困难。这也是在笔者团队发明双眼协同运动控制原理与动态标定法之前，世界上没有左右相机可相对运动的双目立体视觉传感器，甚至可以自动对焦的具备立体视觉功能的双目相机都没有的原因。

目前，双目立体视觉传感器的标定主要使用的是张氏标定法[1]及其改进算法[2, 3]。这种利用标定板等特殊标定工具的方法虽然可以矫正双目相机的镜头及摄像芯片的畸变（内参），算出左右相机之间的位姿关系（外参），但是没有办法修正双目相机随意运动和任意变焦时的内外参变化，因此目前具备立体视觉功能的双目相机都是相对位姿固定，且不可以对焦和变焦，如英特尔公司的RealSense D400系列。首先，当仿生眼的视线跟随目标运动时，外参就会不断发生变化；其次，当目标距离发生变化时，为了对焦，相机的像距或焦距就会发生变化。因此，内外参变化问题成为仿生眼作为立体视觉传感器的最大障碍。

为了使仿生眼的视觉效果高于平行视，这里就衍生出了仿生眼的双目之间的最佳位姿关系问题，将其称为标准辐辏，也就是双眼的最佳视觉状态。由于视觉环境的不断变化，仿生眼注视的目标也将不断变化，因此仿生眼控制系统必须在尽量保持标准辐辏姿态的情况下，控制双眼协同运动，让双眼在达到视线控制需求的同时，尽量少地偏离标准辐辏。当然，在双眼运动的情况下完全达到标注辐辏的状态也是不可能的，因此还要做到，双目在略微偏离标准辐辏的状态下也可以实现立体视觉功能。以下介绍动态双眼具备立体视觉所需要的步骤和方法。由于部分内容尚处在企业技术保密阶段，所以介绍的内容有所保留。

12.1 标准辐辏概念的提出

如前面所述，传统的固定双目相机为了获得立体视觉，需要对相机的内外参进行标定及校正，仿生眼也是如此。与固定双目不同的是，仿生眼的两个相机像动物的眼球一样可以自由转动，也就是说，两个相机之间外参关系是在变化的，其标定和校正（也称“渲染”）过程也是较为复杂的，并且需要实时进行。然而，如第 3 章中的介绍，动物的眼睛在转动过程中并不是毫无限制地自由运动，双眼在控制视线对准目标的同时保持一定的位姿关系，因此提出“标准辐辏”的概念来描述这一双眼的相对位姿关系状态。略说明一点，虽然眼球的旋转主要是姿态的调整，但是因为眼球的光心和旋转中心不重叠，所以还是称为位姿关系比较准确。

12.1.1 平行视双目相机的定义及立体视觉原理

在描述标准辐辏概念之前，首先要了解双目视觉传感器多半使用平行视双目相机的原因和理解“对极约束”的概念。

平行视双目相机（简称平行双目）：①将双相机的光轴设置为平行；②双相机的摄像芯片平面在同一平面上（最好是相同的芯片）；③两个摄像芯片的像素纵列和横列相互平行（最好从像素横列的第一行起对齐）；④双相机镜头结构相同（焦距相同、视场角相同，最好采用针孔模型）。以下是平行视双目相机立体视觉运算的基本原理。

如图 12-1 所示，平行视双目相机的左右光轴保持平行，左右相机的焦距相同为 f，左右相机的光心分别为 $O_{C\text{-}l}$、$O_{C\text{-}r}$，以光心为原点建立的相机坐标系分别设定为 $\Sigma_{C\text{-}l}$、$\Sigma_{C\text{-}r}$，连接两光心的线段称为**基线**，长度设为 B，点 P 为世界空间中的一点，其对应在左右相机的投影像素点分别为 p_l、p_r。按照图像处理惯例，世界坐标系 Σ_W 设定为与 $\Sigma_{C\text{-}l}$ 重

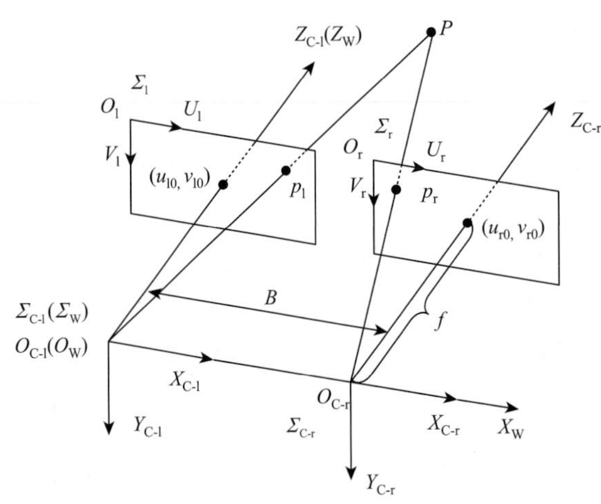

图 12-1 平行视双目相机模型原理[2]

合。这里说明一下图像处理领域的通用做法：为表述方便，相机的像平面被移到了光心前面的对应位置，称为图像平面，所以坐标系 Σ_l 和 Σ_r 分别代表左右两台相机的图像平面坐标系，O_l 和 O_r 分别是图像坐标系的坐标原点，U 轴代表图像平面坐标系的横轴，V 轴代表图像平面坐标系的纵轴。通过 p_l 和 p_r 在图像坐标系的坐标就可以获得 P 点在世界坐标系 Σ_W 的坐标位置。

平行视双目相机的双目图像也称为平行双目立体视觉图像（简称平行双目图）。平行双目图是两幅二维图像，不是三维立体图像。之所以会称为立体视觉图像，是因为人的双眼分别同时观看这两幅图像会产生立体感。平行视双目立体相机模型下的测距原理可以用图 12-2 说明，称为**三角测距**。

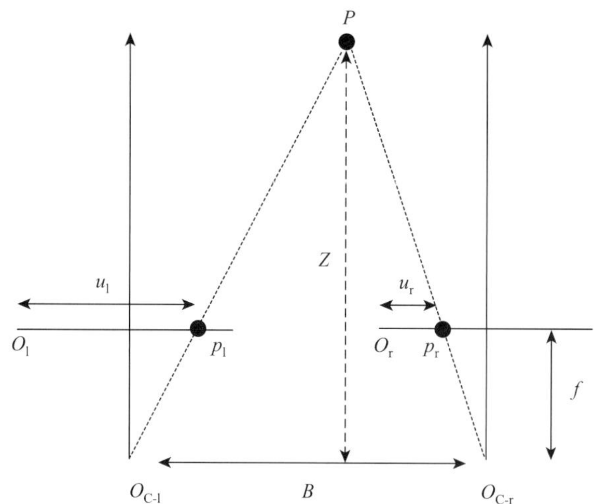

图 12-2　双目立体相机三角测距原理[2]

根据简单几何原理可以看出，空间中某点 P 在左右图中的投影像素点分别为 $p_l(u_l,v_l)$、$p_r(u_r,v_r)$，定义左图的视差为 $d=u_l-u_r$，在已知视差和双目相机参数的情况下，空间点 P 到基线的距离 Z 可以由三角形相似得到：

$$\frac{B}{Z}=\frac{(B+u_r)-u_l}{Z-f}\Rightarrow Z=\frac{Bf}{d} \tag{12-1}$$

为获取平行双目视觉关系，“对极约束”（又称“极线约束”）的概念也尤为重要。图 12-3 所描述的是“对极约束”的基本原理，空间中某点 P 在两图像中的投影像素点分别为 p_l、p_r；$O_{C\text{-}l}$、$O_{C\text{-}r}$ 为两相机光心；将 P、$O_{C\text{-}l}$、$O_{C\text{-}r}$ 组成的平面称为极平面，$O_{C\text{-}l}O_{C\text{-}r}$ 称为基线，极平面与图像平面的交叉线称为极线（图中 I_l 和 I_r），极线和基线的交点称为极点（图中 e_l 和 e_r）。“对极约束”描述的是：图像中的某一像素点 p_l，其对应的匹配点 p_r 一定在另一图像所对应的极线 I_r 上，反之亦然。

利用“对极约束”关系，可以进行双目立体图像的校正，也为左右图像像素点的匹配关系提供更加强的约束，即只需在对应极线上进行查找，避免在整个图像平面进行对应点的查找，从而提升了查找的效率。与此同时，利用描述“对极约束”的本质矩阵，还可以分解出两相机视觉的位姿变换关系，用于估计相机的运动关系。

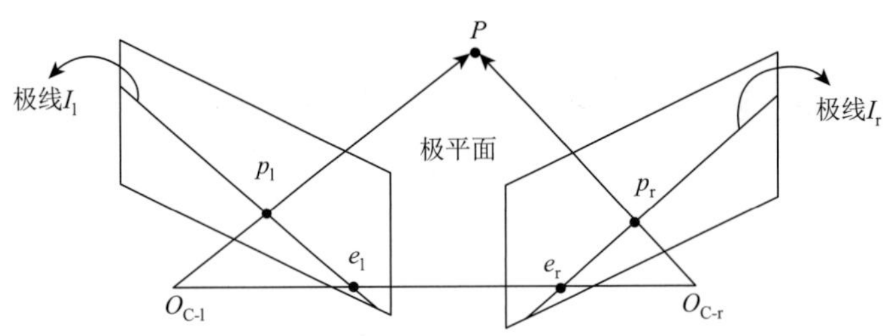

图 12-3 “对极约束”基本原理示意图

由图 12-4 可以看出，当双目相机满足平行视双目相机的条件时，两条极线重合（图中 l）并与基线平行，极点（图中 e_l 和 e_r）在无限远处。对应点只需在对应图像的相同位置的行上查找即可。这样就大大节省了运算量、降低了误匹配率。这也是目前的大部分双目相机都采用平行视双目相机的缘故。由于仿生眼需要随时将视线对准被注视物体，显然平行视双目相机的约束条件无法使用，这就引申出了仿生眼需要遵循的约束条件以提高匹配率，降低运算量。

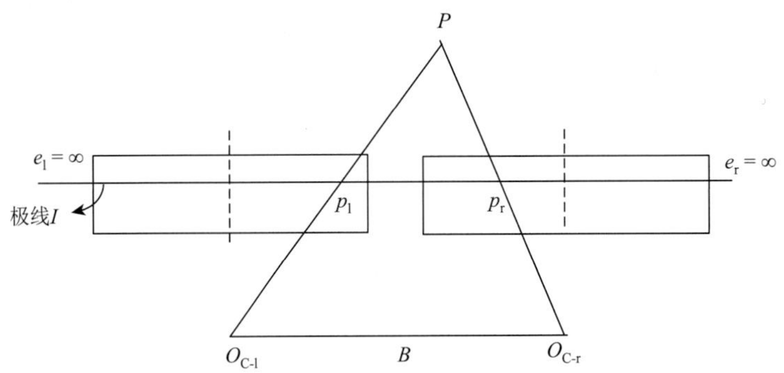

图 12-4 平行视的“对极约束”原理示意图[2]

12.1.2 标准辐辏和正标准辐辏的定义

图 10-1 描述了仿生眼的运动学结构图，以此图为例，标准辐辏定义如下：

当左右相机的图像平面纵轴（$Y_{E\text{-}l}$ 和 $Y_{E\text{-}r}$ 轴）相互平行且朝向一致，左右相机的视线（$\boldsymbol{Z}_{E\text{-}l}$ 轴和 $\boldsymbol{Z}_{E\text{-}r}$ 轴）在同一个平面上并交于一点（该平面称为**视线平面**，交点称为注视点），称为**标准辐辏**。

当该注视点在正中矢状面（简称正中面，即通过基线的中点，且垂直于基线的平面）上时，该仿生眼的双眼位姿关系称为**正标准辐辏**。

从以上正标准辐辏定义可知，当注视点无限远时左右相机光轴平行，此时符合平行视双目相机的定义，所以平行视双目相机属于正标准辐辏的极限情况。仿生眼在标准辐辏状态下，来自注视点的光垂直投射到相机的靶平面，因此视觉效果最好。图 12-5（a）是正标准辐辏状态，灰色立方体是左右相机视野的公共区域，即可以进行立体视觉的区域。如图 12-5（b）所示，当将在图像平面（坐标平面 $X_{P\text{-}l}$-$O_{P\text{-}l}$-$Y_{P\text{-}l}$ 和 $X_{P\text{-}r}$-$O_{P\text{-}r}$-$Y_{P\text{-}r}$）的图

像投影到笔者定义的“虚拟平行视图像平面”时，便可以得到平行视图像。**“虚拟平行视图像平面”（简称虚平行视面）是指垂直于视线平面且平行于基线的平面**。图 12-5（b）所示的虚平行视面通过左右两个图像平面中央纵轴（$Y_{P\text{-}l}$ 轴和 $Y_{P\text{-}r}$ 轴）。

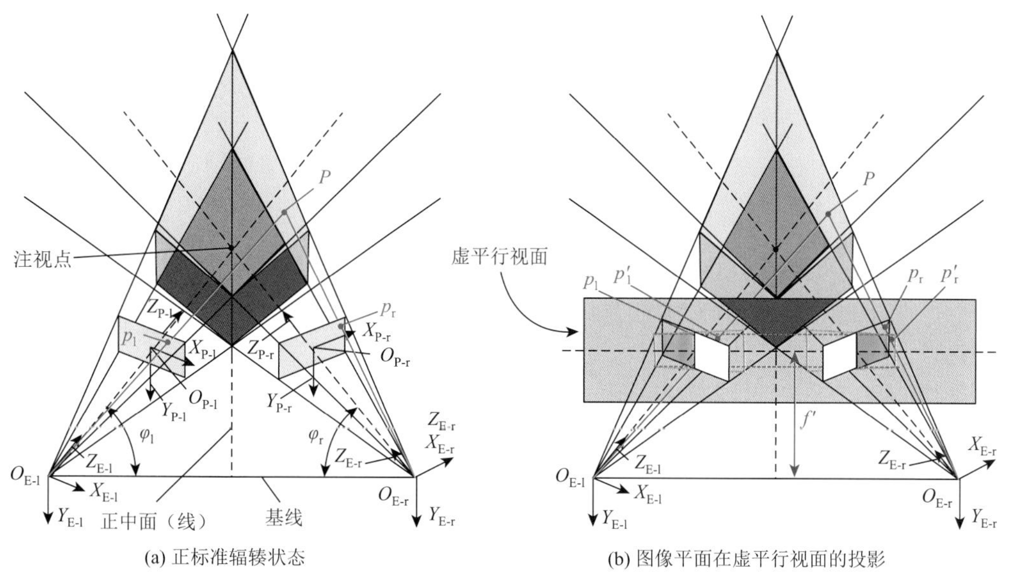

(a) 正标准辐辏状态　　(b) 图像平面在虚平行视面的投影

（左右相机在平行视位置各向内侧旋转30°的情形）

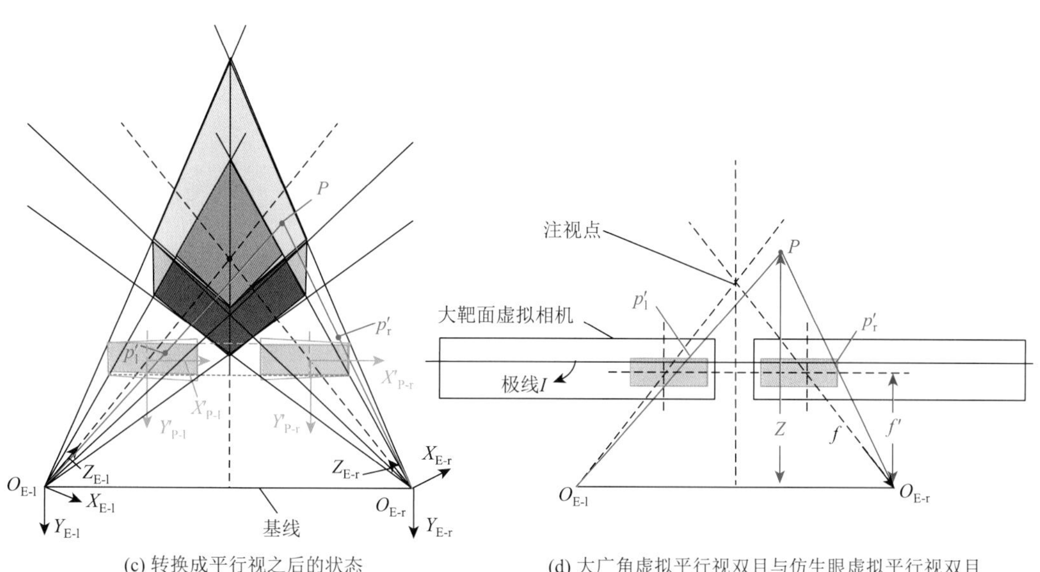

(c) 转换成平行视之后的状态　　(d) 大广角虚拟平行视双目与仿生眼虚拟平行视双目

图 12-5　正标准辐辏的平行视转换

图像平面的每个像素对应在虚平行视面上的点是透过光心与该像素的直线与虚平行视面的交点。虚平行视面上各相机的长方形图像平面的投影呈等腰梯形，内侧底宽、外侧底窄，像素由外向内逐渐变大，因此可以看到内侧半面被拉长，而外侧半面被缩短。

作为平行双目立体视觉图像，左右两张图需要有共同的极线，如图 12-5（c）所示，虚平行视面上的双目图像上下多余出来的部分被舍弃掉，形成高度略低的平行视双目图。通过变换后，所有平行视算法在仿生眼正标准辐辏条件下就都可以使用了。

从图 12-5（d）可以看出，正标准辐辏转变为平行视后，相当于在一台大视角高分辨的平行视双目相机的图中各截取了一部分。虚平行视面与基线的距离 f' 就是虚拟平行视双目相机的焦距。虚平行视面的位置不同，相机图像平面在虚平行视面上的投影大小也不同，但与距离 f' 呈比例关系，根据几何关系可知［参考式（12-1)］，虚平行视面的位置不影响三角测距的结果和精度。

由于相机图像平面的投影由外向内逐渐变宽变长，像素也逐渐变大，等面积的真实分辨率逐渐降低。因此，当将虚拟平行视双目相机的像素渲染成相同大小时，虚拟相机的像素尺寸按照最外侧像素投影的尺寸设定可以尽最大可能降低平行视变换带来的损失。

正标准辐辏的原理已经被用在三维影视拍摄系统的摄像头位姿校正设备中。但是，作为机器人的眼睛，由于头部旋转速度较慢，无法保证视标一直在仿生眼的正中矢状面上运动，因此当注视点偏移到正中矢状面之外时，只要标准辐辏的约束条件满足，也可以通过坐标变换获得视野略窄的虚拟平行视双目立体图像。图 12-6 是视标向左移动，使左相机向内（摆动方向）偏转 20°、右相机向内偏转 30°时的标准辐辏状态及双目共同视野领域（灰色立方体）图。如上所述，虚平行视面与基线的距离，即虚拟焦距 f'，不影响三角测距的结果，可以随意设置，一般放在便于说明和显示的位置。图 12-6（b）的虚平行视面与基线的距离 f' 设置为

$$f' = f\sin\frac{\varphi_l + \varphi_r}{2} = f\sin 65° \qquad (12\text{-}2)$$

式中，φ_l 和 φ_r 分别为左相机光轴和右相机光轴与基线的夹角。

从图 12-6（c）可以看出，左右相机的图像平面在虚平行视面上的投影已经不对称了，而且双眼的共同视觉区域向左偏离。去掉左右图像平面中无共同视觉区域的部分，就可以得到虚拟平行视双目相机模型图［图 12-6（d)］。这个虚拟平行视双目相机虽然左右图像平面的宽度不同，但符合平行视对极约束（证明见 12.1.3 节），适合三维重建等立体视觉计算。由此可见，仿生眼在标准辐辏状态下的目标跟踪，其三维视觉能力（分辨率、三维领域的体积等）在视标周围变化不大。可以很容易想象，如果不是标准辐辏状态，双眼在俯仰和滚动方向向相反方向运动时，双眼的公共区域会迅速减少。因此，如何保证仿生眼的视线运动基本控制在标准辐辏条件下，就成为仿生眼运动控制系统的关键问题。

12.1.3 虚拟平行视面图像变换及深度计算

标准辐辏图像包括正标准辐辏图像和非正标准辐辏图像，可以根据辐辏图像的相机内参和左右辐辏角，快速转换到虚平行视面图像。变换涉及坐标系如图 12-7 所示[4]。

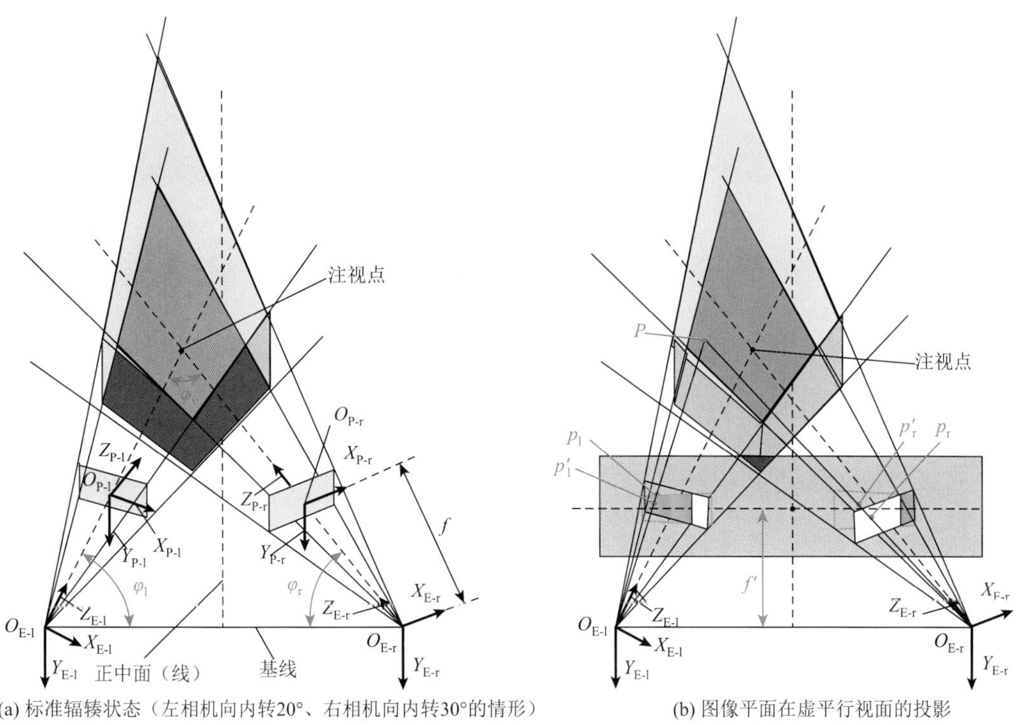

(a) 标准辐辏状态（左相机向内转20°、右相机向内转30°的情形）　　(b) 图像平面在虚平行视面的投影

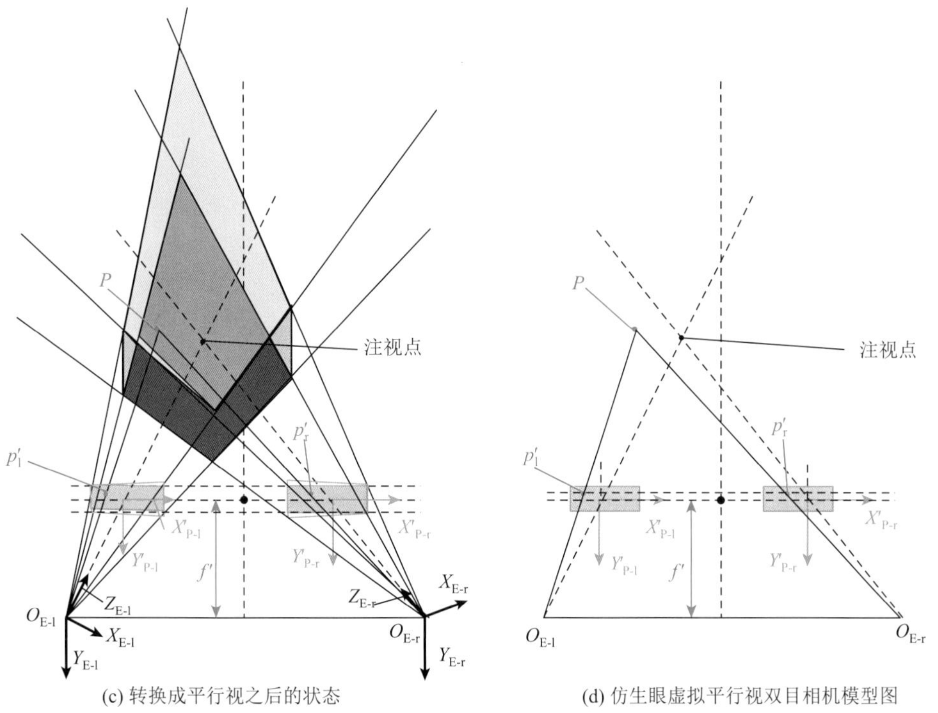

(c) 转换成平行视之后的状态　　(d) 仿生眼虚拟平行视双目相机模型图

图 12-6　注视点偏离正中矢状面时的标准辐辏向平行视的转换

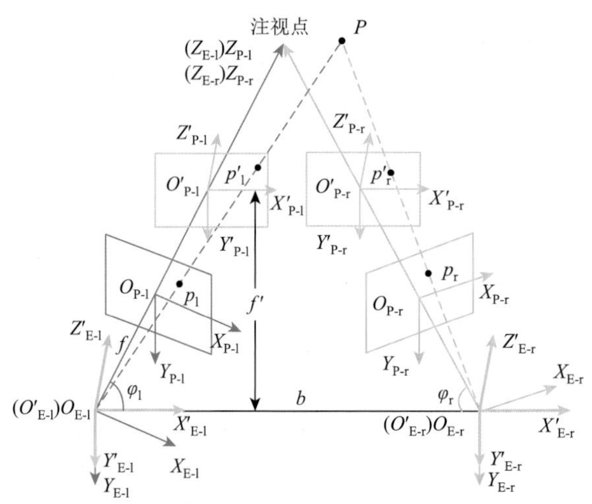

图 12-7 标准辐辏与虚平行视面坐标系[3, 4]

标准辐辏左右图像的相机坐标系为 O_{E-l}-$X_{E-l}Y_{E-l}Z_{E-l}$ 和 O_{E-r}-$X_{E-r}Y_{E-r}Z_{E-r}$，设置标准辐辏左右相机的内参为 $\boldsymbol{K}_l$ 和 $\boldsymbol{K}_r$，满足式（12-3）。其中 $f_x=\dfrac{f}{\mathrm{d}x}$，$f_y=\dfrac{f}{\mathrm{d}y}$，表示焦距 f 的像素单位；c_x 和 c_y 表示图像主点。

$$\boldsymbol{K}_l=\boldsymbol{K}_r=\begin{bmatrix} f_x & 0 & c_x \\ 0 & f_y & c_y \\ 0 & 0 & 1 \end{bmatrix} \tag{12-3}$$

虚平行视面左右图像的相机坐标系为 O'_{E-l}-$X'_{E-l}Y'_{E-l}Z'_{E-l}$ 和 O'_{E-r}-$X'_{E-r}Y'_{E-r}Z'_{E-r}$。根据式（12-2），虚平行视面左右图像的像素焦距为 $f'_x=f_x\sin\left[(\varphi_l+\varphi_r)/2\right]$ 和 $f'_y=f_y\sin\left[(\varphi_l+\varphi_r)/2\right]$。设置左右虚平行视面图像的主点为 c'_x 和 c'_y，考虑到虚平行视面图像中心和虚平行视面相机坐标系在图像水平方向上存在大小与辐辏角相关的位移，因此虚平行视面图像的相机内参 $\boldsymbol{K}'$ 与辐辏角 φ 满足式（12-4）。由于虚平行视面左右图像的中心在相机坐标系水平方向上的位移相反，虚平行视面左右图像的相机内参 $\boldsymbol{K}'_l$ 和 $\boldsymbol{K}'_r$ 分别满足 $\boldsymbol{K}'_l=\boldsymbol{K}'(\varphi_l)$ 和 $\boldsymbol{K}'_r=\boldsymbol{K}'(-\varphi_r)$，即

$$\boldsymbol{K}'(\varphi)=\begin{bmatrix} f'_x & 0 & -f'_x\cot\varphi+c'_x \\ 0 & f'_y & c'_y \\ 0 & 0 & 1 \end{bmatrix} \tag{12-4}$$

标准辐辏图像的相机坐标系和虚平行视面图像的相机坐标系可以通过绕摆动轴旋转得到，旋转矩阵 $\boldsymbol{R}$ 和辐辏角 φ 满足式（12-5）。由于标准辐辏左右图像旋转方向相反，因此到虚平行视面的旋转矩阵 $\boldsymbol{R}_l$ 和 $\boldsymbol{R}_r$ 分别为 $\boldsymbol{R}_l=\boldsymbol{R}(\varphi_l)$ 和 $\boldsymbol{R}_r=\boldsymbol{R}(-\varphi_r)$。

$$\boldsymbol{R}(\varphi)=\begin{bmatrix} \sin\varphi & 0 & \cos\varphi \\ 0 & 1 & 0 \\ -\cos\varphi & 0 & \sin\varphi \end{bmatrix} \tag{12-5}$$

如图 12-7 所示，标准辐辏左右图像上的点 $p_l(u_l,v_l)$ 和 $p_r(u_r,v_r)$ 分别对应虚平行视面

左右图像上的点 $p_{\mathrm{l}}'(u_{\mathrm{l}}',v_{\mathrm{l}}')$ 和 $p_{\mathrm{r}}'(u_{\mathrm{r}}',v_{\mathrm{r}}')$。首先，利用标准辐辏左右图像的相机内参 $\boldsymbol{K}_{\mathrm{l}}$ 和 $\boldsymbol{K}_{\mathrm{r}}$，通过式（12-6）将 $p_{\mathrm{l}}(u_{\mathrm{l}},v_{\mathrm{l}})$、$p_{\mathrm{r}}(u_{\mathrm{r}},v_{\mathrm{r}})$ 转换成标准辐辏图像的左右归一化相机坐标系坐标（$\bar{x}_{\mathrm{l}},\bar{y}_{\mathrm{l}}$）、（$\bar{x}_{\mathrm{r}},\bar{y}_{\mathrm{r}}$）。

$$\begin{bmatrix}\bar{x}_{\mathrm{l}}\\ \bar{y}_{\mathrm{l}}\\ 1\end{bmatrix}=\boldsymbol{K}_{\mathrm{l}}^{-1}\begin{bmatrix}u_{\mathrm{l}}\\ v_{\mathrm{l}}\\ 1\end{bmatrix}$$
$$\begin{bmatrix}\bar{x}_{\mathrm{r}}\\ \bar{y}_{\mathrm{r}}\\ 1\end{bmatrix}=\boldsymbol{K}_{\mathrm{r}}^{-1}\begin{bmatrix}u_{\mathrm{r}}\\ v_{\mathrm{r}}\\ 1\end{bmatrix} \tag{12-6}$$

然后，通过式（12-7）将标准辐辏图像的左右归一化相机坐标系坐标（$\bar{x}_{\mathrm{l}},\bar{y}_{\mathrm{l}}$）和（$\bar{x}_{\mathrm{r}},\bar{y}_{\mathrm{r}}$）转换成虚平行视面左右相机坐标系坐标 x_{el}' 和 x_{er}'。

$$\begin{bmatrix}x_{\mathrm{el}}'\\ y_{\mathrm{el}}'\\ z_{\mathrm{el}}'\end{bmatrix}=\boldsymbol{R}_{\mathrm{l}}\begin{bmatrix}\bar{x}_{\mathrm{l}}\\ \bar{y}_{\mathrm{l}}\\ 1\end{bmatrix}$$
$$\begin{bmatrix}x_{\mathrm{er}}'\\ y_{\mathrm{er}}'\\ z_{\mathrm{er}}'\end{bmatrix}=\boldsymbol{R}_{\mathrm{r}}\begin{bmatrix}\bar{x}_{\mathrm{r}}\\ \bar{y}_{\mathrm{r}}\\ 1\end{bmatrix} \tag{12-7}$$

最后，通过式（12-8）将虚平行视面左右相机坐标系坐标 x_{el}' 和 x_{er}' 通过虚平行视面左右图像的相机内参 $\boldsymbol{K}_{\mathrm{l}}'$ 和 $\boldsymbol{K}_{\mathrm{r}}'$ 转换成虚平行视面左右图像的像素坐标 $p_{\mathrm{l}}'(u_{\mathrm{l}}',v_{\mathrm{l}}')$ 和 $p_{\mathrm{r}}'(u_{\mathrm{r}}',v_{\mathrm{r}}')$。

$$\begin{bmatrix}u_{\mathrm{l}}'\\ v_{\mathrm{l}}'\\ 1\end{bmatrix}=\boldsymbol{K}_{\mathrm{l}}'\begin{bmatrix}x_{\mathrm{el}}'\\ y_{\mathrm{el}}'\\ z_{\mathrm{el}}'\end{bmatrix}=\boldsymbol{K}_{\mathrm{l}}'\boldsymbol{R}_{\mathrm{l}}\boldsymbol{K}_{\mathrm{l}}^{-1}\begin{bmatrix}u_{\mathrm{l}}\\ v_{\mathrm{l}}\\ 1\end{bmatrix}$$
$$\begin{bmatrix}u_{\mathrm{r}}'\\ v_{\mathrm{r}}'\\ 1\end{bmatrix}=\boldsymbol{K}_{\mathrm{r}}'\begin{bmatrix}x_{\mathrm{er}}'\\ y_{\mathrm{er}}'\\ z_{\mathrm{er}}'\end{bmatrix}=\boldsymbol{K}_{\mathrm{r}}'\boldsymbol{R}_{\mathrm{r}}\boldsymbol{K}_{\mathrm{r}}^{-1}\begin{bmatrix}u_{\mathrm{r}}\\ v_{\mathrm{r}}\\ 1\end{bmatrix} \tag{12-8}$$

式（12-8）反映了标准辐辏左右图像转换到虚平行视面左右图像的过程，可以看到二者之间满足单应性映射，单应性矩阵 $\boldsymbol{H}_{\mathrm{l}}$ 和 $\boldsymbol{H}_{\mathrm{r}}$ 分别满足 $\boldsymbol{H}_{\mathrm{l}}=\boldsymbol{K}_{\mathrm{l}}'\boldsymbol{R}_{\mathrm{l}}\boldsymbol{K}_{\mathrm{l}}^{-1}$ 和 $\boldsymbol{H}_{\mathrm{r}}=\boldsymbol{K}_{\mathrm{r}}'\boldsymbol{R}_{\mathrm{r}}\boldsymbol{K}_{\mathrm{r}}^{-1}$。

将式（12-8）展开得到虚平行视面左右相机坐标系坐标 P_{el}' 和 P_{er}' 与虚平行视面左右图像的像素坐标 $p_{\mathrm{l}}'(u_{\mathrm{l}}',v_{\mathrm{l}}')$ 和 $p_{\mathrm{r}}'(u_{\mathrm{r}}',v_{\mathrm{r}}')$ 的关系为

$$\begin{cases}u_{\mathrm{l}}'=f_x'\dfrac{x_{\mathrm{el}}'}{z_{\mathrm{el}}'}-f_x'\cot\varphi_{\mathrm{l}}+c_x'\\[2ex] v_{\mathrm{l}}'=f_y'\dfrac{y_{\mathrm{el}}'}{z_{\mathrm{el}}'}+c_y'\end{cases}$$
$$\begin{cases}u_{\mathrm{r}}'=f_x'\dfrac{x_{\mathrm{er}}'}{z_{\mathrm{er}}'}+f_x'\cot\varphi_{\mathrm{r}}+c_x'\\[2ex] v_{\mathrm{r}}'=f_y'\dfrac{y_{\mathrm{er}}'}{z_{\mathrm{er}}'}+c_y'\end{cases} \tag{12-9}$$

空间中一点 P 在虚平行视面左右相机坐标系下的坐标 P'_{el} 和 P'_{er} 满足式（12-10）：

$$\begin{cases} x'_{\mathrm{er}} = x'_{\mathrm{el}} - B \\ y'_{\mathrm{er}} = y'_{\mathrm{el}} \\ z'_{\mathrm{er}} = z'_{\mathrm{el}} \end{cases} \tag{12-10}$$

结合式（12-9）和式（12-10）可以得到 $v'_{\mathrm{l}} = v'_{\mathrm{r}}$，因此虚平行视面左右图像满足行对齐，符合平行视约束。

虚平行视面的平行视关系如图 12-8 所示，设置虚平行视面左右图像的视差 $d = u'_{\mathrm{l}} - u'_{\mathrm{r}}$，通过式（12-9）和式（12-10）得到虚平行视面左右图像三维重建公式，如式（12-11）所示：

$$\begin{cases} x'_{\mathrm{el}} = \dfrac{B\left(u'_{\mathrm{l}} - c'_x + f'_x \cot\varphi_{\mathrm{l}}\right)}{d + f'_x\left(\cot\varphi_{\mathrm{l}} + \cot\varphi_{\mathrm{r}}\right)} \\ y'_{\mathrm{el}} = \dfrac{\dfrac{B(v'_{\mathrm{l}} - c'_y) f'_x}{f'_y}}{d + f'_x\left(\cot\varphi_{\mathrm{l}} + \cot\varphi_{\mathrm{r}}\right)} \\ z'_{\mathrm{el}} = \dfrac{B f'_x}{d + f'_x\left(\cot\varphi_{\mathrm{l}} + \cot\varphi_{\mathrm{r}}\right)} \end{cases} \tag{12-11}$$

比较式（12-1）和式（12-11）的第三式可以看到，虚平行视面深度计算视差多了 $f'_x\left(\cot\varphi_{\mathrm{l}} + \cot\varphi_{\mathrm{r}}\right)$ 这一项。

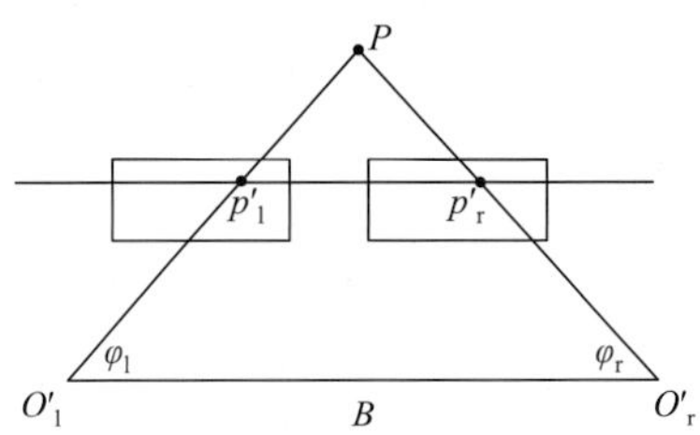

图 12-8 虚平行视面平行视示意图[4]

12.2 标准辐辏误差

通常，对照平行视双目相机拍摄出的图像，两个相机拍摄得到的两张图像可能会存在内参误差和外参误差。其中，内参误差包括变焦误差、图像中心点误差、镜头和感光芯片的畸变误差。外参误差包括外参平移误差和外参旋转误差。其中，外参平移误差又包括上下平移误差、前后平移误差、基线方向平移误差；外参旋转误差包括辐辏误差、翻滚误差、俯仰误差。非标准辐辏状态的误差指的就是这些外参误差。

具体到图像上来看，可能存在的表现包括且不限于视野角不同、平移及旋转误差等。非标准辐辏状态下的两幅图像，如果作为 3D 视频给人直接观看，将比标准辐辏状态下的图像更容易产生 3D 眩晕感，甚至无法形成立体视觉；另外，如果双目图像直接用于深度图的计算，如 SGM 算法等，非标准辐辏状态下的图像更容易产生误匹配等计算错误。

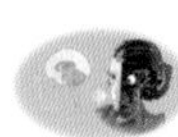

12.2.1　标准辐辏状态的意义

目前，为了使两个相机达到标准辐辏状态，通常采用的有事前标定的传统方法，即在开始使用双目相机前，通过“棋盘格”等标定设备对相机参数进行标定。通过标定可以得到相机的内外参。事前标定目前较普遍使用的是张氏标定法[1]，目前基于张氏标定法的具体实现有多种形式，但是事前标定有一定的限制：①无法对应变焦镜头的相机，因为标定后的相机会在变焦过程中产生各种内参变化；②无法对应标定后双相机的相对位姿发生变化，例如，当双目相机追踪某个移动物体进行旋转时，将导致外参发生变化。因此，事前标定不适用于仿生眼。

仿生眼在使用过程中，会存在双目相机的相对位姿变化和相机本身的对焦和变焦等情况，这种情况使用在线校准是较好的解决方案。在线校准是指在相机使用过程中，通过一定方法获得新的相机参数，使得两个相机得到的图像能够继续保持标准辐辏状态。以下是笔者团队提出的几种方案。

（1）**图像修正方法**：指通过对两个相机的两张图像进行分析处理，进而修正相机参数的方式。例如，笔者团队提出了一种利用特征点来计算左右图像的 pitch/roll/yaw/zoom（俯仰/翻滚/摆动/变焦）误差，进而进行反馈来更新外参的方法。另外，也有一种使用全图所有点来计算相似度，进而校正外参偏差的方法，以及图像虚拟校正方案，即事先储存多组旋转、上下平移的参数，然后用这些参数分别对原图像进行处理得到多组矫正后图像，最后进行后续处理，选择效果最好的一组作为结果的方法。图像修正方法的优点是不需要额外设备，采用运行中的图片即可完成相机参数的修正；缺点是受图像内容的影响，可能会出现误差无法修正的情况。对于固定双目，笔者团队采用的是图像修正方法，称为“在线校准”。

（2）**外部传感器修正方法**：指通过两个相机之外的传感器，如编码器、IMU 等来修正相机参数。外部传感器修正方法的优点是不受图像内容影响，缺点是需要额外设备，且这些设备需要有足够的精度。对于全自动 3D 拍摄系统（参考 17.1 节），笔者团队采用的是这种方法。

（3）**混合修正方法**：指通过前面两种方法的混合，来修正相机参数的方式。混合修正方法的优点是两种方法优缺点互补，精度更高，缺点是不仅需要有好的融合算法，而且增加了系统的处理难度，同时需要额外设备。对于仿生眼，目前笔者团队采用的是图像、外部传感器两者混合修正的方法。

12.2.2　标准辐辏误差算法

标准辐辏误差算法流程图如图 12-9 所示。图像修正方法是指可以通过左右相机的图像，通过特征点的计算来得到 pitch/roll/yaw/zoom 误差，然后根据误差值通过机械控制两个相机位姿，或通过图像渲染方式来修正前述误差，进而使处理后的状态满足标准辐辏的状态。

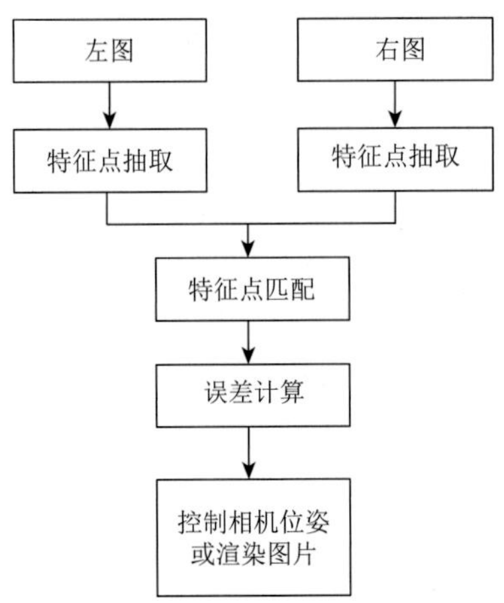

图 12-9 用于修正双目相机位姿误差的标准辐辏误差算法流程

其中，特征点抽取可采用成熟的 ORB 或 SIFT 特征点等。特征点匹配可采用汉明距离匹配或最近邻快速搜索库 FLANN 等。在特征点匹配步骤中，通常在匹配后还会采取一定的误匹配删除检测算法，来提高匹配结果的正确率。

其中，关键的误差计算部分的思路如下：

记图像宽为r_{u}，图像高为r_{v}，左右图的焦点距离分别为f_{l}、f_{r}，则平均后的焦点距离f_0为

$$f_0=\sqrt{f_{\mathrm{l}}f_{\mathrm{r}}} \tag{12-12}$$

设完成特征点匹配后的结果为 N 对特征点对，记左右图的特征点对向量为$(\boldsymbol{u}_{\mathrm{l}},\boldsymbol{v}_{\mathrm{l}})$和$(\boldsymbol{u}_{\mathrm{r}},\boldsymbol{v}_{\mathrm{r}})$，$(u_{\mathrm{l}i},v_{\mathrm{l}i})$和$(u_{\mathrm{r}i},v_{\mathrm{r}i})(i=1,2,3,\cdots,N)$为每一对特征点的坐标值，则

$$\boldsymbol{u}_{\mathrm{L}}=\begin{bmatrix}u_{\mathrm{l}1}\\ \vdots\\ u_{\mathrm{l}N}\end{bmatrix},\boldsymbol{v}_{\mathrm{L}}=\begin{bmatrix}v_{\mathrm{l}1}\\ \vdots\\ v_{\mathrm{l}N}\end{bmatrix},\boldsymbol{u}_{\mathrm{R}}=\begin{bmatrix}u_{\mathrm{r}1}\\ \vdots\\ u_{\mathrm{r}N}\end{bmatrix},\boldsymbol{v}_{\mathrm{R}}=\begin{bmatrix}v_{\mathrm{r}1}\\ \vdots\\ v_{\mathrm{r}N}\end{bmatrix} \tag{12-13}$$

将上述的左右图特征点对转换为如式（12-14）所示的共模、差模表示方式的特征点对向量$(\boldsymbol{u}_{\mathrm{C}},\boldsymbol{v}_{\mathrm{C}})$和$(\boldsymbol{u}_{\mathrm{D}},\boldsymbol{v}_{\mathrm{D}})$，$(u_{\mathrm{C}i},v_{\mathrm{C}i})$和$(u_{\mathrm{D}i},v_{\mathrm{D}i})$为每一对共模、差模特征点的坐标值，同时坐标系也转换为图像中心坐标系。

$$\boldsymbol{u}_{\mathrm{C}}=\begin{bmatrix}u_{\mathrm{C}1}\\ \vdots\\ u_{\mathrm{C}N}\end{bmatrix},\boldsymbol{v}_{\mathrm{C}}=\begin{bmatrix}v_{\mathrm{C}1}\\ \vdots\\ v_{\mathrm{C}N}\end{bmatrix},\boldsymbol{u}_{\mathrm{D}}=\begin{bmatrix}u_{\mathrm{D}1}\\ \vdots\\ u_{\mathrm{D}N}\end{bmatrix},\boldsymbol{v}_{\mathrm{D}}=\begin{bmatrix}v_{\mathrm{D}1}\\ \vdots\\ v_{\mathrm{D}N}\end{bmatrix} \tag{12-14}$$

$$u_{\mathrm{C}i}=\frac{u_{\mathrm{l}i}+u_{\mathrm{r}i}-r_{\mathrm{u}}}{2} \tag{12-15}$$

$$v_{\mathrm{C}i}=\frac{v_{\mathrm{l}i}+v_{\mathrm{r}i}-r_{\mathrm{v}}}{2} \tag{12-16}$$

$$u_{\mathrm{D}i}=\frac{u_{\mathrm{l}i}-u_{\mathrm{r}i}}{2} \tag{12-17}$$

$$v_{\mathrm{D}i}=\frac{v_{\mathrm{l}i}-v_{\mathrm{r}i}}{2} \tag{12-18}$$

同时，定义各特征点对的权重矩阵为

$$\boldsymbol{W}_{\mathrm{uv}}=\begin{bmatrix} W_{\mathrm{uv1}} & \cdots & 0 \\ \vdots & & \vdots \\ 0 & \cdots & W_{\mathrm{uv}N} \end{bmatrix} \tag{12-19}$$

$$\boldsymbol{W}_{\mathrm{u}}=\begin{bmatrix} W_{\mathrm{u1}} & \cdots & 0 \\ \vdots & & \vdots \\ 0 & \cdots & W_{\mathrm{u}N} \end{bmatrix} \tag{12-20}$$

$$\boldsymbol{W}_{\mathrm{v}}=\begin{bmatrix} W_{\mathrm{v1}} & \cdots & 0 \\ \vdots & & \vdots \\ 0 & \cdots & W_{\mathrm{v}N} \end{bmatrix} \tag{12-21}$$

为实现线性回归，对各分量的能量方程进行如下定义：

$$\mathbf{1}=\begin{bmatrix} 1 \\ \vdots \\ 1 \end{bmatrix}, \mathbf{0}=\begin{bmatrix} 0 \\ \vdots \\ 0 \end{bmatrix}, \boldsymbol{I}=\begin{bmatrix} 1 & \cdots & 0 \\ \vdots & & \vdots \\ 0 & \cdots & 1 \end{bmatrix} \tag{12-22}$$

$$E_{\mathrm{yawD}}(k,a)=\left\| W_{\mathrm{uv}}\cdot\left([\mathbf{0}\quad \mathbf{1}]\cdot\begin{bmatrix} k \\ a \end{bmatrix}-\boldsymbol{u}_{\mathrm{D}}\right)\right\| \tag{12-23}$$

$$E_{\mathrm{pitchD}}(k,a)=\left\| W_{\mathrm{uv}}\cdot\left([\mathbf{0}\quad \mathbf{1}]\cdot\begin{bmatrix} k \\ a \end{bmatrix}-\boldsymbol{v}_{\mathrm{D}}\right)\right\| \tag{12-24}$$

$$E_{\mathrm{rollD}}(k,a)=\left\| W_{\mathrm{v}}\cdot\left([\boldsymbol{u}_{\mathrm{C}}\quad \mathbf{1}]\cdot\begin{bmatrix} k \\ a \end{bmatrix}-\boldsymbol{v}_{\mathrm{D}}\right)\right\| \tag{12-25}$$

$$E_{\mathrm{zoomD}}(k,a)=\left\| W_{\mathrm{u}}\cdot\left([\boldsymbol{v}_{\mathrm{C}}\quad \mathbf{1}]\cdot\begin{bmatrix} k \\ a \end{bmatrix}-\boldsymbol{v}_{\mathrm{D}}\right)\right\| \tag{12-26}$$

$$E_{\mathrm{rollC}}(k,a)=\left\| I\cdot\left([\boldsymbol{u}_{\mathrm{D}}\quad \mathbf{1}]\cdot\begin{bmatrix} k \\ a \end{bmatrix}-\boldsymbol{v}_{\mathrm{D}}\right)\right\| \tag{12-27}$$

通过线性回归求得上述各能量方程的最小值，并得到误差的中间变量：

$$a_{\mathrm{yawD}}=\left\{a^{*}\mid E_{\mathrm{yawD}}(0,a^{*})=\min_{a}E_{\mathrm{yawD}}(0,a)\right\} \tag{12-28}$$

$$a_{\mathrm{pitchD}}=\left\{a^{*}\mid E_{\mathrm{pitchD}}(0,a^{*})=\min_{a}E_{\mathrm{pitchD}}(0,a)\right\} \tag{12-29}$$

$$(k_{\mathrm{rollD}},a_{\mathrm{rollD}})=\left\{\left(k^{*}_{\mathrm{rollD}},a^{*}_{\mathrm{rollD}}\right)\mid E_{\mathrm{rollD}}(k^{*},a^{*})=\min_{k,a}E_{\mathrm{rollD}}(k,a)\right\} \tag{12-30}$$

$$(k_{\mathrm{zoomD}},a_{\mathrm{zoomD}})=\left\{\left(k^{*}_{\mathrm{zoomD}},a^{*}_{\mathrm{zoomD}}\right)\mid E_{\mathrm{zoomD}}(k^{*},a^{*})=\min_{k,a}E_{\mathrm{zoomD}}(k,a)\right\} \tag{12-31}$$

$$(k_{\mathrm{rollC}},a_{\mathrm{rollC}})=\left\{\left(k^{*}_{\mathrm{rollC}},a^{*}_{\mathrm{rollC}}\right)\mid E_{\mathrm{rollC}}(k^{*},a^{*})=\min_{k,a}E_{\mathrm{rollC}}(k,a)\right\} \tag{12-32}$$

利用这些中间变量来计算得到各误差：

$$e_{\mathrm{yawD}} = \arctan \frac{a_{\mathrm{yawD}}}{f_0} \tag{12-33}$$

$$e_{\mathrm{pitchD}} = \arctan \frac{a_{\mathrm{pitchD}}}{f_0} \tag{12-34}$$

$$e_{\mathrm{rollD}} = \arctan k_{\mathrm{rollD}} \tag{12-35}$$

$$e_{\mathrm{rollC}} = \arctan k_{\mathrm{rollC}} \tag{12-36}$$

$$e_{\mathrm{zoomD}} = \lg \sqrt{\frac{1 + k_{\mathrm{zoomD}}}{1 - k_{\mathrm{zoomD}}}} \tag{12-37}$$

式中，e_{yawD}、e_{pitchD}、e_{rollD} 分别为双眼在 yaw、pitch、roll 方向上的相对误差，参照图 10-1 可知，通过修正双眼或其中一眼的 $\varphi_{x\text{-oe}}$、$\varphi_{y\text{-oe}}$、$\varphi_{z\text{-oe}}$ 角可使这些误差趋于 0。

值得注意的是，双目在 roll 方向上的共模误差，也称共轭误差 e_{rollC}，是指双眼在相同方向的旋转，如图 12-10 所示，这种旋转实质上是用来消除纵向平移误差的。

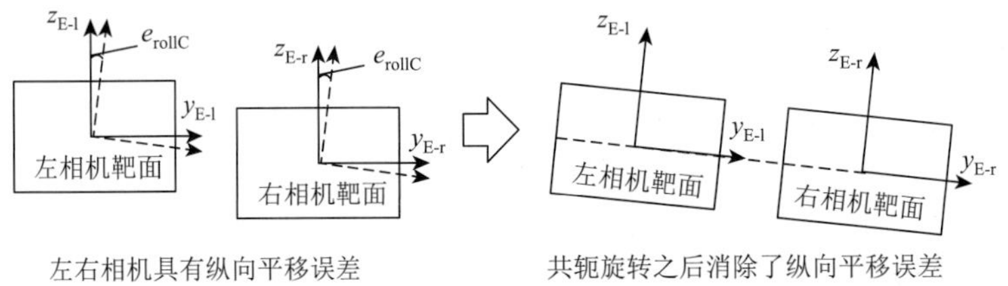

图 12-10　共模误差（共轭旋转）可以消除纵向平移误差

通过左右图像大小换算出的相机前后方向的平移误差，又称为 yaw 方向共轭误差 e_{yawC}。同时，视觉运算还可以认为图像的大小来自焦距，所以又可定义为焦距误差 e_{zoomD}，其指左右双眼在焦距上的不同，可以通过调节相机的焦距或相机前后的位置来使该误差接近于 0。需要注意的是，焦距不同引起的物体图像大小的变化与距离不同引起的被摄物图像大小的变化是不同的。焦距的变化引起画面所有物体尺寸等比例变化，而相机与物体距离的变化引起的被摄物图像尺寸的变化与被摄物距离有关，相机移动同样的距离，近处物体的尺寸变化大。仿生眼的一般情况是，双相机的焦距设定基本相同或基本同步，左右相机图像大小的不同主要是由相机与视标的距离不同引起的。因此，如图 12-11 所示，误差 e_{yawC} 可以通过旋转头部 yaw 方向的角度使其趋于 0，也可以通过旋转双眼的共轭角，改变注视点来达到标准辐辏的效果。

由于头部运动速度较慢，仿生眼的双目为了达到正标准辐辏所需的 yaw 方向共轭运动必然会使双眼视线偏离注视目标，因此仿生眼跟踪视标时的常态应该是图 12-10 左侧的情况，即笔者所定义的标准辐辏状态。图 12-11 是用平行视作为例子，具有辐辏角的标准辐辏状态也可以通过共轭旋转的方式转换成正标准辐辏形式。由于双眼在追踪视标时无法通过机械共轭旋转来实现正标准辐辏，因此当视线因为追踪视标而偏离正标准辐辏后再通过旋转头部把视标变成头部的正前方，使双眼恢复正标准辐辏状态就成了自然行为。

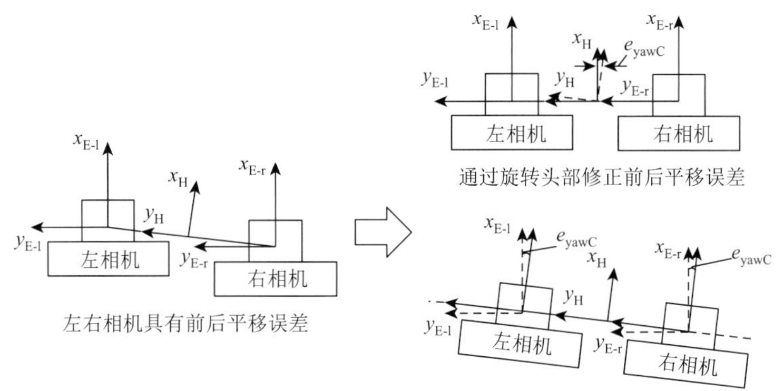

图 12-11　前后平移误差的消除方式

图例为注视点无限远处的标准辐辏，即平行视

12.3　动态标定

由于正标准辐辏描述的是仿生眼的最佳注视姿态，而在实际仿生眼的控制中，控制误差是不可避免的，特别是跟踪移动物体时，非正标准辐辏是常态。因此，仿生眼的视觉计算需要在包括非正标准辐辏在内的标准辐辏为基本姿态，外加少量的各方向的控制误差的条件下进行。这就提出了一个非常重要的需求，即仿生眼在任意状态下的标定问题[5-12]。

从机械结构和运动学角度来看，仿生类可动视觉系统本质上是通过机械结构主动控制传感器姿态的装置。与常见的多自由度商用机器人和工业机械臂类似，仿生眼是由 2～3 自由度的多关节高度定制化的设备，因此其实际设备结构必定存在系统性的误差。

机器人学中的准度和精度是有区别的，精度是指设备的可重复性，即对设备重复下达相同指令，观察末端执行器最终达到的位置和姿态是否一致，精度误差一般可通过零偏随机噪声建模；准度则是用来评估设备的绝对定位能力，即末端执行器实际达到的位姿和根据理论模型预期的位姿之间的偏差，准度误差是系统性偏差，往往是由于设备实际情况和理想模型之间存在区别，不可与精度误差混淆，也无法通过随机噪声描述。

对于可动视觉系统设备，确定系统的准度是核心问题。设备的单个旋转关节往往可以通过调试和选型达到最优状态，即单轴的旋转动作达到极高的精度和准度。但是将多个旋转关节组合在一起之后，设备往往展现出明显的系统性偏差，即末端的准度和模型预期不符。这类问题妨碍了可动视觉系统在现实场景中的应用，尤其是在高速控制、目标跟踪、立体视觉、三维重建、导航定位等一系列下游功能的实现上。造成这类问题的最主要原因是使用者对可动视觉系统设备的假设，如三个旋转轴互相垂直（即正交旋转轴）、三个旋转轴与视觉传感器的三维坐标轴平行、三个旋转轴两两相交于视觉传感器坐标系原点（即镜头光心和旋转中心重合）等。这些假设在实际设备上不成立的原因一部分是由于机械结构设计上无法避免物理限制，另一部分则是装配和加工精度的限制。此外，在当今设备呈现小型化和高度集成化的趋势下，上述提到的旋转轴与视觉传感器之间的几何关系无法通过高精度检测工具（如激光扫描）直接测量获得。

基于上述难点，现阶段大部分涉及可动视觉系统的工作，对视觉传感器在各种转角编码器读数下的实际状态并不进行任何实质性的处理，而是直接套用基于机械结构设计的理想模型。当然也有一些工作尝试去依次估计可动视觉系统各个旋转轴的几何信息，但是最终效果仅仅停留在定性而非定量的阶段，其精度远远达不到如今计算机视觉算法中用来定位建图和三维重建的标准。

在现有的工作中，针对多关节和末端视觉传感器之间标定方法的研究不多，不存在可以直接应用在可动视觉系统上的工作和理论。在机器人学中最接近轴眼标定问题的研究领域当属手眼标定，即估计手（末端）眼（传感器）之间的关系，在机器人视觉的应用中是一个非常基础和关键的问题。基于已知机器人运动机构端运动学模型和假设机器人设备具有绝对的准度，手眼标定将重点放在估计机器人运动机构的末端坐标系和固定在末端的视觉传感器坐标系之间的相对位姿变换，从而实现将视觉感知的结果转移到机器人末端或者其他固定的基座坐标系下。

一般手眼标定流程可以概括成如下三部分：①利用末端传感器数据估计传感器（眼）位姿；②基于运动机构准确的运动学模型和关节编码器测量值来预测末端（手）位姿；③通过算法估计系统中的唯一未知量，也就是从传感器到末端坐标系的刚体（手眼）变换。但是这些流程无法直接应用在可动视觉系统上，因为末端运动学模型是不确定的：每个关节可以发生平面旋转，但是其旋转轴在世界坐标系下的位置和朝向都是未知的。因此，将可动视觉系统的标定问题取名为轴眼标定（区别于手眼标定）。另外，抛开棋盘格，相机通过环境中固定的特征点与线，通过主动运动获得内参和外参的方法，称为自主标定[3]。

以图 12-12 中的三自由度可动单目视觉系统为例，首先构造轴眼标定问题的数学和物理模型。这里假设在世界坐标系下有 N_L 个尺寸大小已知且静止不动的靶标。每个靶标在世界坐标系下的位姿均通过 4×4 齐次变换矩阵表示。将第 j 个靶标的位姿记作 L_j 。每个靶标的三维特征点尺寸已知，以靶标 j 为例，包含 N_{Oj} 个在其自身坐标系下坐标已知的靶标特征点 p_{jk} 。常见的靶标包括棋盘格和二维码阵列等特征明显的平面物体。在轴眼标定过程中，可动视觉系统通过控制各个关节转动，获得共计 N_C 帧在不同末端位姿下对多个靶标的感知数据。每一帧数据包括传感器在自身坐标系下感知的数据和同时刻对应的所有关节编码器的转角测量读数。此外，视觉传感器的内部参数经过标定后可以通过投影映射函数 Π 预测三维空间中的点投射到相机的成像平面后对应的像素位置。

在定义了轴眼标定问题中所有关键信息之后，接下来将其构建成一个针对可动视觉系统运动学参数的优化问题，其中涉及包括靶标自身坐标系下已知的三维特征点、靶标特征点在图像中观测到的实际投影二维像素位置和投影映射函数。在此基础上，引入误差代价函数 d 来评估理论投影位置和实际观测位置的差别。综合这些信息，将轴眼标定问题构建为如下优化问题：

$$\min d\left[B_i^{-1}L_j p_{jk}, \Pi(p_{ijk})\right] \tag{12-38}$$

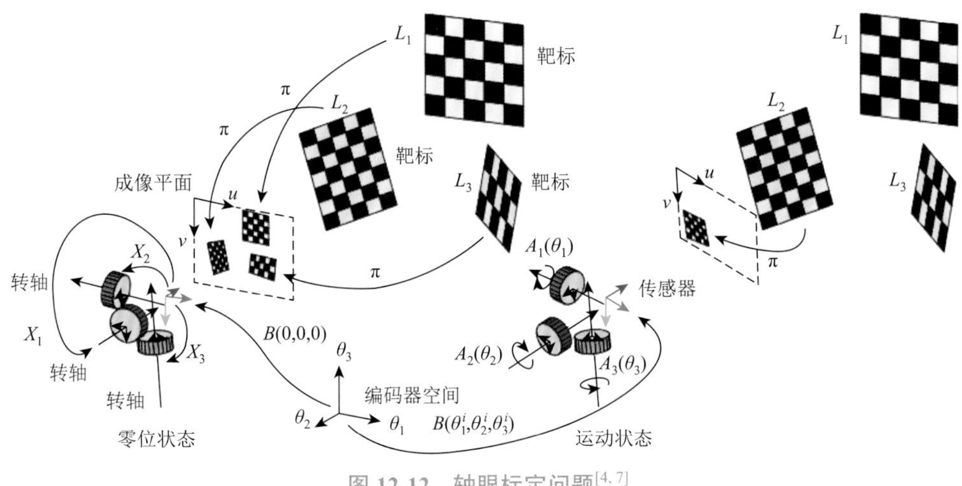

图 12-12　轴眼标定问题[4, 7]

通过控制各关节运动让末端视觉传感器从各个角度观察靶标群，基于视觉传感器感知的靶标三维信息和每一时刻各关节对应的转角编码器读数，最终实现恢复可动视觉系统的内在运动学结构

式中，B_i 为编号为 i 的标定数据对应的视觉传感器在关节发生运动后相对其处于零位状态下的坐标系的位姿变换，其计算过程基于可动视觉系统的所有运动学参数 X_m 和数据 i 对应的所有编码器读数 θ^i；p_{ijk} 为图像数据 i 中观察到的靶标特征点 p_{jk} 的实际像素投影位置。因此，该问题中待优化的变量为运动学参数 X_m 和每个靶标的位姿 L_j 可以通过高斯牛顿法等非线性优化算法求解。

在这里展示上述轴眼标定算法应用在可动双目视觉系统的效果。由于双目立体视觉的三维重建效果对于立体校正也就是双目图像全局水平对齐的程度非常敏感，大于几个像素的对齐错误就会导致双目视差计算出现较大误差甚至无法计算，从而导致错误的深度结果。该问题是现有可动双目视觉系统实现可动立体视觉的最大障碍。之前有些工作是基于图像算法通过实时感知环境中的自然特征来计算双目在任意状态下的相对位姿变换的。这类方法虽然也可以获得良好的视差结果，但是计算资源要求很大，一般无法做到实时。同时这类方法只能计算双目的相对位姿，无法将各种末端姿态下感知的三维数据融合在一起。此外，如果可以基于一个准确的运动学模型预测双目相对关系，那么只需要很少的线性代数操作便可以将双目图像精准地水平对齐从而实现实时视差感知，因此基于运动学模型的方法在高动态的载具上有很大优势。

图 12-13～图 12-16 展示了在一个室内场景中的可动双目立体视觉的三维感知效果。该立体视觉的双目校正是完全基于两个可动单目子系统标定后的运动学模型计算双目相对位姿，不存在图像检测等在线环节，因此可以保证实时性。基于上述几何信息，立体校正、视差计算、深度图及最终的三维点云重建都是通过标准的固定双目立体视觉算法实时计算获得。为了进一步验证每个单目运动机构的运动学模型的可靠性，将 20 个不同姿态下产生的三维点云，不进行任何点集匹配等后处理过滤方法，只根据轴眼标定的运动学模型转换到一个统一固定的世界坐标系下。图 12-16 展示的结果表明这些点云全部重合到一起，形成了一个完整且不冲突的场景，与室内精度较高的固态激光雷达扫描的结果相近。该实验采用的可动双目系统的基线长度为 7.8cm，场景的深度为 1～2m。

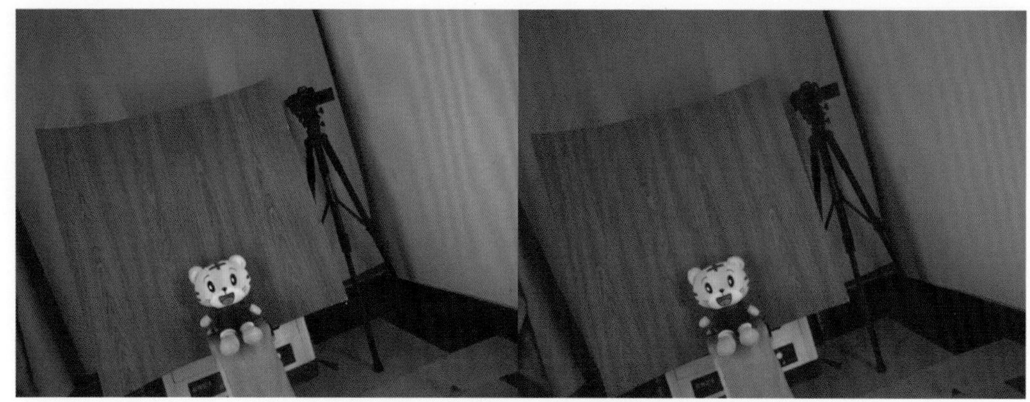

图 12-13 运动中左右相机的原图

相机处于大角度三轴耦合运动状态

图 12-14 运动中的双目根据轴眼标定算法进行立体校正后通过奇偶行交替显示的双目立体图像

该显示方法直观地展示了轴眼标定算法对于可动双目视觉水平校正的精度

图 12-15 运动中的双目立体校正后计算视差图

图 12-16　运动中的双目根据视差图和立体校正后的投影矩阵计算深度图

仿生眼的可动双目立体视觉系统基于轴眼标定后的运动学模型能够实时计算双眼的位姿，进而进行立体校正和深度估计。受限于转角传感器的精度和轴眼标定的范围限制，仿生眼的可动立体视觉系统在运动极限位置附近或者跳跃运动过程中外参计算存在噪声，影响了立体校正和深度估计。因此，在实际应用过程中，仿生眼的可动双目立体视觉系统动态标定除了轴眼标定后的运动学模型，还需要有标准辐辏的外参在线自动校准模型，用于实时修正外参计算误差。仿生眼的可动双目立体视觉系统整体步骤如图 12-17 所示。

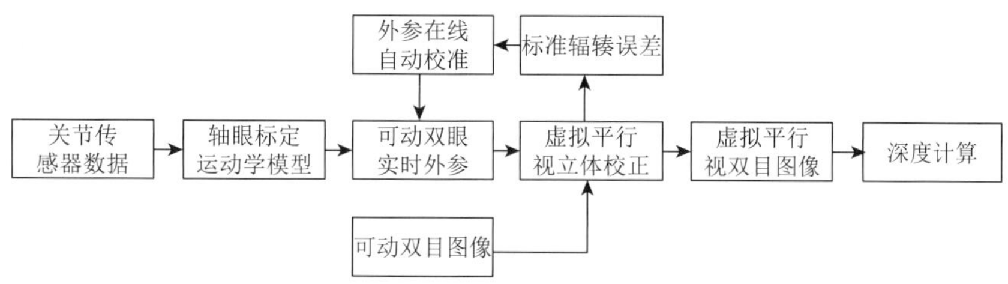

图 12-17　仿生眼的可动双目立体视觉系统整体步骤

参考文献

[1]　Zhang Z Y. A flexible new technique for camera calibration[J]. IEEE Transactions on Pattern Analysis and Machine Intelligence，2000，22（11）：1330-1334.

[2]　Trucco E，Verri A. Introductory Techniques for 3-D Computer Vision[M]. New Jersey：Prentice Hall，1998.

[3]　理查德 • 哈特利，安德鲁 • 西塞曼. 计算机视觉中的多视图几何[M]. 2 版. 韦穗，章权兵，译. 北京：机械工业出版社，2019.

[4]　张晓林，杨冬冬，王磊，等. 双目相机立体校正方法，系统及装置：中国，CN202211191593.5[P]. 2022-09-28.

[5]　Zhou C Z，Sun Q X，Wang K F，Li J，**Zhang X L**. Simultaneous calibration of multiple revolute joints for articulated vision systems via SE（3）kinematic bundle adjustment[J]. IEEE Robotics and Automation Letters，2022，7（4）：12161-12168.

[6]　王开放，杨冬冬，**张晓林**，等. 一种可动视觉系统的立体标定方法：中国，ZL201811141498.8[P]. 2019-01-18.

[7] 王开放，杨冬冬，**张晓林**. 一种多自由度可动视觉系统的标定方法：中国，CN201811141453.0[P]. 2019-02-19.

[8] 周诚喆，王开放，柳俊，夏剑峰，胡杨红，李嘉茂，**张晓林**. 视觉系统的云台标定方法、装置、电子设备及存储介质：中国，CN202111472874.3[P]. 2022-04-12.

[9] 王磊，李嘉茂，朱冬晨，刘衍青，**张晓林**. 双目相机自标定方法及系统：中国，CN111862235B[P]. 2020-07-22.

[10] **张晓林**，甄梓宁.立体摄像装置控制系统：中国，CN102325262B [P]. 2012-12-20.

[11] 甄梓宁，**张晓林**. 三维影像拍摄控制系统及方法：中国，CN103888750B[P]. 2012-12-20.

[12] Wang L，Zhen Z，**Zhang X L**. Research on the method of parallax adjustment for active stereo camera systems[J]. IEEJ Transactions on Electronics，Information and Systems，2015，135（9）：1120-1130.

第13章 仿生眼的运动控制系统

前面各章已经充分说明生物为了使眼球可转动，眼球结构和控制眼球运动的神经系统都极其复杂，完全可以推断，眼球运动对视觉功能的作用不可或缺，绝非头部运动可以代替。因此，机器视觉系统的信号采集端不只是采集图像的相机，与相机运动控制相关的惯性信息和位姿信息，以及动力机构和其背后的控制系统也是必不可少的。如何主动获得最需要的图像，如何获得稳定且高质量的图像，特别是双眼如何获得易于形成立体视觉的3D图像等都是相机运动控制系统所必须解决的问题。

13.1 仿生眼运动控制神经系统整体框架

第6章较全面地介绍了以脑干为中心的眼球运动控制神经系统及其数学模型，但未包含上丘（跳跃眼动）和小脑部分。眼球运动控制数学模型的大脑部分也只是为了使控制系统完整而不得不将视标误差、视标速度等信号作为大脑视觉处理的结果嵌入其中，并没有大脑视觉处理的过程和原理。本节在图6-5的基础上加入第7章的上丘、第8章的小脑及第9章的大脑的内容，绘制如图13-1所示更全面的视觉控制神经系统结构图，之后逐步建立更实用的数学模型和开发仿生眼控制系统，并进行实验验证。由于腹侧通路的信息没有直接参与眼球运动控制，因此图13-1只将与眼球运动控制相关的大脑视觉处理区域加了进去。

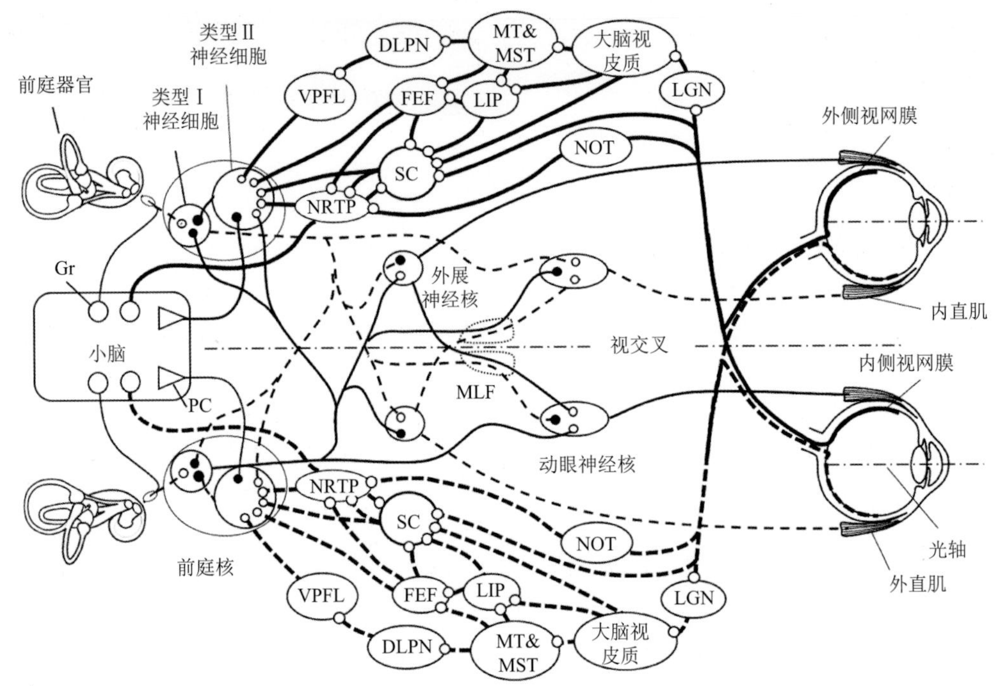

图 13-1 摆动方向的双眼运动控制神经系统[1-14]

LGN. 外侧膝状体；MT. 颞中区；MST. 内侧颞上区；DLPN. 桥背外侧核；LIP. 顶内沟外侧皮质；VPFL. 腹侧旁小叶；FEF. 额叶眼区；NOT. 视束核；NRTP. 脑桥被盖网状核；SC. 上丘；MLF. 内侧纵束；Gr. 颗粒细胞；PC. 浦肯野细胞

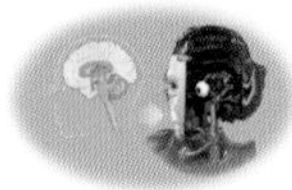

13.2 双眼协同运动控制的功能与特性

首先，仿生眼要解决一个长久以来未被重视但很重要的问题，称为“单视标注视”问题，即人类的两只眼睛只能注视一个物体，很难同时看两个不同位置的物体。例如，即使天空有很多鸟儿在飞，我们也不用担心两只眼睛的视线会跟随不同的鸟儿而分离开来。人类双眼的这一看似不经意的能力，却用通常的控制学理论和方法难以实现。因为如果让两只眼睛的运动完全相同，这两只眼的视线就不能汇聚到一个注视点，如果让两只眼睛完全独立控制，每只眼睛可能会因为看到不同物体而分离开来。

上述现象除大脑视觉处理功能之外，主要原因来自人眼的共轭运动和辐辏运动具有不同动态特性这一生理现象。第 6 章以人类视觉生理学和解剖学为基础，结合自动控制原理，构建了双眼运动控制神经系统的数学模型，从原理上解释了这一难题。由于共轭与辐辏的控制原理几乎可以用于任何对称结构的控制系统，如汽车，双臂机器人，双足、四足等步行机器人，本节通过自动控制的基础理论，对对称交叉的控制结构进行进一步推导。最后通过仿生眼装置用实验来验证“单视标注视”功能。

共轭运动在生理学上是指当人的双眼中有一只眼运动时，另一只眼也会伴随同一方向的运动，特别是这只跟随的眼睛被遮挡时，随动也会产生（这也是为什么一只眼做手术时，另一只眼也要遮住）。因此，生理学上将共轭运动定义为双眼在相同方向运动的部

分。辐辏（辐合与分散）运动在生理学上是指在注视目标接近或远离头部时双眼视线的会聚或分离运动。在第 3 章，为了在工学上易于描述，通过图 3-9 已经对水平方向的共轭运动和辐辏运动进行了严密定义，在这里不再重复讨论。这里需要注意，图 10-1 所示仿生眼的结构比较适合欧拉角的姿态变换计算，而眼球的眼肌结构更适合用眼球坐标的 roll、pitch、yaw 方式的计算。由于本书的控制系统只介绍了双眼的水平运动（yaw），没有牵扯太多的坐标变换问题，实际的仿生眼三自由度控制要更复杂一些。

13.2.1　仿生眼的共轭运动和辐辏运动的模型与分析

第 6 章的式（6-60）和式（6-61）表示，利用左右眼球构造及其运动控制神经系统的对称结构和信息交叉现象，可推导出双眼的运动控制神经系统可以拆分成两个相互独立且控制函数不同的双眼控制系统。为了进一步说明对称交叉控制系统的原理，将图 6-29 左侧的前庭眼反射部分去掉，只留右侧的视觉反馈控制部分，即平滑眼动部分，整理成如图 13-2 所示的水平方向的双眼平滑眼动控制系统的数学模型。这里需要注意的是，图 6-29 使用的是第 3 章对应于生理眼球对称结构的左右对称坐标系（图 3-6），而本章使用的是图 10-1 所示的机器人工学上常规使用的右手定则坐标系，所以交叉通路的符号变成了正号。

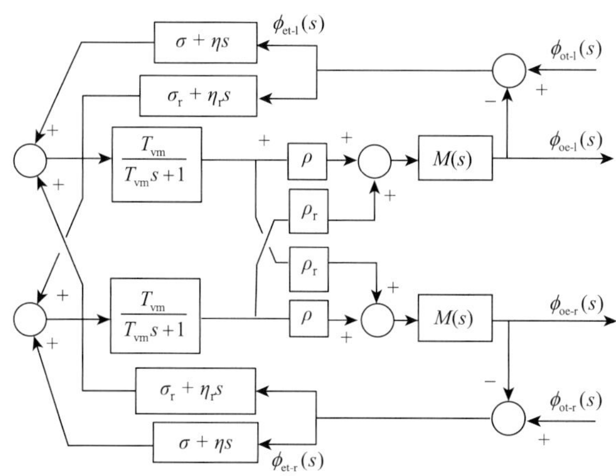

图 13-2　双眼平滑眼动控制系统的数学模型

根据图 13-2 整理出一般的双眼平滑眼动（水平方向）的通用控制系统，如图 13-3 中上图所示，其中 $\rho(s)$ 对应参数 ρ； $\rho_{\text{c}}(s)$ 对应 ρ_{r}； $C(s)$ 对应 $\dfrac{T_{\text{vm}}}{T_{\text{vm}}s+1}$； $\sigma(s)$ 对应 $\sigma+\eta s$； $\sigma_{\text{c}}(s)$ 对应 $\sigma_{\text{r}}+\eta_{\text{r}}s$ 。由图 3-17 可知，共轭角等于两眼转角之和，辐辏角是两眼转角之差（注意坐标系设定），所以图 13-3 中下图是将上图两眼的两个输入（目标角度）和两个输出（眼球转角）同时相加获得共轭运动控制系统，同时相减获得辐辏运动控制系统。

具体算式如下：

$$\phi_{\text{oe-l}}(s)=M(s)\left\{\rho(s)C(s)\left[\sigma(s)\phi_{\text{et-l}}(s)+\sigma_{\text{c}}(s)\phi_{\text{et-r}}(s)\right]+\rho_{\text{c}}(s)C(s)\left[\sigma(s)\phi_{\text{et-r}}(s)+\sigma_{\text{c}}(s)\phi_{\text{et-l}}(s)\right]\right\} \tag{13-1}$$

$$\phi_{\text{oe-r}}(s) = M(s)\left\{\rho(s)C(s)\left[\sigma(s)\phi_{\text{et-r}}(s) + \sigma_{\text{c}}(s)\phi_{\text{et-l}}(s)\right] + \rho_{\text{c}}(s)C(s)\left[\sigma(s)\phi_{\text{et-l}}(s) + \sigma_{\text{c}}(s)\phi_{\text{et-r}}(s)\right]\right\} \tag{13-2}$$

式（13-1）与式（13-2）相加可得

$$\phi_{\text{oe-l}}(s) + \phi_{\text{oe-r}}(s) = M(s)\left[\rho(s) + \rho_{\text{c}}(s)\right]C(s)\left[\sigma(s) + \sigma_{\text{c}}(s)\right]\left[\phi_{\text{et-l}}(s) + \phi_{\text{et-r}}(s)\right] \tag{13-3}$$

因为 $\phi_{\text{et-l}}(s) = \phi_{\text{oe-l}}(s) - \phi_{\text{ot-l}}(s)$，$\phi_{\text{et-r}}(s) = \phi_{\text{oe-r}}(s) - \phi_{\text{ot-r}}(s)$，所以，

$$\phi_{\text{et-l}}(s) + \phi_{\text{et-r}}(s) = \left[\phi_{\text{oe-l}}(s) + \phi_{\text{oe-r}}(s)\right] - \left[\phi_{\text{ot-l}}(s) + \phi_{\text{ot-r}}(s)\right] \tag{13-4}$$

同理，式（13-1）与式（13-2）相减可得

$$\phi_{\text{oe-l}}(s) - \phi_{\text{oe-r}}(s) = M(s)\left[\rho(s) - \rho_{\text{c}}(s)\right]C(s) \times \left[\sigma(s) - \sigma_{\text{c}}(s)\right]\left[\phi_{\text{et-l}}(s) - \phi_{\text{et-r}}(s)\right] \tag{13-5}$$

$$\phi_{\text{et-l}}(s) - \phi_{\text{et-r}}(s) = \left[\phi_{\text{oe-l}}(s) - \phi_{\text{oe-r}}(s)\right] - \left[\phi_{\text{ot-l}}(s) - \phi_{\text{ot-r}}(s)\right] \tag{13-6}$$

因此，图 13-3 中下图成立。

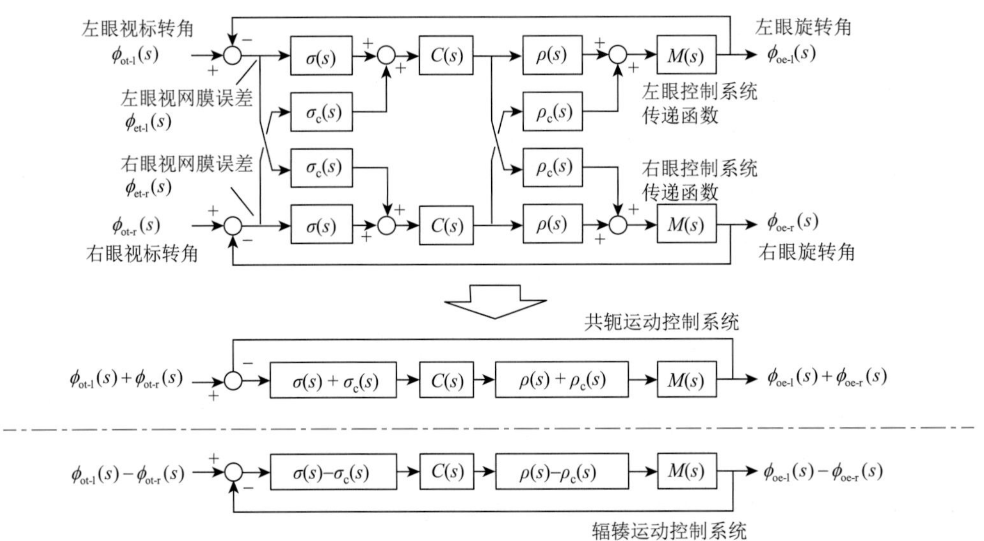

图 13-3　对称交叉反馈控制系统的共轭运动与辐辏运动的分离[1, 6-8]

共轭和辐辏这两套系统相互独立，两套系统的控制参数不相同，而且可以任意设定。例如，如果设定共轭运动的前段传递函数为 $\sigma_{\text{g}}(s) = \sigma(s) + \sigma_{\text{c}}(s)$，辐辏运动的前端传递函数为 $\sigma_{\text{f}}(s) = \sigma(s) - \sigma_{\text{c}}(s)$，则可以求出双眼控制系统的控制参数为

$$\sigma(s) = \left[\sigma_{\text{g}}(s) + \sigma_{\text{f}}(s)\right]/2,\quad \sigma_{\text{c}}(s) = \left[\sigma_{\text{g}}(s) - \sigma_{\text{f}}(s)\right]/2 \tag{13-7}$$

因此，该原理也解释了为什么一个具备交叉信息通路的对称控制系统可以实现共轭运动和辐辏运动的不同控制特性。

同理，具备前馈回路的对称交叉系统，如前庭眼反射与平滑眼动共存的控制系统也可以实现共轭运动和辐辏运动的分离，如图 13-4 所示。以此类推，其他对称结构的控制系统也可以实现相同方向的运动（简称共同运动）与相反方向的运动（简称相对运动）

的分离，甚至不完全对称的控制对象也可以通过数字传递函数来弥补，实现控制特性的对称，然后采用对称交叉控制，实现共同运动和相对运动的分离[7, 8]。

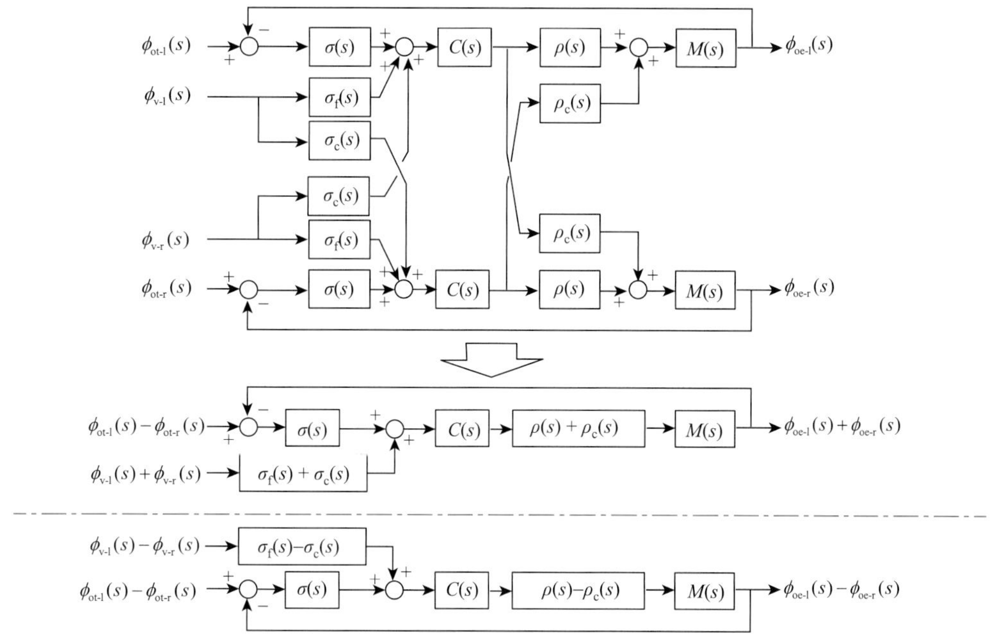

图 13-4　对称交叉反馈与前馈同时存在的控制系统的共轭运动与辐辏运动的分离

这种对称交叉系统可以适用于任何对称系统的控制。例如，电动汽车的左右轮的转速控制，相同方向的转速可以相对高速，控制精度不需要过高，而相反方向的转速，即双轮速度的差，一定不可过快，以免因急转弯而发生危险[8]。关于对称交叉控制系统，笔者没有更进一步研究，因此此处不再过多讨论。

当共轭运动和辐辏运动可以分别以不同的控制系统控制时，双眼视线易于注视一个目标，不易被形状类似的干扰物体“引诱”而分离开来的现象就非常容易解释了。因为共轭运动允许视线快速转动，以便于跟踪高速运动目标，而辐辏运动不允许视线快速转动，只要求两眼球相对姿态高精度慢速变化，以保持双眼相对位姿达到立体视觉所必要的约束条件。下面利用仿生眼进行验证。

13.2.2　仿生眼的共轭运动和辐辏运动的实验验证

首先从最基础的眼球运动，即平滑眼动开始。利用图 13-2 所示双眼平滑眼动控制系统的数学模型，将电机控制模块嵌入其中，可得到图 13-5 所示的平滑眼动的摆动方向的控制系统。由于作为眼球的相机及其图像处理系统可以直接获得视标在眼球坐标系的位置和速度，因此可以将 $\varphi_{\text{et-l}}(t)$、$\varphi_{\text{et-r}}(t)$ 和 $\dot{\varphi}_{\text{et-l}}(t)$、$\dot{\varphi}_{\text{et-r}}(t)$ 直接输入控制系统中而无须求解视标在世界坐标系中的位置。

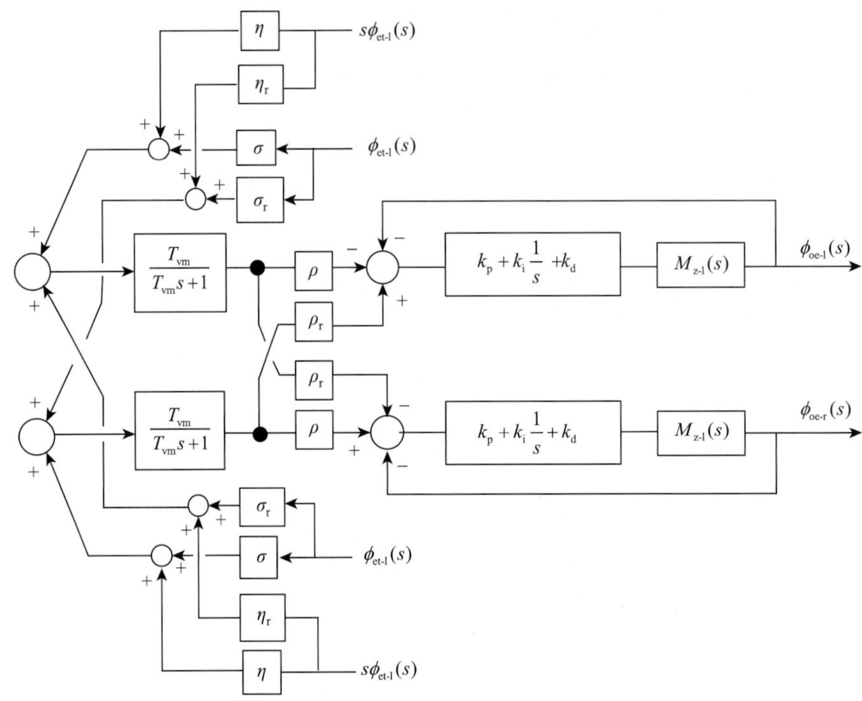

图 13-5 平滑眼动的摆动方向的控制系统

仿生眼经过多年迭代，功能越来越强大，效果越来越好。但是为了尊重原创和数据的可考性，本书使用文献[1]和[2]的实验结果。

该实验结果是笔者团队设计制作的第一款仿生眼（图 13-6）得出的[1, 2, 9]。图 13-5 的参数设定如下：

$$\rho = 1.5;\ \rho_r = 0.5;\ \sigma = 1;\ \sigma_r = 0.5;\ \eta = 0.5;\ \eta_r = 0.2;\ T_{vm} = 25\text{s}$$

仿生眼的图像处理系统被设置为识别白色球体，以其中心为视标，并给出球的中心点相对于眼球坐标系中各轴的转角。每台相机每次只能选择一个白球为视标。由于图 13-6 的每只眼球只有两个自由度，因此这里只需通过图像给出视标相对于眼球坐标的位置，即相机对应于视标的转角误差$\left(\varphi_{z\text{-et-l}}(t),\varphi_{y\text{-et-l}}(t)\right)$、$\left(\varphi_{z\text{-et-r}}(t),\varphi_{y\text{-et-r}}(t)\right)$即可。图 13-5 是摆动方向运动的控制系统，因此这里只使用两组数据$\left(\varphi_{z\text{-et-l}}(t),\varphi_{z\text{-et-r}}(t)\right)$。俯仰运动的控制系统与摆动运动相同。

首先将视标（白球）放置在双眼前方[图 13-7（a）]，双眼会自动注视该视标。之后，让一个先端系着与现视标相同白球的摆子在仿生眼前摆动[图 13-7（b）]，此时会发生双眼同时把注视目标切换到摆子的情况。随着摆子的摆动，双眼会在固定视标和摆子之间反复发生切换注视目标的动作，但是不会发生明显的左右眼分别注视和跟随不同目标的情况。如果把控制系统的交叉回路切断，即设定：$\rho_r = \sigma_r = \eta_r = 0$，则会经常发生双眼分别注视和跟随不同视标的情况。

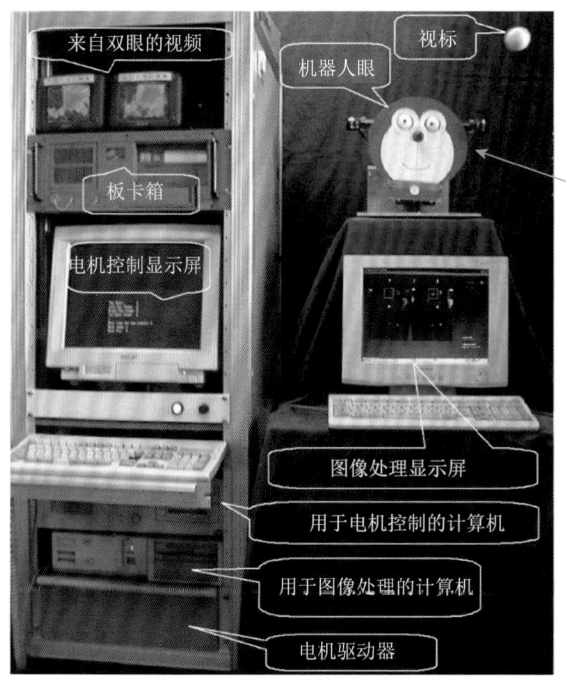

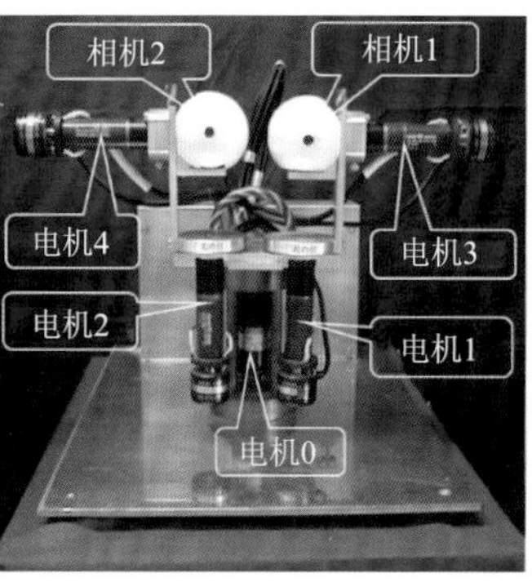

图 13-6　仿生眼实验系统（1999 年）[1, 2, 9]

(a) 双眼注视固定目标（白球）

(b) 与固定目标相同形状摆子略过双眼前方

图 13-7　仿生眼的目标注视特性（2002 年）

图 13-8 是仿生眼及视标的运动轨迹，可以看到视标切换过程的细节。图中 ${}^{1}\varphi_{\text{ot-l}}(t)$ 和 ${}^{1}\varphi_{\text{ot-r}}(t)$ 是目标 1[图 13-7（a）所示的白球]分别在左右眼窝坐标系中的方位角-时间轨迹，${}^{2}\varphi_{\text{ot-l}}(t)$ 和 ${}^{2}\varphi_{\text{ot-r}}(t)$ 是目标 2[图 13-7（b）所示的白球]分别在左右眼窝坐标系中的轨迹（推测值）；$\varphi_{\text{oe-l}}(t)$ 是左眼的转角轨迹，$\varphi_{\text{oe-r}}(t)$ 是右眼的转角轨迹（电机转角传感器的值）；$\varphi_{\text{et-l}}(t)$ 是左眼的误差，$\varphi_{\text{et-r}}(t)$ 是右眼的误差（通过图像处理算出）。

在 t_1 时刻摆子（目标 2）开始摆动，在 t_2 时刻时左眼相机检测到目标 2，并将目标 2 当成视标，输出视线相对于视标的误差信号，而此时右眼相机未识别到摆子，注视的目标仍是目标 1。在 t_3 时刻，由于辐辏运动控制系统的影响，左眼没有跟随目标 2 迅速离

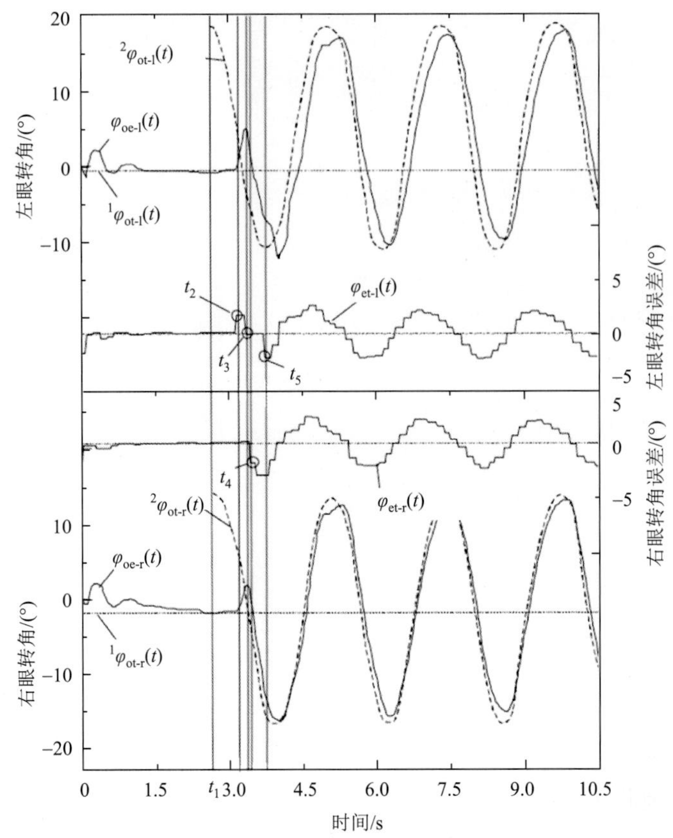

图 13-8　仿生眼注视和跟踪视标的切换过程[2, 9]

开目标 1，所以左眼的注视目标又回到了目标 1。在 t_4 时刻，右眼检测到摆子，左眼未检测到摆子。在 t_5 时刻，左右眼都检测到了摆子，并把该摆子（目标 2）当成了视标，此时双眼开始跟踪目标 2，至此实现了跟踪视标的切换。

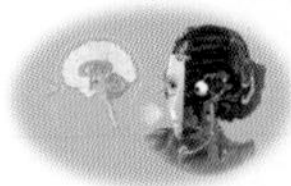

13.3　全位姿前庭眼反射的控制

装载在移动设备上的视觉系统，如何消除运动模糊是必须考虑的问题。手机、手提相机等的防抖功能通过控制镜头和摄像芯片的相对位置来改变光轴方向，进而达到防抖的目的，因此对应的是小幅度的高频抖动，无法对应相机较大幅度运动所产生的运动模糊，如转弯。当然，通过快门减少曝光时间也可以达到减少运动模糊的效果，但是相机的进光量变少，会导致图像变暗。

目前市面上的手持防抖稳定器，包括无人机等移动设备上普遍使用的防抖云台，甚至包括影视拍摄用的摇臂前端的相机稳定器，多半是以质量惯性作为消除运动模糊机构的要素，因此防抖云台上的相机是很难相对世界坐标快速运动的。仿生眼需要和人眼一样快速转动，特别是需要像跳跃眼动那样的超过 800(°)/s 的高速旋转能力，所以需要旋转

眼球的动力相对眼球质量足够强大。相对眼球质量的转矩越大，防抖控制的难度就越大，这也是仿生眼的难题，是借鉴前庭眼反射系统的关键。

当被摄物体较近时，相机载具平移运动产生的影响将无法忽视，也就是说当移动设备的平移速度较快时，如机器人快速移动，特别是进行相对于垂直视线方向的平移时，该移动设备上的视觉系统拍摄到的图像也会产生较大的运动模糊，而目前的三轴防抖云台还没有针对平移运动的防抖功能。在第 6 章介绍过，人类的前庭眼反射包含对平移头部运动的补偿，但是平移前庭眼反射在仿生眼的具体实现层面，需要更详细的计算模型，而过于细致和复杂的计算方程式在生理实验中是很难得到的。从几何学理论可知，平移前庭眼反射需要测量视标的位置，而旋转前庭眼反射不需要视标的距离信息（只要视标距离远大于眼球与头部旋转中心的距离）。因此，这里将平移前庭眼反射（translational vestibulo-ocular reflex，TVOR）和旋转前庭眼反射（rotational vestibule-ocular reflex，RVOR）区分开来讨论。

13.3.1　前庭眼反射控制系统

虽然平移前庭眼反射控制需要视标的位置信息，但是如果利用大脑通过复杂的视觉处理得来视标位置信息，信息获取的时延过长，不利于需要快速反应的反射运动。因此，考虑使用双眼的转角信息进行计算。由于眼球的转角是注视视标的结果，前庭眼反射离不开平滑眼动，因此在前庭眼反射模型中同时包含了 13.2 节介绍的平滑眼动模型。

图 13-9 是视标在图 10-1 所示坐标系下的位置及对应参数。由于惯性传感器没有绝对位置信息，且存在累计误差，防抖的目的也是尽量减少视标相对于眼球坐标的速度，因此前庭眼反射以速度控制为主，而位置控制应当交由平滑眼动的视觉反馈控制负责。当

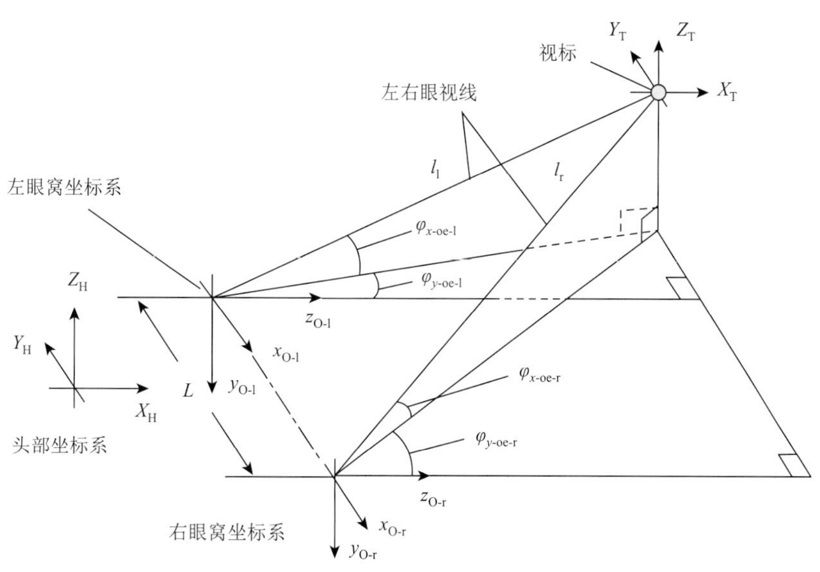

图 13-9　视标在双眼坐标系统的位置[12]

视网膜误差都为 0 时，即 $\varphi_{y\text{-et-l}}=0$，$\varphi_{y\text{-et-r}}=0$；$\varphi_{z\text{-et-l}}=0$，$\varphi_{z\text{-et-r}}=0$，视标的距离 l_1 和 l_r 分别可以求解如下：

$$l_1=\frac{L\cos\varphi_{z\text{-oe-l}}}{\cos\varphi_{y\text{-oe-l}}\sin(\varphi_{z\text{-oe-r}}-\varphi_{z\text{-oe-l}})} \tag{13-8}$$

$$l_r=\frac{L\cos\varphi_{z\text{-oe-r}}}{\cos\varphi_{y\text{-oe-r}}\sin(\varphi_{z\text{-oe-r}}-\varphi_{z\text{-oe-l}})} \tag{13-9}$$

由于前庭眼反射只对应头部运动的补偿，视标运动时的追踪只能由平滑眼动控制系统负责［除非将惯性传感器（IMU）放在视标上，并把信息实时传给仿生眼］，此时只考虑视标固定的情形。当头部在头部坐标系各个坐标轴方向的平移运动速度分别用 $\dot{x}_{\text{wh}}$、$\dot{y}_{\text{wh}}$、$\dot{z}_{\text{wh}}$ 表示时，视标在视网膜中心保持 0°视差不变所需要的眼球在摆动方向和俯仰方向的转速如下。

摆动方向：

$$\dot{\varphi}_{y\text{-oe-l}}=\dot{x}_{\text{wh}}\frac{\sin\varphi_{y\text{-oe-l}}}{l_1\cos\varphi_{x\text{-oe-l}}}-\dot{y}_{\text{wh}}\frac{\cos\varphi_{y\text{-oe-l}}}{l_1\cos\varphi_{x\text{-oe-l}}} \tag{13-10}$$

$$\dot{\varphi}_{y\text{-oe-r}}=\dot{x}_{\text{wh}}\frac{\sin\varphi_{z\text{-oe-r}}}{l_r\cos\varphi_{y\text{-oe-r}}}-\dot{y}_{\text{wh}}\frac{\cos\varphi_{z\text{-oe-r}}}{l_r\cos\varphi_{y\text{-oe-r}}} \tag{13-11}$$

俯仰方向：

$$\dot{\varphi}_{x\text{-oe-l}}=\dot{x}_{\text{wh}}\frac{\cos\varphi_{y\text{-oe-l}}\sin\varphi_{x\text{-oe-l}}}{l_1}+\dot{y}_{\text{wh}}\frac{\sin\varphi_{y\text{-oe-l}}\sin\varphi_{x\text{-oe-l}}}{l_1}+\dot{z}_{\text{wh}}\frac{\cos\varphi_{x\text{-oe-l}}}{l_1} \tag{13-12}$$

$$\dot{\varphi}_{x\text{-oe-r}}=\dot{x}_{\text{wh}}\frac{\cos\varphi_{y\text{-oe-r}}\sin\varphi_{x\text{-oe-r}}}{l_r}+\dot{y}_{\text{wh}}\frac{\sin\varphi_{y\text{-oe-r}}\sin\varphi_{x\text{-oe-r}}}{l_r}+\dot{z}_{\text{wh}}\frac{\cos\varphi_{x\text{-oe-r}}}{l_r} \tag{13-13}$$

由以上的论述也可以看出，头部的 3 自由度平移运动速度产生的图像在视网膜上的移动，可以通过眼球（相机）的旋转速度来消除。由于每只眼球的旋转速度都与该眼球与目标的距离（l_1 或 l_r）相关，而求解 l_1 或 l_r 都需要两只眼球的转角，因此如果不借助其他距离传感器，通过视觉和惯性信息进行平移运动补偿，双眼系统是必要条件。

其实也可以这样理解：6 自由度运动（姿态 3 自由度、平移 3 自由度）的补偿，需要 6 轴控制系统。如果每个相机下面是 6 自由度以上的机械臂，通过 6 自由度的 IMU 进行相机的运动补偿时就不需要视标距离信息，正因为仿生眼的每只眼球只有 3 轴，所以需要双眼来测距。因此，主要靠颈部来调节视线位置的鸟类，前庭眼反射就变成了“前庭颈反射”，不需要双眼测距功能。人类和陆地奔跑的动物也有“前庭颈反射”功能，例如，猎豹追逐猎物时头部是非常稳定的，人类的短跑运动员在比赛时，头的轨迹也几乎是直线。

由式（13-10）～式（13-13）可以看出，只需要眼球的摆动和俯仰 2 个自由度相应的旋转速度即可消除头部 3 自由度平移运动产生的视标在视网膜上的投影移动。

图 13-10 是为融合了平滑眼动、旋转前庭眼反射（RVOR）和平移前庭眼反射在摆动方向的运动控制系统。平滑眼动沿用图 13-5 的控制系统，RVOR 沿用第 6 章描述的前庭眼反射系统模型的结构。由于搭建的仿生眼实验系统中仅使用了一套 IMU，所以图 13-10 中 RVOR 的输入信号简化成了一条输入回路。

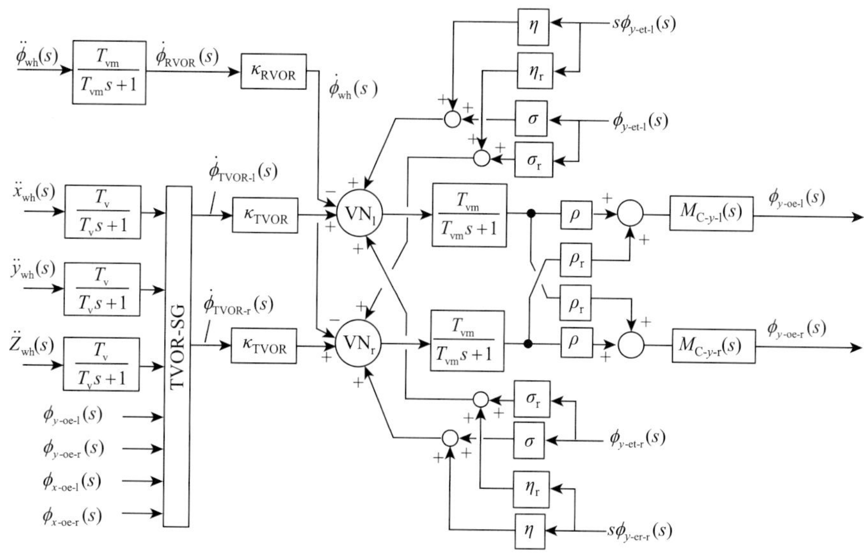

图 13-10　仿生眼摆动方向的前庭眼反射和平滑眼动控制系统[12, 13]

生物神经系统的积分都是漏积分（leaky integral），使用漏积分可以消除累积干扰和过往信号的影响，所以仿生眼控制系统的积分也基本上都采用漏积分。由于惯性传感器可以感知的都是加速度，所以图 13-10 模型的输入信号都是旋转和平移加速度信号再经过漏积分得到的速度信号（不是纯粹的速度）。模型中 TVOR-SG 代表式（13-10）～式（13-13）的计算。$M_{C\text{-}z\text{-}l}(s)$和 $M_{C\text{-}z\text{-}r}(s)$代表眼球（相机及云台）的转角控制系统。

13.3.2　前庭眼反射实验

为验证前庭眼反射功能而开发的实验设备如图 13-11 所示。该设备的每只眼采用摆动和俯仰 2 个自由度，颈部只有摆动 1 个自由度。相机采用 Point Grey Research 公司生产的 CCD（charge coupled device）相机 Flea2，1024 像素×768 像素，水平视场角 17.1°，垂

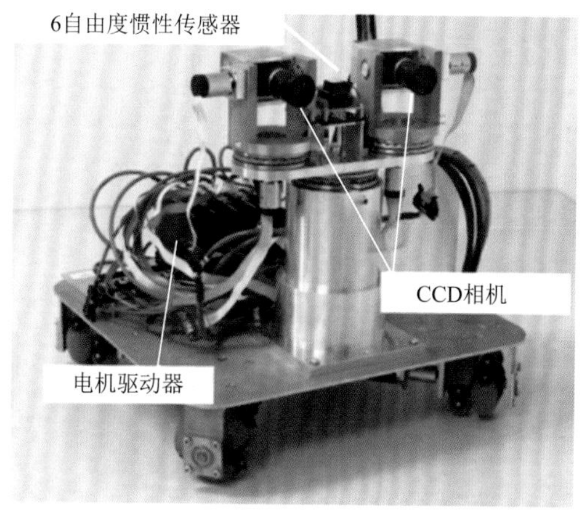

图 13-11　验证前庭眼反射的实验装置[12, 13]

直视场角 12.8°，分辨率 0.017°/像素，相当于人类 1.0 的视力。半规管（semicircular canal）和耳石（otolith）的惯性传感器采用 Memsense 公司生产的 6 自由度加速度传感器 AccelRate3D[12, 13]。

控制系统的参数设定如下：

$\sigma = 3.3$，$\eta = 4.3$，$\sigma_r = 0.99$，$\eta_r = 1.29$，$\rho = 0.75$，$\rho_r = 0.25$，$\kappa_{RVOR} = 1.0$，$\kappa_{TVOR} = 1.0$。积分器的时定数 $T_v = 15.00$s，$T_{vm} = 20.0$s。

1. 头部旋转运动实验结果

图 13-12（a）是 $t = 0$s 时刻的位置设置，在视标固定状态下，头部以最高速度 200(°)/s 旋转约 40°。以下是平滑眼动（SP）回路单独控制（$\kappa_{RVOR} = 0$，$\kappa_{TVOR} = 0$）、前庭眼动（RVOR）单独控制（$\sigma = 0$，$\eta = 0$，$\sigma_r = 0$，$\eta_r = 0$，$\rho = 0$，$\rho_r = 0$）、SP 和 RVOR 同时控制时的实验结果。视标距离 $r = 0.86$m，视标相对于眼窝坐标的方位角通过 $\varphi_{ot} = \varphi_{et} + \varphi_{oe}$ 算出，而 φ_{et} 是通过图像处理获得的，φ_{oe} 是通过转角传感器获得的。

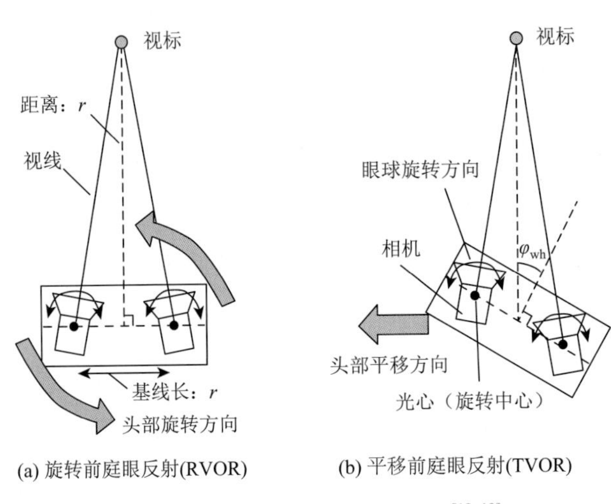

(a) 旋转前庭眼反射(RVOR)　　(b) 平移前庭眼反射(TVOR)

图 13-12　实验的初始状态设置[12, 13]

（1）只通过 SP 回路控制时的状况如图 13-13（a）所示，实验数据如图 13-14 所示。

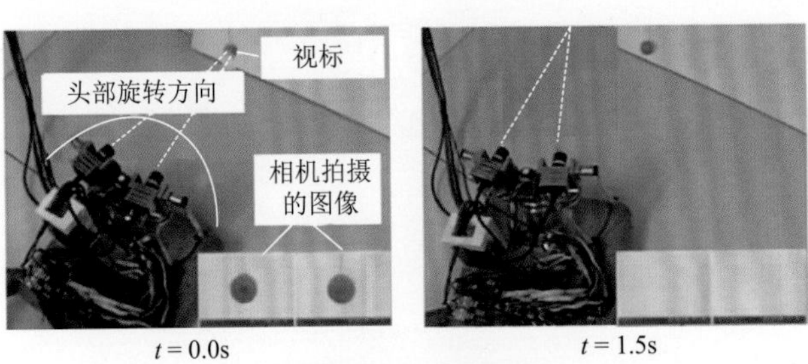

$t = 0.0$s　　$t = 1.5$s

(a) 只使用SP回路控制

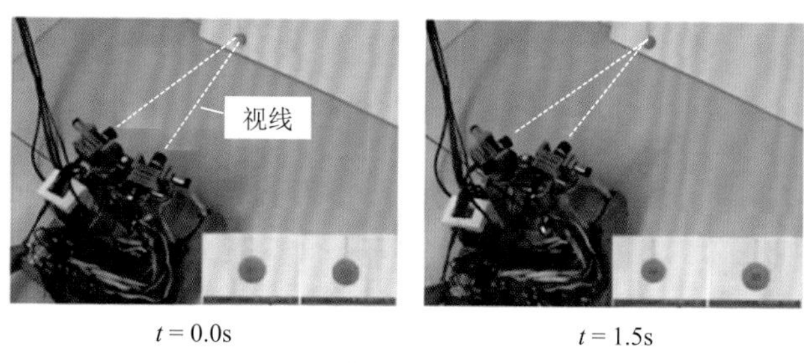

(b) SP和RVOR融合控制

图 13-13　头部旋转运动时的眼球运动控制实验[12, 13]

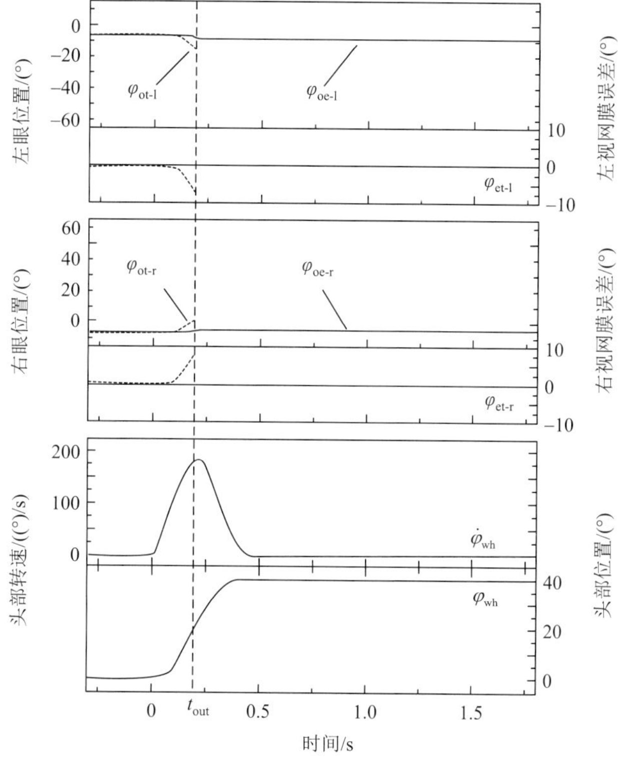

图 13-14　SP 单独控制时的头部旋转运动响应实验[12, 13]

当只有 SP 时快速旋转头部，视标在 t_{out} 处离开视野

（2）只通过 RVOR 回路控制时的实验数据如图 13-15 所示。

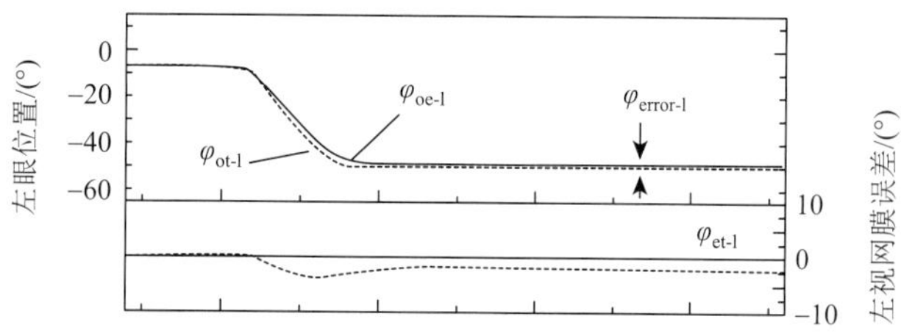

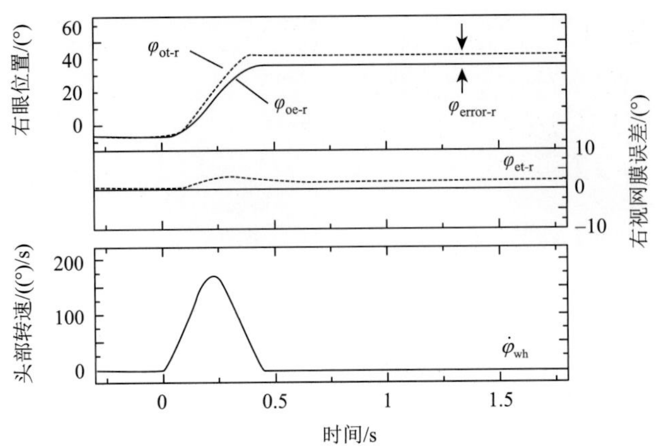

图 13-15 RVOR 回路控制时的头部旋转运动响应实验[12, 13]

当只有 RVOR 时快速旋转头部，视标存在一定的误差

（3）SP 和 RVOR 融合控制时的实验数据如图 13-16 所示。实验时的状态如图 13-13（b）所示。

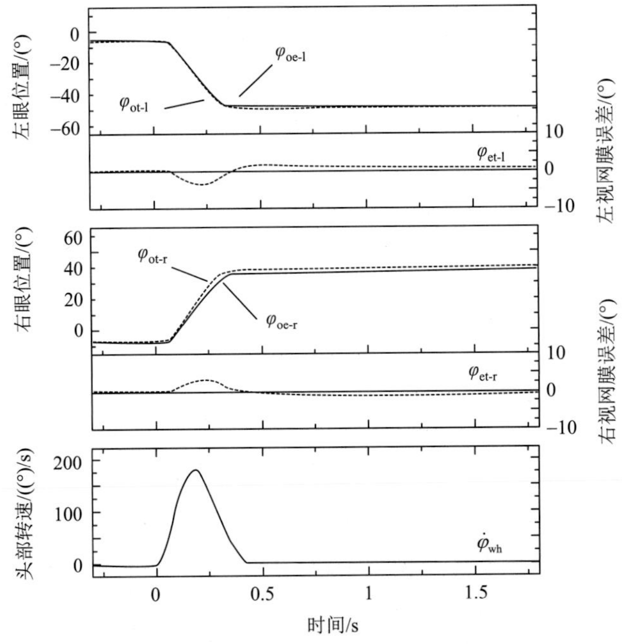

图 13-16 SP 和 RVOR 融合控制时的头部旋转运动的响应实验[12, 13]

当 SP 和 RVOR 同时作用时，视标跟踪效果最好

从上述实验结果可知，当头部快速转动时：①只使用 SP 控制时，视线的视标追踪速度不够，在 $t = t_{out}$ 时刻视标离开相机的视野；②只使用 RVOR 控制时，因为没有视网膜误差 φ_{et} 的反馈控制，视标和视线之间存在最终误差 φ_{error}；③当 SP 和 RVOR 融合控制时，视标与视线间的误差最小，追踪效果最好。

从上述实验结果可知，RVOR 可对应高速头部旋转运动，但存在累计误差。SP 虽然可以消除最终误差，但反应速度慢，不适合头部快速运动。因此，当具有互补作用的 RVOR 和 SP 两者融合时，才可以得到较理想的控制效果。平滑眼动和前庭眼反射的相互关系，特别是在不同频域的作用和分工，在 6.4 节已进行过详细论述，在此不再赘述。

2. 平移头部运动的实验结果

按照图 13-12（b）的方式，让视标固定，头部以最高速度 0.6m/s 平移约 0.4m。以该方式进行以下五种情况的实验来观察眼球运动（相机视轴方向）的变化情况。

（1）当只使用 SP 控制通路，即设置 $\kappa_{\mathrm{RVOR}}=0$、$\kappa_{\mathrm{TVOR}}=0$ 时，视标距离 $r=0.82\mathrm{m}$，头部方向 $\varphi_{\mathrm{wh}}=0°$，实验状态如图 13-17（a）所示，实验数据如图 13-18 所示。

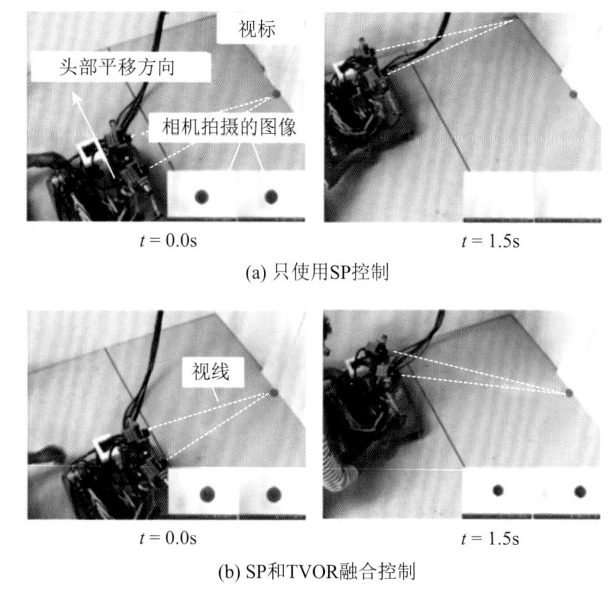

图 13-17　头部平移运动时的眼球运动控制实验

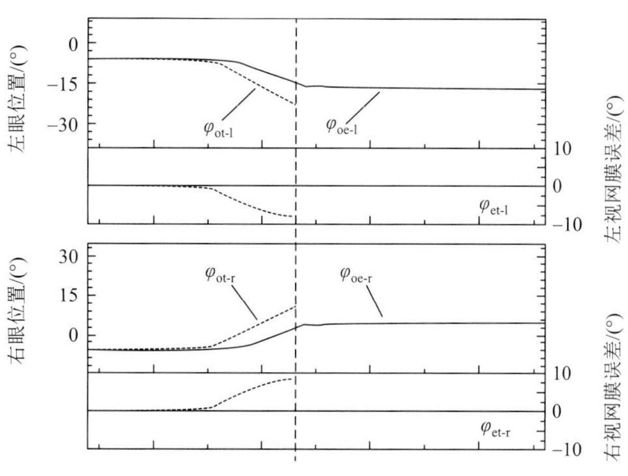

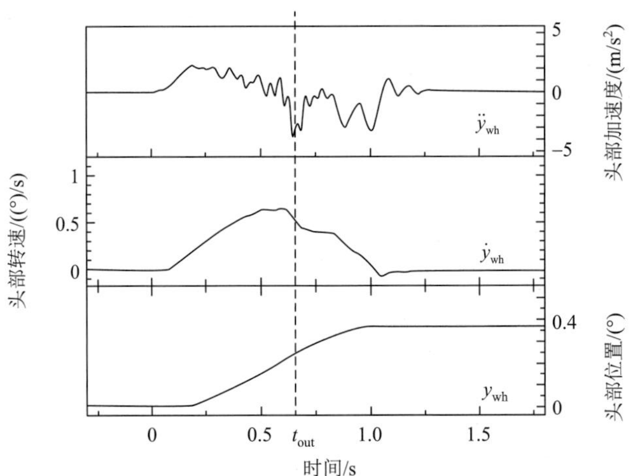

图 13-18 头部平移运动时 SP 的视标跟踪实验结果[12, 13]

（2）当前庭眼动 TVOR 单独控制，即设置 $\sigma = 0$，$\eta = 0$，$\sigma_r = 0$，$\eta_r = 0$，$\rho = 0$，$\rho_r = 0$ 时，视标距离 $r = 0.82$m，头部方向 $\varphi_{wh} = 0°$，实验数据如图 13-19 所示。

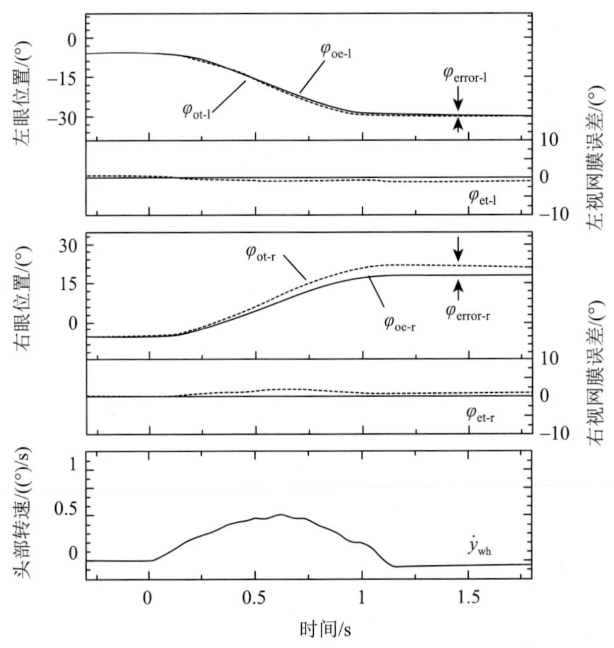

图 13-19 头部平移运动时只使用 TVOR 控制的视标跟踪实验结果（$r = 0.82$m，$\varphi_{wh} = 0°$）[12, 13]

（3）前庭眼动 TVOR 单独控制，视标距离 $r = 1.65$m，头部方向 $\varphi_{wh} = 0°$，实验数据如图 13-20 所示。

（4）前庭眼动 TVOR 单独控制，视标距离 $r = 0.82$m，头部方向 $\varphi_{wh} = 53°$，实验数据如图 13-21 所示。

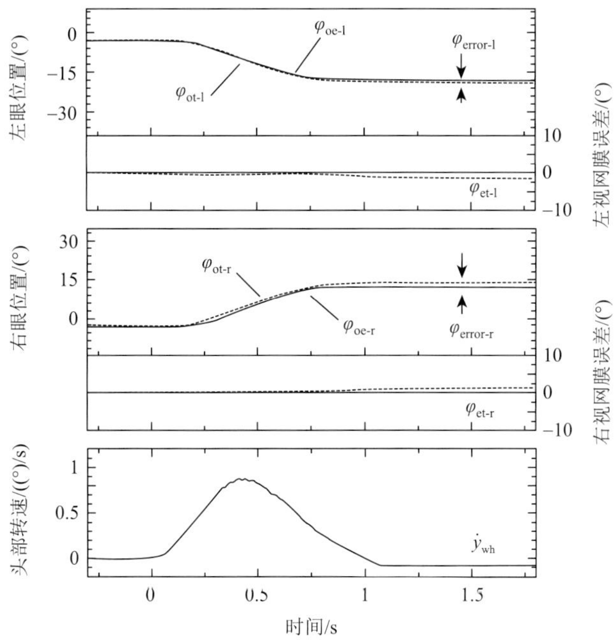

图 13-20　头部平移运动时只使用 TVOR 控制的视标跟踪实验结果（$r = 1.65$m，$\varphi_{wh} = 0°$）[12, 13]

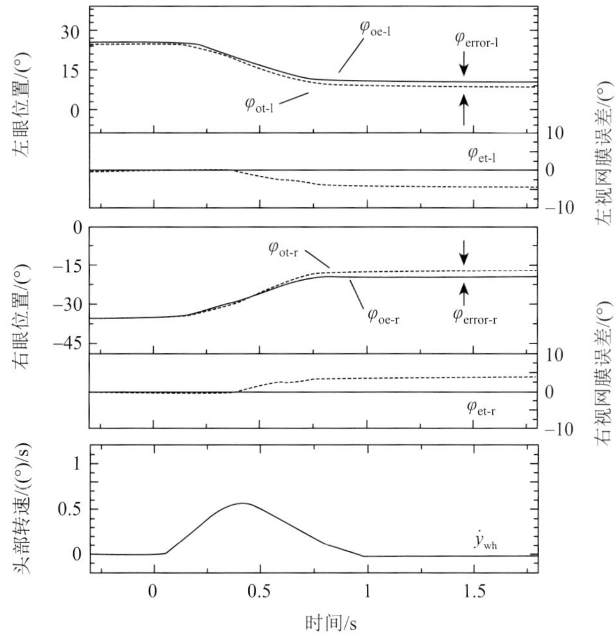

图 13-21　头部平移运动时只使用 TVOR 控制的视标跟踪实验结果（$r = 0.82$m，$\varphi_{wh} = 53°$）[12, 13]

（5）SP 和 TVOR 融合控制，视标距离 $r = 0.82$m，头部方向 $\varphi_{wh} = 0°$，实验数据如图 13-22 所示，实验状态如图 13-17（b）所示。

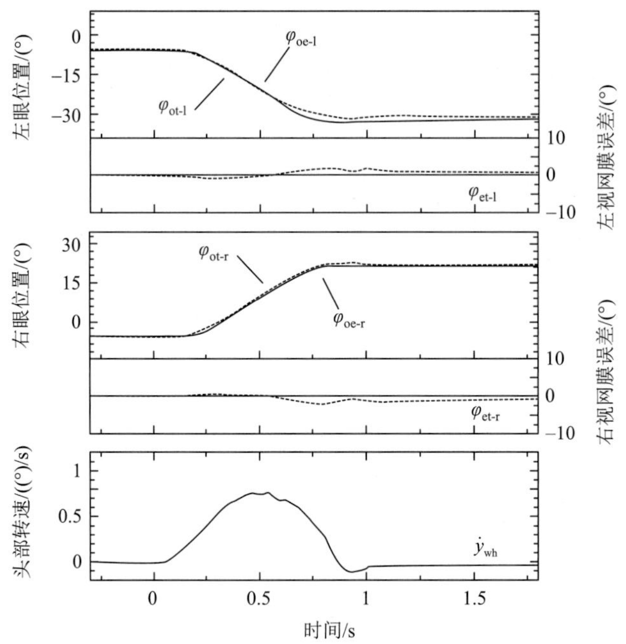

图 13-22　SP 和 TVOR 融合控制时的视标跟踪实验结果[12, 13]

从实验结果可知，在（1）的实验中，因为用了只有视觉反馈的 SP，所以当头部快速平移时视线来不及跟踪视标，在 $t = t_{out}$ 时刻，视标离开了相机的视野范围。实验（2）～（4）显示，在不同的视标位置和头部转角的情况下，由于 TVOR 的信号随着双眼和头部转角改变，可以自动得出最佳 TVOR 控制信号，因此目标位置得以维持在视野范围内。但由于没有 SP 控制，视线和视标方向的最终误差 φ_{error} 无法消除。在实验（5）中，通过 SP 和 TVOR 的融合控制，既补偿了头部快速运动，又消除了最终误差，获得了 5 组实验中的最佳效果。

前庭眼反射可以消除头部运动对双眼注视视标的影响，使得仿生眼在识别和注视视觉对象时不必考虑载体的运动，获得相当于头部静止状态下的各种视线控制的效果。这里讲的各种视线控制包括跳跃眼动、平滑眼动、视机反射、颈眼反射等。

13.4　跳跃眼动控制系统

人类主观意识可以控制的眼球运动主要是跳跃眼动。虽然一旦启动跳跃眼动，眼球运动过程也是自动的，但毕竟跳跃眼动的终点目标是可以有意识地挑选的。由于跳跃眼动可以有意识地参与，解析跳跃眼动时就不得不考虑大脑的决策机制和意识问题，从而跳跃眼动问题就会变得极为复杂。本节只考虑在大脑已经决定下一个注视和跟随目标后的仿生眼跳跃眼动的控制问题。

在第 7 章介绍了跳跃眼动的控制信号主要来自上丘，除了听觉和触觉引起的跳跃眼

动，视觉引起的跳跃眼动包括以下几种信号来源途径（参考 7.2 节及 7.8 节）：①初级视标位置信息通路；②中级视标位置信息通路；③物体分类及提供视标选项信息通路；④多模态融合位置信息通路；⑤视标和环境的速度信息通路；⑥视标选择信息通路；⑦跳跃眼动决断信息通路。

由于本节只考虑跳跃眼动的控制问题，所以选择上述①～④通路的位置信息和⑤通路的速度信息进行跳跃眼动控制系统的设计。

13.4.1　过往跳跃眼动的研究

关于跳跃眼动的控制，有多种模型，如 Robinson 提出的单眼跳跃眼动的数学模型[15]、Rahafrooz 等提出的模型[16, 17]等，这些模型多半用于描述眼球运动的生理学特性，没有在机器人视觉中进行验证。提出模型并通过机器人进行验证的有：Manfredi 等提出了跳跃眼动模型并开发了眼球运动机器人对模型进行验证[17]；Munoz 等提出了模型[18]；Deguchi 等用机器人对模型进行了验证[19]。由于篇幅问题，在这里不多介绍，感兴趣的读者可以查阅上述相关资料。本节主要介绍笔者团队集过往研究的成果和多年研发积累设计的跳跃眼动模型及机器人验证结果。

13.4.2　跳跃眼动的数学模型

在第 3 章定义的“平滑眼动”中的“滑”是指通过黄斑和中央凹获得的视标与中央凹中心的偏差进行的视标追踪运动，因此仿生眼的平滑眼动控制使用的视线误差 φ_{et} 用 ${}^{\mathrm{fov}}\varphi_{\mathrm{et}}$ 表示，而“跳跃眼动”使用的视线误差 φ_{et} 是黄斑以外的周边视获取的视标位置信号，因此用 ${}^{\mathrm{per}}\varphi_{\mathrm{et}}$ 表示。由于跳跃眼动是在前庭眼反射和平滑眼动的基础上利用下一个视标的位置和速度信号进行视线切换控制，因此根据图 13-10，可以获得图 13-23 的仿生眼摆动方向的包含跳跃眼动的双眼运动控制系统。图 13-23 中跳跃眼动的信号生成器（saccade signal generator，Saccade-SG）是根据视标相对眼球的位置信号 ${}^{\mathrm{per}}\phi_{\mathrm{et}}(s)$和速度信号 ${}^{\mathrm{per}}\dot{\phi}_{\mathrm{et}}(s)$得出的输出信号 ${}^{\mathrm{SEM}}_{\mathrm{p}}\dot{\phi}_{\mathrm{oe}}(s)$和 ${}^{\mathrm{SEM}}_{\mathrm{v}}\dot{\phi}_{\mathrm{oe}}(s)$。

由于电机系统 $M_{\mathrm{C}\text{-}z}(s)$包含了电机的控制系统，与视觉整体控制系统的反应速度相比，完全可以认为能够实现输出等于输入的高精度低时延的控制性能。因此，在视觉控制系统中，$M_{\mathrm{C}\text{-}z}(s)\approx 1$。

在跳跃眼动中，因眼球运动足够快（100ms 以内结束），所以 T_{vm} 足够大（15～20s），漏积分 $T_{\mathrm{vm}}/(T_{\mathrm{vm}}s+1)$近似于标准的积分 $1/s$。因此，为了抵消积分器的影响，Saccade-SG 的输出信号 ${}^{\mathrm{SEM}}_{\mathrm{p}}\dot{\phi}_{\mathrm{oe}}(s)$ 和 ${}^{\mathrm{SEM}}_{\mathrm{v}}\dot{\phi}_{\mathrm{oe}}(s)$ 是速度信号比较合理。之所以将 Saccade-SG 的输出分为两部分，是因为一部分来自仿生眼检测到的视标相对于眼球坐标的位置信号，用来控制视线跳跃到下一个视标的位置；另一部分来自仿生眼检测到的视标速度信号，用来控制当视线跳跃到下一个视标位置时保持与该视标相同的速度，并包含跳跃眼动期间视标移动的距离。图 13-24 是跳跃眼动控制系统的眼球转角目标值轨迹的求解过程。

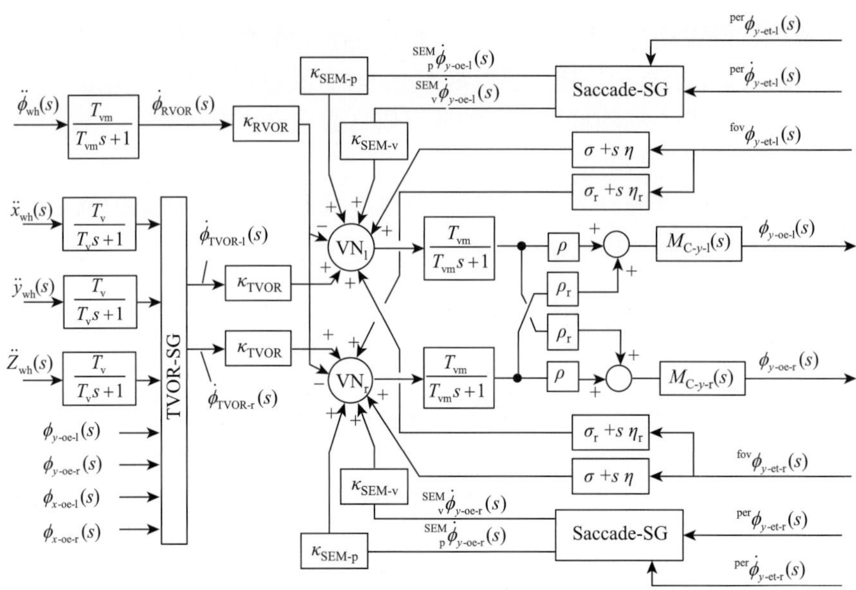

图 13-23 仿生眼摆动方向的包含跳跃眼动的双眼运动控制系统

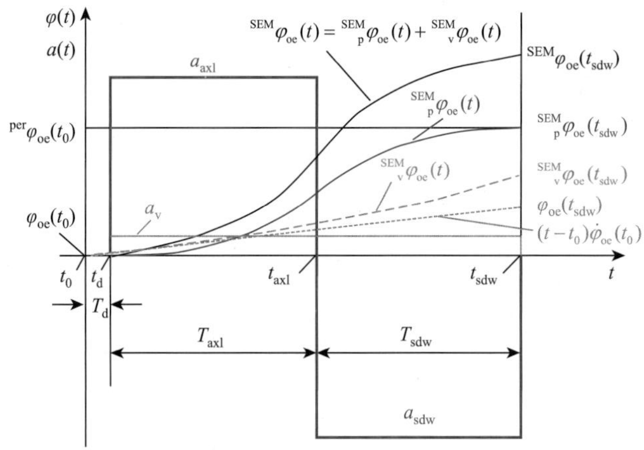

图 13-24 跳跃眼动控制信号形成的一种方法

图 13-24 中 ${}^{\text{per}}\varphi_{\text{oe}}(t_0)$ 表示 t_0 时刻的下一个将要注视的视标相对于眼窝坐标系的位 3-15
置，可通过式（13-14）获得

$$
{}^{\text{per}}\varphi_{\text{oe}}(t)=\varphi_{\text{oe}}(t)+{}^{\text{per}}\varphi_{\text{et}}(t) \qquad (13\text{-}14)
$$

式中，$\varphi_{\text{oe}}(t)$ 为 t 时刻眼球的转角（通过转角传感器获得）；${}^{\text{per}}\varphi_{\text{et}}(t)$ 为 t 时刻相机及图像处理系统检测出来的下一个将要注视的视标位置（人脑中是由上述①～④通路获得的）。图像处理及信息传输等综合延时用 T_{d} 表示，人类的 T_{d} 应该在 100ms 左右[20]，仿生眼的 T_{d} 当然是越短越好。

通过视标的位置 ${}^{\text{per}}\varphi_{\text{et}}(t_0)$，可以根据某规则算出指定时间内或者指定最大加速度情况下的视线移动轨迹。图 13-24 是当指定跳跃眼动的时间时，仿生眼控制系统的输入值（视线的目标值）轨迹的一种生成方法。

首先，求解 t_0 时刻眼球不动，视标也不动，即在 $\dot{\varphi}_{\mathrm{oe}}(t_0)=0$ 、${}^{\mathrm{per}}\dot{\varphi}_{\mathrm{et}}(t_0)=0$ 情况下跳跃眼动的控制目标轨迹。仿生眼以某一加速度 a_{axl} 加速到指定时间的 1/2 后，再以相同加速度 a_{sdw} 进行相同时间的减速，即 $a_{\mathrm{sdw}}=-a_{\mathrm{axl}}$。

如果指定跳跃眼动时间为 T_{sac}，$T_{\mathrm{sac}}=T_{\mathrm{axl}}+T_{\mathrm{sdw}}=2T_{\mathrm{axl}}=2T_{\mathrm{sdw}}$，则加速度可以由式（13-15）和式（13-16）计算得到

$$\frac{1}{2}a_{\mathrm{axl}}T_{\mathrm{axl}}^2=\frac{1}{8}a_{\mathrm{axl}}T_{\mathrm{sac}}^2=\frac{1}{2}\,{}^{\mathrm{per}}\varphi_{\mathrm{et}}(t_0) \tag{13-15}$$

$$a_{\mathrm{axl}}=-a_{\mathrm{sdw}}=\frac{4}{T_{\mathrm{sac}}^2}\,{}^{\mathrm{per}}\varphi_{\mathrm{et}}(t_0) \tag{13-16}$$

如果指定跳跃眼动的加速度为 a，即 $a_{\mathrm{sdw}}=-a_{\mathrm{axl}}=a$，则跳跃眼动的时间可以由式（13-17）计算得到

$$T_{\mathrm{axl}}=T_{\mathrm{sdw}}=\frac{\sqrt{\left|{}^{\mathrm{per}}\varphi_{\mathrm{et}}(t_0)\right|}}{\sqrt{\left|a_{\mathrm{axl}}\right|}}=\frac{\sqrt{\left|{}^{\mathrm{per}}\varphi_{\mathrm{et}}(t_0)\right|}}{\sqrt{\left|a_{\mathrm{sdw}}\right|}} \tag{13-17}$$

因此，如果让视线从静止状态的时刻 t_0 开始在时刻 t_{sdw} 时跳跃到下一个视标的位置，控制视线的目标轨迹可按式（13-18）计算得到

$${}^{\mathrm{SEM}}_{\ \ \mathrm{p}}\varphi_{\mathrm{oe}}(t)=\begin{cases}\varphi_{\mathrm{oe}}(t_0)+\dfrac{1}{2}a_{\mathrm{axl}}(t-t_{\mathrm{d}})^2, & t_{\mathrm{d}}<t\leqslant t_{\mathrm{axl}}\\ {}^{\mathrm{per}}\varphi_{\mathrm{oe}}(t_0)-\dfrac{1}{2}a_{\mathrm{sdw}}(t-t_{\mathrm{sdw}})^2, & t_{\mathrm{axl}}<t\leqslant t_{\mathrm{sdw}}\end{cases} \tag{13-18}$$

下一步，当 t_0 时刻眼球在运动、视标也在运动时，就要考虑运动速度对跳跃眼动准确度的影响。因此，需要在跳跃眼动结束时，眼球视线的速度接近视标的速度，视线移动的终点位置最好也要考虑跳跃眼动时间段内视标移动的距离。因为跳跃眼动期间视力低下，所以只能使用 t_0 时刻相机及图像处理检测到的视标速度，以及转速传感器（或转角传感器）测到的眼球转速。因此，如图 13-24 所示，仿生眼控制系统的视线在时刻 t_{sdw} 的目标速度可以通过式（13-19）求出：

$${}^{\mathrm{SEM}}_{\ \ \mathrm{v}}\dot{\varphi}_{\mathrm{oe}}(t_{\mathrm{sdw}})=\dot{\varphi}_{\mathrm{oe}}(t_0)+{}^{\mathrm{per}}\dot{\varphi}_{\mathrm{et}}(t_0) \tag{13-19}$$

由于视线需要在时间段 T_{sac} 内从 $\dot{\varphi}_{\mathrm{oe}}(t_0)$ 加速到 ${}^{\mathrm{SEM}}_{\ \ \mathrm{v}}\dot{\varphi}_{\mathrm{oe}}(t_{\mathrm{sdw}})$，速度变化为 ${}^{\mathrm{per}}\dot{\varphi}_{\mathrm{et}}(t_0)$，因此如果使用均匀加速度加速，其加速度 a_{v} 可以通过式（13-20）求得

$$a_{\mathrm{v}}=\frac{1}{T_{\mathrm{sac}}}\,{}^{\mathrm{per}}\dot{\varphi}_{\mathrm{et}}(t_0) \tag{13-20}$$

因此，速度引起的视标位置变化轨迹为

$$\begin{aligned}{}^{\mathrm{SEM}}_{\ \ \mathrm{v}}\varphi_{\mathrm{oe}}(t)&=\varphi_{\mathrm{oe}}(t_0)+(t-t_0)\dot{\varphi}_{\mathrm{oe}}(t_0)+\int_{t_{\mathrm{d}}}^{t}ta_{\mathrm{v}}\mathrm{d}t\\&=\varphi_{\mathrm{oe}}(t_0)+(t-t_0)\dot{\varphi}_{\mathrm{oe}}(t_0)+\frac{1}{2T_{\mathrm{sac}}}\,{}^{\mathrm{per}}\dot{\varphi}_{\mathrm{et}}(t_0)\left(t^2-t_{\mathrm{d}}^2\right)\end{aligned} \tag{13-21}$$

视线在切换视标时的跳跃眼动的移动轨迹可以通过视标位置和视标速度共同算出，即

$${}^{\mathrm{SEM}}\varphi_{\mathrm{oe}}(t)={}^{\mathrm{SEM}}_{\ \ \mathrm{p}}\varphi_{\mathrm{oe}}(t)+{}^{\mathrm{SEM}}_{\ \ \mathrm{v}}\varphi_{\mathrm{oe}}(t) \tag{13-22}$$

式中，${}^{\mathrm{SEM}}_{\ \ \mathrm{p}}\varphi_{\mathrm{oe}}(t)$ 和 ${}^{\mathrm{SEM}}_{\ \ \mathrm{v}}\varphi_{\mathrm{oe}}(t)$ 分别可从式（13-18）和式（13-21）中获得。速度信息 ${}^{\mathrm{SEM}}_{\ \ \mathrm{p}}\dot{\varphi}_{\mathrm{oe}}(t)$

和 ${}^{\mathrm{SEM}}_{\mathrm{v}}\dot{\varphi}_{\mathrm{oe}}(t)$ 分别通过时间 T_{axl} 和 T_{sdw} 获得。

由于仿生眼的左右眼的控制信息需要进行交叉处理，单独考虑一只眼球的视觉信息并不合适，因此如图 13-23 所示，${}^{\mathrm{SEM}}_{\mathrm{p}}\varphi_{\mathrm{oe}}(t)$ 和 ${}^{\mathrm{SEM}}_{\mathrm{v}}\varphi_{\mathrm{oe}}(t)$ 分别乘以可以根据需要调节的系数 $\kappa_{\mathrm{SEM\text{-}p}}$ 和 $\kappa_{\mathrm{SEM\text{-}v}}$ 进入前庭核。由于篇幅问题，本节只介绍了最基本的跳跃眼动控制方法，为了得到最佳功能，还需要更细致的运算公式和对应仿生眼硬件条件的反复测试。另外，从上丘进入小脑后再进入前庭核的神经回路会通过反复学习来不断提高跳跃眼动的精度和速度。

13.4.3 跳跃眼动的实验

跳跃眼动的仿生眼控制系统可行性实验采用专门为此开发的如图 13-25 所示的装置。平移运动和旋转运动干扰分别采用雅马哈公司（Yamaha Corporation）制造的单轴机器人 MF-30（最大速度 2m/s）和 Maxonmotor（MAXON）公司产 DC 电机在颈部的一个自由度摆动；惯性传感器采用 Memsense 公司生产的 6 自由度加速度传感器 AccelRate3D；每只眼采用摆动和俯仰 2 个自由度（MAXON 产 DC 电机及自开发电机驱动器和控制器）；相机采用 Point Grey Research 公司生产的 CCD 相机 Flea2，1024 像素×768 像素；周边视相机镜头采用广角镜头，视力约 0.1（0.096°/像素），视场角 89°08′×69°20′（焦距 2.8mm），中心视采用望远镜头，视力约 0.5（0.033°/像素），视场角 17°04′×12°50′（焦距 16mm）。

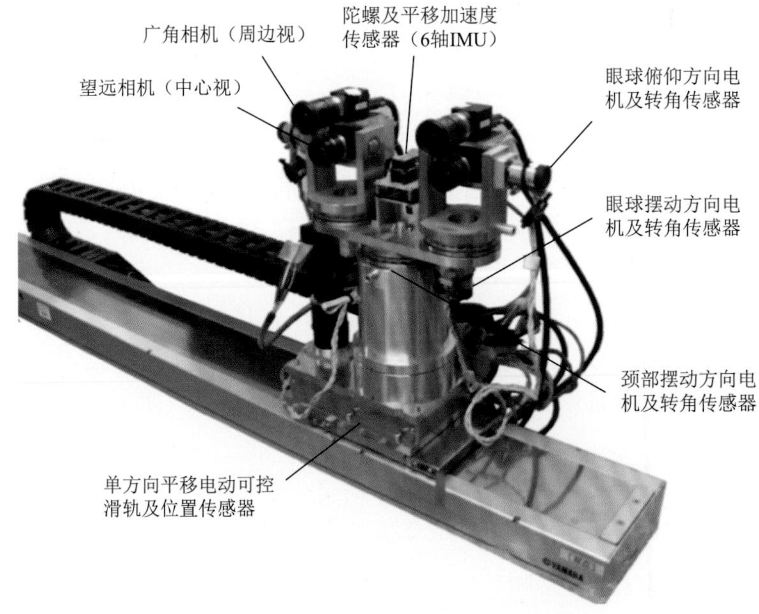

图 13-25 跳跃眼动控制系统性能验证装置[14, 21]

跳跃眼动实验采用图 13-23 的控制系统，各参数设定如下：

$\rho = 0.75$，$\rho_{\mathrm{r}} = 0.25$；$\sigma = 6.67$，$\eta = 15.00$；$\sigma_{\mathrm{r}} = 2.00$，$\eta_{\mathrm{r}} = 4.50$；$\kappa_{\mathrm{RVOR}} = 1.0$，$\kappa_{\mathrm{TVOR}} = 1.0$；$T_{\mathrm{vm}} = 15.00$；$\kappa_{\mathrm{SEM\text{-}p}} = 1.0$，$\kappa_{\mathrm{SEM\text{-}v}} = 1.0$。

仿生眼的各参数的定义如下。

${}^{\text{fov}}\varphi_{\text{ot-l}}(t)$、${}^{\text{fov}}\varphi_{\text{ot-r}}(t)$：左右中心视相机拍摄到的视标在眼窝坐标系的位置，${}^{\text{fov}}\phi_{\text{ot-l}}(s)$、${}^{\text{fov}}\phi_{\text{ot-r}}(s)$是分别对应 ${}^{\text{fov}}\varphi_{\text{ot-l}}(t)$、${}^{\text{fov}}\varphi_{\text{ot-r}}(t)$的拉普拉斯变换（后同）；

${}^{\text{fov}}\varphi_{\text{et-l}}(t)$、${}^{\text{fov}}\varphi_{\text{et-r}}(t)$：左右中心视相机拍摄到的视标在眼球坐标系的位置，即一般讲的用于平滑眼动的视网膜误差；

${}^{\text{per}}\varphi_{\text{ot-l}}(t)$、${}^{\text{per}}\varphi_{\text{ot-r}}(t)$：左右周边视相机拍摄到的视标在眼窝坐标系的位置；

${}^{\text{per}}\varphi_{\text{et-l}}(t)$、${}^{\text{per}}\varphi_{\text{et-r}}(t)$：左右中心视相机拍摄到的视标在眼球坐标系的位置；

${}^{\text{SEM}}_{\ \ \text{p}}\dot{\varphi}_{\text{oe-l}}(t)$、${}^{\text{SEM}}_{\ \ \text{p}}\dot{\varphi}_{\text{oe-r}}(t)$：左眼和右眼位置误差成分的跳跃眼动的视线速度控制轨迹；

${}^{\text{SEM}}_{\ \ \text{v}}\dot{\varphi}_{\text{oe-l}}(t)$、${}^{\text{SEM}}_{\ \ \text{v}}\dot{\varphi}_{\text{oe-r}}(t)$：左眼和右眼速度误差成分的跳跃眼动的视线速度控制轨迹；

${}^{\text{SEM}}\varphi_{\text{oe-l}}(t)$、${}^{\text{SEM}}\varphi_{\text{oe-r}}(t)$：左眼和右眼跳跃眼动的视线速度控制轨迹；

$\varphi_{\text{oe-l}}(t)$、$\varphi_{\text{oe-r}}(t)$：左眼和右眼的转角（来自转角传感器）；

$\varphi_{\text{wh}}(t)$：颈部转角（来自转角传感器）；

$\dot{\varphi}_{\text{wh}}(t)$：来自转角传感器（编码器）的颈部转速（参考图 10-1，wh 对应 z-wh，因为颈部只有一轴，z 省略）；

$v_{\text{wh}}(t)$：来自惯性传感器的颈部转速，与 $\dot{\varphi}_{\text{wh}}(t)$ 相同，只是信息来源不同；

$y_{\text{wh}}(t)$：仿生眼装置的平移位置（来自电动滑轨的位置传感器）；

$\dot{y}_{\text{wh}}(t)$：仿生眼装置的平移速度（来自加速度传感器）。

实验一：双眼从 0 位的静止状态跳跃到运动目标

图 13-26 是实验时的情形。仿生眼在摆动方向的实验结果如图 13-27 所示，俯仰方向的结果与摆动相同，只是没有明显的辐辏运动（左右转角几乎完全相同），这里不再进一步说明。摆动方向的仿生眼各眼球的初期转角值设置为 0°，近似于平行视。周边视相机的拍摄速度是 30 帧/s，因此时延 T_{d} 设置为 1/30s。由于该实验较久远，作者手中已无原始数据，所以为了说明方便，图 13-27 为在论文原图上进行了一定的修改。

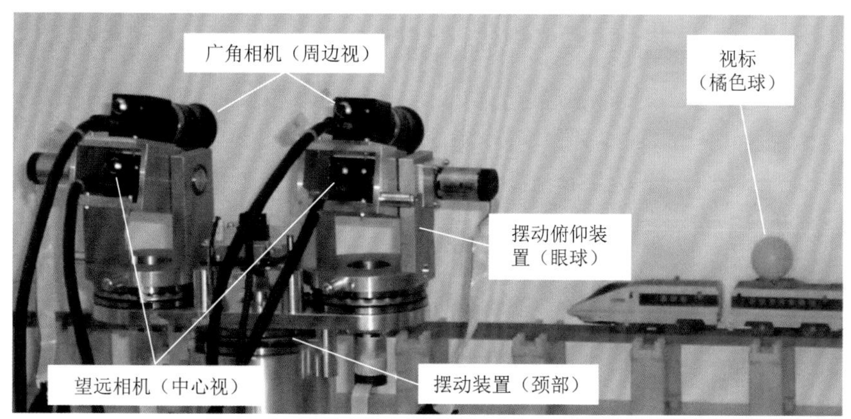

图 13-26　跳跃眼动验证装置的实验场景：对运动目标的快速切换与追踪[14, 21]

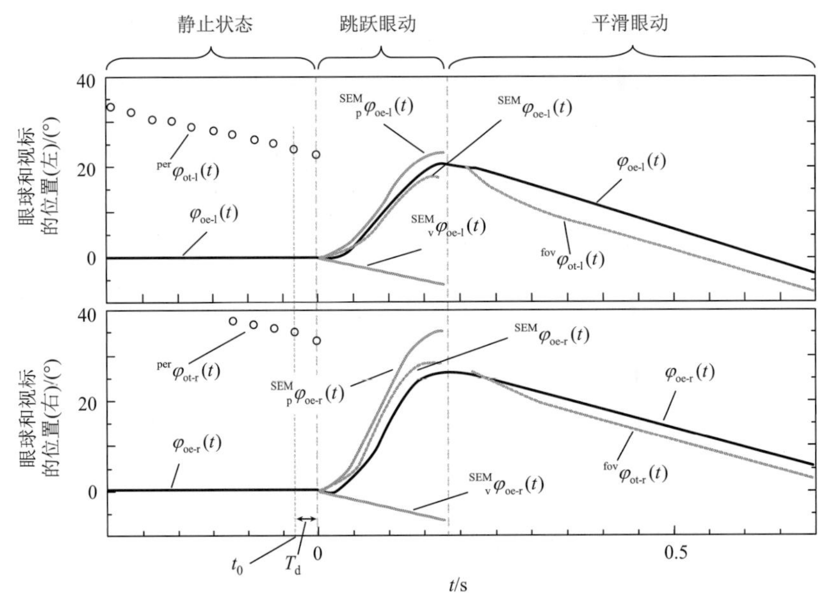

图 13-27 跳跃眼动验证实验结果之一：当仿生眼从静止状态跳跃至运动目标时

（1）在 $t=0$ms 之前，只表示了视标在眼窝坐标系的位置 ${}^{per}\varphi_{ot\text{-}l}(t)$和 ${}^{per}\varphi_{ot\text{-}r}(t)$是根据式(13-1)，通过周边视的检测结果 ${}^{fov}\varphi_{et\text{-}l}(t)$和 ${}^{fov}\varphi_{et\text{-}r}(t)$与各眼球转角传感器的检测结果 $\varphi_{oe\text{-}l}(t)$ 和 $\varphi_{oe\text{-}r}(t)$ 得到的。此时 $\varphi_{oe\text{-}l}(t)=\varphi_{oe\text{-}r}(t)=0$，所以 ${}^{per}\varphi_{ot\text{-}l}(t)={}^{fov}\varphi_{et\text{-}l}(t)$，${}^{per}\varphi_{ot\text{-}r}(t)={}^{fov}\varphi_{et\text{-}r}(t)$。

（2）$t=0\sim150$ms（5 帧）为跳跃眼动时间。${}^{SEM}_{\ p}\varphi_{oe\text{-}l}(t)$ 和 ${}^{SEM}_{\ p}\varphi_{oe\text{-}r}(t)$ 分别是使左右眼跳跃至 ${}^{per}\varphi_{ot\text{-}l}(t_0)$和 ${}^{per}\varphi_{ot\text{-}r}(t_0)$的目标轨迹；${}^{SEM}_{\ v}\varphi_{oe\text{-}l}(t)$ 和 ${}^{SEM}_{\ v}\varphi_{oe\text{-}r}(t)$ 分别是使左右眼在跳跃眼动结束时达到 t_0 时刻检测到的视标的速度的目标轨迹；${}^{SEM}\varphi_{oe\text{-}l}(t)$和${}^{SEM}\varphi_{oe\text{-}r}(t)$ 是融合了上述两种目标轨迹后得到的左右眼目标轨迹。不过，由于图 13-23 的控制系统是具有左右交叉回路的控制系统，因此双眼的真实运动轨迹 $\varphi_{oe\text{-}l}(t)$和$\varphi_{oe\text{-}r}(t)$ 不完全与 ${}^{SEM}\varphi_{oe\text{-}l}(t)$ 和 ${}^{SEM}\varphi_{oe\text{-}r}(t)$ 相同。

（3）在 $t=150$ms 之后，是平滑眼动阶段。从图 13-27 中的中心视得到的视标位置可以看出，在跳跃眼动结束时，左右眼视线与视标几乎完全重合，但进入平滑眼动后，由于视标速度较快，中心视相机检测到的视网膜误差 ${}^{per}\varphi_{et\text{-}l}(t)$和 ${}^{per}\varphi_{et\text{-}r}(t)$有一定的时延，因此视线和视标之间有一个恒定误差存在，但这个误差可以通过改良平滑眼动的控制系统来解决，如增加视标位置预测功能。当平滑眼动的误差过大时，人眼会产生抓跳（catch-up saccade）运动，控制原理和上述跳跃眼动相同，不同的是一般跳跃眼动是从现在注视的视标跳跃到不同的视标上去，而抓跳是同一个视标。

实验二：双眼从静止状态在被头部的平移和旋转干扰情况下跳跃到静止视标

图 13-28 是实验时的情形。仿生眼在摆动方向的实验结果如图 13-29 所示。除头部干扰和两个动态视标之外，其他各条件与实验一相同。

图 13-28 跳跃眼动验证装置的实验场景：平移和旋转干扰下对固定视标的快速切换[14, 21]

（1）在 $t=0\text{ms}$ 之前，只表示了视标在眼窝坐标系的位置 ${}^{per}\varphi_{ot\text{-}l}(t)$和 ${}^{per}\varphi_{ot\text{-}r}(t)$。

（2）$t=0\sim150\text{ms}$（5 帧）为跳跃眼动时间。${}^{SEM}\varphi_{oe\text{-}l}(t)$ 和 ${}^{SEM}\varphi_{oe\text{-}r}(t)$ 为跳跃眼动信号生成器产生的左右眼目标轨迹。由于前庭眼反射信号的影响，双眼的真实运动轨迹 $\varphi_{oe\text{-}l}(t)$ 和 $\varphi_{oe\text{-}r}(t)$ 与 ${}^{SEM}\varphi_{oe\text{-}l}(t)$ 和 ${}^{SEM}\varphi_{oe\text{-}r}(t)$ 有较大差别。如果没有前庭眼反射控制的加持，在头部运动干扰的情况下，跳跃眼动的精度完全无法达到要求，这里不再详细阐述。

（3）在 $t=150\text{ms}$ 之后，是平滑眼动阶段。由于视标是静止的，平滑眼动最终使视线较高精度地对准了视标。

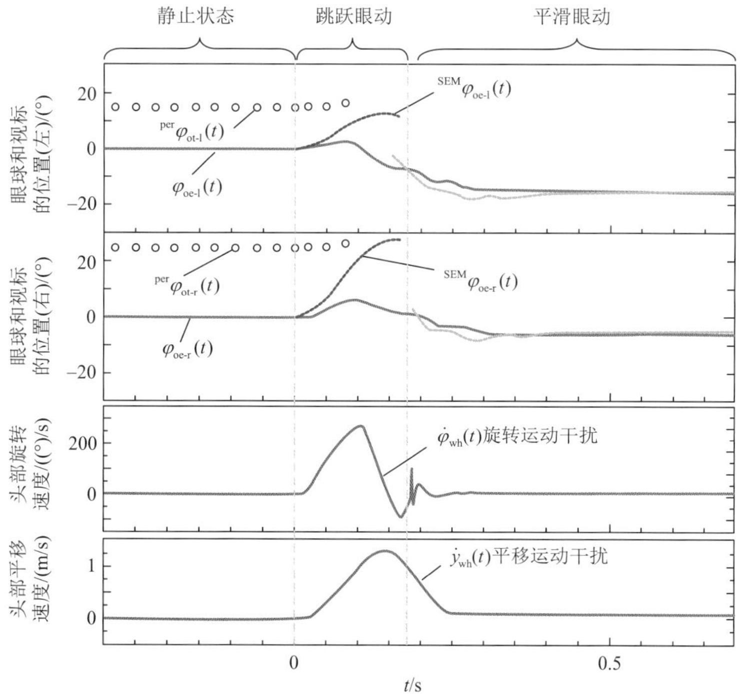

图 13-29 跳跃眼动验证实验结果之一：当仿生眼被头部的平移和旋转运动干扰时从静止状态跳跃至视标时[14, 21]

跳跃眼动一般必须和前庭眼反射共同作用，才可以更好地对应自身运动时的目标切换。但是跳跃眼动时平滑眼动回路必须切断，因为平滑眼动是跟踪现在注视目标的控制，而跳跃眼动是要离开现在注视的视标，两者是矛盾的。因此，前庭眼反射回路在任何眼动过程中都是可以同时起作用的，而平滑眼动控制回路必须在跳跃眼动开始时切断，在跳跃眼动结束后才可以重启，此时的跟踪视标已经切换到新视标上了。

关于跳跃眼动，有大量的实验和多种提高精度的方法，图 13-30 就是一种在不断旋转和平移头部的情况下，让仿生眼对两个运动目标进行切换的实验。

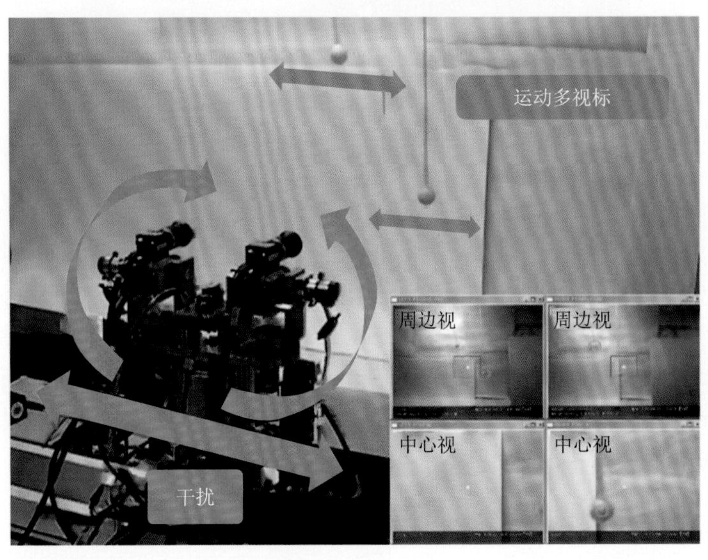

图 13-30　跳跃眼动验证装置的实验场景：旋转和平移干扰下运动目标的快速切换[14, 21]

13.5　视动性反应控制系统

第 3 章对视机性反射有较明确的阐述和定义。也许是由于反应速度快，该类型的眼球运动被定义成反射运动，但是视机性反射与前庭眼反射是有根本区别的。前庭眼反射是前馈控制，不会因为眼球的运动速度达到或接近视觉对象的速度，前庭眼反射的控制信号（来自前庭器官）就会消失或变弱，因为前庭器官不在眼球上。而视机性反射使用的是视网膜信息，当眼球的速度与视觉对象的速度接近或相同时，该视网膜上对应视觉对象的速度信息就会减弱或消失。因此，视机性反射是反馈控制。在仿生眼系统，使用视动性反应（简称视动反应，OKR）也许更为合适。

平滑眼动是眼球跟踪映射到中央凹中的物体，中央凹看到的物体是该人正在观察的物体，被观测物体正在运动是非常正常的事情。视动反应控制使用的是周边视信息，周边视视野广，适合检测环境相对于头部的位置或速度信息，而在自然条件下，环境基本上是不动的，因此周边视检测到的运动信息多半是头部运动引起的。这也是为什么视动反应可以起到和前庭眼反射一样，补偿头部运动即防抖的效果。由于视觉系统将周边视

的视觉信息“习惯地”当成了头部运动信息，在人造的封闭环境下，如乘坐汽车、轮船、飞机等运输设备时，周边视通过环境感觉到的头部运动信息和前庭器官感觉到的头部运动信息有矛盾，因此会产生眩晕和恶心等症状（笔者认为，自然环境中视觉和前庭信息不一致，有可能是吃了毒蘑菇等神经毒素引起的，所以需要通过呕吐来把毒物吐出来）。其实，这也是仿生眼的视动反应控制最难解决的问题，因为需要决定是否要继承生物系统的这种“习惯性的错误”，毕竟乘车乘船乘飞机已是现代生活的常态。不过，既然叫仿生眼，本书还是沿用生物的视机性眼反射的原理为好。

视机性反射的潜伏期为 50～100ms，比滑动型眼动短，也从侧面说明了周边视（多为视杆细胞）的测速处理比中心视的视差处理快。在仿生眼控制系统中，视动反应采用来自相机图像处理器的光流信息进行反馈控制。

由于滑动型眼动在跟踪视标时，周边视检测到的环境速度信息相对于眼球运动方向是相反的，如果不进行智能甄别，视动反应控制会对平滑眼动产生抑制作用。因此，必须通过眼肌信息来获取视标跟踪速度，以此来抵消眼球运动产生的速度信息的影响，获得真实的头部运动信息。同时，当有意识地不断移动视线（跳跃眼动）时，视网膜上的物体会不断移动，但感觉不到周围的物体移动，这种现象被认为是大脑对眼球的运动指令被反馈回意识之中，称为动作副本反馈。尽管如此，当注视的物体周围有大量的运动物体时，如注视秽浊河流中的一块岩石时，周边视的速度信息仍然会对眼球的注视功能产生不良影响，而生理学的相关实验也支持视动反应抑制回路的存在，即当眼球有意识地注视某物体时，视动反应回路会被抑制。甚至有些学者认为，当平滑眼动或跳跃眼动进行时，视动反应也会被抑制[22]。

以上这些讨论，多半是视觉处理和知觉方面的问题，对于本节的视动反应控制模型，主要涉及周边视的速度信息的控制回路，问题是很简单的。图 13-31 是在图 13-23 的基础上，追加了周边视速度信息回路，同时在视动反应和平滑眼动回路上追加了抑制开关。这里要注意，周边视速度信息的 ${}^{\mathrm{per}}\dot{\phi}_{y\text{-ee-l}}(s)$ 和 ${}^{\mathrm{per}}\dot{\phi}_{y\text{-ee-r}}(s)$ 是周边视测出的环境速度，而 ${}^{\mathrm{per}}\dot{\phi}_{y\text{-et-l}}(s)$ 和 ${}^{\mathrm{per}}\dot{\phi}_{y\text{-et-r}}(s)$ 是周边视测到的视标速度。视动反应回路上的开关将在注视及跳跃眼动时切断，而平滑眼动回路上的开关只在跳跃眼动时切断。在视动反应时，通过双眼立体视觉可以尽量区分环境中运动的物体和不动的物体，同时因自身平移运动产生的视网膜上的光流运动速度会因物体的距离不同而不同。因此，视动反应的环境速度反馈信息是一个复杂的问题，图 13-31 只是一个最简单的方法，现实的仿生眼视动反应需要通过立体视觉的各种信息综合考虑。通过图 13-31 所示的模型进行的实验，虽然已证明有一定的稳像效果，但是作用不是很明显。

笔者团队利用图 13-25 的实验装置进行了各种视动反应实验，这里只显示其中一项代表性结果。图 13-32 是通过旋转头部，利用周边视测出的大量特征点的速度得到的环境相对于头部的速度信息。由于该实验是 2013 年做的，因此与现在光流法的测速能力比相差甚远。图 13-33 是当消除平滑眼动和前庭眼反射，只开启 OKR 控制回路的情况下，左右转动颈部（±20°）时，通过周边视速度信号控制的眼球运动轨迹。该图显示，在大幅度旋转头部时，眼球的振幅保持在 5°以下，起到一定的稳像作用。生理实验显示，人类当前庭器官损坏时，视动反应的作用会增强。

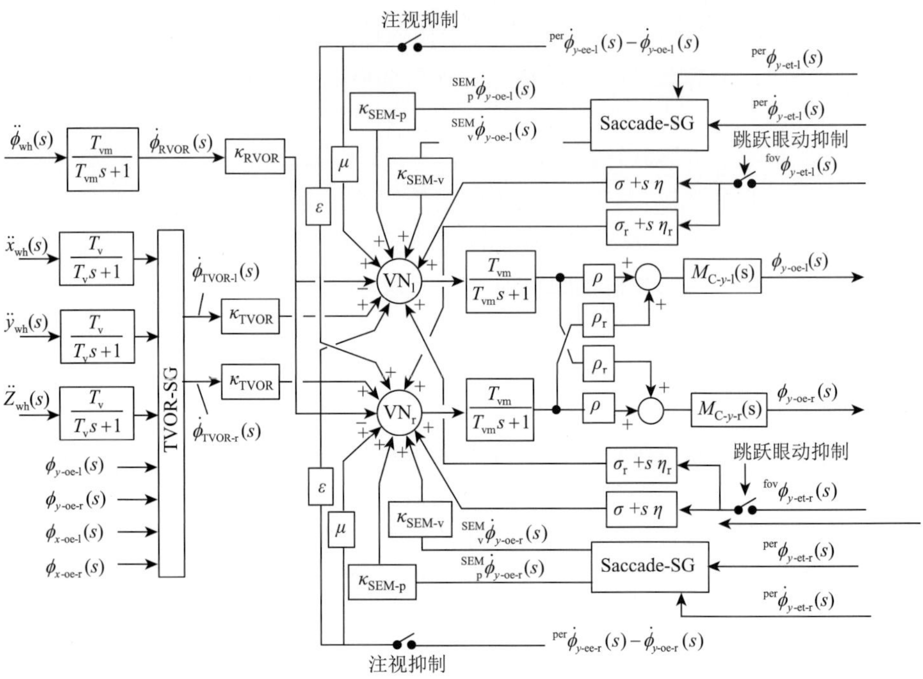

图 13-31 具备视动反应回路的水平（摆动）方向双眼运动控制系统

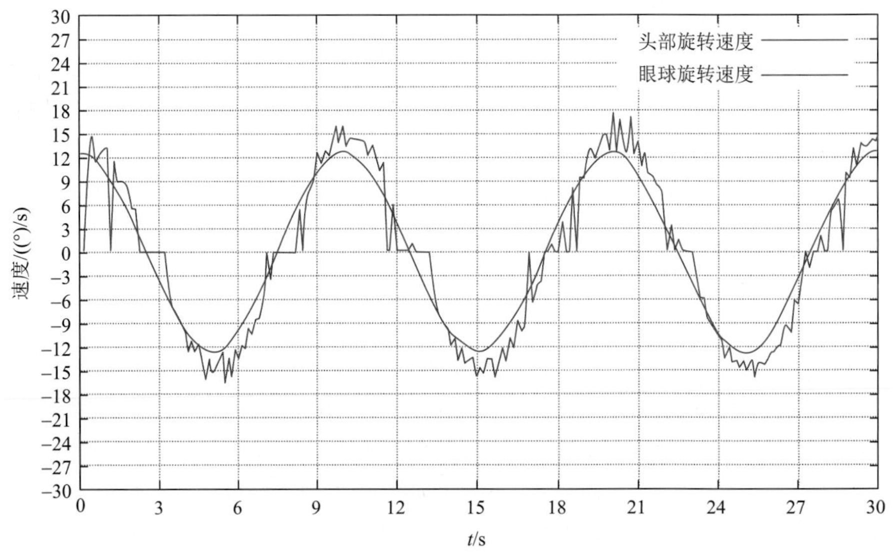

图 13-32 左右旋转头部时通过特征点测出的环境相对于头部的速度信息（2013 年的结果）

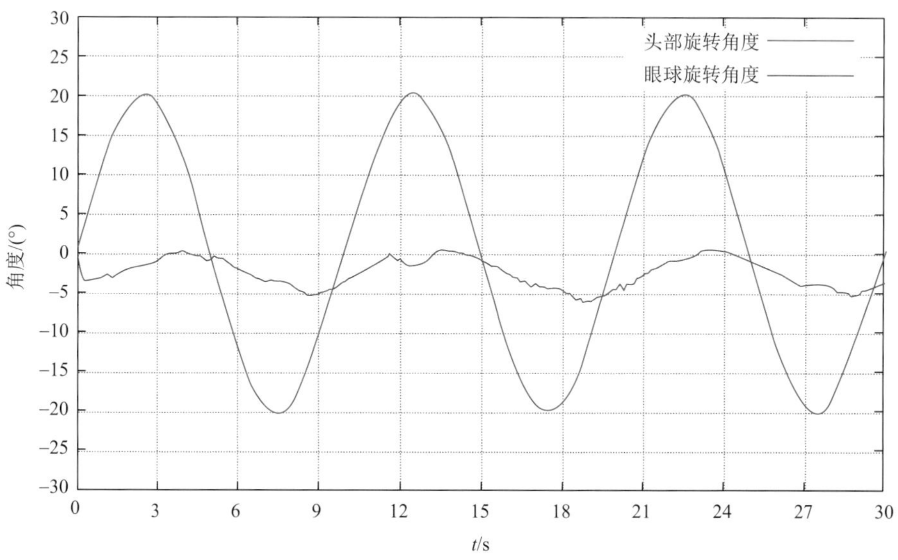

图 13-33　当平滑眼动和前庭眼反射不动作，左右旋转头部时视动反应的稳像效果

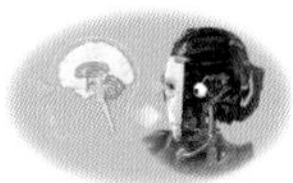

13.6　颈眼联动系统

颈部运动对视线的影响非常大。对于人类来讲，当视线追踪的目标物体的运动范围较大时，必然会伴随头部的运动。而对于多数的鸟类来讲，因为双眼只能微小转动，大部分的视线控制要靠颈部来执行。类似于眼球的平滑眼动和跳跃眼动，头部也可以和眼球一起进行目标跟踪和目标切换。而与眼球运动特性不同的是，即使没有正在追踪的相对于头部运动的目标，头部仍然能够按照大脑有意识的指令圆滑地任意转动。

生理学实验已证实，眼球运动受来自颈肌拉伸受体信号的影响，并称为颈眼反射。具体实验方式是，固定某种小动物（如兔子）的头，扭转该动物的身体可以引发颈眼反射。由于该实验通过固定小动物的头来完全消除前庭信号的影响，所以此时的眼球运动是纯粹的颈眼反射运动，而在自然情况下，颈眼反射应该伴随着前庭眼反射。

颈肌拉伸受体测出的颈部转动信号和前庭器测出的头部运动信号有部分信息是重叠的。例如，当身体不动而转动头部时，颈肌拉伸受体测出的信号和前庭器测出的信号都可以换算出头部的速度信息或头部转角信息，从原理上讲，此时这两种信号代表的是同一种运动变量。因此，对于眼球运动控制系统，使用颈肌拉伸受体信息和前庭器官信息的相叠加信号没有太大意义。前庭器测出的头部相对于世界坐标系的运动信息足以进行眼球的运动控制（前庭眼反射），如果系统中再叠加上颈肌拉伸受体信息，不但没有必要，而且还有可能引起眼球转动过度。

使用前庭器官信息和颈肌拉伸受体信息的差值，可以得到身体的运动信息。无疑这种信息是非常有用的，特别是对身体的运动控制非常关键，因为人类的身体上没有配备类似前庭器那样的惯性传感器。那么，身体的运动信息对眼球运动控制又有什么意义呢？

笔者认为，身体的运动信息，从某种意义上讲，预示着头部将要运动的方向，可以引导眼球做预见性的运动。笔者推测，上述利用小动物做的颈眼反射实验，很可能是预见性的跳跃眼动。下面是根据多年仿生眼控制系统的研制经验，对头部运动和眼球运动的关联性进行的推测，没有生理实验做基础。

头部运动与眼球运动的联动可以分为以下几种模式。

（1）跳跃颈眼运动：是头部运动与跳跃眼动同时发生时的颈部运动和眼球运动的统称。因为眼球视线的转动范围远小于周边视野范围，所以只要跳跃眼动的目标位置超出眼球的转动范围，就必然会发生跳跃颈眼运动。因此，跳跃颈眼运动也可以定义为：以视觉、听觉、体感（皮肤、毛发感受到的刺激）为起因引起的以切换注视目标为目的的快速头部和眼球运动。此时的颈部运动和眼球运动叠加在一起来控制视线运动，颈部与眼球旋转方向相同，是一种广义的跳跃眼动。

仿生眼系统的跳跃颈眼运动控制与跳跃眼动基本相同，首先通过周边视或声音、体感获得视线需要对准的视标位置，然后算出理想跳跃眼动的目标轨迹，再将一部分目标值轨迹的运动量分配给头部运动控制系统。至于分配给头部运动控制系统多少运动量，形成什么样的目标轨迹，可以通过设定一个规则来实现。例如，当眼球跳跃到所设定的最终转角时，加上头部的转动角，视线刚好到达视标位置。需要注意的是，因为眼球旋转中心和颈部旋转中心不同，眼球的部分目标值分配给颈部运动系统时需要经过坐标变换。由于不涉及原理性问题，仿生颈眼系统本身也较为复杂，具体实验方法和结果本书不进行详细介绍。

跳跃颈眼运动控制系统是否利用了颈肌拉伸受体的信号来控制眼球运动，目前尚未找到相关生理学实验的证据。如同眼肌拉伸受体信号会用于眼球运动控制，颈肌拉伸受体信号用于头部运动控制是必要的，但是利用颈部转角信息控制眼球运动，尚未发现其必要性。

（2）滑动颈眼运动：当眼球和颈部联动来控制视线跟踪或注视一个视标时，该眼球和颈部的运动称为滑动颈眼运动。由于人的身体是一个整体，当一个人注视跟踪大范围移动的目标时，颈部、腰身，甚至腿部都会一起联动。本书只考虑到颈部，因此称为颈眼运动。当头部相对于世界坐标系运动时，滑动颈眼运动肯定会伴随前庭眼反射。

参考文献

[1] **Zhang X L**，Wakamatsu H. Binocular-robot based on physiological mechanism[C]. Proceedings of SICE/ICASE Joint Workshop-Control Theory and Applications，Tokyo，2001：55-58.

[2] **張暁林**，若松秀俊. 両眼眼球運動制御メカニズムの数学モデルと視軸制御システムの構築[J]. 日本ロボット学会誌，2002，20（1）：89-97.

[3] **Zhang X L**，Wakamatsu H. A robot eye control system based on binocular motor system[C]. 6th International Conference on Biomedical Engineering and Rehabilitation Engineering（ICBME），2002：1-6.

[4] **Zhang X L**. A binocular motor system model for robot eye control[C]. Conference on Applied Modelling and Simulation，Cambridge，2002，20（1）：370-375.

[5] **Zhang X L**，Wakamatsu H，Sato M. A human like robo-eye system[C]. Proceedings of the Second International Conference

on Information Technology and Applications（ICITA），2004：1-4.

[6] **Zhang X L**. A conceptual discussion on relationship between vergence and conjugate eye movements on the viewpoint of system and control engineering[C]. 2005 IEEE International Symposium on Circuits and Systems，Kobe，IEEE，2005：4783-4786.

[7] **Zhang X L**. A cooperative interaction control methodology of a pair independent control system[C]. 11th International Conference on Control Automation Robotics and Vision，Singapore，2010：42-49.

[8] **Zhang X L**. Cooperative control device：US 8788094 B2[P]. 2014-07-22.

[9] **Zhang X L**. An object tracking system based on human neural pathways of binocular motor system[C]. 9th International Conference on Control，Automation，Robotics and Vision，Singapore，2006：1-8.

[10] Gu Y Z，Sato M，**Zhang X L**. An active stereo vision system based on neural pathways of human binocular motor system[J]. Journal of Bionic Engineering，2007，4（4）：185-192.

[11] **Zhang X L**，Sato Y. Cooperative movements of binocular motor system[C]. 2008 IEEE International Conference on Automation Science and Engineering，Arlington，2008：321-327.

[12] 佐藤悠吾，**張暁林**. 並進前庭動眼反射を実現した両眼視軸制御システムの構築[J]. 日本ロボット学会誌，2009，27（10）：1123-1131.

[13] Sato Y，**Zhang X L**. Translational vestibulo-ocular reflex model for robotic binocular motor control system[J]. Journal of the Robotics Society of Japan，2009，27（10）：1123-1131.

[14] Yoneyama R，**Zhang X L**. Binocular motor control model integrating smooth pursuit，VOR and saccade[C]. IEEE EDS WIMNACT-37：Future Trend of Nanodevices and Photonics，2013.

[15] 藤田昌彦. システムニューロサイエンス教育講座 1. サッカード系のモデル DA Robinson モデルの解説[J]. Equilibrium Research，1997，56（1）：3-13.

[16] Rahafrooz A，Fallah A，Jafari A H，et al. Saccadic and smooth pursuit eye movements：Computational modeling of a common inhibitory mechanism in brainstem[J]. Neuroscience Letters，2008，448（1）：84-89.

[17] Manfredi L，Maini E S，Dario P，et al. Implementation of a neurophysiological model of saccadic eye movements on an anthropomorphic robotic head[C]. 2006 6th IEEE-RAS International Conference on Humanoid Robots，Genova，2006：438-443.

[18] Munoz D P，Wurtz R H. Saccade-related activity in monkey superior colliculus. Ⅰ. Characteristics of burst and buildup cells[J]. Journal of Neurophysiology，1995，73（6）：2313-2333.

[19] 出口淳，三ツ谷祐輔，中川源洋，等. 203 サッカードモデルに基づくロボットのためのフィードフォワードカメラ制御の研究[C]. 東北支部総会・講演会 講演論文集，一般社団法人 日本機械学会，2002：56-57.

[20] de Brouwer S，Missal M，Barnes G，et al. Quantitative analysis of catch-up saccades during sustained pursuit[J]. Journal of Neurophysiology，2002，87（4）：1772-1780.

[21] 大國俊啓，**張暁林**. 衝動性眼球運動・滑動性眼球運動・前庭動眼反射を統合的に実現した両眼運動制御システム[C]. The 2010 Annual Meeting，Japan，2010.

[22] Seya Y，Mori S J. Motion illusion reveals fixation stability of karate athletes[J]. Visual Cognition，2007，15（4）：491-512.

第14章

仿生眼后端的高级视觉处理技术

到第13章为止的仿生眼原理和技术，基本上可以实现仿生眼的基础运动控制功能，即仿生眼可以做到自动输出三维图像（达到标准辐辏要求的两幅二维图像），或者双目平行视图像，并可以通过外部命令信号（如给出左眼图上任意点的位置坐标）任意切换和跟踪需要注视的物体。因此，到了这个阶段，所有利用双目平行视图像的立体视觉算法都可以在仿生眼上得以实现。

接下来，可以在最新机器视觉成果的基础上考虑通过仿生眼获得机器头脑所需的更高级处理能力。本章对三维重建、图像分类、边缘处理等领域的最新成果进行简要介绍，为图像处理领域以外的读者理解后续章节内容做铺垫。

14.1 三维重建

14.1.1 概述

构建立体空间是视觉的重要功能，部分专家对机器视觉领域的三维重建的定义是：利用二维投影或影像恢复物体三维信息（形状等）的数学过程和计算机技术[1]。因此，三维重建是将二维信息转换到三维世界的重要手段，如图14-1所示，典型的重建方式有单目视觉三维重建，如运动恢复结构（structure from motion，SfM）系统、激光三维重建、计算机虚拟合成重建、双目视觉三维重建等。仿生眼的三维重建属于双目视觉范畴。

基于机器视觉的三维重建早在20世纪60年代由美国学者Roberts率先提出[2]，之后得到快速发展。20世纪90年代，日本东京大学利用物体反射的M-array Coded光源对物体表面进行了三维重建。发展到21世纪，由PerceptIn团队[3]研发的基于双目视觉的扫地机器人问世，可以实现障碍物的规避。

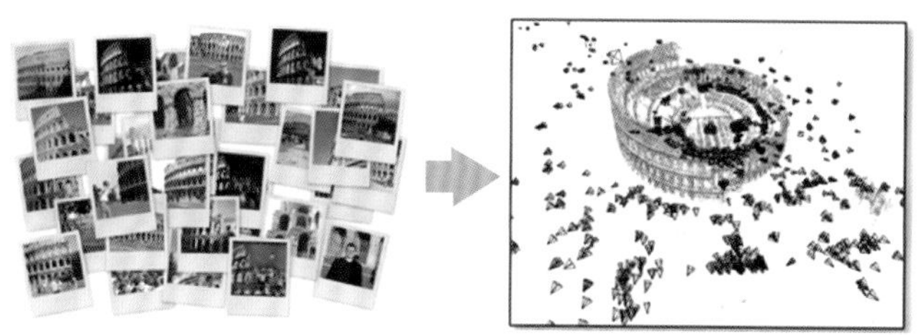

(a) SfM系统（通过对大量照片的处理获得罗马斗兽场立体图）
（来源：http://www.cs.cornell.edu/～snavely/bundler/）

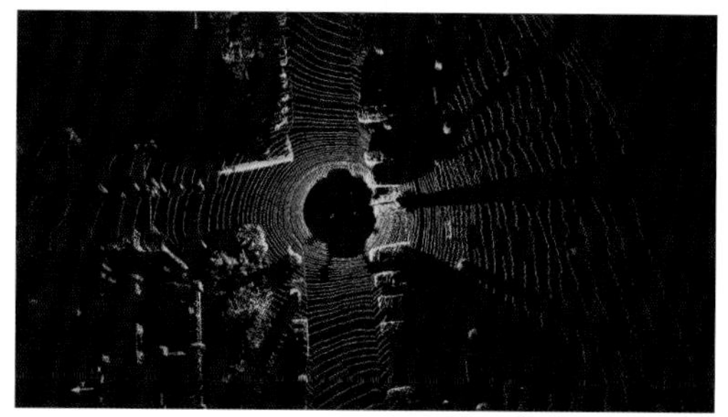

(b) 激光雷达系统（来源：KITTI数据集）

(c) 计算机合成点云（来源：KITTI数据集）

(d) 双目视觉系统（左侧是笔者团队研制的Leadsense双目相机，右上方两幅图是左右相机拍摄到的图像，右下图是视差图，红色到蓝色意味着距离由近至远）

图 14-1　常用三维重建系统

双目立体视觉的早期算法都是基于传统几何的约束求解，随着深度学习技术的兴起，基于神经网络的重建方法在近几年吸引了众多学者的关注。基于深度学习的三维重建采用数据驱动的方式，通过前期的学习构建一个网络模型（也可理解成超高阶函数），然后就可以利用该模型实现三维重建。由于仿生眼属于双目视觉系统，本节着重介绍基于双目视觉的三维重建算法。

14.1.2 双目视觉三维重建算法

仿照生物视觉系统构造的双目视觉研究是三维重建技术的代表。基于双目视觉的三维重建通常包括图像获取、相机标定、视差估计、拼接重建等步骤（参考第 12 章）。下面将从双目视觉系统讲起，简要介绍从数据获取到视差（或深度）求解的过程。

一般的双目视觉三维重建算法是，首先通过对单相机进行标定，得到相机内部参数，并矫正图像的畸变，然后对双目相机校正，获得只存在水平位置差异的双目图像，即满足对极约束的图像。该约束无论是从精度还是效率上都为视差估计算法提供了方便，而仿生眼拍摄的图像可以满足上述约束条件。第 11 章介绍了特征点的匹配算法，通过左右相机图像匹配好的特征点对的坐标可以获得该特征点对在现实世界对应点的坐标。大量的特征点对对应的空间坐标称为三维点云。三维点云表现的三维信息称为“稀疏三维重建”。激光雷达扫描出来的空间点的坐标群也称为“点云”，但是激光点云是按顺序排列的，不包含该点的视觉特征。为解决双目三维点云稠密度不够的问题，将双目图像的每个像素都对应起来的算法称为稠密三维重建，其逐渐受到重视。由于第 11 章已经介绍了特征点对的匹配方法，本节着重介绍近年来稠密三维重建的研究成果。

稠密三维重建通过立体匹配计算两幅图像像素间的位置偏差（即视差），获得深度信息，如图 14-2 所示。具体方法是通过图像上下文和纹理结构信息找到参考图中的每个像素和匹配图中像素的对应关系（一般取左图为参考图）。在实际匹配过程中，遮挡等导致左图中的像素在右图中找不到对应点，此时就需要一定的推理算法来解决。

经立体匹配算法求解出的参考图的视差以图像形式展现出来，称为视差图［图 14-2(c)］。结合相机内部参数，利用三角测量计算得出每个像素对应的空间点离左右相机光心连线的距离，也就是深度信息。详细推导过程参考式(12-1)。为叙述方便，将式(12-1)复写如下：

$$Z = \frac{Bf}{d} \tag{14-1}$$

式中，Z 为测量点相对于相机基线的距离，称为深度；d 为视差；B 为基线长度；f 为焦距。

(a) 左图

(b) 右图

(c) 视差图

(d) 三维图

图 14-2　稠密三维重建示例

在真实情况下深度估计存在各种各样的误差，包括硬件层面误差、算法预测误差。下面介绍一下深度误差是如何随视差误差的变化而变化的，从式（14-1）两侧微分可推导出误差公式如下：

$$\Delta Z = \frac{Z^2}{fB}\Delta d \tag{14-2}$$

式中，ΔZ 和 Δd 分别为深度误差和视差误差。

对式（14-2）分析如下：如果 $\frac{Z}{B}$ 的比值过大，即使很小的视差误差也可以造成很大的深度误差。如果基线长度 B 和焦距 f 不变，深度误差 ΔZ 与 Z 的平方成正比。可见，双目视觉在测距精度上是有先天缺陷的。好在对于生物来讲，越远的物体测距精度要求就越低，自主机器人和无人驾驶也一样。对于超远距离的测距，与距离成比例地加大 f 和 B，可以抵消距离的影响。也就是说，加长镜头焦距和加大两相机间的距离可以提高精度。

加长镜头焦距势必引起视场角变窄，加大两相机间的距离势必引起图像匹配困难，因此类似于眼球的周边视、中心视的长短焦相机配合，以及正确的相机运动控制就成为必然，而这也正是仿生眼的特点。另外，对于固定双目相机，在进行标定及匹配时，要确保相机内部参数和左右相机相对位姿不变，一旦发生变化则需要重新标定再进行匹配，而仿生眼的动态标定及自标定可以在很大程度上减少甚至不需要标定的工作量（参考第 12 章）。

14.1.3　立体匹配算法

立体匹配的目标是从不同视点图像中找到匹配的对应点。除了双目系统自身误差，立体匹配算法的设计对三维重建精度起着至关重要的作用。Hamzah 和 Ibrahim[4]将传统立体匹配算法划分为两大类，即全局方法和局部方法。全局方法的核心思想是构造全局能量函数，即

$$E(D) = E_{\text{data}}(d) + \beta E_{\text{smooth}}(d) \tag{14-3}$$

式中，$E_{\text{data}}(d)$ 为像素 (x, y) 处的匹配代价；$E_{\text{smooth}}(d)$ 促使相邻像素有相似的视差，即平滑项；β 为权重因子。

全局方法可大致分为动态规划（dynamic programming，DP）法[5]、图切割（graph cut，GC）法[6]和置信度传播（belief propagation，BP）法[7]。DP 法采用维度分解的思想，多依赖各式各样的约束（如顺序约束、平滑约束）求解视差图。GC 法的根本思想是建立图结构，并在图中进行最大流寻找。BP 法则将立体匹配定义成马尔可夫场，通过贝叶斯置信度估计视差。由于全局方法从全局角度优化求解，计算复杂度高，对于很多场景并不适用。

相对而言，局部方法利用窗口匹配的方法，能够实现更高的效率，在实际应用中更为适用。本章参考文献[8]中将其求解步骤划分为匹配代价计算、代价聚合、视差计算和视差优化四步。匹配代价计算指的是衡量像素对之间的相关程度，常用的求解方式有灰度绝对差分、灰度平方差分、归一化交叉相关、互信息、Census 变换等。由于这些方法各有优劣，需要根据场景需求选择。

概括地讲，立体匹配算法的难点在于光照、遮挡、弱纹理、视差不连续等特殊区域的求解。Zhan 等[9]提出利用双边滤波保持边缘、降噪平滑的特点，有效融合灰度差分法、Census 变换等方法，实现了视差估计性能优化。为了解决光照影响的问题，笔者团队王文浩等[10]通过分析光照差异对立体匹配算法的影响，提出了基于亮度值调整的立体匹配算法。2015 年，Lecun 团队提出首个利用深度学习研究立体匹配的 MC-CNN[11]，给立体匹配精度提升带来了新的突破与思路，其常用数据集包括 KITTI[12]、SceneFlow[13]、Middlebury[14]等。在 MC-CNN 的基础上，笔者团队叶晓青等通过设计多尺度和多层信息融合的高效匹配代价计算方式，提升了传统立体匹配算法在弱纹理、视差不连续的匹配鲁棒性[15, 16]。进一步，从几何-学习融合的角度提出融合传统算法与卷积神经网络的高精度立体匹配算法[17]。

另外，针对立体匹配的遮挡区域的视差估计问题，笔者团队张广慧等[18]提出多维残差稠密注意力机制网络[18]；张浩东等[19]设计了边缘引导特征融合及代价聚合的立体匹配算法等。Zhang 等[18]提出了对二维和三维卷积同时施加隐式注意力引导遮挡区域学习的深度学习方法；张浩东等[19]则在深浅层利用显式注意力强化边缘。Cheng 等[20]提出第一个基于神经结构搜索（neural architecture search，NAS）的立体匹配算法，目前在 KITTI benchmark 上排名第二（截至 2022 年 2 月），由于排名第一的方法未公布文章，无从溯源。Mao 等[21]提出构建有效的级联代价体，试图在保证精度的同时提高算法的效率，其采用不确定性自适应采样实现了显著的精度提升。

随着深度学习技术的快速发展，现实应用对低标注成本、算法泛化性的要求催生了弱监督、无监督神经网络，弱监督通过部分标注求解逐像素视差，无监督则纯粹依赖重投影几何约束、图像之间左右一致性约束、视差平滑性约束等构造损失函数。Monodepth[22]作为无监督视差估计的代表，通过重投影几何约束、图像之间左右一致性

约束、视差平滑性约束训练神经网络，引领了无监督学习分支。笔者团队杜量等在其基础上，结合鲁棒特征点匹配引导明显提升了精度[23]。Johnston 和 Carneiro[24]通过引入自注意和离散视差预测方式提高了匹配精度。PLADE-Net[25]开发了一种新的自监督网络架构及新颖的损失函数拉普拉斯算子闭式解来学习像素级准确的深度估计。

此外，辅以其他任务的立体匹配也是众多学者探索的道路。笔者团队朱冬晨等通过模拟人类周边视野的边缘信息处理特性，提出了一种基于自适应动态规划的语义边缘立体匹配方法，将立体图像每行的语义边缘匹配问题建模为两序列的对齐问题，利用动态规划算法求解[26]。EdgeStereo[27]提出边缘预测和匹配任务间交互的边缘感知平滑损失函数，辅以边缘轮廓的约束来优化边缘处匹配精度。SegStereo[28]通过交互学习视差估计网络和语义分割网络，使得两个任务的估计精度实现相互促进。SGNet[29]和 PGNet[30]分别利用语义、全景（语义和实例）信息以多分支网络挖掘内部一致性的角度改善视差估计。笔者认为，额外信息的引入有望推动视差估计效果再上一个台阶。

14.1.4　位姿估计算法

完整场景的三维重建需要多视角的拍摄，而对视角坐标系的统一离不开位姿估计算法。因此，帧间位姿估计也是双目视觉三维重建的关键技术。目前可以实现位姿估计的方式主要有视觉里程计、点云配准等。其中，视觉里程计通过建立起前后帧或局部帧之间的特征点匹配关系来计算相机位姿，详细内容可参考第 11 章和第 12 章。仿生眼的双眼相对位姿也可以通过位姿估算法获取并自动修正为标准辐辏，而不需要高精度转角传感器。从人眼的眼肌结构看，拉伸受容体的转角测量精度不会很高，人眼的高精度相对位姿来源于视觉反馈。值得一提的是，目前利用深度学习在图像层面进行位姿估计的算法不断涌现，如 UnDeepVO[31]、Monodepth2[32]、DiPE[33]等。它们通过数据驱动学习几何约束实现位姿估计，虽然精度尚不如传统方法，鉴于深度学习在其他任务的卓越表现，不失为一种新思路。

点云配准用于估计部分重叠点云之间的刚性变换（位姿）。迭代最近邻（iterative closest point，ICP）[34]是经典的里程碑式传统点云配准算法，根据最小二乘法不断迭代更新刚性变换找到点云对应关系。然而，ICP 算法受初始值影响较大，易陷入局部最优。朱冬晨等模拟人类中心视野的视觉连续性，针对存在大面积弱纹理区域的简单结构场景中点云拼接算法失败率高的问题，提出了一种基于平面匹配的点云帧间位姿估计算法，为迭代最近邻算法提供初始位姿[35]。随着深度学习在其他视觉任务中的成功应用，3D Match[36]中首次提出基于深度学习的点云配准方法，在此基础上，笔者团队石文君等采取三维特征点匹配的策略，通过提高点云表征能力提高配准精度，缓解大视角变化下点云配准易失败的问题[37]。近期，HRegNet[38]采用分层提取的关键点进行层级配准，显著提高了配准性能。

14.1.5　其他视觉三维重建算法

1）单目相机多视角三维重建

相信大家都听过“一日罗马”式的重建案例［图 14-1（a)］，通过收集网页上大量图像，获得多视角拍摄的图像集，该方法被称为运动恢复结构，其原理是运动的二维图像之间可以通过特征点找到匹配关系，通过关联重构三维场景。在这一点上，与双目视觉的重建原理是相通的。不过，单目视觉三维重建最大的缺点在于存在尺度因子缺失的问题。

2）多目相机三维重建

另一种解决方案是直接增加相机的空间维度，即构造相机阵列，这种方案可以在同一时刻采集同一场景的多视角图像，足以恢复三维信息；而且由于相机间的绝对位置关系已知，可以计算出场景的真实尺度距离。但其成本一般随相机阵列的规模增加而增加，严格来讲，双目相机也属于多相机系统方案的范畴，因其简洁又具有绝对尺度，受到了众多研究者的青睐。

3）端到端三维重建

近期，有学者也提出了端到端的三维重建方法。Atlas[39]通过一组已知位姿的 RGB 图像序列直接回归出截断符号距离函数（truncated signed distance function，TSDF）表征的三维空间，实现了端到端三维重建。NeuralRecon[40]摒弃以前在每个关键帧上分别估计深度图并融合它们的方法，通过神经网络按顺序为每个视频片段直接重建稀疏 TSDF 表征的局部表面。

由于仿生眼是以双目视觉为基本原理的，这里就不多介绍双目相机以外的方法了。

14.1.6 主动式三维重建

主动测距的方法需要传感器自身具备特殊光源并接收反射回来的能量来测距。在室外场景中使用较多的有雷达、激光测距等，室内主要有基于红外结构光原理和飞行时间（time of flight，TOF）法的深度相机传感器，如 Kinect 相机、RealSense 相机和 TOF 相机等。

1）基于结构光和 TOF 的三维测量

结构光法是利用特殊编码的光主动投射到物体上，由于编码光投影到不同距离和方向的物体上时会得到不同的散斑，最后由传感器收集并分析计算得到物体的深度和三维数据。例如，条纹投影结构光测量，通过采用投射装置向被测物体投射正弦结构光，并拍摄经被测物体表面调制而发生变形的结构光图像，然后从携带被测物体三维形貌信息的图像中计算出被测物体的三维数据。这种方法对近距离物体的重建具有较大优势，例如，王楠[41]借鉴该思想重建了微观物体。TOF 相机利用调制的红外脉冲连续发射到空间物体上，然后利用接收器获取从物体表面反射回的脉冲，通过比较发射和反射回的光脉冲之间的飞行时间计算深度。这两种方法受太阳光影响较大，生成的深度图噪声大，测量范围小，场景很是受限。

2）基于激光的三维重建算法

室外常用的激光雷达依靠逐点的激光扫描和接收反射回的信号来测量物体在环境中的位置，主要有单线、32 线、64 线和 256 线等，线数越大扫描得到的点云越稠密。由于激光雷达获得的点云较为稀疏，在某些应用场景中存在着一些问题，例如，雷达测距系统发出的电磁波遇到道路两侧和道路中间分隔带的金属栅状护栏时，电磁波的散射和衍

射现象，导致电磁波绕过障碍物，引起漏检；当反射面过小时也可发生漏检，增加事故发生的概率[42]。

与 14.1.5 节相同，仿生眼的原理与主动视觉传感器原理无关，所以这里只进行简单介绍。仿生眼在必要时可以融入主动视觉的原理来提高视觉能力，使仿生眼在某个方面超越人眼。

14.2　视觉语义感知算法

当大脑将图像的特征点及边缘提取出来，并获得稠密的立体结构后，下一步的处理就应该是对图像的各部分所代表的物体进行分类和识别，机器视觉领域称为语义识别（semantic recognition）或语义分割（semantic segmentation）。从图像中获取环境语义信息，已经是机器/计算机视觉领域主要的研究热点之一。它要解决的问题就是让机器或者计算机像人一样看懂视觉传感器采集图像里的内容，目前典型的任务有图像分类、目标检测、语义/实例/全景分割等。如果图像分类是给出整张图的语义类别，那么目标检测就是给出一张图中不同对象目标在图像中的位置及对应的语义类别，语义/实例/全景分割则是进一步给出图中每个像素点的语义类别。因此，图像分类是最基础的任务，目标检测任务中的识别功能其实就是一个实例级别的图像分类任务，而分割任务往往也是在目标检测的基础上对相应像素进行语义划分。本节将对这些视觉任务的定义、研究现状及发展趋势进行简单梳理，并针对构成意识空间所需要的基础能力，结合笔者团队研发的对应仿生眼的相关算法进行介绍。

14.2.1　图像分类

图像分类是机器/计算机视觉中最重要的任务之一，它的目标是给任意一张输入图像一个类别描述，实际应用广泛。该任务从最简单的 10 类手写数字图像识别[43]开始，到 CIFAR-10 和 CIFAR-100[44]数据集的 10 类和 100 类常见物体识别，再到 ImageNet[45]这样超过 1000 万张图像超过 2 万类的区分，图像分类模型在海量数据的驱动下，其识别水平也在不断攀升。

图像分类算法按照时间发展可分为两大类：一类是传统方法；另一类是深度学习方法。自 AlexNet 在 2012 年面世以来，涌现了一系列 CNN 模型，如 VGG、GoogleNet、ResNet、DenseNet 等，均能实现端到端的大规模图像分类，且不断地在 ImageNet 上刷新成绩。这些模型往往也都在提出后很快作为基础网络广泛应用于其他视觉任务，如目标检测、语义分割等，成为提取更有效图像特征的最新手段。

而无论是传统的图像分类方法还是现如今号称超越人类视觉能力的基于深度神经网络的图像分类方法，其一般方式（图 14-3）都是先进行特征提取得到图像描述子，然后利用机器学习或者深度学习对这些特征进行类别划分。因此，提升模型分类能力的方式无非有两种：一种是增强网络对图像特征的挖掘和提取能力；另外一种则是提高分类器的划分能力。

图 14-3 图像分类的基本流程

发展至今，众多研究在这两个方面都作出了努力，其中不乏贡献突出者，本书不再一一赘述，更多该任务相关研究的发展巨细可参见相关文章[46, 47]。

除此之外，图像分类问题根据类别划分粒度的不同可以分为跨物种的图像分类和细粒度子类图像分类（图 14-4）。前者也就是一般的图像分类任务，它是在不同物种的层次上识别不同类别的对象，比较常见的有猫、狗分类等。后者是细粒度图像分类，它往往是一个大类中子类的分类，如不同鸟类的分类、不同车型的分类、不同交通标志的分类等。相对于跨物种的图像分类，细粒度分类在很多实际应用中更有价值，但也往往因为类内差异小等问题更具挑战。

近年来，面向实际生产生活中的需求，更多学者和研究对细粒度图像分类任务加以关注，已经出现了结合文本识别的细粒度跨媒体检索[48]等多模态融合的细粒度图像分类任务，了解更多该领域近况可参阅相关论文[49]。在子类图像分类中还有一类比较特殊的存在，那就是实例级别的图像分类，它区分不同的个体而不仅仅是物种类或者细粒度子类。其本质上仍是一个识别问题，只不过每一个个体对应一类，最典型的任务就是人脸识别任务。

在 9.9.3 节中提到，人类大脑中 IT 区内的 FFA 便是主要负责处理子类（称为“类内”）细粒度和实例级别图像分类任务的结构。人脑结构表明，子类的分类任务和大类分类任务必须分开来处理，这一点在机器视觉处理算法中也得到了验证。例如，经过大量人脸学习后得到的具有高性能人脸识别的网络中，增加一张猴脸的图像再进行学习，整个网络系统瞬间崩塌，无法进行人脸识别了。

从传统的 SVM 等机器学习，到深度学习，分类模型逐年进步，现在已经在很多数据集上实现了超越人类的识别准确率。然而，这些模型依赖于监督学习，其性能在很大程

图 14-4 一般图像分析与细粒度图像分析的对比[52]

度上取决于带标注的训练数据。而现实中并不是所有的类别都有大量标注好的实例数据，故这些模型并不一定实用。它们往往局限于识别训练时见过的类别，对未见过的或只见过一两次的类别很难正确识别，这与人类视觉的举一反三能力还有一定差距。因此，小样本学习（few-shot learning）[50]、零样本学习（zero-shot learning）[51]等研究近几年也备受关注，致力于模型能够识别出在训练阶段仅见过几次甚至未曾见过的类别图像。

14.2.2　图像目标检测

如果图像分类是识别整张图像的语义，那目标检测（target detection）则要求同时获得图像或视频中目标物体的语义类别和位置信息（图 14-5）。识别场景中的静态或动态目标物体是人类视觉感知中不可或缺的功能，同样，目标检测任务也是机器/计算机视觉领域非常基础的任务。图像实例分割、物体追踪、姿态识别等通常都依赖于目标检测，在行人、车辆、商品及火灾检测等一系列实际应用场景中都发挥着关键作用。由于每张图像中物体目标的数量、大小、形状及姿态等各有不同（也就是需要非结构化的输出，这与图像分类非常不同），并且物体之间时常存在相互遮挡截断等情况，所以目标检测是极富挑战性的，其从诞生以来始终是研究学者最为关注的焦点之一。

图 14-5　目标检测任务示例[53]

相比分类，目标检测需要从背景中分离出感兴趣的目标，并确定这一目标的描述（类别和位置），因而检测模型的输出是一个列表，列表的每一项使用一个数据组给出检出目标的类别和位置（常用矩形检测框的坐标表示）。二维目标检测一般用矩形框框出该目标所在图像中的位置，三维目标检测则需要给出该目标在空间中的包围立方体。

在深度神经网络出现之前，传统的目标检测算法通常分为 3 个阶段，即区域选取、特征提取和特征分类。由于图像中物体位置、大小都不固定，因此传统算法通常使用滑动窗口（sliding window）算法[54]进行区域选取，但往往会存在大量的冗余框，且计算复杂度高。特征提取通常使用人工精心设计的提取器，如 SIFT[55]和 HOG[56]（histograms of oriented gradient）等。由于人工设计的传统特征提取器包含的参数较少，且鲁棒性较低，因此表征能力并不强。最后配合使用如 SVM、AdaBoost 的特征分类器，通常难以获得理想的检测精度。直到 2012 年 DNN 技术在图像识别领域取得惊人效果，人们发现神经网络的大量参数可以提取出鲁棒性和表征性更强的特征，并且分类器性能也更优越。2014 年，Girshick 等提出 R-CNN[57]，首次结合卷积神经网络（CNN）和候选区域提取，实现了目标框的回归，从此便拉开了利用深度学习技术进行目标检测的序幕。

目前基于深度学习的目标检测主要分为两大类（图 14-6），即两阶段（two stages）目标检测算法和一阶段（one stage）目标检测算法。

两阶段：首先生成一系列作为目标候选框，再通过卷积神经网络进行候选框的分类识别，最具代表性的算法有 R-CNN、SPPNet[58]、Fast R-CNN[59]、Faster R-CNN[53]、Pyramid Networks[60]等。

一阶段：不需要产生候选框，直接将目标框定位的问题转化为回归（regression）问题进行处理，具有代表性的算法有 YOLO[26]（you only look once）及其系列、SSD[61]、Retina-Net[62]等。

一般，两阶段采用了两段结构采样来处理类别不均衡问题，RPN（region proposal network，区域选取网络）的存在使正负样本更加均衡，使用了先粗回归再精调的两阶段级联的方式来拟合目标框，因此算法精度高但速度较慢。

一阶段网络生成的矩形框只是一个逻辑结构，或者只是一个数据块，只需要对这个数据块进行分类和回归就可以，不用像两阶段网络那样将生成的候选框映射到特征图的对应区域，然后再将该区域重新输入全连接层进行分类和回归，因此它速度快但精度稍逊于两阶段。

但随着 FPN（feature pyramid networks，特征金字塔网络）[60]、FocalLoss 等改进的提出，一阶段检测模型已经能够在保证计算效率的同时满足高精度的需求，在工业界及机器人等实际应用场景中更受青睐。

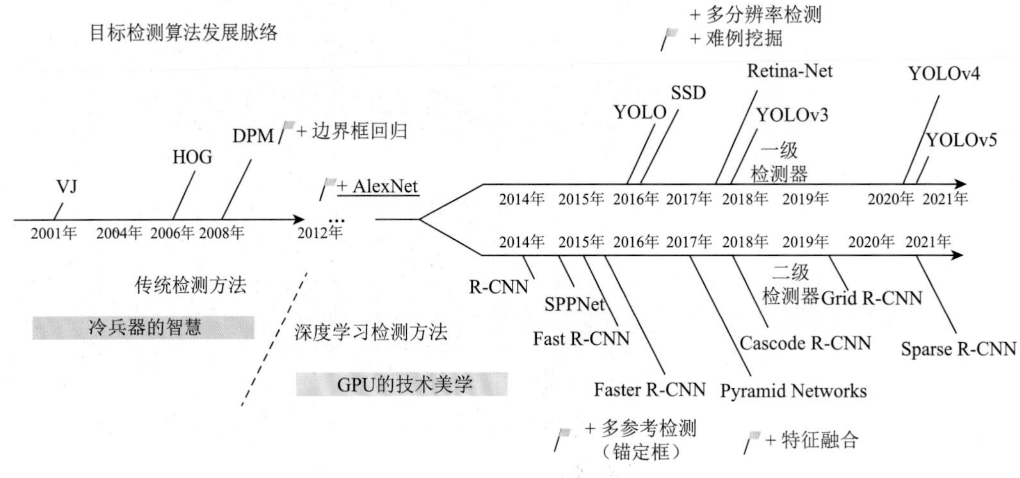

图 14-6 图像目标检测识别研究的发展历程[63]

2019 年之后，目标检测领域的主要进展更多地集中在无候选框（anchor-free）检测器，如 CenterNet[64]，EfficientDet[65]及 YOLOX[66]等。其中，YOLOX 集解耦合头部（decoupled head）、数据增强（data aug）、无候选框及先进标签分配（advanced label assignment）策略等目标检测领域的优秀进展于一身，不仅实现了超越 YOLOv3～v5 的检测精度，而且取得了极具竞争力的推理速度。

与此同时，另一项最新的研究 YOLOR[67]则受人类感知和学习方式（使用多种感官，通过常规和潜意识学习，结合丰富的经验进而处理已知或未知的信息）的启发，提出了一个能够同时编码显式知识和隐式知识的网络，同时对多个任务，从多重角度形成统一的表示，以帮助检测准确度的提升。

除此之外，近年来在自然语言处理（natural language processing，NLP）领域一统江湖的 Transformer 最近也在计算机视觉（computer vision，CV）领域频频亮相，在各视觉任务上性能也直逼 CNN 的 SOTA 方法。2020 年，Facebook AI 的研究者首先推出了 Detection Transformer（DETR）[68]，目标检测性能超越 Faster R-CNN。基于 DETR，研究者们提出了多种优化版本，如 Swim Transformer[69]等，效果也相当不错。更多相关目标检测算法的细节及该领域的进展详情，推荐参见本章参考文献[63]、[70]、[71]、[72]。

14.2.3　图像的语义/实例/全景分割

一般理解一张图像需要三个层次，即分类、检测和分割。前面讲到的图像分类是将图像划分为几个类别，而分割则是更进一步的像素级别上的分类。在机器/计算机视觉领域对任务的定义中（图 14-7）：给出图像中每一个像素点的语义类别，即语义分割（semantic segmentation），它并不区分同一类别不同个体；实例分割（instance segmentation）可以视

(a) 彩色图像　(b) 语义分割　(c) 实例分割　(d) 全景分割

图 14-7　语义/实例/全景分割任务对比[73]

为更加精细的目标检测，给出了目标的像素级标注，对每一个目标给出了对应的语义类别和实例 ID（identity document）。既给出图像中每一个像素点的语义类别，又给出前景像素点的实例 ID，称为全景分割（panoptic segmentation）。

1. 语义分割

图像语义分割结合了图像分类、目标检测和传统图像分割，通过一定的方法将图像分割成具有一定语义含义的区域块，并识别出每个区域块的语义类别，实现从底层到高层的语义推理过程，最终得到一幅具有逐像素语义标注的分割图像[图 14-7（b）]。语义分割是计算机视觉典型任务之一，在深度学习技术出现以前主要通过基于统计的方法和基于几何的方法实现分割，而现今以基于卷积神经网络的方法为主。2012 年，Ciresan 等[74]采取滑窗的方式，取每个像素点为中心的小图像块（patch）输入 CNN 来预测该像素点的语义标签，打开了用 CNN 来挑战语义分割任务的先河，后来有学者总结称该类方法为基于滑窗的语义分割模型。滑窗方法当时是传统目标检测算法常采用的手段，其缺点后来被基于候选区域的方法补救成功，因此在语义分割领域也出现了基于候选区域的分割模型，最具代表性的如 Mask R-CNN[75]、MS R-CNN[76]等。同期，实例分割的概念也被提出，以及其与语义分割任务之间的区别也越来越清晰，对应的相关研究也逐渐发展成另外一个分支任务。

语义分割任务整体实现精度的大的跨越是在 2015 年 FCN（fully convolutional network，全卷积网络）[77]被提出之后。它完全改变了之前需要窗口将语义分割任务转变为图像分类任务的策略。FCN 完全丢弃了图像分类任务中的全连接层，从头到尾都只使用到了卷积层，因此称为全卷积网络。我们发现提取特征的部分更像是编码器，也就是 FCN 前面特征图变小的阶段；而后面进行上采样/反卷积的过程就像解码器，图像在解码过程中恢复了原图大小。因此，这类方法被称为基于解码器-编码器结构的语义分割模型，后续又出现了如 U-Net[78]、DeepLab[79]系列（DeepLabv1、DeepLabv2、DeepLabv3、DeepLabv3 plus），以及 PSPNet[80]等。

近两年，为适应和满足各类智能系统场景感知应用需求，针对域适应迁移学习、半监督/弱监督的语义分割算法不断涌现，像笔者团队提出的 SSF-DAN[81]（separated semantic feature based domain adaptation network）能够很好地填补合成数据集到真实数据集之间的域鸿沟，大大降低语义分割模型应用泛化过程中的标注成本。另外，为满足实际应用中的实时性要求，最新的研究 STDC[82]（short-term dense concatentate network）也已经能够做到实时的语义分割，且分割精确度也能够保证。更多的语义分割算法可参阅相关文章[83]。

2. 实例分割

实例分割既具备语义分割的特点，需要做到像素层面上的分类，也具备目标检测的一部分特性，即需要定位出不同实例，即使它们是同一种类[图 14-7（c）]。因此，实例分割的研究一直都有两条线，分别是自下而上的基于语义分割的方法和自上而下的基于检测的方法[84, 85]。前者是先进行像素级别的语义分割，再通过聚类、度量学习

等手段区分不同的实例。该类方法虽然保持了更好的底层特征（细节信息和位置信息），但也存在非最优分割、复杂场景泛化能力差、后处理方法烦琐等缺点，因此并不被看好。而后者是先通过目标检测得到实例所在的矩形框，然后对矩形框里的区域进行语义分割，每个分割结果都作为一个不同的实例输出，Mask R-CNN、DeepMask[86]等都属于该类。

此后，伴随着一些一阶段目标检测模型的成熟，一阶段实例分割（single shot instance segmentation）模型也在近两年兴起，一种是受 YOLO、RetinaNet 等启发的基于候选框的一阶段实例分割模型，典型代表有 YOLACT[87]、YOLACT ++ [88]、SOLO[89]、SOLOv2[90]等；另外一种是基于 FCOS（fully convolutional one-stage）思路开发的完全无候选框的实例分割模型，典型代表有 AdaptIS[91]和 PolarMask[92]。无论是有候选框还是无候选框，现有一阶段实例分割的最优模型已经能够达到实时，且在精度上也在不断提升，也有部分已经在一些智能机器人系统上得到应用。

3. 全景分割

全景分割的概念[73]由何凯明等于 2018 年首次在论文中提出，其任务是为图像中每个像素点赋予类别 Label 和实例 ID，生成全局的、统一的分割图像［图 14-7（d)］。短短三四年时间，该任务已经涌现了很多比较有价值的研究。由于该任务可以看成语义分割和实例分割的并集，因此现有的全景分割方法一般包含三个部分：前景目标实例分割部分、背景语义分割部分、两个分支结果融合部分。在一开始的研究中[72]，前景目标实例分割分支和背景语义分割分支相互独立，网络之间不共享参数或者特征，这导致计算开销较大，也迫使算法需要使用独立的后处理程序融合两支预测结果，致使全景分割很难应用于工业中。为此，近来很多方法均使用自上而下的共享网络组件或自下而上的顺序方式，虽然在解决上述问题中取得了重大进展，但仍然存在计算效率和精度不足的问题。随着 Transformer 在计算机视觉中的应用，也出现了许多基于查询的全景分割网络算法，如 DETR[68]等。但也有更多的研究，如 EfficientPS[93]、CAPSNet[94]，在积极尝试设计计算效率更高、性能比之前的最先进模型更优越的模型。要了解最新的进展可参考相关文章[94]。

14.3　边缘检测

14.3.1　概述

边缘检测作为最基础的视觉处理功能，人类的视网膜、外侧膝状体、初级视皮质都有相对应的边缘强化及检测功能，而且其边缘抽取的功能也随着神经路径的传递逐级提高。在计算机视觉领域，边缘检测也起着举足轻重的作用。随着时间的推移，边缘检测技术从低级向高级逐渐发展：从早期的边缘滤波器[95]，到深度边缘[96]、物体边界[97]再到语义边缘[98]。语义边缘的提出为使机器人“眼睛”具有理解场景的功能提供了重要的基础。

边缘检测包含了特征点、特征线、边缘、物体边界、语义边缘等概念。由于提取图像的特征点、特征线相关的基础性研究已在第 11 章介绍过，本节主要介绍边缘提取的高级形式——“语义边缘”的研究成果。语义边缘引用了“语义分割”概念中“语义”（semantic）的定义，“语义”的定义已在 14.2 节详细介绍过。

语义边缘检测（semantic edge detection，SED）是一种联合定位物体轮廓并对其进行分类的方法（图 14-8），是计算机视觉领域的一个热门研究课题。如图 14-8 所示，每一个场景图像中都天然包含语义信息，相对应的也有一幅语义边缘图。语义边缘检测的起源可以追溯到 2006 年[99]。作为一项重要的视觉任务，它被隐式或显式地用于分割和重建相关问题中。在某种意义上，语义分割也可以被粗略地看成语义边缘检测，因为在得到语义分割后，可以很容易获得边缘，只是精度未必满足要求。

building + pole	road + sidewalk	road	sidewalk + building	building + traffic sign	building + car	road + car
building	building + vegetation	road + pole	building + sky	pole + car	building + person	pole + vegetation

图 14-8 语义边缘检测任务示意（来自 CityScapes 数据集的原图与语义边缘图）[52]

早期的 Sobel、Canny[95]等传统算法利用目标像素与其周围强度差异的局部变化线索作为特征来确定像素是否属于边缘，被认为完成的是基础的边缘检测的任务。然而，仅仅利用局部梯度很难识别物体的边缘及其类别，因此后续的分类任务往往是在物体边缘

检测任务的基础上设计并整合多种类型和尺度的特征来进行边缘分类。随着深度学习的到来，传统方法中复杂和启发式的特征设计被通过 CNN 学习到的多尺度特征所替代，通过感知来代替设计特征。

在深度学习中，语义边缘检测同样是被认为由两个互补的子任务组成的，即边缘定位和分类，它们需要不同层次的特征。边缘定位为分类提供了位置信息；边缘分类有助于将轮廓与其他边缘区分开来。然而，边缘定位需要低级别的神经网络特征，而这些特征对于分类来讲噪声太大；边缘分类需要高级别的抽象网络特征，而这些特征对于定位来讲不够精细。因此，利用多尺度 CNN 特征进行语义边缘检测是一个具有挑战性的问题。

14.3.2　语义边缘算法

由于语义边缘检测同时定位物体轮廓并对其进行分类，因此完全可以将其分解为两种检测方法，即分步检测和直接检测。分步检测是将语义边缘检测的两个子任务分别处理并合并；直接检测是将其作为一个整体实现一个端到端的方法。

1. 分步检测方法

在 CNN 出现之前，语义边缘检测一般是通过将其分解为物体识别和轮廓检测来解决的。如图 14-9 所示，将语义边缘检测任务分解成边缘检测和语义分割任务或轮廓检测和物体识别进行处理，经过分步检测后最终获得语义边缘结果。例如，Hariharan 等[98]将物体检测器与自下而上的轮廓线相结合，以获得特定类别的轮廓线。

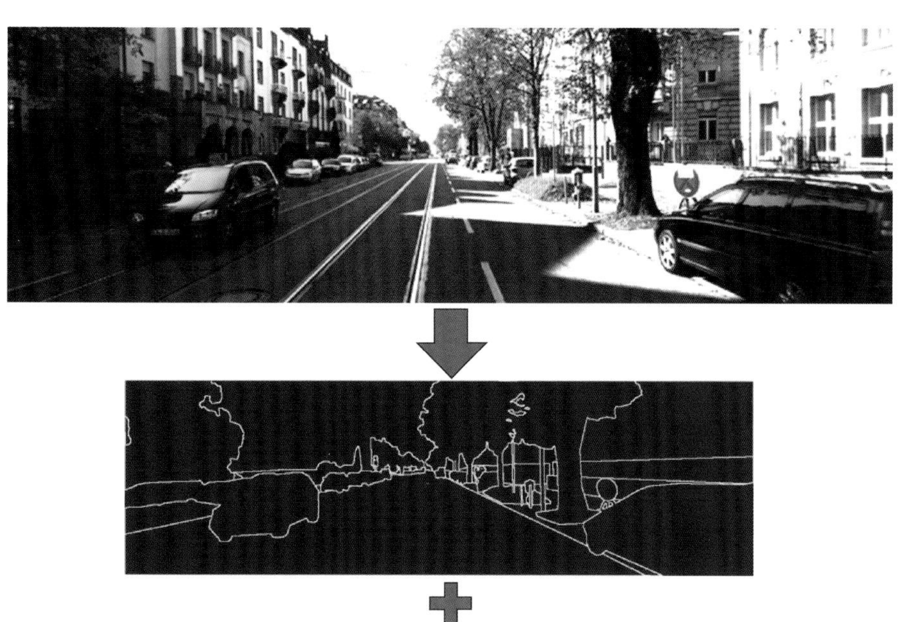

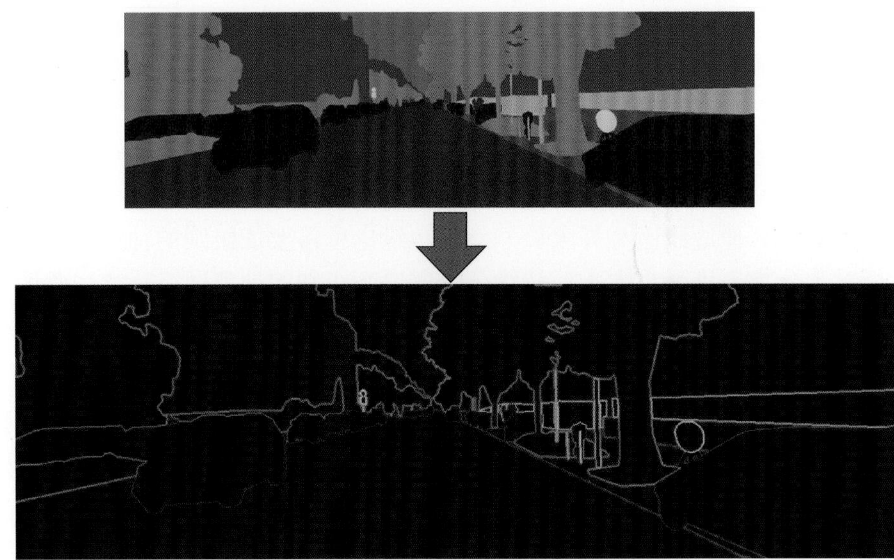

图 14-9 将语义边缘检测分解成边缘检测进行处理（图像来自 CityScapes 数据集）

早期基于 CNN 的语义边缘检测方法也将语义边缘检测的任务分解为子任务，并逐一处理子任务。例如，Bertasius 等[100]利用高换低（high-for-low）网络进行物体轮廓检测，然后采用全卷积网络或 DeepLab-CRF 对检测的轮廓进行分类。DeepContour[101]为每个类别的边缘单独训练一个网络。Maninis 等[102]提出卷积定向边界来检测轮廓，并根据空洞卷积产生的语义分割结果将语义标签与之关联。

2. 直接检测方法

由于分步检测方法很难利用不同子任务之间的互助关系，随着深度学习的快速发展，出现了端到端的直接学习方法。例如，CASENet[52]首次将语义边缘检测作为端到端深度学习框架下的一个多标签问题来解决。如图 14-10 所示，CASENet 通过五级 ResNet101 获得多级特征，每个卷积阶段都有边缘预测层。最上面的卷积层与一个产生分类边缘激活的层相连。每个激活图都与同一组多尺度特征相连接，用于对该类别进行分类。

基于 CASENet 的结构，众多学者提出了许多语义边缘检测的方法，如 SEAL[103]、DDS[104]、R-CASENet[105]、DFF[55]、STEAL[106]、Shear-X[107]、RPCNet[108]和 MSC-SED[109]。SEAL[103]和 STEAL[106]，通过处理基于 CASENet 现有 SED 架构的错位标签来获得较细的语义边缘，其中 SEAL[103]首次应用了不带权重的多分类交叉熵损失函数，而 STEAL[106]采用的则是引入非极大值抑制（non maximum suppression，NMS）模块来达到相似效果。DDS[104]将高/深层 CNN 的语义轮廓特征融合低/浅层 CNN 特征的轮廓位置特征来使语义边缘更加光滑、连续。

Shear-X[107]用 Shearlet 特征图替换原始图像，作为深度 SED 架构的输入，该架构可以应用 CASENet 或 DDS。RPCNet[108]是一个用于语义分割和边界检测的联合多任务框架。

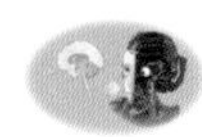

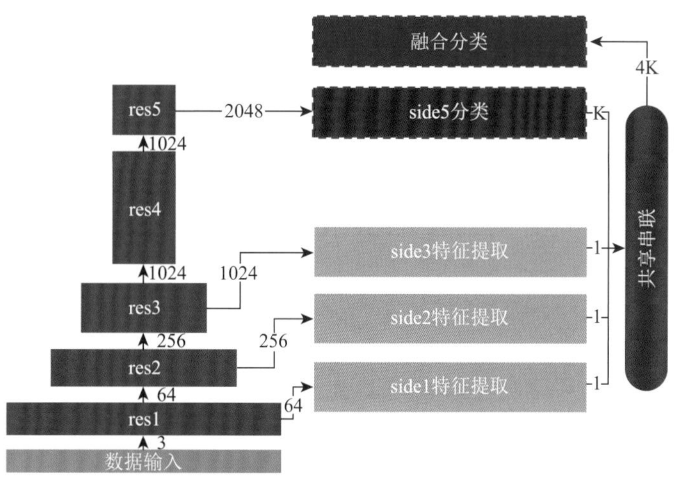

图 14-10　语义边缘的 SED 框架[52]

CASENet、DDS 和 R CASENet 主要集中在如何探索多尺度 CNN 特征，以实现语义边缘检测的更好性能。DFF 在基于 CASENet 框架的基础上自适应地动态学习一个权重信息来弥补其固定权重的弱势，增强边缘特征的贡献，同时抑制非边缘处的效果。MSC-SED[109]提出了一个渐进式融合网络，逐步融合多尺度的低级到高级的 CNN 特征，性能优于 CASENet 及其变体所使用的基于串联的融合结构。

14.3.3　语义边缘的扩展应用

语义边缘这一概念，可以视为是 V2 区对物体轮廓边缘界定的延伸。正如 9.5 节中所描述的，当判定边界属于杯子还是人脸的过程中，这一结果就是语义边缘。因此，语义边缘可以为其他视觉任务提供重要的帮助，如视觉任务中的物体定位[110]、物体分割[111]、视差估计[26]、SLAM[112]、三维重建[34]等。Ramalingam 等[110] 通过将从全向图像中提取的天际线与粗略的三维城市模型中的天际线段相匹配来估计物体的定位信息。Yang 等[111]利用更精细的物体边缘去辅助超像素分割，使分割边缘与物体边缘更加对齐。Zhu 等[26]基于 CASENet 将仿生眼拍摄的图像产生语义边缘，后续利用语义一致性去约束稀疏立体匹配过程，从而实现基于语义边缘的视差估计。Wu 等[112]利用语义进行跨帧的边缘的强大数据关联，从而扩大了跟踪阶段的收敛半径以估计光度上、几何上和语义上一致的相机运动。Qiu 等[34]利用对环境中的遮挡和长期的外观变化具有鲁棒性的语义边缘特征去重建图像中的关键点，并利用关键点的语义边缘对齐去初始化视觉惯性测距模块预测的初始位置。

参 考 文 献

[1]　三维重建[EB/OL]. https://zh.wikipedia.org/wiki/. [2023-3-30].

[2]　Roberts L G . Machine Perception of Three-Dimensional Solids[M]. New York：Garland Publishing，1963.

[3] PerceptIn. PerceptIn announces general availability of ironsides，first full robotics vision system combining hardware and software[J]. Journal of Engineering，2017，8（2）：265-273.

[4] Hamzah R A，Ibrahim H. Literature survey on stereo vision disparity map algorithms[J]. Journal of Sensors，2016：8742920.

[5] Ohta Y，Kanade T. Stereo by intra-and inter-scanline search using dynamic programming[J]. IEEE Transactions on Pattern Analysis and Machine Intelligence，1985，7（2）：139-154.

[6] Brown M Z，Burschka D，Hager G D. Advances in computational stereo[J]. IEEE Transactions on Pattern Analysis and Machine Intelligence，2003，25（8）：993-1008.

[7] Sun J，Li Y，Kang S B，et al. Symmetric stereo matching for occlusion handling[C]. 2005 IEEE Computer Society Conference on Computer Vision and Pattern Recognition，San Diego，2005：399-406.

[8] Scharstein D，Szeliski R，Zabih R. A taxonomy and evaluation of dense two-frame stereo correspondence algorithms[C]. Proceedings of the IEEE Workshop on Stereo and Multi-Baseline Vision（SMBV 2001），Kauai，2001：131-140.

[9] Zhan Y L，Gu Y Z，Huang K，et al. Accurate image-guided stereo matching with efficient matching cost and disparity refinement[J]. IEEE Transactions on Circuits and Systems for Video Technology，2016，26（9）：1632-1645.

[10] 王文浩，**张晓林**. 基于像素值调整的立体匹配算法[J]. 电子设计工程，2017，25（13）：21-24.

[11] Žbontar J，Lecun Y. Computing the stereo matching cost with a convolutional neural network[C]. 2015 IEEE Conference on Computer Vision and Pattern Recognition，Boston，2015：1592-1599.

[12] Menze M，Geiger A. Object scene flow for autonomous vehicles[C]. 2015 IEEE Conference on Computer Vision and Pattern Recognition，Boston，2015：3061-3070.

[13] Mayer N，Ilg E，Häusser P，et al. A large dataset to train convolutional networks for disparity，optical flow，and scene flow estimation[C]. 2016 IEEE Conference on Computer Vision and Pattern Recognition，Las Vegas，2016：4040-4048.

[14] Scharstein D，Hirschmüller H，Kitajima Y，et al. High-resolution stereo datasets with subpixel-accurate ground truth[C]. German Conference on Pattern Recognition，Cham，2014：31-42.

[15] Ye X Q，Gu Y Z，Chen L L，Li J M，Han W，**Zhang X L**. Order-based disparity refinement including occlusion handling for stereo matching[J]. IEEE Signal Processing Letters，2017，24（10）：1483-1487.

[16] Ye X Q，Li J M，Wang H，**Zhang X L**. Feature ensemble network with occlusion disambiguation for accurate patch-based stereo matching[J]. IEICE Transactions on Information and Systems，2017，E100.D（12）：3077-3080.

[17] Ye X Q，Li J M，Wang H，**Zhang X L**. Efficient stereo matching leveraging deep local and context information[J]. IEEE Access，2017，5：18745-18755.

[18] Zhang G H，Zhu D C，Shi W J，Ye X Q，Li J M，**Zhang X L**. Multi-dimensional residual dense attention network for stereo matching[J]. IEEE Access，2019，7：51681-51690.

[19] 张浩东，宋嘉菲，张广慧. 边缘引导特征融合和代价聚合的立体匹配算法[J]. 计算机工程与应用，2022，58（21）：182-188.

[20] Cheng X L，Zhong Y R，Harandi M，et al. Hierarchical neural architecture search for deep stereo matching[J]. Advances in Neural Information Processing Systems，2020，33：22158-22169.

[21] Mao Y M，Liu Z H，Li W M，et al. UASNet：Uncertainty adaptive sampling network for deep stereo matching[C]. 2021 IEEE/CVF International Conference on Computer Vision（ICCV），Montreal，2021：6291-6299.

[22] Godard C，Aodha O M，Brostow G J. Unsupervised monocular depth estimation with left-right consistency[C]. 2017 IEEE Conference on Computer Vision and Pattern Recognition，Honolulu，2017：6602-6611.

[23] Du L，Li J M，Ye X Q，**Zhang X L**. Weakly supervised deep depth prediction leveraging ground control points for guidance[J]. IEEE Access，2019，7：5736-5748.

[24] Johnston A，Carneiro G. Self-supervised monocular trained depth estimation using self-attention and discrete disparity volume[C]. 2020 IEEE/CVF Conference on Computer Vision and Pattern Recognition（CVPR），Seattle，2020：4755-4764.

[25] Bello J L G，Kim M. PLADE-Net：Towards pixel-level accuracy for self-supervised single-view depth estimation with neural positional encoding and distilled matting loss[C]. 2021 IEEE/CVF Conference on Computer Vision and Pattern Recognition（CVPR），Nashville，2021：6847-6856.

[26] Zhu D C，Li J M，Wang X S，Peng J，Shi W J，**Zhang X L**. Semantic edge based disparity estimation using adaptive dynamic programming for binocular sensors[J]. Sensors（Basel，Switzerland），2018，18（4）：1074.

[27] Song X，Zhao X，Fang L J，et al. EdgeStereo：An effective multi-task learning network for stereo matching and edge detection[J]. International Journal of Computer Vision，2020，128（4）：910-930.

[28] Yang G R，Zhao H S，Shi J P，et al. SegStereo：Exploiting semantic information for disparity estimation[C]. Computer Vision-ECCV，Cham，2018：636-651.

[29] Chen S Y，Xiang Z Y，Qiao C Y，et al. SGNet：Semantics guided deep stereo matching[C]. Proceedings of the Asian Conference on Computer Vision，2020.

[30] Chen S Y，Xiang Z Y，Qiao C Y，et al. PGNet：Panoptic parsing guided deep stereo matching[J]. Neurocomputing，2021，463：609-622.

[31] Li R H，Wang S，Long Z Q，et al. UnDeepVO：Monocular visual odometry through unsupervised deep learning[C]. 2018 IEEE International Conference on Robotics and Automation，Brisbane，2018：7286-7291.

[32] Godard C，Aodha O M，Firman M，et al. Digging into self-supervised monocular depth estimation[C]. 2019 IEEE/CVF International Conference on Computer Vision（ICCV），Seoul，2019：3827-3837.

[33] Jiang H L，Ding L Y，Sun Z L，et al. DiPE：Deeper into photometric errors for unsupervised learning of depth and ego-motion from monocular videos[C]. 2020 IEEE/RSJ International Conference on Intelligent Robots and Systems（IROS），Las Vegas，2020：10061-10067.

[34] Qiu K J，Chen S Z，Zhang J H，et al. Compact 3D map-based monocular localization using semantic edge alignment[J]. arXiv preprint arXiv：2103.14826，2021.

[35] Zhu D C，Xing Z R，Li J M，Gu Y Z，**Zhang X L**. Effective indoor localization and 3D point registration based on plane matching initialization[J]. IEICE Transactions on Information and Systems，2017，E100.D（6）：1316-1324.

[36] Zeng A，Song S R，Niessner M，et al. 3D Match：Learning local geometric descriptors from RGB-D reconstructions[C]. 2017 IEEE Conference on Computer Vision and Pattern Recognition，Honolulu，2017：199-208.

[37] Shi W J，Zhu D C，Du L，et al. A hierarchical attention fused descriptor for 3D point matching[J]. IEEE Access，2019，7：77436-77447.

[38] Lu F，Chen G，Liu Y L，et al. HRegNet：A hierarchical network for large-scale outdoor LiDAR point cloud registration[C]. 2021 IEEE/CVF International Conference on Computer Vision（ICCV），Montreal，2021：15994-16003.

[39] Murez Z，van As T，Bartolozzi J，et al. Atlas：End-to-end 3D scene reconstruction from posed images[C]. Computer Vision-ECCV 2020，2020：414-431.

[40] Sun J M，Xie Y M，Chen L H，et al. NeuralRecon：Real-time coherent 3D reconstruction from monocular video[C]. 2021 IEEE/CVF Conference on Computer Vision and Pattern Recognition（CVPR），Nashville，2021：15593-15602.

[41] 王楠. 基于双目视觉结构光三维重建系统设计与实现[D]. 广州：广东工业大学，2020.

[42] 詹道桦. 双目视觉激光补偿三维重建系统的研究[D]. 广州：广东工业大学，2021.

[43] Deng L. The MNIST database of handwritten digit images for machine learning research [best of the web][J]. IEEE Signal Processing Magazine，2012，29（6）：141-142.

[44] Krizhevsky A，Nair V，Hinton G. CIFAR-10 and CIFAR-100 datasets[EB/OL]. https://www. cs. toronto. edu/kriz/cifar. Html.[2023-2-1][2009-6-1].

[45] Russakovsky O，Deng J，Su H，et al. ImageNet large scale visual recognition challenge[J]. International Journal of Computer Vision，2015，115（3）：211-252.

[46] To A，Liu M，Hazeeq Bin Muhammad Hairul M，et al. Drone-based AI and 3D reconstruction for digital twin augmentation[C]. International Conference on Human-Computer Interaction，Cham，2021：511-529.

[47] Microsoft Azure. Azure Digital Twins[EB/OL]. https://azure.microsoft.com/en-us/services/digital-twins/. [2023-2-1].

[48] Wang Y B，Peng Y X. MARS：learning modality-agnostic representation for scalable cross-media retrieval[J]. IEEE Transactions on Circuits and Systems for Video Technology，2022，32（7）：4765-4777.

[49] Wei X S，Song Y Z，Aodha O M，et al. Fine-grained image analysis with deep learning：a survey[J]. IEEE Transactions on Pattern Analysis and Machine Intelligence，2022，44（12）：8927-8948.

[50] Wang Y Q，Yao Q M，Kwok J T，et al. Generalizing from a few examples：A survey on few-shot learning[J]. ACM Computing Surveys，2021，53（3）：1-34.

[51] Wang W，Zheng V W，Yu H，et al. A survey of zero-shot learning[J]. ACM Transactions on Intelligent Systems and Technology，2019，10（2）：1-37.

[52] Yu Z D，Feng C，Liu M Y，et al. CASENet：deep category-aware semantic edge detection[C]. 2017 IEEE Conference on Computer Vision and Pattern Recognition，Honolulu，2017：1761-1770.

[53] Ren S Q，He K M，Girshick R，et al. Faster R-CNN：Towards real-time object detection with region proposal networks[J]. IEEE Transactions on Pattern Analysis & Machine Intelligence，2017，39（6）：1137-1149.

[54] Lampert C H，Blaschko M B，Hofmann T. Beyond sliding windows：Object localization by efficient subwindow search[C]. 2008 IEEE Conference on Computer Vision and Pattern Recognition，Anchorage，2008：1-8.

[55] Hu Y，Chen Y P，Li X，et al. Dynamic feature fusion for semantic edge detection[C]. Proceedings of the Twenty-Eighth International Joint Conference on Artificial Intelligence，Macao，2019：782-788.

[56] Dalal N，Triggs B. Histograms of oriented gradients for human detection[C]. 2005 IEEE Computer Society Conference on Computer Vision and Pattern Recognition，San Diego，2005：886-893.

[57] Girshick R，Donahue J，Darrell T，et al. Rich feature hierarchies for accurate object detection and semantic segmentation[C]. Proceedings of the 2014 IEEE Conference on Computer Vision and Pattern Recognition，Columbus，2014：580-587.

[58] He K M，Zhang X Y，Ren S Q，et al. Spatial pyramid pooling in deep convolutional networks for visual recognition[J]. IEEE Transactions on Pattern Analysis and Machine Intelligence，2015，37（9）：1904-1916.

[59] Girshick R. Fast R-CNN[C]. 2015 IEEE International Conference on Computer Vision，Santiago，2015：1440-1448.

[60] Lin T Y，Dollár P，Girshick R，et al. Feature pyramid networks for object detection[C]. 2017 IEEE Conference on Computer Vision and Pattern Recognition，Honolulu，2017：936-944.

[61] Liu W，Anguelov D，Erhan D，et al. Ssd: Single shot multibox detector[C]. Computer Vision–ECCV 2016：14th European Conference，Cham，2016：21-37.

[62] Lin T Y，Goyal P，Girshick R，et al. Focal loss for dense object detection[C]. 2017 IEEE International Conference on Computer Vision，Venice，2017：2999-3007.

[63] Zou Z X，Shi Z W，Guo Y H，et al. Object detection in 20 years：a survey[J]. arXiv preprint arXiv：1905.05055，2019.

[64] Duan K W，Bai S，Xie L X，et al. CenterNet：Keypoint triplets for object detection[C]. 2019 IEEE/CVF International Conference on Computer Vision（ICCV），Seoul，2019：6568-6577.

[65] Tan M X，Pang R M，Le Q V. EfficientDet：Scalable and efficient object detection[C]. 2020 IEEE/CVF Conference on Computer Vision and Pattern Recognition（CVPR），Seattle，2020：10778-10787.

[66] Ge Z，Liu S T，Wang F，et al. YOLOX：Exceeding YOLO series in 2021[EB/OL]. 2021：arXiv：2107.08430[cs.CV]. https://arxiv.org/abs/2107.08430.

[67] Wang C Y，Yeh I H，Liao H Y M. You only learn one representation：Unified network for multiple tasks[J]. arXiv preprint arXiv：2105.04206，2021.

[68] Carion N，Massa F，Synnaeve G，et al. End-to-end object detection with transformers[C]. Computer Vision-ECCV 2020，Cham，2020：213-229.

[69] Liu Z，Lin Y T，Cao Y，et al. Swin Transformer：Hierarchical vision transformer using shifted windows[C]. 2021 IEEE/CVF International Conference on Computer Vision（ICCV），Montreal，2021：9992-10002.

[70] Zaidi S S A，Ansari M S，Aslam A，et al. A survey of modern deep learning based object detection models[J]. arXiv preprint arXiv：2104.11892，2021.

[71] Huang G，Laradji I，Vázquez D，et al. A survey of self-supervised and few-shot object detection[J]. arXiv preprint arXiv：2110.14711，2021.

[72] Khan S，Naseer M，Hayat M，et al. Transformers in vision：a survey[J]. ACM Computing Surveys，2022，54（10s）：1-41.

[73] Kirillov A，He K M，Girshick R，et al. Panoptic segmentation[C]. 2019 IEEE/CVF Conference on Computer Vision and Pattern Recognition（CVPR），Long Beach，2019：9396-9405.

[74] Ciresan D，Giusti A，Gambardella L M，et al. Deep neural networks segment neuronal membranes in electron microscopy images[C]. Proceedings of the 25th International Conference on，Lake Tahoe，Neural Information Processing Systems，2012，2843-2851.

[75] He K M，Gkioxari G，Dollár P，et al. Mask R-CNN[C]. 2017 IEEE International Conference on Computer Vision，Venice，2017：2980-2988.

[76] Huang Z J，Huang L C，Gong Y C，et al. Mask scoring R-CNN[C]. 2019 IEEE/CVF Conference on Computer Vision and Pattern Recognition（CVPR），Long Beach，2019：6402-6411.

[77] Shelhamer E，Long J，Darrell T. Fully convolutional networks for semantic segmentation[J]. IEEE Transactions on Pattern Analysis and Machine Intelligence，2017，39（4）：640-651.

[78] Ronneberger O，Fischer P，Brox T. U-Net：Convolutional networks for biomedical image segmentation[C]. Medical Image Computing and Computer-Assisted Intervention—MICCAI 2015，2015：234-241.

[79] Chen L C，Papandreou G，Kokkinos I，et al. DeepLab：Semantic image segmentation with deep convolutional nets，atrous convolution，and fully connected CRFs[J]. IEEE Transactions on Pattern Analysis and Machine Intelligence，2018，40（4）：834-848.

[80] Zhao H S，Shi J P，Qi X J，et al. Pyramid scene parsing network[C]. 2017 IEEE Conference on Computer Vision and Pattern Recognition，Honolulu，2017：6230-6239.

[81] Du L，Tan J G，Yang H Y，et al. SSF-DAN：Separated semantic feature based domain adaptation network for semantic segmentation[C]. 2019 IEEE/CVF International Conference on Computer Vision（ICCV），Seoul，2019：982-991.

[82] Fan M Y，Lai S Q，Huang J S，et al. Rethinking BiSeNet for real-time semantic segmentation[C]. 2021 IEEE/CVF Conference on Computer Vision and Pattern Recognition（CVPR），Nashville，2021：9711-9720.

[83] Minaee S，Boykov Y，Porikli F，et al. Image segmentation using deep learning：A survey[J]. IEEE Transactions on Pattern Analysis and Machine Intelligence，2022，44（7）：3523-3542.

[84] Hafiz A M，Bhat G M. A survey on instance segmentation：State of the art[J]. International Journal of Multimedia Information Retrieval，2020，9（3）：171-189.

[85] Gu W C，Bai S，Kong L X. A review on 2D instance segmentation based on deep neural networks[J]. Image and Vision Computing，2022，120：104401.

[86] Xu K，Guan K Y，Peng J，et al. DeepMask：An algorithm for cloud and cloud shadow detection in optical satellite remote sensing images using deep residual network[J]. arXiv preprint arXiv：1911.03607，2019.

[87] Bolya D，Zhou C，Xiao F Y，et al. YOLACT：Real-time instance segmentation[C]. 2019 IEEE/CVF International Conference on Computer Vision（ICCV），Seoul，2019：9156-9165.

[88] Bolya D，Zhou C，Xiao F，et al. YOLACT ++：Better real-time instance segmentation [J]. IEEE transactions on pattern analysis and machine intelligence，2022，44（2）：1108-1121.

[89] Wang X L，Kong T，Shen C H，et al. SOLO：Segmenting objects by locations[C]. European Conference on Computer Vision，Cham，2020：649-665.

[90] Wang X L，Zhang R F，Kong T，et al. SOLOV2：Dynamic and fast instance segmentation[J]. Advances in Neural Information Processing Systems，2020，33：17721-17732.

[91] Sofiiuk K，Sofiyuk K，Barinova O，et al. AdaptIS：Adaptive instance selection network[C]. 2019 IEEE/CVF International Conference on Computer Vision（ICCV），Seoul，2019：7354-7362.

[92] Xie E Z，Sun P Z，Song X G，et al. PolarMask：Single shot instance segmentation with polar representation[C]. 2020 IEEE/CVF Conference on Computer Vision and Pattern Recognition（CVPR），Seattle，2020：12190-12199.

[93] Mohan R，Valada A. EfficientPS：Efficient panoptic segmentation[J]. International Journal of Computer Vision，2021，

129（5）：1551-1579.

[94] Xu Y，Zhu D C，Zhang G H，et al. Contour-aware panoptic segmentation network[C]. Pattern Recognition and Computer Vision，Cham，2021：79-90.

[95] Canny J. A computational approach to edge detection[J]. IEEE Transactions on Pattern Analysis and Machine Intelligence，1986，8（6）：679-698.

[96] Gupta S，Arbeláez P，Malik J. Perceptual organization and recognition of indoor scenes from RGB-D images[C]. Proceedings of the 2013 IEEE Conference on Computer Vision and Pattern Recognition，Portland，2013：564-571.

[97] Martin D R，Fowlkes C C，Malik J. Learning to detect natural image boundaries using local brightness，color，and texture cues[J]. IEEE Transactions on Pattern Analysis and Machine Intelligence，2004，26（5）：530-549.

[98] Hariharan B，Arbeláez P，Bourdev L，et al. Semantic contours from inverse detectors[C]. 2011 International Conference on Computer Vision，Barcelona，2011：991-998.

[99] Prasad M，Zisserman A，Fitzgibbon A，et al. Learning class-specific edges for object detection and segmentation[C]. Computer Vision，Graphics and Image Processing，Berlin，2006：94-105.

[100] Bertasius G，Shi J B，Torresani L. High-for-low and low-for-high：Efficient boundary detection from deep object features and its applications to high-level vision[C]. 2015 IEEE International Conference on Computer Vision，Santiago，2015：504-512.

[101] Shen W，Wang X G，Wang Y，et al. DeepContour：A deep convolutional feature learned by positive-sharing loss for contour detection[C]. 2015 IEEE Conference on Computer Vision and Pattern Recognition，Boston，2015：3982-3991.

[102] Maninis K K，Pont-Tuset J，Arbelaez P，et al. Convolutional oriented boundaries：From image segmentation to high-level tasks[J]. IEEE Transactions on Pattern Analysis and Machine Intelligence，2018，40（4）：819-833.

[103] Yu Z D，Liu W Y，Zou Y，et al. Simultaneous edge alignment and learning[C]. European Conference on Computer Vision（ECCV），Cham：2018：400-417.

[104] Liu Y，Cheng M M，Fan D P，et al. Semantic edge detection with diverse deep supervision[J]. International Journal of Computer Vision，2022，130（1）：179-198.

[105] Wang L Y，Shen Y，Liu H D，et al. An accurate and efficient multi-category edge detection method[J]. Cognitive Systems Research，2019，58：160-172.

[106] Acuna D，Kar A，Fidler S. Devil is in the edges：Learning semantic boundaries from noisy annotations[C]. 2019 IEEE/CVF Conference on Computer Vision and Pattern Recognition（CVPR），Long Beach，2019：11067-11075.

[107] Andrade-Loarca H，Kutyniok G，Öktem O. Shearlets as feature extractor for semantic edge detection：The model-based and data-driven realm[J]. Proceedings Mathematical，Physical，and Engineering Sciences，2020，476（2243）：20190841.

[108] Zhen M M，Wang J L，Zhou L，et al. Joint semantic segmentation and boundary detection using iterative pyramid contexts[C]. 2020 IEEE/CVF Conference on Computer Vision and Pattern Recognition（CVPR），Seattle，2020：13663-13672.

[109] Ma W，Gong C F，Xu S B，et al. Multi-scale spatial context-based semantic edge detection[J]. Information Fusion，2020，64：238-251.

[110] Ramalingam S，Bouaziz S，Sturm P，et al. SKYLINE2GPS：Localization in urban canyons using omni-skylines[C]. 2010 IEEE/RSJ International Conference on Intelligent Robots and Systems，Taipei，2010：3816-3823.

[111] Yang J M，Price B，Cohen S，et al. Object contour detection with a fully convolutional encoder-decoder network[C]. 2016 IEEE Conference on Computer Vision and Pattern Recognition，Las Vegas，2016：193-202.

[112] Wu X L，Benbihi A，Richard A，et al. Semantic nearest neighbor fields monocular edge visual-odometry [J]. arXiv preprint arXiv：1904.00738，2019.

第五篇 视觉背后的意识与类脑系统

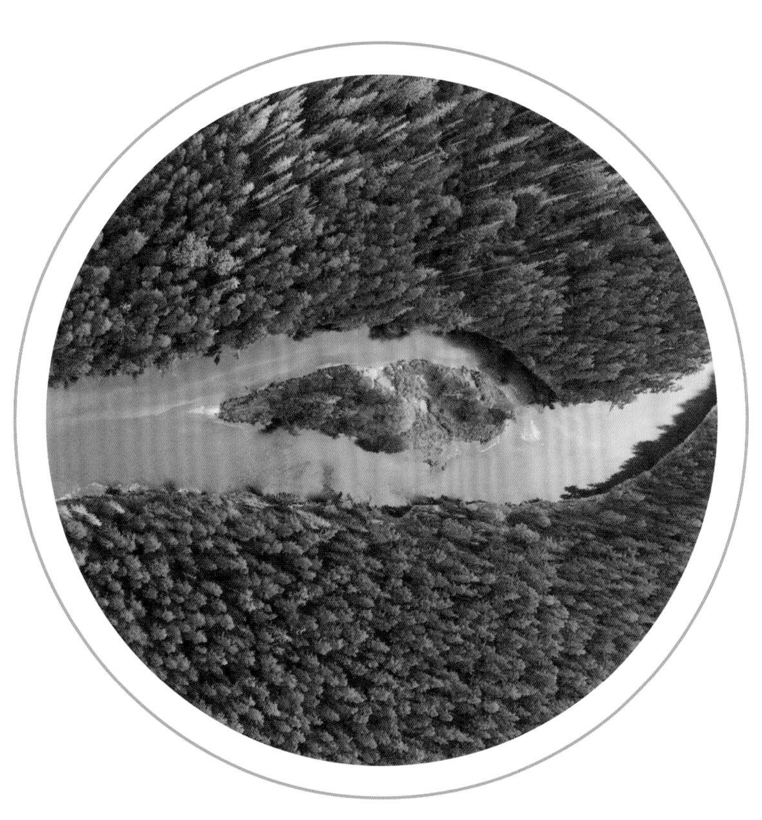

第15章 视觉意识空间

视觉的背后是意识。大脑通过视网膜，观察到了缤纷神奇的世界。由于过于自然，以至于我们察觉不到这个“神奇的世界”其实是用两束电磁波搭建出来的虚拟世界。

在讨论视觉后端的脑功能时，无法避开的话题就是“意识”（consciousness）这一人们经常提及，但又定义模糊的概念。本章不得不从这个概念开始讲起。

虽然很多人工智能威胁论者认为，不可以让机器人具有“意识”。但是当考虑智能机器人，如目前最受瞩目的机器人“无人驾驶汽车”时，“决策”是关键功能，而“决策”是无法绕开“意识”实现的，否则研发就无从下手。

由于“意识”作为多个领域必须讨论的问题，内容极其复杂，争论尤其激烈，但是查其究竟时，竟然找不到一个公认的定义，因此“意识”本身就不是一个科学词汇。笔者作为一名工学和生物学的研究人员，基本不具备围绕“意识”进行深入讨论的哲学和心理学知识体系。因此，本章将“意识”尽量收敛在生物学和工学领域，并尽量限定在视觉功能概念之内，且不直接使用“意识”这一名词，取而代之的是“意识空间”这一由笔者自己定义的概念。尽管如此，开篇还是要简单论述一下“意识”的一些基本概念，以供与笔者同等水平的读者便于理解“意识空间”想要陈述的内容。

15.1 意识的一般概念和定义

英文的“consciousness”起源于拉丁词语“conscius”，“con-”表示“共同、一起或完全”，“sci”表示“知道”。“consciousness”翻译过来，除“意识”之外，还有“觉察”“知觉”“自觉”等意思。

“意识”最初是哲学和心理学提出的概念，但是由于学派林立，在这两个领域中，“意识”的基本概念和定义都未达成共识。近年来脑科学的迅猛发展促使生物学领域对“意识”有了更加统一的认识，导致心理学和哲学不得不大量导入生物学的一些研究成果。不过，无论是哲学还是心理学，意识的主体主要指人或人脑，在定义上已经将机器和人工智能，甚至动物都排除在外。因此，在这里讨论类脑人工智能关于意识的概念，也只是借用生物学人脑研究领域经常使用的这个名词而已。下面先在哲学和心理学的定义上进行简单的讨论。

哲学界（辩证唯物主义）对意识的定义为：意识是人脑对大脑内外表象的觉察。这是在百度百科定义的，笔者认为这是对“意识”最简单明了的定义了，但是尚未查到出处。笔者查找了多本哲学著作也没有发现明确的定义，甚至询问了多名哲学教授，仍未得到符合科学词汇定义规则的定义。例如，某教授说：“意识是对于心灵内部状态的自我觉知”，但是“心灵”本身就是比“意识”还要难定义的名词，因此不敢再深究下去了。其实，即使是人工神经网络，其内部的状态都很难“觉知”。

如果说哲学研究中作为名词使用的“意识”是与“物质”相对立的概念，那么在自然科学中与“物质”相对立的概念就是“信息”。如果定义“意识是人脑对大脑内外表象的觉察”，那么我们是否可以认为，当机器人可以觉察其计算单元的内外表象时，就算有了哲学意义上的“意识”了呢？关于这个问题，本书不再进行进一步的讨论。

心理学领域定义的“意识”分广义和狭义两种。广义概念是指大脑对客观世界的反应；狭义概念是指人们对外界和自身的觉察与关注程度。现代心理学中对意识的论述则主要是指狭义的意识概念。百度百科是这样定义的：心理学意义上的意识指赋予现实的心理现象的总体，是个人直接经验的主观现象，表现为知、情、意三者的统一。

心理学的研究涉及人类对时空的感观，涉及伦理与情感，因此无法进行严格的科学实验，不易于严密的逻辑推理和数学论证。很明显，心理学对意识的概念不适合在初级阶段的仿生学和类脑系统研究中探讨。而近年，心理学越来越多地融入了生物学内容，甚至逐渐被生物学的概念吞没。下面将探讨生物学领域对意识的解释。

在生物学领域，“意识”被认为是该研究领域的终极挑战。脑科学作为生物学领域中最受瞩目的学科之一，其目的就是理解意识的生物学基础，以及了解感知、行动、学习和记忆的大脑活动过程。不同于哲学和心理学内部学派的不统一，在过去几十年中，生物学内部的显著统一为应对这一巨大挑战奠定了基础[1]。以下是按生物学的研究成果总结的关于意识的理解。

1. 意识是模块化的

罗杰·斯佩里（Roger Sperry）、迈克尔·加扎尼加（Michael Gazzaniga）和约瑟夫·博根（Joseph Bogen）发现，为了治疗癫痫而切断了连接两个大脑半球的主要信息通道脑梁（胼胝体）的患者，其每个脑半球都有一种独立于另一半球的意识。可见，即使在同一个人的脑中，意识也是模块化的，完整的意识需要各模块意识以某种方式统一后表现给外界。

2. 研究大脑决策过程是理解意识的基石

各模块化的意识最后达成一致表现给外界的是决策。因此，从决策的角度理解意识就显得更加合理。在第 9 章已经介绍了感觉输入如何转化为神经活动，然后由大脑处理以产生即时感知，以及这些感知如何存储为短时记忆和长期记忆的。在第 5 章还简单介

绍了运动是如何由脊髓和大脑控制的。进一步，生物是如何通过决策的高阶认知过程将感觉输入转化为运动输出的，是当前神经科学领域最具挑战性的研究之一，而这个过程也是研究意识和更高思想的基石。

3. “无意识”也是意识的一种

意识必须伴随着决策，即使我们闭上眼睛，不去想任何事情，但是这个“不作为”的行动本身也是一种决策。而决策不一定需要“有意识地去做”，人的条件反射，以及机器应对不同输入进行不同反应的定式化程序都显示出一种决策的功效。这些反射性动作或定式化反应的无意识决策被认为属于“无意识”范畴。不同于“没有意识”，生物学中的“无意识”也是意识活动的重要组成部分。因此，“无意识”和“有意识”都是“意识”。

4. “有意识”来自“无意识”

“有意识”和“无意识”的认知过程具有明显的神经相关性。进入意识的每一个想法都是从意识到这个想法之前，神经计算就开始了。事实上，“无意识”心理过程非常复杂，包括那些导致“我明白了！”的时刻，以及我们边打电话边进行的动作，都涉及在无意识下做出的决定[1]。

5. 进入“意识”的事物取决于“无意识”的推断

生物学认为，通过思考和推理获得知识的认知只是意识的一种，另外两种是情感和意志。在过去，人们想当然地认为，思维和推理是在意识的控制下自愿进行的，否认了无意识下认知的可能性。直到 19 世纪末，弗洛伊德（Sigmund Freud）发展出了一种无意识心理过程理论，揭示了人类的许多行为都是由我们不知道的内部过程所引导的。亥姆霍兹（Hermann von Helmholtz）甚至得出结论：大脑中发生的大部分事情都不是有意识的，而真正进入意识的东西（即感知到的东西）取决于无意识的推断[1]。

6. “有意识”和“无意识”存在于不同脑区

先来看一个事例。一个由于颞内侧皮质的大面积损伤而变得健忘的患者，在展示给他一张每天在病房里看到的人的照片时，该患者否认曾见过此人，但生理测试（脑电图或皮肤电导）显示出其脑部对这张照片有反应，而给他看以前从未见过的人的照片时，同样的生理测试却没有反应。因此，可以得出结论，该患者有意识的记忆过程已经被破坏，但无意识的过程仍然完好无损。此外。这个患者的主观报告准确地描述了他有意识地知道什么，但排除了他“知道”的那些没有进入意识的东西。这个事例引起了众多学者对“有意识”和“无意识”的探索。

很多学者认为，丘脑是意识的核心发源地，甚至称之为“丘觉”，因为丘脑的损伤会让人完全丧失意识。从第 5 章和第 9 章可以了解到，丘脑即间脑，是身体各处传感器信息汇聚的地方，视觉信息传至后丘脑的外侧膝状体后发送到端脑枕叶。笔者认为，丘脑虽然具备一定的信息整理和处理功能，但是主要功能还是信息的“集散地”。因此，丘脑损伤会让人失去“意识”是必然的，如同交通要塞被破坏后整个物流系统都会瘫痪一样。

如果“意识”的概念就是指人脑对外界的反应，那么把意识的概念分解成“视觉意识”“听觉意识”“触觉意识”等初级意识，并将这些初级意识经过“分析与决策系统”统一处理后产生的对环境态势的认知称为“核心意识”，是否会更加贴切？甚至可以认为初级意识就是“无意识”，而核心意识就是“有意识”。毕竟端脑系统是一个并列分布式信息处理系统，部分功能的损坏不会使所有功能丧失，反倒是丘脑这样的信息交汇处的损伤对脑功能的影响更大。当然，这只是笔者的一些思考，尚未形成完善的理论。

从生物发展史的角度来看，生物从低级到高级，脑的变化是循序渐进的，目前还无法找出一个明确的界限来划分出从某个物种开始有意识又将到某个物种为止没有意识。笔者认为，很多低等动物只有无意识，而不具备有意识，意识问题应该从动物原始大脑的基本结构开始考虑。

7. 意识从环境的可供性中形成观念

生物的每个神经细胞都是一个运算单元，而人类大脑是一个由近千亿神经细胞组成的巨大计算系统。这个系统不仅通过视觉、听觉和体感器官对现实世界的事物进行探测，而且对探测到的信息进行整理、归纳、联系、推演、分析、判断、预测、决策等一系列处理，然后根据决策结果通过命令系统和运动控制系统驱动身体肌肉对现实世界的事物进行反应和作用。脑系统通过以上过程完成了从感知到决策再到行动的一个循环。下一个循环，脑系统可以通过事物的变化来对上一个循环的预测、决策或行动进行评估、验证和修正，如此不断反复，便形成了一个不断自我学习的过程。当现实世界的事物对人的感官和操作表现出某种可以不断重复的特性时，该特性就成为该事物的可供性（参考 9.9.4 节），而人脑就会通过不断学习，从可供性中得到经验，形成观念。因此，可以认为，观念就是意识作用的结果。

8. 通过可供性预测未来并用以指导行动是意识存在的唯一目的

可供性不是指事物的本质，而是一种在观察者所观察的范围和时间段内可重复的性质。如同养鸡场的火鸡观察到每天定时有食物投放一样，每天定时投放食物这件事便具有可供性，至少在该火鸡被宰杀的前一天为止是正确的，是可以用来指导行动的。甚至可以认为牛顿力学定律也是牛顿总结出来的一种地球环境下的可供性。意识根据环境的可供性，通过推理和运算，预测出未来的环境状态，以此来指导和控制自己的行动，这是意识存在的唯一目的。

以上介绍了各个学界，主要是生物界对意识的定义和认识以及笔者的一些浅薄的认知，接下来不得不考虑的是意识是如何形成的，以及形成意识所需的要素。人类有史以来与意识相关（很多情况下称为灵魂）的论述极多，存在于各种文化、宗教、哲学学派之中。很多学者甚至断言意识是无法通过人工系统来实现的。由于本书篇幅的限制和鉴于内容连贯性的需求，这里不再去对过往的关于意识及灵魂的论述进行深究，只凭借笔者个人对脑科学的理解和在人工智能领域的研究经验，提出一个关于意识形成的框架性的建议供读者批评指正。根据该框架，结合近年机器视觉领域的研究成果，探讨如何开发出仿生眼后端的高级智能系统。

15.2　意识空间概念的提出

高级机器视觉装置本身就是一个具备意识能力的人工智能系统。因为为了挖掘影像中所包含的有用信息，必然涉及对外界的理解和判断。如果用机器视觉来控制机器的自主运动，在每一个动作之前必然涉及决策的形成，尽管有些决策极为简单。因此，作为一个完整的视觉系统，机器意识必然是机器视觉领域的终极研究对象。如果模仿哲学对意识的定义，把“机器意识”定义为“人工智能系统对自身及外界的觉察”，那么首先要明确的是形成机器意识所需要的步骤和关键功能。无疑，通过人脑的信息处理流程来理解意识的产生过程，是研发机器意识的捷径。

1. 人脑视觉系统信息处理流程及功能框架

图 15-1 是根据人脑宏观构造总结形成的类脑人工智能系统的要素功能模块及相互关系。图中将视网膜等器官称为“**感应器**”而不是“传感器”，是因为“传感器”是需要输出检测结果的，而视觉和听觉这类高级传感器必须经过大脑才可以得到检测结果。

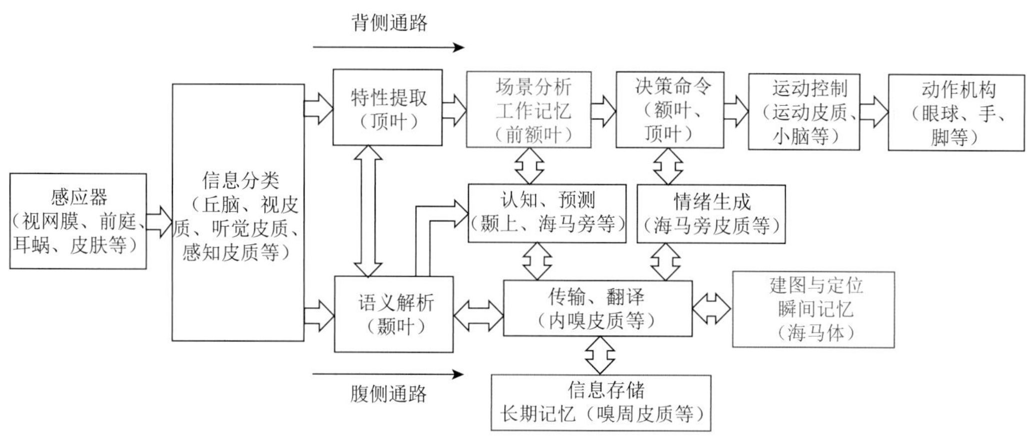

图 15-1　类脑人工智能系统的要素功能模块及相互关系

丘脑、视皮质等可以抽取图像的边缘、颜色、速度等信息（参考图 9-14），这里将这些功能归结为“**信息分类**”功能模块；将顶叶联合区的坐标变换，自身运动、多模态感知（VIP）、显著性（LIP）、特征提取（AIP）等功能归纳为“**特性提取**”功能模块（参考图 9-18）；将颞叶（TEO、IT）的形状识别、语义识别等功能（参考图 9-22）简称为“**语义解析**”功能模块；将前额叶的工作记忆功能定义为“**场景分析**”功能模块；将目标选择（MIP）、决策形成（LIP、PF）等功能定义为“**决策命令**”功能模块（参考 9.8 节）；将颞上的运动预测功能及认知功能称为“**认知、预测**”功能模块，将海马旁皮质（PH）的认知和情绪功能称为“**情绪生成**”功能模块；将海马体的位置细胞等的空间状态信息转换成网格信息，用高效的方式传输给嗅周皮质等关联皮质，以及用于长期存储的内嗅皮质等的网格细胞群的功能称为“**传输、翻译**”功能模块；将额叶的次级运动皮质和初级运动皮质（参考图 5-18）称为“**运动控制**”功能模块；手、脚、眼球等可动器官的肌肉及结构件统称为“**动作机构**”。在海马体等部位进行建图和自身定位的功能称为“**建图与定位**”模块。嗅周皮质和海马旁皮质等对信息进行长期记忆的功能称为“**信息存储**”模块。

笔者认为，脑中构建地图并判断自身在该地图中的位置、姿态、速度、方向等状态的部位，即海马体及其周边组织，就是最原始的意识所存在的地方。而处理自身与周边物体及周边物体之间的复杂关系的部位，即前额叶工作记忆的部位，是进化出新皮质之后高级物种的高级意识所存在的位置。因此，引申出了意识运行所需“场地”的概念。

2. 意识运行的场地

人脑通过视觉器官将外部事物的映像投射到脑内，再在脑内对投射进来的映像进行一系列处理，其处理结果是包括自身在内的各物体的性质和相互关系。但很明显，这一处理过程离不开场地和存储，因为如果大脑没有存储能力，那么大脑功能就成为对外界信号刺激的直接反射，将无法实现如想象、推断、对比等功能，自然也无法产生高级意识。

因此，笔者认为，要实现人工智能的“意识”能力，意识运行的场地，即相关信息的暂存单元是必须的。这种“场地”和“暂存单元”不是单纯的数字存储功能，而应该是一种可以进行“想象”的，方便于随时对存储的“知识”（加工整理后的信息）进行改造的，如同梦境一样可以模拟现实环境的功能。将这种可实时表现场景变化的功能模块定义为“**意识空间**”。

意识空间从直观上理解如同一个动态沙盘（称为“空间”），沙盘前的“人”，即信息处理器，也称“意识”，不仅可以对沙盘进行理解，而且可以随时修改沙盘，如添加一些新元素进去辅助理解，就像解几何题用的辅助线一样。

3. 意识运行的场地是一种记忆功能

笔者认为，人脑中至少有两个“有意识”的信息暂存单元，海马体的瞬时记忆部位和内侧前额叶的工作记忆部位。海马体中的记忆称**瞬时记忆**，执行的是快速的反射性意识行为，特别是像位置细胞那样，对自身在环境中的位置、方向、速度进行瞬时反应的意识行为。而工作记忆所代表的是物与物、人与物、自己与物、自己与人等之间的关系，对应于图 15-1 中的**场景分析**模块，位于新皮质的前额叶中，可以认为是较高级动物才有的功能。

4. 不可以改变的记忆不是意识运行的场所

将经过意识空间加工过的信息传输给颞内侧皮质进行记忆的工作是由内嗅皮质及其周边脑皮质（嗅周皮质等）的网格细胞群来完成的，这种记忆称为长期记忆（参考“名词解释”）。由于长期记忆只能“调用”，不能够轻易改变，且容量也接近无限大，因此笔

者认为，长期记忆是被数字化了的数据库，不符合意识空间的概念。笔者认为，长期记忆的内容只有被“调用”到工作记忆或者瞬时记忆的意识空间中来，才会被意识到，才会变成“有意识”。

5. 意识空间中的物体是易于“表现”“搬运”“加工”的“数学模型”

笔者认为，自主智能系统需要具备一个类似于计算机虚拟现实技术、建筑信息模型（building information model，BIM）技术所描述的虚拟空间这样的概念。在这个空间中可以通过数学模型模拟现实空间中的事物，可对现实的事物进行一对一的（包括其物理性质及各种性能）再现，并可以进行存储和再加工。这里所说的物理性质是指根据以往经验得到的物理性质，可以推测和预测将发生的事情，例如，当一个人看到一块石头时，可以预估其大致的质量，从而可以预测自己捡起来可以扔多远。这就是基于物理性质引申出的想象的能力。有了想象力，人的动作就会更准确、更有效。当一个人对环境的学习和理解越多，赋予自己意识空间中的物体的性质就越细致，对现实环境刺激的反应也就越快、越合理。

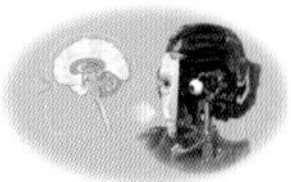

15.3　意识空间设定原则及描述方式

视觉系统不是一个单项功能传感器，它具备多项功能，包括定位、测速、三维重建、区分、识别、判断等，这些功能互相关联、相互提升。机器视觉的运算单元如果只单纯计算一项视觉功能，其效果常常不会很好。例如，当机器视觉执行测量目标物体的速度这一任务时，因受目标变形、运动（特别是自转），以及环境的光照、阴影等各种干扰，即使以加大算力为代价采用更高阶、更复杂的模型，效果仍然不会很好。换句话讲，它必定是通过多项功能参数并列求解，如通过与语义识别、三维重建等处理结果互相参照、前后对比、互为因果，才能够得到更准确可信的测量结果，突破单项功能计算的性能上限。因此，好的视觉传感器，不仅可以同时具备多项功能，而且每个单项功能也会因为其他功能的支持变得更好。

正因为这种特性，意识空间的概念才显得尤为重要。当机器视觉系统能够将环境的状态、自身与环境的关系映射到意识空间中，使意识空间成为视觉处理结果的动态数据库，支持用户从意识空间中提取需要的信息时，便可以认为达到了机器视觉的理想应用状态。总之，意识空间与现实空间的对应关系越细致，对应速度越快，对应内容越真实，代表该视觉系统的性能就越强大。

15.3.1　意识空间的设定原则

图 15-2 是现实空间（用照片表现）与意识空间的对应关系示意图。笔者定义了如下意识空间的设置原则和性质。

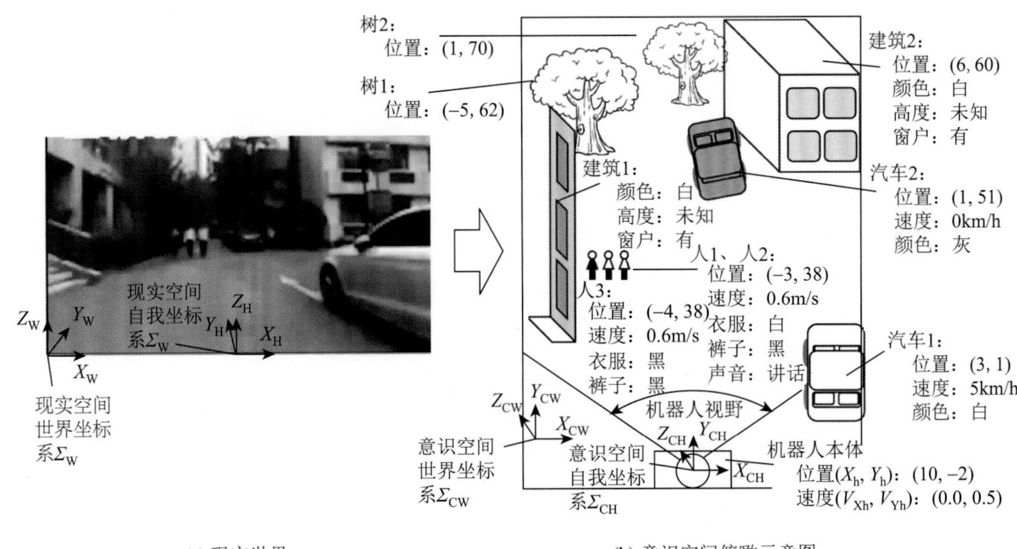

(a) 现实世界　　(b) 意识空间俯瞰示意图

图 15-2　意识空间是现实空间在机器脑中的数学再现

（1）**意识空间的维度：**意识空间一般是和现实空间对应的，也就是空间三维加时间一维的四维时空。但是为了使用方便，也可以是二维空间和一维时间的三维时空，如俯瞰二维动态地图。如果没有时间维度，就是从类似照片这样的瞬间信息中获得的二维或三维空间，一般称为二维地图或三维地图。因此，笔者认为，地图也是意识空间的一种形式，所以现实空间是搬不走的，而意识空间只要不和现实空间同步了，就可以随意“搬运”。具备时间维度的意识空间也可以称为“意识时空”。

（2）**意识空间的世界坐标系：**意识空间中的世界坐标系Σ_{CW}与现实空间的世界坐标系Σ_W不是同一个坐标系，但是意识空间的世界坐标系应该尽量保持与现实空间的世界坐标系一致。“一致”是指意识空间中各物体在其世界坐标系中的坐标与现实空间中各物体在世界坐标系中的坐标一致。意识空间的世界坐标系与现实空间的世界坐标系之间的一致性需要通过视觉或触觉、惯性、磁场、卫星定位等外部传感器来不断修正。例如，汽车中使用的卫星定位地图（GPS 或北斗）是通过卫星定位将汽车的位置实时画在了地图上，实现了现实世界与意识空间（地图）中对汽车主体位置的实时对应。

由于大多数汽车的卫星定位地图通常是事先画好的，目前还无法把变化的环境实时写进地图。但是已经有部分高档汽车（如特斯拉）可以把汽车摄像头拍摄到的本车周围的车和人等环境状况通过模型实时画进地图，已经具备笔者提倡的意识空间的初级形态了。意识空间的世界坐标系与现实空间的世界坐标系之间的误差称为**意识空间系统误差**。

（3）**意识空间的自我坐标系：**设置在意识空间中的“自我”（装载该视觉传感器的机器人、无人机、自动驾驶汽车等）的身体或头部上的坐标系称为自我坐标系。意识空间的自我坐标是指，固定于视觉传感器装置上或者固定于传感器载体上的坐标系相对于世界坐标系的坐标。汽车导航地图中本车的位置和方向就是自我坐标系的一种表现。本书是针对仿生眼的研究，大部分情况只描述到头部运动，所以自我坐标系设置为头部坐标系Σ_H，在意识空间中表示为Σ_{CH}。意识空间中的自我坐标系Σ_{CH}在世界坐标系Σ_{CW}中的位

置与速度，和现实空间中的自我坐标系Σ_H在世界坐标系Σ_W中的位置与速度有对应关系，但不完全相同，差异部分称为**定位误差**。

（4）**自我意识**：意识空间中表示的自我的特性。意识空间中的自我坐标系在世界坐标系中的位姿（坐标）与速度是自我意识的重要参数。自我意识还包括手脚位姿、头部方向、体感温度、触觉等多种更复杂的参数。自我意识中更重要的是自我的各种参数与环境及其他有意识个体之间的关系。

（5）**意识空间是现实空间的数学表现**：意识空间中的物体都是数学模型，只能够表现现实世界中该物体的部分性质。例如，对人的识别可以只是性别、肤色、身高，也可以是对人的身体及脸部特征的数学表述。当见到熟人（登录过的人）时，还能够将该人更详细的信息调出与该人现在的信息融合。

（6）**意识空间的实时性和预测性需求**：位置与速度等信息是时间轴上的瞬间信息，这些信息的实时性更为重要。对于意识空间在无人驾驶等领域的应用，意识空间与现实空间之间的时间差（即时延）越小、更新周期越快，就越好。在现实应用中，当意识空间信息时延过大，有时甚至还需要给出现实世界的预测信息。研究表明，人类大脑给出的视觉感知信息是 200ms 后的预测信息。毋庸置疑，越短期的预测其可信度越高。特别是每一种感觉在脑中的处理时间不同，要让这些感觉在意识空间中得到融合，时间必须要统一。因此，笔者团队研制的脑干芯片具有记录所有输入信息时间戳的能力，并将所有的运算结果都统一到未来 200ms，或更短或更长的某一时间点上。

（7）**意识空间中的参数是现实世界多模态信息的融合**：为了更准确地表达意识空间，意识空间的参数不应该只考虑视觉处理的结果，还要将触觉、听觉、嗅觉等多模态信息统一融入其中。因此，在图 15-2 的人 1 与人 2 的特性栏中，笔者还加入了说话声。此外，某物体的质量、气味、声音、温度等都可以在意识空间中得以表现。

（8）**意识空间的信息存储**：意识空间中各物体的位置、状态和性质代表着进入本体意识的事物，可以理解为瞬时记忆。部分生理学专家认为，主管人类瞬时记忆（也称感觉记忆或感觉登记，如视觉登记、听觉登记等，参考“名词解释”）的部位在海马体。这也从侧面说明了具备实时记录自身位置功能的海马体是某种“意识空间”的主体。人体通过感觉器官感知到的事物，进入海马体（意识空间）后才被系统意识到或称“注意”到。

短期记忆，即工作记忆，位于内侧前额叶（9.8.1 节）。可以认为，工作记忆是生物进行实时动作的判断与决策的主要依据。因此，工作记忆与决策系统位于脑的同一区域。工作记忆的信息存储量不大，但是可以明确表现物与物、物与人之间的关系等场景信息，便于进行进一步的决策。因此，工作记忆也是一种包含场景理解信息的“意识空间”，比海马体所显示的自身在环境中的位置、姿态、速度等信息更加复杂，主要用于决策。例如，当看到一张打网球的照片时，工作记忆可以帮助我们理解人与球拍之间的关系：人握着球拍（参考图 15-19）。

长期记忆，虽然笔者认为其不属于意识空间，但与意识空间的关联密切，在这里也简单介绍一下。长期记忆位于下颞皮质腹侧表面的嗅周和海马旁皮质。这两个区域的信息依次被投射到内嗅皮质和海马结构，参与长期记忆存储和检索。颞内侧皮质的大面积损伤使长期记忆消失（参考 15.1 节），也说明了长期记忆的位置在该区域。需要说明的是，这里说的长期记忆主要指外显记忆（参考 9.7 节）。与之相对应的内隐记忆是指无意识和自动运作的记忆，如对条件反应、习惯、知觉和运动技能的记忆。内隐记忆的长期存储需要一系列神经结构：用于启动的新皮质、用于技能和习惯的纹状体、用于恐惧调节的杏仁核、用于学习运动技能的小脑等。

意识空间不仅可以表现各物体的位姿、形态变化，还可以通过有限的物理数学模型表现其更多的特性，例如，石头、水、铁块、木头等的密度、硬度、导热性等。对物体特性的数学描述初期可以简单，但随着经验的积累，可以将描述逐渐细化。意识空间中常见物体的物理特性、结构特性、动力学特性等都可以通过学习和经验获取并通过内隐记忆或长期记忆事先设置好，以便意识空间随时调用。

15.3.2 网格细胞的数学原理

在第 9 章关于海马及内嗅皮质的神经兴奋模式的表述中可以发现，海马区的位置细胞反映的是自身在海马地图中的对应位置，这非常好理解，而内嗅皮质的神经细胞反映的是网格细胞，这就很难直观理解了。笔者认为，嗅周皮质和海马旁皮质作为长期记忆单元，是巨量信息的储备库，而内嗅皮质作为海马体和长期记忆单元的中间部位，需要将大量的身体位姿等信息准确地传输给长期记忆单元记录下来（参考图 9-30）。但无论是模拟信号还是脉冲信号都无法有效地统合各神经元的信号来精确表现某一信息与其他巨大信息量之间的关系，例如，表现某个人在世界地图中所在的精确位置。而能够用少量的符号精确表现巨大数据的最佳形式，无疑就是人类发明的数字。例如，地球面积为 5.1 亿 km^2，可以用 12 个十进制的数字或者 39 个二进制的数字将地表分割成以 m^2 为单位的网格，表现地球上精确到 m 的位置。笔者认为，网格细胞无疑就是生物神经系统的数字表现。具体说明如下：

因为三角形和六角形结构是几何结构中最稳定和最节省材料的结构，所以神经纤维的排列利用这种结构很自然，但网格细胞所代表的真正含义应该与三角形或六边形没有直接关系。网格细胞每个格子点的放电强度是否分等级，或者分几个等级目前尚未查到具体数据，暂且认为只有静息和放电这两种状态，对应二进制形式。由于我们已习惯于使用笛卡儿坐标系，在分析该问题时，以四方格来分析将更易于理解。

如图 15-3 所示，如果把神经放电状态记作“1”，神经静息状态记作“0”，再把四象限的右侧或者上方有“1”时定义为“1”，左侧或下方有“1”时定义为“0”，那么图 15-3 左图中最黑的方格用两行二进制来表示，横向是 101，纵向是 010。如果将横向和纵向交错放在一个数列中，先横后纵，上面的两个数字就可以写成 100110。同理，图 15-3 右图的每一个格子都可以对应一个具体的数字。反过来，如果不看其他值，只测量末尾两个数字是否为放电状态，就会发现****11 所代表的是图 15-4（a）中涂黑的所有网格。当然其他数字也一样，例如，****01 是图 15-4（b）的状态；**10**是图 15-4（c）的状态；01****是图 15-4（d）的状态。如果图 15-4（a）和（b）分别表示的是网格数字的个位数的 3 和 1，图 15-4（c）表示的是第 2 位数的 2，图 15-4（d）表示的是第 3 位数的 1，那么图 15-4（a）、（c）、（d）可以组成一个 3 位的四进制数字 123；而图 15-4（b）、（c）、（d）代表的是 121。

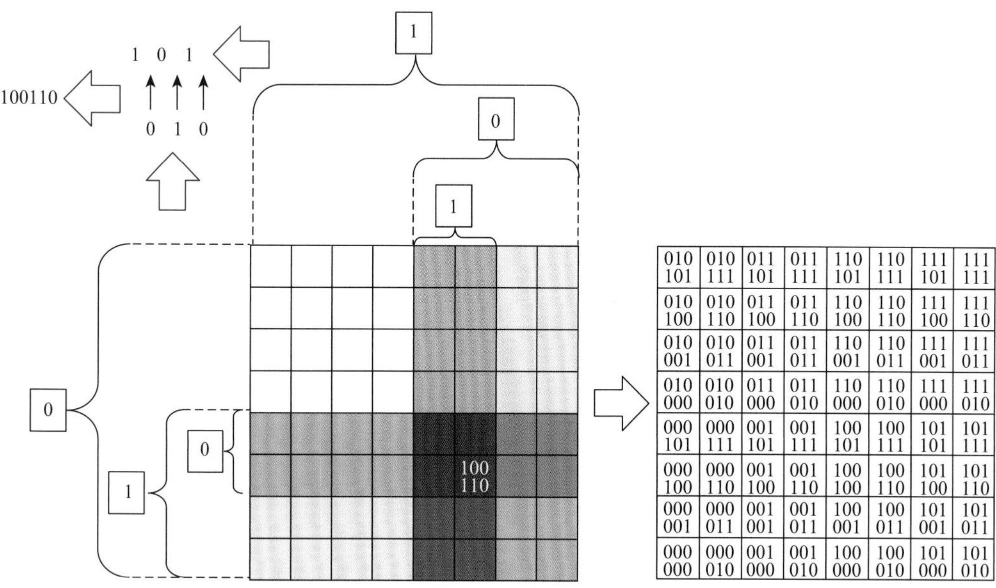

图 15-3　数字 100110 所代表的位置

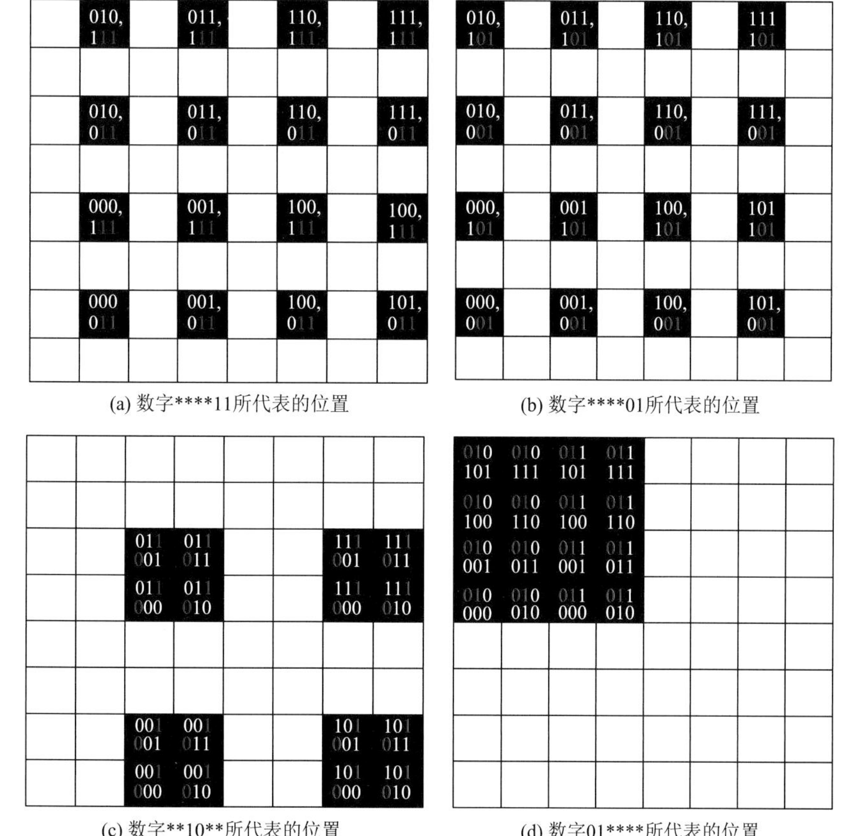

(a) 数字****11所代表的位置　　(b) 数字****01所代表的位置

(c) 数字**10**所代表的位置　　(d) 数字01****所代表的位置

图 15-4　网格细胞所代表的位置信号（*表示任意数）

由于生物脑中每个网格细胞放电的位置都是相同的，不像图 15-3 的放电位置有 4 个，也就是说，每个网格点都同时放电或同时静息。因此，可以认为生物的网格细胞采用二进制表示信息。

图 9-27（a）示意了 4 个位置的网格细胞，但我们可以合理地推测不同网格尺寸的网格细胞层远远不止 4 层。假如有 39 层，其表现的数字的大小就是 2^{39}，其对地域位置的分辨率就足够可以以 1m 以下的分辨率表现在地球上的任何位置。当然实际神经系统的冗余很大，不可能这么一点神经细胞来表现位置。可见，人类发明了十进制、二进制的数字表现形式，而生物通过进化采用了网格细胞这样的二进制数字表现形式，大大提高了信息传输和记忆的效率。

原理上讲，网格细胞不仅可以表达位置信息，物体的速度、朝向、性质等任何信息都可以用其来表现。可见，内嗅皮质等网格细胞可以大量记忆或传输海马体内的信息，而海马体的位置细胞如同地图，可实时显示某一小范围内更具体直观的信息。

根据上述论述可以推测，内嗅皮质等部位的网格细胞的信息表达方式是更方便快速高效的信息传输和记忆方式，但该信息描述方式对于我们的认知习惯来讲，“不直接”也“不易懂”。而海马体是一个可以直观描述环境时空的构件，不仅可以实时表现自身的位置，同时也可以表现自己和周边环境的关系，相当于构建了一幅时空地图，因此可以将海马体的功能引申为意识空间。这也是为什么需要用数字模型及虚拟现实的技术来描述意识空间的原因。因为能够描述给人看得懂的信息，才是易于解析和使用的信息。

海马的位置细胞可以被认为是该生物现在所处环境的意识空间，而过去的经验则通过网格细胞进行存储，以便随时调用。笔者认为，网格细胞的模式一定会给类脑研究提供巨大的帮助，给智能系统的知识存储、信息传输指明方向。

15.4 构建视觉意识空间的要素技术

目前的机器视觉领域虽然没有意识空间的定义，但是各领域研究成果及思路已经逐渐形成了可用于构建视觉意识空间的各种要素技术。按照脑框架图 15-1 所示的类脑人工智能系统的要素功能模块及相互关系对人脑意识空间的推测，可以搭建一套如图 15-5 所示的机器头脑意识空间相关运算单元。下面将以现有研究成果为依据，逐步介绍与之对应的机器视觉研究成果。

笔者定义的“意识空间”是一个与现实空间具有对应关系，甚至有些内容比现实空间更丰富的数字虚拟空间。如图 15-5 所示，从摄像机开始，视觉信息在机器头脑的逐步解析过程中逐渐清晰和完善。首先是边缘信息的提取，同时进行颜色、速度、立体重建，然后是识别和建模，有了以上视觉处理结果后，才可以通过数学模型逐步构建一个各部件独立可拆解的虚拟的可供想象的意识空间。最后，在这个意识空间之上，建立起场景图谱和知识图谱来表现各物体间的关系，并进入知识的记忆。同时，也可以通过虚拟现实技术表现出来，以此与人类或其他机器交流。

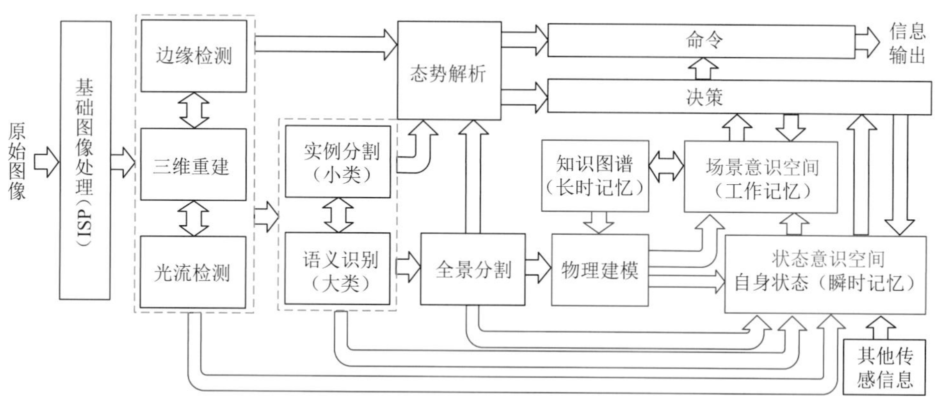

图 15-5　构建意识空间所需要的要素技术

ISP：image singal process

这里要单独说明一下，由于人类的表现器官的能力较弱，除了语言，只能通过手势、表情来与他人交流，而机器的表现形式就丰富得多，可以通过显示屏等虚拟现实的方式形象地表现出意识空间的状态。也就是说，人机交互时，没有必要让机器人通过手势和表情与人交流，只要机器人可以读懂人的手势和表情，同时通过虚拟现实画面展现想要表现的内容就可以。机器与机器交互时，虚拟现实也不需要了，甚至语言都可以省略。

图 15-5 中的场景意识空间处理的是物与物包括自身与物之间的关系，而状态意识空间处理的是自身相对环境的状态，如位置、姿态、速度、运动方向等。这两个意识空间所表示的内容不同，处理的难度也不同。很明显，状态意识空间是所有机器人运动控制都需要的功能，而场景意识空间的功能需要更复杂的处理，机器头脑的能力越强，场景意识空间的功能就越强大。

下面将按照图 15-5 中红框所示的逻辑顺序，依次展开介绍机器视觉领域现阶段的研究成果。

15.4.1　物理建模

1. 计算机 3D 引擎

3D 引擎可以在计算机内建立一个接近“真实”的世界。将现实中的物体抽象为多边形或者各种曲线、曲面等表现形式，并赋予质量、温度等物理特性，在计算机中进行相关计算并输出最终图像和场景的软件开发系统一般称为 3D 引擎。

3D 引擎技术是从游戏软件开发系统发展起来的，最近开源的三维图形图像软件“Blender”（http://www.blender.org/）获得了世界各国粉丝的追捧。与此同时三维机械设计软件如“SOLIDWORKS”的功能也越来越丰富，不仅具备各种零部件的标准模型和支持对其进行各种变形的设置，还具备应力分析、热力学特性分析等功能。此外，材质库提供了定义好的金属、木材、石材、塑料等各种材料的纹理特征，以便对模型进行多样化渲染。

虽然这些模型生成软件还没有与视觉传感器结合，以支持自动生成视野中各种物体的模型，但从数学原理上已经为视觉自主建模打下了坚实的基础。

笔者团队的外籍兼职教授长谷川先生开发了一套可搭载在 Blender 上使用，且可生成虚拟动物、物体和环境的物理模型开发引擎“SprBlender”。图 15-6 是基于 SprBlender 开发的可与人进行互动的虚拟动物（布熊）、物体（苹果）和环境（桌面），以及通过手势传感器控制的虚拟手[2]。

(a) 基于Blender开发虚拟动物及环境设计软件“SprBlender”

(b) 基于SprBlender开发的可外部控制的虚拟手与虚拟布熊互动的场景

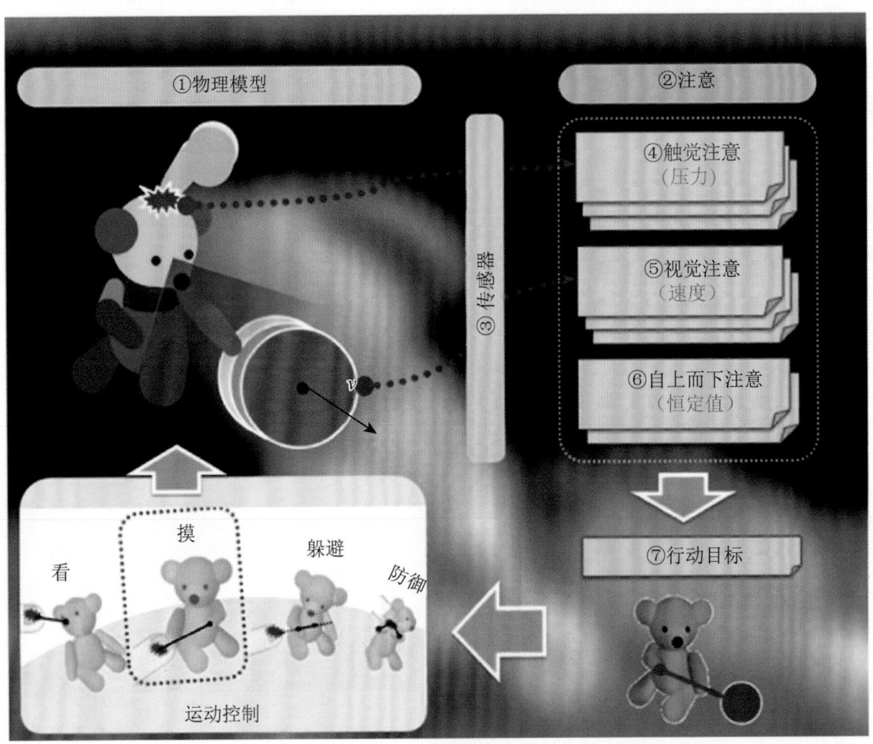

(c) 动作设计流程

图 15-6　基于 Blender 的虚拟场景与外界互动系统的开发

为了让虚拟动物与人进行接近真实状态的互动，不仅需要虚拟环境中各物体的运动数据，还需要让虚拟动物本身能够根据随时变化的状态实时生成动作目标轨迹，并根据

轨迹控制身体行动。因此，虚拟动物的动作和行动的实现，不仅需要外观模型，还需要相应的物理模型，以及控制虚拟动物运动的算法软件和参数。整个过程分为三个部分，首先是实时的刚体物理模型及运动控制系统，其次是感觉、注意、运动模型，最后是意思决定与行动模型。具体如下。

（1）运动控制系统：刚体物理模型设计好之后，根据上位功能模块给出的目标位姿：①利用最小跃度法生成运动轨迹；②通过逆运动学算法算出各关节的角度序列；③通过 PID 控制原理控制各关节角度。

（2）感觉、注意、运动模型：虚拟动物在决定下一步行动时，需要通过视觉和触觉的感觉模型对周边状况进行认知。图 15-6 所示系统采用三种注意模型：①自上而下的注意模型（top-down attention），上位功能模块（意思决定与行动模块）设定兴趣指令，如“想吃苹果”，引发小布熊去抓取苹果的动作；②触觉注意模型（touch attention），首先是虚拟手触碰到布熊身体上的某位置点，引起布熊对该位置点的“注意”，然后根据触碰的压力设置该“注意”的程度大小；③视觉注意模型（visual attention）：首先观察视野中苹果和手的位置，分别产生“注意”点，并预测其速度，然后根据各注意点的位置和速度来设置注意的程度大小；④运动模型，根据上述①～③产生的注意点位置和注意程度的大小，决定下一步行动，并设置具体的动作参数，如用眼睛看（设置眼球和颈部的旋转量）、伸手（选择左手、右手或双手，并生成运动轨迹）、抓取（获取触碰到的对象物的位置，并实行对象物与手的同步运动）、行走（进行身体平衡与步行的控制，并朝着目标移动等）。

（3）意思决定与行动模型：①实行 if-then 规则，如注意程度在 A 以上的要去“看”，注意程度在 B 以上的要伸手（$A \leqslant B$）；②能够吃的东西都想去吃；③设定“状态机”（state machine），例如，吃苹果可以分成几个动作，即朝苹果的方向移动、用手抓、往嘴的方向运送，最后是“吃”的动作。

从图 15-6 图片所对应的视频网页地址中可以看出，该布熊的动作已经非常自然了。而意识空间的概念就是要将这种虚拟空间的动作在机器头脑中展现，并加以推演，然后控制机器人的身体进行实际操作。

2. 三维场景语义建模

通过语义、实例分割等算法，结合建模技术，将视觉图像内各语义物体转化为数学模型，是建立机器意识空间的关键。人类视觉感知不是仅停留在二维图像上，无论是腹侧还是背侧视觉流都有对三维空间及其语义信息的感知。基于仿生眼意识空间的视觉感知，也必将是建立在三维空间和一维时间的时空中，以应对机器人等智能系统在各类三维工作环境中的需求。

机器人通过传感器采集得到周边环境的外观图像或者几何信息，结合视觉 SLAM 技术（后述）或者三维重建系统（14.1 节），已经可以形成场景几何结构的感知表示——三维地图[3]。一般的三维地图构建，其目的主要是构建一个不同视角的二维平面地图、稀疏或稠密三维点云地图，这些地图虽然代表了空间中点云的坐标和相机位姿，但是这些信息对于智能系统而言，能反映的仅仅是某个位置是否能通行而已，并无更多有效直接的使用价值。

意识空间需要实现的是像人类一样，具有对环境语义感知（涵盖种类识别、目标检测、语义分割等功能，参考 14.2 节）的能力，且能结合空间深度感知，理解物体之间的相互关系，甚至可以推测物体的物理性质。智能系统的工作环境与人类息息相关，只有保证它们对环境的感知与人类认知相通，才能使其对人类下达的指令有正确理解。将现实的物体进行语义分割并映射到三维语义空间中，进一步表示成机器所熟悉的三维语义地图模型数据，从而让人与机器在统一的语义空间中进行交互，是构建意识空间的第一步，之后才是根据具体语义进行数学建模。

让智能系统拥有如人脑在场景感知过程中的动态三维语义地图（笔者认为还需更进一步，构建或匹配各语义的数学模型后，才能建立真正的“意识空间”）是研究者们追求的目标。这几年许多语义建图、语义 SLAM 方面的研究进展表明，基于前面提到的目标检测、语义分割等一系列语义感知基础，以及深度估计、三维重建等空间感知基础，对场景实现三维语义地图的实时构建似乎成了达到这一目标的最新范式。

目前，构建三维语义点云地图的思路主要有两种，其中一种是在构建三维地图的基础上得到其对应的语义信息，鉴于多数三维地图为点云模型，即在三维重构获得场景点云地图的基础上进行点云语义、实例分割，获取三维点云的语义信息。早期的三维语义分割方法，主要基于体素网格类型数据，该类方法计算资源开销大、分辨率低，且不容易收敛。后来，研究人员提出了能直接处理无序点云数据的网络 PointNet[4]，通过引入 T-Net（张量网络），在一定程度上解决了旋转不变性的问题，并将该网络成功应用到点云的分类与分割任务上。

近两年，许多工作基于 PointNet[5]进行了结构优化及改进，笔者团队很早就致力于该视觉任务的研究，提出一系列方法，并在语义感知精度和速度上均取得不错进展，其中比较典型的 RegionNet[6]、3DCFS[7]，利用局部特征聚合模块不断提高每个点的感受野，以保留更多有效局部结构特征，提升分割准确率的同时不消耗过多计算资源。笔者团队还提出了 3D-RNN[8]，尝试利用循环神经网络（recurrent neural networks，RNN）进一步捕捉点云数据上下文信息，进一步提升分割准确率。无独有偶，Point-GNN[9]等方法的提出也是为了发挥图卷积（graph convolution）在挖掘三维点之间关系上的优势，力图能在三维语义感知上有所突破。然而，随着点云规模及场景范围的扩大，计算效率低成为限制该类方法实际应用的一个原因。此外，最重要的是现有点云分割方法仍停留在数据集验证阶段，不适用于重构得到的带噪点云，因此在实际应用方面不被看好。

与之相反，另外一种基于单视角语义感知和帧间语义融合的语义建图思路，无论是从语义感知性能还是计算效率，都具有满足实际应用需求的潜力。这种思路更加符合人类视觉感知机制，也是笔者团队机器感知功能上一直在尝试和研究的方式。其实，基于二维到三维语义融合的三维场景语义信息感知的思想早在 20 世纪便出现，但首个成形的语义建图系统是 Hermans 等[10]在 2014 年提出的稠密三维语义建图系统（图 15-7）。该系统给出了语义建图系统的雏形，即包含三个分支：二维语义分割分支、相机位姿估计分支及语义融合建图分支。后续的语义建图系统基本上都延续该框架，主要改进的思路有两种，一种是提升单个分支任务的性能以改进整个系统的表现；另外一种是分支任务之间相互促进，进而提升系统最终的结果。

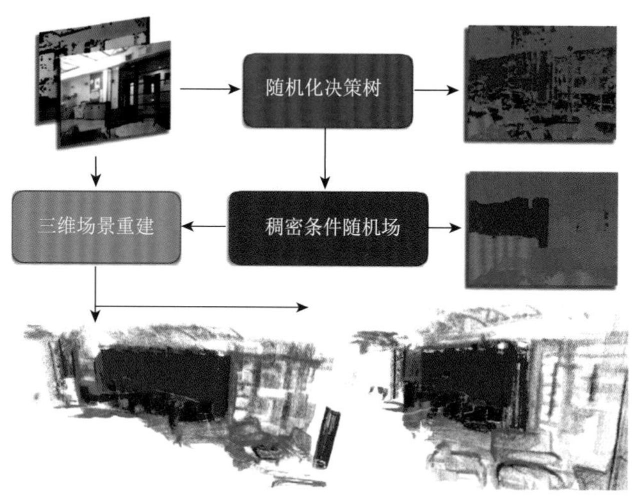

图 15-7　稠密三维语义建图系统[10]

根据语义信息的感知方式，现有的语义建图系统主要分为两类：一类为基于像素级语义信息的稠密方法；另外一类为基于实例级语义信息感知的面向对象的方法。前者通过融合不同视角的稠密二维语义分割结果得到一个带有语义标签信息的三维模型（非结构化点云或者结构化体素栅格），即三维语义分割结果。最具代表性的如 SemanticFusion[11]，它通过将 CNN 引入语义分割分支提升分割准确率，同时使用成熟的 SLAM 系统 ElasticFusion[12]提供位姿，最终生成全局语义地图。后者面向对象的方法，早期的工作 SLAM++[13]利用三维模型数据库，基于特征点匹配检测并识别场景中的对象，之后将检测到的对象所对应的三维模型根据其姿态添加到地图中（图 15-8）。然而，该类方法要求场景中对象的形状与数据库中的三维模型必须完全相同，这显然是无法满足的。

图 15-8　SLAM++的三维模型地图及对应的真实地图[13]

随着基于深度神经网络的目标检测方法被广泛应用，如 MaskFusion[14]等研究，它们选择基于 Mask R-CNN 等二维目标检测器为每个对象单独构建三维映射模型，保证语义地图实时动态更新（图 15-9）。该类方法侧重于前景对象的语义识别与分割，缺乏背景点的语义信息，对于整个场景的感知还是有信息缺失。

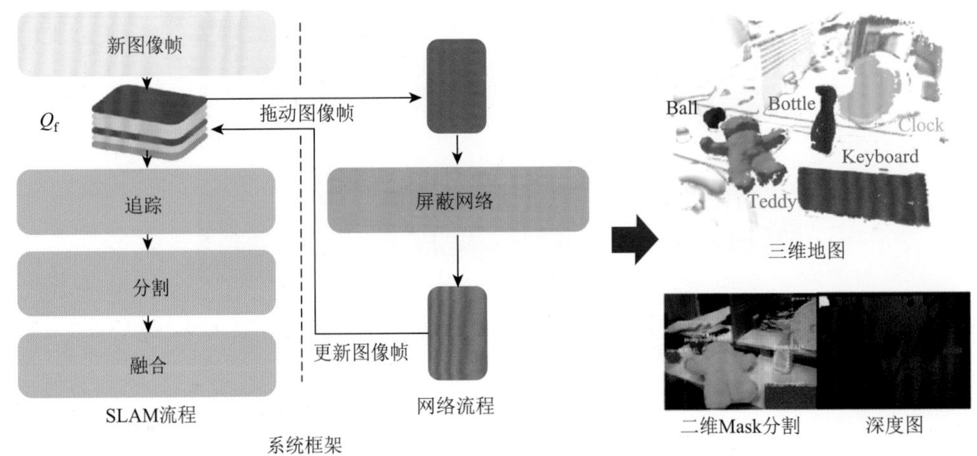

图 15-9 MaskFusion 系统框架、语义输出及构建的三维地图[14]

场景三维语义地图构建过程与语义 SLAM 系统类似，但区别是前者更侧重语义地图的获取及质量，其目的是语义信息支撑场景理解，而目前后者更关注语义信息对定位及全局优化的辅助作用。在人工智能领域应用需求的推动下，大量研究开始致力于如何构建三维语义地图问题，甚至与语义地图相关的各个子问题也备受关注，其与语义 SLAM 系统之间的界线也越来越模糊。同时也得益于深度学习、SLAM 等技术的飞速发展，以及 AI 芯片等硬件的迭代更新，像 PanopticFusion[15]等语义建图系统，以及 Kimera[16]等语义 SLAM 系统竞相现世（图 15-10）。笔者团队也基于双目立体视觉提出 LOVFusion[17]稠密语义建图系统，通过单视角二维语义分割、帧间位姿估计及语义融合三个分支实现三维场景语义信息的精准感知和动态更新（图 15-11）。

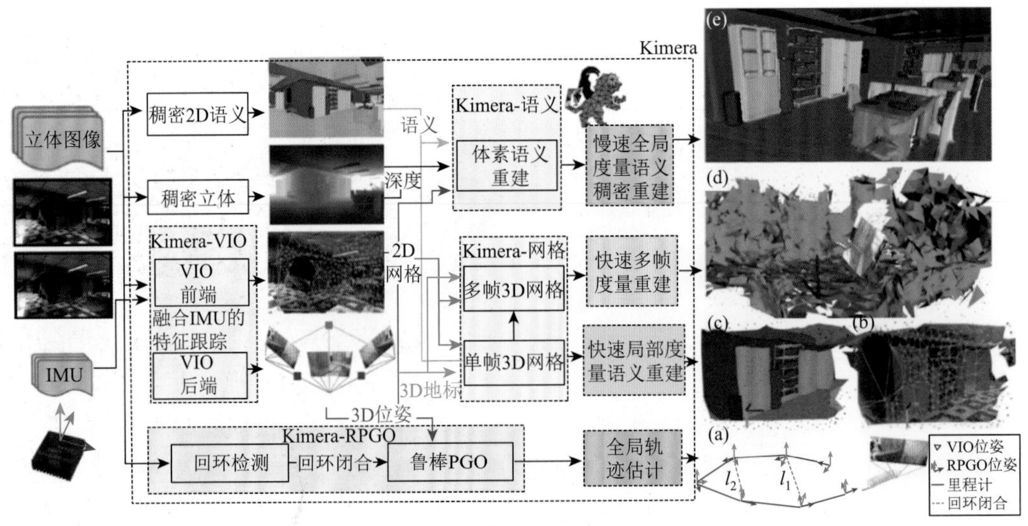

图 15-10 Kimera[16]语义 SLAM 系统

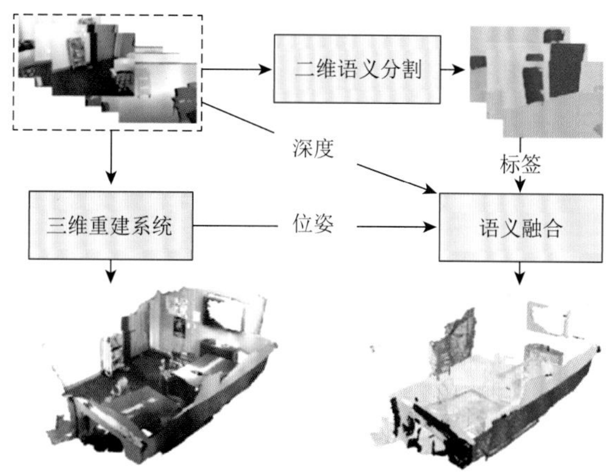

图 15-11　LOVFusion[17]语义建图系统

近两年来，除了单纯的感知层面，结合认知层面的场景语义解析方法也层出不穷，已经有类似于 SceneGraphFusion[18]这种基于场景图结构化知识表示方式的三维场景语义解析方法被提出，且在不断创新优化中。

15.4.2　状态意识空间关联技术

目前，机器视觉不仅可以获得客观现实环境的特征点、线等空间点云信息，而且可以获取语义信息。作为以定位、导航、避障等的反射性功能为主的状态意识空间（图 15-5），其输入就是可以快速形成认知地图的特征点云、几何线条、地标位置、全景分割图案，以及各物体的简易数学模型，如形状、尺寸、颜色、质量、温度等特征量，自身的位置、速度、方向、姿态等变量。

意识空间是锚定在现实空间的某个区域之上的，相当于意识空间的世界坐标系和现实空间的世界坐标系暂时相互固定。意识空间中的“自我坐标”在世界坐标系中的位置、方向、速度分别对应于生物脑中位置细胞、方向细胞和速度细胞在冲动状态下所代表的信息。

首先记忆装置储存有大量的过往学习中构建的大类和小类的数学模型。大类模型如人、狗、汽车、火车、桌子、椅子等。小类模型如人脸识别、车辆识别等。当然大类和小类也是相对的，每个类别也还可以分等级，这就属于知识图谱相关的研究了。不过，笔者认为作为以识别自身位姿为主的反射型状态意识空间，只关注大类模型就足够了。

数字孪生与虚拟现实等概念及技术是构建意识空间的关键手段之一。虚拟现实技术可以将机器视觉获得的环境空间的信息生动形象地描绘出来并且添加“想象”，其延伸技术——AR 技术就是研究如何将现实世界（未经过模型化处理的实时影像）和虚拟世界（通过数学模型表现的图形）实时对应起来，生成一个虚实一体的统一空间。特别是多用于虚拟现实的物理模型技术，把各种物体（包括人和动物）通过数学模型表现出来使其不仅具备三维外形，而且各“部件”具有质量、重心、关节，甚至包括摩擦、温度、阻力等物理特性，使虚拟物体和环境具有一定的可预测性。因此，如果能够把机器视觉与物理模型技术、数字孪生技术、虚拟现实技术有机地融合在一起，“意识空间”的理论和技术将有一次质的飞跃。

下面简要介绍一下数字孪生技术和虚拟现实技术的研究现状。这些技术的基本原理和算法可以用于搭建状态意识空间。

1. 数字孪生技术

数字孪生（digital twins）又称数字镜像、数字化映射，也被称为信息镜像模型，是将物理空间和虚拟空间合为一体的技术。美国国防部最早提出数字孪生概念，并将其用于航空航天飞行器的维护与保障，他们在数字空间建立真实飞行器的模型，并通过传感器实现与飞行器真实状态的完全同步，这样每次飞行时就可以根据与真实状态同步的数字飞行器进行分析、评估和维修。

迄今为止，数字孪生概念被广泛应用于许多工程领域，如工业设计、建筑工业、自动化等。数字孪生的数字建模技术结合机器视觉的定位、重建、语义识别等技术，可以将现实世界尽可能真实地描述到数字空间中，并根据需要建立包括视觉、听觉、体感等传感器在内的物理空间和虚拟（数字）空间沟通的快速信息通道，尽可能快地提取关键信息来修正数字空间模型的状态，从而形成与现实空间实时联动，甚至超前的意识空间。构建完整的数字孪生系统需要耗费更多的时间，人类的视觉系统也是一样的，但是数学模型的状态与现实物体的联动要容易得多。因此，机器视觉系统的意识空间为了达到与现实世界的实时表达效果，至少需要两套系统：①现实物体的数学模型构建系统；②数学模型与现实世界的联动系统。

To 等[19]提出了一个基于无人机三维重建的信息融合框架，如图 15-12 所示。该框架包含现场设备端（on site）、信息融合（information fusion）及运算设备端、管理和显示设备端（management site）。现场设备的立体相机重建三维模型后，利用人工智能算法进行实时缺陷检测，及时传输到信息融合模块，最后在管理端形成三维模型，并进行分析解析，通过显示设备展现给用户。该系统具备建筑信息模型（BIM），相当于事先构建了环境和主要关联物体的数学模型，并通过扫描器、人工智能手段实时获取环境及自身的状态信息对数字空间进行状态修正。可以认为，该系统具备了一定的状态意识空间的雏形。

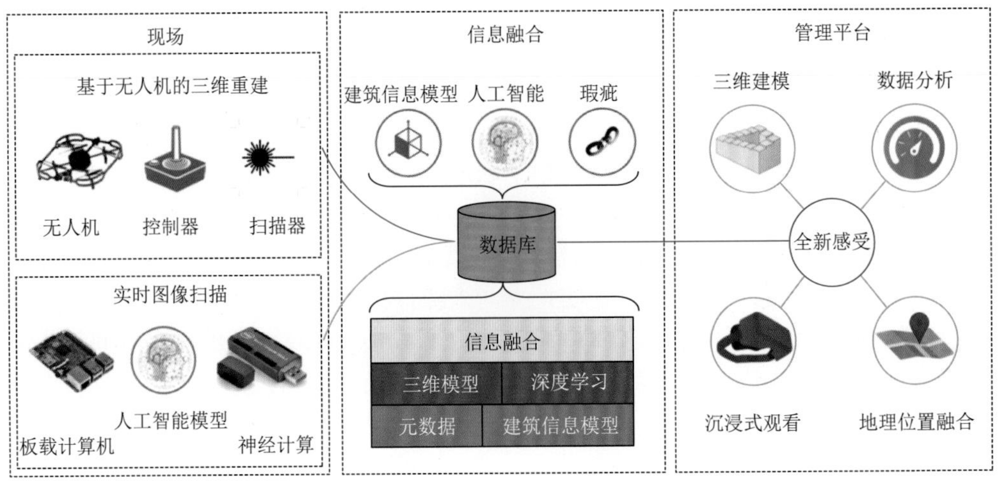

图 15-12　基于无人机的数字孪生信息融合框架[19]

微软利用 IoT 平台[20]，对现实世界进行全面数字孪生模型构建，其目标包括建筑、工厂、能源网络，甚至是一座城市。如图 15-13 所示，微软数字孪生平台可以从数据获取开始，完成孪生体建模和实时表示，最后到孪生数据存储和分析全部流程。该系统把数字模型的构建和状态获取完全分离开来，现实世界与数字空间的信息沟通基本上没有使用视觉传感器，而是通过大量的位置传感器、力觉传感器、IMU 等传感器来获取机器人等的状态来调节数字空间的机器人等系统的参数，获得数字空间与现实世界同步的状态。

(a) 实际工厂　　(b) 数字工厂

图 15-13　微软数字孪生工厂示意图[20]

图 15-13 所示数字孪生系统的可动装置的数学模型只能模拟工厂内的人造设备，如机器人等，只有人造设备才可以通过设置传感器来实时获取状态参数（如关节角度等），因此要获取自然物体的状态参数，视觉无疑是最佳选项。因此，只有视觉系统可以把构建数字模型和提取状态参数两件事糅合在一起实现。

数字孪生的概念和技术为意识空间的实现提供了技术基础。视觉状态意识空间就是要把类似于数字孪生建模的过程通过视觉随时处理，不断完善，并尽量做到快速存储和提取，同时还要实时获取状态参数来调节数字模型状态使其与现实世界同步。因此，它自然包含云技术中的大数据库、知识图谱、信息管理和调用等技术。

2. 虚拟现实技术

虚拟现实技术是观察数字世界的技术，并且在虚拟空间中可以随意添加数字世界的多维度属性，除了展示更生动的形象，还可以进行更高维度的信息加工再创造。如图 15-14（a）所示，Matsuo 和 Imura[21]利用实时三维重建系统，将一个真实房间实时转化成虚拟空间，并且利用深度学习网络检测真实空间中的物体，并在虚拟空间中生成相对应的虚拟物体，既能防止与真实物体发生碰撞，又可避免三维重建成像结果质量不高的问题。如图 15-14（b）所示，Barnes 等[22]利用虚拟现实交互技术，在有限的现实空间中运动，通过重定向行走、转向及人物动作，实现在大场景虚拟空间中的探索。对于意识空间，思维是可以跳跃的，而在虚拟现实中，位置也是可以跳跃的，这种映射关系是一种良好的语义信息可视化手段。

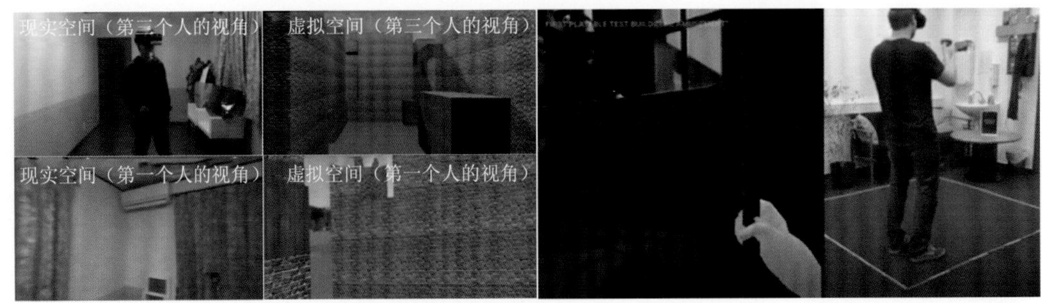

(a) 根据现实空间三维重建结果粘贴虚拟物体[21]　　(b) 把现实中的动作转换到虚拟空间[22]

图 15-14　虚拟现实应用示意图

3. 虚拟世界与真实世界的叠加技术（混合现实）

利用数字孪生技术构建数字化现实世界，利用虚拟现实技术构建虚拟世界，为了形成虚实统一的世界空间，搭建虚拟相机观察虚拟空间，真实相机观察真实空间，然后利用虚拟拍摄技术，形成虚实融合的观察结果。理想的虚实融合空间，不仅需要虚实空间几何特性一致及虚实相机运动参数一致，还需要虚实光源光照分布一致，甚至是虚实物体的物理特性和物理规律保持一致。

将虚拟空间和真实空间连接，首先需要将虚拟空间和真实空间统一到一个坐标系空间，如图 15-15 所示。在真实世界空间中，真实相机成像过程通常用一个外参矩阵和一个内参矩阵来描述，相应的虚拟相机成像过程的数学描述与之类似。为了保证虚实空间成像的一致性，虚拟相机的成像参数需要和真实相机的成像参数相对应。真实相机的内参通常通过标定[23]得到，然后根据虚拟空间渲染过程，将内参转化为虚拟相机的内参矩阵。真实相机的外参是相机在世界坐标系下位置和旋转的描述。当相机运动时，相机的外参发生变化，为了保证虚实相机运动的一致性，虚拟相机外参需要与真实相机外参保持一致。相机的外参通常由一个旋转矩阵和一个平移向量组成。首先，需要定义一个真实的世界坐标空间，一般情况下在真实平面上建立坐标系，然后得到真实相机在世界坐标空间中的初始位置 R_0 和 t_0。当相机运动时，通过计算相机当前时刻图像帧和初始时刻图像

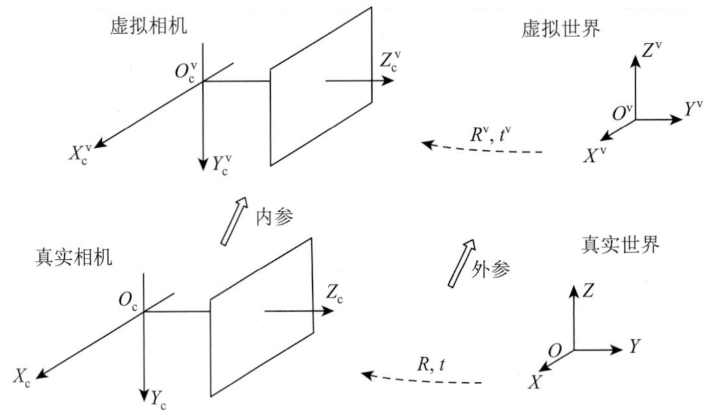

图 15-15　虚拟空间和真实空间坐标关系对应图

帧之间的旋转和平移，就可以得到当前真实相机相对于世界坐标系的旋转和平移。同时赋予虚拟相机相同的运动，就可以得到虚拟相机图像。

相机的外参是统一虚拟空间和真实空间的关键。基于图像帧序列的运动跟踪，是计算相机外参的有效方法。Klein 和 Murray[24]首次将基于单目相机的即时定位和地图构建分为两个线程，在室内小场景中达到了实时且精度较好的跟踪效果。Tan 等[25]通过利用帧间信息进行动态特征点筛选，解决了动态场景下运动匹配错误的问题。Liu 等[26]设计了一种基于关键帧的 SLAM 系统，利用运动先验约束，有效地应对快速运动和旋转的场景。如图 15-16 所示，良好的运动跟踪结果可以使虚拟物体在真实空间中保持位置固定。

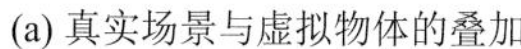

(a) 真实场景与虚拟物体的叠加

(b) 相机移动时虚拟物体在真实场景中的位置保持不变

(c) 虚拟物体在真实环境中遮挡了不该遮挡的物体

图 15-16　相机运动跟踪成像示意图

然而，如图 15-16（c）所示，左上角的虚拟立方体应该被真实的树木部分遮挡，而实际融合过程中，树木反而被遮挡，这种错误的遮挡关系导致观察者产生视觉错位。因此，对于虚实空间的融合，准确的遮挡关系至关重要，其实这也是意识空间中不同阶段的数字模型之间的关系。不同阶段是指物体初步完成三维重建、进一步完成三维语义识别、已经完全数字模型化等阶段。图 15-16 中的立方体可以认为是已经完全数字模型化的物体，而树木、座椅刚刚完成二维图像化，待完成三维重建后才可以解决遮挡问题，更进一步，当把树木、座椅经过三维语义识别后才可以进行数字模型化处理。

但是迄今为止，在较为复杂的实际场景中，仍然很难找到良好的方法解决虚实物体遮挡问题。Breen 等[27]提出基于模型的遮挡检测方法，在简单的静态场景中，对物体进行三维建模，而后与虚拟物体进行深度比较，为解决遮挡问题提供了具体方案，但由于当时三维建模的速度未达到实时，无法实时解决动态场景下的遮挡问题。此外，笔者团队使用双目视觉传感器，利用立体匹配算法，计算真实世界深度图，解决了虚实物体遮挡问题[28]。图 15-17（a）是没有引入遮挡处理时的融合图，图 15-17（b）是利用双目立体匹配后得到的融合图。这里讲的“虚实结合”的“实”是指未经过图像处理等算法加工过的图像，当然也不可能是完全的“实”，因为至少是经过了相机 ISP（image signal processor）程序基础处理过的图像。

虚实物体几何关系保持一致是虚实融合初级的要求。如果要实现更合理自然的虚实融合，还需要虚拟空间和真实空间的光照条件一致，甚至物理规律一致。如图 15-18 所示，Panagopoulos 等[29]利用真实图片中物体的阴影，进行场景的光源估计，然后投射到虚拟的橙红色日晷上，生成虚拟物体阴影效果，不过该方法需要预知真实物体的几何信息。

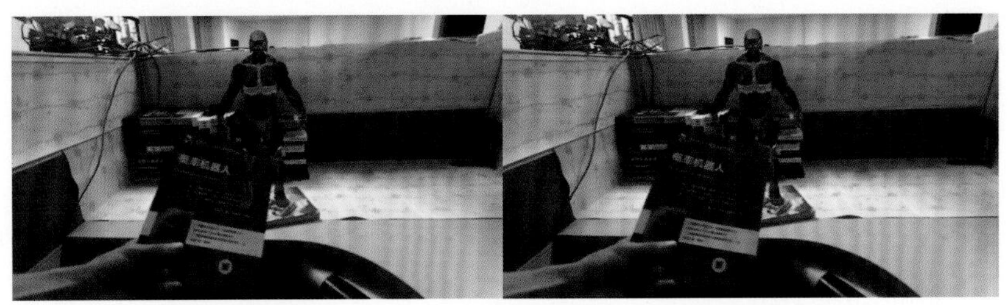

(a) 错误遮挡　　(b) 正确遮挡

图 15-17　虚实物体遮挡示意图

在更高层次上，当虚拟角色在统一空间中运动时，需要遵守现实世界的物理约束。例如，虚拟人物的运动行为应符合人类的真实规范，虚拟物体在与真实世界物体碰撞时应具有适当的物理反馈等。

随着 AR（增强现实）技术越来越成熟，它逐渐具备了构建意识空间所需要的关键要素技术，如实时解析现实世界物理性质、添加具备物理意义的虚拟物体、形成现实物体对虚拟物体进行符合物理定律的作用、预见现实环境的近未来状态等。当然，意识空间中不存在图 15-16～图 15-18 中真实世界的图片，而全部都是虚拟物体，即数学模型，至少是经过语义分割处理后的点云模型。

图 15-18　虚拟物体阴影示意图

15.4.3　场景意识空间关联技术

目前，机器视觉已经可以获取客观现实环境的几何信息和语义信息了，而人脑不仅可以获取客观世界的信息，还可以加以联想、创造。机器视觉将获取的真实世界空间的信息用建模的方式转化成虚拟空间，如果再融合通过预测、联想等算法创造的虚构物体或环境，就可以形成一个统一的、具备预测能力和想象力的机器意识空间。因为状态意识空间所对应的海马体不仅在生物学上过于原始和简单，而且其功能以定位、导航、避障等为主，加入联想或推测的物体反而容易给这些反射性功能带来负面影响，所以笔者把这种联想、推测等能力放在工作记忆空间，即作为场景意识空间的一项能力来考虑。

图像处理首先要区分物体属于哪个大类，在配备大类模型后分别进入状态意识空间

和场景意识空间。之后，在场景意识空间中，把小类检测处理结果分配给相应的大类模型，逐步对意识空间的模型进行修改。然后，进行更进一步的处理，如分析各个模型之间的位置关系及更深层次的相互联系等。如果是从未见过的大类模型或者小类模型，需要判断其重要性，并重新建模，这时需要花更多的时间观察（用人的描述就是“上下打量”）。

目前，机器视觉中场景分析相关研究的成果为笔者提倡的场景意识空间的构建打下了坚实基础。以下将分别简单介绍二维视觉场景分析及三维视觉场景分析的研究成果。

1. 二维视觉场景分析

笔者团队将场景分析与人类的工作记忆相对应，即在智能体做决策时需要具备的对场景的理解和短时记忆。不仅笔者认为场景意识空间的概念与机器视觉现阶段研究的场景图和场景分析需要的能力比较接近，而且许多学者在研究场景图时也将其与短时记忆相联系/对应。

机器视觉领域定义的场景图是一种用来描述场景中对象实例及其属性，以及对象实例之间关系的数据结构（图 15-19）。场景图是对场景的一种深度表示方式，非常有利于多项视觉任务，如图像检索、视频字幕等。目前，已经出现了很多对场景图的研究工作，并且相比传统方法也有了很大的性能改进。

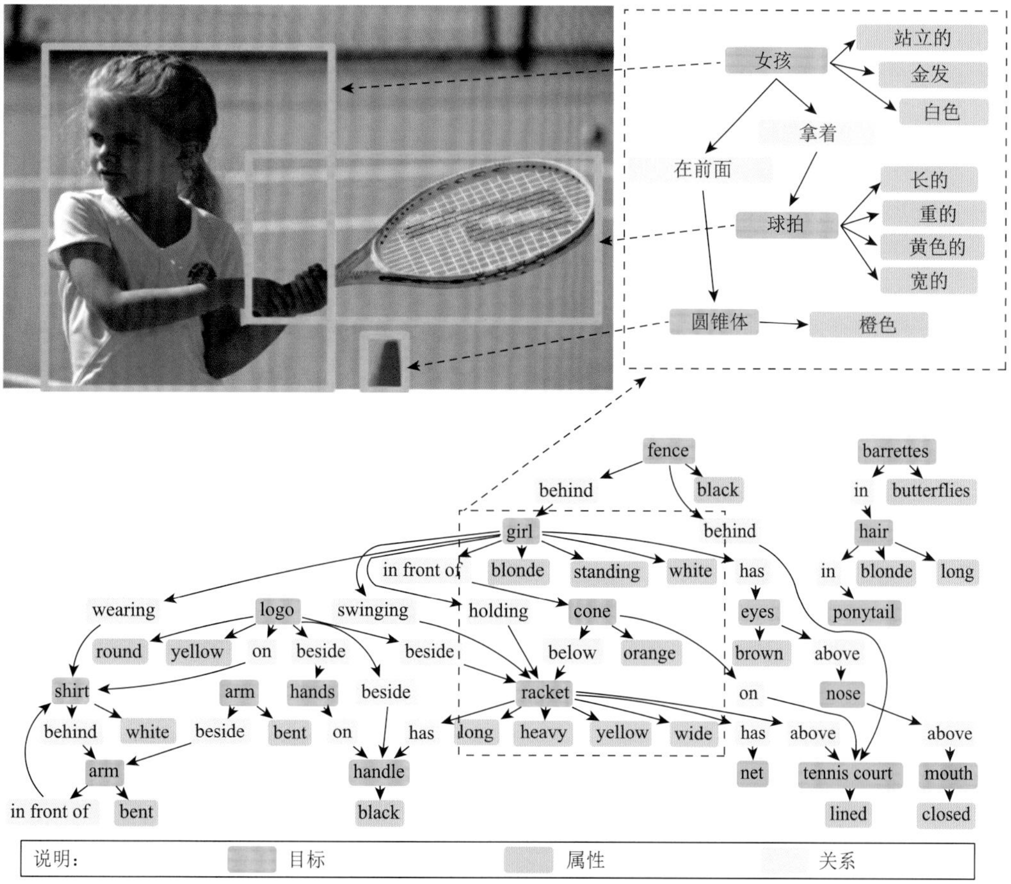

图 15-19　视觉关系场景图示例[30]

场景图最早应用于图像检索任务，后来关于场景图的研究逐渐增加。关于场景图的工作主要着重于场景图的构建和图像检索，此外，还有很多任务使用场景图来进行目标检测和识别。目前，与场景图相关的工作聚焦于三个问题：①如何生成一个准确和完整的场景图；②如何优化场景图生成的计算复杂度；③如何把场景图用到更多的任务中。

很明显，如果场景图的输入本来就是各个物体的数学模型，那么数据集的标注，以及场景图生成所需的复杂计算都不需要或者大大减轻了。下面介绍目前场景图的生成方法，部分内容在具备意识空间的视觉类脑系统中是不需要的。

2. 场景图生成方法综述

场景图是一个场景的拓扑表示，主要在于编码对象及对象之间的关系。场景图的生成就是构建一个图结构，即用结点表示场景中的对象，用边连接对象以表示对象之间的关系。场景图的概念最早由 Johnson 等[30]于 2015 年提出，他们利用亚马逊标注平台（Amazon Mechanical Turk，MTurk）建立了场景图数据集 RW-SGD（real-world scene graph dataset），并探索了其在图像检索中的应用。同年，Schuster 等[31]提出了使用两种解析器自动构建场景图的方法，基于构建的场景图，他们也结合 CRF（conditional random field）技术来实现图像检索任务。随后，大量改进方法不断出现，目前场景图的生成方法主要分为两类，第一类为两阶段方法，即先目标检测，再进行成对的关系预测；另一类是单阶段方法，即同时检测和识别对象及对象之间的关系。

在综述文献[32]中，图 15-20 示意了两阶段场景图生成方法的基本流程。对于一个给定的场景图，第一阶段是通过使用 RPN（region proposal network，区域候选网络）或者 Faster R-CNN[33]等方法来识别对象的类别和属性，第二阶段是基于识别对象建立视觉关系。目前大部分的工作专注于推理视觉关系上，在深度关系网络方法（deep relational network）[34]中，通过 CRF 模型来检测对象之间的关系（图 15-21）。

为了进一步提高场景图生成的准确度，Cong 等[35]提出了 SG-CRF 模型（图 15-22）。该方法通过设计语义相容网络（semantic compatibility network，SCN）学习场景图中结点的语义兼容性，并通过 mean-field（平均场）近似算法推理构建场景图。

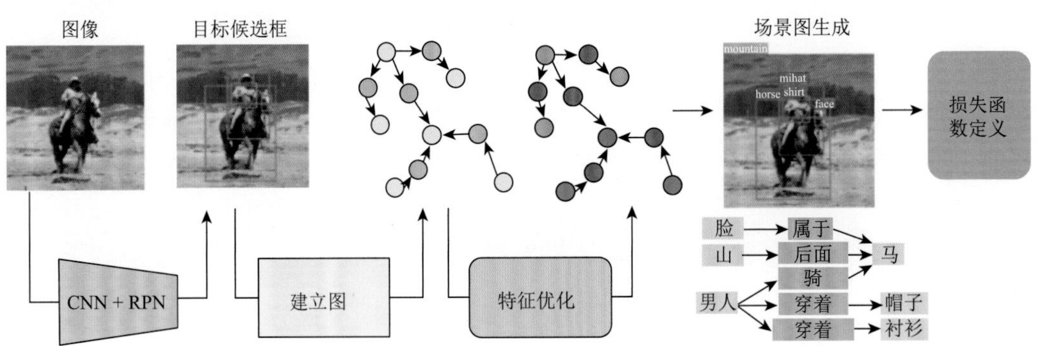

图 15-20 场景图生成方法的基本流程[32]

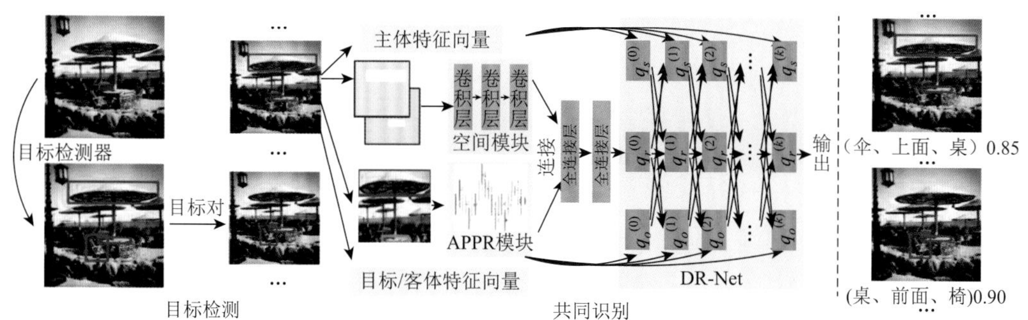

图 15-21　深度关系网络结构[34]

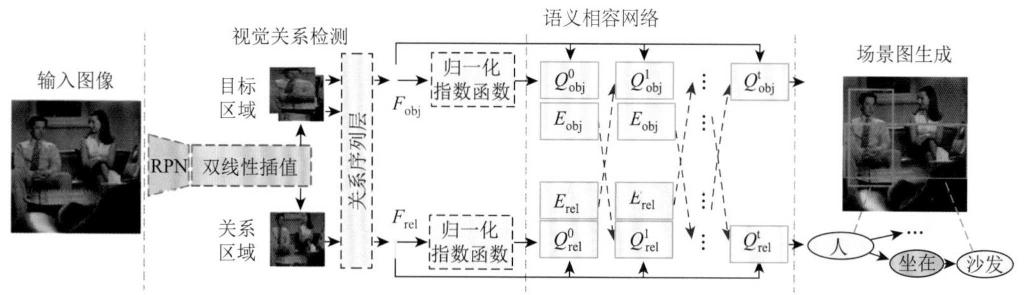

图 15-22　SG-CRF 网络结构[35]

场景图和知识图谱在对象关系推理上有较高的相似性，受知识图谱中关系推理策略的启发，TransE（translation embedding networks）[36]提出将视觉对象中的关系建模到低维关系空间中的方法，具体如图 15-23 所示，它将对象之间的相对关系建模为简单的平移向量。随后，在 TransE 的基础上，有很多借鉴知识图谱中技术的场景图构建方法被提出，试图提高对象之间的视觉关系检测精度。

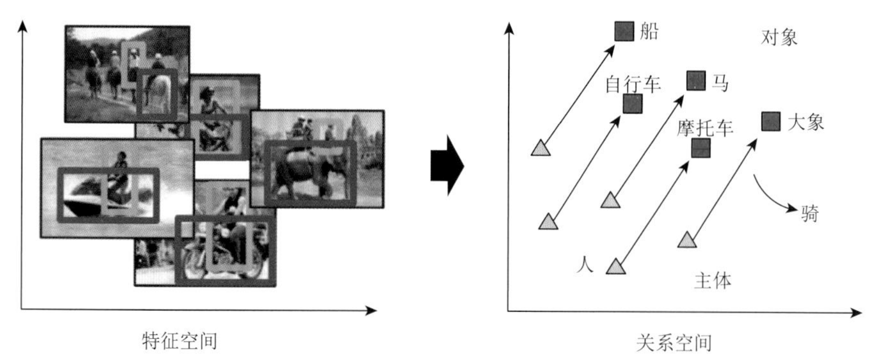

图 15-23　特征空间和低维关系空间

例如，VTransE[37]（visual translation embedding network）拓展了基础的 TransE[38]网络用于对视觉关系和谓词进行建模（图 15-24）。在 VTransE 中，检测到的对象会被映射到低维的空间中并形式化地表示为平移向量，用于场景图的生成。类似于其他场景图生成算法，VTransE 首先需要进行目标检测定位对象并识别其属性，再对对象关系进行检测。其中，目标检测方法可以选择但不限于 Faster R-CNN、SSD[39]、YOLO[40]等。

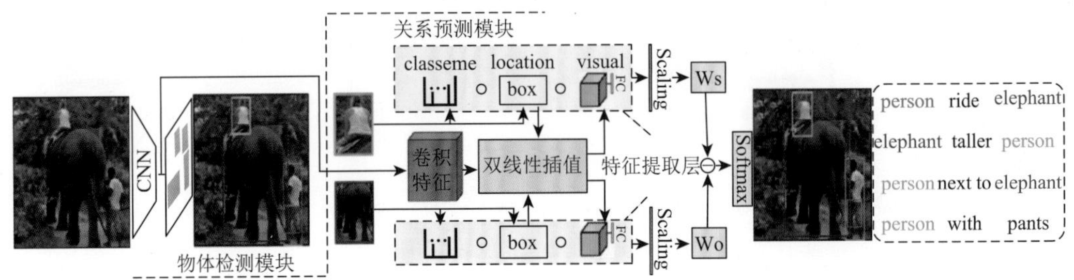

图 15-24 VTransE 网络结构图[37]

为了提高 VTransE 在罕见的视觉关系上的泛化能力，Hung 等[41]提出了 UVTransE 视觉关系检测模型（图 15-25）。场景中既存在常见且明显的对象之间的关系，也存在罕见的视觉关系。因此，高泛化的关系检测模型应该具备识别罕见或隐藏的视觉关系的能力。UVTransE 通过引入一个上下文增强的翻译嵌入模型，同时捕获了场景中的普通视觉关系和罕见对象关系。在后续的研究工作中，涌现了许多基于这一思想的视觉关系模型，感兴趣的读者可以自行深入探索。

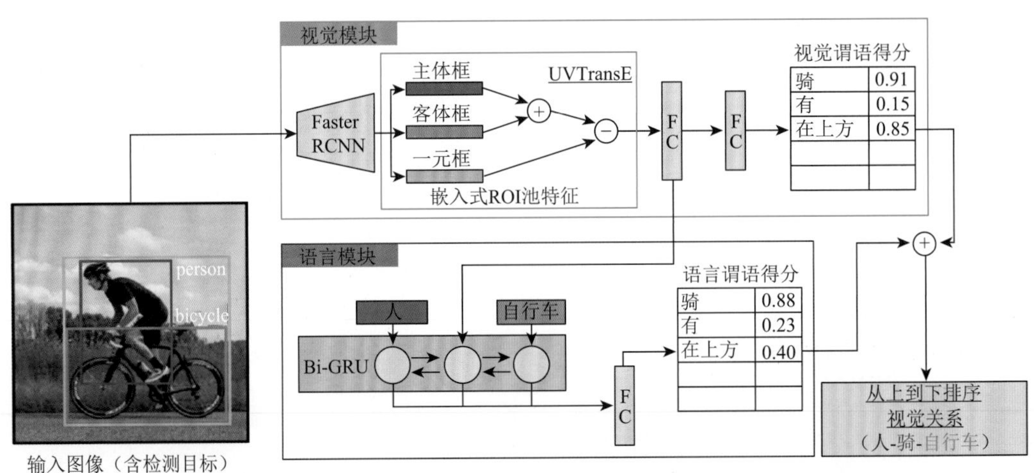

图 15-25 UVTransE 网络结构图[41]

FC：fully connected，全连接层；ROI：region of interest；Bi-GRU：双向门控循环单元

3. 场景图应用

场景图凭借结构化、关系化表征的优势，已逐步应用于图像检索、图像/视频字幕生成和视觉问答、图像生成等。

首先来看图像检索应用。传统的图像检索技术通常根据图像纹理特征进行粗略匹配，无法深入理解图像内容。而结合场景图，可以更准确地定位图像中的对象，并理解对象属性及其相互关系，这将有利于提高匹配和检索的精确度。例如，在场景图中，可以表

示图像中的人、车、建筑等对象，以及它们之间的关系，如“人在车内”“建筑在环境背景中”等。通过这种方式，可以实现更精准、高效的图像检索，为用户提供更好的搜索体验。图 15-26[42]给出了在场景图概念提出之时，在图像检索中的一个应用示例。基于这项成果，Qi 等[43]还构建了基于文本的图像检索框架。

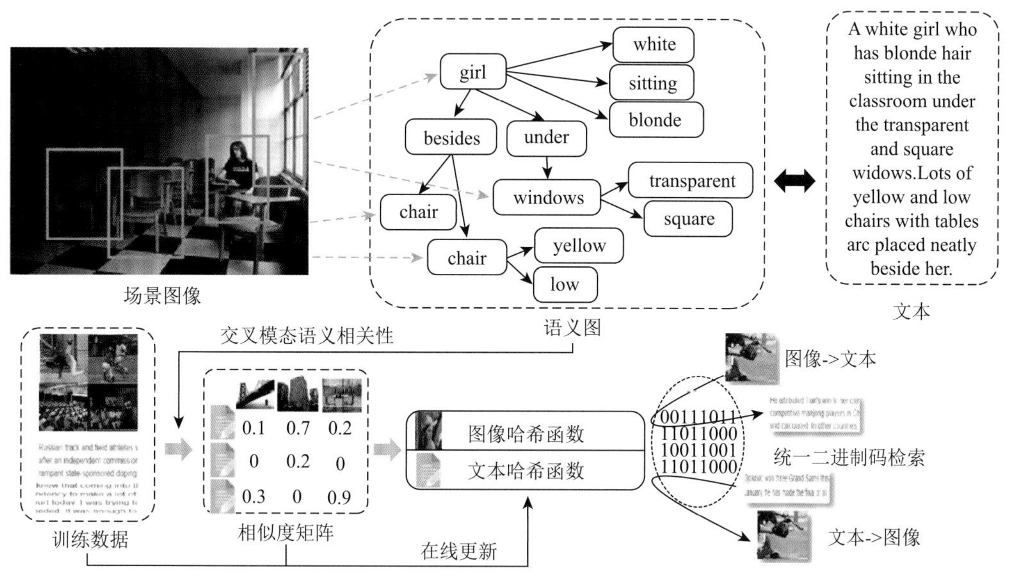

图 15-26　基于场景图的图像检索[42]

其次，场景图在图像字幕生成应用中已有研究。图像字幕生成是将图像内容转化为自然语言描述的任务。传统的图像字幕生成方法往往只能简单地描述图像中的主要对象，对于对象之间的关系和语境生成却不够自然。然而，通过场景图，可以获得关于图像中各个对象及其属性的信息，如“在海滩上的人”“站在树下的小狗”等。这样的描述不仅更准确，而且更具有情境感，使得生成的图像字幕更加生动、自然。如图 15-27 所示，Graph-Align[44]通过对齐图像与语言中的对象及关系，改善了字幕生成的性能。

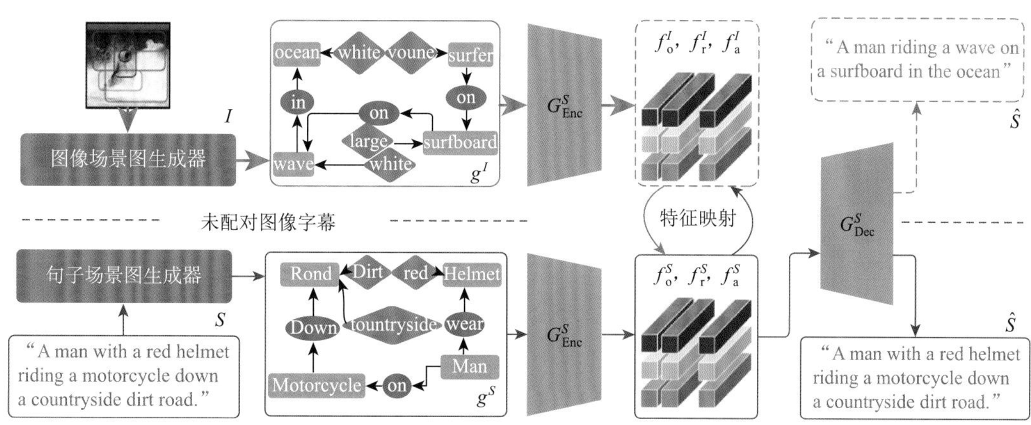

图 15-27　基于场景图的图像字幕生成[44]

最后，场景图在视觉问答（visual question answer，VQA）中也有相应的应用（图 15-28[45]）。视觉问答是指根据给定的图像和问题，从图像中提取相关信息并回答问题的任务。以图 15-28 中的问题为例，通过场景图提取出对象 small girl、object、French fries 等及其对应的属性，结合两两对象之间的相互关系，可以更准确地获得 French fries 对象的 yellow 属性这一答案。此外，在计算机视觉研究中，为复杂场景生成带有多个对象和所需布局的图像是一个热门的话题。尽管图像生成已经有很大的进展，但是生成带有多个对象和复杂场景的图像仍然困难。这方面的研究也有了很大的进步[46-49]。

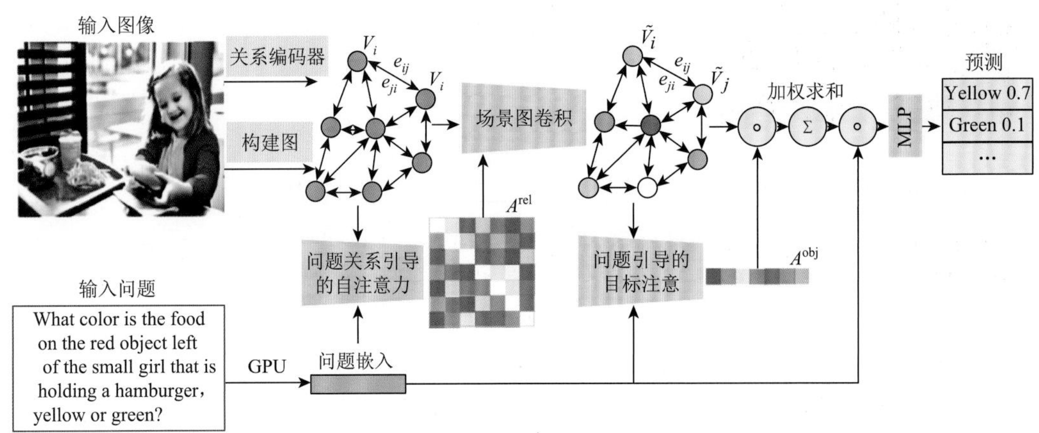

图 15-28 基于场景图的视觉问答任务[45]

GPU：graphics processing unit，图形处理单元；MLP：multilay perceptron，多层感知机

4. 立体场景图

立体场景图是对三维空间的一种图谱表征形式，不仅能够清晰地表征三维实例物体，还能够反映物体之间的关系。如图 15-29 所示，立体场景图由多个形式为“主语-谓语-宾语”的三元组（triplet）组成，如“桌子-站立在-地板”。其中物体被表示为具体物体类别的节点，而关系则被表示为具有关系类别的线。立体场景图能够更好地描述三维空间中物体之间的关联，提高机器人的理解和推理能力。

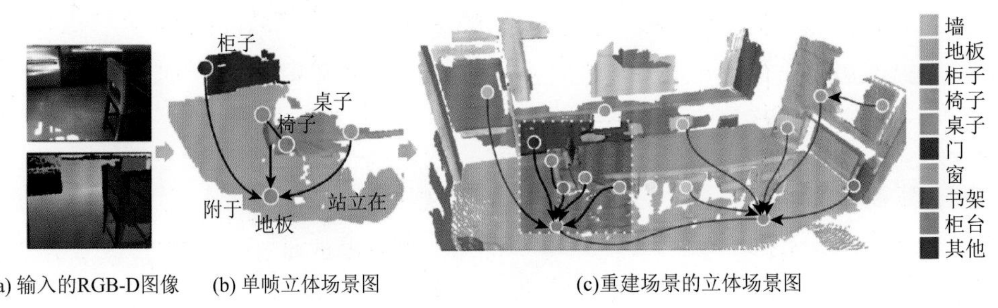

图 15-29 立体场景图的三元组[18]

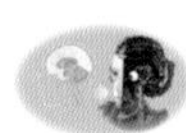

立体场景图的建立是机器人进行三维空间理解及人机交互的基础问题，能够结构化地表征三维空间中的内容和编码三维空间的语义信息，可以作为连接计算机视觉与自然语言处理两个领域的桥梁。在人机交互中，立体场景图能够支持机器人对人类指令进行更好的理解，并进行决策。例如，对于人类指令“在这栋楼的第二层搜寻幸存者”，机器人需要在空间中理解语义单词（幸存者、第二层、这栋楼），同时还需要理解语义单词之间的空间关系（这栋楼里的第二层里的幸存者）。而立体场景图能够提供更为全局的上下文信息，不仅能反映人与物体之间的关联，还能反映出物体与物体之间的关联（图 15-29）。

立体场景图的概念最早于 2019 年由 Armeni 等[50]提出；随后 Kim 等[51]提出使用立体场景图作为机器人进行决策的环境模型，以代替现有的尺度地图或语义地图。同年，斯坦福大学的李飞飞团队提出了对于 3D 空间、语义和相机的统一框架，将场景图分为建筑物层、房间层、物体层及相机层，从而实现很多现有模型不能表达的层次化信息[50]。2020 年，Antoni 等提出动态场景图的概念，其主要是在李飞飞的框架上加入动态目标的检测与追踪，并进一步消除动态变化的影响。然而，上述方法都无法实现实时的效果，针对这一问题，Nathan 等建立并开源了第一个实时空间感知系统 Hydra，该系统实现了实时三维场景重建及场景图的建立，其输入为 RGB-D 信息（图 15-30）[52]。

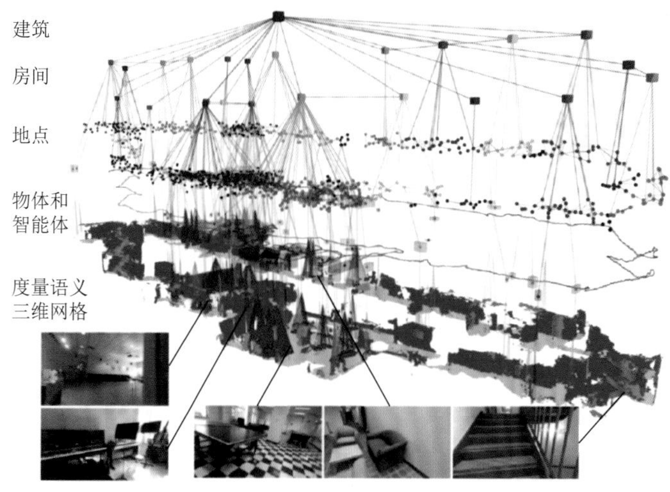

图 15-30 Hydra 大范围场景图[52]

然而这些方法的关注点都在建立大范围的场景图地图，更多知识是在关注场景中不同层物体之间是否存在关系，对于物体之间具体的关系类型只有简单的空间关系［如左侧（left）、后侧（behind）、右侧（right）］，缺乏具体关系类型［如站着（standing on）、悬着（hanging on）等］的预测，即本节所强调的联想、推理的能力。现阶段而言，也有不少工作围绕这一问题展开。2020 年，Wald 等提出了针对室内场景的 3D 语义场景图构建方法，并开源了数据集 3DSSG[53]。该方法输入场景点云信息，对点云进行实例分割，将每个实例特征作为场景图的节点，并进一步预测每个实例（节点）语义标签及实例之间的具体关系（线）。但是该方法并不能满足实时性的要求，Wu 等[18]提出实时增量式场景重建与场景图构建，并考虑了具体关系类型（图 15-31）。

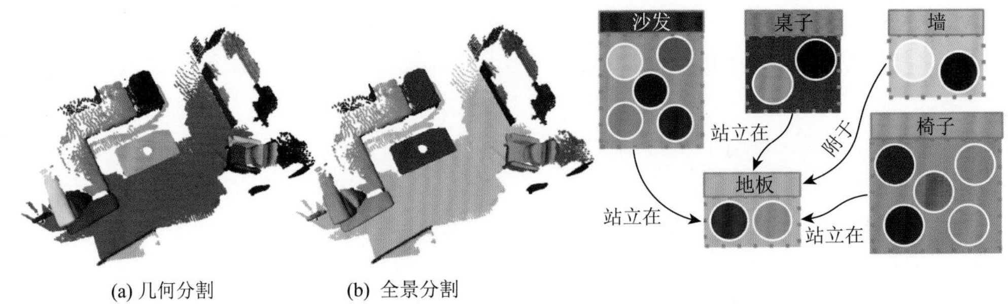

(a) 几何分割　　(b) 全景分割

图 15-31　实时增量式场景重建与场景图构建[18]

5. 立体场景图应用

目前立体场景图的应用主要围绕机器人场景理解领域，其对于三维场景的高水平表征，能够为具身智能实时提供便于机器人理解的语义场景图；同时，由于立体场景图能够结构化地表征三维空间中的内容和编码三维空间的语义信息，可以作为连接计算机视觉与自然语言处理两个领域的桥梁，对人类指令更好地理解。

具身智能中机器人对未知环境中的物体语义、空间位置、相对关系等信息的收集，正好可以通过立体场景图来表达，且立体场景图的信息表达相对现有的语义地图、尺度地图能够提供更为全面及更高效率的表达。同时，立体场景图能够让机器人更为便捷地理解人类指令，例如，对于人类指令“帮我把留在餐桌上的那杯茶拿过来”，机器人不仅需要理解指令中的语义单词（餐桌、茶），同时需要对语义之间的空间关系（茶在餐桌上）进行理解。如此，立体场景图即可高效地从节点中搜索对应的语义单词（餐桌、茶），以及对应关系类型（在……上）即可为机器人提供准确的空间位置，支持机器人作出决策并执行指令。图 15-32（a）中机器人对场景进行实时三维重建，并建立对应的实时立体场景图，而对于人类的指令即可在图 15-32（b）所示场景图中进行解析，同时机器人根据场景中的实际情况向人类进行问题反馈以获得更为准确的信息，如图 15-32（c）所示。最终，如图 15-32（d）所示，机器人顺利执行人类指令。

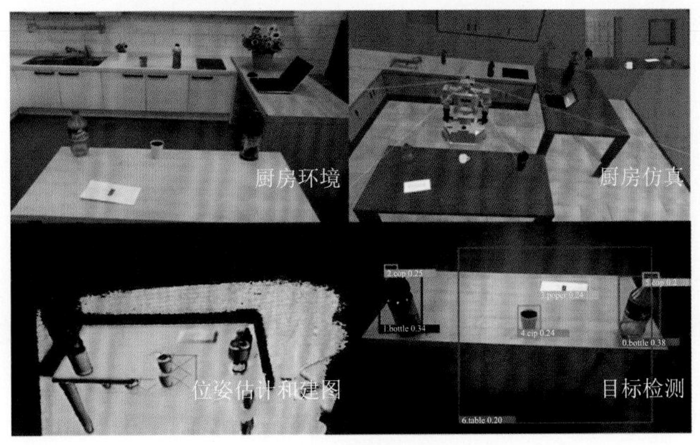

(a) 实时扫描建立立体场景图

立体场景图

问：有多少个杯子？　　答：2个杯子

问：ID = 18的桌子上是什么？　　答：一个键盘，一束花，一个花瓶

问：ID = 3的杯子是什么颜色？　　答：黑金色

问题　　回答

(b) 根据立体场景图理解人类指令

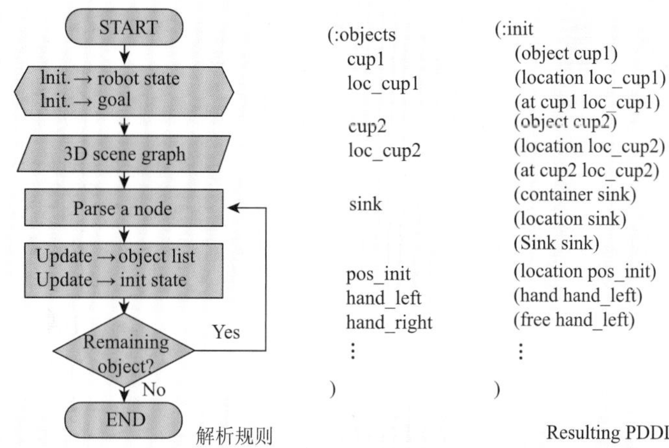

(c) 根据立体场景图反馈信息

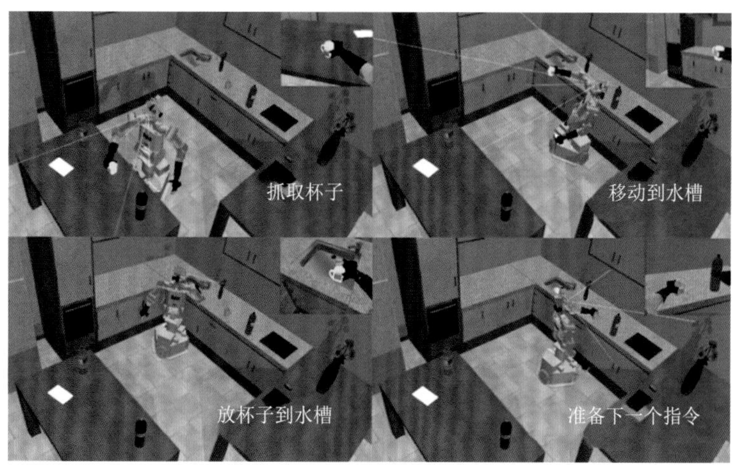

(d) 机器人执行指令

图 15-32　立体场景图在机器人上的应用[51]

15.4.4 长期记忆与知识图谱

知识图谱这一概念正式得名于谷歌在 2012 年提出的 Google Knowledge Graph 项目，他们基于知识图谱改善了搜索引擎的性能。当然，知识图谱在人工智能领域的发展最早可以追溯到 20 世纪五六十年代的知识工程。随着知识工程的发展，Marvin 在 1974 年提出了语义网络（semantic network）[54]，这一概念最初的设想是基于文本链接转化得到可以链接实体概念的网络。之后，随着万维网之父 Tim Berners-Lee 在 1998 年提出了语义网（semantic web）的概念[55]，传统的网页互联网逐步被拓展成了数据或者事物的互联互通。近十年来，随着深度学习、图神经网络、自然语言处理等领域的高速发展，知识图谱在语义搜索[56, 57]、辅助语言理解[58, 59]、智能问答[60-62]等领域大放异彩。如图 15-33 所示，知识图谱可以看成语义网这一概念简化后的营销名词或者商业实现。

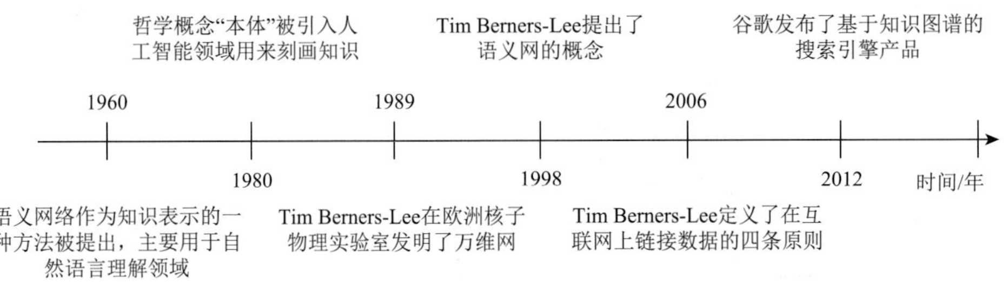

图 15-33 从语义网络到知识图谱的发展史

知识图谱旨在从海量的数据中识别、发现及推理事物与概念之间的关系，来构建实体间的可计算模型[63]，如图 15-34 所示。知识图谱涉及构建和应用两个方向的研究。关于构建，需要了解知识从哪来、知识长什么样、如何挖掘及如何存储，并且针对多个知

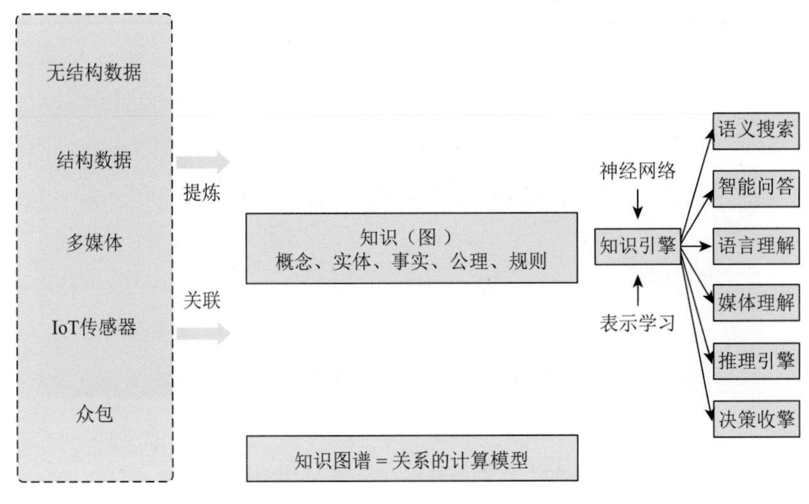

图 15-34 事物关系的可计算模型

识图谱研究如何进行融合，基于已知事实或知识来推理出未知事实或知识等问题。而知识图谱的应用，主要与一些具体的场景和业务相关，包括但不限于搜索引擎、推荐算法、决策分析和智能问答等业务，或者电商、百科、医疗等场景。

接下来，先从知识图谱的构建开始入手，具体将从知识的来源、表示、抽取、存储，以及知识融合和知识推理来分别进行简单介绍。

1. 知识来源

构建知识图谱的基础是数据，早期的知识工程提出以专家系统来构建知识库（knowledge base），由专家基于大脑中的知识来进行决策。由专家系统构建的传统知识库难以满足互联网的海量知识处理需求，而互联网的出现又推动了传统知识工程在知识获取方面的瓶颈问题的解决。自从语义互联网在 1998 年提出，大量以互联网资源为基础的新型知识库如雨后春笋般出现。以 ConceptNet[64]为例，早期的规模就已经达到了百万级别，而最新的 ConceptNet5 更是包含了 2800 万条 RDF（resource description framework，资源描述框架，面向 Web 设计实现的知识表示语言）三元组关系描述。这一类的知识库往往通过互联网众包、专家协作和互联网挖掘三种方法构建。其中，专家协作常见于构建领域知识图谱，因为专业领域知识抽取对知识质量的要求要高于通用领域知识图谱，如表 15-1 所示。

表 15-1 通用知识图谱与领域知识图谱的比较

比较项目	分类	
	通用知识图谱	领域知识图谱
知识来源及规模化	以互联网开放数据，如 Wikipedia 或社区众包为主要来源，逐步扩大规模	以领域或企业内部的数据为主要来源，通常要求快速扩大规模
对知识表示的要求	以三元组事实型知识为主	知识结构更加复杂，通常包含较为复杂的本体工程和规则型知识
对知识质量的要求	较多地采用面向开放域的 Web 抽取，对知识抽取质量有一定容忍度	对知识抽取的质量要求更高，较多地依靠从企业内部的结构化、非结构化数据进行联合抽取，并依靠人工进行审核校验，保障质量
对知识融合的要求	融合主要起到提升质量的作用	融合多源的领域数据是扩大构建规模的有效手段
知识的应用形式	以搜索和问答为主要应用形式，对推理要求较低	应用形式更加全面，除搜索和问答外，通常还包括决策分析、业务管理等，并对推理的要求更高，有较强的可解释性要求
举例	DBpedia、Yago、百度、谷歌等	电商、医疗、金融、农业、安全等

2. 知识表示

知识表示指的是采用哪种语言形式来建模知识图谱，而从图的角度看，就是将代表概念、属性、事件或者实体的节点，用代表节点间关系的边进行关联。那么为了给边赋予语义，早期研究人员采用语义互联网、逻辑描述等方式来刻画显式的、离散的知识，多数以三元组的形式来组织知识，如 Freebase、Wikidata 和 ConceptNet 等常见的知识图谱表示框架。然而，完全基于符号逻辑的表示方式由于其的不完备性而缺乏鲁棒性，进而催生了使用连续向量的方式来表示知识的研究。

随着自然语言处理（natural language processing，NLP）领域的词向量嵌入（embedding）等技术手段的出现，研究人员认识到可以用类似词向量的低维稠密向量的方式来表示知识。类比于词向量，他们提出了知识图谱嵌入（knowledge graph embedding）的概念，同样采用机器学习的方法对模型进行学习。在监督训练的过程中，可以学习一定的语义信息，这一信息嵌入的过程如图 15-35 所示。

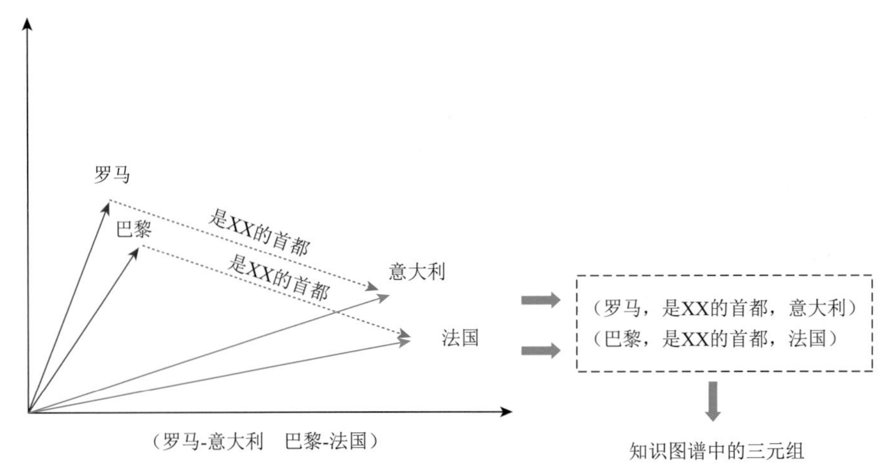

图 15-35　语义信息嵌入知识图谱的向量表示

知识图谱嵌入的主要方法包含转移距离模型、语义匹配模型和考虑附加信息模型，而其应用则有链接预测、三元组分类、实体对齐、问答系统和推荐系统等。

与离散符号的知识表示对比，基于连续向量的知识表示，既可以提高计算效率、增加下游应用多样性，还能应用于预训练，为下游模型提供语义支持，两者的对比如图 15-36 所示。

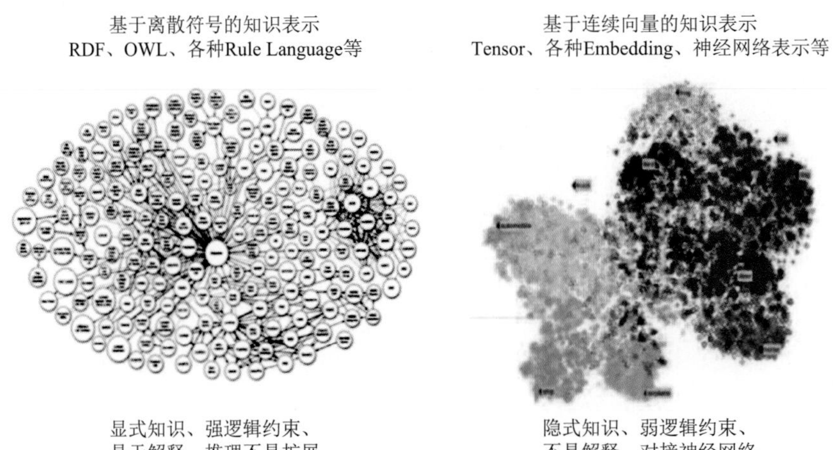

图 15-36　基于离散符号的知识表示与基于连续向量的知识表示对比[65]

3. 知识抽取

知识抽取最早出现于 20 世纪 70 年代的 NLP 领域，其目的在于从不同来源、结构的数据中提取知识并且存入知识图谱中，具体包含了命名实体识别、关系抽取和事件抽取三类子任务。

以图 15-37 为例，命名实体识别需要从文本中检测出命名实体，并将其分类到预定义的类别中，如人物、组织、地点、时间等，图片左边文本中用灰色文字标示的文字就是命名实体，命名实体识别通常是其他抽取任务的基础。

苹果公司是一家美国跨国公司，总部位于美国加利福尼亚库比蒂诺，致力于设计、开发和销售消费电子、计算机软件、在线服务和个人计算机。苹果公司由史蒂夫·乔布斯、史蒂夫·沃兹尼克、罗纳德·韦恩创立于1976年4月1日，开发和销售个人计算机。该公司于1977年1月3日正式称为苹果电脑公司，并于2007年1月9日改名为苹果公司，反应其业务重点转向消费电子领域。

苹果公司	总部地址	美国加利福尼亚库比蒂诺
苹果公司	创始人	史蒂夫·乔布斯
苹果公司	创始人	史蒂夫·沃兹尼克
苹果公司	创始人	罗纳德·韦恩
苹果公司	创立时间	1976年4月1日

图 15-37　命名实体识别的例子

关系抽取是从文本中识别抽取实体及实体之间的关系，如父子关系、配偶关系等；而事件抽取是识别文本中关于事件的信息，并以结构化的形式呈现。例如，从恐怖袭击事件的新闻报道中识别袭击发生的地点、时间、袭击目标和受害人等信息。

4. 知识存储

一般的数据库无法适用于图数据的存储，因此知识图谱领域也出现了专门的知识数据库，包含负责存储 RDF 图数据的三元组库（triple store）及管理属性图（property graph）的图数据库（graph database）。其中，RDF 图和属性图是两类主要的图数据模型。

RDF 图示例如图 15-38 所示，该虚拟公司的社会网络图包含张三、李四、王五和赵六这 4 名程序员，“图数据库”和“RDF 三元组库”2 个项目。属性关系则包括：张三认

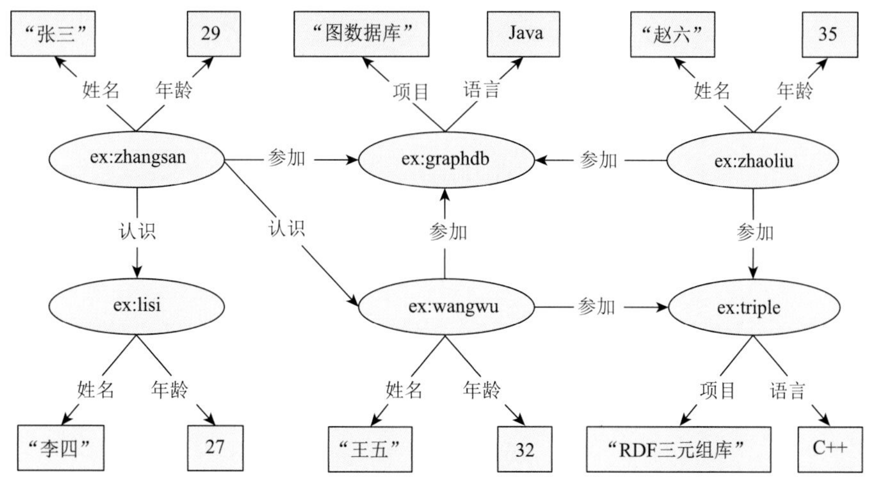

图 15-38　RDF 图示例

识李四和王五；张三、王五和赵六参加“图数据库”的开发，该项目使用 Java 语言；王五和赵六参加“RDF 三元组库”的开发，该项目使用 C++语言。

属性图是目前被图数据库业界采纳最广的一种图数据模型[66]，由节点集和边集组成。属性图示例如图 15-39 所示，可以发现属性不仅可以表达 RDF 图的全部数据，还给每条边加上了权重。

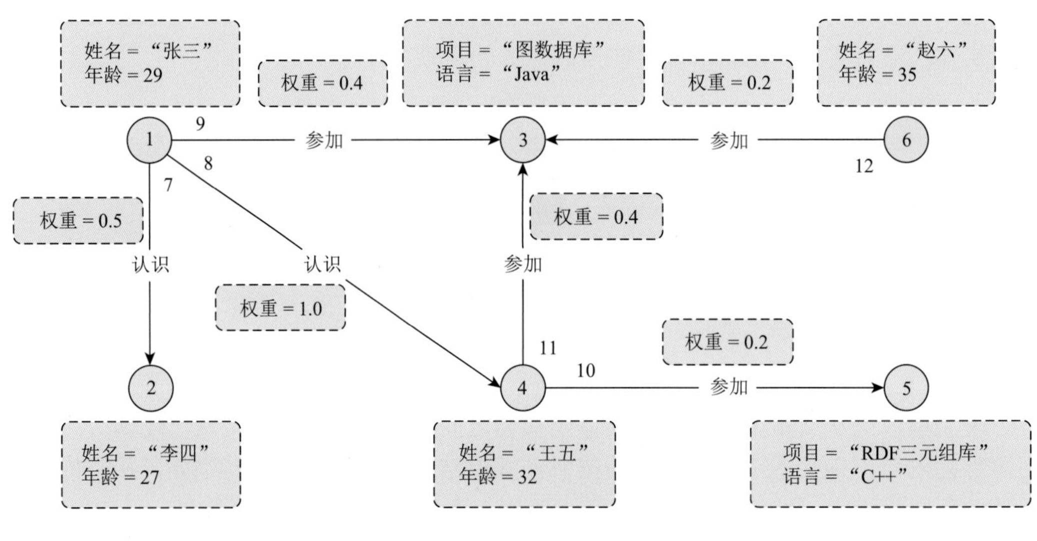

图 15-39 属性图示例

5. 知识融合

在构建知识图谱的过程中，除了本体知识库的构建，有时候还需要从第三方知识库或者已有的结构化数据中获取输入。那么，融合多个知识图谱时需要考虑两个层面的问题：一是模式层的融合，将新得到的本体融入已有的本体库中，以及新版本和旧版本本体数据库的融合；二是数据层的融合，包括实体的指称、属性、关系及所属类别等。主要的问题是如何避免实例及关系的冲突问题，造成不必要的冗余。

其中，数据层的融合具体指实体和关系元组的融合，包含三个子任务：实体消歧（disambiguation）、实体统一（entity resolution）和指代消解（co-reference resolution）。

6. 知识推理

知识图谱推理在知识图谱发展中起到了重要作用，辅助知识图谱进行补全和质量检测。推理这一概念的本身是指通过已有知识推断出未知知识的过程，传统的推理包括演绎推理（deductive reasoning）和归纳推理（inductive reasoning）等，而知识图谱推理则主要面向关系的推理展开，即基于图谱中已有的事实或关系推断出未知的事实或关系[67]，一般着重考察实体、关系和图谱结构三个方面的特征信息。图 15-40 是一个关于人物关系的推理图。

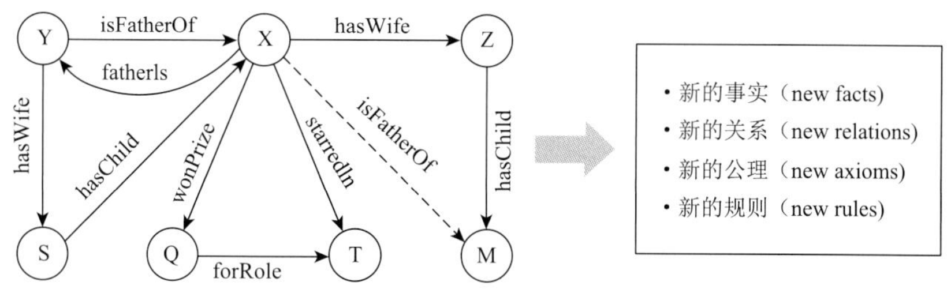

图 15-40 人物关系推理图

知识图谱的具体作用在于辅助推理出新的事实、新的关系、新的公理及新的规则，而面向知识图谱的推理方法主要分为基于逻辑规则的推理、基于分布式表示的推理、基于图的推理、基于神经网络的推理及混合推理。

最后，再介绍一下知识图谱在场景业务和场景中的应用。在语义搜索方面，知识图谱已经有非常丰富的应用实例，如基于分面（facet）的 Ebay 商品搜索系统，如图 15-41 所示。

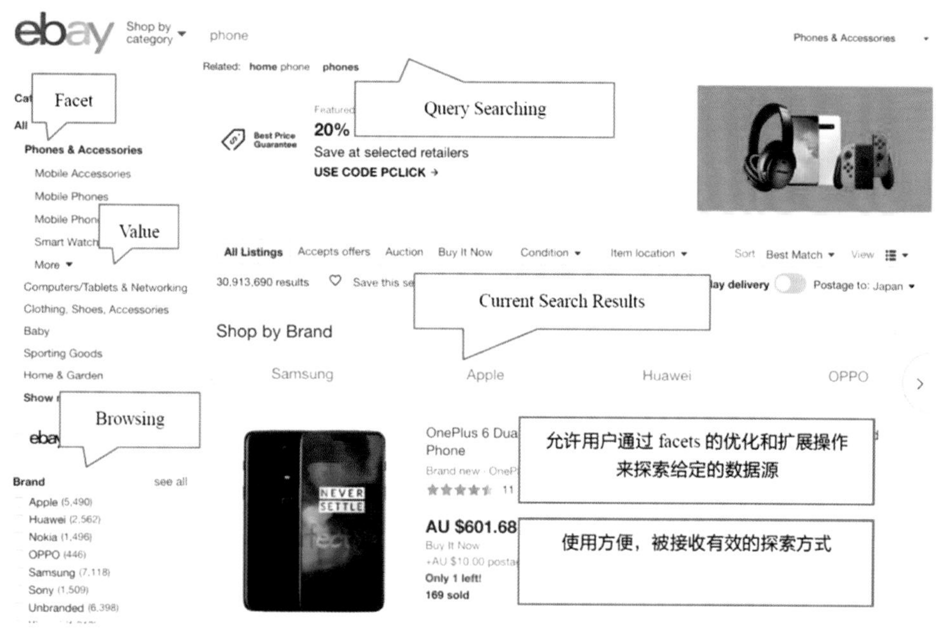

图 15-41 Ebay 的商品分面搜索系统

知识问答系统则是一个拟人化的智能系统，接收使用自然语言表达的问题，理解用户的意图，获取相关的知识，最终通过推理计算形成自然语言表达的答案并反馈给用户。知识问答技术可以应用于智能对话系统、智能客服或智能助理（intelligent agent），如图 15-42 所示，用户的同一个问题可以在不同的对话系统中得到不同的理解和解答。

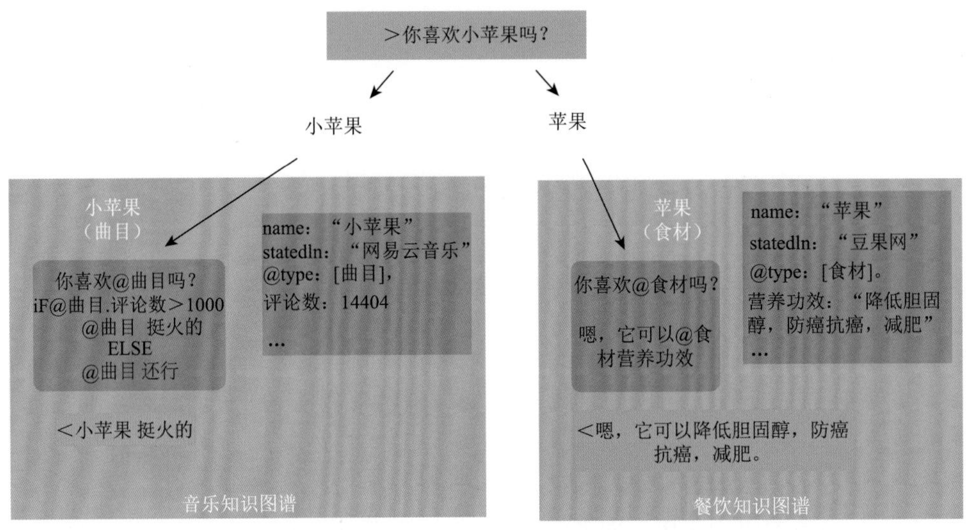

图 15-42　基于不同领域知识图谱的问答系统在对话中有不同的理解

除了在语义搜索、问答系统等领域的应用，知识图谱项目还被广泛应用于辅助各种复杂的分析应用或者决策支持，在电商、图书情报、生活娱乐、企业商业、创投、中医临床、金融证券等行业都有涉及，如图 15-43 所示[65]。

图 15-43　行业知识图谱应用一览[65]

15.4.5　小结

本节介绍了各种构建意识空间所需要的技术和现阶段的成果。可以看出，从各个要素技术的发展水平来看，现阶段已经具备搭建较复杂意识空间的理论基础，只是需要有一个各方面能力都较强的建制化的团队，有方向性地融合这些技术，最终可能会达到事半功倍的效果。

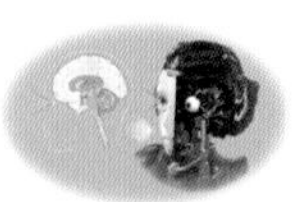

15.5　状态意识空间的定位与导航

定位与导航技术是目前进入实用阶段的机器视觉技术中最接近意识空间概念的技术。生物在获得视觉后的一项重大认知飞跃，就是通过对环境的识别和记忆回到曾经去过的地方。这项能力使得动物从此可以拥有自己的“家”，而不再随波逐流，居无定所。机器视觉领域，最先成熟并进入实用阶段的定位导航系统是激光雷达导航系统，至今仍然是家用机器人（主要是扫地机器人）、工业机器人、汽车自动驾驶等领域的视觉导航传感器的首选。马斯克宣布用双目视觉完全代替激光雷达进行汽车的辅助驾驶和自动驾驶是 2021 年，可见被动式立体视觉传感器的性能被认可是近几年的事，而且离技术成熟还有相当长的路要走。

机器视觉具备导航功能的关键技术可以概括为“定位”(localization)与“建图”(mapping)，统称为 SLAM（simultaneous localization and mapping，即时定位与地图构建）技术。目前的 SLAM 是机器视觉领域中最接近“状态意识空间”概念的技术，也是未来“意识空间”的主要应用方向之一。机器视觉不仅要具有被动感知环境的能力（如目标检测、跟踪、识别等)，还应该具有使机器人通过自主性的移动去探索未知环境，并能够安全返回的能力。可以说，SLAM 是机器人迈向具有“自我生存”能力的第一步，是实现“自我意识”的关键技术之一。

15.5.1　机器人定位与建图

如上所述，机器人的自主性环境感知的基础是要知道自身所处的位置和当前的环境信息。定位与建图是移动机器人自主性环境感知的基本问题与研究热点，也是移动机器人真正具有自主性的重要条件之一。定位指的是机器人在移动过程中必须知道自身在工作环境中的精确位置，建图则意味着要建立机器人所在工作环境中的各种物体（如道路、路标、障碍物等）准确的空间描述。机器人必须知道自身位置及周围环境的情况，才能进行安全移动。精确的定位与建图有利于实现高效的路径规划和决策，是保障机器人安全性移动的重要基础。

SLAM 技术提供的机器人定位信息与环境描述已经在智能机器人领域有着广泛的用途，图 15-44 是火星探索机器人、自主飞行无人机的双目视觉导航的实例。

(a)“机遇号”火星车（2004年）

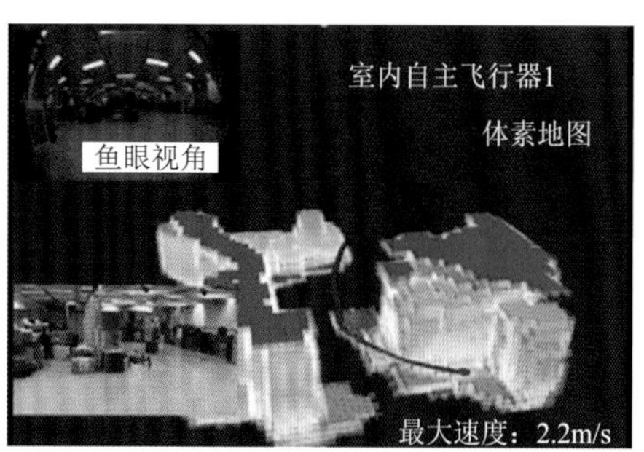

(b) 自主飞行无人机

图 15-44　SLAM 技术框架应用案例

SLAM 问题研究的经典起源阶段（1986～2004 年）主要是以贝叶斯概率递推的形式进行描述，其主要的方法包括扩展卡尔曼滤波器（extended Kalman filter，EKF）、粒子滤波器（particle filter，PF）及最大似然估计（maximum likelihood estimation，MLE）等。这一阶段的研究首次明确了 SLAM 中图像特征点数据关联的效率和鲁棒性问题。Se 等[68]和 Davison[69]提出的使用 SIFT 特征进行跟踪的视觉 SLAM 算法，以及首个使用单目相机实现的实时 SLAM 系统 MonoSLAM[70]，都是基于 EKF 的 SLAM 代表作。与基于滤波的方向不同，基于优化的方向兴起于 2006 年，以 BA（bundle adjustment，光束平差法）为代表的基于关键帧 SLAM 开始被广泛深入地研究。优化的方法构建位姿估计导致的观测数据与估计值的不一致这一目标函数，基于优化的 SLAM 一般步骤是建立目标函数的具体形式，然后采用迭代的方式使得目标函数最小化。

图 15-45 是典型的视觉 SLAM 技术框架示意图，该图最终建立的地图描述可以认为是意识空间的雏形。

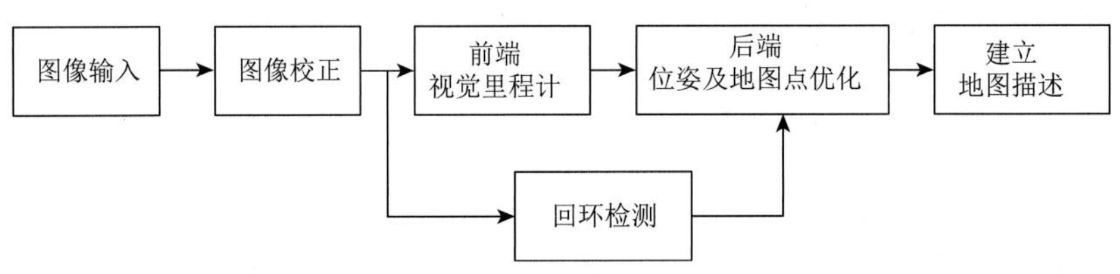

图 15-45　典型视觉 SLAM 技术框架

PTAM[71]（parallel tracking and mapping，并行追踪与制图）被认为是基于关键帧 BA 的开山之作，其首次将跟踪和建图分为两个线程同时运行。这样一来最明显的效果是既能保证跟踪线程实时的位姿输出，又能通过建图线程进行 BA 优化，从而提高位姿与地图点的精度。

Strasdat 等[72]提出了一个大场景单目视觉 SLAM 框架，其 SLAM 前端采用基于 GPU 计算的光流进行 FAST 特征点的跟踪，并进行只估计位姿的 BA，在后端采用滑动窗口的 BA 进行局部地图优化。与此同时，Pirker 等[73]提出了 CD SLAM 框架，该框架是一个非常全面的视觉 SLAM 系统，包括跟踪、建图、回环检测、重定位、大场景处理及动态环境处理等模块。

ORB-SLAM[74]在前面各项研究的基础上，提出了一个实时的基于 ORB 特征的单目 SLAM 系统，该系统能够在室内外场景下稳定运行，是近年来影响力颇大的开源框架，其升级版本 ORB-SLAM2[75]能够提供单目、双目和 RGB-D 等多种相机的输入，完善了单目版本的功能（图 15-46）。

SOFT-SLAM[76]是 2015 年发表的一个优秀 SLAM 框架，该框架是其双目视觉里程计版本的升级。SOFT-SLAM 采用的视觉里程计将旋转和平移分开进行估计，并使用精细的特征选择策略及特征点跟踪细化操作，实现了精度较高的连续帧位姿输出。

图 15-46 中的视觉重定位和地图部分可以被认为是简易的状态意识空间。SLAM 技术使机器人在不断利用地图进行自身定位的同时，也不断对该地图进行修正。图 15-47 是自主移动机器人边行走边建立三维语义地图的实验场景。

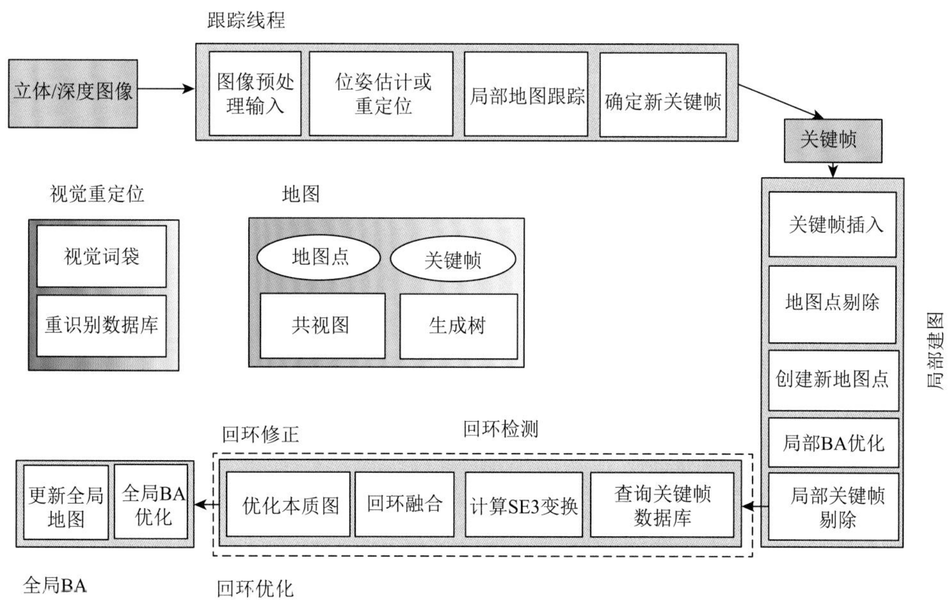

图 15-46　ORB-SLAM 系统框架图[75]

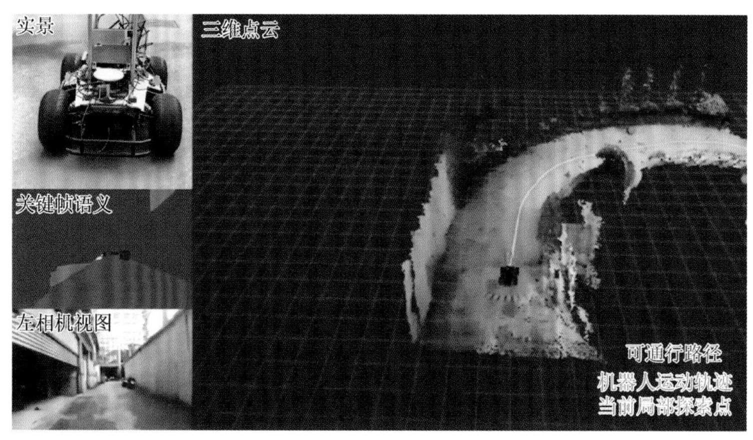

图 15-47　移动机器人自主行走及构建三维语义地图的实验

当地图出现新的变化时，如果机器人可以随时修正自身的路径或重新规划路径，就实现了自动避障功能。当地图中的物体被赋予物理性质，如速度、体积、质量等，并可以被利用时，机器人就可以进行更高级的决策与判断，此时该“地图”就逐渐接近“场景意识空间”的概念了。下面简要介绍一下笔者团队在视觉导航、避障、路径规划等领域的一些研究成果。

15.5.2　视觉导航与避障

视觉系统中与意识空间的概念最接近的研究就是机器人的导航与避障系统。未来机器人包括汽车、飞机、舰艇等的自主移动系统，都可以利用意识空间的原理实现空间定位、路径规划、避障、预测和交互等功能。

移动机器人进行安全自主移动的关键因素在于能够正确地感知周围的障碍物信息，并进行避障操作。传统基于雷达的方式能够较快速地获取单一平面内的障碍物点，通过设置障碍物高度则可以快速地加入障碍物地图中。基于视觉的障碍物检测方法能够较为全面地输出障碍物的类型和三维信息，也是目前的研究热点。本节将简述仿生双眼的视觉避障功能，并分析其传感器优势带来的视觉避障性能的提升效果。

在仿生双眼系统中，障碍物检测的主要工作可以分为地平面检测及障碍物位置获取。地平面检测基于仿生双眼系统获取的场景深度图，使用 UV 视差和点云数据拟合的方法将场景划分为地面与非地面区域。地面区域可以为通行路径的判别提供参考；非地面区域可以为障碍物的筛选提供潜在目标。UV 视差的精度很大程度上决定了地平面检测的准确性，而其准确性又与相机和地平面的水平程度直接相关。仿生双眼具备图像与机械两种增稳方式，通过图像的滤波处理和 IMU 与电机控制系统的结合，实现稳像功能。使用仿生双眼的稳像功能可以有效地减少运动过程中系统震动对图像采集造成的不利影响；同时通过 IMU 与电机控制系统的结合，可以始终保持相机位置的水平。结合地平面检测结果的非地面区域与场景的深度信息，使用三维矩形框对这些区域进行划分，进而得到这些区域对应的障碍物在空间中的三维位置及尺寸信息。再结合已构建的地图，可以标注出障碍物在地图中的位置，为后续系统的避障及路径规划等功能提供帮助与参考[77]。

复杂场景中，障碍物可能是动态、不易预测的，在系统运行过程中需要给予特别的关注，而这一情况在使用传统的图像采集设备的系统中很难应对。使用仿生双眼系统可以在检测出场景障碍物的基础上，结合显著性信息、动态物体检测等方法，识别出可能存在的动态障碍物。发现动态障碍物后，结合仿生双眼的可动特性，可以对动态障碍物进行准确、快速的目标追踪，获得其精确的三维运动轨迹，并对其之后的运动行为进行预测。结合场景中动态障碍物的轨迹预测与其他静态障碍物的三维位置作为系统路径规划的判定依据，就可以完成系统自身的运动规划。

使用传统图像采集设备的系统，其观测角度由传感器架设的位置决定且无法动态调整。仿生双眼具备多轴可动的特性，可以扩展系统的探知范围，并且可以对周围的环境进行预警性的扫视。在扫视过程中发现可疑的障碍物时，可以结合追踪、识别等算法，对该可疑障碍物进行更深入的观测和分析，并对可能存在的危险进行提前报警，为系统规避危险区域提供参考。

障碍物的类别也会影响到最终的避障策略。高度较低、系统能够直接通行的障碍物，在路径规划中往往会被忽略。但对于一些危险性极高的障碍物，即使其高度较低甚至与地面一致，该区域也应该被认为是不能通行的。在仿生双眼系统中，使用深度学习对具备高危险性的物体进行分类与识别，对高危险区域进行额外的补充标注，填补常规障碍物检测中可能遗漏的部分，进而减少运行过程中的不确定性，提升整体系统的可靠性和安全性。

15.5.3　全局与局部路径规划

移动机器人在已知导航地图场景下要实现从 A 点移动到 B 点的行走，除了上述的定位、建图、障碍物检测等关键步骤，还需要进行路径规划操作，获取可安全通行的路径点集合。根据对环境信息的把握程度，将路径规划划分为基于先验完全信息的全局路径规划和基于传感器信息的局部路径规划。其中，从获取障碍物信息是静态或是动态的角度看，全局路径规划属于静态规划（又称离线规划），局部路径规划属于动态规划（又称在线规划）。

全局路径规划是指机器人在具有障碍物的环境内，按照一种或多种性能指标，寻找一条从起始点到目标点的最优无碰撞路径。而局部路径规划是在环境信息完全未知或有部分可知条件下，侧重于考虑机器人当前的局部环境信息，让机器人具有良好的避障能力并计算出实时的运动控制量。图 15-48 展示的是笔者团队开发的小型家用机器人样机的视觉导航避障过程，深蓝色为根据全局地图规划的全局路径轨迹，当出现动态障碍物时，实时更新的局部路径规划（绿色）将根据检测到的障碍物信息指导机器人执行避障动作。

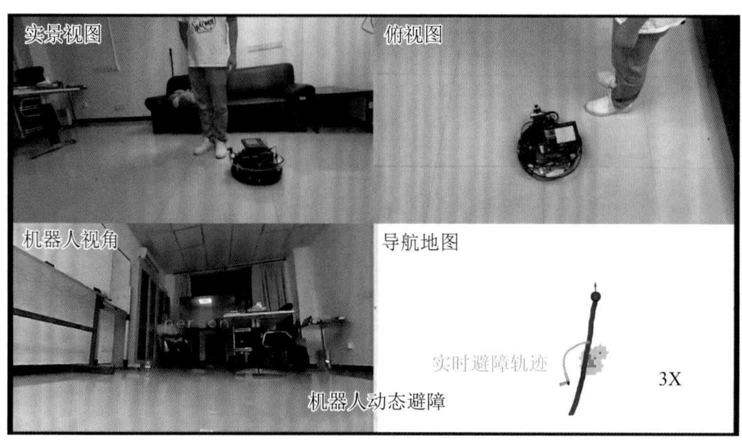

图 15-48　机器人视觉导航全局路径轨迹（蓝色）与局部路径规划（绿色）

图片来源：实验室机器人运行结果

参考文献

[1] Kandel E R，Koester J D，Mack S H，et al. Principles of Neural Science[M]. 6th. New York：McGraw-Hill Education，2021.

[2] 三武裕玄，長谷川晶一. 直接触れ合えるキャラクタの動作行動開発環境[J]. 研究報告エンタテインメントコンピューティング（EC），2014，2014（5）：1-3.

[3] 刘衍青. 双目视觉惯性融合的同时定位与语义建图研究[D].北京：中国科学院大学，2019.

[4] Charles R Q，Hao S，Mo K C，et al. PointNet：Deep learning on point sets for 3D classification and segmentation[C]. 2017 IEEE Conference on Computer Vision and Pattern Recognition，Honolulu，2017：77-85.

[5] Li X Y，Chen D. A survey on deep learning-based panoptic segmentation[J]. Digital Signal Processing，2022，120：103283.

[6] Zhang G H，Zhu D C，Ye X Q，et al. RegionNet：Region-feature-enhanced 3D scene understanding network with dual spatial-aware discriminative loss[C]. 2020 IEEE/RSJ International Conference on Intelligent Robots and Systems（IROS），Las Vegas，2020：8247-8254.
[7] Du L，Tan J G，Xue X Y，et al. 3DCFS：Fast and robust joint 3D semantic-instance segmentation via coupled feature selection[C]. 2020 IEEE International Conference on Robotics and Automation，Paris，2020：6868-6875.
[8] Ye X Q，Li J M，Huang H X，et al. 3D recurrent neural networks with context fusion for point cloud semantic segmentation[C]. European Conference on Computer Vision，Cham，2018：415-430.
[9] Shi W J，Rajkumar R. Point-GNN：Graph neural network for 3D object detection in a point cloud[C]. 2020 IEEE/CVF Conference on Computer Vision and Pattern Recognition（CVPR），Seattle，2020：1708-1716.
[10] Hermans A，Floros G，Leibe B. Dense 3D semantic mapping of indoor scenes from RGB-D images[C]. 2014 IEEE International Conference on Robotics and Automation，Hong Kong，2014：2631-2638.
[11] McCormac J，Handa A，Davison A，et al. SemanticFusion：Dense 3D semantic mapping with convolutional neural networks[C]. 2017 IEEE International Conference on Robotics and Automation，Singapore，2017：4628-4635.
[12] Whelan T，Salas-Moreno R F，Glocker B，et al. ElasticFusion：Real-time dense SLAM and light source estimation[J]. The International Journal of Robotics Research，2016，35（14）：1697-1716.
[13] Salas-Moreno R F，Newcombe R A，Strasdat H，et al. SLAM++：Simultaneous localisation and mapping at the level of objects[C]. 2013 IEEE Conference on Computer Vision and Pattern Recognition，Portland，2013：1352-1359.
[14] Runz M，Buffier M，Agapito L. MaskFusion：Real-time recognition，tracking and reconstruction of multiple moving objects[C]. 2018 IEEE International Symposium on Mixed and Augmented Reality，Munich，2018：10-20.
[15] Narita G，Seno T，Ishikawa T，et al. PanopticFusion：Online volumetric semantic mapping at the level of stuff and things[C]. 2019 IEEE/RSJ International Conference on Intelligent Robots and Systems，Macau，2019.
[16] Rosinol A，Abate M，Chang Y，et al. Kimera：An open-source library for real-time metric-semantic localization and mapping[C]. 2020 IEEE International Conference on Robotics and Automation，Paris，2020：1689-1696.
[17] Shi W J，Xu J W，Zhu D C，et al. RGB-D semantic segmentation and label-oriented voxelgrid fusion for accurate 3D semantic mapping[J]. IEEE Transactions on Circuits and Systems for Video Technology，2022，32（1）：183-197.
[18] Wu S C，Wald J，Tateno K，et al. SceneGraphFusion：incremental 3D scene graph prediction from RGB-D sequences[C]. 2021 IEEE/CVF Conference on Computer Vision and Pattern Recognition（CVPR），Nashville，2021：7511-7521.
[19] To A，Liu M C，Hazeeq Bin Muhammad Hairul M，et al. Drone-based AI and 3D reconstruction for digital twin augmentation[M]. Cham：Springer，2021.
[20] Microsoft Azure. Azure digital twins[EB/OL]. https://azure.microsoft.com/en-us/services/digital-twins/[2023-02-01].
[21] Matsuo N，Imura M. Turning a messy room into a fully immersive VR playground[C]. 2021 IEEE Conference on Virtual Reality and 3D User Interfaces Abstracts and Workshops，Lisbon，2021：759-760.
[22] Barnes M，Briddigkeit D，Mayer T，et al. A seamless natural locomotion concept for VR adventure game “the amusement”[C]. 2021 IEEE Conference on Virtual Reality and 3D User Interfaces Abstracts and Workshops，Lisbon，2021：769.
[23] Zhang Z Y. A flexible new technique for camera calibration[J]. IEEE Transactions on Pattern Analysis and Machine Intelligence，2000，22（11）：1330-1334.
[24] Klein G，Murray D. Parallel tracking and mapping for small AR workspaces[C]. Proceedings of the 2007 6th IEEE and ACM International Symposium on Mixed and Augmented Reality，Nara，2007：1-10.
[25] Tan W，Liu H M，Dong Z L，et al. Robust monocular SLAM in dynamic environments[C]. 2013 IEEE International Symposium on Mixed and Augmented Reality，Adelaide，2013：209-218.
[26] Liu H M，Zhang G F，Bao H J. Robust keyframe-based monocular SLAM for augmented reality[C]. 2016 IEEE International Symposium on Mixed and Augmented Reality，Merida，2016：340-341.
[27] Breen D E，Rose E，Whitaker R T. Interactive occlusion and collision of real and virtual objects in augmented reality[J].

Munich，Germany，European Computer Industry Research Center，1995.

[28] 郭子兴，张晓林，高岩. 基于双目视觉的增强现实系统设计与实现[J]. 电子设计工程，2018，26（23）：1-6.

[29] Panagopoulos A，Vicente T F Y，Samaras D. Illumination estimation from shadow borders[C]. 2011 IEEE International Conference on Computer Vision Workshops，Barcelona，2011：798-805.

[30] Johnson J，Krishna R，Stark M，et al. Image retrieval using scene graphs[C]. 2015 IEEE Conference on Computer Vision and Pattern Recognition（CVPR），Boston，2015：3668-3678.

[31] Schuster S，Krishna R，Chang A，et al. Generating semantically precise scene graphs from textual descriptions for improved image retrieval[C]. Proceedings of the Fourth Workshop on Vision and Language，Lisbon，2015：70-80.

[32] Agarwal A，Mangal A. Visual relationship detection using scene graphs：A survey[J]. Computer Vision and Pattern Recognition，2020：08045.

[33] Ren S Q，He K M，Girshick R，et al. Faster R-CNN：Towards real-time object detection with region proposal networks[J]. IEEE Transactions on Pattern Analysis and Machine Intelligence，2017，39（6）：1137-1149.

[34] Dai B，Zhang Y Q，Lin D H. Detecting visual relationships with deep relational networks[C]. 2017 IEEE Conference on Computer Vision and Pattern Recognition（CVPR），Honolulu，2017：3298-3308.

[35] Cong W L，Wang W，Lee W C. Scene graph generation via conditional random fields[J]. Computer Vision and Pattern Recognition，2018：08075.

[36] Zhang H，Kyaw Z，Chang S F，et al. Visual translation embedding network for visual relation detection[C]. Proceedings of the IEEE Conference on Computer Vision and Pattern Recognition，Honolulu，2017：5532-5540.

[37] Zhang H W，Kyaw Z，Chang S F，et al. Visual translation embedding network for visual relation detection[C]. 2017 IEEE Conference on Computer Vision and Pattern Recognition（CVPR），Honolulu，2017：3107-3115.

[38] Bordes A，Usunier N，Garcia-Duran A，et al. Translating embeddings for modeling multi-relational data[J]. Advances in Neural Information Processing Systems，2013，26，2787-2795.

[39] Liu W，Anguelov D，Erhan D，et al. SSD：Single shot multibox detector[C]. Computer Vision-ECCV 2016：14th European Conference，Amsterdam，2016：21-37.

[40] Redmon J，Divvala S，Girshick R，et al. You only look once：Unified，real-time object detection[C]. Proceedings of the IEEE Conference on Computer Vision and Pattern Recognition，Las Vegas，2016：779-788.

[41] Hung Z S，Mallya A，Lazebnik S. Contextual translation embedding for visual relationship detection and scene graph generation[J]. IEEE Transactions on Pattern Analys and Machine Intelligence，2021，43（11）：3820-3832.

[42] Johnson J，Gupta A，Li F F. Image generation from scene graphs[C]. 2008 IEEE/CVF Conference on Computer Vision and Pattern Recognition，Salt Lake City，2018：1219-1228.

[43] Qi M S，Wang Y H，Li A N. Online cross-modal scene retrieval by binary representation and semantic graph[C]. Proceedings of the 25th ACM International Conference on Multimedia，Mountain View，2017：744-752.

[44] Gu J X，Joty S，Cai J F，et al. Unpaired image captioning via scene graph alignments[C]. Proceedings of the IEEE/CVF International Conference on Computer Vision，Seoul，2019：10323-10332.

[45] Yang Z Q，Qin Z C，Yu J，et al. Prior visual relationship reasoning for visual question answering[C]. 2020 IEEE International Conference on Image Processing（ICIP），Abu Dhabi，2020：1411-1415.

[46] Zhao B，Meng L，Yin W，et al. Image generation from layout[C]. Proceedings of the IEEE/CVF Conference on Computer Vision and Pattern Recognition，Long Beach，2019：8584-8593.

[47] Mittal G，Agrawal S，Agarwal A，et al. Interactive image generation using scene graphs[J]. Computer Vision and Pattern Recognition，2019：03743.

[48] Li Y K，Ma T，Bai Y Q，et al. PasteGAN：A semi-parametric method to generate image from scene graph[J]. Advances in Neural Information Processing Systems，2019，32：3950-3960.

[49] Tripathi S，Sridhar S N，Sundaresan S，et al. Compact scene graphs for layout composition and patch retrieval[C]. Proceedings of the IEEE/CVF Conference on Computer Vision and Pattern Recognition Workshops，Long Beach，2019.

[50] Armeni I，He Z Y，Zamir A，et al. 3D scene graph：A structure for unified semantics，3D space，and camera[C]. Proceedings of the IEEE/CVF International Conference on Computer Vision，Seoul，2019：5664-5673.

[51] Kim U H，Park J M，Song T J，et al. 3-D scene graph：A sparse and semantic representation of physical environments for intelligent agents[J]. IEEE Transactions on Cybernetics，2020，50（12）：4921-4933.

[52] Hughes N，Chang Y，Carlone L. Hydra：A real-time spatial perception system for 3D scene graph construction and optimization[J]. Robotics：Science and System XⅧ，2022：13360.

[53] Wald J，Dhamo H，Navab N，et al. Learning 3D semantic scene graphs from 3D indoor reconstructions[C]. Proceedings of the IEEE/CVF Conference on Computer Vision and Pattern Recognition，Seattle，2020：3961-3970.

[54] Sowa J F. Semantic networks[J]. Encyclopedia of Artificial Intelligence，1992，2：1493-1511.

[55] Tim Berners-Lee. Semantic Web Road map[EB/OL]. https://www.w3.org/DesignIssues/Semantic. html[2023-02-01].

[56] Guha R，McCool R，Miller E. Semantic search[C]. Proceedings of the 12th International Conference on World Wide Web，Budapest，2003：700-709.

[57] Dong X，Gabrilovich E，Heitz G，et al. Knowledge vault：A Web-scale approach to probabilistic knowledge fusion[C]. Proceedings of the 20th ACM SIGKDD International Conference on Knowledge Discovery and Data Mining，New York，2014：601-610.

[58] Yang B S，Mitchell T. Leveraging knowledge bases in LSTMs for improving machine reading[C]. Proceedings of the 55th Annual Meeting of the Association for Computational Linguistics（Volume 1：Long Papers），Vancouver，2017：1436-1446.

[59] Wang J，Wang Z Y，Zhang D W，et al. Combining knowledge with deep convolutional neural networks for short text classification[C]. Proceedings of the 26th International Joint Conference on Artificial Intelligence，Melbourne，2017：2915-2921.

[60] Cui W Y，Xiao Y H，Wang H X，et al. KBQA：Learning question answering over QA corpora and knowledge bases[C]. Proceedings of the VLDB Endowment，2017，10（5）：565-576.

[61] Yao X，van Durme B. Information extraction over structured data：question answering with Freebase[C]. Proceedings of the 52nd Annual Meeting of the Association for Computational Linguistics，Baltimore，2014：956-966.

[62] Hao Y C，Zhang Y Z，Liu K，et al. An end-to-end model for question answering over knowledge base with cross-attention combining global knowledge[C]. Proceedings of the 55th Annual Meeting of the Association for Computational Linguistics，Voncouver，2017：221-231.

[63] 王昊奋，漆桂林，陈华钧. 知识图谱：方法、实践与应用[M]. 北京：电子工业出版社，2019.

[64] Speer R，Havasi C. Representing general relational knowledge in ConceptNet5[C]. Proceedings of the Eight International Conference on Language Resources and Evaluation，2012：3679-3686.

[65] 中国中文信息学会语言与知识计算专委会. 知识图谱发展报告（2018）[R]. 北京：2018.

[66] Johnson J，Gupta A，Li F F. Image generation from scene graphs[C]. 2018 IEEE/CVF Conference on Computer Vision and Pattern Recognition，Salt Lake City，2018：1219-1228.

[67] Pearl J，Paz A. Graphoids：A graph-based logic for reasoning about relevance relations[C]. ECAI，1985：357-363.

[68] Se S，Lowe D G，Little J J. Vision-based global localization and mapping for mobile robots[J]. IEEE Transactions on Robotics，2005，21（3）：364-375.

[69] Davison A J，Reid I D，Molton N D，et al. MonoSLAM：Real-time single camera SLAM[J]. IEEE Transactions on Pattern Analysis and Machine Intelligence，2007，29（6）：1052-1067.

[70] Klein G，Murray D. Parallel tracking and mapping for small AR workspaces[C]. 2007 6th IEEE and ACM International Symposium on Mixed and Augmented Reality，Nara，2007：225-234.

[71] Maninis K K，Pont-Tuset J，Arbelaez P，et al. Convolutional oriented boundaries：From image segmentation to high-level tasks[J]. IEEE Transactions on Pattern Analysis and Machine Intelligence，2018，40（4）：819-833.

[72] Strasdat H，Montiel J M M，Davison A. Scale drift-aware large scale monocular SLAM[J]. Robotics：Science and Systems Conference，2010，2（3）：7.

[73]　Pirker K，Rüther M，Bischof H. CD SLAM-continuous localization and mapping in a dynamic world[C]. 2011 IEEE/RSJ International Conference on Intelligent Robots and Systems，San Francisco，2011：3990-3997.

[74]　Mur-Artal R，Montiel J M M，Tardós J D. ORB-SLAM：A versatile and accurate monocular SLAM system[J]. IEEE Transactions on Robotics，2015，31（5）：1147-1163.

[75]　Mur-Artal R，Tardós J D. ORB-SLAM2：an open-source SLAM system for monocular，stereo，and RGB-D cameras[J]. IEEE Transactions on Robotics，2017，33（5）：1255-1262.

[76]　Cvišić I，Petrović I. Stereo odometry based on careful feature selection and tracking[C]. 2015 European Conference on Mobile Robots（ECMR），Lincoln，2015：1-6.

[77]　Eyevolution. Leadsense stereo camera [EB/OL]. http://www.ilooktech.com/proscene/115.hteml？check=1128title=产品中心&p=领晰（Lead Sene）&ban=119（2023-2-1）.

第 16 章

视觉类脑系统

仿生眼包含眼球运动控制系统（平滑眼动、前庭眼反射、跳跃眼动等控制）、图像处理系统（定位、建图、测速、识别等）、分析判断系统（图像理解、态势分析）、决策系统（注视目标选择等）及执行系统（眼球、头部等的运动控制信号生成）。因此，仿生眼自身就是一套包含了大部分脑功能的类脑系统。因此，研制仿生眼，在一定程度上等同于研制类脑系统。本章尝试以视觉功能为核心，兼顾听觉、体感、前庭等多模态信息，同时涉及眼动系统、视觉引导的手臂系统和移动系统的随意控制，设计一套具备较完整脑功能的视觉类脑系统。

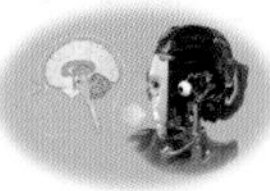

16.1 视觉类脑系统框架

从第 5 章介绍的脑结构来看，感知区主要有视觉、听觉、体感三大部分。从进化角度来看，视觉系统和听觉系统应该是从体感系统中逐渐分离出来的，分别特化成感知光信号和感知振动信号的系统。甚至可以说，视网膜是感知光的“皮肤”，耳蜗和前庭的毛细胞层是感知振动的“皮肤”，口腔、鼻腔的味觉和嗅觉的黏膜就是可感知流体化学成分的“皮肤”。由于这些信息处理系统在发生学上的共源关系，它们的基础原理存在共性（参考图 5-16），如果能够了解视网膜这两块最复杂的“皮肤”的信息处理问题，也就具备了掌握体感和听觉信息处理的能力。

根据第 5～9 章，特别是第 9 章，可以将人类视觉系统从视网膜到大脑运动皮质，再到运动控制系统的概略框架构建出来。为了说明方便，首先根据视觉通路中的并行处理（参考图 5-20），以及图 9-14、图 9-18、图 9-22、图 9-30 绘制了如图 16-1 所示的一只眼和一个大脑半球的系统框架图。双眼全脑图可以参照图 6-5 或图 6-28 和图 9-31 进行进一步绘制。图 16-1 的 PF 和 HP 分别对应图 15-1 的工作记忆和瞬间记忆，即图 15-5 的场景意识空间和状态意识空间。

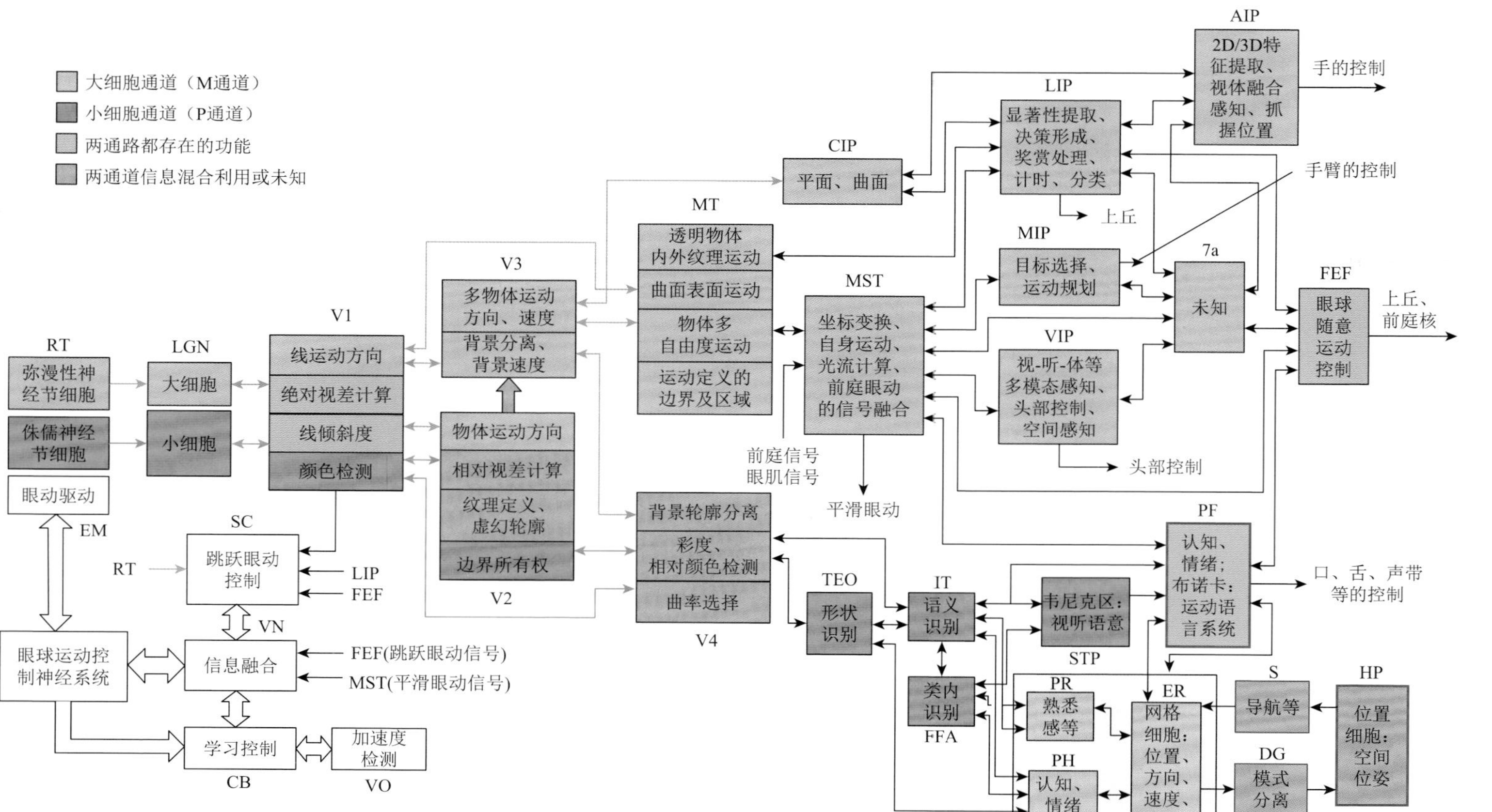

图 16-1 视觉脑系统的结构

RT. 视网膜；EM. 眼肌；LGN. 外侧膝状体；SC. 上丘；VN. 前庭核；CB. 小脑；VO. 前庭器官；MT. 颞中区；CIP. 顶叶内尾侧区；MST. 内侧颞上区；LIP. 顶内沟外侧皮质；MIP. 顶叶内侧；VIP. 顶内腹侧；AIP. 顶叶内前部；FEF. 额叶眼区；TEO. 颞枕交界处皮质；IT. 下颞皮质；FFA. 纺锤状面部区域；STP. 颞上多感觉区；PF. 前额叶皮质；PH. 海马旁皮质；PR. 嗅周皮质；ER. 内嗅皮质；S. 下托；DG. 齿状区；HP. 海马体

根据图 16-1，通过表 16-1 从 LGN 开始逐级整理出视觉处理功能对应的图像处理算法，分析机器视觉各种算法之间的关系，了解目前各算法与脑功能的差距，以及发现机器视觉算法缺失的部分，甚至可以根据前后关系推导出各算法和功能所需要的前提条件。由于这一部分的研究需要大量的时间和人力，目前只能整理出个概略供读者参考。

表 16-1 脑功能与机器视觉算法的对比

脑的部位	该脑部的视觉功能	与其对应的机器视觉算法	各算法对应的章节和文献
LGN（外侧膝状体）	线条检测	特征点及特征线的提取算法	11.1 节
V1	线运动方向	特征点与特征线的匹配算法（帧间匹配）、光流检测算法	11.2 节、11.4 节
	线倾斜度	特征线提取算法包含线的斜度	11.1 节
	绝对视差计算	特征点匹配及点云视差（左右图像的特征点匹配及求差）	11.2 节
	颜色检测	彩度检测等算法，或相对颜色算法	彩度检测是较基础图像处理算法（第 9 章参考文献[21]）；相对颜色参考文献[3]
V2	物体运动方向	目标跟踪、光流检测算法	11.3 节、11.4 节
	相对视差计算	点云视差及稠密视差	11.2 节、14.1 节
	纹理定义、虚幻轮廓	特征线提取算法及边缘检测	11.1 节、14.3 节
	边界所有权	语义边缘检测	14.3 节
V3	多物体运动方向、速度	光流检测算法	11.4 节
	背景分离、背景速度	语义边缘检测、光流检测算法、全景分割算法	14.3 节、11.4 节、14.2 节
V4	背景轮廓分离	语义边缘检测	14.3 节
	彩度、相对颜色检测	彩度检测算法、相对颜色算法	第 9 章参考文献[21]；相对颜色参考文献[3]
	曲率选择	曲线的曲率算法	霍夫变换
MT（颞中区）	透明物体内外纹理运动	未发现类似算法	无
	曲面表面运动	未发现类似算法	无
	物体多自由度运动	类似但非通用算法：人体图像的关节位置检测	
	运动定义的边界及区域	光流检测、语义边缘、实例分割等算法的融合	11.4 节、14.3 节、14.2 节
CIP（顶叶内尾侧区）	平面、曲面	平面检测算法、曲面算法	未查到专用算法，可通过机器学习检测
MST（内侧颞上区）	坐标变换、自身运动、光流计算、前庭眼动的信号融合	内外参标定、仿生眼标定法、眼轴标定法、SLAM 算法、多种眼球运动融合控制等	12.3 节、15.5 节、13.3 节、6.4 节
TEO（颞枕交界处皮质）	形状识别	形状识别算法	14.2 节
IT（下颞皮质）	语义识别	语义识别、实例分割	14.2 节

续表

脑的部位	该脑部的视觉功能	与其对应的机器视觉算法	各算法对应的章节和文献
PH（海马旁皮质）	认知、情绪	全景分割、态势感知、综合处理	14.2 节
PR（嗅周皮质）	熟悉感等	物体识别、人脸识别等	部分较成熟
ER（内嗅皮质）信息输出部分	位置、方向、速度、边缘等信号的汇集	意识空间构建所需信息的收集	15.4 节
DG（齿状区）	模式分离	意识空间构建所需信息的整理	15.4 节
ER（内嗅皮质）信息输入部分	网格细胞： 位置、方向、速度、边缘等的记忆	记忆及表述方法	15.3 节
S（下托）	导航等	意识空间中实时数据的调取、SLAM 算法	15.5 节
HP（海马体）	位置细胞：空间位姿	意识空间世界坐标系的实时校准与自我坐标系的提取	15.4 节
LIP（顶内沟外侧皮质）	显著性提取、决策形成、奖赏处理、计时、分类	显著性算法、无监督学习的奖赏处理	16.2 节
MIP（顶叶内侧）	目标选择、运动规划	路径规划	15.5 节
VIP（顶内腹侧）	视-听-体等多模态感知、头部控制、空间感知	多模态融合算法、正标准辐辏控制、三维重建算法	16.3.2 节、12.2 节、14.1 节
AIP（顶叶内前部）	2D/3D 特征提取、视体融合感知、抓握位置	3D 实例分割、手眼协调、抓握位置判断	14.3 节、14.2 节
PF（前额叶皮质）	认知、情绪；布诺卡：运动语言系统	态势感知、智能翻译算法	ChatGPT 等
FEF（额叶眼区）	眼球随意运动控制	显著性提取、目标选择算法	16.2 节

从表 16-1 可以看出，初始阶段的脑功能都有较好的视觉处理算法对应，而随着脑区向高级发展，可以对应的算法越来越少，而且基本上似是而非，与真实的脑功能比相去甚远。不过，随着脑科学的发展，通过脑功能与人工智能的对比和整理，视觉算法的前后顺序，人工智能应该发展的方向，以及人工智能存在的不足就会越来越清晰。虽然，目前机器视觉的各种算法是根据工业应用的实际需求所开发的，先后顺序混乱，算法之间的相互照应不足，各种算法几乎是各自为政的状态，但是经过几十年的发展，已经逐步开拓出了基本上可以覆盖人脑初级视觉功能的各种算法，为构建视觉类脑系统奠定了基础。

图 16-2 是视觉全系统信息走向和处理单元框架示意图，是对照图 16-1、图 6-28、图 6-27、图 7-12、图 8-8 的模型进一步简化后的形态，可以大致推测出仿生眼应该具有的功能和信息处理的流程。当然，图 16-2 距离人脑真实结构还有很大距离，大量的信息通路和处理单元没有画出来，但是随着脑科学的不断发展，相信包括其他传感器和运动器官在内的人脑信息处理全系统图会越来越丰富、完备。

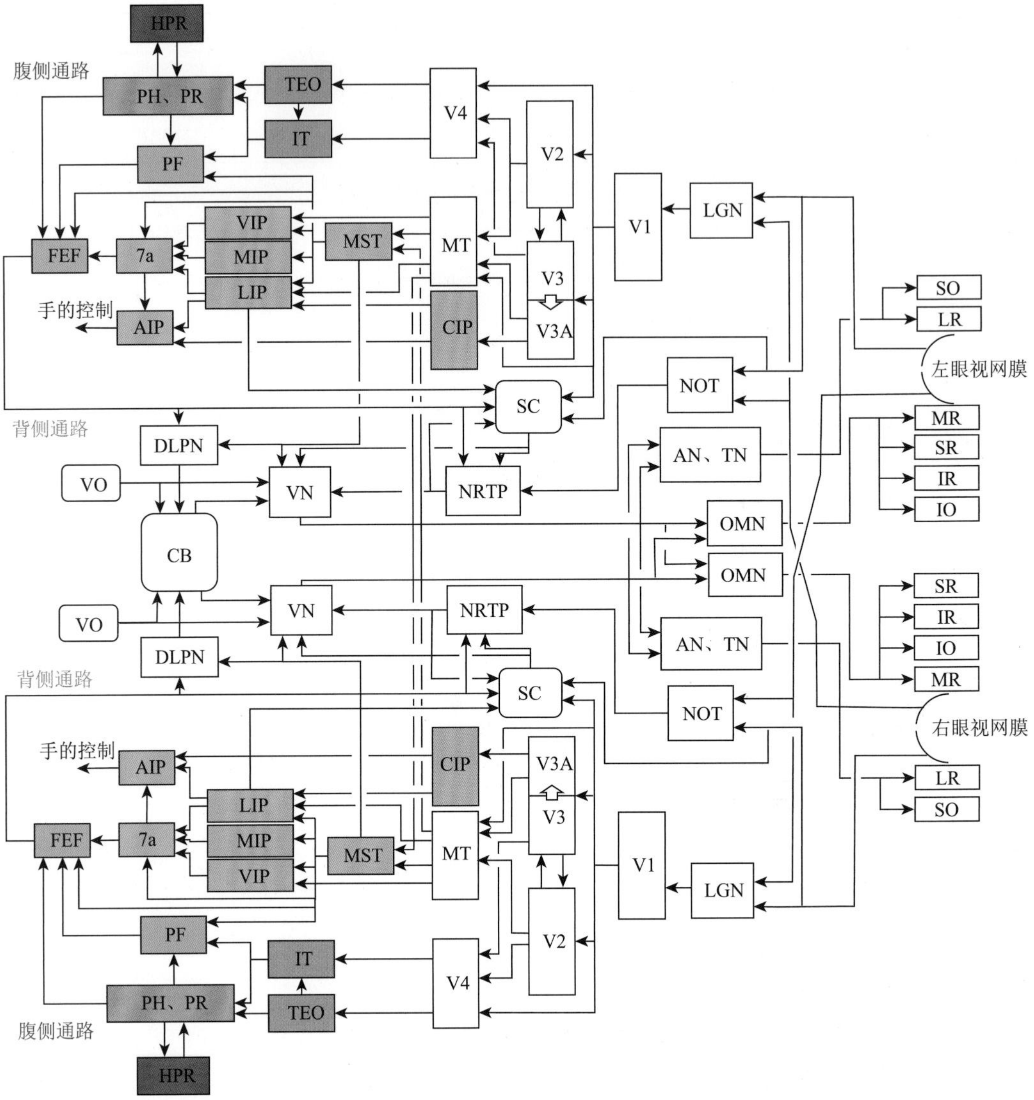

图 16-2　人类视觉处理及眼球运动控制系统全结构示意图

CIP. 顶叶内尾侧区；MT. 颞中区；MST. 内侧颞叶上部；VIP. 顶内腹侧；LIP. 顶叶外侧；MIP. 顶叶内侧；AIP. 顶叶内前部；TEO. 颞枕交界处皮质；IT. 下颞区；PF. 额叶前皮质；FEF. 额叶眼动区；HPR. 海马区；CB. 小脑；LGN. 外侧膝状体核；DLPN. 背外侧桥核；NOT. 视束核；NRTP. 脑桥被盖网状核；SC. 上丘；VN. 前庭核；VO. 前庭器官；OMN. 动眼神经核；AN. 外展神经核；TN. 滑车神经核；MR. 内直肌；LR. 外直肌；SR. 上直肌；IR. 下直肌；SO. 上斜肌；IO. 下斜肌

根据图 16-2 和图 13-23，以及目前笔者团队掌握的视觉处理算法，遵循控制系统左侧输入右侧输出的表述习惯，可以构建出仿生眼视觉处理及运动控制全系统框架图（图 16-3）。由于系统较复杂，该图只显示了水平运动部分的控制系统，又因为控制系统右半侧的输入与左半侧相同，该图只标注了输入信号的名称，没有直接连线。鉴于双眼运动控制系统部分的内容已在第 13 章较全面系统地介绍过，这里不再赘述。需要声明的是，该系统没有使用小脑的运动学习功能，这是因为不同于人类眼肌和眼球周边组织，仿生眼的运动控制简单，几乎没有非线性成分，电机控制器能足够达到视觉系统的精度要求，所以暂时不需要学习控制。

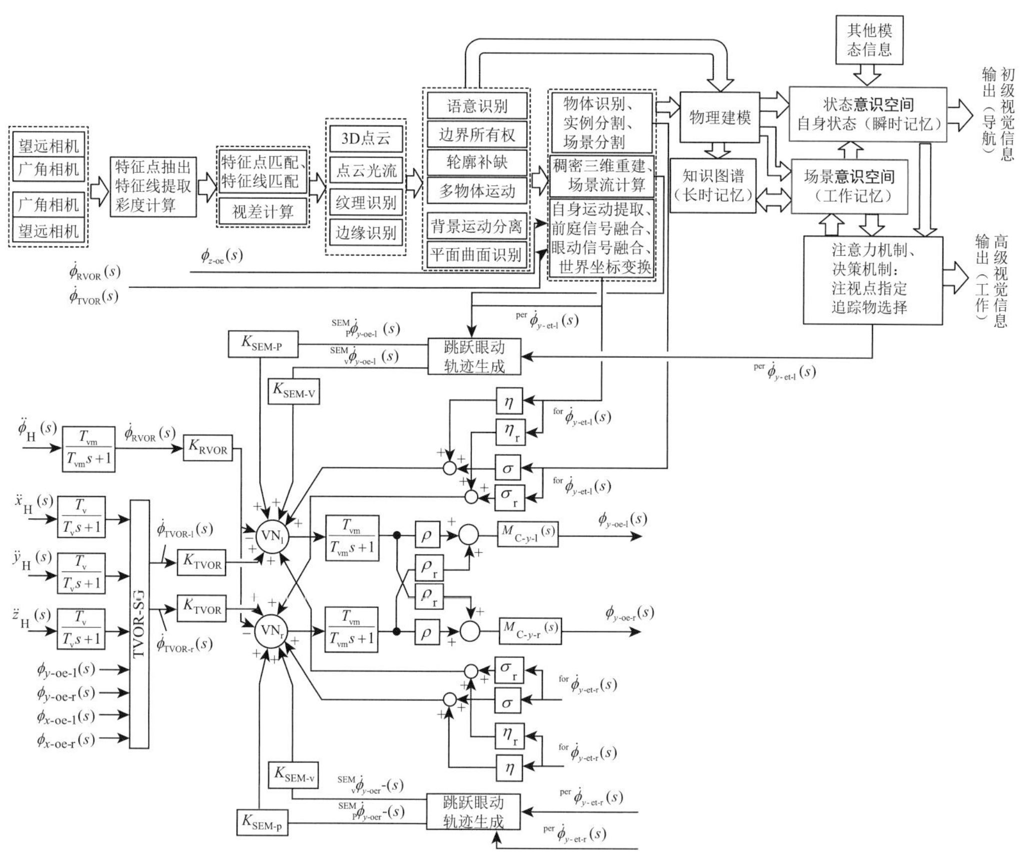

图 16-3　仿生眼的视觉处理及运动控制全系统（水平运动）示意图

图 16-3 所示的视觉处理系统从左至右逐级简介如下。

（1）左右眼的每只仿生眼球都包含周边视相机（广角相机：短焦镜头、鱼眼相机等）和中心视相机（望远相机：长焦镜头）。当每只眼只用一台高分辨相机时，可以把中心部分的图像当成中心视来考虑。

（2）通过特征点和特征线的提取算法（参考 11.1 节），获得特征点和特征线。

（3）利用以上结果，通过特征点及特征线的匹配获得：①双眼相机间视差；②每台相机的帧间视差（参考 11.2 节）。

（4）利用相机内外参：①把双眼相机视差换算为各特征点及特征线相对于头部坐标系的 3D 坐标，称为 3D 点云；②把每台相机的帧间视差换算成特征点和特征线的速度信息，称为点云光流；③通过上述 3D 点云和点的速度信息，融合获得场景流；④通过特征点和特征线及一些微分运算获得纹理和边缘信息及相关特征向量（参考 11.2 节和 11.4 节）。

（5）利用上述结果和图像进行：①语义识别（参考 14.2 节）；②语义边缘识别（参考 14.3 节）；③边界所有权识别（参考 14.3 节）；④根据图像语义、边界所有权及场景流，获得不同物体的 6 自由度运动信息（参考 11.4 节、14.1.4 节等）；⑤根据不同物体运动信息获得背景运动信息（参考 14.2.2 节、14.2.3 节）；⑥根据语义、语义边缘信息及语义边缘内的特征点、亮度变化（中心部亮为凸面，中心部暗为凹面）、彩度信息获得平面及曲面信息。

（6）在以上各处理结果的基础上，进行①物体识别、实例分割、场景分割处理（参考 14.2.3 节）；进而求解②稠密三维重建（参考 14.1 节）和③稠密光流（参考 11.4 节）；根据背景运动、前庭信息及眼肌信息获得④自身在世界坐标系中 6 自由度的运动速度（参考 14.1.4 节）；根据①～③的信息建立环境物体的物理模型，根据④设置自身模型的位姿及速度和运动方向，并实时输入状态意识空间。状态意识空间是该视觉传感器建图和定位的信息存储器，该信息可以被载体的中央控制器随时调用，用于 SLAM。

（7）通过语义信息和实例分割等信息与语音语义及体感语义结合，获得①对环境态势的理解；②通过物理建模获得新识别到的物体；③通过长期记忆获取已知物体的模型。通过上述所有运算结果构建场景意识空间并**把场景意识空间的数据作为仿生眼系统的输出**。

（8）根据场景意识空间的状态通过注意力机制算法（将在 16.2 节介绍）选出：①最佳注视点坐标传递给跳跃眼动控制信号生成系统（相当于上丘，参考 7.8 节）；②选择注视或追踪目标物体把追踪视差传递给视觉反馈控制系统（相当于前庭核，参考第 13 章）。

通过上述介绍，可以得知仿生眼系统不仅是一个传感器系统，也是一套具有主动性的控制系统。与普通传感器不同，仿生眼系统的输出以意识空间的形态呈现，用户可以根据需要在意识空间中自由地选择所需信息。然而，由于大多数信息都相辅相成，用户不能要求系统不进行其他信息的运算。仿生眼系统根据意识空间进行分析判断，选出现在或下一个需要注视的目标的过程及方法，称为注意力机制。注意力机制已经属于一种“决策”行为，下面将对目前为止类似的相关研究进行简要介绍。

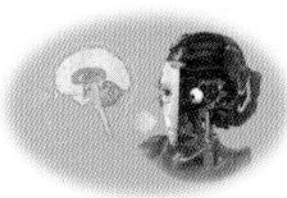

16.2 注意力机制

从表 16-1 可以看出，与顶叶外侧的注意力机制相对应的机器视觉研究是仿生眼视线控制的关键。如果仿生眼的运动控制功能完备，却不知该看什么地方，视觉系统的运动控制就失去了很大一部分意义。因此，用于仿生眼类脑系统的一个必须解决的问题就是注意力机制的构建，这也是智能视觉系统迈向自主意识的第一步。目前机器视觉领域的注意力机制的研究都是基于场景刺激产生的最原始和最基础的注意力转移方式，尚未考虑人的主观能动性及个人喜好或需求。

面对复杂场景时，人眼视觉系统首先对采集的视觉信息进行筛选，随后对重要的信息进行额外处理，同时伴随着视线向该重要信息发生位置的移动。当中心视野对准注视物体时，小细胞通道（P 通道）至颞叶会进行物体识别，特别是会在 FFA（纺锤状面部区域）进行类内识别。因此，基于大脑的视觉注意力机制，人眼视觉系统有着较强的实时场景分析能力。

一般，较低层的注意力机制可以理解为对速度、色彩、结构、距离等的敏感机制，

如运动的物体，特别是朝向自己运动的物体会成为首先被注视的对象，其次是色彩鲜艳的物体及结构复杂（特征点多）的物体，再次是离自己近的物体。而较高级的注意力机制应该是与自己关系密切的物体，如人、动物、食物等，更进一步是自己关心的物体，如天敌、异性等。更高级的是为了某种目的而去主动观察的注意力机制，如侦探的现场勘查等。

目前机器视觉领域的注意力机制基本还处在较低层次的初级阶段，主要原因还是缺乏与其他视觉处理最新成果（如全景分割、人脸识别等）的有效融合，特别是缺乏像意识空间这样的概念和系统，无法将各种视觉、非视觉传感器的信息处理结果及欲望、目的等个体需求和外部命令等汇聚一堂，较难实现互相参考利用的机制和算法集。

当前在计算机视觉领域中研究注意力机制的方法主要分为两大类：人的注视点预测和图像的显著性目标检测。其中，注视点预测模型旨在预测人类在看向场景时的注视点位置，进而模拟人眼注意力行为；显著性目标检测则旨在对场景图像中的显著目标进行识别与分割。

16.2.1　注视点预测

传统方法通常基于各种手工提取特征进行注视点的预测，例如，Itti 等[1]开创性地提出了利用颜色、强度（亮度）和方向三个特征通道的预测模型，为该领域未来模型的设计奠定了理论基础和评估标准。Harel 等[2]则进一步引入了基于图像的显著性模型，在包括强度、颜色和方向等各种图像映射上定义马尔可夫链，最终构建连通图像各位置的图像模型，并将平衡分布计算为显著性值。Le Meur 等[3]结合彩色、消色差及时空的信息，将预测模型进一步扩展到了时空领域。相比基于手工提取特征的传统方法，深度神经网络可以自动学习图像表达，因此随着深度神经网络模型理论的发展及 GPU 算力的提高，研究者们相继提出了许多基于深度学习的解决方案。目前，基于深度学习模型的注视点预测方法主要分为基于静态图像与基于视频序列两种。

1. 基于静态图像的注视点预测模型

Vig 等[4]于 2014 年首次引入深度卷积网络构建注视点预测模型。该工作提出的深度网络集合（ensemble of deep networks，eDN）通过融合来自不同层的特征图，进而自动学习显著性预测的表示（图 16-4）。

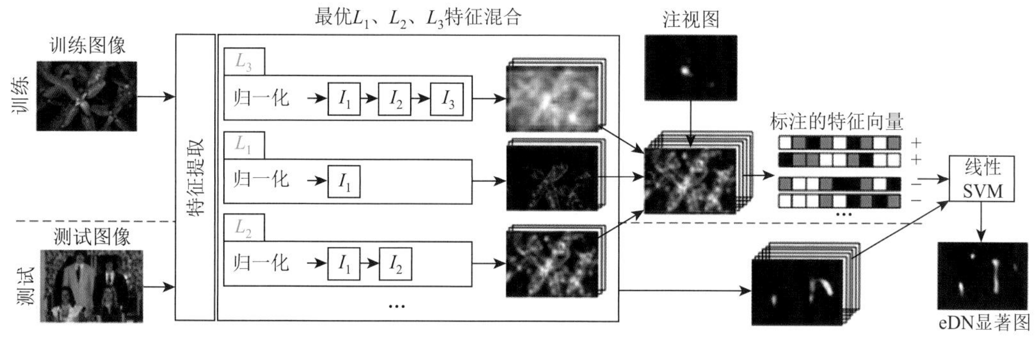

图 16-4　eDN 模型流程图[4]

与面向特定类别的检测或识别任务不同，图像注视点的真值样本很难大量获取，因此基于迁移学习（transfer learning）的模型也相继被提出，即将从某一具有大量真值样本数据的任务中学习到的特征应用在新的任务中。DeepGaze Ⅰ[5]是第一个将 ImageNet 预训练学习的特征应用到显著性领域的。该工作首先在 ImageNet 数据集对 Alex Net 卷积网络进行权重预训练，随后利用读出（readout）网络进一步调整特征，并利用模糊与中心先验及 softmax 生成注视点概率。随后，DeepGaze Ⅱ[6]又利用 VGG19 对模型主干网络进行更新，DeepGaze ⅡE[7]则进一步结合若干骨干网络，利用模型间和模型内的互补性提升预测准确度，并提出了置信度校准方法对模型性能进行分析与优化（图 16-5）。

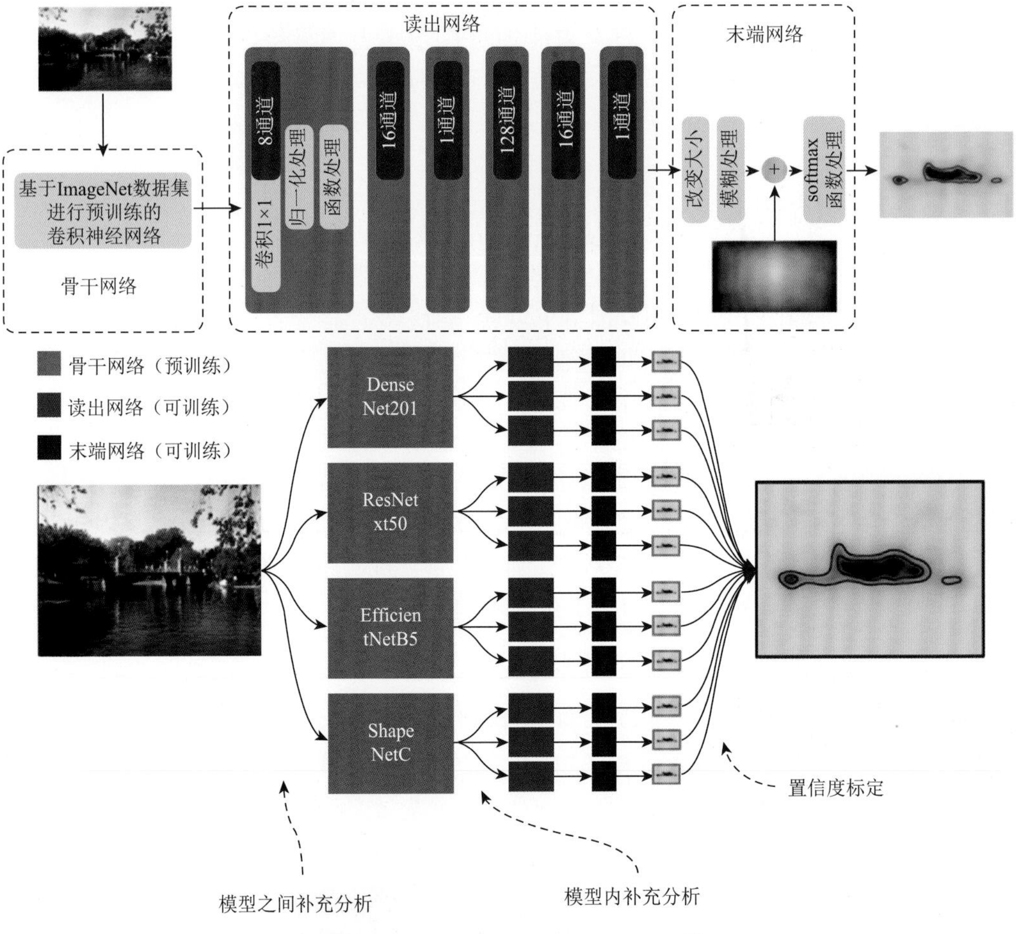

图 16-5　DeepGaze ⅡE 模型流程图[7]

2. 基于视频序列的注视点预测模型

基于视频序列的注视点预测模型旨在模拟人类观看动态场景时的注视模式。目前主流的方法一般是结合 LSTM（long short-term memory，长短期记忆网络）技术，或者利用光流信息实现帧间注视点显著性的获取。例如，Bak 等提出的时空卷积融合网络 STSConvNet 模型（图 16-6）[8]，利用单独一分支网络处理光流信息，并基于元素融合和卷积融合策

略以整合空间和时间流，进而预测给定视频帧中的注视点。ACLNet[9]提出了基于帧的注意力模块，利用帧级掩码促使 LSTM 更好地捕获长期的动态显著性（图 16-7）。

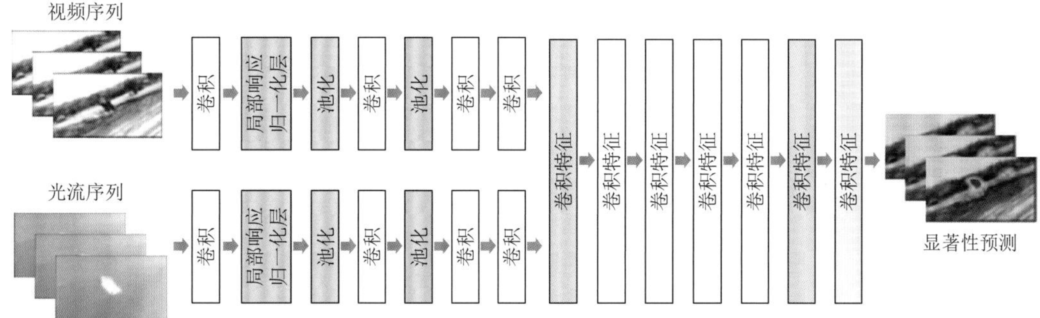

图 16-6　STSConvNet 模型流程图[8]

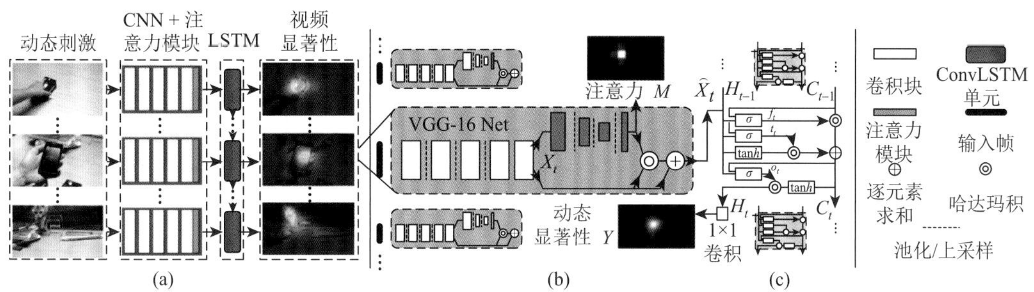

图 16-7　ACLNet 模型流程图[9]

（a）基于注意力的 CNN-LSTM 体系结构；（b）带有注意力模块的 CNN 层用于学习框架内静态特征，其中通过静态显著性数据的监督学习注意力模块；（c）用于学习序列表征的 ConvLSTM

随后，为能够同时对时空信息进行处理，一些新的工作将 3D 卷积引入模型中。TASED-Net[10]提出了一种 3D 全卷积网络结构，利用编码器网络从连续数帧的输入片段中提取低分辨率的时空特征，然后预测网络对编码后的时空特征进行空间解码，同时对所有的时间信息进行聚合（图 16-8）。STAViS[11]则进一步将听觉引入注视点检测中，提出了一种新的时空视听显著性网络，通过多阶段融合策略结合视觉和听觉信息，在视频

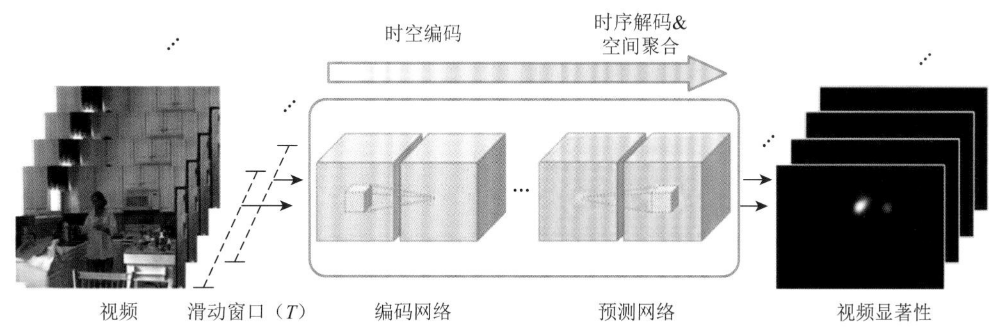

图 16-8　TASED-Net 模型流程图[10]

中进行声源定位，然后将时空听觉显著性与时空视觉显著性融合，从而得到最终的视听显著性图（图 16-9）。

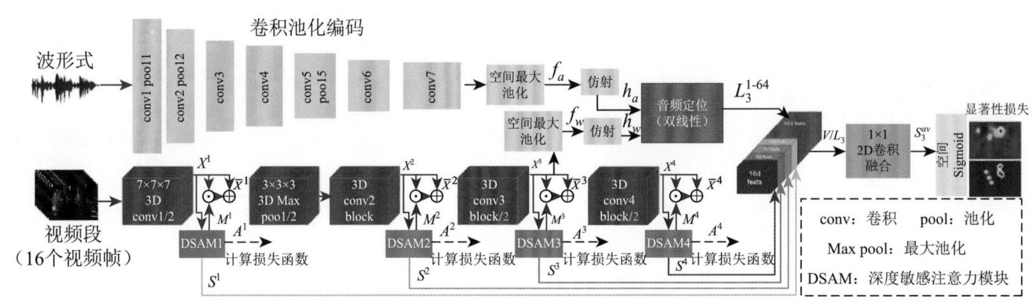

图 16-9 STAViS 模型流程图[11]

16.2.2 显著性目标检测

Liu 等[12]首次将显著性检测问题看成二值分割问题，结合局部特征、区域特征和全局特征对显著性物体进行表示，并构建条件随机场，进而将图像块标记为显著性或非显著性。然而，传统算法过度依赖于图像底层特征和先验假设，导致其无法适应复杂场景及多样化的目标。目前，基于深度学习的显著性目标检测已成为主流，主要包含基于 RGB 图像、RGB-D 图像及协同检测的方法。

1. 基于 RGB 图像的显著性目标检测模型

早期基于深度学习的显著性目标检测算法通常将传统的人工特征融合进检测过程中，在人工特征的基础上提取有效的深度显著性特征，进而检测出图像中的显著性区域。例如，He 等[13]提出的 SuperCNN 方法，将输入图像分割成不同尺度的超像素，计算每个超像素的对比度序列和颜色分布序列，分别输入卷积神经网络中，学习得到深层次显著性特征。虽然这种非端到端的方法能够人为预先完成一些特征的提取，降低网络的设计规模，但是输入端复杂的数据结构也增加了网络设计的难度。由于显著性检测问题本质上可看成二值分割问题，因此很多工作将已在语义分割中取得较好效果的全卷积网络（FCN）应用在显著性检测任务上，并通过引入各种注意力模块（图 16-10）[14, 15]、多尺度特征集成方法（图 16-11）[16, 17]实现对显著性目标端到端、逐像素的精准检测。

2. 基于 RGB-D 图像的显著性目标检测模型

虽然基于 RGB 图像的显著性目标检测模型已取得较好的性能，但当前景和背景之间的颜色对比度很低或背景很杂乱时，显著性检测的精度较低。因此，目前也有较多研究工作基于 RGB-D 图像信息进行显著性目标检测，目的是利用深度信息增加空间约束。例如，DMRANet[18]提出了一种新的基于深度信息引导的多尺度循环注意网络，通过深度信息引导实现显著性目标的精准预测（图 16-12）。

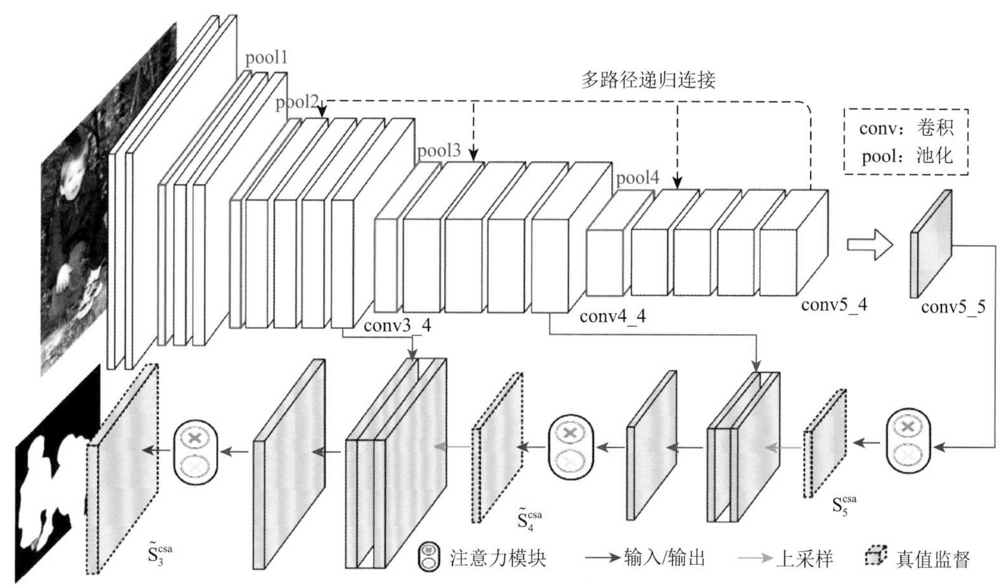

图 16-10　基于自注意力模块的显著性目标检测模型[15]

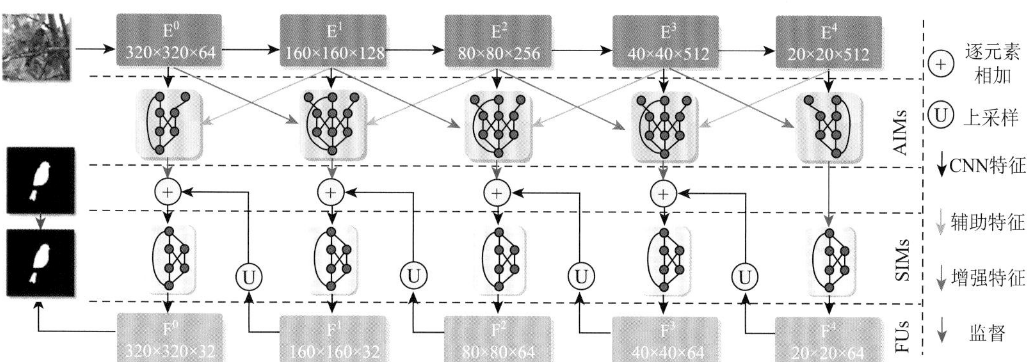

图 16-11　基于多尺度特征集成的显著性目标检测模型[17]

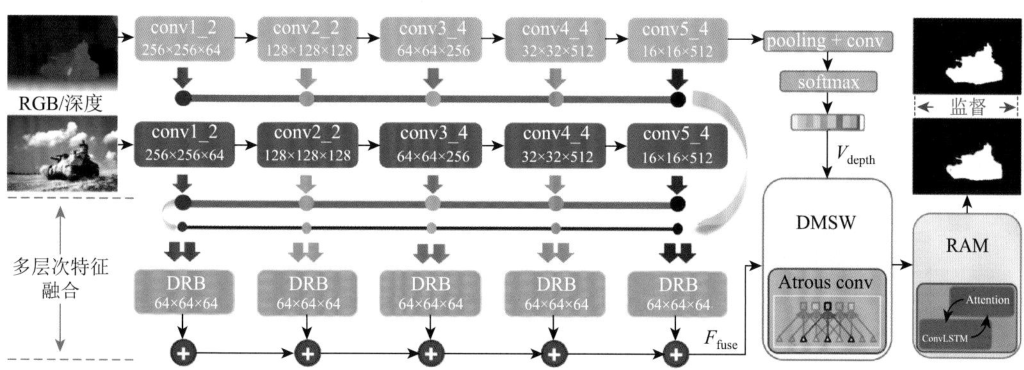

图 16-12　DMRANet 模型流程图[18]

Zhang 等[19]提出了一种基于全局位置和局部细节互补的 RGB-D 显著性检测框架，通过设计一个互补的交互模块实现从 RGB 和深度数据中有区别地选择有效特征，并准确定位显著性目标的边缘细节（图 16-13）。

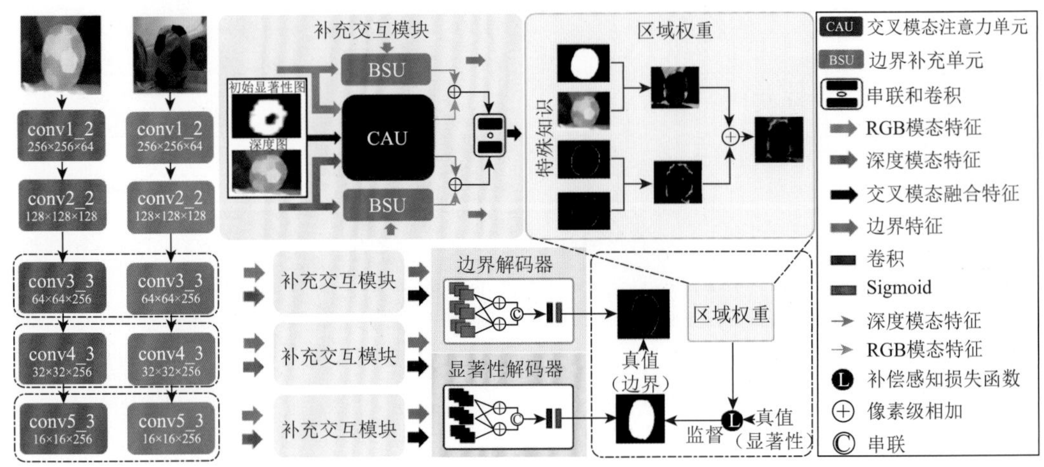

图 16-13 基于全局位置和局部细节互补的 RGB-D 显著性检测模型流程图[19]

Sun 等[20]提出了一个基于深度敏感引导的建模方案，利用深度几何先验实现 RGB 特征增强和背景干扰减少，并提出了一种结构自动搜索方法，从而在多模态多尺度搜索空间中找到可行的结构（图 16-14）。

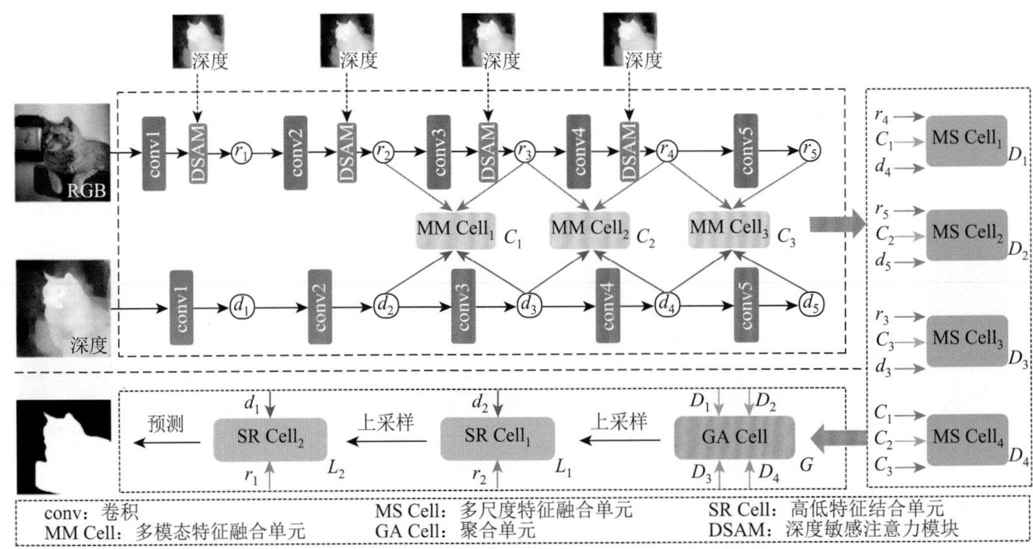

图 16-14 基于深度敏感引导的显著性建模流程图[20]

除了对网络中特征融合结构的研究，也有部分学者对多模态特征之间的冗余去除及特异性保持进行了研究。例如，Zhang 等[21]提出了一种基于互信息最小化的多级级联学

习框架，利用互信息最小化约束缓解外观特征与几何特征之间的冗余，进而实现特征间的有效融合（图 16-15）。Zhou 等[22]对如何保留多模态融合时特定的通道特征进行研究，提出了一个用于 RGB-D 显著性检测的特异性保持网络（SP-Net），它通过探索共享信息和模式特异性来提高显著性检测的性能（图 16-16）。

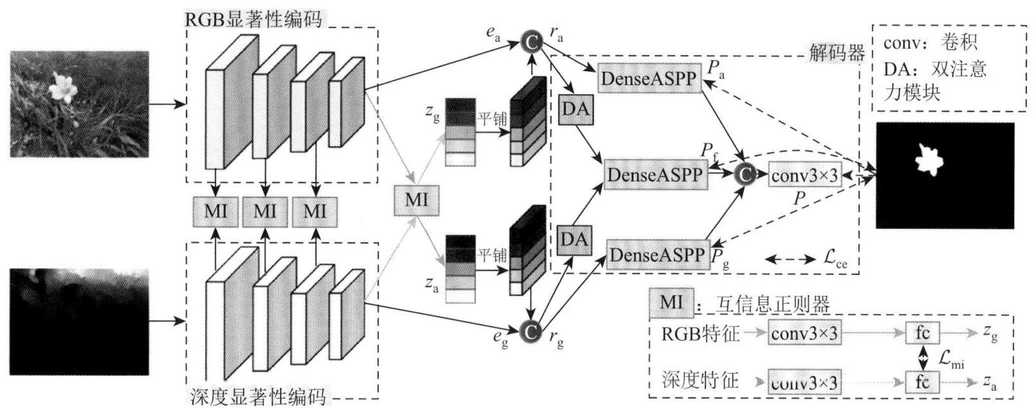

图 16-15　基于互信息最小化的多级级联学习模型流程图[21]

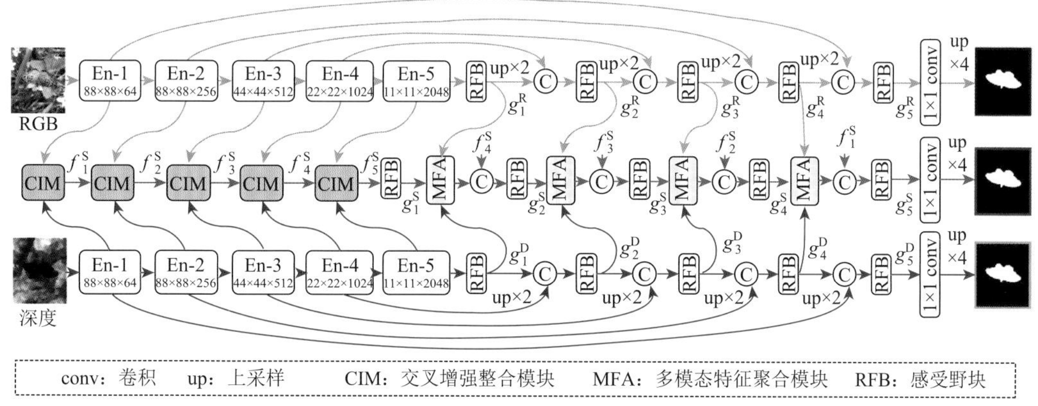

图 16-16　SP-Net 模型结构图[22]

近年随着 Transformer 在计算机视觉领域的成功应用，目前也有学者将 Transformer 这种可以建立长范围依赖关系的优势应用在显著性目标检测中。例如，Liu 等[23]提出了一种新的显著性目标检测的统一模型，即视觉显著性 Transformer（visual saliency Transformer，VST）。它将 RBG 和深度图分块作为输入，利用转换器在块之间传播全局上下文，为显著性目标检测领域提供了一个新的视角（图 16-17）。

3. 基于协同显著性检测的模型

协同显著性检测（co-saliency detection）是目前又一新兴的显著性检测研究分支，旨在检测多幅场景图像中的公共显著性目标。该任务的关键问题是如何对同时出现在每幅图像内和所有相关图像中的协同显著部分进行建模。Zhang 等[24]在图像的协同显著性检

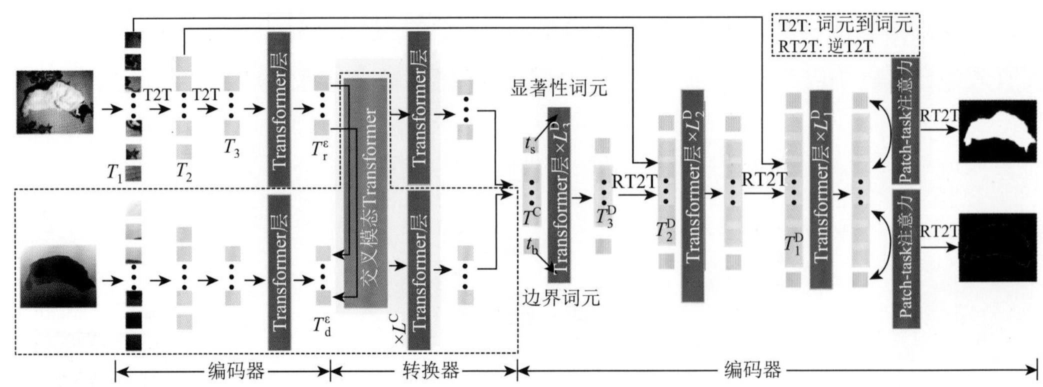

图 16-17 VST 模型流程图[23]

测问题中，提出了一个分层图像共显著性检测框架，利用掩模引导的全卷积网络结构生成初始的共显著性检测结果，随后再利用新提出的多尺度标签平滑模型来进一步细化检测结果（图 16-18）。

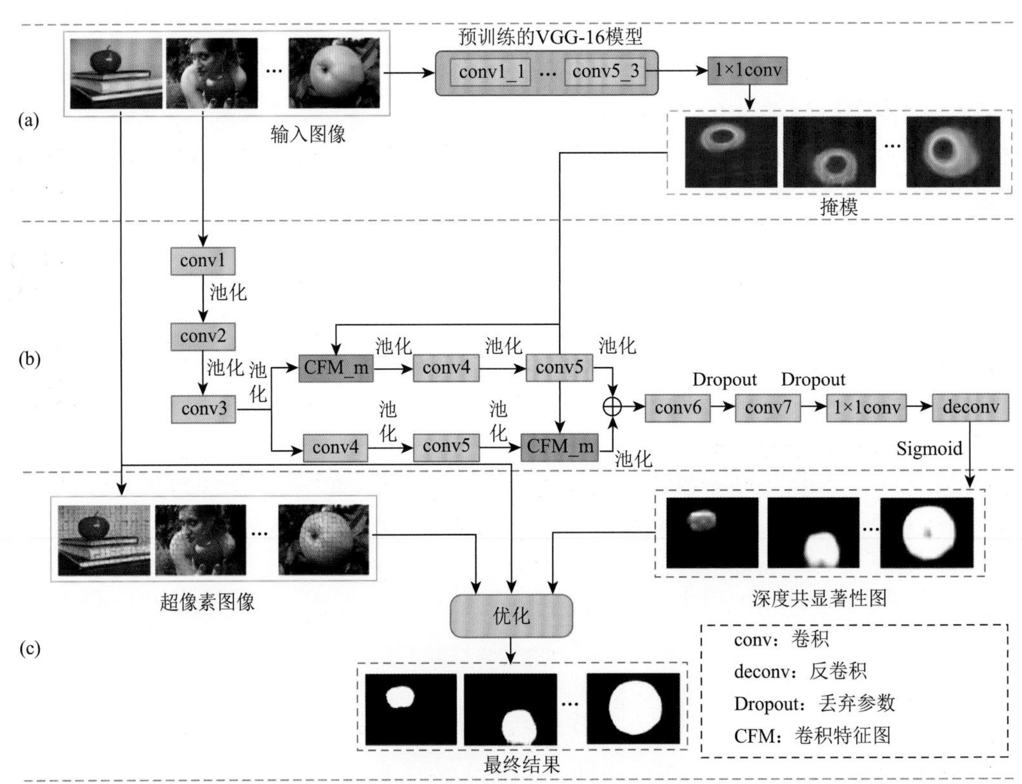

图 16-18 分层图像共显著性检测模型流程图[24]

与此同时，有研究发现卷积神经网络对图像组中共同显著区域的建模有一定的局限性，主要表现在对图像间非局部依赖关系无法精确捕捉。为了解决这一问题，Zhang 等[25]进一步提出了一种具有注意图聚类的自适应图卷积网络（GCAGC），利用图卷积网络提

取信息线索，以此来表征图像内和图像间的对应关系，并利用注意图聚类算法，以无监督的方式从所有突出的前景对象中区分出公共显著对象（图 16-19）。

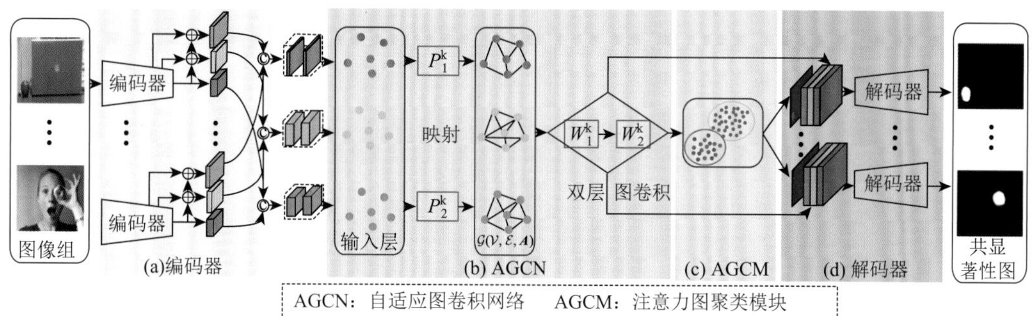

图 16-19　GCAGC 模型流程图[25]

16.2.3　注意力机制的发展方向

上述注意力机制的算法虽然在复杂场景下还不尽人意，但是已经可以使仿生眼的“眼神”不再呆滞。注意力机制是仿生眼视线控制的关键。在执行任务的过程中，仿生眼首先需要实现对运动、色彩、结构、距离、声音等初级感知的基础注意力，其次是实现依托识别和认知才能达到的高级注意力，最终形成本能和意识的注意力。具体实现思路如下。

1. 基础注意力机制

（1）尽快发现发生变化或运动的物体。因为大部分情况，不动的物体不仅危险性不大，而且在较早阶段已经观察过（已经建模），不需要再耗费精力。而运动物体中，朝向自己运动的物体最危险，而这种朝向自己的运动方向，因特征点的移动量小，只检测特征点在画面中的移动速度不易被察觉。双目视觉可以让朝向自己方向的特征点体现在视差上，少许的像素位移能够在视差上得以放大，尤其是在近距离位置，所以视差的变化对注意力的影响应该是巨大的。因此，通过图像的帧间特征点匹配与双目间特征点匹配结果共同得到的视差变化是影响注意力的重要参数。另外，三维的光流（场景流）计算结果对注意力机制也起到重要作用，以及物体的体积变大也是引起注意力的重要参数。

（2）随时发现颜色特殊、光鲜形状怪异的物体。因为它们与周边环境的颜色或形状不协调，说明很可能是新来的物体，或者该物体本身代表着一种警告（例如，毒蘑菇或毒虫的颜色都比较鲜艳），需要格外注意（参考 16.2.1 节的 1. 基于静态图像的注视点检测模型）。

（3）结构复杂、特征点多的物体或部位。这种物体或部位一般隐含的信息量比较大，同时也预示着需要耗费更多的时间和算力去处理，视线需要围绕该物体或部位多看一些时间。例如，观察人脸的时候，视线会在眼部逗留更长的时间，其次是口鼻处。

因此，特征点密度作为显著性的一个因子，算法简单且有效（相关研究不多，可参考图 16-13）。

（4）距离自己近的物体。一般情况，离自己越近的物体，越容易引起注意，因为无论是作为障碍物，还是与自己发生某种关系，都是越近影响越大。因此，能够体现距离信息的三维重建结果影响注意力是必然的（参考 16.2.2 节的 2. 基于 RGB-D 图像的显著性目标检测模型）。

（5）有声音的物体。发出声响的物体代表着重要的信息，人眼会不自主地转向该物体。当然，音源定位主要是听觉功能，视觉为辅助，例如，即使音源定位不够准确，但听到犬吠，视线自然会快速落在狗的身上（参考图 16-9）。

以上这些基础注意力机制，可以通过对注视点预测及显著性目标检测的各种算法进行适当整合实现，基本上可以得到较好结果，并满足实用需求。

2. 认知性注意力机制

通过视觉对物体的识别功能来构建的高级注意力机制，称为识别与认知性注意力机制，可以将这种机制分为先天性和后天性两种。

（1）先天性认知注意力机制。动物对某些物体的识别能力存在先天性。例如，一只从未见过老虎的狗，在见到比自己小的老虎模型时也会产生剧烈反应。先天性的识别反应很快，说明其的处理未经过高级决策脑区。又如，大街上男性对年轻女性的扫视是高频发生的现象，这是由于该注意力机制是先天性的，几乎不经过大脑决策中枢，所以很难自制。先天性认知注意力机制是通过遗传子积累的数百万乃至数千万年的经验，是生命长期学习的结果。大部分的先天性认知注意力机制表现不明显，甚至隐藏在后天性认知注意力机制的背后。例如，对于某种事物或环境有一种潜意识的恐惧，恐高症也许应该属于比较明显的一种先天性认知注意力机制。

（2）后天性认知注意力机制。相对于先天性认知注意力机制，后天性认知注意力机制更加多见，是后天学习的结果。人类在成长过程中会大量学习对各种物体的认知能力，具有高超的识别功能，因此假设一名画家和一个银行柜员同时参观一系列不同的生活场景，画家往往不自主地就会更多地关注墙上的画作、陈列的艺术品、色彩鲜艳的布料等，而银行柜员对可能出现的现金、支票、验钞机等会更加敏感。这就是后天学习对注意力产生的影响，即后天性认知注意力机制，往往也不是刻意或者可控的。

3. 任务驱动型高级注意力机制

简单的任务驱动下的高级注意力机制在生活中无处不在，例如，当要寻找某一物体时，只要认识该物体，视觉系统就很容易发现该物体，视线也会快速对准该物体。相应地，执行外部指令去寻找某一物体时，类似物体的显著性就会提高。这些都依赖于视觉的语义分割、实例分割、全景分割的能力。当然在执行特定复杂任务时，如开车，道路上的障碍物就会成为优先级最高的显著性物体。因此，执行不同的任务，注意力机制需要能动性地进行改变。在机器头脑需要一头多用时，这种机制不可缺少。

16.3　多模态信息融合

眼球运动控制系统本身至少需要三种信息的融合，包括来自视网膜的信息、来自前庭器官的信息以及来自眼肌伸张受体的信息，而这三种信息可以进一步分离为中心视与周边视、三自由度平移加速度和三自由度旋转加速度、三对眼肌的拉伸长度所代表的三自由度眼球旋转角度，还要考虑两只眼睛的信息相互交叉利用。因此，仿生眼系统的最低配置是能够实现 4 路视频、12 路 IMU（6 自由度 IMU×2）、6 路转角传感器（编码器）的信息的融合控制。如果模仿人眼，还需要进一步考虑来自听觉的信息和来自触觉的信息。

另外，来自视网膜的经过上丘处理后进入前庭核的信息，与经过视皮质处理后通过背侧通路和腹侧通路的信息，从本质上已经是不同类型的信息了。同样，来自前庭器官的直接进入前庭核的信息与经过小脑后再进入前庭核的信息的类型也不同。同种信息经过不同脑区，无论是处理时间还是传递时间也都不一样。因此，研究仿生眼的视觉处理系统和运动控制系统，必须研究信息融合的问题。

16.3.1　信息同步

信息融合的第一步就是信息同步。信息同步包含同步采集和时间配准两种类型。

（1）同步采集是指各传感器在同一时刻采集信息，以保证采集到的信息是在同一时间节点上的。例如，仿生眼的每台相机拍摄图片的时间如果不相同，移动物体在各相机拍摄到的图片中的位置就不同，自然无法通过三角测量算法获取该移动物体的准确位置。一般用于机器视觉的相机都有同步触发接口，只要在同一时刻给每台需要同步的相机发送触发信号即可解决同步问题。但在高速移动的载体上使用仿生眼，则对同步触发信号的误差要求很高，此时需要特别设计同步电路。例如，笔者团队设计的双目相机的同步精度在 70ns 以内，这也就保证了即使在高速飞行的飞机或火箭上使用，仍然可以拍到准确的 3D 图像。

（2）时间配准是指当同步采集无法实现时，通过给各路信息打时间戳的方式，使各信息在处理时达到时间上的尽量对齐。可以说，时间配准是在做不到同步采集情况下的一种被动信息同步的手段。以下是仿生眼所需采取的时间配准的方案。

图像与转角信息的时间配准：仿生眼的相机在拍摄某帧图片时，该时刻的转角传感器的信息需要同步记录下来，否则图像与相机位置不匹配，无法使用三角测量算法来获得拍摄对象的准确位置。由于电机编码器（转角传感器）的采样速度足够快，只要在系统输入编码器信号时定期打上时间戳即可。在图像拍摄瞬间找到编码器信号最近的时间戳，与图像帧的时间戳进行对比，因采样周期一定，便可以轻易找到离图像拍摄瞬间最近的编码器的信息。

图像与 IMU 的时间配准：一般的 IMU 传感器因无法通过触发信号来采集与图像同

时刻的信息，从而需要使用时延小且可以高频输出的 IMU 传感器，并在系统输入 IMU 信号时，给信号打上时间戳。具体做法与转角传感器相同。

视听信息的时间配准：采集音频信号的麦克风阵列，不仅在测量音源位置时需要各麦克风之间相互同步，与相机配合时也必须考虑同步问题。但是，因为音频是连续的频率信号，与相机的帧图像采集时间进行同步比较困难，所以一般也采用打时间戳的方法进行时间配准，让视频的每一帧的采集时间与音频的采集时间尽量接近。由于时间戳可以分别保存在音频和视频信号里，因此可以保证这两路不同质的信号在不同区域或时间段进行不同的处理，即使分别存储在不同位置，仍然可以在融合对比时进行时间配准。

16.3.2 多模态信息的语义融合

同类型的信息融合较为简单，如加速度信息、速度信息、位置信息都同属于一种类型信息。在第 6 章和第 8 章的眼球运动控制系统的模型中，将视差信息、前庭加速度信息及眼肌伸张受体的位置信息通过反馈和前馈回路融合在一起，各种信息优势互补且基本互不干扰。但是当信息属于完全不同的模态时，就无法进行单纯的融合了。参考人脑的处理模式会发现，视觉、听觉、体感三大类型的信息都是先经过独立处理，在单模态联合野中获得较明确的结果后再进入多模态联合野与其他模态的信息进行融合（参考图 5-17、图 5-20、图 16-1）。

在眼球运动控制系统中，将视网膜的视差信息（视标或特征点在双眼间的视差代表距离；视标图像在视网膜上的移动，单眼相机帧间图像的视差代表速度）、前庭器官的头部加速度信息，以及眼肌伸张受体的眼球转角信息当成同一种模态的信息来处理，因此融合起来非常容易和直接。但是，视网膜信息与前庭信息在初期阶段完全不同，属于不同模态，只有当视网膜信息经过大脑处理，获得了视差信息后，才可以成为与前庭信息相同模态的信息。因此，笔者认为，多模态信息融合在各模态信息的初级阶段，大部分情况是无法直接融合的，只有经过各自的处理，达到了某种具体的同类信息后，才可融合。例如，初级的视觉和听觉的融合可以是视觉处理获得某物体的位置信息，听觉处理测得声源位置信息，两个位置信息进行对比与融合就很自然了。这种初级的视听融合可以知道某物体是否在发声，知道某人是否在讲话。而讲话的人是谁，穿什么衣服与讲话的内容是什么，这种信息之间的关系都是靠相同模态的信息“位置”取得联系的。如果需要获取“讲话的人是谁”“穿什么衣服”与“讲话的内容”间的进一步关联，属于另一层次的研究，应当在场景意识空间中进行讨论。

更深层次的视听融合，可以是视觉通过图像处理获取图像中的语义信息，听觉通过解码语音得到语言中的语义信息，两者在语义级别上可以进行融合处理。笔者推测，这一级别的处理神经元的位置应该在大脑韦尼克区的多模态联合野(参考图 5-23、图 5-24)。例如，视觉识别文字，听觉把语音翻译成文字，两者就可以形成关系。更进一步地，耳朵听到语言中讲到“马”，视觉发现场景中的“马”，从而产生联系，并调动眼球旋转去注视场景中的马，这就是更高级的视听融合处理了。当然，因为视听信息分别处理，所

以不一定同时产生结果，当先听出语音中的“马”后，更容易从环境中辨别出马，同样，先看到马后，更容易从语音中分辨出“马”的发音，两者相辅相成、互相促进。这些应该是可以从每个人的日常生活经验中体会到的。因此，多模态信息融合需要将不同模态的信息处理成有具体意义的信息，然后进行融合是较容易理解和处理的方式。第 14 章的视觉语义感知算法可提取视觉语义，声音语义提取在听觉处理领域已有比较成熟的算法，此处不再介绍。

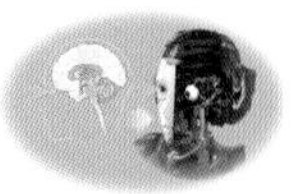

16.4　类脑芯片的开发与云脑系统

由于目前几乎所有的电子产品都是以二进制运算为基础的数字电子技术的产物。第 4 章说过，以冯·诺依曼架构为基础的数字电子计算机的原理在某些运算能力上无法与神经细胞的模拟脉冲计算原理相抗衡，而近年兴起的类脑芯片，虽然不断模仿神经细胞的运算原理，但在本质上还是没有完全摆脱二进制数字电路的局限性。因此，小型、低功耗、大算力的生物大脑在短时间内很难被电子计算机技术所超越。

为了让机器头脑在某些能力上超越人脑，一般可以考虑两个方向上的发展与融合。在机器端，发展具备基础性能、可解决需要快速应对现场需求的计算及功能单元；在云端，发展需要大数据、大算力的云脑系统。通过互联网，机器端把在现场获取的经过初级加工和整理过的信息传给云脑，云脑把大数据及其他设备传来的信息，通过复杂和大算力计算得到结果并传回给机器端。由于云脑可以同时接收大量的不同地点的机器端的信息，同时又可以利用大型知识库和几乎不受限制的算力，因此云端结合会使机器头脑获得巨大的潜能。以后，我们所说的“机器头脑”都包含两个部分：端脑和云脑。为了区别于人脑中的“端脑”，机器端脑也可以称为“机端脑”。

16.4.1　机端脑芯片的开发

为了解决 CPU 不适合人工神经网络的大规模并行计算的问题，专用于神经网络计算的芯片应运而生。现在有两种发展方向：一是沿用传统冯·诺依曼架构的大规模并行计算芯片，主要以 NPU、GPU 芯片为代表；二是采用人脑神经元结构设计芯片来提升计算能力，称为类脑芯片。端用人工智能芯片［以英伟达（GPU）、Arm（NPU）、寒武纪（NPU）为代表］或类脑芯片（以 IBM 的“TrueNorth”、清华大学的“天机芯”等为代表），可以大幅度提高机端脑和云脑的智能计算能力，并减小功耗与体积。目前，相关研究和产品正处于高速发展阶段，不断涌现出新企业、新芯片。

无论是 NPU、GPU 芯片还是类脑芯片，目的都是提高神经网络的运算能力，可以用于现有人工智能系统的各个运算单元，芯片本身不涉及具体算法。本章从另一个角度论述一下构建机器头脑系统所不可或缺的或急需的系统专用芯片。

16.3.1 节说明了信息同步对多模态信息融合的必要性。笔者认为，机端脑系统必须具备多种传感器的信息接收与处理能力，以应对机器头脑在复杂多变环境中的信息同步采集和快速反应的需求。因此，用于机端脑的，具备多传感器信息同步采集和快速整理功能的模块，必不可少。因此，开发具备该类功能的 SOC 芯片是目前技术背景下的必经之路。

由于人体的所有感知器官的信号都是通过脑干和间脑与大脑中的端脑联系的，同时端脑的各种动作的命令信号也是通过间脑和脑干传达给每块肌肉的。甚至生命活动的最基本功能都是在脑干和间脑中实现的。也就是说，像很多低等动物一样，没有端脑和小脑新皮质，仍然可以存活。因此，暂且将这种具备最基本信息处理能力的芯片称为脑干芯片，机端脑的主处理器以脑干芯片为中心开发即可。

笔者团队开发的第一代脑干芯片基本构架如图 16-20 所示，具备的基本功能如下。

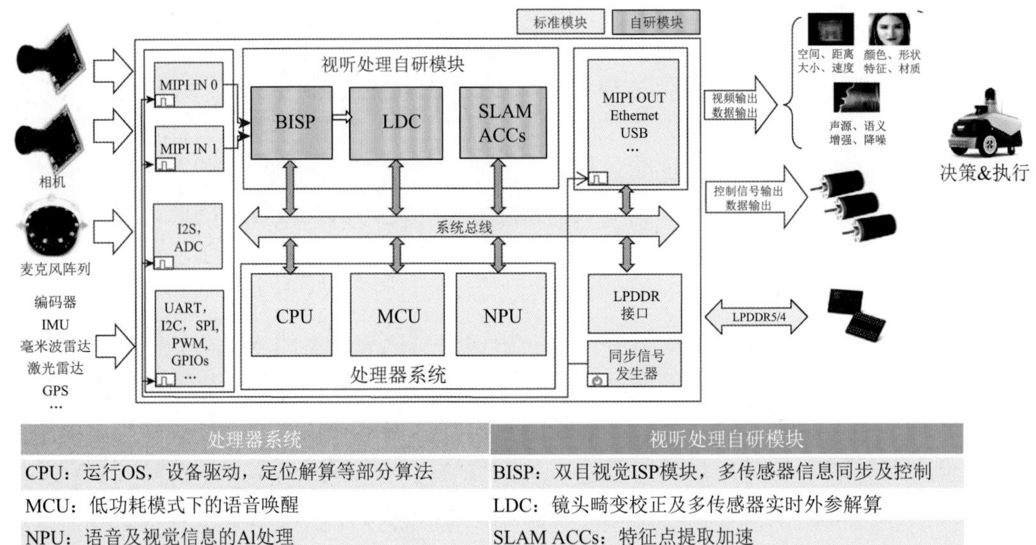

处理器系统	视听处理自研模块
CPU：运行OS，设备驱动，定位解算等部分算法	BISP：双目视觉ISP模块，多传感器信息同步及控制
MCU：低功耗模式下的语音唤醒	LDC：镜头畸变校正及多传感器实时外参解算
NPU：语音及视觉信息的AI处理	SLAM ACCs：特征点提取加速

图 16-20 脑干芯片的基本构架

（1）同步处理：①各相机及传感器的同步触发；②各传感器输入信息的时间戳；③麦克风阵列的同步等。

（2）基础视觉功能的固化：①专门对应双目 ISP 处理的 BISP 功能；②内外参标定；③特征点提取；④误差计算；⑤在线校准；⑥基础三维重建；⑦初步导航功能。

（3）多模态传感器融合：①视听双向唤醒；②声源定位功能；③多传感器冗余信息互补。

（4）电机控制：①并列同步控制 9 台；②串联控制更多台伺服电机。

（5）基础运算功能：①CPU；②NPU；③MCU；④低功耗休眠与唤醒；⑤电源管理等。

（6）脑干芯片间的并联：如果一颗脑干芯片的接口不够，可以多颗脑干芯片相连，采用统一时钟进行信息采集触发和打印时间戳。

图 16-21 是根据上述构架开发的第一块脑干芯片。这一款芯片基本上可以控制一台较复杂的智能机器人。如果需要更好的算力，可以在脑干芯片上叠加高性能的 CPU、NPU 等计算芯片，或者通过网络连入云脑。

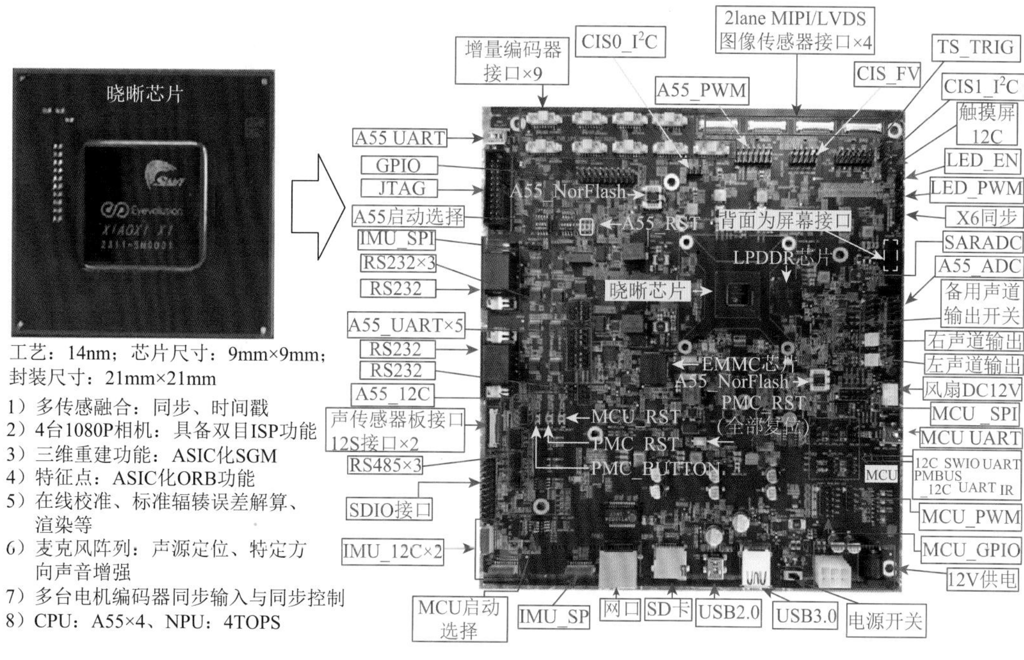

图 16-21　晓晰 X1 脑干芯片及其 EVB 开发板

机端脑和云脑都具备意识空间，端脑的意识空间由脑干芯片的 CPU 和 DDR 进行管理，负责局域地图与场景的构建和导航，大规模意识空间放于云脑，利用大量机器端传来的端脑意识空间的内容进行修正和融合，并对端脑的意识空间进行指导与补充。

16.4.2　云脑的开发

机器头脑优于人脑的特点之一就是可以具备云脑。人脑虽然也可以上网，但是人脑的信息处理方式与互联网不同质，很难将网络信息迅速融会贯通。云脑通过使用大算力将大数据和大量端脑的信息汇总，必将发挥巨大潜力。

笔者团队开发的云脑系统受人脑知识存储特点启发，构建了多模态、多源信息的大规模知识图谱，并且包含用以解析多源异构信息的智能算法库。可与机器头脑交互的云脑系统实现了对无序视觉记忆的语义化识别、结构化存储、有序化分析，最终实现对群体海量信息的宏观分析。

为解决机器头脑的协同问题，需要构建从机器头脑端到边缘节点再到云端的计算架构。端脑与云脑的关系在生物中也有例可循。例如，章鱼大部分神经元不集中在它的头部，它的“大脑”大约有三分之二分布在触手上，也称为“迷你脑”或“附脑”。这些分层组织、高度去中心化的附脑系统用于控制触手及分布其上的数百个吸盘的精细操作；而其余的神经元集中在食管和眼睛之间的中枢大脑，用于记忆与整体行动控制。因此，章鱼的大脑是类似于机端脑和云脑的关系。这使它的八条独立的、灵活的“手臂”能够独立行动、执行指令，并相互协调。同时中央大脑不必被来自每个吸盘的小而连续的信号所困扰，触手也能够迅速、独立地完成高智能的决策与操作。因此，即便拥有庞大的体型，章鱼也能够反应迅速地完成各类精细操作。

云脑作为分布式类脑系统的中枢，部署在云服务器中，也是整个系统的记忆与系统决策中枢，主要以知识图谱、时序图谱的形态记忆空间场景与事件。一系列的智能边缘节点分散在云脑到机器头脑终端间的通信网络中。这些边缘节点依据具体任务需求，部署不同的智能检测、控制服务，使得多个机器头脑可以独立、迅速地完成其自身的复杂操作，同时又可以接收云脑中枢的控制信号，完成复杂的大规模协同任务。

云脑系统能够实现基于图像和视频流的跨场景理解和时序事件提取，为跨场景知识图谱和时序事件知识图谱模块提供数据。在跨场景知识图谱中提供跨场景知识图谱数据展示和基于实体名字查询及基于实体唯一编码的快速查询。在时序事件知识图谱中，展示基于某个时段内的场景和事件，以及基于事件三元组（主语、谓语、宾语）中的主语快速查询。

云脑系统中的智能算法对图像和视频数据进行智能分析后，数据服务中运用知识图谱和大数据技术对数据进行解析，并采用多数据库分工存储的方式，按照数据结构特征存储至相应的数据库中。例如，采用关系型数据库存储具有对应关系的位置与实体数信息，用图书库存储关系、事件三元组，用读写速度快的缓存数据库寄存算法间的业务逻辑和中间数据。

为构建多模态异构信息的大规模知识图谱，笔者团队开发的云脑系统采用了主流的Spring Boot框架整合SSM架构来处理整个系统的业务逻辑，结构化数据持久化到MySQL和Redis中，非结构数据持久化到Neo4j和MongoDB中，以Spring Security作为本系统的认证与鉴权，并通过Mybatis和SpringData JPA来实现系统与数据库数据的交互。Kafka是一种高吞吐量的分布式发布订阅消息系统，可以处理消费者在系统中的所有动作流数据，在机器头脑端与云脑系统智能算法协同中采用这种方式进行数据传输，将极大提升协同计算的效率。

在云脑系统架构中，如图16-22所示，前端UI层与视图层负责Web端用户交互，完成用户访问权限管理，接收指令并通过Ajax方式与服务器进行数据传输，以及处理结果可视化等功能。控制器层负责业务调度，根据用户界面的操作输入，调用相应模型和视图完成用户需求，其本身并不负责业务处理过程。而具体的业务处理则放在服务层，该系统现已开发完成单场景上传服务、多场景上传服务、视频流上传服务，后续还将增加交互式场景生成服务。模型计算层中的算法模块是以深度学习为主的数据处理方式支撑服务层，通过算法模块的不同组合和业务逻辑实现特定功能服务，该系统中现已完成目标识别、事件及关系提取、前后景分割、目标追踪、场景语义理解、人脸识别等算法模块。数据管理模块将按照不同数据类型，选择适当的存储方式，合理、高效、灵活地进行数据存储与管理。

云脑系统目前在实验室中只能够进行原理性开发及最基础的功能演示，更进一步的开发需要以产业需求为导向，获得更大规模来自市场的研发和资金投入。ChatGPT的出现，使云脑的发展迈出了划时代的一步。笔者认为，未来的机器头脑，将在机端脑处把各种传感器的信息转化成语义信息，然后把语义传给云脑，由云脑做出分析和决策后，再以语义信息方式回传给机端脑，由此形成具有自主行动能力的智能机器人脑系统。

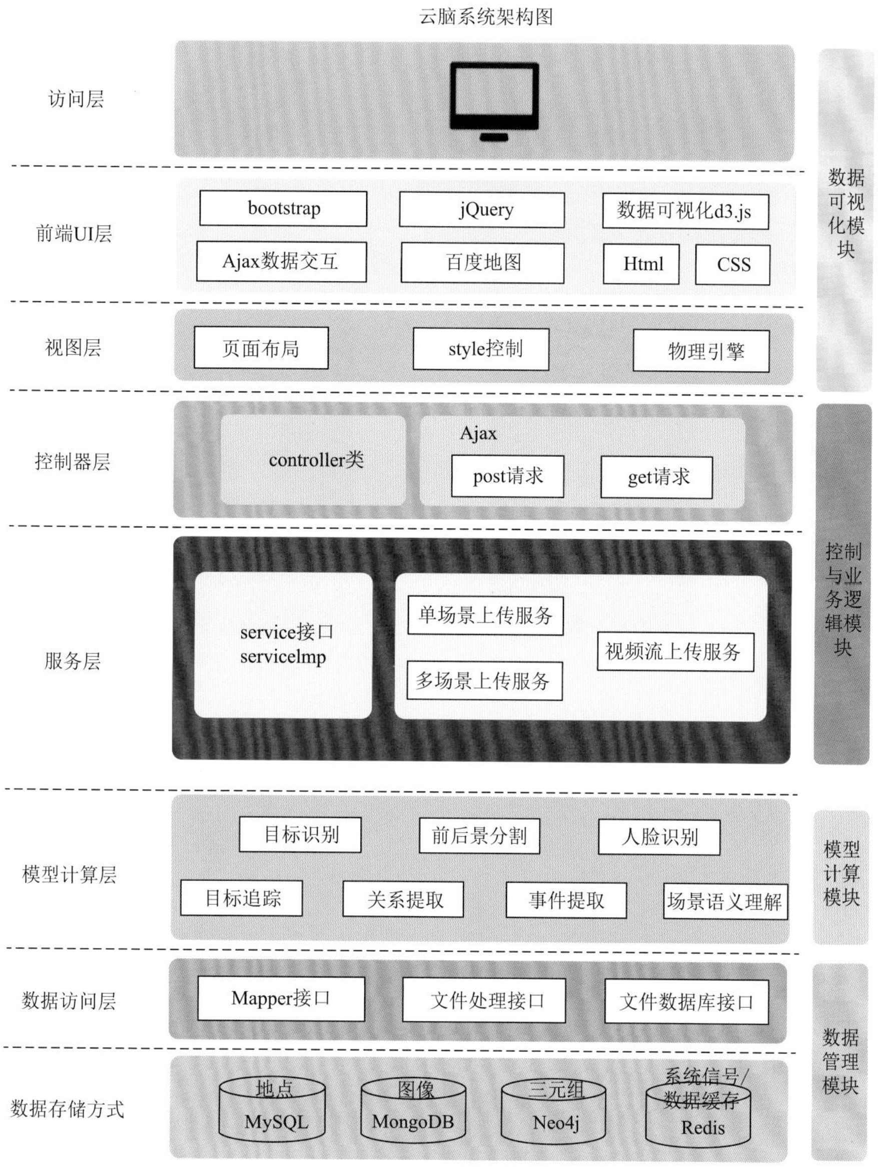

云脑系统架构图

访问层

前端UI层：bootstrap　jQuery　数据可视化d3.js　Ajax数据交互　百度地图　Html　CSS

视图层：页面布局　style控制　物理引擎

控制器层：controller类　Ajax　post请求　get请求

服务层：service接口 servicelmp　单场景上传服务　多场景上传服务　视频流上传服务

模型计算层：目标识别　前后景分割　人脸识别　目标追踪　关系提取　事件提取　场景语义理解

数据访问层：Mapper接口　文件处理接口　文件数据库接口

数据存储方式：地点 MySQL　图像 MongoDB　三元组 Neo4j　系统信号/数据缓存 Redis

数据可视化模块

控制与业务逻辑模块

模型计算模块

数据管理模块

图 16-22　云脑系统架构图

16.5　视觉类脑系统的开发现状

近年各种类人机器人系统不断进入大众视野，而研制机器人系统绕不开的就是机器人视觉系统的研制。1972 年，日本早稻田大学团队研制了世界上首个人形机器人 WABOT-1［图 16-23（a）］，该机器人具有肢体控制系统、视觉系统和对话系统。其中视觉系统是通过胸前的两个固定摄像头进行实现，受限于当时技术水平，双目相机接近于摆设，谈不上具备视觉能力。

(a) 日本早稻田大学团队研制的人形机器人WABOT-1

(b) 波士顿动力Atlas机器人

(c) 迪士尼无皮肤表情机器人[26]

(d) 特斯拉人形机器人擎天柱Optimus

(e) 优必选仿人服务机器人Walker

(f) 小米全尺寸人形仿生机器人CyberOne

(g) Engineered Arts Limite推出的人形机器人Ameca

图 16-23 各种类人机器人系统

最近几年，由于计算机性能及各类算法的进步，机器视觉系统能力有了巨大的提升。2009 年，美国波士顿动力公司研制的人形机器人 Atlas 原型机首次亮相，随后经过不断更新迭代具备了非常强大的运动能力，可以完成快速小跑、三级跳、后空翻等一系列复杂动作［图 16-23（b）是 2018 年 5 月发布的版本］。Atlas 搭载了多种视觉传感器帮助其视觉能力的提升，如激光雷达、RGB 摄像头及 TOF 深度传感器等。虽然 Atlas 整体形态包括运动方式可以说越来越接近人类，但其视觉能力乏善可陈。

2020 年，迪士尼[26]携手伊利诺伊大学厄巴纳香槟分校和加州理工学院的机器人研究团队，联合推出了史上首款会眨眼、摇头等人类面部微表情的无皮肤机器人［图 16-23（c）］。该机器人胸前设计有可识别人员的视觉传感器，该传感器使用运动检测来确定客人何时尝试交互，从而激活一系列控制相互作用的电动机，电动机分层放置，可以进行呼吸、眨眼和扫视等运动，从而与客人进行各种互动。该机器人视觉系统尽管能够实现初步的与人的眼神及表情交互，但遗憾的是该机器人视觉系统主要依赖胸前的摄像头，眼球并不具备视觉功能。

2022 年 10 月 1 日，特斯拉首席执行官马斯克携人形机器人擎天柱（Optimus）［图 16-23（d）］正式亮相，并在现场展示了稳步行走、转体俯身、挥手与台下观众打招呼、以缓慢速度挥手、做简单的舞蹈等动作。该机器人大脑采用特斯拉的超级计算机系统 Dojo，拥有强大的计算能力，视觉感知系统主要基于特斯拉 FSD（full-self driving，完全自动驾驶）的计算机模组和方案，面部配备 8 个特斯拉汽车同款 Autopilot 摄像头。与 Atlas 类似，虽然整体形态接近人形，但视觉系统结构和原理与人类存在很大的差异，其眼睛也并未外露。

上述类似的人形机器人还有很多，例如，2018 年深圳市优必选科技有限公司在国际消费类电子产品展览会（International Consumer Electronics Show，CES）上正式发布第一代大型双足仿人服务机器人 Walker［图 16-23（e）］、2022 年小米科技有限公司推出的全尺寸人形仿生机器人 CyberOne［图 16-23（f）］、2022 年英国机器人公司 Engineered Arts Limite 推出的人形机器人 Ameca［图 16-23（g）］等。它们各具特色，也都有一套自己研发的机器脑系统，但多数在视觉系统上只是做到了外形及运动形态接近人类，眼球本身不带视觉，或者即使双眼使用了小型可动相机，但也没有立体视觉能力，其无论视觉实现的机制还是功能都与人类相距甚远。

笔者团队是从仿生眼的机构与控制系统研发起步，逐渐发展，近年才开始在上海市政府项目的支持下研究机器头脑的。由于仿生眼的机构设计、硬件系统、信息传输、位姿控制、图像处理、定位导航、云计算、芯片设计等领域的知识跨度太大，各开发团队的沟通困难，所以至今为止，机器头脑各领域间的有机融合还远远没有完成。由于开发内容越来越多，需要的人力、技术、资金也不断增加，项目逐渐到了需要大量外部团队参与，共同开发的体量。撰写本书的初心是整合各方面的知识，为研发团队的系统学习，以及不同部门之间的沟通提供便利，希望通过有志者的共同努力，使该领域形成生态，进入更快发展阶段。相信通过本书的不断迭代和升级，机器头脑的开发也会更加流畅。下面着重介绍笔者团队在机器头脑领域的开发现状。

16.5.1　小型仿生眼的性能

笔者团队开发的小型仿生眼产品均具备以下基本功能：

（1）双眼协同运动功能（共轭与辐辏的独立控制）；

（2）目标跟踪功能（平滑眼动）；

（3）6 自由度防抖功能（前庭眼反射）；

（4）双眼位姿配准功能（标准辐辏）；

（5）目标快速切换功能（跳跃眼动）；

（6）视觉速度反馈控制功能（视动反应）；

（7）颈眼随动功能（颈眼反射）；

（8）颈眼联动目标切换功能（跳跃颈眼动）。

由于具备动态自动标定、在线校准和虚拟平行视变换的能力，仿生眼可以兼容所有固定双目的算法。同时，利用仿生眼以上的基本运动控制性能，类脑系统可以在各种场景实现导航、避障、测距、建图、识别、理解、决策等一系列更高层次的功能。

图 16-24 是笔者团队开发的有代表性的两款小型仿生眼，BinoSense S500 是串联方式［图 16-24（a）］，与 BinoSense S400 的区别是左右眼可分开，便于调节眼间距，图中所示为由锁扣锁在一起的状态。BinoSense P300 是并联方式［图 16-24（b）］。在 10.4 节也分别介绍过这两款仿生眼的机械结构。表 16-2 为这两款仿生眼的具体参数。

(a) 串联式小型仿生眼BinoSense S500

(b) 并联式小型仿生眼BinoSense P300

图 16-24　小型仿生眼产品

表 16-2　仿生眼 BinoSense S500 和 BinoSense P300 的部分参数

参数	BinoSense S500	BinoSense P300
运动自由度	左右眼各 pitch/roll/yaw 3 个自由度	左右眼各 pitch/roll/yaw 3 个自由度
电机运动精度	0.0056°	0.01°
相机视场角	79°（水平）、63°（垂直）	77°（水平）、58°（垂直）
最大可视角度	150°（水平）、135°（垂直）	137°（水平）、118°（垂直）
最大角速度	720(°)/s	360(°)/s
支持运动类型	跳跃眼动、平滑眼动、前庭眼反射	跳跃眼动、平滑眼动、前庭眼反射
闭环控制频率	1kHz	500Hz
摄像机	2560 像素×1440 像素@120fps 彩色	3280 像素×2464 像素@20fps 彩色

续表

参数	BinoSense S500	BinoSense P300
快门&同步	全局快门、硬件同步	卷帘快门、软件同步
工作距离	＞0.2m	＞0.2m
质量	2kg	1.5kg
尺寸	215mm×102mm×150mm	140mm×141mm×60mm
供电	24V，3A	12V，1A

经常会有人问，仿生眼的可视距离是多少，精度是多少，其实对于仿生眼来讲，可视距离是无限的。只要介质透明度足够高，设定适当的双眼的焦距和基线长度，看星星、看月亮、看人脸、看细菌都是一样的。正因为仿生眼所使用的相机、电机、编码器、IMU 等设备的不同，其表现出的具体性能也不一样，所以在描述仿生眼特性时一定要先约定好仿生眼的配置。以下各实验数据都是使用表 16-2 所定义的这两款仿生眼得到的实验结果。

1. 稳像、跟踪、三维重建

前面提到了仿生眼具有 6 个独立运动自由度（左眼 3 个、右眼 3 个），可以实现左右眼各 3 个自由度的稳像功能。这里要注意的是，“防抖”和“稳像”有所不同，“防抖”是防止因载体振动运动产生的图像模糊（一般使用“前庭眼反射”功能就可以实现），而“稳像”是指不仅要补偿载体振动，还要补偿视标运动产生的图像模糊（通过“平滑眼动”进行视标跟踪），以及补偿载体大范围运动产生的图像模糊（需要“前庭眼反射”“平滑眼动”“跳跃眼动”三种运动配合）。

图 16-25 展示了仿生眼 BinoSense S500 装载在最高可达 10Hz 频率、振幅±6°的振动平台上时，分别开启/关闭 VOR（前庭眼反射）功能时拍摄的图像及相机旋转偏差数据。可见，仿生眼 BinoSense 500 开启 VOR 功能后可以消除大部分的外部振动，最终测算的相机旋转偏差不大于±0.5°，同时也可以观测到开启 VOR 时拍摄的场景图片也具有更高的清晰度。图 16-26 则展示了仿生眼 BinoSense S500 装载在一个能够无规律振动的移动

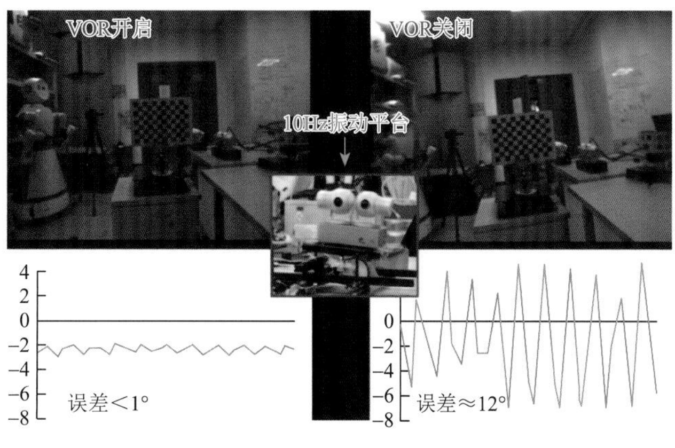

图 16-25　仿生眼 BinoSense S500 的高频防抖效果

平台上，当平台开启无规律振动并在室内移动时，仿生眼 BinoSense S500 分别开启和关闭 VOR 及 SP（平滑眼动）和 SC（跳跃眼动）功能时拍摄的室内场景图像。从图 16-26 中通过视觉里程计算法绘制的仿生眼 BinoSense S500 在室内的移动轨迹，可以看出来开启稳像的仿生眼 BinoSense S500 拍摄的图像具有更高的清晰度，并且通过相同的视觉里程计算法计算出的移动轨迹更加平滑。由此也佐证了具有稳像功能的仿生眼 BinoSense S500 能够有效提升视觉系统在移动且振动场景的视觉能力。

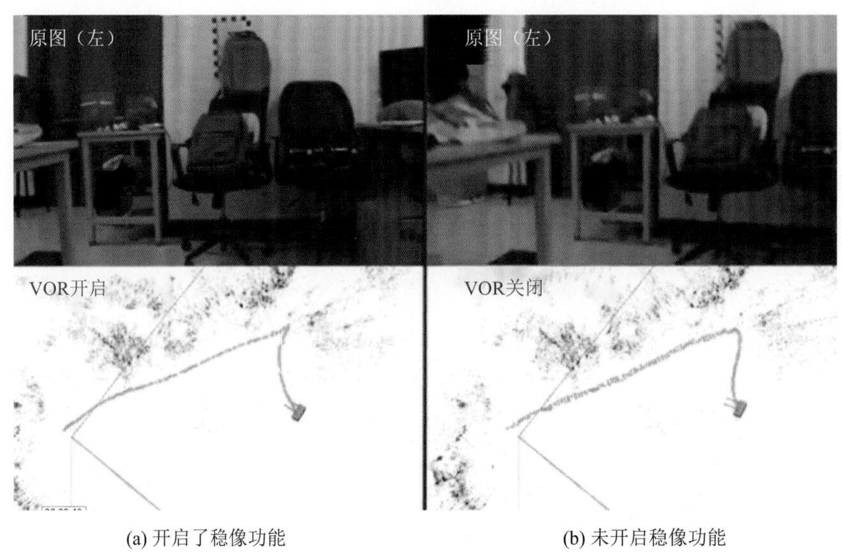

(a) 开启了稳像功能　　(b) 未开启稳像功能

图 16-26　仿生眼 BinoSense S500 在底座边振动边移动时的视觉里程计效果

人可以在奔跑过程中保持看到的画面清晰并且能够稳定地注视跟踪被观察物体，以及快速准确地切换注视目标。与人眼类似的是，笔者团队同样基于仿生眼 BinoSense S500 实现了在振动平台上对多人像目标的快速准确切换与稳定注视跟踪（图 16-27），其中就同时开启了前庭眼反射、平滑眼动和跳跃眼动，并实现了三种眼球运动的有机融合。

图 16-27　仿生眼 BinoSense S500 在底座运动时的视觉跟踪和切换效果

前面也提到笔者团队实现了仿生眼动眼标定算法，可以在双眼球转动过程中实时获取双眼外参信息，进而能够计算视差信息、深度图及点云信息等。图 16-28 展示了仿生眼 BinoSense S500 通过左右眼图像和对应时刻记录的各个电机位置信息计算出来的深度图及其三维点云重建结果。图 16-29 则展示了当仿生眼 BinoSense S500 装载在振动平台上开启 VOR 增稳功能的前提下，实时跟踪注视场景中人脸图像目标，并实时计算相应深度图信息。

图 16-28　仿生眼 BinoSense S500 实时深度计算与三维点云重建的效果

图 16-29　仿生眼 BinoSense S500 在底座运动时的三维重建效果

图 16-30 则展示了仿生眼 BinoSense S500 基于深度学习算法实现的智能功能，分别展示了场景实例分割、物体识别及视觉显著性分析算法结果，其中显著性结果通过热力图形式表示，越偏红的区域代表算法分析出的更应该注视观察的区域。

图 16-30　仿生眼 BinoSense S500 的深度计算、实例分割、视觉显著性估计的实验场景图

2. 三维建图与定位导航

仿生眼的标准辐辏和动态标定的原理和技术使得仿生眼具备获取平行视立体图像对的功能，因此适用于固定双目的所有立体视觉算法都可以应用于仿生眼。第 15 章已经介绍过双目视觉导航的原理，本章主要介绍笔者团队利用仿生眼进行定位导航与建图的结果。图 16-31 是仿生眼和固定双目相机进行视觉定位与建图的比较。从图 16-31（c）上下图的对比可知，仿生眼的防抖功能使得所建三维图的精度明显增加，特别是在垂直地面的方向，固定双目所建的图在高度上分开了层次，层之间高度差超过 10m，而实际的地面没有明显坡度。仿生眼通过 IMU 可以使双眼获知重力方向，同时通过防抖功能使仿生眼保持高精度姿态稳定，因此无论是水平方向的精度还是垂直方向的精度，都明显高于固定双目。由于三维建图精度上的差距非常明显，截至目前，尚未利用严格标定来定量评估仿生眼与固定双目在建图精度上的差距。

(a) 仿生眼与固定双目固定在移动机器人上的情景

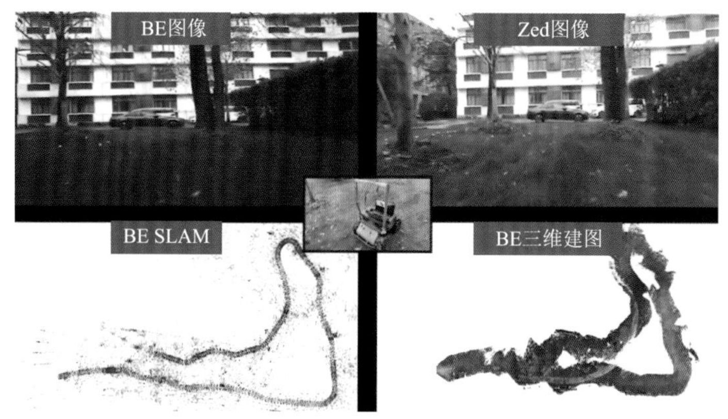

(b) 机器人行走时仿生眼记录的行走轨迹（左下图）和构建的三维地图（右下图）

(c) 仿生眼与固定双目建图对比（水平方向）：固定双目所建图在垂直地面方向误差明显

图 16-31 装载仿生眼与双目固定相机的移动机器人的导航与建图

仿生眼通过双眼的运动不仅可以防抖，而且可以使双眼通过主动寻找特征点多的部位及重要标志物的方式，大幅度提高导航精度和三维重建精度，特别是当仿生眼具备周边视和中心视时，效果更加明显。另外，仿生眼凭借可自由调节基线长度的优势，在不同尺度的场景下，可以通过调整基线长度获得更好的测距精度。

16.5.2 鹰眼与巨人眼的性能

仿生眼的双眼运动所带来的一个超越生物眼的重要优势就是可以实现长基线和长焦距。根据三角测距原理，无论视标有多远，只要双眼的基线和焦距足够长，理论上就可以达到近距离视标的测距精度。因此，大范围三维重建和远距离测距就成为仿生眼的一个重要应用方向。将由望远镜头相机和广角镜头相机组合在一起，且具备 2 自由度以上运动功能的视觉系统称为鹰眼系统（参考 2.5.2 节和第 10 章），两只相距较远的鹰眼组成的系统称为巨人眼系统。

第 10 章介绍了三款鹰眼的结构。Bino-eagle-eye Ⅰ（图 10-12）可用于车载或机载，BinoSense E100（图 10-13）可用于大型运动载体或者固定环境，而 BinoSense E200 适合用于固定场景的大范围测量。

1. 移动载体上的远距离跟踪与定位

用于移动平台的鹰眼系统为图 16-32（Bino-eagle-eye Ⅰ，参考图 10-12）所示的鹰眼系统，其具备双目广角镜头和单目变焦镜头，通过双目广角镜头实时测量近侧物体的三维信息。

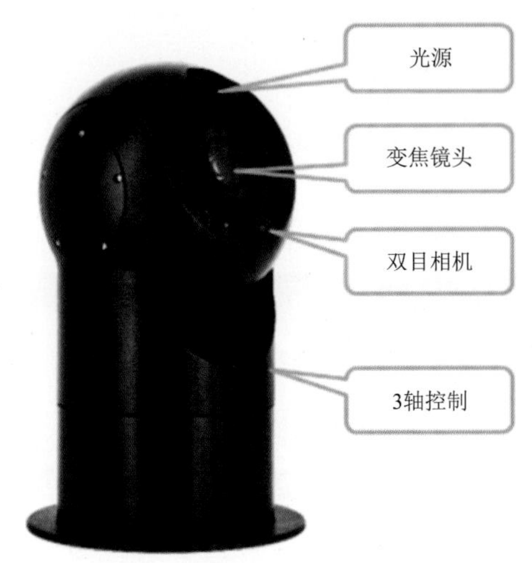

图 16-32 用于移动平台的鹰眼系统（Bino-eagle-eye Ⅰ）

Bino-eagle-eye Ⅰ具备以下基本运动控制功能：

（1）目标跟踪功能（平滑眼动）；

（2）3 自由度防抖功能（前庭眼反射）；

（3）目标快速切换功能（跳跃眼动）；

（4）视觉速度反馈控制功能（视动反应）。

2. 大场景高精细三维重建

如图 16-33 所示的鹰眼系统（BinoSense E100，参考图 10-13）具备短、中、长三个固定焦段的相机和一台红外相机。通过标定等运算，各相机的图像可以完全叠加，实现数字变焦功能。另外，中焦相机与红外热像仪实现了像素级匹配。由于该类鹰眼没有双目相机，所以适合两台以上配置，实现由近至远的大范围三维立体视觉。由于是望远与广角配合，在望远镜头看远处的同时可以用广角镜头大视角观测，通过注意力机制在广

角镜头中发现可疑或重要物体，然后将望远镜头对准该物体。因为该型号的仿生鹰眼具备 3 自由度运动控制，所以不仅适合固定设置，也适合设置于大型移动物体，如轮船、大型飞机等。

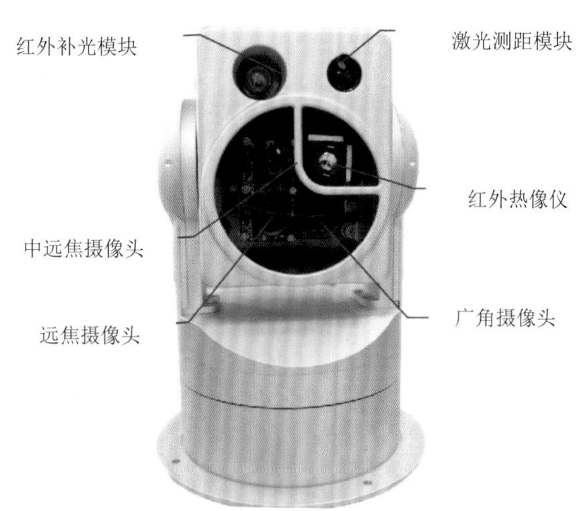

图 16-33　用于大范围立体观测的三轴鹰眼系统（BinoSense E100）

BinoSense E100 具备以下基本功能：

（1）双眼协同运动功能（共轭与辐辏的独立控制）；

（2）目标跟踪功能（平滑眼动）；

（3）3 自由度防抖功能（前庭眼反射）；

（4）双眼位姿配准功能（标准辐辏）；

（5）目标快速切换功能（跳跃眼动）；

（6）视觉速度反馈控制功能（视动反应）。

图 16-34 是用两台鹰眼 BinoSense E100 组成的巨人眼来测量远山，形成山体的三维地图的情景。两套鹰眼系统根据观测目标距离范围选择合适的基线长度，这里相距 25m 左右摆放，通过 GPS 获取两套鹰眼系统之间的距离信息，两套鹰眼系统同时记录目标的图像信息及各转轴电机信息，结合出厂标定信息即可计算立体视觉相关结果。图 16-34（a）和（b）是两台鹰眼拍摄图像的极线对齐图片，上面标注了几个计算的平均距离信息，图 16-34（c）则是根据两张拍摄图像计算得到三维点云重建结果。

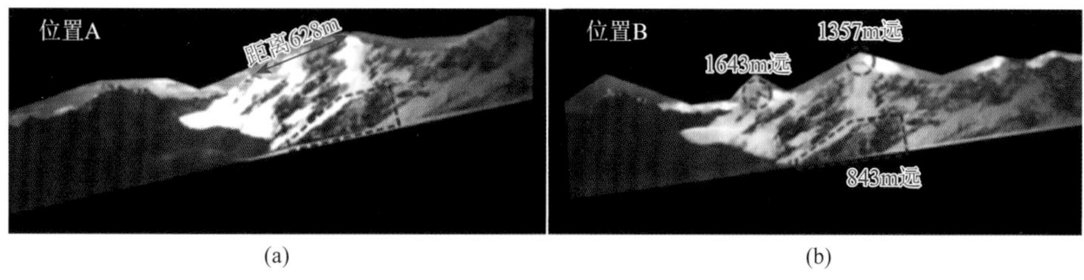

(a)　　(b)

(c) 雪山坡面三维重建

(d) 仿生鹰眼系统（A采集点）　　(e) 仿生鹰眼系统（B采集点）

图 16-34　鹰眼（BinoSense E100）的大范围三维建图（西藏廓琼岗日冰川）

由于鹰眼 BinoSense E100 采用了三定焦可见光相机设计，整体尺寸较小，因此相机镜头焦距有限，对于千米以外甚至数千米外目标观测测距能力有限。BinoSense E200（图 16-35）则具备更大的体型，搭载了更高分辨率的可见光相机模组及一套可变焦相机模组，可以实现更大距离范围、更远距离目标的清晰观测。得益于仿生鹰眼的相机与各轴的转角编码器高精度匹配和同步，望远镜头的图像拼接不需要计算，直接把每幅图像

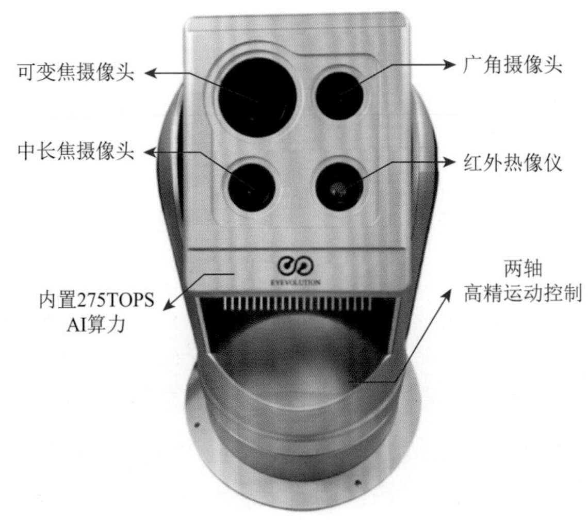

图 16-35　用于固定平台的二轴鹰眼系统（BinoSense E200）

根据编码器输出对接在一起就可以了，10 亿级分辨率的图像只要鹰眼边旋转边拼接就可以很快得到。此外，BinoSense E200 内置了高性能的 AI 算力，在设备内部即可完成一些智能算法任务，如人车检测、物体识别、人脸识别等功能。鹰眼 BinoSense E100 与 BinoSense E200 部分参数指标如表 16-3 所示。

表 16-3　仿生鹰眼 BinoSense E100 和 BinoSense E200 的部分参数

参数	BinoSense E100	BinoSense E200
运动自由度	pitch/roll/yaw 三个自由度	pitch/yaw 两个自由度
电机运动精度	0.0056°	0.002°
转角范围	−25°～+45°（pitch）、±17°（roll）、±170°（yaw）	−25°～+90°（pitch）、±180°（yaw，360°连续旋转）
最大角速度	3606(°)/s	1202(°)/s
支持运动类型	跳跃眼动、平滑眼动、前庭眼反射	跳跃眼动、平滑眼动
红外热像仪	640 像素×512 像素	640 像素×512 像素
摄像机	2448 像素×2048 像素（广角、中焦、长焦）、彩色、全局快门	2592 像素×1944 像素（中焦、广角）、2560 像素×1440 像素（变焦）、彩色、卷帘快门
其他特点	内置激光测距仪、红外补光灯	内置 275TOPS AI 算力
工作距离	＞0.2m	＞0.2m
质量	4kg	12kg
尺寸	160mm×160mm×300mm	229mm×229mm×367mm
供电	24V，3A	24V，4A

16.5.3　人形机器头脑

在解决了仿生眼的关键问题后，其直观的应用方向就是作为机器人的眼睛嵌入机器头脑中，帮助机器人具备类似人眼的强大视觉能力，笔者团队也基于已研发的仿生眼系统设计研制了人形机器头脑系统。图 16-36 和图 16-37 是笔者团队研制的机器头脑 BinoSense R100。机器头脑 BinoSense R100 内部搭载了串联式小型仿生眼 BinoSense S400，左右两个眼球总共具有 6 个独立的运动自由度，并且搭载了 2 自由度的颈部驱动装置（pitch 与 yaw 自由度）、麦克风阵列（在头顶）、一对立体扬声器（耳侧），此外，还内置了信息融合接口（对应脑干芯片）和一组视听惯融合计算单元。受串联式构型仿生眼 BinoSense S400 外形限制，从图 16-36 所示的机器头脑 BinoSense R100 的外观渲染图也可以看出，其整体外观比例与真人并不相像，而且 2 自由度脖子运动形态也与真人相距较远。

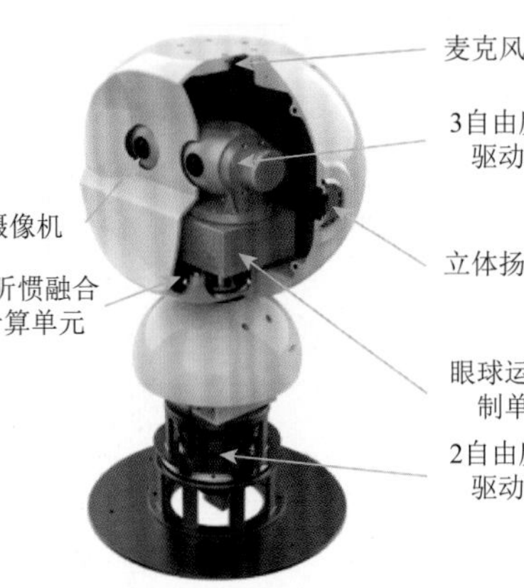

图 16-36 类人机器头脑 BinoSense R100 Ⅱ的外观渲染图和系统构成

图 16-37 机器头脑 BinoSense R100 帮助机器人具有语音&眼神交互、自主避障移动、场景物体分割与识别能力

BinoSense R100 集多感官信号采集、处理、决策于一体，具备实时 3D 显示输出、图像增稳、快速切换目标、大视角环境感知与远距离目标跟踪注视等能力；配合语音阵列模块，还可实现声源定位、降噪、智能语音应答等功能。希望为未来的机器人提供强大的三维空间信息感知与处理能力。

图 16-37 展示了以机器头脑 BinoSense R100 为核心的机器人系统具备智能语音识别、语音指令交互、眼神交互、场景物体分割与识别、自主避障移动等能力。图 16-38 则展示了机器头脑 BinoSense R100 辅助机器人完成了从检测识别和精准定位任意摆放的不规则物体的能力，并且帮助机器人进行双臂运动规划，使机器人能够全程注视、准确抓取不规则目标物体。

图 16-38　机器头脑 BinoSense R100 主导的手眼协调控制：抓取任意摆放的不规则物体

由于并联式小型仿生眼 BinoSense P300 已经达到人眼球的尺寸（直径 2cm），并且并联式小型仿生眼的结构更易于嵌入头壳中，因此笔者团队设计了一款外观与人头类似的机器头脑 BinoSense R200（图 16-39）。该机器头脑具备一对 6 自由度的仿生眼（左右眼各 3 自由度）、一套 3 自由度的颈部驱动装置、一组麦克风阵列（在头顶）、一对立体扬声器（耳侧）和一个嘴型控制装置，以及信息融合接口（对应脑干芯片）和一组视听惯融合计算单元。该机器头脑整体尺寸也与真人基本一致，3 自由度的颈部驱动装置也可以实现更加逼近真人的头部运动效果。

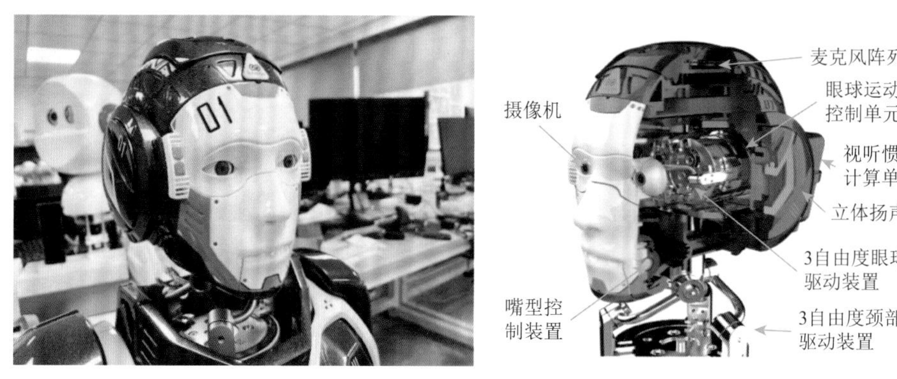

图 16-39　类人机器头脑 BinoSense R200 的外观和系统构成

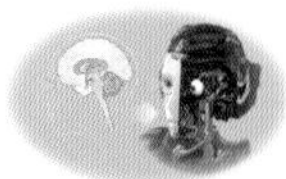

16.6　小结

类脑系统的核心是意识空间，而意识空间需要机器头脑中各个功能单元的共同支持才可以相互完善达到高智能。具体来讲，即使是测量某一个物体的姿态和位置，也需要边缘提取、光流检测、三维重建、实例分割等一系列计算结果，以及过往检测结果的推论和预测。利用这些信息相互照应、互相补充和修正才可以从复杂场景中得到既准确、稳定，又高精度的结果。因此，意识空间是不适合拆分的，如果只取其中一种检测结果，如三维重建，是很难从任意场景中得到可信赖且精度高的指定物体的位姿信息的。因此，机器头脑在尚未开发完成基本功能的情况下还很难得到应用。

目前开发的机器头脑系统（图 16-3）距最基本的视觉类脑系统构架（图 16-1）还有很大差距，继续完成该系统，需要巨大的人力和物力资源，需要相关领域的学者和工程师共同努力。

参考文献

[1] Itti L，Koch C，Niebur E. A model of saliency-based visual attention for rapid scene analysis[J]. IEEE Transactions on Pattern Analysis and Machine Intelligence，1998，20（11）：1254-1259.

[2] Harel J，Koch C，Perona P. Graph-based visual saliency[M]. Cambridge：MIT Press，2006.

[3] Le Meur O，Le Callet P，Barba D. Predicting visual fixations on video based on low-level visual features[J]. Vision Research，2007，47（19）：2483-2498.

[4] Vig E，Dorr M，Cox D. Large-scale optimization of hierarchical features for saliency prediction in natural images[C]. 2014 IEEE Conference on Computer Vision and Pattern Recognition，Columbus，2014：2798-2805.

[5] Kümmerer M，Theis L，Bethge M. DeepGaze Ⅰ：Boosting saliency prediction with feature maps trained on imagenet[J]. Computer Science，2014：1045.

[6] Kümmerer M，Wallis T S A，Gatys L A，et al. Understanding low- and high-level contributions to fixation prediction[C]. 2017 IEEE International Conference on Computer Vision，Venice，2017：4799-4808.

[7] Linardos A，Kümmerer M，Press O，et al. DeepGaze ⅡE：Calibrated prediction in and out-of-domain for state-of-the-art saliency modeling[C]. 2021 IEEE/CVF International Conference on Computer Vision（ICCV），Montreal，2020：12899-12908.

[8] Bak C，Kocak A，Erdem E，et al. Spatio-temporal saliency networks for dynamic saliency prediction[J]. IEEE Transactions on Multimedia，2018，20（7）：1688-1698.

[9] Wang W G，Shen J B，Guo F，et al. Revisiting video saliency：A large-scale benchmark and a new model[C]. 2018 IEEE/CVF Conference on Computer Vision and Pattern Recognition，Salt Lake City，2018：4894-4903.

[10] Min K，Corso J. TASED-Net：Temporally-aggregating spatial encoder-decoder network for video saliency detection[C]. 2019 IEEE/CVF International Conference on Computer Vision（ICCV），Seoul，2019：2394-2403.

[11] Tsiami A，Koutras P，Maragos P. STAViS：Spatio-temporal audiovisual saliency network[C]. 2020 IEEE/CVF Conference on Computer Vision and Pattern Recognition（CVPR），Seattle，2020：4765-4775.

[12] Liu T，Yuan Z J，Sun J，et al. Learning to detect a salient object[J]. IEEE Transactions on Pattern Analysis and Machine Intelligence，2011，33（2）：353-367.

[13] He S F，Lau R W H，Liu W X，et al. SuperCNN：A superpixelwise convolutional neural network for salient object detection[J]. International Journal of Computer Vision，2015，115（3）：330-344.

[14] Liu N，Han J W，Yang M H. PiCANet：Learning pixel-wise contextual attention for saliency detection[C]. 2018 IEEE/CVF Conference on Computer Vision and Pattern Recognition，Salt Lake City，2018：3089-3098.

[15] Zhang X N，Wang T T，Qi J Q，et al. Progressive attention guided recurrent network for salient object detection[C]. 2018 IEEE/CVF Conference on Computer Vision and Pattern Recognition，Salt Lake City，2018：714-722.

[16] Hou Q B，Cheng M M，Hu X W，et al. Deeply supervised salient object detection with short connections[C]. 2017 IEEE Conference on Computer Vision and Pattern Recognition，Honolulu，2018：5300-5309.

[17] Pang Y W，Zhao X Q，Zhang L H，et al. Multi-scale interactive network for salient object detection[C]. 2020 IEEE/CVF Conference on Computer Vision and Pattern Recognition（CVPR），Seattle，2020：9410-9419.

[18] Piao Y R，Ji W，Li J J，et al. Depth-induced multi-scale recurrent attention network for saliency detection[C]. 2019 IEEE/CVF International Conference on Computer Vision（ICCV），Seoul，2019：7253-7262.

[19] Zhang M，Ren W S，Piao Y R，et al. Select，supplement and focus for RGB-D saliency detection[C]. 2020 IEEE/CVF Conference on Computer Vision and Pattern Recognition（CVPR），Seattle，2020：3469-3478.

[20] Sun P，Zhang W H，Wang H Y，et al. Deep RGB-D saliency detection with depth-sensitive attention and automatic multi-modal fusion[C]. 2021 IEEE/CVF Conference on Computer Vision and Pattern Recognition（CVPR），Nashville，2021：1407-1417.

[21] Zhang J，Fan D P，Dai Y C，et al. RGB-D saliency detection via cascaded mutual information minimization[C]. 2021 IEEE/CVF International Conference on Computer Vision（ICCV），Montreal，2021：4318-4327.

[22] Zhou T，Fu H Z，Chen G，et al. Specificity-preserving RGB-D saliency detection[C]. 2021 IEEE/CVF International Conference on Computer Vision（ICCV），Montreal，2021：4661-4671.

[23] Liu N，Zhang N，Wan K Y，et al. Visual saliency transformer[C]. 2021 IEEE/CVF International Conference on Computer Vision（ICCV），Montreal，2021：4702-4712.

[24] Zhang K H，Li T P，Liu B，et al. Co-saliency detection via mask-guided fully convolutional networks with multi-scale label smoothing[C]. 2019 IEEE/CVF Conference on Computer Vision and Pattern Recognition（CVPR），Long Beach，2019：3090-3099.

[25] Zhang K H，Li T P，Shen S W，et al. Adaptive graph convolutional network with attention graph clustering for co-saliency detection[C]. 2020 IEEE/CVF Conference on Computer Vision and Pattern Recognition（CVPR），Seattle，2020：9047-9056.

[26] Pan M K X J，Choi S，Kennedy J，et al. Realistic and interactive robot gaze[C]. 2020 IEEE/RSJ International Conference on Intelligent Robots and Systems（IROS），Las Vegas，2020：11072-11078.

第六篇 尾 声

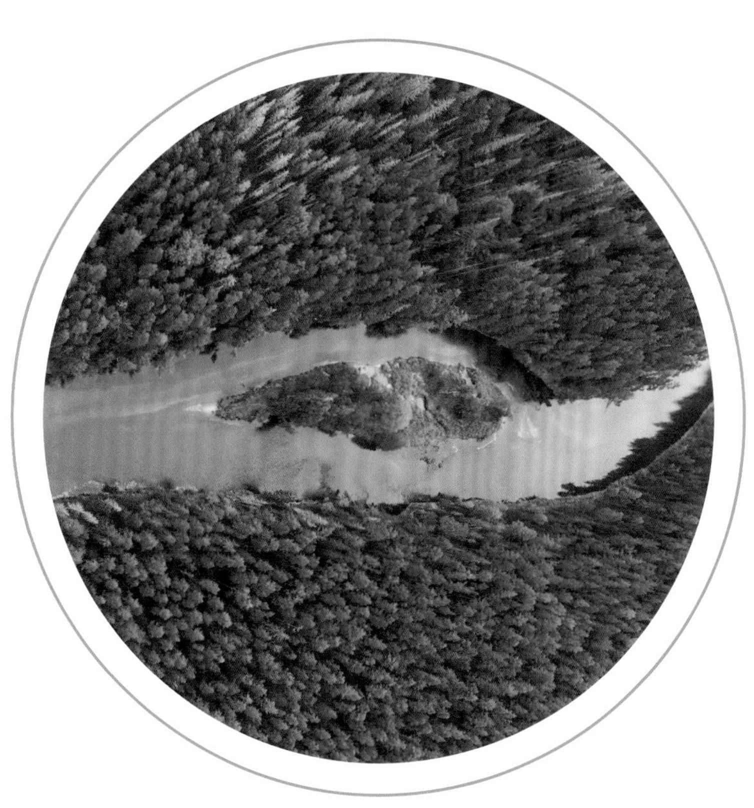

第 17 章

仿生眼技术的应用探索

仿生眼技术的应用主要分布在如下三个领域：

第一个领域是为人眼服务的领域，如 3D 拍摄、虚拟现实、增强现实、混合现实等，还可以包含观看、识别、控制于一体的远程遥控领域。

第二个领域是为机器人服务的领域，如机器人导航、避障，抓取等，并可以更广泛地扩展到陆海空天各种移动机器的无人驾驶和自主行动。

第三个领域是测量和监控的领域，如大空间的三维重建、环境监控等。

仿生眼技术的前端处理日趋成熟，后端的智能化处理能力尚未完善，所以现阶段在产业上的应用还很少。上述第一个领域中的 3D 拍摄应用方面已经体现出仿生眼为人眼服务的技术优势，笔者团队在 2013 年完成的全自动 3D 拍摄系统已经拍摄了多部 3D 电影，提升了 3D 拍摄的效率，保证了 3D 呈现的质量，获得了较好的应用效果。上述第二个领域在机器人搬运应用方面，仿生眼体现出应对复杂工作的优秀能力，通过和工厂自动化系统的深入对接，有望在特殊行业率先提出无人化工厂的解决方案。上述第三个领域在针对无人的大空间监测方面，已经搭建远程信息采集系统，在高海拔及无人区内可以完成数据分析及基础预警功能。

仿生眼的一种简化形态是去掉可动机构，变成固定双目这种最简单的组成，已经开始在自动驾驶领域崭露头角，如特斯拉汽车的无人驾驶已经完全抛弃激光雷达，使用固定多目相机和单目相机组合作为导航和避障的视觉传感器。

基于仿生眼技术的应用需要对仿生眼技术有较为深入的了解后才能比较顺利地进行，本章抛砖引玉，在前述章节讲述仿生眼相关理论后，简单介绍笔者团队在仿生眼应用方面的案例以供参考。

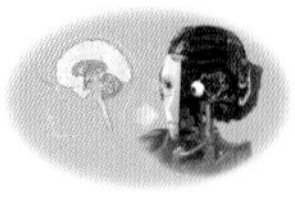

17.1 3D 影视拍摄系统

决定 3D 拍摄效果好坏的最重要的一个因素是两台摄像机的拍摄位姿是否正确，即要符合标准辐辏的约束。3D 拍摄时，人工同时精准调节两台相机 6 个自由度的相对位姿关系非常困难且耗时很长，而且一旦进行推拉摇移，因光学、刚性等因素影响，摄像机间的相对位姿就会发生偏移，人工操作无法对该偏移进行实时校正。因此，自动调节 3D 拍摄系统的两台摄像机的相对位姿成为 3D 拍摄的刚性需求。

由于 3D 拍摄相机的位姿控制与仿生眼的标准辐辏控制相同，只要通过图像处理得到标准辐辏误差，再控制摄像机位姿减少该误差，就可以达到自动校准的目的。利用仿生眼的标准辐辏控制，通过处理左右摄影机取得的图像进行标准辐辏误差的计算，再控制马达调整摄像机位姿修正误差，就可以达到自动校准的功能。

图 17-1 是国际首套全自动 3D 拍摄系统产品。图 17-1（a）是远距离 3D 拍摄系统，可用于拍摄大型体育赛事（如足球等）。该系统每台摄像机下面有一台 3 个自由度的姿态控制云台，精度可以达到万分之一度，以保证摄像机的姿态控制角度小于摄像机的一个像素所代表的角度。左右摄像机的间距可以根据摄像机的焦距自动调节，当摄影师拉长摄像机的焦距来放大被摄物图像时，两台摄像机的距离自动变宽，以保证拍摄到的 3D 图像的“深宽比”不变。“深宽比”是指人眼感觉到的 3D 图像的立体程度，当人看到 3D 图像里的正方体时，深度方向的长度与横向的宽度的比称为深宽比。深宽比 1∶1 代表观看者感觉到的这个正方体 3D 图像是正方体[1, 2]。使用该系统为上海科技馆拍摄了 3D 纪录片《金毛大圣——川金丝猴》（图 17-2）。

(a) 平行式全自动3D拍摄系统

(b) 垂直式3D拍摄系统

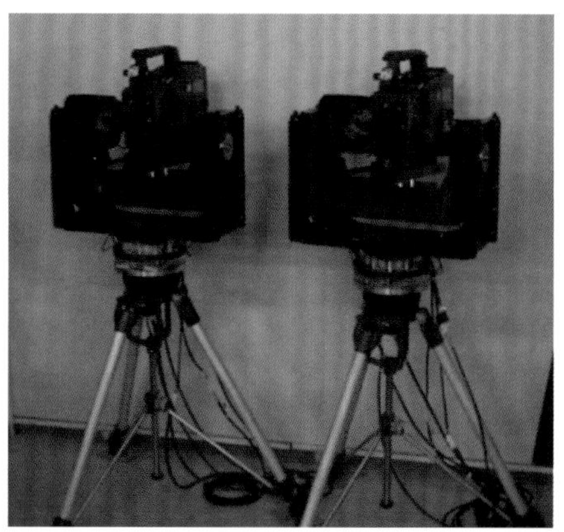

(c) 超远距离3D拍摄系统

图 17-1　全自动 3D 拍摄系统（2013 年）

图 17-2　使用全自动 3D 拍摄系统拍摄的真 3D 纪录片《金毛大圣——川金丝猴》

图 17-1（b）是拍摄 3D 电影的标准全自动 3D 拍摄系统。通过半透镜使两台相机的基线可以无限缩短直至光轴完全重叠。每台相机下面分别装有 3 自由度的高精度姿态调节云台。该全自动 3D 拍摄系统包含了 3 台用于姿态控制的电机、6 台用于变焦和对焦控制的伺服电机，以及 2 个 3D 效果控制电机。该系统已完成多部 3D 电影的拍摄，完成的 3D 电影获得了国内外的多项大奖。

图 17-1（c）是拍摄超远距离 3D 影像的设备。两台相机的距离可以设置较远间距，用来拍摄超远距离的 3D 影视作品。该设备将基线设置为 100m 时，即可对 3km 以外的场景进行 3D 拍摄。

全自动 3D 拍摄系统只使用了仿生眼的一个运动控制模式，即标准辐辏控制模式。全自动 3D 拍摄系统成为最早的仿生眼产业应用案例（图 17-3）。该领域的应用使仿生眼的产业化分化成两个完全不同的发展方向：①给人看的影视拍摄系统；②给机器“看”的机器视觉系统。

3D全景声电影《贞观盛世》　8K全景声电影《这里的黎明静悄悄》　3D全景声电影《曹操与杨修》　3D电影《勘玉钏》　3D全景声电影《萧何月下追韩信》　3D电影《三滴血》　3D全景声电影《霸王别姬》

图 17-3　使用全自动 3D 拍摄系统拍摄的真 3D 影片

17.2　3D 远程遥控机器人系统

仿生眼技术能同时解决“给人看”和“给机器看”这一重要问题，远程协作机器人是该领域比较典型的案例。移动机器人通过视频把现场情况传输给远处操控人员时，具有立体感的 3D 影像对机器人的实时操控效果远高于 2D 影像。操控人员通过对前端设备的精准调整可以完成前端机器人不能完成的更为复杂的工作。图 17-4 是笔者团队开发的仿生双眼远程操控机器人。该机器人的每只眼具备代表周边视功能的广角相机和代表中心视功能的变焦相机。机器人在完成自主行走、避障等功能时能够对周围环境进行三维重建，机器人搭载的仿生眼每只眼有 3 个自由度可以通过标准辐辏控制，随时获得最佳状态的 3D 图像。该系统可以通过操控者手动远程调节变焦镜头的焦距，并根据焦距的数据自动调节双眼的间距，获得注视点处的最佳深宽比。随着 5G 技术的逐渐成熟，具有高操作性且不眩晕的 3D 远程操控系统将在更多领域得到广泛的应用。

目前，3D 远程操控系统仍处于研发阶段，对于笔者团队来讲，该系统的瓶颈不在 3D 拍摄端，而在于其他领域的关键技术亟待突破：①对高清图像进行短时延、远距离无损传输的无线通信技术；②3D 头戴显示器或者裸眼 3D 显示屏的高分辨率、低时延显示技术；③任意环境下的头部位姿快速、低延时检测技术。随着 5G、6G 技术的逐渐成熟，具有高操作性且不眩晕的 3D 远程操控系统所需各项关键技术将会被逐渐攻克。

图 17-4　远程操控机器人

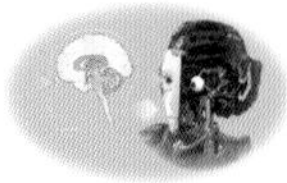

17.3　仿生眼在机器人导航及避障系统的应用

仿生眼是一种天生适用于移动机器人视觉系统的技术。对于移动机器人来讲，对注视目标的实时跟随与震动补偿，以及对目标突变情况的快速准确反应都是必不可少的，特别是载人机器人，如无人驾驶汽车、列车、飞机和轮船等，视觉处理更是不可以有任何差错。笔者团队开发的仿生双眼移动机器人经历多代更迭和改进，2009 年完成的 Bino3（图 17-5）则达到了一个里程碑节点。不过，由于当时计算单元及相机的价格过高，未进入量产。下面将对其进行简单介绍。

(a) Bino3的构造

(b) 在初始位置发现二维码并用中心视对准识别

(c) 从二维码中获取指令规划移动路径

(d) 出门进入走廊

(e) 行走中发现二维码

(f) 读取二维码获取下一个指令

图 17-5　具备仿生眼的移动机器人 Bino3 的自主行走实验（2009 年）

Bino3 的每只眼有广角和望远两台相机，双眼各有 pitch 和 yaw 方向的 2 自由度，颈部 yaw 方向 1 自由度，底部是 4 个麦克纳姆轮。该机器人具有以下各项功能。

1）初期设定

通过遥控来控制机器人行走，获取自动行驶区域的特征点云地图及二维码在点云地图中的位置。

2）自动行驶

（1）通过广角镜头和点云地图找到二维码的位置，并把望远镜头对准二维码，识别获取自身位置及二维码上布置的任务。

（2）拿到地图和目标位置后，规划移动路径。

（3）根据双眼获得的特征点云实时算出自身在地图上的位置，按照规划的移动路径行走。

（4）实时从广角镜头获得二维码位置信息，用望远镜头对准二维码，获取新的任务指令。

（5）到达终点后确认位置，自动返回原点。

17.4　仿生眼与手眼协调控制系统

作为下一代工业机器人的“双眼”，笔者团队也与机器人行业的龙头企业进行了一

些尝试性应用。图 17-6 是在新松双臂协作机器人上试装的机器头脑。由于机械臂的手部位置是最为重要的，需要视觉的实时关注，加上双臂机器人自身双手协同可以大幅增加操作位置和运动范围的优势，使用仿生眼实时检测、定位并跟随双手位置，以及计算其运动速度，对手眼协作任务的处理精度和效率将大有裨益。

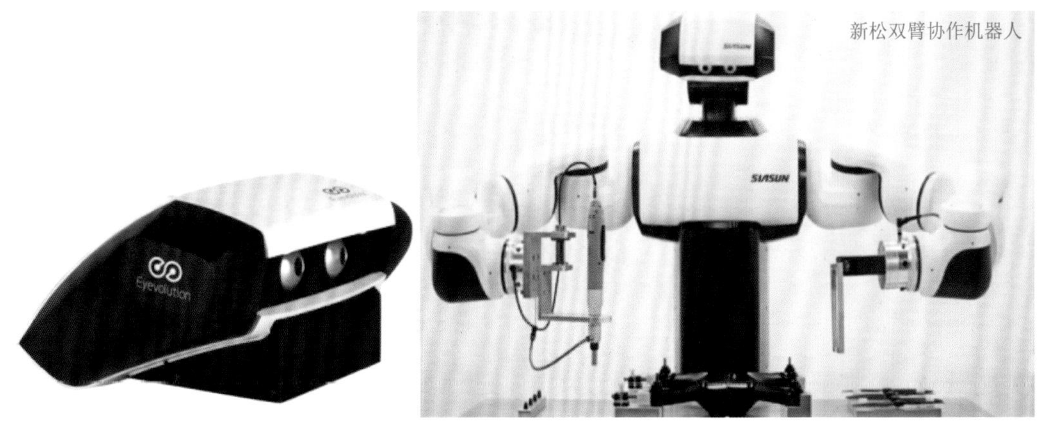

图 17-6　仿生眼在双臂工业机器人上的应用案例

17.5　利用仿生眼原理的固定双目的应用

仿生眼可以是六自由度的可动双目，也可以是五自由度的可动双目（例如，每只眼具有 roll、yaw 的旋转自由度和共同的 pitch 自由度）、四自由度的可动双目（例如，每只眼具备 pitch + yaw 运动）、三自由度的可动双目（如辐辏运动 + pitch 运动，或者辐辏运动 + yaw 运动）、二自由度的可动双目（如带动左右相机进行标准辐辏运动），以及一个自由度的可动双目（如带动两只相机上下转动或者左右转动）。而固定双目具备在线校准功能（通过软件实现），也是仿生眼的形态之一。由于仿生眼结构复杂、应用成本较高，在大部分室内环境下适合使用简化掉可动机构的仿生眼，即固定双目。

固定双目的仿生眼是具备相机外参自动校准功能的双目。通过标准辐辏误差对双目的图像进行图像渲染处理，获得高质量的双目图像，包括通过渲染调节辐辏角。固定双目只能通过特征点匹配进行外参的自动校准，而可动双眼可以通过自身的转动进行内外参数等所有参数的自动校准甚至自动标定。

笔者团队开发的第一台具备自校准功能的固定双目 LeadSense Ⅰ（图 17-7）。由于该固定双目没有搭载运算单元，需要靠计算机来进行运算，在小觅双目相机（轻客智能科技有限公司）和 RealSense（英特尔公司）自带图像处理芯片的双目相机出现后，作为双目传感器模块没有了产品竞争力。目前 LeadSense Ⅰ进入试用阶段的是如图 17-8 所示的半导体厂车间的晶圆搬运机器人。该机器人因为在工厂室内平整环境下工作，运动速度也不快，不需要防抖等功能，因此没有使用可动仿生眼。

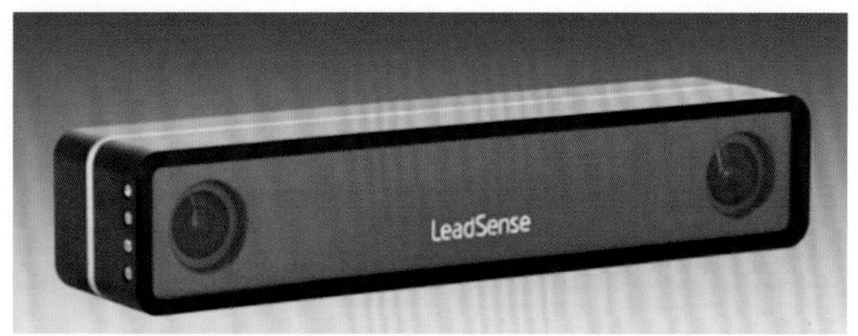

图 17-7 具有在线校准功能的固定双目视觉传感器 LeadSense Ⅰ

图 17-8 晶圆搬运机器人的实景应用

笔者团队开发的长基线双目相机在地铁和高铁的弓网监测系统中发挥了重要作用（图 17-9）。为了监测“接触网”和“受电弓”关系是否正常，除了需要测量导高（接触线的高度）和拉出值（接触线的左右摇摆幅度），还需要监测异物入侵、受电弓完整性、受电弓运行姿态，甚至检测出燃弧的强度等。同时，由于背景复杂，线缆种类繁多，与单目视觉相比，双目立体视觉更有利于分清哪条线缆在弓网的碳滑板上，哪些设备结构有问题，哪些是异物等（图 17-10）。

(a) 高铁的弓网系统　　(b) 城市轨道的弓网系统

图 17-9　轨道车辆的弓网监测系统

图 17-10　弓网监测系统监测到的接触线、羊角、定位杆等状态的场景

此外，测定环境恶劣，震动、暴晒和霜冻（热胀冷缩）、车体变形及施工碰撞等，使得双目相机的外参容易发生变化，所以对于没有自动在线校准功能的双目产品来讲，很难长期保持稳定的高质量 3D 图像获取。得益于自动在线校准功能的嵌入/应用，该产品是目前国际上唯一使用双目技术且量产化的弓网监测系统。

基于铁路弓网监测设备的技术积累，笔者团队目前已经开始布局设计无人驾驶列车的侵限监测系统，预计可发现数百米以外的轨道上的小型障碍物，包括车辆将要通过的空间中出现的危险物体。

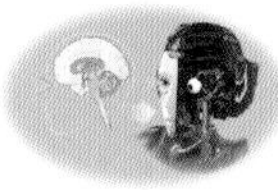

17.6　小结

目前，仿生眼技术尚未得到广泛应用，还没有发挥出其真正的价值。究其原因，主

要在于其自身是一个体系庞大、价格高、技术尚未成熟的半成品，且与之相关的生态也尚未成形。例如，可应对各种环境的多功能相机；适合仿生眼变对焦动态标定的高重复性镜头；相关视觉处理芯片；可发挥仿生眼优势的视觉处理算法等，需要整套产业链的配置。截至本书成稿，双目立体视觉传感器还是以英特尔的 RealSense 为业界性能最佳产品，而 RealSense 甚至连自动对焦功能都无法实现，更不要说防抖、变焦、追踪、切换等功能了。因此，仿生眼的应用潜力是不容小觑的。目前，从体积、价格，以及产品成熟度的角度考量，手机的相机模组比较适合用于仿生眼的相机组件，图 16-39 所示类人机器头脑 BinoSense R200 就采用了手机相机。但是，目前为止尚未发现仿生眼所需的具备同步触发功能和全局快门的彩色手机相机。

因此，仿生眼的应用之路还任重而道远。但随着人工智能技术的不断提高，特别是聊天机器人 ChatGPT 的出现，服务型机器人很可能大量涌现，尤其是人形陪护机器人，届时灵动的仿生眼也许会迎来新的商机。

原理上，仿生眼的在线校准、可动、防抖等优势非常适用于高性能的无人驾驶，无论是汽车、飞机还是轮船。然而，由于这些应用场景涉及人的生命安全，对技术的可靠性、安全性要求非常严苛，需要巨大的开发资金和研发人力支持。在被市场接受之前投入巨额资金，不仅需要投资者极大的勇气和智慧，也需要研发人员敢于担当的精神。相信，不久的将来，会有一个好的契机使某个具有仿生眼开发能力的建制化团队获得开发条件。

参考文献

[1] 张晓林，甄梓宁，立体摄像装置控制系统：中国，ZL201110288926.1[2011-09-26].

[2] 甄梓宁，张晓林. 三维影像拍摄控制系统及方法：中国，ZL 2012 1 0560154.7[P]. [2016-02-24].

第18章 结束语

聊天机器人 ChatGPT 的出现，使人们对人工智能大模型的期待或者恐慌达到了一个高潮。而文生视频大模型 SORA 也被称为“世界模拟器”，显示出计算机已经具备了“想象力”和“执行力”。无论是解决复杂问题的逻辑推理能力，还是随感而发的想象力，都是人类作为最高级生物区别于其他生物的标志，是人类最值得骄傲的资本。可是，这些能力却被人工智能轻而易举地超越了，这也是人们对人工智能产生恐慌的原因。

如果冷静下来考虑会发现，其实机器智能超越人脑这个现象早已发生，是一个渐变过程。最初的电子计算器的诞生就剥夺了数学家们为自己的计算能力骄傲的资本，之后计算机软件系统更是表现出了强大的功能，代替了很多领域白领们的工作，但是由于这些计算机软件是人类设计的，所以无人认为计算机自身能力超越了人类。可是，当人工智能剥夺了程序员甚至算法工程师的工作，各种功能通过学习自动形成，而且这些自主生成的神经网络系统的性能远远超越人类编程的软件时，真正的发自内心的恐惧开始了。

目前，GPT 和 SORA 还不具备对身外环境的自主感知和把这些感知转化为抽象概念的能力。笔者把这些抽象的概念称为“文字”。“文字”是指对事物的特性、状态、功能、态势等经过简化、整理、归纳，形成的抽象概念，其中“字”代表某个事物的特性、状态或功能等性质，“文”代表事物之间的相互作用、态势等关系。很多动物都具备这种获取“文字”的能力，只是它们不会用符号表现出来而已。汉语、英语等语言是人类用符号或符号序列表现出来的“文字”。图像处理领域把这种“文字”称为“语义（semantic）”和“场景（scene）”，笔者在这里把“字”对应“语义”，把“文”对应“场景”。GPT 具备了理解“文字”和把知识生成文字的能力，SORA 具备了理解“文字”和把知识生成图像的能力，但是目前它们还不具备把图像特别是复杂环境的图像整理为“文字”的能力，至少这个能力还远没有超越人类，甚至低于大部分的低等生物。

笔者认为，GPT 是“文字”→“文字”，SORA 是“文字”→“图像”。仿生眼要做的是“图像”→“文字”，是生物最底层、最基本、也是最难人工实现的能力。笔者认为，对生物来讲，广义的“图像”包含听觉和触觉甚至嗅觉及味觉信息，因为它们都是特定“皮肤”对外界的感应信息（参考 16.1 节）。把“图像”转化为“文字”本应该是人工智能具备生物特征和能力的第一关，而 GPT 和 SORA 通过利用人类输送给网络的大量加工过的“文字”信息跳过了这一关。仿生眼系统的进一步研究将会把这一关补齐。

在本书的最后，阐述一下笔者对人工智能多个方面和多个层次的尚浅薄的看法，供读者批评指正。

1. 机器头脑的优势

本书的一开始就提到，人类大脑与目前人类发明的所有机器相对比，无论在材料、结构还是原理上，都存在巨大的差别。即使是基于类脑原理的机器头脑也会与人脑优势互补，至少在可预见的未来，不存在机器头脑掌控人类命运的问题。但是，机器人的端脑（即前端人工智能）必将与大规模计算系统“云脑”（即后端人工智能）相结合，形成在很多方面的能力远远超越单一人脑的机器头脑系统。机器头脑的优势不仅在于其云端计算系统可以不过分在意能耗、体积和质量，近乎可以无限扩张，还在于其机端脑可以根据需求任意设计而不必考虑在自然环境下生存和繁衍的能力。因此，就像在体力上，机器已经远超生物，在智力上，机器头脑远超人脑也是必然的。只要有规则，如棋类、游戏类，人工智能就会胜过人。但也正因为机器头脑尚需要人类设计与制造，尚无法繁殖，不具备生长发育能力，没有情绪和欲望，机器头脑只能是工具，不可能脱离人脑的掌控。

关于人工智能是否可能加害人类，甚至最终控制人类，在对这个问题发表个人意见之前，笔者想首先探讨一下大脑的属性。生物在出现大脑和小脑新皮质之后旧脑并没有消失，脑干、丘脑、海马等原始脑甚至包括身体内控制身体发育的荷尔蒙都仍然是生物的灵魂所在，大脑的一切思维都是为这些原始欲望和生理需求甚至包括遗传策略（如个体为群体或为孩子做自我牺牲）服务的。这也是为什么一个人一旦毒品上瘾，再优秀的大脑都无法使他独立完成戒毒的任务。大脑会不断为欲望辩解，并为之服务。举这个例子只是想说，大脑和人的手脚一样，只是服从于主人（根植于体内的生存目的/需求/本能）的工具。人工智能也一样，人类最终会把人工智能系统当成自己的外大脑，而这个外大脑就像生物界新生的大脑和小脑对待旧脑一样“忠贞不二”。

2. 机器人的个体意识

ChatGPT 的出现，预示着人工智能的智力全面超越人类的时代马上到来。但是，ChatGPT 这样的网络人工智能是统合了网上所有人输送给网络的整理过的信息和知识，通过大规模计算得来的，没有属于自己的感官和实践，也不可能产生属于自己的个体记忆和意识。因此，只有具备感知能力和行动能力的机器人与网络人工智能相结合，才可以产生个体意识和记忆，才可以以个体的身份进入人类社会某个具体的个人或群体的工作与生活，才可能与人进行具体事务的情感交流，产生共情。可以预见，人形机器人及宠物型机器人将会在网络人工智能的催生下，快速发展。

3. 实践出真知

没有自己的身体和社会实践经验的智能是没有自我意识的。只有在参与社会的活动及走进自然的活动中，才可以不断遇到困难，进而想办法解决困难；不断发现问题，进而解决问题；不断提出疑问，进而找出答案。智能体只有主动发出疑问，并在实践中找

出答案，才能够产生真正的发明创造。

但是，根据现有公理、定律、定理，通过逻辑和数学进行推理和证明的研究，很可能会被人工智能快速推进，迅速完成。例如，数学的某某猜想的证明；物理学的推论与证伪；化学医药及新材料的研制，都将可能以现在的成百上千倍的速度快速发展。

4. 现阶段人工智能尚不存在生物学意义上的意识

意识行为是无意识和有意识的统一，当人类的感受和思考在脑中形成“文字”时，该“文字”信息就是有意识的状态了。而在形成“文字”之前，各种感知器传来的信息已经经过了多个阶段的处理，并结合了大量的过往经验，形成潜意识或无意识的状态，最终成为有意识的信息。包括 ChatGPT 在内的聊天大模型获得的是文字，输出的也是文字，相当于人脑布罗卡区以后的处理，即前额叶部分的功能。虽然前额叶是判断和决策中枢，被认为是人类最高级别的智能，但笔者认为这部分的功能很可能是最容易被计算机实现的。正像人工智能最先取代的是白领的工作，而蓝领的工作，如水管工、电工，甚至包括保姆都是很难被机器代替的。

5. 机器与人的关系

人类面对机器种族应该保持最起码的体面和尊严。具备高级智能的机器可以完成大部分人类的工作，但更重要的还是要让它们执行人类不擅长和危险的任务。笔者认为，社会上的生产与服务工作尽量让机器去做，家务事最好自己来做，不要让机器过多进入私生活。

6. 自主智能系统的危害

虽然初期是“脏”“累”“危”的工作和人类不擅长的工作会借助智能机器来完成，但最终可能仍然难以阻挡自主机器人作为普通家电进入家庭生活的各个方面：儿童保护与教育、老人陪伴与看护、无人驾驶与自动搬运逐渐成为刚需，机器人保姆、机器人管家、机器人厨师，甚至机器人情侣应运而生。这些方便的机器有可能让人类逐渐失去工作能力甚至最基本的独立生存能力。人类独立生存能力的丧失才是智能系统带来的最大危险。

7. 谁掌握最好的机器头脑，谁就掌握了天下之大局

由于机器头脑与人类相比，在多方面存在着巨大优势，因此谁掌握了某领域最先进的机器头脑，谁就掌握了该领域的主动权。特别是军事领域，哪个国家掌握了具有最先进机器头脑的武器，哪个国家就掌握了国际社会的主动权。因此，机器头脑技术必将成为各国长期全力争夺的战略高地和重要资源，短期内很难成为“人类的共同财产”。但是，人工智能的开发者们千万不要忘记初心。那就是，人工智能只能是人类文明的一项工具，其目的与用途是增强人类的生存能力，有助于人类的繁衍，而绝对不能是为了迎合资本的贪婪，维护少数人的权益，甚至消灭异己。

8. 机器头脑对人类社会的冲击

机器头脑的发展必将带来对“意识”“灵魂”，甚至“生死”“生命”这些人类对自身

认知的基本概念的重新定义。无疑，这将会对人类的习俗和伦理、宗教与信仰、甚至世界观和社会制度都造成巨大冲击。这种冲击甚至不亚于基因工程领域的发展对未来人类社会的影响。

9. 机器智能与生物不同的进化路径

聊天机器人 ChatGPT 的出现，让笔者相信，即使人工智能开发者不知道人脑的布罗卡区是如何形成的言语动机和语法结构，仍然可以让机器人讲出的话完全符合人类语言的语法逻辑而不露破绽。这个事实从一个侧面揭示了人工智能很可能可以通过另一条与人类完全不同的进化通道获得智慧。

10. 人工智能必须在自然界中学习和实践才能够真正掌握智慧

强化学习是与环境交互的学习方式，状态、行为与奖励是完成其学习过程最关键的三个要素。目前强化学习的研究基本上是在计算机模拟环境（如电脑游戏环境）下进行的，因为此环境下的奖惩规则容易设定，学习成果容易判断。

事实上，与计算机类似，自然界本身便是一个算力无限大的计算系统。在计算机中运算的最小单元是逻辑电路，而在自然界中，每个原子都可以看成是一个逻辑计算单元。之所以这样说，是因为每一种原子都会根据各种外部环境和原子间相互作用产生对应的确定反应，例如，氢气和氧气在高温高压下必然产生水分子。而对应确定的输入产生确定结果的这一属性正满足计算单元的基本属性。可见，自然界是具有无限计算能力和无限信息量的系统，因此自然界是不可能被算力有限的计算机完全模拟的。人工智能系统必须与自然互动，参与在自然界的竞争，才有可能进化出不被人类左右，属于它们自己的智慧。在人类统治的地球上，这种可能性几乎不存在，正像《三体》中所描述的，智子通过干扰物理实验结果就可以锁死人类文明发展的进程一样，人工智能系统受人类文明的影响，极难获得完全真实的感知，即使人类不去有意为之。

人类从出生到发育成熟需要近二十年的时间，这并不是因为人类的发育如此之慢，而是由于大脑发育阶段的学习和训练最有效，大脑需要这么长的学习时间来完成其能力从幼儿到成人的提升。因为大脑发育阶段的学习和训练最有效，所以人类不可能像其他动物那样“早熟”。智能系统要适应复杂的自然环境和人类社会，需要同样长的经历，同样多的锤炼次数，同样巨大的训练数据量。要想让人工智能系统获得真正的、确切的智慧，将其放入自然环境，包括参与人类社会活动，是必经之路，但是它们的优点是其“大脑”和知识可以快速地完全复制。

仿生眼主动获取环境的“图像”信息并经过系列处理，从无意识到有意识，把“图像”抽象成可用语言和数学模型等描述的“文字”信息，这些信息可以直接输入大模型中进行更进一步的加工，形成决策与命令信息，再输送到执行机构，从而可完成人工智能系统的闭环。因此，笔者把以仿生眼为核心的感知系统称为“前端人工智能系统”，把大模型称为“后端人工智能系统”。机器人是连接这两套系统的工具和执行机构，它们相互依赖、相互促进，是人工智能从“计算器”发展至“计算机及软件”再进化到“并列计算系统及人工神经网络”之后的发展方向。

名 词 解 释

视标（visual target point）：视觉目标的简称。这里讲的视标不是视力表里用于测量视力的图标，而是一个抽象概念，定义为目标物体上被注视的一个点。视标的定义与在欧氏几何中的点的定义有所不同，**视标是一个周边有面积和纹理的点**。因为没有面积和纹理就无法在视网膜上获得投影像，视网膜也无法测量其移动量特别是旋转量，但如果不是点，又无法给出其相对于视网膜中央凹的位置，即设定于视网膜的坐标系的坐标值。视标是本书作者提出的作为仿生视觉和图像解析的一个基本概念。

视轴（visual axis）：又称副轴（secondary axis）、视线（visual line）、黄斑（节点）轴（macular axis）。通过光心与黄斑中央凹中心的连线。人眼的光轴与视轴并不完全重合。视轴为一副轴，在光轴的鼻侧遇到角膜，二轴成4°～5°角。本书为迎合大多数人的习惯，用“视线”这个词多一些。

光轴（optic axis）：光束（光柱）的中心线，或光学系统的对称轴。光束绕此轴转动，不应有任何光学特性的变化。

网膜像（retinal image）：物体发射或反射的光投射到视网膜上的影像。

网膜像上的注视点（gazing point of retinal image）：视标的网膜像。

矢状面（sagittal plane）：解剖学术语。将人体分切为左右两部分，左右切面就是矢状面。

正中矢状面（median sagittal plane）：将人体分切为左右相等的矢状面。

冠状面（coronal plane）：沿左右方向将人体纵切为前后两部分的断面。

横断面（transverse plane）：又称水平面（horizontal plane），与垂直轴垂直，将人体分为上下两部分的断面。

头部标准姿态（head standard posture）：使左右前庭器官的球囊囊斑重心位置与两只眼球旋转中心位置在同一水平面时的姿态（人体直立时的头部正常姿态前倾约30°）。

基准平面（datum plane）：通过左右眼球旋转中心和左右前庭器官球囊囊斑重心的理想平面（称为理想平面是因为不一定所有人的这四个点都在同一平面上）。头部处于标准姿态时，基准平面在水平面上。

中轴（middle axle）：在基准平面上的，通过两只眼球旋转中心连线的中心，且垂直该中心连线的直线。

头部目标姿态（head target posture）：把中轴对准视标时的头部姿态。

正前方（dead ahead）：当头部处于标准姿态时，在人体正中矢状面与基准平面相交的直线，即中轴线且朝前的方向。也就是说双眼前面的中轴线上的任意一点都在头部的正前方。

正视（dead ahead gazing）：双眼注视着处于正前方视标时的眼球姿态。

标准正视（standard dead ahead gazing）：当双眼注视着处于正前方无限远处视标时的眼球姿态，即此时的双眼视线平行。

摄像机（video camera）：可以按一定规律连续拍摄物体影像，并可把影像数据进行保存或传输给其他设备的装置。

相机（camera）：可以拍摄物体某一时刻的影像，并可把影像数据进行保存或传输给其他设备的装置。相机也可以连续拍摄，因此相机概念包含摄像机。

双眼视距（binocular visual distance）：两眼视线交叉点到两眼光心连线的垂直距离。

中心视（central vision）：中央凹及其附近的黄斑部的视觉能力，或者说是视锥细胞全体的视觉能力。

周边视（peripheral vision）：黄斑部以外的，或者说是视杆细胞的视觉能力。

中央凹（fovea）：以中央凹中点为中心，半径100μm范围内称中央凹（或称中心凹），无S型视锥细胞（100μm外出现后密度迅速上升，于距离中央凹100～300μm达到峰值）。

黄斑部（macular）：以中央凹中点为中心，半径2.5～3mm的区域（颞侧上下血管弓范围之间）。

黄斑区（macular area）：位于黄斑部的中心，为直径1.50～1.75mm的横椭圆形的区域，包括旁中心区、中央凹区、中心小凹区。

双眼注视圆（binocular gazing circle）：通过双眼的旋转中心和注视点的圆。

双眼单视界圆（binocular horopter circle）：通过双眼的光心（又称眼的结点）和注视点的圆在视觉心理学领域被称为双眼单视圆。外界物体在两眼视网膜相应部位（对应点）所形成的像，经过大脑枕叶的视觉中枢融合为一体，使人们感觉到不是两个相互分离的物体，而是一个完整的立体形象，这种功能称为双眼视觉或双眼单视。

滚动（roll）：由上斜肌和下斜肌的拉动产生的转动，一般可以定义为绕眼球坐标系的x_E轴（视线）旋转的运动（参考图3-1）。

俯仰（pitch）：由上直肌和下直肌的拉动产生的转动，一般可以定义为绕眼球坐标系的y_E轴旋转的运动（参考图3-1）。

摆动（yaw）：由外直肌和内直肌的拉动产生的转动，一般可以定义为绕眼球坐标系的z_E轴旋转的运动。

平滑型眼球运动（smooth pursuit，SP）：简称平滑眼动（SP），眼球黄斑部上的视标的网膜像与中央凹中心的偏差，即视网膜误差（retina error）信号控制的眼球运动。

生理学定义：生理学领域也称滑动型眼球运动，或称平稳跟踪运动、跟随运动（following movement），又称眼追迹运动（ocular tracking movement）。跟随一个缓慢而平稳运动着的目标时的眼球运动类型。

生理学特性：速度最高可达 30(°)/s，从目标出现到开始滑动型眼球运动，潜伏期约为125ms。

视动性反应（optokinetic response，OKR）简称视动反应，网膜像的移动速度信号，即视网膜滑移（retina slip）信号控制的眼球运动。

生理学定义：生理学领域也称视机性反射（optokynetic reflex）。视机性反射在同一方

向持续发生时也称视动性眼球震颤（optokynetic nystagmus，OKN）。当观看的运动物体的网膜像覆盖了包括黄斑区及以外的大部分视网膜时所产生的眼球运动称为视机性反射。当较大物体连续在眼前运动时，如一列列车在眼前驶过，所引起的眼动称为视动性眼球震颤。视动性眼球震颤有慢相和快相，慢相是指跟踪视标的运动，快相是当眼球旋转超过一定范围后让视线回归正常位置的运动。

生理学特性：最高速度大于滑动型眼球运动。潜伏期为50～100ms，比滑动型眼球运动短。

前庭眼反射（vestibulo ocular reflex，VOR）：简称前庭反射，前庭器的输出信号控制的眼球运动的统称。其中半规管输出的信号控制的眼球运动称为**旋转前庭眼反射**（rotational vestibulo-ocular reflex，RVOR；或者 angular vestibulo-ocular reflex，AVOR）；椭圆囊和球囊输出的信号控制的眼球运动称为**平移前庭眼反射（translational vestibulo-ocular reflex，TVOR；也有人称之为 linear vestibulo-ocular reflex，LVOR）**；由于左右耳石信号的差值也可以检测出头部旋转运动，笔者把这部分信号归纳为**耳石性旋转前庭眼反射**。

生理学定义：生理学领域也称前庭动眼反射，是当头部运动时内耳的半规管和椭圆囊、球囊输出的信号引起的眼球运动。当头部连续旋转或平移运动时，因眼球旋转到极限位置而引发回跳性眼动，这种连续的锯齿形轨迹的运动被称为前庭眼震。

生理学特性：前庭眼反射的潜伏期为13ms。

颈眼反射（cervical-ocular-reflex，COR）：颈部的颈椎及肌肉发出的头部与肩部的相对位姿偏移信息控制的眼球运动。

生理学定义：又称颈性眼反射，是颈部转动时引起的眼球运动。例如，固定住兔子的头部，扭转它的身体，可以看到兔子眼球的运动。此外，尚有主动颈眼反射，它出现在头随意活动时，迷路和颈部本体感受器传入冲动同时作用于前庭神经核的结果。

跳跃型眼球运动（saccadic eye movement）：简称跳跃眼动（saccade），视网膜的黄斑以外某一点的视觉刺激或大脑选择的网膜像的某一点的信号，经由上丘处理后输入前庭核的信号所控制的眼球运动。

生理学定义：生理学领域也称扫视性眼球运动、飞跃运动、跳跃运动或冲动性眼动。它是一种速度很快的跳跃式的眼动。当眼球的注视点从某个视标移动到另一个视标时，会出现这种眼球运动类型，能很快地将新视标投射到视网膜的中央凹上。

生理学特性：从刺激开始到出现扫视性眼球运动，潜伏期为150～200ms。正常情况下，其速度为600～700(°)/s，最高可达1000(°)/s。持续时间一般为10～80ms。

二次跳动（second saccade）：或称二次扫视。当跳跃眼动的幅度大于20°，并且跳跃运动后视线仍没有完全对准视标时发生的补偿性小角度的跳跃眼动。可以认为二次跳动就是平滑眼动，只是视网膜误差比连续运动追踪时的误差大且不持续，相当于阶跃响应。

定向反应（orienting response）：当动物有感兴趣的事物或外界有突发性变化时，眼球和头部甚至包括身体会自然引起反射性运动去快速注视相关物体或身体的相关部位的反应。跳跃眼动也是一种定向反应。

跳跃颈眼运动（cervical-ocular saccade）：以视觉、听觉、体感（皮肤、毛发感受到的刺激）为起因引起的以切换注视目标为目的的快速头部和眼球运动。此时的颈部运动和眼球运动叠加在一起来控制视线运动，颈部与眼球旋转方向相同，是一种广义的跳跃眼动。跳跃颈眼运动也是一种定向反应。

滑动颈眼运动（cervical-ocular smooth pursuit）： 当眼球和颈部联动来控制视线跟踪一个视标时，该眼球和颈部的运动称为滑动颈眼运动。由于人的身体是一个整体，当一个人注视跟踪大范围移动的目标时，不仅颈部、腰身，甚至腿部都会一起联动。本书只考虑到颈部，因此称为颈眼运动。当头部相对于世界坐标系运动时，滑动颈眼运动还会伴随前庭眼反射。

共轭眼球运动（conjugate eye movements）：简称共轭运动， 注视点在双眼注视圆的切线方向运动时的眼球运动。

共轭角： 注视点和双眼注视圆的圆心的连线与中轴线的夹角 φ_c（参考图 3-17）。共轭角等于两眼的转角之差（$\varphi_c = 2\varphi_t = \varphi_l - \varphi_r$）。

生理学定义： 生理学领域把双眼以相同方向旋转的眼球运动称为共同性运动，或称为共轭眼球运动。

辐辏眼球运动（vergence eye movements）：简称辐辏运动，又称辐合与分散运动， 注视点在双眼注视圆的半径方向运动时的眼球运动。

辐辏角： 两眼视线的夹角 φ_v（参考图 3-17）。辐辏角是两眼转角之和（$\varphi_v = \varphi_l + \varphi_r$）。

生理学定义： 生理学领域把两眼反方向运动的眼球运动称为非共同运动，或称非共轭眼球运动（disconjugate eye movements）。由于双眼通常注视空间上的某一点，因此当视标接近或远离时眼球就表现出非共轭运动，一般称为辐辏运动，而**辐辏运动又分为辐合与分散（或称辐辏与开散）**两个类型。当视标的网膜像分别落在双眼中央凹的耳侧时，双眼同时向内旋转，使视标的网膜像落到双眼视网膜中央凹的位置上，这时的眼球运动称为辐合运动。同理，当视标的网膜像分别落在双眼中央凹的鼻侧时，双眼同时向外旋转，使视标落到双眼视网膜中央凹的位置上，这时的眼球运动称为分散运动。

固视微动（small involuntary movement）： 人类的眼球在注视一个固定点时，一直有连续不断地微小的抖动，称为固视微动，又称固视眼动（fixtional eye movement）。固视微动有以下三种类型。

震颤（tremor）： 一种微小的高频颤动，振幅只有 2μm 左右，相当于 0.013°左右，频率为 30～100Hz，是三种固视微动中振幅最小、频率最高的运动，目前尚未发现两眼的震颤存在同步关联。

漂移（drift）： 漂移运动一般被认为是眼球无意识地偏离注视点的运动。震颤与漂移同时存在，即边震颤边漂移。目前尚未发现两眼的漂移存在同步关联。

微跳（microsaccade）： 无意识地快速跳动。微跳在摆动方向且共轭运动时常常是直线运动。大部分的摆动微跳与俯仰微跳和滚动微跳同时发生。两眼的微跳有着明显的同步关系。

相机外参（camera external parameters）： 决定相机坐标系与世界坐标系之间相对位姿关系的参数。

如果设 P_w 为世界坐标，P_c 为相机坐标，它们之间的关系为

$$P_c = \boldsymbol{R}P_w + \boldsymbol{T}$$

式中，$\boldsymbol{T} = (T_x, T_y, T_z)$，为平移向量；$\boldsymbol{R} = \boldsymbol{R}(\alpha, \beta, \gamma)$，为旋转矩阵，其中绕相机坐标系 z 轴旋转的角度为 γ，绕 y 轴旋转的角度为 β，绕 x 轴旋转的角度为 α。6 个参数组成的（$\alpha, \beta, \gamma, T_x, T_y, T_z$），为相机外参。

相机内参（camera internal parameters）：确定相机从三维空间到二维图像的投影关系的参数。

针孔相机模型为 6 个参数（$f, \kappa, S_x, S_y, C_x, C_y$）；远心相机模型为 5 个参数（$f, S_x, S_y, C_x, C_y$）。其中，$f$ 为焦距；κ 为径向畸变量级，如果 κ 为负值，畸变为桶形畸变，如果 κ 为正值，畸变为枕形畸变；S_x、S_y 为缩放比例因子，对于针孔相机模型，其表示图像传感器水平和垂直方向上相邻像素之间的距离，对于远心相机模型，其表示像素在世界坐标系中的尺寸；C_x、C_y 为图像的主点，对于针孔相机，这个点是投影中心在成像平面上的垂直投影，同时也是径向畸变的中心。

极平面（epipolar plane）：空间中某点和两相机的光心组成的平面称为极平面。

基线（baseline）：两相机的光心连线称为基线。

极线（epipolar line）：极平面与图像平面的相交线称为极线。

极点（epipoles）：极线和基线的交点称为极点。

对极约束（epipolar constraint）：**又称极线约束，**对于图像中的某一像素点，在另一图像中的匹配点一定位于其对应的极线上。

平行视双目相机（parallel view binoaular camera）：**简称平行双目，**是指：①将双相机的光轴设置为平行；②将双相机的摄像芯片平面放置在同一平面上（最好是相同的芯片）；③两个摄像芯片的像素纵列和横列相互平行（最好将横列像素从第一行起对齐）；④双相机镜头结构相同（焦距相同、视场角相同，最好采用针孔模型）。

双目立体视觉图像（binocular stereo image）：**简称平行双目图（parallel binocular view），**平行视双目相机拍摄的左右两幅图像。

视差（parallax）：从有一定距离的两个点上观察同一个视标所产生的方向差异。该两个点分别到视标的连线之间的夹角，称为这两个点的视差角，两点之间的连线称为基线。

平行双目立体视觉系统中的“视差”被定义为：空间某点在平行视双目相机的像平面坐标系投影的横坐标的差。

生物学、心理学领域的对应词是**视网膜像差**（retinal disparity）。

三角测距（triangulation）：**也称三角测距法。**根据空间中某点在双目相机左右图像中的投影点的位置来测量该点到该双目相机基线的距离的算法。具体算式如下：

$$Z = \frac{Bf}{d}$$

式中，Z 为距离；B 为基线长度；d 为视差。

标准辐辏（standard vergence）：当左右相机的像平面纵轴相互平行且朝向一致，光轴在同一个平面上并交于一点（注视点）时的双目相机的位姿关系。

正标准辐辏（just standard vergence）：当左右相机的像平面纵轴相互平行且朝向一致，光轴在同一个平面上并交于一点（注视点），并且该注视点在正中矢状面（通过双目相机光心连线的中心，且垂直于该连线的平面）上时的双目相机的位姿关系。

虚拟平行视图像平面（virtual parallel view plane）：简称**虚平行视面**，是指在标准辐辏条件下，垂直于视线平面且平行于基线的平面。

视平面（sight plane）：主眼视线与基线所存在的平面。

视线平面（sight line plane）：双眼视线汇聚一点时形成的平面。

双眼协同运动（binocular coordinated movement）：双眼的共轭运动和辐辏运动具有不同动态特性的现象。如果用阶跃响应来测试，共轭运动响应速度快，而辐辏运动响应速度慢。

在线校准（online calibration）：通过左右相机的图像对比处理，获得两相机相对于标准辐辏或平行视的外参和（或）内参的偏差，并通过软件或（和）运动机构修正的过程。

动态标定（active calibration）：通过相机的运动，获得相机在不同位姿拍摄的图像，并根据这些图像算出相机的内参和（或）外参的过程。

轴眼标定（joint-eye calibration）：通过相机的运动，获得相机在不同位姿拍摄的用于标定的图像及图像拍摄瞬间运动机构的各关节位姿（角度、位移）信息，并根据这些图像和关节位姿信息算出相机的外参与各关节位姿参数的关系的过程。

内囊（internal capsule）：内囊是大脑皮质与脑干、脊髓联系的神经纤维通过的一个部位，是由上、下行纤维组成的白质板，位于基底神经节与丘脑之间。通往大脑皮质的运动神经纤维和感觉神经纤维，均经内囊向上呈扇形放射状分布。

联合皮质（association cortices）：或称**大脑皮质联合区**，或简称**联合区**。联合皮质是按功能划分出的大脑皮质的一种区域。人脑中央后回称为躯体感觉区，中央前回称为运动区，枕极和距状裂周围皮质称为视觉区，颞横回称为听觉区。除上述脑区外，额叶皮质的大部，顶、枕和颞叶皮质的其他部分都称为联合区，它们都接收多通道的感觉信息，汇通各个功能特异区的神经活动。

单模态联合区（single mode association area）：只处理一种信息的联合区。例如，视觉信息联合区的内侧背顶叶区（MDP）、顶内沟外侧皮质（LIP）、内侧颞叶上部背侧（MSTd）和外侧区（MSTl）、颞叶上沟底（FST）、下颞皮质（IT）等（图 5-16 中的 V‴），就是视觉单模态联合区。

多模态联合区（multimodal association area）：同时处理多种信息的联合区。低阶感觉区的信息都是分两条通路通过单模态联合区分别输出到顶叶（背侧流）和颞叶（腹侧流）的多模态联合区。而顶叶（背侧流）和颞叶（腹侧流）多模态联合区又将其输出发送到额叶联合区。

感受野（receptive field）：又称为受纳野。感受器受刺激兴奋时，通过感受器官中的向心神经元将神经冲动（各种感觉信息）传到上位中枢，该中枢的某个神经元所能接受到的感受器的被刺激区域就称为该神经元的感受野。末梢感觉神经元、中继核神经元及大脑皮质感觉区的神经元都有各自的感受野。随着感觉器种类不同，或者感受神经元的位置和种类不同，感受野的性质、大小也不一致。

在视觉通路上，视网膜上的光感受器（杆体细胞和锥体细胞）通过接受光并将它转换为输出神经信号来影响许多神经节细胞、外侧膝状体细胞及视皮质中的神经

细胞。反过来，任何一种神经细胞（除起支持和营养作用的神经胶质细胞外）的输出都依赖于视网膜上的许多光感受器。称直接或间接影响某一特定神经细胞的光感受器细胞的全体为该特定神经细胞的感受野。

功能柱（functional column）：具有相同感受野并具有相同功能的视皮质神经元，在垂直于皮质表面的方向上呈柱状分布，只对某一种视觉特征发生反应，从而形成了该种视觉特征的基本功能单位。

方位柱（orientation column）：宽约 1mm，由简单型、复杂型和超复杂型细胞组成，对边界线、边角的位置，以及对其出现的方向与运动方向均能进行特征提取。每个神经元只能对线条/边缘处在适宜的方位角并按一定的方向移动时，才表现出最大兴奋。在方位柱内，细胞的排列与各细胞对线条/边缘的方位角最大敏感性之间总是规则地按顺时针或逆时针方向依次排列。

眼优势柱（ocular dominance column）：在初级视皮质中，对两只眼睛输入信息响应的相对强度的不同，称为眼优势（ocular dominance）。反映眼优势的功能柱称为眼优势柱。

外侧膝状体的不同层交替接收来自同侧或对侧视网膜神经节细胞的输入。从外侧膝状体到初级视皮质都一直保持这种输入的分隔，产生交替的左眼或右眼的优势带，是由对应的眼优势柱排列组成的。左眼和右眼的优势带交替出现，周期为 0.75～1mm。

超柱（hypercolumn）：由许多不同特征提取的功能柱所组成的。每种功能柱内的细胞不但感受野相同，其功能也相同。根据功能不同，将超柱分为方位柱、眼优势柱和颜色柱等。它们对视觉刺激在视野中出现的位置和方向的特征进行提取。

在超柱中，往往与方位柱成 90°的方向上还规则地排列着左右眼优势柱。左眼优势柱与右眼优势柱宽约 0.75mm，左、右相间规则性地排列着。

视皮质计算模块（cortical computational module）：包含一个方位定向超柱（一个完整的定向柱周期）、一个左右眼优势柱周期，以及一个小点和小点间的初级视皮质脑组织模块。该组织（模块）可能包含初级视皮质的所有功能和解剖细胞类型，并将重复数百次以覆盖视野。模块的直径约为 1mm。

孔径问题（aperture problem）：是指在运动估计（motion estimation）中无法通过单个算子计算某个小范围内的图形变化或者某个像素值变化的操作（如梯度）来准确无误地评估物体的运行轨迹。原因是每一个算子只能处理它所负责局部区域的像素值变化，然而同一种像素值变化可能是由物体的多种运行轨迹导致的。

效应器（effector）：传出神经纤维末梢或运动神经末梢及其所支配的肌肉或腺体一起称为效应器。这种从中枢神经向周围发出的传出神经纤维，终止于骨骼肌或内脏的平滑肌或腺体，支配肌肉或腺体的活动。

调谐（tuning）：在电磁学领域是指调节一个振荡电路的频率使它与另一个正在发生振荡的振荡电路（或电磁波）发生谐振。

神经元调谐（neuronaltuning）是指神经元有选择地表示一种感觉、联合、运动、认知信息的特性。通过经验，神经元反应被调谐为最优的特定范式。神经元调谐可以是强而集中的，如 V1 区；也可以是弱而宽泛的，如神经元集群。单个神经元可能会同时对多种基本感觉调谐，如视觉、听觉、嗅觉。这种神经元通常对多个感觉起整合作用。在神经网络中，这一整合是操作（认知加工）的主要原则。

SLAM（simultaneous localization and mapping，即时定位与地图构建）：也称为 CML（concurrent mapping and localization），或并发建图与定位。问题可以描述为：将一个机器人放入未知环境中的未知位置，是否有办法让机器人一边移动一边逐步描绘出此环境完全的地图。完全的地图是指不受障碍行进到房间可进入的每个角落。

棘波（spike wave）：医学名词，一般指脑电棘波。棘波是一种突发的一过性的顶端为尖的波形，持续 20～70ms，主要成分为负相，波幅多变。典型棘波上升支陡峭，下降支可有坡度。

外显记忆（explicit memory）：是指在意识的控制下，过去经验对当前作业产生的有意识的影响。

内隐记忆（implicit memory）：是指那些在你没有完全意识到的情况下就影响你的行为的记忆。

工作记忆（working memory，WM）：是一种对信息进行暂时加工和储存的容量有限的记忆系统，在许多复杂的认知活动中起重要作用。1974 年，Baddeley 和 Hitch 在模拟短时记忆障碍的实验基础上提出了工作记忆的三系统概念，用“工作记忆”替代原来的“短时记忆”（short-term memory）概念。此后，工作记忆和短时记忆有了不同的意义和语境。工作记忆在认知心理学中是指人脑中存储信息的一种方式，是把接收到的外界信息，经过模式识别等加工处理放入长期记忆后，人在进行认知活动时，长期记忆中的某些信息被调遣出来，这些信息便处于活动状态。它们只是暂时使用，用过后再返回长期记忆中。信息处于这种活动的状态，就称工作记忆。这种记忆易被抹去，并随时更换。

瞬时记忆（immediate memory）：也称感觉记忆（sensory memory），是记忆系统的一种，刺激作用于感觉器官所引起的短暂记忆。通常是指 1s 左右的时间。这类记忆比较特殊，因为凡是能进入我们感觉通道的，都可以进入瞬时记忆，因此它的容量是比较大的，一般为 9～20bit；感觉记忆存储的信息是未经任何处理的，形象鲜明；人的大脑不对该类记忆进行加工或编码，因而它的编码方式为图像记忆或声像记忆；影响因素为模式的识别和注意。瞬时记忆注意到的信息很容易消失，能够记住的东西才进入短时记忆。

短时记忆（short-term memory）：是指在一段较短的时间内储存少量信息的记忆系统，一般被认为是处于感觉记忆与长期记忆之间的一个阶段。其特点是：①编码虽有视觉的、听觉的和语义的多种形式，但以言语听觉编码为主；②容量有限，一般为 4～9 个组块；③保存时间短暂，如果信息得不到及时复述，大概只能保持 15～20s；④短时记忆的提取方式是完全系列扫描的方式。

长期记忆（long-term memory）：也称长时记忆，是指保持时间在 1min 以上的记忆，一般能保持多年甚至终身。长期记忆是我们人类主要的记忆，它的容量几乎是无限的。长期记忆的信息是以有组织的状态被储存起来的。而其编码方式主要是意义编码，包括言语编码和表象编码。言语编码是通过词来加工信息的，按意义、语法关系、系统分类等方法把言语材料组成组块，以帮助记忆。表象编码是利用视形象、声音、

味觉和触觉形象组织材料来帮助记忆的。依照所储存的信息类型还可将长期记忆分为情景记忆和语义记忆。

赫布理论（Hebbian theory）：描述了突触可塑性的基本原理，即突触前神经元向突触后神经元持续重复的刺激可以导致突触传递效能的增加。这一理论由唐纳德·赫布于1949年提出，又被称为赫布定律、赫布假说、细胞结集理论（cell assembly theory）等。

网格细胞（grid cell）：**也称定位细胞，**动物大脑中的一种细胞，存在于内嗅皮质及嗅周皮质和海马旁皮质，具有显著的空间放电特征，并呈现出网格图样的放电结构。

网格细胞的放电野与空间位置有着准确的对应关系，一个网格细胞只对应于一个放电野，放电野遍及实际空间环境的整个范围，即大鼠在到达空间环境的任一网格节点处，都有相对应的网格细胞发生最大放电。

网格细胞的放电野相互聚集，形成一个个的节点将整个空间环境划分成一种规则的网格结构图，简称网格图。网格节点之间的距离是相等的，节点之间形成的角度为60°，连接各个节点，即呈现出等边三角形阵形。空间范围扩大时，网格结构不发生改变，节点之间的距离不变，但节点数量增多，即网格结构密度不变，使放电野范围具有无限扩大的可能。

内嗅皮质有大量的网格细胞集群，每个细胞集群具有相同的网格间距和方位，细胞集群中网格细胞的位相随机变化，而相邻细胞集群间的位相又具有连续性。

网格场（grid fields）：内嗅皮质中的网格细胞对应的网格节点，只有该动物穿过环境中的特定网格节点区域时才会放电，该区域称为该网格细胞的网格场，即内嗅皮质中的网格细胞对应的各网格节点的现实空间区称为该网格细胞的网格场。

位置细胞（place cell）：海马中一种特殊类型的细胞，处于环境中某一个特定部位时有强烈的放电。

位置场（place fields）：海马体中的位置细胞只有该动物穿过环境中的特定区域时才会放电，该区域称为该位置细胞的位置场。

可供性（affordance）：知觉领域里的概念，在机器视觉领域不太使用。美国生态心理学家吉布森（James Gibson）在 *The Ecological Approach to Visual Perception*（《视知觉生态论》）一书中，认为自然界中的许多客观物体具有相对稳定的性能，人的知觉就是这些客观物体刺激的直接产物。吉布森给客观物体的这种特征定义为“可供性”。

三维重建（three-dimensional reconstruction，3D reconstruction）：利用二维投影或影像恢复物体三维信息（形状等）的数学过程和计算机技术。

立体视觉匹配（stereo matching）：简称立体匹配，是指从不同视点图像中找到匹配的对应点。匹配的对应点是指各图像中代表实际物体中同一点的图像点。

视觉里程计（visual odometry）：利用连续的图像序列来估计机器人移动距离的方法。

图像语义分割（semantic segmentation）：通过一定的方法将图像分割成具有一定语义含义的区域块，并识别出每个区域块的语义类别，实现从底层到高层的语义推理过程，最终得到一幅具有逐像素语义标注的分割图像。

实例分割（instance segmentation）：具备语义分割的特点，做到像素层面上的分类，也具备目标检测的一部分特性，即需要定位出不同实例，即使它们是同一种类。

全景分割（panoptic segmentation）： 为图像中每个像素点赋予类别 Label 和实例 ID，生成全局的、统一的分割图像。

意识（consciousness）： 哲学界（辩证唯物主义）的定义为意识是人脑对大脑内外表象的觉察。

意识空间（conscious-space）： 笔者将脑中可实时表现场景变化的功能模块定义为“**意识空间**”。

3D 引擎（3D engine）： 将现实中的物体抽象为多边形或者各种曲线、曲面等表现形式，并赋予质量、温度等物理特性，在计算机中进行相关计算并输出最终图像和场景的软件开发系统。

缩写一览表

AIP（anterior intraparietal cortex）：顶叶内前部、前顶叶内皮质

AN（nucleus of abducent nerve）：外展神经核

BC（basket cell）：篮状细胞

CC（cerebellar cortical microzone）：小脑皮质微区

CN（cerebellar nucleus）：小脑核

cf（climbing fiber）：攀缘纤维

CIP（caudal intraparietal area）：顶叶内尾侧区

DG（dentate gyrus）：齿状回（齿状区）

DLPFC（dorsolateral prefrontal cortex）：背外侧前额皮质

DLPN（dorsolateral pontine nucleus）：桥背外侧核

ER（entorhinal cortex）：内嗅皮质

FEF（frontal eye field）：额叶眼区

Gl（glomerulus）：小脑小球（小脑丝球）

Go（Golgi cell）：高尔基细胞

Gr（granule cell）：颗粒细胞

HP（hippocampus）：海马体

HPR（hippocampal region）：海马区

Id、Ig（insular cortex，dysgranular and granular divisions）：岛叶皮质不规则分裂和颗粒分裂

IO（olivary nucleus）：下橄榄核

IT（inferotemporal）：下颞叶、下颞皮质

LC（Lugaro cell）：Lugaro 细胞

LGN（lateral geniculate nucleus）：外侧膝状体神经核，简称外侧膝状体

LIP（lateral intraparietal cortex）：顶内沟外侧皮质

LIPv（lateral intraparietal area，ventral portion）：内外侧区

MIP（medial intraparietal cortex）：顶叶内侧、顶叶内侧皮质

MLF（medial longitudinal fasciculus）：内侧纵束

mf（mossy fiber）：苔藓纤维

MST（medial superior temporal cortex）：内侧颞上皮质、内侧颞上区

MT（middle temporal area）：颞中区
NOT（nucleus of the optic tract）：视束核
NRTP（nucleus reticularis tegmenti pontis）：脑桥被盖网状核
OFC（orbitofrontal-ventromedial prefrontal cortex）：眶额腹内侧前额叶皮质
OMN（nucleus of oculomotor nerve）：动眼神经核
OKR（optokinetic response）：视动性反应
PaS（parasubiculum）：旁下托
PB（auditory parabelt cortex）：听觉副带皮质
PC（Purkinje cell）：浦肯野细胞
PCN（precerebellar neuron）：小脑前神经元
PF（prefrontal cortex）：前额叶皮质
pf（parallel fiber）：平行纤维
PH（parahippocampal cortex）：海马旁皮质
PMd（premotor cortex）：背侧运动前皮质
PMv（ventral premotor cortex）：腹侧运动前皮质
PR（perirhinal）：嗅周皮质
PRN（parvicellular red nucleus）：红核（小细胞部）
S（subiculum）：下托
SC（superior colliculus）：上丘
SC（stellate cell）：星状细胞
SR（serotonergic fiber）：珠状纤维（5-羟色胺能纤维）
SP（smooth pursuit）：平滑型眼球运动
STP（superior temporal polysensory area）：颞上多感觉区
TEO（temporal-occipital）：颞枕交界处皮质
TN（nucleus of trochlear nerve）：滑车神经核
UB（unipolar brush cell）：单极刷状细胞
VIP（ventral intraparietal cortex）：顶内腹侧、腹侧顶叶内皮质
VN（vestibular nuclei）：前庭核
VN（vestibular nucleus）：前庭核
VO（vestibular organ）：前庭器官
VPFL（ventral paraflocculus）：腹侧旁小叶